现代海洋油气工程技术

熊友明　张　杰　刘平礼　朱红钧　杨　志等编著

石油工业出版社

内 容 提 要

本书主要介绍了海洋油气工程领域的主要新进展和前沿技术，涵盖了深水管柱流动保障与安全服役关键技术、深水双梯度钻井关键技术、海上油田适度出砂防砂理论与技术、海洋油气井测试理论与技术、海上致密气藏斜井压裂井产能预测技术、海上低渗透油气藏压裂新技术、海上油田酸化增产增注新技术、海上稠油油田多元热流体增产技术、海洋天然气水合物勘探开发新技术、天然气水合物抑制技术和深水柔性结构动力响应分析技术。

本书既可作为高等院校海洋油气工程相关专业研究生教材和本科生选修教材，也可供海洋油气工程和石油与天然气工程领域相关工程技术人员参考阅读。

图书在版编目（CIP）数据

现代海洋油气工程技术/熊友明等编著 . — 北京：
石油工业出版社，2020.5
　ISBN 978-7-5183-3880-1

　Ⅰ．①现… Ⅱ．①熊… Ⅲ．①海上油气田-石油工程
Ⅳ．①TE5

中国版本图书馆 CIP 数据核字（2020）第 026964 号

出版发行：石油工业出版社
　　　　　（北京安定门外安华里 2 区 1 号楼　100011）
　　　网　　址：www.petropub.com
　　　编辑部：（010）64523541
　　　图书营销中心：（010）64523633
经　　销：全国新华书店
印　　刷：北京晨旭印刷厂

2020 年 5 月第 1 版　2020 年 5 月第 1 次印刷
787×1092 毫米　开本：1/16　印张：29.75
字数：730 千字

定价：150.00 元
（如出现印装质量问题，我社图书营销中心负责调换）

前　　言

近年来海洋油气工程发展迅速，全国已经有十多个高等院校开设了海洋油气工程本科专业，硕士生和博士生招生规模也迅速增大，但是缺少一本供海洋油气工程专业硕士生和博士生使用的基本教材。与此同时，广大的海洋油气行业的工程技术人员也急需了解该领域的主要新进展和前沿技术。因此，针对编者研究较多的几个领域编著了本书。本书的主要内容包括：深水管柱流动保障与安全服役关键技术、深水双梯度钻井关键技术、海上油田适度出砂防砂理论与技术、海洋油气井测试理论与技术、海上致密气藏斜井压裂井产能预测技术、海上低渗透油气藏压裂新技术、海上油田酸化增产增注新技术、海上稠油油田多元热流体增产技术、海洋天然气水合物勘探开发新技术、天然气水合物抑制技术和深水柔性结构动力响应分析技术。

本书由西南石油大学海洋油气工程研究所熊友明、张杰、刘平礼、朱红钧、杨志等编著，由熊友明、张杰负责全书的统稿。具体编写分工如下：第一章由朱红钧编写，第二章由张杰编写，第三章由熊友明编写，第四章由杨志编写，第五章由曾凡辉编写，第六章由赵志红编写，第七章和第八章由刘平礼编写，第九章由朱海燕编写，第十章由樊栓狮编写，第十一章由高云编写。

在此，向本书中引用的相关书籍及技术资料的众多同行和前辈们致谢！向有关引用资料涉及的单位表示感谢！本书的编写和出版得到了中央财政资金和西南石油大学的资助，也得到了西南石油大学石油与天然气工程学院和研究生院领导的支持，在此并表示感谢！本书也是西南石油大学研究生优质课程建设项目的成果。

由于编者水平有限，书中难免存在疏漏和欠缺，敬请读者批评指正！

编　者
2020 年 3 月

目　　录

第一章　深水管柱流动保障与安全服役关键技术

随着开采水深的加大，海水的逆温度梯度、海洋风浪流物理环境、地层温压的升高等对油气开采的影响都迅速凸显。地层出砂引起的流动冲蚀，内外流耦合作用下的管柱振动，海底地形起伏与油气混输引发的严重段塞流，高压低温环境催生的天然气水合物等都对深水油气开采管柱的安全运营构成了威胁。流动保障是指保证开采出来的油气流在整个流动过程始终处在一个安全可控的状态，而深水管柱就是流动保障的载体，明确了可能存在的流动保障问题，才能确保管柱的安全服役。因此，本章就深水管柱可能存在的典型流动保障问题进行阐述，并介绍一些关键的保障措施。

第一节　深水管柱流动保障

深水管柱的流动保障主要针对管内多相流在流动过程中可能存在的冲蚀、相变、流型演变等影响流动安全的问题进行防治和控制。

一、流动冲蚀与防治

海洋油气井开采过程中往往伴随着程度不一的地层出砂现象，携砂油气流在井筒、管柱中流动时，因流动方向改变、排量的脉动、过流截面积的变化等，对井筒与管柱壁面产生碰撞，不同攻角撞击在壁面的颗粒引起了靶面材料的剥落或变形，发生流动冲蚀。

1. 颗粒运动方程

流动冲蚀属于携带固体颗粒的多相流问题，固体颗粒作为离散相分布在夹带它的流体中，其受力满足牛顿第二定律。作用在流体中的颗粒上的力包括浮力、重力、阻力、虚拟质量力、压力梯度力、Magnus 力[1]、Basset 力[2]和 Saffman 力[3]。因此，粒子运动方程[4]可以写成：

$$m\frac{\mathrm{d}\boldsymbol{v}_\mathrm{p}}{\mathrm{d}t} = \boldsymbol{F}_\mathrm{D} + \boldsymbol{F}_\mathrm{B} + \boldsymbol{G} + \boldsymbol{F}_\mathrm{V} + \boldsymbol{F}_\mathrm{P} + \boldsymbol{F}_\mathrm{Mag} + \boldsymbol{F}_\mathrm{Bas} + \boldsymbol{F}_\mathrm{Saf} \tag{1-1}$$

式中　m——单个颗粒的质量；

$\quad\quad\boldsymbol{v}_\mathrm{p}$——颗粒的运动速度；

$\quad\quad\boldsymbol{F}_\mathrm{D}$——颗粒运动受到的绕流阻力；

$\quad\quad\boldsymbol{F}_\mathrm{B}$——颗粒在主相流体中受到的浮力；

$\quad\quad\boldsymbol{G}$——颗粒重力；

$\quad\quad\boldsymbol{F}_\mathrm{V}$——颗粒受到的虚拟质量力；

$\quad\quad\boldsymbol{F}_\mathrm{P}$——压力梯度力；

F_{Mag}——Magnus 力；

F_{Bas}——Basset 力；

F_{Saf}——Saffman 力。

若假设颗粒为完美的球形，其绕流阻力可以表示为：

$$F_{\text{D}} = \frac{1}{2} C_{\text{D}} \frac{\pi d_{\text{p}}^2}{4} \rho \, | v - v_{\text{p}} | (v - v_{\text{p}}) \qquad (1-2)$$

式中　ρ——流体的密度；

d_{p}——球形颗粒的直径；

v——主相流体的速度；

C_{D}——绕流阻力系数，可表示为颗粒雷诺数 Re_{p} 的函数。

$$C_{\text{D}} = a_1 + \frac{a_2}{Re_{\text{p}}} + \frac{a_3}{Re_{\text{p}}^2} \qquad (1-3)$$

$$Re_{\text{p}} = \frac{\rho d_{\text{d}} \, | v - v_{\text{p}} |}{\mu} \qquad (1-4)$$

式中　μ——流体动力黏度；

a_1、a_2、a_3——经验系数；

Morsi 和 Alexander[5]用不同粒径的玻璃球和氧化铝颗粒对铝、玻璃、有机玻璃和钢板进行了测试，给出了 C_{D} 在不同雷诺数范围内的表达式：

$$C_{\text{D}} = 24.0/Re_{\text{p}} \qquad\qquad Re_{\text{p}}<0.1 \qquad (1-5)$$

$$C_{\text{D}} = 22.73/Re_{\text{p}} + 0.0903/Re_{\text{p}}^2 + 3.69 \qquad\qquad 0.1<Re_{\text{p}}<1.0 \qquad (1-6)$$

$$C_{\text{D}} = 29.1667/Re_{\text{p}} - 3.8889/Re_{\text{p}}^2 + 1.222 \qquad\qquad 1.0<Re_{\text{p}}<10.0 \qquad (1-7)$$

$$C_{\text{D}} = 46.5/Re_{\text{p}} - 116.67/Re_{\text{p}}^2 + 0.6167 \qquad\qquad 10.0<Re_{\text{p}}<100.0 \qquad (1-8)$$

$$C_{\text{D}} = 98.33/Re_{\text{p}} - 2778/Re_{\text{p}}^2 + 0.3644 \qquad\qquad 100.0<Re_{\text{p}}<1000.0 \qquad (1-9)$$

$$C_{\text{D}} = 148.2/Re_{\text{p}} - 4.75 \times 10^4/Re_{\text{p}}^2 + 0.357 \qquad\qquad 1000.0<Re_{\text{p}}<5000.0 \qquad (1-10)$$

$$C_{\text{D}} = -490.546/Re_{\text{p}} + 57.87 \times 10^4/Re_{\text{p}}^2 + 0.46 \qquad\qquad 5000.0<Re_{\text{p}}<10000.0 \qquad (1-11)$$

$$C_{\text{D}} = -1662.5/Re_{\text{p}} + 5.4167 \times 10^6/Re_{\text{p}}^2 + 0.5191 \qquad\qquad 10000.0<Re_{\text{p}}<500000.0 \qquad (1-12)$$

颗粒受到的浮力和重力可以综合起来表示：

$$F_{\text{B}} + G = (\rho_{\text{p}} - \rho) g \frac{\pi d_{\text{p}}^3}{6} \qquad (1-13)$$

式中　ρ_{p}——固体颗粒的密度；

g——重力加速度。

颗粒受到的压力梯度力定义为：

$$F_{\text{p}} = - \frac{\pi d_{\text{p}}^3}{6} \nabla p \qquad (1-14)$$

式中　p——流体压强。

2

当固体颗粒相对于流体加速运动时，不但固体颗粒的速度越来越大，而且固体颗粒周围流场的速度也将增大。因而，推动固体颗粒运动的力不但需要增加固体颗粒本身的动能，还需要增加覆盖固体颗粒表面一层流体的动能，好像固体颗粒质量增加了一样，所以将这部分由于流体黏附引起的力称为虚拟质量力或附加质量力，表示为：

$$F_V = \frac{1}{2}\rho \, \frac{\pi d_p^3 \mathrm{d}(\nu - \nu_p)}{\mathrm{d}t} \tag{1-15}$$

当固体颗粒加速度不大时，虚拟质量力远小于固体颗粒的惯性力，此时可以不考虑虚拟质量力。此外，当流体与颗粒间存在相对运动时，颗粒附面层的影响还将带着一部分流体运动。由于流体的惯性，当颗粒加速时，它不能马上加速；当颗粒减速时，它也不能马上减速，使颗粒受到一个随时间变化的流体作用力，且其与颗粒加速历程有关。Basset 在 1998 年通过求解不稳定流场中的颗粒表面受力（Basset 力），得到了它的表达式：

$$F_{Bas} = \frac{3}{2}\pi d_p^2 \rho \sqrt{\frac{\nu}{\pi}} \int_{t_0}^{t} \frac{\mathrm{d}\nu/\mathrm{d}\tau - \mathrm{d}\nu_p/\mathrm{d}\tau}{\sqrt{t - \tau}} \mathrm{d}\tau \tag{1-16}$$

式中　ν——流体运动黏性系数。

Basset 力是由不稳定流动引起的，对于定常流动，该力可被忽略。

当固体颗粒在流场中以一定的角速度 ω 旋转时，会产生一个垂直于相对速度的升力，这个力称为 Magnus 力：

$$F_{Mag} = \frac{\pi d_p^3}{8}\rho\omega(\nu - \nu_p) \tag{1-17}$$

式中　ω——颗粒旋转角速度。

当流场中存在速度梯度时，颗粒由于两侧的流速不一样，会产生一个由低流速指向高流速方向的升力，称为 Saffman 力：

$$F_{saf} = 1.615 d_p^2 \sqrt{\rho\mu}(\nu - \nu_p) \sqrt{\frac{\mathrm{d}V}{\mathrm{d}y}} \tag{1-18}$$

式（1-18）是基于 $Re = 1$ 得到的，对于高雷诺数，还没有相应的计算公式。

2. 冲蚀模型

颗粒多相流对靶面的冲蚀速率或冲蚀程度与流体速度、颗粒速度、颗粒材料、靶面材料、颗粒冲击入射角等有密切的关系。学者们通过喷射实验或环道实验对试片或弯管进行了冲蚀测试，通过称重、电镜扫描、声波检测等方式量化了冲蚀的结果，拟合得到相关的冲蚀模型。

Ahlert、Veritas、Haugen、Neilson - Gilchrist、McLaury、Oka、Finnie、Tabakoff 等[6-13] 开展了喷射实验，喷射实验装置如图 1-1 所示。Bourgoyne[14] 则利用环道实验归纳了冲蚀的经验模型，环道实验装置如图 1-2 所示。

由实验拟合得到的经验模型见表 1-1。不同学者提出的经验模型大同小异（如颗粒入射角有的用 θ，有的用 α 表示），但算得的冲蚀速率单位不尽相同。在利用经验模型计算冲蚀速率时，需要对比颗粒材料与靶面材料，并结合实际工况选择合适的经验模型进行预测。

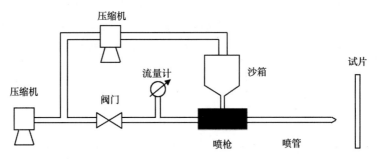

图 1-1 喷射实验装置示意图

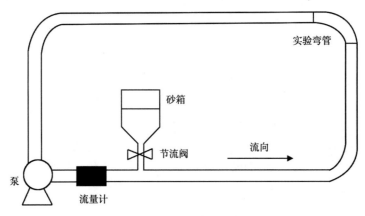

图 1-2 环道实验装置示意图

表 1-1 冲蚀经验模型

学者	颗粒材料	靶面材料	模型公式
Ahlert	砂粒	冷轧 1018 钢板	$$ER = KF_s v_p^n \sum_{i=1}^{5} A_i \theta^i$$ $K = 2.17 \times 10^{-9}$，$n = 2.41$，$F_s = 0.2$，$A_1 = 5.398$，$A_2 = -10.106$，$A_3 = 10.932$，$A_4 = -6.328$，$A_5 = 1.423$
Veritas	砂粒	碳钢	$$ER = m_p K v_p^n \sum_{i=1}^{8} (-1)^{i+1} A_i \theta^i$$ $K = 2.0 \times 10^{-9}$，$n = 2.6$，$A_1 = 9.370$，$A_2 = 42.295$，$A_3 = 110.864$，$A_4 = 175.804$，$A_5 = 170.137$，$A_6 = 98.398$，$A_7 = 31.211$，$A_8 = 4.170$
Haugen	砂粒	氧化铝	$$ER = K\rho_p^{0.1875} d_p^{0.5} v_p^n (\cos\theta)^2 (\sin\theta)^{0.375}$$ $K = 6.8 \times 10^{-8}$，$n = 2.0$
Neilson-Gilchrist	玻璃	氧化铝	$$ER = \frac{v_p^2 \cos^2\theta \sin\dfrac{\pi\theta}{2\theta_0}}{2\varepsilon_C} + \frac{v_p^2 \sin^2\theta}{2\varepsilon_D} \quad (\theta < \theta_0)$$ $$ER = \frac{v_p^2 \cos^2\theta}{2\varepsilon_C} + \frac{v_p^2 \sin^2\theta}{2\varepsilon_D} \quad (\theta > \theta_0)$$ $\theta_0 = \dfrac{\pi}{4}$，$\varepsilon_C$ 为切割磨损常数，ε_D 为变形磨损常数

续表

学者	颗粒材料	靶面材料	模型公式
McLaury	砂浆	铝合金	$\mathrm{ER} = CF_s v_p^n f(\theta)$ $f(\theta) = a\theta^2 + b\theta$　　　　　　　$(\theta \leqslant \theta_{\min})$ $f(\theta) = x\cos^2\theta\sin(w\theta) + y\sin^2\theta + z$　$(\theta \leqslant \theta_{\min})$ $C = 2.388 \times 10^{-7},\ \theta_{\min} = 10°,\ n = 1.73,\ a = -34.79,$ $b = 12.3,\ w = 5.205,\ x = 0.174,\ y = -0.745,\ z = 1$
Oka	砂粒	不锈钢316	$E(\alpha) = g(\alpha)K(aH_V)^{k_1}\left(\dfrac{u_{\mathrm{rel}}}{u_{\mathrm{ref}}}\right)^{k_2}\left(\dfrac{D_p}{D_{\mathrm{ref}}}\right)^{k_3}$ $g(\alpha) = \dfrac{1}{f}(\sin\alpha)^{n_1}\left[1 + H_{V2}^n(1 - \sin\alpha)\right]^{n_3}$ $K = 6.8 \times 10^{-8},\ k_1 = -0.12,\ k_2 = 2.3H_V^{0.038},\ k_3 = -0.19,\ n_1 = 0.15,$ $n_2 = 0.85,\ n_3 = 0.65,\ f = 1.53,\ u_{\mathrm{ref}} = 104\mathrm{m/s},\ D_{\mathrm{ref}} = 326\mu\mathrm{m}$
Archard	软钢	银质 合金钢	$W = K\delta P/p_m$ $K = 6 \times 10^{-5}$，W 为磨损体积，δ 为滑移距离， P 为外加载荷，p_m 为轻质材料的流动压力
Finnie	碳化硅	SAE 1020钢	$\mathrm{ER} = K v_P^n f(\alpha)$ $f(\alpha) = \begin{cases} \dfrac{1}{3}\cos^2\alpha & (\alpha > 18.5°) \\ \sin(2\alpha) - 3\sin^2\alpha & (\alpha \leqslant 18.5°) \end{cases}$ K 是模型常数，v_P 是粒子的撞击速度，对于金属， 指数 n 的值通常在 $2.3 \sim 2.5$ 范围内
Grant 和 Tabakoff	砂粒	2024 铝合金	$\mathrm{ER} = k_1 f(\alpha) v_p^2 \cos^2\alpha(1 - R_T^2) + f(v_{pn})$， $f(\alpha) = \left[1 + k_2 k_{12}\sin\left(\alpha\dfrac{\pi/2}{\alpha_0}\right)\right]^2$， $R_T = 1 - \dfrac{v_p}{v_3}\sin\alpha\ f(v_{pn}) = k_3(v_p\sin\alpha)^4$ $k_1 = 3.67 \times 10^{-6},\ k_{12} = 0.585,\ k_3 = 6 \times 10^{-12},$ $k_2 = \begin{cases} 1 & (\alpha \leqslant 2\alpha_0) \\ 0 & (\alpha > 2\alpha_0) \end{cases}$ $\alpha_0 = 25°$
Bourgoyne	砂粒	铸钢	$\mathrm{ER} = F_e\dfrac{\rho_p}{\rho_t}\dfrac{W_p}{A_{\mathrm{pipe}}}\left(\dfrac{v_{\mathrm{SG}}}{100\alpha_g}\right)^2$ F_e 为冲蚀因子，ρ_t 为壁面材料密度，W_p 为颗粒体积流量， A_{pipe} 为管道横截面积，v_{SG} 为气体表观流速，α_g 为气体体积分数
Salama	砂粒	碳钢	$\mathrm{ER} = \dfrac{1}{S_m}\dfrac{W_p v_f^2 d_p}{D^2\rho_m}$ S_m 为几何相关系数，v_f 为流体速度，ρ_m 为混合流体密度，D 为管径

注：F_s 为形状系数，K，n 等为经验常数。

3. 冲蚀实验研究现状

Alam[15]、Han[16]、Zhang[17]等研究了二次冲蚀、不同冲击角、不同冲击速度对喷射冲蚀效果的影响。Alam[15]等利用电子显微镜与光学显微镜表征了受冲一段时间后的油气输送管道微观结构，发现产生冲蚀的主要原因是严重的塑性变形及材料脱落，同时在较高的浆料浓度下，犁削和微切削会引起二次冲蚀，如图1-3所示。Han[16]、Zhang[17]等通过电镜扫描发现冲击角和冲击速度对目标表面的磨损机理有很大的影响，材料的弹性模量会显著影响颗粒的冲击效果，较小的模量会产生较大的冲击力、较长的冲击时间和较深的压痕。

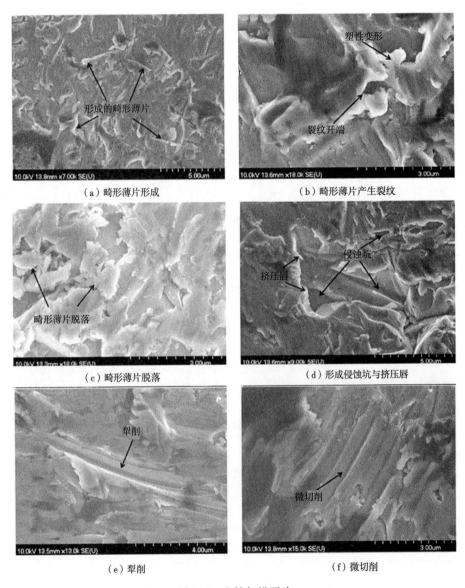

图1-3　电镜扫描照片

Zhang等[17]实验分析了压裂管道在多相流作用下的冲蚀磨损，发现随着冲击角的增大，冲蚀磨损由起初的切削变成切削和塑性变形结合，到最后完全依赖于颗粒撞击引起的塑性变形。此外，他们还发现高应力冲蚀磨损与正常冲蚀磨损有重要区别。当应力超过一定值时，冲蚀磨损就变得更为严重。长时间的冲蚀磨损会导致坑内应力集中，使得材料更容易受到后续冲蚀颗粒的影响。由于高压弯头的外拱壁部分反复受到拉应力的作用，因此随着工作压力的增大，磨损速率也随之增大。冲蚀与颗粒材料本身也有密切的关系，Yao等[18]采用射流实验分析了液固两相流对不锈钢的冲蚀响应，发现石英砂比海砂的冲蚀作用更加明显，如图1-4所示，不锈钢的单位面积质量损失与时间呈线性关系，冲蚀表面特征为沿流动方向形成犁耕或微切削，304不锈钢的冲蚀速率略高于316不锈钢，说明目标材料的硬度对其抗蚀性有决定性的影响，在抗蚀性方面起着积极的作用。Wang等[19]实验发现，试样是否浸没在液体中对结果的影响较大，当试样浸没在水中时，液体中的射流发展受到的黏性阻力较大，局部撞击角发生明显变化，形成W形疤痕。但如果射流暴露在空气中，撞击速度和撞击角度的变化较小，因此产生的疤痕形状较为平坦。Nguyen等[20]实验研究了颗粒直径对冲蚀特性的影响，发现冲蚀速率一开始随着颗粒尺寸的增加而增加，冲蚀速率在颗粒尺寸为150μm时达到最大值，然后随着颗粒尺寸变大而逐渐减小。

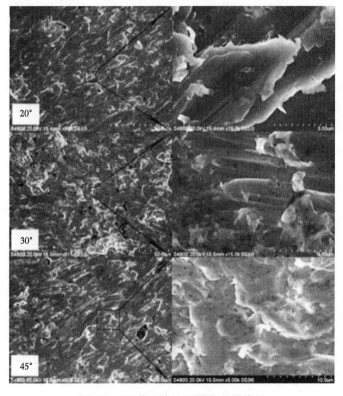

图1-4 石英砂冲蚀不同角度形貌图

不同的靶面材料抗蚀性不同，Yabuki等[21]使用狭缝射流装置对7种聚乙烯、3种其他类型的聚合物以及铁和钢进行了浆料冲蚀实验。结果表明，在测试的颗粒冲击角范围内，聚乙烯具有比其他材料更好的抗蚀性。Haugen等[8]对28种材料的抗蚀性进行了对比分析，发现3种碳化钨固体材料和2种陶瓷材料抗蚀性很好，碳化钨涂层可以大大提高材料的抗蚀性。因此，人们想到用表面涂层的方法来保护管道本体。Wheeler等[22]实验研究了海上闸阀喷涂硬表面涂层的冲蚀特性，确定了具有最大抗腐蚀性的热喷涂涂层需要满足的条件：（1）研磨表面；（2）均匀的微观结构；（3）孔隙率低；（4）碳化钨尺寸分布窄；（5）碳化钨分解的发生率低；（6）涂层/基材界面没有喷砂残留物。

弯管是实际工程中实现流动方向改变的关键管道构件，但就是因为流体在弯管中出现了方向的转变，流体中携带的固体颗粒对弯管壁的冲蚀尤为严重，这也是为何大多数学者针对弯管的流动冲蚀进行研究的原因。Zeng 等[23]在环道实验中采用阵列电极测试了不锈钢在 90°弯头不同部位的冲蚀程度，发现弯管主要冲蚀位置位于外拱壁。Ronald 等[24]利用环道实验装置研究了颗粒对弯管的冲蚀，发现在相同的冲击角度下，冲击颗粒速度越高，冲蚀速率越高；撞击角越低，冲蚀速率越高，弯管外拱壁冲蚀严重区域集中在 15°~40°之间。弯头布置方式的不同也直接影响了冲蚀程度，Ronald 等[25]的实验研究表明，水平弯头在不同流型下具有不同的冲蚀行为，在一定流速条件下，水平弯头的冲蚀比垂直转水平弯头小得多。Liu[26]等也采用环道实验研究了 90°水平弯头的冲蚀情况，发现冲蚀速率随着颗粒速度在一定范围内增加而增加，当速度从 3.5m/s 增加到 4.0m/s 时，冲蚀速率增加越来越快，在弯头入口区域（轴向角度为 0°~45°）表现更为明显。Ronald[27]实验还发现单相（气体）的最大冲蚀位置在弯管 45°左右；通过增加单相流动中的颗粒大小，最大冲蚀速率的位置没有改变；300μm 砂粒的冲蚀速率是 150μm 砂粒的 1.9~2.5 倍。

为了减小弯管的冲蚀，人们提出了在弯管内壁加设肋条的方法。Yao 等[28]实验测试了加装肋条对弯管冲蚀的影响，研究表明，在相同的高度条件下，矩形肋条比方形肋条具有更高的冲蚀保护效率；与无肋条管道相比，带肋条管道的冲蚀速率降低了 26.14%；在他的研究工况下，截面数为 3×2 的肋条具有最佳的冲蚀保护效率。Fan 等[29]的实验研究也发现矩形肋条抗冲蚀效果比正方形肋条好，带肋条的弯管平均冲蚀程度是裸管的 1/3，但弯管焊装肋条并不会改变壁面冲蚀位置。

受弯管加装肋条的启发，部分学者提出了一些仿生学解决方案，将管道受冲壁面仿照动植物的表面加工。其中，Huang 等[30]通过喷射实验研究了仿生结构材料的冲蚀特性，发现在达到稳定周期后，仿生样品单位时间的失重比对照样品小 10%左右。Han 等[31]受红柳表面结构启发设计了一种仿生结构，通过喷射实验研究发现具有 V 形槽的仿生表面具有最佳的抗冲蚀性能，仿生表面能有效提高抗冲蚀性能 28.97%。另外，他们设计了 4 种耐蚀仿生模型。经模拟研究发现，与方形槽面、U 形槽面、凸面的仿生试样与光滑试样相比，V 形槽面具有更好的耐蚀性能，并且认为颗粒流动磨损中颗粒引起的成分表面冲蚀可以通过在表面挖一个流动方向的槽来减少，如图 1-5 所示。

除弯管外，学者们对常见的存在流道结构变化的管阀构件都进行了一定的研究，包括钻井、分离等油气钻采过程中出现的冲蚀问题。Ahmed 等[32]在环道实验中研究了流动加速冲蚀条件下孔板下游的流动和传质，研究发现最大传质系数在小孔下游 2~3 倍管径处，该处同时也是流动分离旋涡产生高湍动能的位置，孔口下游最大磨损值位于 5 倍管径以内。增加进气速度会加快冲蚀的发生，Sedrez 等[33]实验研究了以流化催化裂化（FCC）颗粒为固相、以空气为气相的旋流器冲蚀问题。实验表明，在旋流器中随着进气速度的增加，冲蚀速率增大，特别是在 30m/s 和 35m/s 时。在相同的来流速度下，冲蚀量随固体负荷率的增加而减小，固体颗粒间的碰撞会削弱颗粒对壁面的冲击动能，一定程度地降低壁面的冲蚀速率。Huang[34]采用分析了颗粒含量与注气量对钻杆冲蚀磨损的影响，并完善修

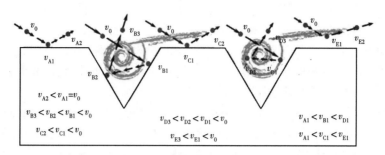

图 1-5　凹槽表面与气固流动界面相互作用示意图[31]

v—颗粒初始速度；下标 0—初始位置；下标 A、B、C、D、E—不同的位置

正了钻杆冲蚀磨损模型。Liu 等[35]对钻井四通的冲蚀研究发现，冲蚀主要发生在旁路入口，最大冲蚀发生在旁路入口 40mm 处。Zhang 等[36]采用气固两相流环道实验分析了管道中侵入探头的表面冲蚀行为，发现冲蚀最严重的部位为上游面，在冲蚀实验开始时为探头顶部，但在实验结束时，冲蚀面向探头底部移动。Xu 等[37]利用电化学集成电极阵列来测试搅拌釜中试样的冲蚀程度，他们在搅拌釜内壁面贴有 WBE❶ 和试样，通过搅拌器高速旋转形成的高速流体来冲刷 WBE 和对比试样。结果表明，WBE 能较好地模拟流动条件下钢片试样在 FAC❷ 中的腐蚀和冲蚀行为。Poursaeidi[38]通过喷射实验预测了固体颗粒冲击对轴流压气机第一级叶片（IGV）的冲蚀。颗粒轨迹表明，其对第一级叶片和转子压力面、定子压力和吸力面产生的冲蚀较明显，最高冲蚀速率出现在转子叶片尖端和定子轮毂，尤其是前缘附近。

4. 冲蚀模拟研究现状

由于实验研究受工况和成本的限制，往往不能全面反映和预测实际生产工况的冲蚀现象，尤其是深水高温高压环境下的冲蚀流动。因此，学者们利用计算流体力学（CFD）数值仿真技术模拟了携带固体颗粒的多相流动，得到了颗粒在主相流场中的分布、速度、运动轨迹等信息，再结合实验得到的冲蚀经验模型开展冲蚀速率的预测。因此，CFD 仿真的主要功能是模拟实验难以实现的复杂工况多相流场分布，而冲蚀速率的计算仍然依赖于实验得到的经验模型。

学者们对弯管的冲蚀模拟相对较多，弯管的角度、颗粒的速度和颗粒含量等都直接影响着冲蚀结果。Banakermani[39]研究了不同角度弯管壁面的最大冲蚀速率，发现管壁冲蚀速率随着弯管弯曲程度呈先增大后减小趋势，75°弯头的冲蚀速率最大。Peng 等[40]研究了不同流速、颗粒质量流量、曲率半径与管径条件下弯管内壁的冲蚀分布和颗粒轨迹，发现曲率半径较小时，不同入口速度下弯管的粒子轨迹和冲蚀分布相似，冲蚀轮廓呈现 V 字形疤痕，这些疤痕是由颗粒的一次碰撞与二次碰撞造成的。此外，弯管的冲蚀速率随颗粒质量流量呈线性增加。曲率半径较大时，肘部冲蚀速率呈现许多峰，弯头 V 字形疤痕是由第一次碰撞引起的。Zhang 等[41]采用离散颗粒法（CFD-DPM）模拟了气液固三相流弯管冲蚀，发现肘部的外弧和下游管道与肘内侧之间的连接处冲蚀最为严重；当粒子的入射位置

---

❶　WBE 是一种自制的特殊电极。

❷　FAC（Flow Accelerated Corrosion）表示加速腐蚀。

远离入口平面的顶部时，二次碰撞的可能性变小。此外，冲蚀速率随着曲率半径的增加而降低。Zeng 等[34]通过离散单元法（CFD-DEM）研究了天然气管道中携硫颗粒的颗粒圆度、浓度、冲击速度和冲击角度对弯头冲蚀作用的影响，发现随着颗粒圆度的增加，冲蚀速率先降低后升高；当圆度小于 0.77 时，冲蚀速率主要受冲击速度和冲击角度的影响；当圆度大于 0.77 时，颗粒浓度对冲蚀速率的影响更为明显。

颗粒本身的运动方式和特征也对冲蚀的结果具有显著的影响。Mohammad 等[43]使用 CFD-DPM 方法研究了气固两相湍流中旋转颗粒对天然气弯头的冲蚀。研究发现，由于旋转升力的影响，在存在颗粒旋转的情况下，在肘部的内表面和外表面上产生大尺度的颗粒集中区，颗粒旋转运动导致与壁面发生更具破坏性的碰撞。Carlos 等[44]采用 CFD-DPM 模型研究粒子之间的碰撞对弯管的影响，研究发现在低质量载荷情况下，粒子间碰撞也会对数值结果产生积极影响。另外，壁面粗糙度对冲蚀也存在影响，随着粗糙度的增加，冲蚀深度单调减小。

靶面材料本身对冲蚀也有直接的影响，Mazdak[45]采用 CFD-DPM 模型研究了石油天然气管道的冲蚀情况，发现当颗粒直径大于 $100\mu m$ 时，冲蚀质量比（冲蚀材料的质量/冲击颗粒的质量）几乎与颗粒尺寸无关。同时，发现脆性材料的冲蚀速率趋势与韧性材料不同。对于韧性材料，在较低的冲击角度下会发生较高的冲蚀速率，这是由于较低角度的颗粒更有效地形成和切削壁面。另外，脆性材料的最大冲蚀发生在接近正常的冲击角度，因为脆性材料中的冲蚀主要是由变形开裂引起的。

除携砂气流外，部分学者开展了液固和气液固多相流动冲蚀的模拟。Pei 等[46]使用 CFD-DEM 方法模拟了液固两相流对弯管的冲蚀影响，发现颗粒直径为 0.6mm、速度为 5m/s 时冲蚀位置主要位于弯管两侧壁面；当颗粒直径增大到 1.5mm 时，冲蚀位置移动到弯头外拱壁下游。在气液固多相流动冲蚀的模拟中，Peyman[47]发现增加液体流速可以使得颗粒表面液膜厚度增加，从而减小冲蚀。对于恒定的气体速度，随着液体速度的增加，大多数颗粒在较低的冲击角度下撞击，这解释了液流速度较低时冲蚀速率更高的现象。

此外，数值模拟采用的模型对计算结果也有一定的影响。Zhang 等[48]模拟发现湍流模型对于砂粒冲蚀预测精度有影响，他们认为雷诺应力模型进行冲蚀模拟最合适的湍流模型，并且提出直管段轴向的网格细化不会影响冲蚀结果。Lopez 等[49]对比了 FLUENT 和 OpenFOAM 两种软件对管道射流冲蚀的模拟结果，发现冲击角和速度趋势均具有一致性，数值之间的差异很小。Coker 等[50]基于 CFD-DPM 方法提出考虑颗粒间碰撞的预测模型，颗粒碰撞是由于来自不同流线的颗粒具有不同的速度及方向而发生的，碰撞后会继续冲击管壁。Avi 等[51]用 CFD-DEM 方法验证了 ODEM 算法（ODEM 是一维两相流流动模型和描述粒子—壁面碰撞特征的统计分布函数的组合，同样的模拟条件下，ODEM 的计算时间只有 CFD-DEM 方法的 1/54）的可靠性，与 CFD-DEM 计算结果对比发现，两者结果吻合较好。

Song 等[52]利用 CFD-DPM 方法研究了在管道内壁加装肋片对冲蚀的影响，研究发现一定的肋片高度对管壁冲蚀具有明显的减弱效果。Fan 等[53]通过改变肋片形状，研究了不同形状肋片对弯管抗冲蚀性能的影响，发现等腰直角三角形具有更好的抗冲蚀性能。Zhu 等[54]对 90°弯头外侧壁不同位置安装的梯形肋条进行了模拟分析，发现颗粒的第一次冲击发生在 $\theta=35°$ 的部位，形成椭圆形的冲蚀痕迹，然后颗粒再次撞击弯管外拱壁，形成 V 形冲蚀痕迹；当肋条放置在第一冲击部位的前面时，肋条将成为牺牲元件，可以在一定程度上保护弯管免受颗粒的撞击。然而，随着肋条向后移动，其保护弯管壁面的作用减弱。肋条加装在 $\theta=25°$ 处具有最佳的抗冲蚀性能，最大冲蚀降低了 31.4%，而在 $\theta=35°\sim45°$ 处的肋条磨损速度达到最大值。Zhu 等[55]考虑了气体的压缩性，模拟研究了井口放喷管线的冲蚀情况，发现严重冲蚀区位于弯曲角平分线下游约 30° 处，为颗粒的主要撞击区。入口流量越大，冲蚀越严重，但随着管径的增加，冲蚀严重程度减弱。

除了弯管外，学者们对阀门、三通管、换热器、孔板、渐缩管、旋流器等复杂设备也开展了大量的模拟研究。Liu 等[56,57]模拟了液固两相流对蝶阀的冲蚀，发现随着冲击速率、颗粒质量分数、颗粒直径的增加，蝶阀冲蚀速率增加且阀盘的冲蚀主要发生在圆表面的上游。随着入口压力、速度、质量流量、壁面剪应力的增加，湍流强度和颗粒冲蚀程度会增强。然而，随着阀门开度的减小，质量流量、壁面剪切应力、湍流强度和颗粒冲蚀会明显减少。当阀门开度分别为 60° 和 30° 时，蝶阀的冲蚀主要发生在阀盘的边缘附近；当阀门开度为 90° 时，蝶阀的冲蚀主要发生在阀盘前后部分。因此，可以通过增大阀门开度或降低入口压力抑制蝶阀的冲蚀。Wallace 等[58]采用 CFD-DPM 模型对节流阀进行了冲蚀研究，发现在入口变径处，阀门受到的冲蚀较为严重。Hu 等[59]研究了钻井节流阀抗冲蚀性能，发现钻井液在控压钻井节流阀室壁面上，迁移钻屑产生的冲蚀磨损主要发生在阀芯末端，由于阀盖的内壁和阀座受到冲击的角度较大及冲击速度较低，其冲蚀面积和最大冲蚀速率比阀芯的端部小得多。同时模拟再次证实了流体速度、颗粒质量流量是影响颗粒冲蚀速率的主导因素，尽管不同开度和钻井液密度对冲蚀速率有影响，但其影响小于上述两个因素。Nemitallah 等[60]采用 CFD 模拟分析了孔板下游的固体颗粒冲蚀情况，研究表明，发生冲蚀的峰值位置紧靠孔板的下游，其次是二次碰撞的区域。壁面的总体冲蚀速率随入口速率增加而增加，随着颗粒尺寸的增加而降低。Knight 等[61]对孔板下游小口径管道壁厚减薄、泄漏的原因进行了分析，认为变薄的原因主要是由大量液滴撞击管壁引起的，这些撞击发生在涡流再附着点所在位置下游约 2 倍管径处。

Huang 等[62]研究了不同颗粒尺寸气固两相流对一端加盲板的三通冲蚀作用，发现三通管中的冲蚀区域主要沿缓冲壁和内外接头分布。当颗粒直径较小时，接头处的冲蚀更大，而当颗粒直径较大时，缓冲壁中的冲蚀更大。Pouraria 等[63]通过对比水下生产系统的弯管与三通管冲蚀效应，指出三通管对冲蚀具有一定的缓冲作用，使用寿命会长于弯管，推荐在弯管外拱壁增加盲端，将其改造成盲通的三通管，可以一定程度地缓解弯管的冲蚀。

Gao[64]模拟了液固两相流对管式换热器的冲蚀作用，发现流速较高和流动角度较低的区域容易产生冲蚀，在 20° 时发生严重冲蚀。Bremhorst 等[65]采用 CFD-DPM 方法研究了管壳式换热器入口段冲蚀现象，指出大流入角度在入口处有更好的分流效果，入口分流处往往是冲蚀磨损最严重的区域，减小入流角度可以有效减少冲蚀磨损。

Cai 等[66]模拟分析了汽轮机的气体颗粒流动冲蚀特性，发现喷嘴和旋转叶片后缘的冲蚀损坏主要是由灰分颗粒的高速切削行为引起的，典型的入口蜗壳结构导致第一级喷嘴沿圆周方向的不均匀冲蚀。Campos-Amezcua 等[67]进行了蒸汽叶轮叶片固体颗粒冲蚀的数值模拟，发现 Tabakoff-Wakeman 冲蚀模型对蒸汽叶轮叶片的固体颗粒冲蚀预测最为精准，颗粒直径对冲蚀结果的影响最大。Mehdi 等[68]采用 CFX 软件中的 Tabakoff-Grant 冲蚀模型对汽轮机冲蚀位置进行了进一步探索，认为汽轮机有着 3 个比较明显的冲蚀区域，第一个也是受影响最大部分是定子叶片的后缘，第二个受影响较小的部分是转子叶片吸入侧的前缘，第三个是转子叶片压力侧的中心区域。Krishna Khanal 等[69]也采用 CFX 中的 Tabakoff-Grant 冲蚀模型对混流式流道叶片进行了优化设计，认为曲率系数为 25% 的叶片型线是最优叶片型线。Huang 等[70]采用 CFD-DEM 模型对离心泵内液固两相流动进行了瞬态模拟，研究发现当颗粒向蜗壳移动时，颗粒轨迹与叶轮叶片形状一致，但由于颗粒间相互作用频繁，颗粒浓度较高，无法区分颗粒大小对轨迹的影响。

Subhash 等[71]采用 CFD-DPM 方法对水力压裂钻井液流动过程中的油管进行了冲蚀分析，发现最大冲蚀发生在远离管道入口处。Graham 等[72]研究了钻井液流动过程中圆柱外壁的冲蚀情况，发现涡流作用引起的冲蚀比固体颗粒直接撞击在壁面上引起的冲蚀更加严重，典型部位可达 1.6~3.5 倍。Zheng 等[73]模拟探讨了水力压裂过程中的冲蚀破坏现象，其研究结果表明，冲蚀现象是由于砂粒和球座壁之间的冲击和切削造成的，最大冲蚀区域位于锥面与圆柱通道之间的连接处。他们还研究了锥角和结构形式对平均冲蚀速率的影响，认为 20°~30° 的锥角是球座的合适范围。

Farzad 等[74]模拟研究了内圆锥尺寸对旋风分离器冲蚀的影响，发现当内锥直径和高度增加时，冲蚀速率增加，并且当旋风分离器不具有内圆锥时，其冲蚀速率更大。Xu 等[75]采用 CFD 液固两相流模型模拟了新型内卷型入口水力旋流器的冲蚀效果，结果表明新型旋流器可以有效降低维护成本和降低矿物处理过程中的操作压力，同时可以消除潜在危险区，降低集中磨损的等级。

Farzin[76]采用 CFD-DPM 液固两相流模型分析了扼流圈几何形状对管道冲蚀的影响，研究发现相对于传统扼流圈，扼流圈圆台形逐渐收缩结构能够很大程度上减弱收缩断面的冲蚀。Habib 等[77]研究了管道渐缩段的冲蚀情况，发现入口速度以及颗粒直径对管道冲蚀响应有很大影响，相同条件下随着流速及颗粒直径的增加，管道冲蚀更严重。Hu[78]在 Habib 基础上研究了管道渐缩段收缩比对管道冲蚀速率的影响，发现随着管道收缩比的增加，管道的冲蚀速率逐渐降低。Gianandrea[79]对涡轮喷油器的冲蚀现象进行了数值研究，发现最大冲蚀位置位于喷嘴座出口边缘，喷嘴座上的冲击角通常低于 20°，表明切割磨损可能是佩尔顿涡轮喷射器最主要的冲蚀机制。

Xu 等[80]基于 CFD-DEM 方法对流化床冲蚀情况进行了模拟分析，发现流速和管形对流化床内浸入式管道的磨损速率和分布具有显著影响。浸没管的冲蚀模式随气体流速的增加而变化。此外，沿管轴线的方形管冲蚀也与圆管的冲蚀不同。气速和管形对三维鼓泡流化床的水动力特性有显著影响。Yuh[81]通过 CFD 分析了提高功率对沸水反应堆冲蚀磨损的影响，研究表明提高反应堆功率对冲蚀位置分布影响微乎其微，在实际生产中没有必要因为提高功率去修改管道系统。

部分学者还对数值模型和冲蚀模型进行了修正。Zhao 等[82]针对 DEM 模拟提出了一种 SIME 冲蚀模型，根据剪切冲击能量与冲蚀能量的比率预测冲蚀，靶面的冲蚀可以通过从每次冲击中剥落的材料体积累加获得。通过实验验证表明，SIEM 结合 DEM 可以较准确地预测磨蚀性冲蚀。Jin 等[83]利用浸入边界法研究了气固两相流对交错管束的冲蚀情况，发现第一排管束的整体冲蚀随着颗粒尺寸的增加而增加，第二排管束的冲蚀损伤远大于第一排，且靠近壁面边界的管道冲蚀远大于位于管道中心的相应管道。Lin 等[84]采用 LDM 方法研究了不同压力下气固两相流冲蚀情况，发现当气流流速和颗粒速度不变时，该方法在高压条件下的预测结果与实验结果相近，最大冲蚀位置在弯管出口附近，朝向重力的方向。最大冲蚀速率和平均冲蚀速率随着气固两相、气相、固相的增加而增加。

目前，专门针对深水管柱的冲蚀研究较少。但深水油气开采广泛存在流动方向改变的弯头、三通、管汇等部位以及流道结构发生变化的阀门、变径管等构件，流动冲蚀问题不可避免。并且深水管柱一旦因流动冲蚀发生失效、泄漏，其带来的后果不堪设想，不仅仅是停产和经济损失，对生态环境的破坏可谓是灾难性的。因此，针对深水工况条件，开展有针对性的流动冲蚀研究尤为必要。

二、深水管柱的流致振动

深水管柱承受着内部油气多相流流致振动与外部波流引起的涡激振动两种流固耦合作用，易于发生疲劳损伤。尤其是当振动频率与管柱固有频率相近时会引发共振，造成管柱短时间内断裂损坏，后果不堪设想[85]。

1. 内流流致振动

诱发输流管道系统振动的主要因素包括[86]：输流管内流体流动状态突然发生变化，引起流体对管道的冲击，产生振动，如控制管道的运动部件突然制动；流体流经管道变截面处出现的空穴现象；管道的结构设计不合理、仪器仪表配置不符合要求，管内多相流型、流态不断发生变化等，都会使管道产生振动的现象。当系统外的激发频率与所给定的管道固有频率较接近或一样时，就能引发管路的共振现象。

目前，研究内流引起管道振动的方法主要有[87]：

（1）特征线法。即把不稳定流动问题的两个偏微分方程，用两个特征值转换成四个常微分方程，然后使用显式差分方法把常微分方程表示成差分方程，在计算机上求解出输流管道系统振动方程的方法。

（2）有限元法。对连续的几何结构离散成若干个单元，并在单元中设定有限个节点，进而把几何体看成很多个单元的集合体。同时选定场函数的节点值作为基本未知量，并在每一单元中假设一个近似插值函数，以表示单元中场函数的分布规律，再建立求解未知量的有限元方程组，从而把问题转化为有限自由度的问题，最后形成整体结构的线性方程组，进而引入边界条件解方程。用有限元法可对输流管道系统进行结构模态分析与响应分析等动力学分析。

（3）特征线有限元法。基于上述两种办法的不足之处，要实现相互补充。因此，对流体使用特征线法，对梁模型的管道结构应用有限元法，把流体节点和管道的节点重合。这样就能够准确计算出流体管道的振动响应结果，排除了特征线法的误差，但是计算工作量比较大。

（4）传递矩阵法。此方法较多应用在链式结构模态的分析上。目前，大量应用在充气管道、梁的结构上。这个方法较有限元其总的传递矩阵维数不随单元的增加而加大，始终是 7 维。这也是该种方法的优越之处。

（5）互功率谱法。该方法是用有限差分法，得到结构波传播方向上数个测点的波长、截面上的速度、平均力信号，再通过求力信号与速度信号频域内互功率谱的方法进行能量流频域的计算与分析。

（6）组件结合法。该方法在频域内使用比较合适，首先要用有限元软件对管道结构振动进行模态分析，响应分析几个必需的低阶模态，通过力的作用来实现流固耦合，但是不适用于管道的瞬态响应。

管道振动主要受激振力和共振两个因素的影响[88]：当激振频率一定时，激振力越大振动则越强；当激振力频率和管道的固有频率接近时，振动就会越强，当两者的频率相同时就会出现共振现象。

自从 1885 年 Brillouintl 第一次观察到流体引起的管道振动现象以来，输流管道振动现象就引发了很多人关注[89]。他的学生 Bourrierest 于 1939 年推导出了输流管运动的方程，对悬臂系统输流管的振动有了深刻的认识。但是由于战争的因素，这些研究被搁置了。直到第二次世界大战后的 20 世纪 50 年代开始，才有专家对输流管道的振动问题重新进行研究，此后有关输流管道的振动与稳定性问题的研究论文开始大量报道。

最初的输流管道振动研究，主要是对输流管道系统进行粗略的分析计算，后来随着计算机的发展应用，输流管道振动问题研究进展加快。到了 20 世纪 70 年代，有关管道流固耦合振动的理论陆续被发表，进入高速发展时期。Dai 在管道系统固有频率研究过程，指出平稳的结合力对输液管道振动的影响，阐述了系统稳定性与频率响应函数间的关系。Aromond 开展了管道中黏性液体流固耦合振动的研究。Rubinow 则对黏性流体在黏弹性管道中的多模态流固耦合振动问题进行了分析。Wiggert 通过理论推导了管道的振动响应，用低阶模态表述了管道的振动，并用特征线法验证了四方程模型的准确性与可靠性，但他没有考虑泊松耦合对振动的影响。Tijisseling 对一端固定、另一端存在轴向形变的管道进行了实验分析，发现 30s 内的结果与实际较吻合，但由于实验条件的局限性，没有得到更长时间的结果。

通常的气液两相流管道中，激振力常出现在流体转向处，如弯头、肘管和三通处[90]。Yih 等研制出了第一个测试此力的实验装置，测出了向上流动的空气—水两相流作用在三通上的作用力，建立了激振力与管径、流速之间的无量纲关系式。Riverin 等对内径为 20.6mm 的 U 形管和 T 形管气液两相流诱导振动进行了实验研究，采用韦伯数对测得的管道作用力均方根值进行了关联，得到了很好的同一性。Bowns 等在 1970 年之后对泵源内阻抗进行了实验研究，并对管路系统开展了振动特性分析。Har 通过实验发现，气液两相流诱导管道振动的原因是系统的质量、离心力等发生周期性变化导致的，这给研究管道的振动提供了理论依据，成为研究管道振动的理论基础。Pettigrew 与 Tu 对气液两相流中流体质量及阻尼等动态参数进行了分析，总结了气液两相流体诱发管道振动的机理，包括对水击现象、流体动态冲击、湍流诱发随机振动等现象的解释。Riverin 等发现在多相流流经 U 形管时会产生管道振动的现象，为之后流量计的设计研究奠定了基础。在 1976 年，Paidoussis 和他的团队进行了有关输流管道振动的实验研究，看到了参数共振的现象。随后又在 1987 年[91]、1993 年[92] 和 1998 年中，对脉动流管道的参数共振、具有非线性运动约束的悬臂（定常流、脉动流）输流管道、悬臂（定常流）输流管道进行了大量的实验研究，详细地分析了流体流动对管道振动特性产生的影响，并且得出了关于管道振动特性变化的结论与认识。

我国关于流体与管道耦合作用的研究起步较晚。最早开始于 20 世纪 70 年代，王世忠等利用哈密尔顿原理研究了输流管道的三维振动，并且探讨了管道的稳定性。王应珍在 1990 年用哈密尔顿原理构建了钻杆横向振动的微分方程，该方程可以得出井筒内钻井液流速对钻杆横向振动频率的影响。张系斌在 1993 年研究了管道内流体流动与流体压力的关系，并建立了管道横向振动的微分方程，求解出了管道的振动固有频率。孟庆华等分析了气侵钻井液对钻柱振动的影响，发现井筒内气体的流动速度对钻柱的固有频率影响很大。张智勇等采用传递矩阵法对管道和液体间的泊松耦合与连接耦合做了模态分析。马小强等采用传递矩阵法，研究了输流管道在临界流速下的振动响应问题。倪樵和黄玉盈利用微分求积法研究了输流管道振动稳定性的问题。杨超等则利用特征线法对充液输流管道的耦合振动问题进行了研究，最终得到了输流弯管的耦合振动方程，并通过实验对充液管道耦合振动的特性进行了验证，提出了新的抑制管道振动方法。曹树平等采用有限元方法对水锤现象导致的管道振动进行了研究，提出了基于三角形单元的管道系统动态模型。杨春犁同样应用有限元法，对弯管进行了复模态分析，建立了三维模型与管道轴向振动模型。

李明等针对海洋立管气液混输中出现的段塞流，分析了由其引起的管道流固耦合振动，提出了流固耦合数值计算方法。华陈权建立了气液两相流实验装置，通过测量管道振动信号，研究了流型与振动信号的关系，进而揭示流体诱发管道振动的内在机理。钱秀清通过对加氢管线内的流体振源进行研究，发现段塞流正是管道振动的诱因，得到了垂直管道与水平管道段塞流发生的频率。刘清玉指出两相流诱导管道振动的首先应该分析管道内的流型，其次分析是否会形成段塞流，进而分析其诱导的振动响应。周晓军结合理论分析与数值计算方法解释了气液两相流的流固耦合现象，进一步简化了段塞流运动模型，提出一种可以用于立管弯头部位的动静载荷的分析计算方法，运用该方法可以计算出管道内的流体流速对弯头振动的影响规律。但该方法没有考虑到弯头部位的压力损失，所以计算的结果精度偏低。王树立等对含气率不同的气液两相流在 $90°$ 弯管中的传递及衰退规律进行了实验研究，得出冲击压力波在弯管中的传播与直管有很大的差距，弯管外侧的压力要比内侧大，而在弯管的进口与出口处的直管段内外侧压力相同。柯银燕等针对冲击压力对液压阻尼管道的非线性耦合振动、壁厚、边界条件等因素进行研究，并应用软件进行了阻尼分析，为液压管道结构的设计以及避免耦合振动提供了一定的参考依据。吕慧等开展了不同液体压力对航天液压管道模态分析的研究，结果表明，若考虑管道及其内部流体的流固耦合作用，其管道的固有频率会降低。朱红钧等针对自由悬挂柔性立管分析了管内不同形式的段塞流引起的振动响应，发现立管底部压力波动的频率与管道振动的某一阶频率相当，而管道的振动对内部段塞流长度及运移速度也产生了影响，体现了流固耦合作用。

描述管道振动主要有圆柱壳模型和梁模型两种建模方式[93]。圆柱壳模型[94]适用于管路的壁厚远小于管长和管径等特征参数，壁厚为小变形运动且满足 Kirchhoff 假设。梁模型[95]适用于管道截面积与惯性矩比较大和长细比较大的管道。在工程实际中，如低频、低马赫数流体、细长管等，可用梁模型来代替圆柱壳模型来简化运动方程。由于常用管道长径比远大于 1，厚径比又不是很小，因此研究中普遍采用梁模型。若流体为无黏不可压缩的稳定流动，忽视重力、结构阻尼、管道外部拉压力时，等直管的弯曲自由振动方程为[96]：

$$EI\frac{\partial^4 u_y}{\partial z^4} + MW^2\frac{\partial^2 u_y}{\partial z^2} + 2MW\frac{\partial^2 u_y}{\partial z \partial t} + (M+m)\frac{\partial^2 u_y}{\partial t^2} = 0 \qquad (1-19)$$

式中　EI——管道的抗弯刚度；

　　　M——流体的线密度；

　　　m——管道的线密度；

W——流体的平均流速；

u_y——管道横向振动的位移；

z——管道轴向坐标；

t——时间。

Paidoussis 和 Issid 在上述方程的基础上考虑了管道的轴向拉压载荷、重力、管道的材料阻尼和支撑分布阻尼等，将方程改进为：

$$E^* I \frac{\partial^5 u_y}{\partial z^4 \partial t} + EI \frac{\partial^4 u_y}{\partial z^4} + 2MW \frac{\partial^2 u_y}{\partial z \partial z} + (M + m) g \frac{\partial u_y}{\partial z} + C \frac{\partial u_y}{\partial t} + (M + m) \frac{\partial^2 u_y}{\partial t^2} +$$

$$\left\{ MW^2 - T + pA(1 - 2\mu\delta) - \left[(M + m)g - M \frac{\partial W}{\partial t} \right] (L - z) \right\} \frac{\partial^2 u_y}{\partial z^2} = 0 \qquad (1-20)$$

式中　E^*——材料的内阻系数；

　　　C——支承的黏性阻尼系数；

　　　δ——指示管道端部能否移动的因子，非 0 即 1；

　　　μ——泊松比；

　　　p——管内平均压力；

　　　T——管道端部轴向外载。

该方程是至今为止公认的较为完善的描述输液管道液—弹耦合振动方程。

2. 外流涡激振动

涡激振动现象广泛存在于实际工程和生活中，如换热管、烟囱、输电线、桥墩、桥梁拉索、高层建筑、平台脐带缆、锚链、海洋立管等非流线型钝体均不同程度存在因绕流旋涡激发的结构振动。

日常生活和实际工程中，绕流现象随处可见，如风吹过电线、绕过烟囱、越过山丘，飞机、汽车、火车前行时引起的空气相对流动，水流绕过桥墩、船舶、水下航行器，冷、热流体介质绕过换热管束，固体颗粒、液滴在空气中的沉降，飞行的羽毛球、乒乓球、足球，天空翱翔的老鹰，水中畅游的小鱼等。这些绕流大多属于高雷诺数流动，即雷诺数处于亚临界或超临界区域。达朗贝尔在 1752 年《试论流体阻力的新理论》一书中提出，将大雷诺数流动的不可压缩流体简化为理想流体，即忽略流体的黏性，由此得到在高雷诺数流体中运动物体阻力为零的结论。该结论明显与实际不符，但他本人当时无法解释，因而被称为达朗贝尔佯谬。不考虑流体黏性的数学理论为势流理论，在 20 世纪前，人们主要运用势流理论解决流体的绕流问题。

直到 1904 年，普朗特在德国举行的第三届国际数学家学会上提出了边界层的概念。他认为即使在高雷诺数下，从整体而言流体黏性力很小，但在紧贴绕流物体表面的薄层中，黏性力依然为主导作用力，必须考虑黏性的作用；而在这一薄层外，黏性的影响迅速衰减，可以忽略不计。如图 1-6 所示，边界层内，流体沿绕流物体壁面法向的速度梯度较大，黏性力与惯性力处于相同量级，不可忽略，因此边界层内的流体必须用计入流体黏性的动量方程来求解；而边界层外流体速度变化很小，可以近似看成理想流体，适用于势流理论求解。普朗特的这一提法解释了绕流物体阻力的来源，也弥补了达朗贝尔佯谬的不足，在流体力学发展史上具有划时代的意义。

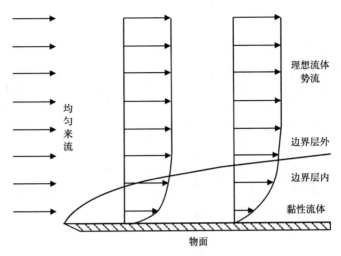

图 1-6　绕流流动分区

绕流物体绝大多数为钝体，即非流线型结构，流体绕至钝体尾部时会形成尾涡，这与绕流物体表面边界层的发展密切相关。

流体刚接触物体表面时，仅有紧贴前缘的极薄层流体受到黏性吸附的影响，流速迅速减小，且与固体表面接触的流体与固体之间无滑移，速度为零。随着流体继续向后运移，受黏性影响而减速的流体层逐渐增厚，而该流体层内存在明显的速度梯度，即为前文所述的边界层。普朗特将边界层定义为从物体表面速度为零处沿物面法向直至速度为 $u=0.99U\infty$ 的存在速度梯度的流体薄层，可见边界层的厚度已经明确给出。因此，流体绕经物体表面必然经历边界层逐渐增厚的过程。对于无限长的平板而言，流动边界层逐渐增厚，边界层内出现了流态的转变。这是由于物体表面足够长，给边界层提供了足够长的发展机会。然而，实际工程和生活中的绕流物体大多数为钝体，不可能提供无限长的发展空间，因而，边界层发展到一定程度后必然与物体表面分离。

边界层分离有两种可能：一种是由绕流物体形状决定的，当边界层发展到绕流物体的拐角处时被迫分离，如棱柱、方柱的绕流，如图 1-7 所示；另一种是物体表面尚有可供边界层发展的空间，但是由于绕流剖面和流动参数的变化，壁面流体速度梯度出现为零的转

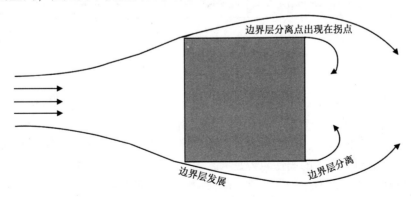

图 1-7　方柱绕流的边界层分离

折点，随后引起边界层分离。下面就第二种边界层分离情况，以任意一曲面钝体为例进行分析。

如图 1-8 所示，来流以较高的雷诺数（$Re \geq 100$）经过一曲面钝体。由于曲面钝体占据了流体的部分过流空间，造成了流体经过曲面钝体时过流截面积发生变化，在曲面钝体迎流截面最宽处（即最高点 M 处），过流截面积降至最低。不可压缩流体在过流截面积减小时速度增大，而速度增大又会引起压强减小，因此，在流动边界层自曲面钝体前缘发展到 M 点的过程中，流体绕流的速度逐渐增加，而压强相应降低，在 M 点出现最大流速和最小压强，由于这个过程中压强沿程下降，与常规流动的压强变化趋势一致，称为顺压梯度。而 M 点之后，由于钝体自身曲面变化，过流截面积开始增大，流速逐渐减小，部分动能转化回压能，使得压强沿程不减反增，与此同时，由于流体黏性阻滞作用，流体动能逐渐减小直至消耗殆尽。图 1-8 所示的贴体坐标系下曲面钝体绕流的边界层运动方程可以表示为：

$$u \frac{\partial u}{\partial x} + v \frac{\partial u}{\partial y} = -\frac{1}{\rho} \frac{\mathrm{d}p}{\mathrm{d}x} + \nu \frac{\partial^2 u}{\partial y^2} \qquad (1-21)$$

式中　u——沿曲面表面 x 方向的流速；

　　　v——曲面表面法向 y 的流速；

　　　p——流体压强；

　　　ρ——流体密度；

　　　ν——流体的运动黏度。

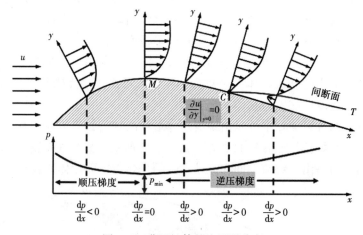

图 1-8　曲面钝体的边界层分离

等式右侧第一项表示单位质量流体受到的压强梯度力，第二项表示单位质量流体受到的黏性阻力。由于 M 点之后压强逐渐升高，为逆压梯度，因此第一项压强梯度力为负值，而黏性阻力与速度方向相反，也为负值，在两者的共同作用下，流体速度不断减小。

由于越贴近壁面，流体的黏性阻力越大，因此在足够大的逆压梯度配合下，壁面上的某一位置流体动能会率先消耗殆尽，该处的法向速度梯度降为 0 [$(\partial u / \partial y)|_{y=0} = 0$]，见图 1-8 的 C 点。此后，流速为零的点将逐渐向远离壁面的方向转移，将主流排挤地脱离了物

体表面，因而产生了边界层的分离。而对于速度为零的边界以内的流体而言，在逆压梯度的作用下，流体从高压流向低压，从而出现了与主流流动方向相反的回流。速度为零的分界面刚好把主流和回流间隔开，因而称为间断面。由于边界层分离的起点是 C 点，称 C 点为边界层分离点，间断面内外流体流动方向相反，存在强烈的剪切作用，又称为剪切层。

因此，第二种边界层分离的条件是存在足够大的逆压梯度，边界层内的流体动能在绕流物体表面某处会减小为零。

海洋钻采管柱为圆柱体结构，而圆柱体属于典型的曲面钝体，前后表面对称。如图 1-9 所示，流体绕经圆柱体同样存在边界层分离现象。由于间断面承受着主流与回流之间的剪切作用，很不稳定，易破裂形成旋涡，形成后的旋涡在主流带动下向下游迁移和泄放。

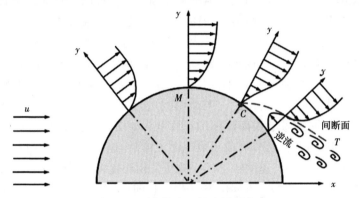

图 1-9　圆柱体表面的边界层分离

通常将绕流物体背流侧旋涡的产生、泄放和迁移的区域称为尾流区，即柱体两侧剪切层之间的区域。而旋涡脱落的形态主要和来流速度、流体黏度和绕流物体的特征尺度有关，而这三个物理参数组成的无量纲数即雷诺数，因此雷诺数常被用于划分绕流旋涡的脱落模式。前人通过大量实验研究总结归纳了不同雷诺数均匀来流绕固定光滑圆柱的尾流旋涡脱落形式。在雷诺数小于 5 时，由于黏性力较大，圆柱后面不会出现边界层分离；但雷诺数大于 5 后，即开始出现分离现象。边界层分离即伴随着旋涡的形成，只不过在雷诺数小于 45 时，旋涡黏附在柱体尾部，未出现泄放，而在较宽的雷诺数区间（$45 \leqslant Re < 3 \times 10^5$ 和 $Re \geqslant 3.5 \times 10^6$），柱体尾部旋涡会以一定的周期交替地脱落，表现出时间的不稳定性和周期性。

美籍匈牙利力学家冯·卡门最早发现并提出了周期性交替脱落的绕流旋涡，后人为了纪念他的贡献，将尾流区内周期性旋涡的泄放称为卡门涡街，如图 1-10 所示。

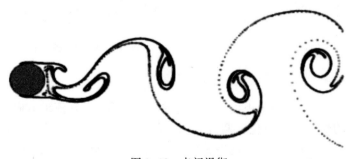

图 1-10　卡门涡街

旋涡的脱落形式与雷诺数有关，而交替脱落的旋涡呈现一定的周期性，与时间有关，因此旋涡的脱落频率与斯特劳哈尔数（St）有关，表示为：

$$f_{s} = St \frac{U_{\infty}}{D} \qquad (1-22)$$

式中　f_{s}——旋涡脱落频率；

　　　U_{∞}——来流速度；

　　　D——圆柱直径；

　　　St——斯特劳哈尔数，当 $300 \leqslant Re < 3 \times 10^{5}$ 时，静止圆柱绕流的斯特劳哈尔数约为 0.2。

斯特劳哈尔数将边界层分离的微观随机特性和表观相对稳定的旋涡泄放有机地联系起来，反映了时变加速度引起的惯性力与迁移加速度引起的惯性力之比。

交替脱落的旋涡在泄放的同时改变了绕流物体表面的压强分布，引起了流体作用力的周期性变化。以圆柱绕流为力，在 $45 \leqslant Re < 3 \times 10^{5}$ 和 $Re \geqslant 3.5 \times 10^{6}$ 范围内，圆柱两侧的旋涡交替地脱落。如图 1-11 所示，当上侧旋涡脱落时，旋涡的旋转方向为顺时针，引起圆柱表面产生一个逆时针的环向流速 u_{1}（与旋涡的旋转方向相反），此时圆柱上侧表面流体的速度变为 $u - u_{1}$，而圆柱下侧表面流体的速度变为 $u + u_{1}$。假设绕流流体为不可压缩流体（绝大多数情况下的绕流流体可以看成不可压缩流体），速度的变化会引起压强的变化，速度较大的一侧压强相对较小，速度较小的一侧压强相对较大，因此在圆柱的横向（垂直于来流方向）形成了一个压差力，方向向下（高压指向低压）。从圆柱表面脱落的旋涡被主流带往下游，在旋涡的迁移过程中，其对圆柱表面流体速度的影响越来越小，因而其引起的环向流速越来越小，压差力也逐渐减小直至为零。当旋涡从圆柱下侧脱落时，该旋涡的旋转方向与上侧脱落旋涡的旋转方向相反，因此在圆柱表面产生一个顺时针的环向流速，从而引起向上的压差力，当旋涡向下游迁移时，该压差力也逐渐减小直至为零。由此可见，从圆柱两侧交替脱落的一对旋涡会引起圆柱在横向出现周期性变化的压差力，这个压差力称为升力（FL）。一对旋涡的产生和泄放的周期对应了升力变化的周期，升力在变化过程中符合正弦函数或余弦函数的变化规律，其方向会发生变化，而时均值往往为零。

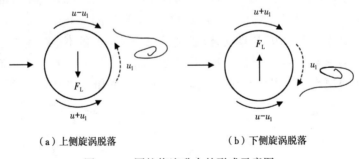

（a）上侧旋涡脱落　　　　　　　　　（b）下侧旋涡脱落

图 1-11　圆柱绕流升力的形成示意图

圆柱除了在横向会受到一个正负交替变化的升力作用外，在流动方向（纵向）还受到一个阻力（F_{D}）的作用。阻力包含两部分：一部分是圆柱前后的压差形成的压差阻力；另一部分是流体绕过圆柱表面形成的摩擦阻力。摩擦阻力与流体的黏性和速度分布有关，方向始终沿着流动方向。压差阻力是由圆柱迎流面和背流面的压强差引起的，圆柱迎流面压强较大，尤其是在圆柱的正前方存在驻点（流速为零），压强达到最大，称为驻压；而圆柱背流侧的压强相对较小，且随着旋涡的生成和泄放发生周期性的波动。如图 1-12 所示，当圆柱一侧有旋涡脱落时，其背流侧的压强达到最小，此时圆柱前后的压差达到最大，压差阻力和总的流体阻力均达到最大值。当旋涡向下游迁移时，圆柱后部的压强逐渐升高和恢复，前后的压差逐渐减小，因而压差阻力和总的流体阻力也逐渐减小。当另一侧旋涡脱落时，压差阻力则重复着上述变化过程。因此，流动阻力的方向始终不变（沿着流体流动方向），但其数值大小存在波动，随着旋涡的产生及迁移不断增加和减小。由此可见，一侧的旋涡产生和迁移即可引起阻力发生一个周期的变化。

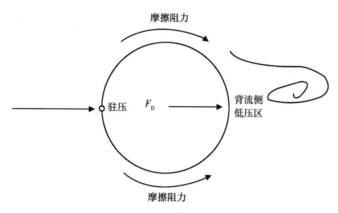

图 1-12　圆柱绕流阻力的形成示意图

钝体尾部的卡门涡街引起了周期性变化的流体作用力，而该流体作用力施加在结构上，即引起了结构的位移、振动及变形响应。由交替脱落的旋涡引起的结构振动响应称为涡激振动。对于与来流垂直放置的弹性支撑刚性柱体而言，可以将其视为弹簧—质量—阻尼系统，柱体的运动响应方程为：

$$M \frac{\mathrm{d}x^2}{\mathrm{d}t^2} + C \frac{\mathrm{d}x}{\mathrm{d}t} + Kx = F_\mathrm{D} \tag{1-23}$$

$$M \frac{\mathrm{d}^2 y}{\mathrm{d}t^2} + C \frac{\mathrm{d}y}{\mathrm{d}t} + Ky = F_\mathrm{L} \tag{1-24}$$

式中　M——柱体的质量；

　　　C——结构的阻尼；

　　　K——结构的刚度；

　　　x——流动方向柱体的位移；

　　　y——横向的柱体位移。

刚性柱体轴向不存在位移，因此其运动方程表示为双自由度的形式。从式（1-23）和式（1-24）可以看出，结构的振动响应满足牛顿第二定律，方程式左边的第一项是 Ma（a 为结构运动加速度），第二项和第三项分别是结构受到的阻尼力和弹性恢复力，由于这两个力与结构运动的方向相反，因而移到了等式的左边，等式的右边为流体作用力，是绕流流体从外界施加的力，整个方程本质上是合外力等于 Ma 的形式。

短直的圆柱体可以看成刚性柱体，但海洋钻采管柱长径比较长，且存在顶端张力，因此可以近似用欧拉—伯努利张力梁模型来表示其运动位移：

$$\frac{\partial^2}{\partial z^2}\left(EI\frac{\partial^2 x}{\partial z^2}\right) - \frac{\partial}{\partial z}\left(T\frac{\partial x}{\partial z}\right) + C\frac{\partial x}{\partial t} + M\frac{\partial^2 x}{\partial t^2} = F_D \qquad (1-25)$$

$$\frac{\partial^2}{\partial z^2}\left(EI\frac{\partial^2 y}{\partial z^2}\right) - \frac{\partial}{\partial z}\left(T\frac{\partial y}{\partial z}\right) + C\frac{\partial y}{\partial t} + M\frac{\partial^2 y}{\partial t^2} = F_L \qquad (1-26)$$

式中　EI——抗弯刚度；

　　　E——弹性模量；

　　　I——惯性矩；

　　　T——有效张力；

　　　x、y——管柱在流动方向和横向的位移；

　　　z——管柱的轴向位移。

上述表达式默认管柱垂直于来流放置，若倾斜于来流或管柱呈曲线状布置（如悬链线），则需要将表达式进一步分解。

由此可见，只要结构受到流体作用力，即会发生相应的位移响应。在结构自身参数不变的前提下，位移响应主要与流体作用力有关。由于流体作用力本身是呈周期性波动的，因而结构的位移响应也存在周期性。

三、深水立管严重段塞流及消除

在海上石油和天然气的开采过程中，立管负责将油气输送到海上平台预处理系统。由于管道中的流量变化和崎岖的海底地形，在立管中很容易形成严重段塞流，严重段塞流具有相当大的气液流速变化和压力波动，可导致管道中压降的快速变化，造成管道末端气液分离器中的流体的溢出，甚至造成分离器被破坏，不能正常使用，还会增加井口背压，减少油气井产量等[97]。

1. 严重段塞流类型

严重段塞流是一种在较低的气体和液体流速下发生的周期性流动现象。由于管道布局的影响，液体积聚在管道的下部并形成液体段塞，有限空间中被阻塞的气体不断累积并最终喷出。严重段塞流具有如下特点：

（1）在低气体和液体流速下发生；

（2）立管中积聚的液体会产生很大的静液柱压力，当气体喷出时产生很大的压力波动；

（3）管道出口处的气液流量变化很大；

（4）压力波动和流量变化等特征参数呈现出明显的周期性。

根据上述定义和特征，严重段塞流可以分为：SS Ⅰ（Severe slugging regime Ⅰ）、SS Ⅱ（Severe slugging regime Ⅱ）和 SS Ⅲ（Severe slugging regime Ⅲ）[99]3 种类型。

严重段塞流 Ⅰ（SS Ⅰ）：发生在低气体和液体流速下，并且液体段塞的长度可以达到一个或多个立管的高度。这种类型的严重段塞流特征主要为巨大的压力波动，立管中液相和气相的间歇流动以及液相的明显截止。严重段塞流 Ⅰ一般可分为液塞累积、液塞流出、液塞喷发和气体喷发4个阶段。如图1-13所示，在液塞累积阶段，气体流速较低不足以携带液体到达平台，液体开始在立管底部聚集，在立管中逐渐形成比较大的静液柱压力。在这一阶段，由于不断有气体在油气井中产生并进入管道，而立管底部的液体占据了整个管道横截面，导致油气井与液塞之间的气体无法排出，并且立管中的静液柱压力不断增大。随着液体从油气井持续进入管系，液塞的上表面逐渐接近立管末端，并最终向下游设备流去，这时段塞流现象开始进入第二阶段。在第二阶段，由于管道中的液塞长度逐渐减小，其具有的静液柱压力也逐渐减小。由于管道中静液柱压力下降的速度远大于液塞尾部气体部分压力的下降速度，剩余液体段被显著加速，将以极高速度流入下游设备，对下游设备造成极大冲击。在第三阶段，在油气井与液塞之间被阻塞的气体开始进入立管部分，而留在立管中的液体进一步减少，这将导致更低的静液柱压力。这种更加极端的压力失衡将导致剩余液体以更大的速度喷射至下游设备，造成巨大的潜在危险。在最后一个阶段，液体部分全部流出立管，气体压力得到充分释放，管道中压力再次实现平衡。由于压力与速度明显降低，油气井内流出的气体开始再次难以携带液体到达平台，液体再次出现回流现象并在立管底端聚集，这意味着下一周期严重段塞流现象的开始。

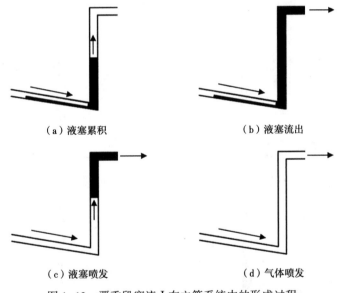

（a）液塞累积　　　　　　　　　　　（b）液塞流出

（c）液塞喷发　　　　　　　　　　　（d）气体喷发

图1-13　严重段塞流Ⅰ在立管系统中的形成过程

　　如图1-14所示，严重段塞流Ⅱ（SSⅡ）是指在立管中集聚的液塞未到达整个立管长度时，气体即窜入立管，即气体憋压的速度较快，在具有足够压能时即进入立管举升液塞。

　　如图1-15所示，严重的段塞流Ⅲ（SSⅢ）仍然是立管中集聚的液塞未达到整个立管长度时，气体即窜入立管。但与SSⅡ的区别是，气体窜入速度更快，在立管中形成含有许多气泡的嵌段，出现夹杂气泡流液塞。

　　在某些气体和液体流速下，会有长时间的稳定流动，但偶尔也会发生严重段塞流，这会导致压力和出口流速的波动。这种状态被称为不规则的严重段塞流。在SSⅡ或SSⅢ区域容易出现不规则的严重段塞，其中气体和液体流速非常接近稳定流量。罗小明等通过实

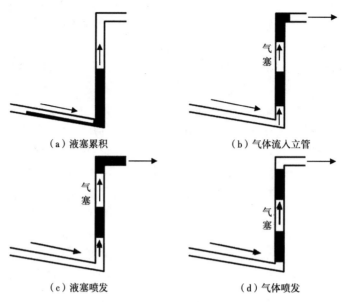

（a）液塞累积 （b）气体流入立管

（c）液塞喷发 （d）气体喷发

图 1-14 严重段塞流 Ⅱ 在立管系统中的形成过程

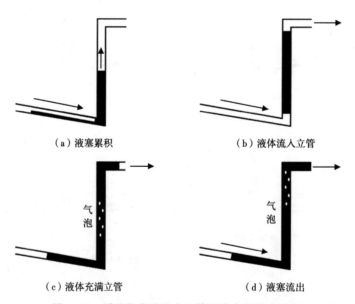

（a）液塞累积 （b）液体流入立管

（c）液体充满立管 （d）液塞流出

图 1-15 严重段塞流 Ⅲ 在立管系统中的形成过程

验给出了 3 种不同类型严重段塞流与表观气体流速、表观液体流速之间的关系图版，如图 1-16 所示。

2. 严重段塞流数学模型

基于理想气体状态方程、流体质量守恒方程及动量守恒方程建立严重段塞流瞬态数学模型，用以计算不同时刻的液塞头部、尾部速度，进而求得不同时刻的液塞头部、尾部位置及立管系统不同位置的持液率和压力等参数。在此过程中假设：（1）沿立管系统的流动为一维流动，液体不可压缩，气体按理想气体处理，气液两相流绝热；（2）下倾管中气液

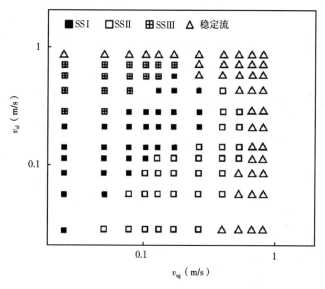

图 1-16　3 种严重段塞流状态分布图版（下倾管角度-4°）[98]

两相流分层流动，分层流持液率沿管长方向一致。

如图 1-17 所示，在液塞形成阶段，气液两相从下倾管入口流入，液体在立管底部累积阻塞气体通道；随着液体不断流入，液塞头部在立管中逐渐上升，立管底部压力不断增大，从而压缩下倾管内的气体，液塞尾部向后移动。而在液塞头部到达立管顶部，气体进入立管之前，液塞尾部向前移动，该过程只有液体从立管顶部流出，即液塞出流阶段。

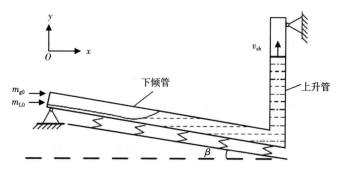

图 1-17　严重段塞流瞬态数学模型示意图

m_{g0}—入口气体质量流量；m_{L0}—入口液体质量流量

该阶段的控制方程如下：

$$v_{Lb} = \alpha_p v_{se} + \frac{m_{L0}}{\rho_L A} \qquad (1-27)$$

$$\frac{\mathrm{d}p_1}{\mathrm{d}t} = \frac{-p_1 \alpha_p v_{se} + \dfrac{m_{g0}Rt}{\mu_g A}}{(L + X_{se})\alpha_p + L_e} \qquad (1-28)$$

$$\frac{\partial p}{\partial y}\frac{\mathrm{d}Y_{sh}}{\mathrm{d}t} + \frac{\partial p}{\partial x}\frac{\mathrm{d}X_{se}}{\mathrm{d}t} - \frac{\mathrm{d}p_1}{\mathrm{d}t} = 0 \qquad (1-29)$$

$$\frac{\mathrm{d}X_{se}}{\mathrm{d}t} = v_{se} \qquad (1-30)$$

对于液塞形成阶段：

$$\frac{\mathrm{d}Y_{sh}}{\mathrm{d}t} = v_{Lb} = v_{sh} \qquad (1-31)$$

对于液塞出流阶段：

$$\frac{\mathrm{d}Y_{sh}}{\mathrm{d}t} = v_{Lb} = 0 \qquad (1-32)$$

式中 v_{Lb}——立管底部的液体表观流速，m/s；

      α_p——下倾管中的截面含气率；

      v_{se}——液塞尾部的移动速度，m/s；

      ρ_L——液体密度，kg/m³；

      A——流体通道截面积，m²；

      p_1——下倾管中气相压力，Pa；

      t——时间，s；

      R——气体常数；

      μ_g——气体摩尔质量，g/mol；

      L——下倾管的长度，m；

      L_e——缓冲罐的等效管长，m；

      X_{se}、Y_{sh}——液塞尾部与头部相对于参考点（立管底部）的位置，m；

      p——流体静压，Pa；

      T——温度，K。

下倾管截面含气率由 Mukherjee-Brill 关联式计算：

$$\alpha_p = 1 - \exp\left[\left(-1.3 + 4.8\sin\beta + 4.2\sin^2\beta + 56.3N_L^2\right)\frac{N_{gw}^{0.08}}{N_{Lw}^{0.505}}\right] \qquad (1-33)$$

$$N_{gw} = v_{sg}\left(\frac{\rho_L}{g\sigma}\right)^{0.25} \qquad (1-34)$$

$$N_{Lw} = v_{sL}\left(\frac{\rho_L}{g\sigma}\right)^{0.25} \qquad (1-35)$$

$$N_L = \eta_L\left(\frac{g}{\rho_L\sigma^3}\right)^{0.25} \qquad (1-36)$$

式中 β——下倾管倾角，(°)，取负值；

      N_L——液相性质准数；

N_{gw}、N_{Lw}——气相、液相表观流速准数；

v_{sg}、v_{sL}——气、液表观速度，m/s；

g——重力加速度，9.8m/s²；

σ——气液两相间的表面张力，N/m；

η_L——液体动力黏度，Pa·s。

气体流出下倾管进入立管，使立管底部静压逐渐降低，气体膨胀，加速上升将液塞推出立管，气液同时喷发。气液喷发阶段的控制方程如下：

$$\left.\begin{array}{l}\dfrac{\mathrm{d}(Y_{se}\alpha_r)}{\mathrm{d}t}+v_{sL}+v_{Lt}=0\\[2mm]\alpha_r=\dfrac{v_{gb}}{v_{se}}\end{array}\right\} \tag{1-37}$$

$$\frac{\mathrm{d}p_1}{\mathrm{d}t}=\frac{-p_1v_{gb}+\dfrac{m_{g0}Rt}{\mu_g A}}{L\alpha_p+L_e} \tag{1-38}$$

$$\frac{\partial p}{\partial Y}+\rho_L\frac{\partial[(1-\alpha_r)(v_{sg}+v_{sL})]}{\partial t}+\rho_L g(1-\alpha_r)+\frac{4\tau_w}{D}=0 \tag{1-39}$$

$$v_{sg}=v_{gb} \tag{1-40}$$

$$v_{sL}=\frac{m_{L0}}{\rho_L A} \tag{1-41}$$

$$\frac{\mathrm{d}Y_{se}}{\mathrm{d}t}=v_{sc} \tag{1-42}$$

式中　Y_{se}——液塞尾部在立管中的位置，m；

α_r——立管内两相流的含气率；

v_{Lt}——立管顶部液体表观流速，m/s；

v_{gb}——立管底部气体表观流速，m/s；

τ_w——壁面摩擦压降，N/m²；

D——管道内径，m。

液塞尾部的移动速度 v_{se} 可由 Nicklin 关联式计算：

$$v_{se}=C_0(v_{sg}+v_{sL})+v_0 \tag{1-43}$$

式中　C_0——流速系数；

v_0——滑移速度，m/s。

当液塞尾部到达立管顶部后，立管内气液两相流包含泰勒气泡和较小液塞，可按块状流处理，气体实际流速 v_g 由 Tengesdal 关联式计算：

$$v_g=C_0 v_m+v_D \tag{1-44}$$

式中　v_m——混合流速，m/s；

v_D——漂移速度，m/s。

立管内气体流速减小至不足以将液体带出立管时，液体开始回落。液体回落过程用以下方程描述：

$$\frac{\mathrm{d}v_{fd}}{\mathrm{d}t} = g - \lambda_d \tag{1-45}$$

$$V_f = \int_0^H (1 - \alpha_r) A \mathrm{d}y \tag{1-46}$$

$$p_f = \rho_L g \frac{V_f}{A} \tag{1-47}$$

式中　v_{fd}——液体回落速度，m/s；

　　　λ_d——液体回落时的摩阻系数，m/s^2；

　　　V_f——回落液体体积，m^3；

　　　H——液位高度，m；

　　　p_f——立管底部回落液体造成的压强，Pa。

3. 严重段塞流的控制

严重段塞流对油田生产具有严重的危害性，特别是在深水作业中，由于立管较长，一般能达到几百米甚至几千米，严重段塞流对生产设备的影响问题要比浅水生产时严重得多[100]。严重段塞流具有压力波动大、高压降的特点，由此便会给油田生产带来一系列的问题，例如，使未开采完的油田过早废弃，降低油田的恢复储量，迫使开采过程中过早地采用增压辅助设备。另外，由于管道出口气液流量剧烈变化，对管道及其下游设备的危害也十分严重。根据液塞长度的不同，分离器的设计容积差异很大，液塞过长可能导致分离器溢流，因而，需要在分离器前安装段塞捕集器。段塞捕集器的设计容积也随液塞长度的增大而增大，这对于环境恶劣的地区，如极地、沙漠、沼泽以及近海平台来说，其费用是不能接受的。

通常可以从两个方面减小或消除严重段塞流[101]：（1）在设计方面采取措施；（2）在原有设备中附加其他设备。严重段塞流的出现是可以预测的。因此，在最初的设计阶段，可以预先通过生产工艺流程以及生产要素的改变，尽量规避严重段塞流，设计海管直径时一定要考虑段塞流影响管线的平稳运行和启输压力，从而维持生产的平稳运行，可以显著提升生产效率。另外，对于已经建成的油田，消除段塞流常采取的方法是增加附加设施。

此外，还有一种方法可以阻滞严重段塞流发生时所出现的断流或溢流现象，那就是把入口分离器建造或改装得足够大，形成的较大空间能够避免该现象的发生。但这种方式占据空间大、生产生本高，通常很少用于生产实践。

　1）控制方法总述

严重段塞流的减小或消除方法主要有节流法、扰动法、气举法以及海洋分离法等[102]。其中，目前最常用的方法是节流法，即在立管顶端（出口端）安装节流装置。以上方法减小或消除严重段塞流的原理综合总结为：减小出油管直径，增加气液流速；立管底部注气，减小立管内气液混合物柱的静液柱压力，增强气体带液能力；采用海底气液分离器，预先分离油气两相流；在海底或平台利用多相泵增压；气体自举；立管顶部节流，增加背压。

（1）节流法。

节流法已经被证实是一种能成功减小或消除严重段塞流的方法，并被成功应用于油田的生产之中。目前，大多数节流装置安装在立管顶部，称为立管顶部节流法[103]。

严重段塞流产生的压力剧烈波动，主要是由大于立管高度的长液塞的静液柱压头引起的。因此，需要将立管底部出现的新液塞在增长至立管顶部之前就被排出。为举升刚形成的小液塞，并使其向下游分离器流动，上游管中的压力应高于立管下游分离器的压力。立管顶部加节流装置可增大管道和分离器之间的压差，有利于立管内刚形成的小液塞在发展成为长液塞之前流出。图 1-18 为立管顶部节流法示意图。

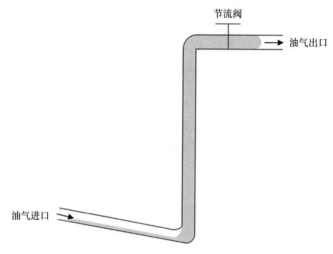

图 1-18　立管顶部节流法示意图

立管顶部节流法通过控制管内流量和压力来消除严重段塞流，如果节流程度适中，可以有效阻止液塞高速喷入分离器，同时背压增加可使管内流体的加速度减小。节流产生的背压增加量与由于气体窜入立管底部而使液塞产生的加速度成比例。这样，气体可以不断地均匀窜入立管底部，最终稳定流动状态。然而，背压过大会使管中流量下降，因而理想的节流法既要尽量减小立管内的压力水头，又要避免产生过剩的节流背压。当然，在油田实际生产运行中，很难达到这个要求，特别是对于深水生产，背压对流量的影响更为严重。因此，如果期望通过节流彻底消除严重段塞流，又不对生产造成负面影响，这在实际生产中是较难实现的。而适当的节流虽然不能完全消除立管中严重段塞流的流动循环，但可在产生较低背压的情况下，使循环波动的严重程度降低到允许的范围内。

（2）气举法。

根据注气点位置及注气方法的不同，可以分为多种方法。其中，最常见的是立管底部注气气举法、自身气举法以及立管顶部节流和底部气举相结合法。

立管底部气举法是通过减小立管内液柱的静压力水头，使立管内的流体在上游管线中的高压作用下加速流动。图 1-19 为立管底部注气气举法示意图。

这种气举法不仅可以消除严重段塞流，还可以帮助管线停输后再平稳启动，这可以保证一些低压油井连续安全生产。其不足之处是设备比较复杂且费用较高。该设备不仅需要安装具有一定容积的气体容器，还要配备压缩机，注入的气量要远大于管道内的原含气量

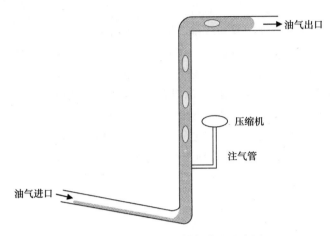

图 1-19　立管底部注气气举法示意图

才能完全消除严重段塞流，形成稳定流动状态。一般现场很少使用该方法。

　　自身气举法是将上游管内气体通过一条小直径导管导入立管中，该过程不仅能减小立管中的压力水头，还同时降低了上游管线中的压力，这样便会减小或消除严重段塞流，使立管中流体保持稳定流动状态。该方法原理与注气法相同，由于注入的气体来源于上游管线，因而被称为自身气举法，如图 1-20 所示。与传统的气举法相比，自身气举法不需配备气体容器、压缩机等设施，大大降低了运行费用，但可能会因为导管较细而发生堵塞，或由于导管的插入导致清管球无法通过。

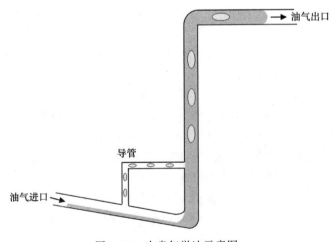

图 1-20　自身气举法示意图

　　鉴于立管顶部节流法产生过多的背压会使流量减小，而立管底部注气气举法需注入大量的气体等不利因素，将立管顶部节流和底部注气气举二者相结合可以更有效地消除严重段塞流。节流将立管中的流体流速控制在较低范围内，以保证气液相流体在较小速度波动范围内稳定连续流动；注气使立管内不断注入气泡，连续举升小液注，使液塞长度减小。目前，该方法只是作为一种可行的方法被学术界提出，还未见到有关其应用于油田生产的报道。

（3）扰动法。

严重段塞流产生的条件是管道中的气液相流量较小，且管道中气液相流体以分层流形式进入下倾管底部，才会在立管底部发生积聚。扰动法的原理是通过扰动装置使管道中的气液相流体流速发生变化，导致管道中的流型由分层流转化为其他流型，也就是使产生严重段塞流的有利流型条件发生变化，导致液体在立管底部不易积聚，不形成段塞现象，最终达到消除严重段塞流的目的[104]。但由于重力的作用，形成的新流型是不稳定的，经过一段距离又要恢复到原来的分层流形式，因而，维持扰动后的流态到达立管底部是能否有效消除严重段塞流的关键。在管道中安装波纹管可以使严重段塞的运行区域减小，严重段塞和振荡流的严重程度得到缓解。如图 1-21 所示，将波纹管的出口设置在立管底部，减小或消除严重段塞流的效果更好[105]。

图 1-21 波纹管

（4）海底分离法。

该方法采用海底分离器和海下液塞捕集器将气液相分离后分别输送。虽然不会使生产系统产生背压，但却需要敷设两条管线，使平台上增加许多设备，费用太高，生产中一般较少采用。

（5）控制流量法。

该方法通过操纵一个控制阀来保持气液混合流率恒定。试验发现，当系统达到稳定流态时，将产生 3 倍的背压。对于深水生产，由于立管底部压力增大以及由于立管较长使信号由底部到顶部的传播时间增长，导致控制系统反应滞后，最终影响输量。

（6）立管底部注入气液混合物举升法。

该方法是将一条混输管线附近的另一条高产混输管线中的部分气液混合物引入其立管底部，既达到了消除严重段塞流的作用，又有利于停输后再启动。该方法优于立管底部注气法，既避免了焦耳—汤姆逊冷却效应，也不需要额外配备注气系统，但需要额外利用一条高产混输管线，因而只能应用于特殊情况。

（7）立管底部安装表面控制阀法。

该方法的原理类似于节流法，但有关数据表明，该方法会导致生产压力过大。这样，对于深水生产可能会影响其输量。

2）工程中常见的严重段塞流抑制方法

（1）频繁通球控制段塞流量。

用通球的方法消除混输管道中的滞液，以增加管道输送能力，一直是生产上采用的基本方法。该方法可快速消除管道中滞留液体及固体杂质，防止严重段塞流产生。

（2）设置段塞捕集器。

管道终端段塞流捕集器容积是按照管道一定输量下气液平衡后通球产生的段塞流量而确定的。因此，在实际生产中会遇到下列问题：

当管道输量低于该设计输量时，气体携液能力降低，管道滞留量增加，气体平衡的时间延长。但平衡后通球所产生的段塞流量要超过原输量下的段塞流量，即超过段塞流捕集器的容量。

随着混输管道的增长，滞留量及段塞流量也越来越大，给捕集器的建造带来一定的困难，有时捕集器容积不能满足通球段塞流量的要求。

上述两个问题归纳为一点：当段塞流捕集器容积低于管道段塞流量时，该如何保证系统的正常运行？目前，经常采用的办法是增加通球频率将段塞流化大为小，防止其过量。美国的 GPSA "Engineering Data Book" 指出：通球是减小段塞流捕集器容积的一种方法。通过频繁间断地通球减少管道中滞留量，并相应减小捕集器尺寸，因此在设计捕集器时应考虑通球的频率。

（3）增加输气量减少管道中滞留量。

滞留量是引起段塞流的基本条件，通过控制滞留量可控制管道因停球引起的段塞流量。当改变管道运行条件增加输气量后，可增加气体的携液能力使原管道中的滞液被部分扫出。

上面几种消除严重段塞流的方法各有优缺点，都不是特别的完善。但是，由于节流方法比较简单、易于控制，是目前最常用的方法。

节流法和扰动法都能显著地起到消除严重段塞流的作用。虽然两种方法的工作原理不同，但当选择相同的直径比的节流或扰动孔板时，达到的限制严重段塞流发生区域的效果基本一致。节流或扰动都能使管道入口压力波动幅度减小，达到稳定。但这两种方法都会引起管道入口压力明显增大，其中节流法引起的压力增加更显著。对于立管顶部压力，通过节流或扰动，其波动也会明显减小，达到稳定可见。若从节流法和扰动法引起的压力变化的角度来看，扰动法使上游管道中产生的背压比节流法小很多，具有一定的优点。

节流程度适当时可以彻底消除严重段塞流。然而，节流程度较小时不仅不会消除严重段塞流，还会导致压力波动更大、周期更长，带来更严重的危害。

扰动程度适当时同样可以消除严重段塞流。扰动程度较小时虽然不会使管道中流体达到稳定流动状态，但能使压力波动的幅度变小、周期变短，削弱严重段塞流的危害。

采用立管底部注气气举的方法可以消除严重段塞流现象，实现管道出口气液的稳定流动，减小系统的最高压力，同时可以防止上游水平管内出现高频率的长液塞流动。但是消除严重段塞流需要的注入气体流量很大，实验分析发现，气举法所需的最佳注入气量可以采用流型图来判断和计算。

四、水合物及防治

天然气水合物（Natural Gas Hydrate，简称 Gas Hydrate）是在一定条件（合适的温度、压力、气体饱和度、水的盐度、pH 值等）下，由水和天然气形成的类冰的、非化学计量的、笼形结晶混合物。而深海管线高压、密闭、存在节流等特性，导致伴随有水的天然气在管线流动的过程中很容易生成水合物。一旦形成水合物，将严重影响管线正常的运行工作[106]。

天然气水合物是一种白色固体物质，有极强的燃烧力，由主体分子（水）和客体分子（甲烷、乙烷等烃类气体，以及氮气、二氧化碳等非烃类气体分子）在低温（-10 ~ 28℃）、高压（1~9MPa）条件下，形成的具有笼形结构的似冰状晶体[107]。其中，水分子的碳氢原子在低温、高压条件下依靠氢键连接形成笼形晶格结构，气体分子则填充于水分子构成的笼形晶格之中，依靠范德华力与水分子达成平衡，从而形成相对稳定的天然气水合物，分子结构式为 M·nH$_2$O。

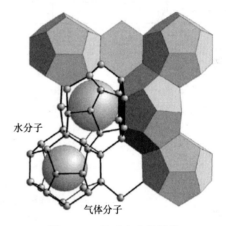

水分子

气体分子

图 1-22　Ⅰ 型水合物结构

依照水分子笼形结构的不同，到目前为止，科研人员已经发现的天然气水合物常见结构有Ⅰ型、Ⅱ型和 H 型[108]。如图 1-22 所示，Ⅰ型水合物为立方晶体结构，其在自然界分布最为广泛，仅能容纳甲烷、乙烷、CO$_2$、N$_2$、H$_2$S 等分子，这种水合物中甲烷普遍存在的形式是构成 CH$_4$·5.75H$_2$O 的几何格架；Ⅱ型水合物为菱形晶体结构，除包容 C$_1$、C$_2$ 等小分子外，较大的"笼子"还可容纳丙烷及异丁烷等烃类；H 型水合物为六方晶体结构，可以容纳直径超过异丁烷的分子，如 iC$_5$ 和其他直径为 7.5 ~ 7.8nm 的分子。H 型水合物早期仅存在于实验室，1993 年才在墨西哥湾大陆斜坡发现其天然产物。Ⅱ型和 H 型水合物比Ⅰ型水合物更稳定。另外，在格林大峡谷地区也发现了Ⅰ型、Ⅱ型和 H 型 3 种水合物共存的现象。天然气水合物笼状结构中的孔穴内充满了轻烃、重烃或非烃分子，具有极强的储载气体能力，一个单位体积的天然气水合物可储载 100~200 倍于该体积的气体量。天然气水合物燃烧的化学方程式为：

$$CH_4 \cdot 8H_2O + 2O_2 \xrightarrow{\text{点燃}} CO_2 + 10H_2 \tag{1-48}$$

根据形成的环境不同，水合物中可以包含不同类型的气体分子，自然界中能够形成水合物的天然气体通常包括 C$_1$、C$_2$、C$_3$、C$_4$ 以及 CO$_2$、N$_2$ 和 H$_2$S 等其他碳氢化合物。

天然气水合物的形成，除了必须具备气、水物源条件之外，还包括合适的温度与压力条件。充足的天然气体与水是天然气水合物形成的物质基础，而合适的温度与压力条件则是能否形成天然气水合物的决定性因素。决定水合物形成的温度与压力范围，即天然气水合物温压稳定带，受诸多因素如地表/海底温度、温度梯度、水合物形成气组分以及盐度条件等的影响，但最根本的控制因素还是温度与压力。

前人研究结果表明，天然气水合物可以在一个相对较为宽泛的温压范围内形成，如图1-23所示。因此，虽然通常说天然气水合物的形成要求低温高压条件，但实际上这种低温高压是相对的。实践与人工模拟研究结果也证实，在特定的高压条件下，特定小分子气体可以在相对较高的温度区间形成水合物。有研究表明，在压力为33~76MPa条件下，温度为28.8℃时甲烷水合物仍可产生；在390MPa高压条件下，甲烷水合物的形成温度甚至可高达47℃。另外，在温度较低的条件下，即使在压力不太高的情况下也可以形成水合物（表1-2）。因此，只要系统中具有充足的气源与水源，便可在一个相对较宽的温压范围内形成天然气水合物。

表1-2　不同气体在0℃时形成水合物所要求的临界压力

气体	CH_4	C_2H_6	C_3H_8	CO_2	H_2S
压力（MPa）	2.65	0.53	0.165	1.22	0.093

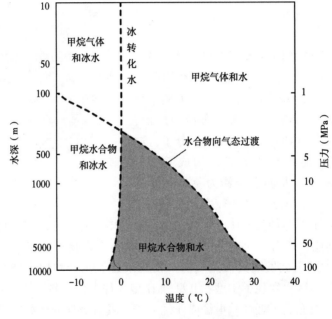

图1-23　天然气水合物相图

天然气水合物从物理性质来看，可存在于零下或零上的温度环境，密度接近并稍低于冰的密度，剪切系数、介电常数和热导率均低于冰。此外，天然气水合物的毛细管孔隙压力较高。天然气水合物与冰、含水合物层与冰层之间具有明显的相似性，主要表现为：第一，它们具有相同组合状态的变化流体转化为固体；第二，均属放热过程，并产生很大的热效应（0℃融冰时需用0.335kJ的热量，0~20℃分解天然气水合物时每克水需要0.8~0.6kJ的热量）；第三，结冰或形成水合物时水体积均增大；第四，水中溶有盐时，二者相平衡温度降低；第五，冰与天然气水合物的密度都不大于水，含水合物层和冻结层密度都小于同类的水层，含冰层与含水合物层的电导率都小于含水层，并且含冰层和含水合物层弹性波的传播速度均大于含水层。

　　天然气水合物的一个特殊性质是其对天然气体与纯水的富集作用。水合物的形成过程是一个从分子层面上富集气体与水的过程。研究揭示，水合物富集的天然气体（主要是甲烷）呈高度浓缩态，一个体积的甲烷水合物在常温常压下完全分解，依水合物结构不同，可获得160~180多个体积的甲烷气体。另外，水合物对天然气体与纯水的富集能力以及水合物分解时的吸热效应，也为天然气水合物的工业利用提供了可能。

　　从稳定性方面看，天然气水合物是特定温度与压力条件下的产物，同时具有相对的易形成性与易分解性。首先，适合形成水合物的温度与压力区间可以相对较大，这使得常规油气生产与储运管线中水合物的防治显得十分必要。其次，特定温压条件下呈稳定状态的水合物，当温度升高和（或）压力降低时，会很容易发生分解。水合物的易分解性会对水合物资源开发以及常规油气开发中的钻井作业造成潜在危害，同时也可能对大气与海洋环境造成危害，使水合物防治与水合物对环境影响成为水合物研究领域不可回避的问题。

　　天然气水合物的上述特殊性质，促进了水合物研究内容与研究方向的不断拓展，使其成为油气工业界长期持续的研究热点。

1. 深水开发中水合物的形成原因

　　在深水开发工程中，天然气水合物发生冻堵，可能会造成严重事故。实践表明，冻堵产生的主要原因有两点：一是管道内含水，部分管段存水较多，在温度低时直接冻结或形成天然气水合物；二是由于节流效应（焦耳—汤姆逊效应），温度急剧降低，当管道温度低于天然气水露点时，天然气组分中的水分子析出，在高压低温条件下，生成天然气水合物，产生冻堵。

　　1）水合物生成的影响因素

　　水合物的生成是一个多组分、多阶段的极其复杂的过程，其受热力学、动力学、传质和传热等多种因素的影响[109,110]。除此之外，成核基质两亲性、添加剂、多孔介质环境和杂质、溶液组成和流动条件等的不同对水合物生成也存在不同程度的影响。

　　（1）一定的温度压力条件。

　　水合物形成必要的两个条件就是高压和低温。天然气在流出地层，在油管中运动的过程中，一般压力为9.00~10.00MPa。对于组分相同的气体，压力越高越容易生成水合物，而在海洋油气工程中，天然气的开采都是在高压条件下进行的；与压力相反，对于相同组分的气体，温度越低，越容易生成水合物。海底的低温环境又为水合物的生成提供了绝佳的温度条件，如图1-24所示。此外，采气过程中，高压天然气通过节流阀时，由于节流效应会造成温度的突然下降，温度一旦低于天然气的水露点，天然气中的水蒸气就会凝析成液态水，这也为水合物的形成创造了有利条件[111]。水合物形成所需要的温度和压力会因天然气组分的不同而变化。一般情况下，甲烷要形成水合物需要的压力为28bar❶，温度为1℃；而其他烃类所需要的压力则比较低，一般为5bar，温度依然为1℃。

　　（2）系统中有自由水存在。

　　地层水以及钻井和酸化压裂施工中的残留水，生产时大部分以游离水的形式存在，这些水被天然气带到了运输管道内，而在一定的温度和压力下，这些水便会与天然气结合，形成天然气水合物，进而导致运输管道堵塞。

---

❶　1bar=10^5Pa。

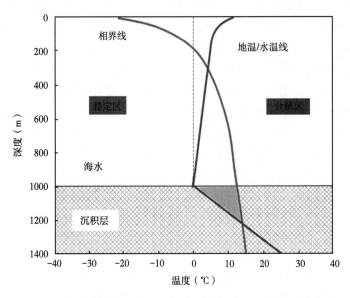

图 1-24　深水天然气水合物稳定存在的深度—温度关系示意图

（3）成核机制两亲性。

水合物在含有杂质的体系中成核，被称作非均质成核。此时，水合物较易在体系中的固相表面成核，固体表面即称为成核基质，基质的两亲性对于水合物成核的难易程度有显著的影响。基于界面化学与经典结晶理论的分析认为，成核基质的亲水性越强，水合物越容易形成，即亲水性基质能够促进水合物形成。

（4）添加剂。

①表面活性剂。

表面活性剂一方面作为水合物颗粒的阻聚剂被广泛应用在油气输送管线的水合物堵塞防治中，其主要作用方式为在水合物生成后防止颗粒之间的聚并，从而降低堵塞风险。另一方面，表面活性剂物质也被多数学者证实能够促进多种气质的水合物生成速率，是典型的水合物动力学促进剂。

表面活性剂对于水合物生成具有促进作用，它的加入能够改变气—水界面水合物层的形态，进而使气—水分子透过水合物层持续接触，提高水合物的生成速率。这种气—水分子的持续接触主要是由于水合物层间的多孔结构对水分子产生的毛细管力引起的。含有表面活性剂体系中水合物的生成形态，在气—液界面以下主要呈树枝状生长。

同时，表面活性剂还能够降低体系的表面张力，它降低了水合物成核功，使水合物更容易形成。阴离子、阳离子和非离子型表面活性剂都能够促进水合物生成，而阴离子表面活性剂的促进作用则比其他两种表面活性剂更强。

②动力学抑制剂。

天然气水合物动力学抑制剂（KHI）是低剂量水合物抑制剂的一种，主要包括一些大分子聚合物和生物提取物。KHI 并不改变天然气水合物的热力学相平衡条件，而是通过抑制水合物成核，延长水合物生成时间，从而降低油气管线堵管风险。

动力学抑制剂的抑制机理十分复杂，不少学者认为其抑制作用主要是抑制剂分子在水合物晶格表面的吸附造成的。动力学抑制剂抑制水合物生成的两个步骤：在水合物晶核达到临界尺寸之前，通过扰乱晶格结构和水分子簇的结构来抑制水合物成核；水合物成核之后，抑制剂分子通过氢键吸附在晶核表面，从而抑制水合物晶核生长。

③热力学抑制剂。

目前，油气工业中主要还是通过向管线中注入热力学抑制剂来抑制水合物生成。热力学抑制剂主要包括一些醇类物质和一些电解质，其中甲醇是工业中最常用的抑制剂，用量通常可达 50%~60%。对于热力学抑制剂的研究目前已经比较成熟，它能够明显改变水合物相平衡条件，作用机理主要有两种：一是破坏水的亚稳态晶格。抑制剂大多为电解质，在水中电离产生的离子有较强的极性，从而使水分子之间的键合力减弱。例如，甲醇、氯化钙、盐等主要以这种方式起作用。二是降低气相中水的蒸气压，从而不能满足生成水合物所需要的最低含水量。例如，乙二醇就属于这类抑制剂。

虽然热力学抑制剂对水合物生成具有很强的抑制作用，但其具有用量大、经济效益差、环境危害性强等缺点，已逐渐不适用于油田大规模开采的广泛应用。

（5）多孔介质环境和金属、矿物杂质。

实际情况的水合物成核多为非均质成核，体系的杂质或一些添加物形成的多孔介质结构会显著影响水合物的生成情况。

水合物生成主要受本征动力学、传热和传质 3 个因素的影响。向体系中加入多孔介质或一些杂质无非是通过改变这 3 个因素，进而影响水合物的生成。多孔介质具有较大的比表面积，能够增加体系的传质面积；氧化铜和铁棒等金属物质在增加反应表面积的同时，还能够增强体系的传热；而添加物的表面两亲性则能够通过改变水合物结晶的吉布斯自由能势垒，进而影响水合物的本征反应动力学常数。通常加入一种添加物往往能够同时影响以上两三个因素，需要综合考虑。

（6）液体环境组成成分。

实际情况的水合物生成往往不是在纯水中进行的，而是在水溶液中或油水混合物中进行，所以溶液的组成和油品组分对于水合物生成具有重要的影响。

通过研究发现，在体系中加入正庚烷能够延长水合物的诱导期，并降低水合物的生长速率。这是由于正庚烷的加入改变了水合物的平衡温度，也增加了体系内气体向水分子传质的阻力。同时，正庚烷与 KHI（天然气水合物动力学抑制剂）共同作用的抑制效果要弱于 KHI 单独作用的抑制效果，这说明烷烃会削弱 KHI 的抑制作用。

实际油气管线中，原油的析蜡点往往在水合物生成温度之上，所以原油中蜡晶的析出也会对水合物的生成产生重要影响。蜡晶析出能够移走液态烃中的重烃组分，从而增加轻组分的浓度，进而影响水合物相平衡的分解温度和分解压力。此外，蜡晶析出能为水合物提供必要的成核场所，会促进水合物生成。

此外，通过对比盐水溶液以及含原油成分的盐水体系中的水合物生成情况，发现原油的加入能够显著抑制水合物生成。原油整体的抑制效果并不与某一种或者两种组分的含量成比例关系，而是所有组分共同作用产生的。由此可见，原油组分对于水合物生成的影响十分复杂。对于原油组成和 KHI 的共同作用，原油能够削弱 KHI 的抑制效果。因此，在实际油气输送管道的水合物防治中，需要进一步明确原油与 KHI 共同作用的机理。

（7）流动条件。

通过一些反应釜内的研究表明，相比于搅拌频率、幅度以及流动速度等条件，加速度对于诱导期具有更强的决定性作用，而加速度大于 $10m/s^2$ 时将显著促进水合物生成。

高载液量条件下的体系由于气量太少限制了气体分子的传质作用，具有较低的水合物生长速率。油包水的全分散体系和含有自由水的部分分散体系对比，后者对于水合物生成具有较好的促进作用。

中国石油大学（北京）的史博会等研究了油包水拟单相体系的压力、温度和流速对于水合物生成的影响。结果表明，水合物的诱导期随着温度的降低而显著减小，随着压力的升高则表现出无序性。这从实验角度验证了对于水合物生成驱动力的定义，即过冷度能够近似作为水合物成核的驱动力，而压力则不能。同时，实验结论证明，随着流速的增大，水合物诱导期出现先减小后增大的趋势。这主要是由于小流速限制了气体分子的传质作用，随着流速增大传质作用增强，促进水合物生成。但随着流速的继续增大，体系降温难度增大，传热作用被限制，则表现出对水合物生成的抑制作用。因此，流速对于水合物生成的影响要综合考虑其对体系传质和传热的影响强度。

目前，关于流动条件对水合物生成的实验研究多是在反应釜或单相管输条件下进行，而实际应用尤其是油气输送管线中多为气液多相流动。对于管道多相流动条件下，诸如气液相折算流速、流动形态等对于水合物生成的影响则需要在未来的实验研究中进一步明确。

2）水合物形成的物理过程

凝固点以下的液态水称为过冷水，随着温度的降低，过冷水内部存在氢键连接的网状结构和水分子簇两种特殊的结构，如图 1-25 所示。这两种结构是水合物形成的"原材料"。当能够形成水合物的气体分子溶于过冷水之后，过冷水体系的熵有减小的趋势，说明气体分子的溶解能够加强过冷水内部的有序程度，即气体溶解能够使过冷水内部的网状结构更加有序。随着过冷水亚稳态的持续或温度的继续降低，溶解的气体分子就能与水分子内部的网状结构形成水合物晶核。

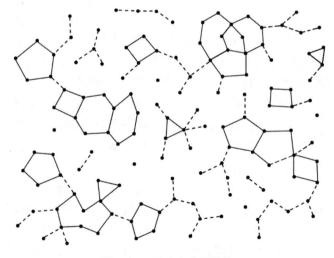

图 1-25　过冷水内部结构

对于水合物成核的机理，目前主要有成簇成核机理、界面成核机理和局部结构成核机理 3 种假说。

成簇成核机理认为过冷水中的网状结构和分子簇不断破坏和重组，在重组过程中则会包裹气体分子，形成水合物晶格，晶格的可逆生长形成稳定的水合物晶核，过程如图 1-26 所示。

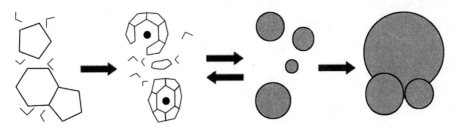

图 1-26　成簇成核机理示意图

界面成核机理则考虑水合物主要在气—液界面处生长，气体主要由于界面吸附作用而被水分子网状结构包裹，形成水合物晶格，继而生长为水合物晶核，过程如图 1-27 所示。

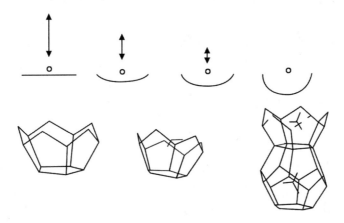

图 1-27　界面成核机理示意图

局部结构成核机理则认为水分子簇不能够稳定地生长成为水合物晶核，它认为气体分子溶解在过冷水的网状结构中时，自身的分布状态与其在水合物晶格内的分布状态是相同的，而水分子的网状结构则会围绕这些气体分子形成水合物晶核。

2. 天然气水合物防治

海洋环境的温度普遍较低，而采气管柱或井筒内又是高压气体，天然气十分容易与裹挟的水在这种高压低温的环境下形成天然气水合物。

天然气水合物在管道中形成，会减少天然气流量，增大管线压差，损坏管件，影响测量设备，严重时会发生管道事故。天然气水合物在井筒中形成，会堵塞井筒，减少油气产量，损坏井筒内的设备，严重时造成油气井停产。为保证生产作业安全、经济、稳定地进行，需要对可能出现天然气水合物造成冻堵的管线、管柱进行防治工作。

天然气水合物的防治原理[112-115]是通过破坏天然气水合物的形成条件（指温度、压力、水、天然气），来达到无法形成水合物或分解水合物的防治目的。目前，天然气水合物防治方法有干燥法、控压法、加热保温法和加化学试剂法。

1）干燥法

干燥法也被称为脱水法。水是天然气水合物形成不可或缺的物质成分，水合物生成需要由水分子构成的笼形框架，如果能去除天然气组分中的水，就可以降低生成笼形框架的概率，减小水的活度和露点，就能有效地阻止水合物的生成。干燥法通过将天然气的水分含量控制在一定范围内，抑制天然气水合物形成。

干燥法有一定的局限性：水合物的产生并不是绝对需要自由水相的存在，如果水合物晶核或自由水吸附于壁面或其他地方，尽管液态烃相中的水浓度很低，水合物也容易从液态烃相中生长。其次，对于井筒这样的环境，干燥法不具备可操作性，且井筒产水量一般较大，使用干燥法会极大地增大经济成本。因此，目前干燥法常用于陆上天然气的长输管道。

2）控压法

控压法即控制压力法，通过降低体系压力以达到抑制水合物生成的目的。在管线内水合物已经生成的堵塞部位，使用控压法能有效地促进水合物分解。

井筒中常采用逐级节流的方式对管道降压，由于单级节流在降低管道压力的同时，会导致管线内温度迅速降低，从而有利于水合物生成。采用逐级节流的方式在保证降低管线压力的基础上，又能很好地保证温降在合理范围内。天然气输送管线产生水合物冻堵时，会降低管线压力，甚至放空管线来解堵。

3）加热保温法

加热保温法即通过控制温度来抑制水合物形成和分解水合物。加热保温法又分为主动加热和被动保温两个方面。

根据加热位置不同，主动加热分为入口加热和管线加热。入口加热即在天然气进入管道前加热，在运输过程中其温度不会降低到水合物形成的环境温度。管线加热通过对管线敷设加热装置，可以使天然气—水系统温度上升，破坏水合物生成的条件，避免水合物生成；此种方法也可用于已经被水合物堵塞的管线解堵。但此思路的最大弊端在于：长距离地敷设加热设施，不太容易实现且代价太大；堵塞的位置很难寻找；即使通过加热将水合物分解，水合物也很容易二次生成；加热技术很难在深海管道中应用。

被动保温的方法应用较为广泛。若进入管线、管柱的天然气温度本身就较高，那么可以在管线和管柱外增加保温层来减少天然气通过管壁对外传热，保证天然气—水体系处于一个较高的温度条件下，从而防止天然气水合物产生。海洋油气工程中也可以采用"管中管"的形式来增大天然气与外界的传热热阻，从而减少热量损失来抑制天然气水合物形成。

4）加化学试剂法

将化学试剂加入天然气中，通过改变体系的热力学条件和结晶的速率或方式，进而使天然气保持流动状态不形成水合物。一般地，化学添加剂分为抑制剂和防聚剂两大类，抑制剂有动力学和热力学两种。

热力学抑制剂原理是其分子或者离子在体系中与形成氢键的水分子作用，使体系的热力学的平衡条件被打破或者改变，从而使之前平衡的温度、压力等不再满足水合物形成条件，从而达到了抑制水合物形成的目的。也可以通过与水结合，改变相平衡，使体系的平衡状态被改变，从而使水合物分解。在生产中应用最普遍的两种热力学抑制剂是甲醇和乙二醇。

与热力学抑制剂不同，动力学抑制剂可以使水合物的结晶速率降低，或者阻止结晶的发生，将水合物的生长规律扰乱，延缓结晶过程，使水合物的稳定性降低，从而达到抑制水合物生成的目的。

防聚剂是表面活性剂或者一些聚合物类的物质，由于具有脂肪碳链，分子链长比较长，因此水溶性很好。防聚剂通过吸附水分子来阻止水合物晶核的形成或者通过共晶作用使分子分散，达到防聚作用。表面活性剂类物质通过降低水分子和甲烷二氧化碳等分子的接触使质量转移常数降低，从而防止水合物形成。

第二节　深水管柱的环境载荷

与陆地井筒管柱最大的区别是，深水管柱暴露在海洋波流环境中，外部海水的流动对管柱构成了动态的环境载荷，影响了管柱的安全服役。

一、深水管柱的波浪载荷

与入射波的波长相比尺度较小的结构物，如孤立桩柱、水下输油管道等，它们的存在对波浪运动无显著影响，波浪对结构物的作用主要表现为黏滞效应和附加质量效应。然而，随着结构物尺度的增大，如平台的大型基础沉垫、大型石油贮罐等，它们的存在对波浪运动有显著影响，必须考虑散射效应和自由表面效应。因此，对于海洋工程结构物上的波浪力，一般分为与波长相比尺度较小和较大的两类来分别考虑，深水管柱属于前者。

1. 绕流力

1）绕流拖曳力

当定常均匀水流绕过柱体时，沿流动方向作用在柱上的力称为绕流拖曳力，一般由摩擦拖曳力和压差拖曳力两部分组成。摩擦拖曳力是水流作用在柱体表面各点的摩擦切应力在流动方向上的投影之和，它与柱体表面附近边界层内流体的流态和柱体表面的粗糙有关。压差拖曳力是水流作用在柱体表面各点的法向压应力在流动方向上的投影之和，它与柱体表面附近边界层内流体的流态和柱体沿流向的形状有关。

波浪作用在柱体上的拖曳力 F_D 为：

$$F_D = \frac{1}{2} C_D \rho A v_0^2 \tag{1-49}$$

式中　v_0——柱前未受绕流影响而垂直于圆柱轴线的流速分量，m/s；

ρ——水流密度，kg/m^3；

A——柱体垂直于流动方向的投影面积，m；

C_D——阻力系数，与雷诺数和柱面粗糙度有关，一些剖面形状不同的光滑柱体的阻力系数与雷诺数的变化关系如图 1-28 所示。

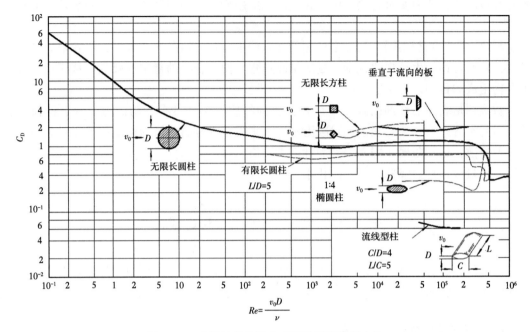

图 1-28　光滑柱体的阻力系数随雷诺数的变化

2）绕流横向力

柱体尾流涡街的存在，使柱体除了受到沿流向的拖曳力 F_D 外，还受到一个垂直于流向的横向力 F_L。横向力的频率 f 等于旋涡的泄放频率，与斯特劳哈数 St 有关。

对于光滑直立圆柱体，实验得到的斯特劳哈数 St 与雷诺数 Re 的关系如图 1-29 所示。

垂直于流向的横向力 F_L 可表示为：

$$F_L = \frac{1}{2} C_L \rho A v_0^2 \cos(2\pi f t) \qquad (1-50)$$

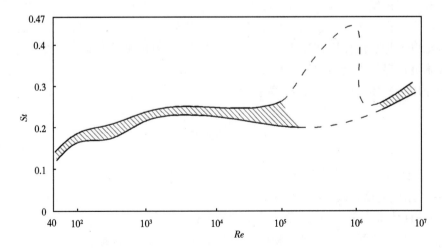

图 1-29　光滑直立圆柱体的斯特劳哈数 St 与雷诺数 Re 的关系

式中　f——旋涡泄放频率；

　　　t——时间，s；

　　　C_L——升力系数，也与雷诺数有关。

图 1-30 给出了圆柱体升力系数的均方根 $C_{L(rms)}$ 与雷诺数 Re 的关系。

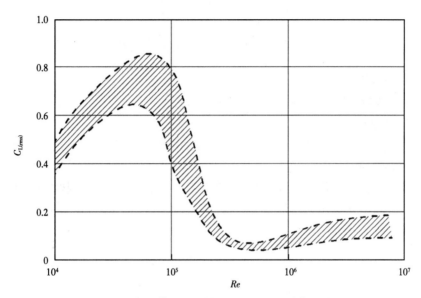

图 1-30　圆柱体升力系数的均方根与雷诺数的关系

3）绕流惯性力

非定常绕流对柱体还会产生流体加速度引起的惯性力。设排水体积为 V 的柱体固定在理想不可压缩水流的流场中，绕流时柱体两侧流体加速，原本柱体所在位置的水体（被柱体置换的那部分体积的水体）本来应该与该处流场一样相应地做加速运动，但实际上由于柱体的存在，这个体积的水体将被减速至静止不动。因此，加速的流体将对柱体沿流动方向产生一个惯性力。这个惯性力就是未受柱体存在影响的流体压强对柱体沿流动方向的作用力，表示为：

$$F_k = \rho V \left(\frac{\mathrm{d}v}{\mathrm{d}t} \right)_a \tag{1-51}$$

式中　F_k——绕流惯性力，N；

　　　V——柱体排水体积，m^3；

　　　$\left(\dfrac{\mathrm{d}v}{\mathrm{d}t} \right)_a$——体积 V 内未扰动水体的平均加速度，$\mathrm{m/s}^2$，对于细长圆柱体来说，可用

　　　柱体轴中心位置处流体的加速度来表示。

柱体的存在，必将使柱体周围的流体质点受到扰动而引起速度的变化，这种变化在柱体表面附近为最大，随着距柱体距离的增加而逐渐减小，衰减规律取决于柱体截面形状和流体的流动方向。因此，受到柱体扰动影响的周围流体（称为附加流体）沿流动方向也将对柱体产生一个附加惯性力，又称附加质量力。因此，加速的流体沿流动方向真正作用在

柱体上的绕流惯性力可表示为:

$$F_1 = (M_0 + M_w) \frac{\mathrm{d}v}{\mathrm{d}t} \tag{1-52}$$

令 $M_w = C_m M_0$,则:

$$F_1 = (1 + C_m) M_0 \frac{\mathrm{d}v}{\mathrm{d}t} = C_M M_0 \frac{\mathrm{d}v}{\mathrm{d}t} = C_m \rho V \frac{\mathrm{d}v}{\mathrm{d}t} \tag{1-53}$$

式中 M_0——柱体排水质量,kg;

      M_w——柱体周围受影响水体的附加质量,kg;

      C_m——附加质量系数;

      C_M——惯性力系数,集中反映了由于流体的惯性以及柱体的存在,使柱体周围流场的速度改变而引起的附加质量效应。

少数规则形状物体的附加质量可以用势流理论推求,但大多数形状物体的附加质量需通过实验确定。表1-3给出了几种常见形状物体的惯性力系数,深水管柱属于圆柱,因此其惯性力系数可选为2。

表1-3   几种常见形状物体的惯性力系数

物体的形状		基准体积	惯性力系数
圆柱	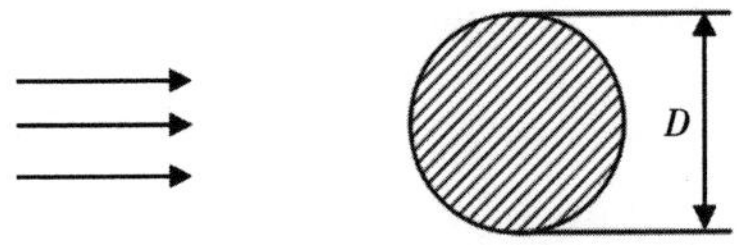	$\frac{\pi}{4}D^2$	2.0（$L>D$）
方柱		D^2	2.19（$L>D$）
平板		$\frac{\pi}{4}D^2$	1.0（$L>D$）
球	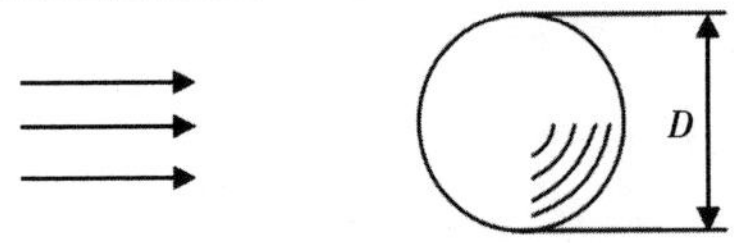	$\frac{\pi}{6}D^3$	1.5
立方体	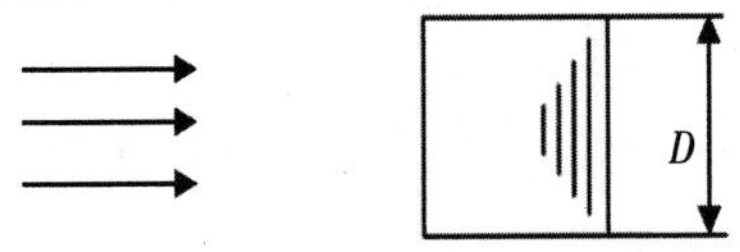	D^3	1.67

注:D表示柱体迎流直径;L表示柱体高度。

2. 莫里森公式

对于小尺度细长主体(例如,圆柱体 $D/L \leqslant 0.2$),可用莫里森(Morison)方程计算任意高度 z 处单位长度上的水平波浪力:

$$f_H = f_D + f_I = \frac{1}{2}C_D\rho A_p u|u| + \rho V_p \frac{\mathrm{d}u}{\mathrm{d}t} + C_m \rho V_p \frac{\mathrm{d}u}{\mathrm{d}t}$$

$$= \frac{1}{2}C_D A_p u|u| + C_M \rho V_p \frac{\mathrm{d}u}{\mathrm{d}t} \tag{1-54}$$

式中　f_D——单位长度的拖曳力，N/m；

　　　f_I——单位长度的惯性力，N/m；

　　　A_p——单位长度柱体垂直于波向的投影面积，m，对于圆柱体，等于直径 D；

　　　V_p——单位长度的柱体排开体积，m^2，等于柱体的横剖面面积；

　　　u——柱体轴中心位置波浪水平方向的速度，m/s。

这里假设流动方向沿 x 轴，由于波浪水质点做周期性的往复振荡运动，水平速度 u 时正时负，因而对柱体的拖曳力也时正时负，故式中取 $u|u|$ 以保持拖曳力的正负性质。

对于深水立管，式（1-54）可写成：

$$f_H = \frac{1}{2}C_D \rho D u|u| + C_M \rho \frac{\pi D^2}{4}\frac{\mathrm{d}u}{\mathrm{d}t} \tag{1-55}$$

当 $D/L \le 2$ 时，可以认为柱体的存在对波浪运动无显著影响，所以式（1-55）中的速度和加速度可近似地分别取柱体未插入波浪时对应柱体轴中心位置处水质点的水平速度和水平加速度代替。

若柱体本身还在运动，假设柱体运动方向与波浪运动方向一致，在 z 处的水平位移为 x，速度为 $\dot{x}$，加速度为 $\ddot{x}$，则应用于运动柱体的莫里森方程为：

$$f_H = \frac{1}{2}C_D \rho D(u-\dot{x})|(u-\dot{x})| + \rho\frac{\pi D^2}{4}\frac{\partial u}{\partial t} + C_m \rho\frac{\pi D^2}{4}\left(\frac{\partial u}{\partial t} - \ddot{x}\right)$$

$$= \frac{1}{2}C_D \rho D(u-\dot{x})|u-\dot{x}| + C_M \rho\frac{\pi D^2}{4}\frac{\partial u}{\partial t} - C_m \rho\frac{\pi D^2}{4}\ddot{x} \tag{1-56}$$

莫里森方程中的拖曳力是按真实黏性流体绕过柱体时产生的作用力分析得到的，而惯性力是按理想流体的有势非定常流理论分析得到，两者没有共同的理论基础。因此，莫里森方程在理论上是有缺陷的。但几十年工程使用经验表明，它尚能给出满意的结果，至今仍是小尺度结构上波力计算的主要方法。

3. 直立单柱体上的波浪力

取图 1-31 所示的坐标系，作用在单个圆柱体高 $\mathrm{d}z$ 上的水平波浪力为：

$$\mathrm{d}F_H = f_H \mathrm{d}z = \frac{1}{2}C_D \rho D u|u|\mathrm{d}z + C_M \rho\frac{\pi D^2}{4}\frac{\partial u}{\partial t}\mathrm{d}z \tag{1-57}$$

则某一段柱体（z_2-z_1）上的水平波浪力为：

$$F_{H段} = \int_{z_1}^{z_2} f_H \mathrm{d}H = \int_{z_1}^{z_2} \frac{1}{2}C_D \rho D u|u|\mathrm{d}z + \int_{z_1}^{z_2} C_M \rho\frac{\pi D^2}{4}\frac{\partial u}{\partial t}\mathrm{d}z \tag{1-58}$$

当 $z_1=0$，$z_2=d+\eta$ 时，可得到整个柱体上的总水平波浪力为：

$$F_H = \int_0^{d+\eta} \frac{1}{2} C_D \rho D u \,|\, u \,|\, \mathrm{d}z + \int_0^{d+\eta} C_M \rho \frac{\pi D^2}{4} \frac{\partial u}{\partial t} \mathrm{d}z \tag{1-59}$$

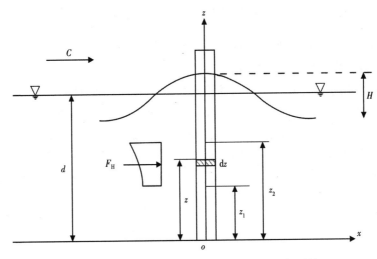

图 1-31　小尺度直立柱体波浪力计算的坐标系统
C—波速；H—波高；d—水深；F_B—水平波浪力；$\mathrm{d}z$—微元高度

于是，整个柱体上的总水平波浪力力矩（对海底求矩）为：

$$M_H = \int_0^{d+\eta} z f_H \mathrm{d}z = \int_0^{d+\eta} \frac{1}{2} C_D \rho D u \,|\, u \,|\, z \mathrm{d}z + \int_0^{d+\eta} C_M \rho \frac{\pi D^2}{4} \frac{\partial u}{\partial t} z \mathrm{d}t \tag{1-60}$$

总水平波浪力的作用点距海底的距离为：

$$e = \frac{M_H}{F_H} \tag{1-61}$$

要求解上述各式，需要根据所有在海域的水深和设计波的波高 H、周期 T 等条件选用一种适宜的波浪理论来计算波浪的 η、u 和 $\dfrac{\partial u}{\partial t}$，并选取合理的阻力系数 C_D 和惯性力系数 C_M。

若选择线性波浪理论，将波面高度 η、水平方向速度 u 及加速度 a_x（公式中坐标原点移至海底）代入式（1-59），得：

$$F_H = \int_0^{\eta+d} \frac{1}{2} C_D \rho D \left(\frac{kgH}{2\omega} \frac{\mathrm{ch}kz}{\mathrm{ch}kd}\right)^2 |\cos\theta| \cos\theta \mathrm{d}z + \int_0^{\eta+d} C_M \rho \frac{\pi D^2}{4} \frac{kgH}{2} \frac{\mathrm{ch}kz}{\mathrm{ch}kd} \sin\theta \mathrm{d}z \tag{1-62}$$

积分式（1-62），得：

$$F_H = F_{Dmax} |\cos\theta| \cos\theta + F_{Imax} \sin\theta \tag{1-63}$$

其中，

$$F_{Dmax} = C_D \frac{\rho g D}{2} H^2 K_1 \tag{1-64}$$

$$F_{Imax} = C_M \frac{\rho g \pi D^2}{8} H K_2 \tag{1-65}$$

$$K_1 = \frac{2k(\eta + d) + \text{sh}[2k(\eta + d)]}{8\text{sh}(2kd)} \qquad (1-66)$$

$$K_2 = \frac{\text{sh}[k(\eta + d)]}{\text{ch}(kd)} \qquad (1-67)$$

式中　F_{Dmax}——拖曳力的最大值，N；

F_{Imax}——惯性力的最大值，N；

F_{H}——整个柱体上的水平波浪力；

η——波面高度，$\eta = a\cos(kx - \omega t) = a\cos\theta$；

a——半波高；

d——水深；

ρ——密度；

D——圆柱体直径；

k——波数；

g——重力加速度；

ω——圆频率；

ch——双曲余弦函数；

z——计算微元到海底的距离；

u——水平方向速度，$u = \dfrac{\pi H}{T} \dfrac{\text{ch}k(z + d)}{\text{sh}kd}\cos(kx - wt)$；

K_1——积分结果系数；

K_2——水平波浪力积分结果系数；

sh——水平波浪力双曲正弦函数。

拖曳力与惯性力二者相位差90°，在总波浪力中所占的比重与 D/L 有关。

同理，可得波浪力力矩为：

$$M_{\text{H}} = M_{\text{Dmax}}|\cos\theta|\cos\theta + M_{\text{Imax}}\sin\theta \qquad (1-68)$$

其中：

$$M_{\text{HDmax}} = C_{\text{D}}\frac{\rho g D}{k}H^2 K_3 \qquad (1-69)$$

$$M_{\text{HImax}} = C_{\text{M}}\frac{\rho g \pi D^2}{8k}H K_4 \qquad (1-70)$$

$$K_3 = \frac{1}{32\text{sh}(2kd)}\{2[k(\eta + d)]^2 + 2k(\eta + d)\text{sh}[2k(\eta + d)] - \text{ch}[2k(\eta + d)] + 1\}$$
$$(1-71)$$

$$K_4 = \frac{1}{\text{ch}(kd)}\{k(\eta + d)\text{sh}[k(\eta + d)] - \text{ch}[k(\eta + d)] + 1\} \qquad (1-72)$$

式中　M_{H}——水平波浪力矩；

M_{HDmax}——最大水平波浪阻力力矩；

K_3——水平波浪力矩积分结果系数；

M_{HImax}——最大水平波浪惯性力力矩；

K_4——水平波浪力矩积分结果系数；

M_{Dmax}——拖曳力的最大力矩，$N \cdot m$；

M_{Imax}——惯性力的最大力矩，$N \cdot m$。

由式（1-63）可见，波浪力与相位 θ 有关，令波浪力对 θ 求导等于零：

$$\frac{\partial F_H}{\partial \theta} = \frac{\partial (F_{\text{Dmax}} |\cos\theta|\cos\theta + F_{\text{Imax}}\sin\theta)}{\partial \theta} \tag{1-73}$$

$$= -2F_{\text{Dmax}} |\cos\theta|\sin\theta + F_{\text{Imax}}\cos\theta = 0$$

可得极值出现的条件，有：

$$\cos\theta = 0 \rightarrow F_{\text{Dmax}} < 0.5F_{\text{Imax}} \tag{1-74}$$

或

$$\sin\theta \frac{|\cos\theta|}{\cos\theta} = \frac{F_{\text{Imax}}}{2F_{\text{Dmax}}} \rightarrow F_{\text{Dmax}} \geqslant 0.5F_{\text{Imax}} \tag{1-75}$$

（1）当 $F_{\text{Dmax}} < 0.5F_{\text{Imax}}$ 时，最大水平波浪力只能出现在 $\cos\theta = 0$ 时，即 $x = 0$ 且 $\theta = kx - \omega t$ $= \pm\frac{\pi}{2}$，故 $t = \pm\frac{\pi}{2\omega} = \pm\frac{T}{4}$，相当于波面经过静水面的时刻，此时 $F_I = F_{\text{Imax}}$，$F_{\text{Dmax}} = 0$，$|F_{\text{Hmax}}| = F_{\text{Imax}}$。

（2）当 $F_{\text{Dmax}} = 0.5F_{\text{Imax}}$ 时，$\sin\theta = \sin(-\omega t) = \pm 1$，上述两个条件均满足，$|F_{\text{Hmax}}| = F_{\text{Imax}}$。

（3）当 $F_{\text{Dmax}} > 0.5F_{\text{Imax}}$ 时，$\sin\theta \frac{|\cos\theta|}{\cos\theta} < 1$，$F_{\text{Hmax}} = F_{\text{Dmax}}\cos^2\theta + F_{\text{Imax}}\frac{F_{\text{Imax}}}{2F_{\text{Dmax}}} = F_{\text{Dmax}} \left[1 + \right.$ $\left(\frac{F_{\text{Imax}}}{2F_{\text{Dmar}}} \right)^2]$，表明：若 $\left(\frac{F_{\text{Imax}}}{2F_{\text{Dmax}}} \right)^2 \ll 1$（如 $F_{\text{Dmax}} \geqslant 2F_{\text{Imax}}$）时，波浪力 F_H 主要取决于拖曳力 F_{Dmax}；若 $\left(\frac{F_{\text{Imax}}}{2F_{\text{Dmax}}} \right)^2 \approx 1$（如 $2F_{\text{Imax}} > F_{\text{Dmax}} > 0.5F_{\text{Imax}}$）时，波浪力 F_H 既受惯性力 F_I 的支配，也受拖曳力 F_D 的影响。

4. 群柱体上的波浪力

如图 1-32 所示，计算群柱体上总水平波浪力时，可将坐标原点设在 $(i = 1, j = 1)$ 的直立柱体处，则作用在柱体 (i, j) 上的水平波浪力和水平波浪力力矩分别为：

$$F_{H_{i,j}} = F_{\text{HDmax}_{i,j}}\cos(kx_{i,j} - \omega t) |\cos(kx_{i,j} - \omega t)| + F_{\text{HImax}_{i,j}}\sin(kx_{i,j} - \omega t) \tag{1-76}$$

$$M_{H_{i,j}} = M_{\text{HDmax}_{i,j}}\cos(kx_{i,j} - \omega t) |\cos(kx_{i,j} - \omega t)| + M_{\text{HImax}_{i,j}}\sin(kx_{i,j} - \omega t) \tag{1-77}$$

其中：

$$x_{i,j} = (i - 1)a\cos\alpha - (j - 1)b\sin\alpha \tag{1-78}$$

式中 $F_{H_{i,j}}$——柱体 (i, j) 位置水平波浪力；

$M_{\mathrm{H}_{i,j}}$——柱体 (i,j) 位置水平波浪力矩；

$F_{\mathrm{HDmax}_{i,j}}$——柱体 (i,j) 位置最大水平波浪阻力；

$x_{i,j}$——柱体位置坐标；

ω——圆频率；

t——时间；

$F_{\mathrm{HImax}_{i,j}}$——柱体 (i,j) 位置最大水平波浪惯性力；

$M_{\mathrm{HDmax}_{i,j}}$——柱体 (i,j) 位置最大水平波浪阻力力矩；

$M_{\mathrm{HImax}_{i,j}}$——柱体 (i,j) 位置最大水平波浪惯性力力矩；

a——相邻柱体横向间距；

b——相邻柱体纵向间距；

α——柱体坐标与大地坐标的夹角。

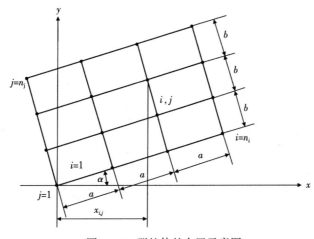

图 1-32　群柱体的布置示意图

于是，作用在整个群体上的水平合波浪力和水平合波浪力力矩分别为：

$$\left.\begin{aligned} F_{\mathrm{H}} &= \sum_i \sum_j F_{\mathrm{H}_{i,j}} \\ M_{\mathrm{H}} &= \sum_i \sum_j M_{\mathrm{H}_{i,j}} \end{aligned}\right\} \tag{1-79}$$

实际计算过程中，还应考虑群柱之间的遮蔽效应和干涉效应。实验研究认为，群柱体的遮蔽效应和干扰效应主要取决于柱体之间的间距 l 与柱径 D 的比值。当 $l/D \geq 4$ 时，柱体之间的遮蔽效应和干扰效应可以忽略不计；当 $l/D<4$ 时，则需要考虑。我国交通部制定的《港口工程技术规范》（1987）中规定，当 $l/D<4$ 时，需要引入群柱系数 K（表 1-4），于是有：

$$\left.\begin{aligned} F_{\mathrm{H}} &= \sum_i \sum_j K_{i,j} F_{\mathrm{H}_{i,j}} \\ M_{\mathrm{H}} &= \sum_i \sum_j K_{i,j} M_{\mathrm{H}_{i,j}} \end{aligned}\right\} \tag{1-80}$$

表 1-4　不同 l/D 值下的群柱系数 K

柱体排列方向	群柱系数 K		
	$l/D=2$	$l/D=3$	$l/D=4$
垂直于波向	1.5	1.25	1.0
平行于波向	0.7	0.8	1.0

注：l 为柱体间距，D 为柱径。

当柱体有附着生物时，柱体表面粗糙度和柱径增加，相应柱段上的波浪力还应乘以附着系数 n。《港口工程技术规范》（1987）规定，一般附生（$\varepsilon/D \leq 0.02$，ε 为附着生物的平均厚度）时，$n=1.15$；中等附生（$0.02<\varepsilon/D<0.04$）时，$n=1.25$；严重附生（$\varepsilon/D \geq 0.02$）时，$n=1.40$。

5. 倾斜柱体上的波浪力

对于空间任一倾斜柱体，必须考虑速度与波浪力的方向，故单位长度上的波浪力可表示为：

$$f_{\mathrm{H}} = \frac{1}{2}C_{\mathrm{D}}\rho D U_{\mathrm{n}}|U_{\mathrm{n}}| + C_{\mathrm{M}}\rho\frac{\pi D^2}{4}\frac{\partial U_{\mathrm{n}}}{\partial t} \tag{1-81}$$

式中　f_{H}——作用于倾斜柱体任意高度 z 处单位长度的波浪力矢量；

U_{n}——与柱轴正交的水质点速度矢量；

$|U_{\mathrm{n}}|$——速度矢量 U_{n} 的模。

6. 海底管道上的波浪力

海底管道并不都是埋入海底土壤中，当管道暴露在海底表面上或与海底表面之间尚有一定间隙时，必须考虑波浪对海底管道的作用力。

波浪对海底管道的作用力不仅与雷诺数、波浪周期参数、管道表面相对粗糙度有关，还与管道离海底的相对间隙有关，如图 1-33 所示的 e/D。由于海底管道的直径 D 相对于波长 L 较小，故海底管道的波浪力计算仍可采用莫里森公式。

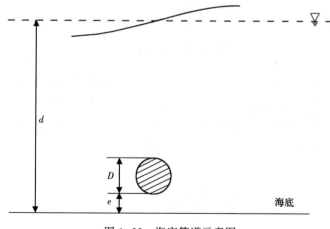

图 1-33　海底管道示意图

假设海管轴线平行于波峰线，作用于管道长度 dl 上的水平波浪力和垂直波浪力分别为：

$$dF_H = dF_{DH} + dF_{IH} = \frac{1}{2}C_D\rho Du|u|dl + C_M\rho\frac{\pi D^2}{4}\frac{\partial u}{\partial t}dl \tag{1-82}$$

$$dF_V = dF_{DV} + dF_{IV} + dF_L = \frac{1}{2}C_D\rho Dw|w|dl + C_M\rho\frac{\pi D^2}{4}\frac{\partial w}{\partial t}dl + \frac{1}{2}C_L\rho Du^2dl \tag{1-83}$$

由于近海底波浪水质点的垂向速度 w 和垂向加速度 $\frac{\partial w}{\partial t}$ 均较小，故垂直方向的拖曳力 F_{DV} 和惯性力 F_{IV} 可以忽略不计。但是，近海底的波浪水流以速度 u 绕管道流动时，由于管道靠近海底，使得管道上、下部流速不等，上部压强低于下部压强而形成了压强差，又由于管道旋涡尾流区的形成，因此产生的横向力 F_L 必须考虑。这样，式（1-82）和式（1-83）又可写为：

$$dF_H = dF_{DH} + dF_{IH} = \frac{1}{2}C_D\rho Du|u|dl + C_M\rho\frac{\pi D^2}{4}\frac{\partial u}{\partial t}dl \tag{1-84}$$

$$dF_v = dF_L = \frac{1}{2}C_L\rho Du^2dl \tag{1-85}$$

同样，式（1-84）与式（1-85）中的 u 和 $\frac{\partial u}{\partial t}$ 需根据管道敷设区的水深 d、波高 H 和波周期 T 等条件选取适宜的波浪理论计算确定。

由于上述计算的前提是假设管道轴线平行于波峰线，波浪以同一位相作用于管道，但实际上管道长度较长，将受到不同位相的波浪作用。因此，还需乘以反映波浪位相差的系数进行修正，此系数称为折减系数，见表1-5。

表1-5　海底管道波浪力的折减系数

管道长度	<0.25L	(0.25~0.5) L	(0.5~1.0) L	>L
波浪力折减系数	0.8	0.7	0.6	0.5

注：L 表示波长。

二、深水管柱的海流载荷

海流对海洋工程结构物的强度和稳定性都有较大影响。由于海流（近岸主要是风海流和潮流）的流速随时间的变化很缓慢，故在工程设计中常常将海流看作是稳定的流动。因此，海流作用于结构或其基础上的力仅考虑拖曳力（阻力）。

在介绍海流力之前，首先给出海流速度沿垂向的分布公式。挪威船级社推荐的潮流和风海流的合成流速在垂向上分布满足：

$$U_C = U_T + U_W = U_{T0}\left(\frac{z}{d}\right)^{1/7} + U_{W0}\frac{z}{d} \tag{1-86}$$

式中　U_C——海底以上高度为 z 处的海流流速，m/s；

U_T——潮流流速，m/s；

U_W——风海流流速，m/s；

U_{T0}——表面潮流流速，m/s；

U_{W0}——表面风海流流速，m/s；

d——水深，m。

中国船级社《海上移动平台入级与建造规范》（2005）建议的海流设计流速计算公式为：

$$U_C = \begin{cases} U_T + U_S + U_W\left(\dfrac{D-z}{D}\right) & (z \leqslant D) \\ U_T + U_S & (z > D) \end{cases} \tag{1-87}$$

式中　U_S——风暴涌流速，m/s；

D——风海流的影响深度，m；

z——静水面以下距离，m。

1. 单一海流载荷

单位长度结构物上的海流力为：

$$f_D = \frac{1}{2}C_D\rho A U_{Cz}^2 \tag{1-88}$$

式中　f_D——单位长度结构物上的海流力（拖曳力），N/m；

ρ——海水的密度，kg/m³；

C_D——阻力系数，可根据实验测试确定；

A——单位长度构件垂直于海流方向的投影面积，m²/m，若为圆形截面构件，则等于其直径；

U_{Cz}——海流速度，m/s，取对应深度实测流速，或根据上述设计公式计算（注意挪威船级社和中国船级社公式中的 z 意义不同）。

若缺乏试验数据，雷诺数 $Re<2\times10^5$ 时，圆柱体 C_D 取 1.2；雷诺数 $Re>2\times10^5$ 时，光滑圆柱体 C_D 取 0.65，粗糙圆柱体 C_D 取 1.05。

若构件贯穿整个海水垂向深度，则整个构件上的海流力为：

$$F_D = \frac{1}{2}\int_0^d C_D \rho A U_{Cz}^2 \mathrm{d}z \tag{1-89}$$

式中　F_D——整个构件上的海流力（拖曳力），N；

d——海水深度，m；

z——自海底至所取微元 $\mathrm{d}z$ 处的高度，m。

2. 波流联合载荷

单位长度结构物上的浪、流联合作用力为：

$$f_{DU} = \frac{1}{2}\rho C_D A (U_{Cz} + U)^2 \tag{1-90}$$

式中　f_{DU}——单位长度结构物上的浪、流联合作用力，N/m；

U——波浪水质点的水平速度，m/s。

若构件贯穿整个海水垂向深度，则作用在整个构件上的浪、流联合作用力（图1-34）为：

$$F_{DU} = \int_0^{d+\eta} \frac{1}{2}\rho C_D A(U_{Cz} + U)^2 dz \qquad (1-91)$$

式中　F_{DU}——作用在整个构件上的浪、流联合作用力，N；
　　　η——波浪波面距静水面的高度，m。

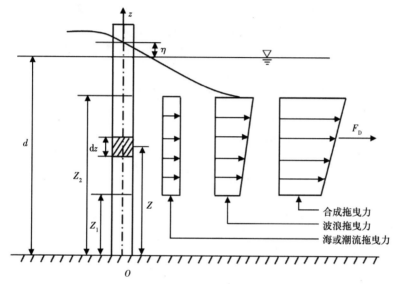

图1-34　海流与波浪联合作用于构件上的力

Z_1—柱体下端面位置；Z_2—柱体上端面位置；d—水深；dz—计算微元；Z—计算微元到海底的距离；

F_D—水平阻力；η—波面高度

第三节　深水管柱服役寿命预测

海洋立管是海洋油气开发的关键部件[116]，是连接水下井口与海洋平台的纽带，也是整个系统中最薄弱的构件之一。海洋立管内部会有油气流通过，外部还要承受波流荷载的作用。由于立管所处的海流环境的复杂性，其影响因素也比较多。一般来说，诱发立管事故的原因可能是碰撞、压力载荷、火灾以及海流引发的涡激振动等[117]。立管一旦发生事故，可能引起原油或可燃气体的泄漏，不仅可能造成环境污染，还可能造成爆炸等危险事故。因此，对立管服役期间面临的各种工况结构强度进行分析，加强立管结构安全性方面和立管服役寿命的预测研究是很有必要的。

一、服役寿命计算理论

目前采用的疲劳寿命预报方法大致可分为两类：一类是基于S—N曲线的疲劳累积损伤（Cumulative Fatigue Damage，CFD）理论；另一类是基于疲劳裂纹扩展率曲线的疲劳裂纹扩展（Fatigue Crack Propagation，FCP）理论。由于基于 S—N 曲线的疲劳累积损伤理论不能考虑初始缺陷、载荷比和载荷次序等因素的影响，因此预报出来的疲劳寿命往往存在较大的离散。而疲劳裂纹扩展理论能克服这些方面的困难，因此，自从具有里程碑意义的 Paris 公式提出之后，基于裂纹扩展率曲线的疲劳裂纹扩展理论便得到了长足的发展。

1. 疲劳累积损伤理论

疲劳强度是指材料在无限多次交变载荷作用而不会产生破坏的最大应力，称为疲劳强度或疲劳极限[118]。实际上，金属材料并不可能做无限多次交变载荷试验。疲劳强度理论的产生和发展与生产实践是密不可分的。从生产实践看，任何运动机械都难以避免疲劳的发生，因此，疲劳已经成为最主要的破坏形式之一。19 世纪初，随着铁路运输的发展，机车车轴的疲劳破坏成为当时工程上遇到的第一个疲劳强度问题。有记载的最早的疲劳试验是德国人 Albert[118] 于 1829 年进行的，他对用铁制作的矿山升降机链条进行了反复加载试验，在 105 次循环后破坏。第一次对疲劳强度进行系统试验的是德国人 Wöhler，他从 1847 年至 1889 年在斯特拉斯堡皇家铁路工作期间，用自己设计的旋转弯曲疲劳试验机完成了循环应力作用下的多种疲劳试验，首次提出了 S—N 疲劳寿命曲线以及疲劳极限的概念，奠定了常规疲劳强度设计的理论基础。

疲劳累积损伤理论中最简单和应用最为广泛的线性累积损伤理论，是由 Palmgren 于 1924 年首先提出的。这个理论在当时并没有引起重视，直到 1945 年，美国人 Miner 在 Palmgren 工作的基础上重新提出：疲劳损伤与应力循环次数呈线性关系，后人称为 Palmgren-Miner 定律。后来众多学者对 Palmgren-Miner 定律进行了改进，如基于二级疲劳试验结果提出的双线性 Palmgren-Miner 准则，基于材料物理性能退化概念的非线性累积损伤准则，基于连续损伤力学的非线性累积损伤准则，基于能量法的非线性累积损伤准则以及 Corten-Dolan 非线性累积损伤准则等，但由于 Palmgren-Miner 准则在工程上的易用性，在船舶与海洋工程结构的疲劳研究中，一直被广为使用。

2. 疲劳裂纹扩展理论

据统计，在机械零件失效中有 80% 以上属于疲劳破坏。疲劳破坏的过程是结构物在外界循环载荷的作用下在局部的晶粒上形成微裂纹，然后慢慢发展成宏观裂纹，宏观裂纹再继续扩展到最后终于导致结构物的疲劳断裂。故疲劳破坏的本质可归纳为裂纹形成、扩展和失稳断裂 3 个阶段[119]。

断裂力学中裂纹扩展的概念，早在 20 世纪 20 年代就提出来了。1920 年，英国人 Griffith 在对玻璃强度进行研究的基础上，提出了断裂力学中裂纹扩展的能量理论。但 Griffith 的工作，直到第二次世界大战时由于发生了飞机的有机玻璃座舱盖的断裂事故，才引起人们的注意。1953 年，澳大利亚人 Head 提出了疲劳裂纹扩展的理论，但是没有用实验来验证。1957 年，美国人 Irwin 把裂纹尺寸的平方根和应力的乘积定义为应力强度因子。应力强度因子是描述材料在裂纹尖端受力程度的一个物理量，材料的应力强度因子有个临界值，称为材料的断裂韧性，当应力强度因子达到材料的断裂韧性值时，在一般情况下裂纹将失稳扩展，这是线弹性断裂力学的断裂准则。1957 年，美国人 Paris 提出，在循环载荷作用下，裂纹尖端处应力强度因子的变化幅值是控制构件疲劳裂纹扩展率的基本参量，并于 1963 年提出了描述疲劳裂纹扩展的幂指数定律，即著名的 Paris 公式。为了考虑平均应力的影响，1967 年 Forman 提出了疲劳裂纹扩展率的修正公式。以上两个公式在工程上被广泛用来估算疲劳裂纹扩展寿命，特别是 Paris 公式，近年来已应用于疲劳强度校核的各个方面，如高周疲劳、低周疲劳、高温疲劳和腐蚀疲劳等。

二、立管疲劳寿命预报方法

1. 基于疲劳累积损伤理论的疲劳寿命预报方法

目前，各主要船级社的疲劳分析软件中，如 Safe Hull（ABS）、Shipright（LR）、Nauticus Hull（DNV）等，均将各自基于简化疲劳强度校核方法的疲劳设计规则或指导性文件结合在内。在进行疲劳强度校核时，采用基于 S—N 曲线结合 Palmgren-Miner 线性累积损伤准则的疲劳损伤预报方法，简称为 S—N 曲线方法。

结构的疲劳极限采用 S—N 曲线来表达，N 为给定某一常值水平应力 S 下的疲劳破坏循环次数。

$$N = \bar{a}S^{-m} \tag{1-92}$$

$$\lg N = \lg\bar{a} - m\lg S \tag{1-93}$$

式中　N——疲劳破坏循环次数；

　　　S——常值水平应力；

　　　$\bar{a}$、m——由试验确定的经验系数。

疲劳计算中采用的应力范围由应力集中系数及厚度修正系数和名义应力来确定。

$$S = S_0 \cdot \text{SCF}\left(\frac{t_{\text{fat}}}{t_{\text{ref}}}\right)^k \tag{1-94}$$

式中　S_0——名义应力范围；

　　　SCF——应力集中系数；

　　　$(t_{\text{fat}}/t_{\text{ref}})^k$——厚度修正系数。

$(t_{\text{fat}}/t_{\text{ref}})^k$ 主要应用于立管实际壁厚 t_{fat} 超过一个参考厚度 $t_{\text{ref}} = 25\text{mm}$ 时，指数 k 是实际设计结构的函数，因此它也与 S—N 曲线有关，更详细的相关资料可以参考规范 DNVRP-C203。

立管的疲劳破坏随着施加的循环累积增加，从而导致管道出现裂缝。当确定所有循环的数目后，应用 Palmgren-Miner 累积破坏理论确定立管的疲劳破坏。

$$D = \sum \frac{n(S_i)}{N(S_i)} \leqslant \eta \tag{1-95}$$

式中　D——结构疲劳累积损伤的一个度量；

　　　$n(S_i)$——应力循环幅值 S_i 下的循环数；

　　　$N(S_i)$——由雨流计数法确定的应力循环幅值 S_i 下疲劳破坏循环数。

当累积破坏为 $D = 1$ 时，认为结构物的使用期限是完全的。这样，每年破坏的倒数便得到结构物的疲劳寿命。Palmgren-Miner 定律被广泛应用，是挪威船级社推荐的疲劳定律，被应用于近海工程结构疲劳计算中。

2. 基于疲劳裂纹扩展理论的疲劳寿命预报方法

由于 S—N 曲线法忽略了不同应力幅度下的疲劳循环之间的相互影响，即载荷顺序的影响，且不能描述结构中原有的初始缺陷，因此这样一个假设并不十分合理。瑞典在对焊接节点施加模拟海况的载荷时，经统计发现累积损伤度在 0.5~2.1 范围内都有可能导致结构破损。由于 S—N 曲线法本身的不足以及现代断裂力学和计算机技术的发展，使得以疲劳裂纹扩展为基础的疲劳寿命预测方法成为当前疲劳问题研究的热点。

人们在研究中发现，低应力脆断总是和材料内部含有一定尺寸的裂纹相联系，当裂纹在给定的作用应力下扩展到一临界尺寸时，就会突然断裂。而传统力学或经典的强度理论是把材料看成均匀且没有缺陷的理想固体，它们解决不了带裂纹构件的断裂问题，因此断裂力学应运而生。可以说断裂力学就是研究带裂纹体的力学，它给出了含裂纹体的断裂判据，并提出一个材料固有性能的指标——断裂韧性，用它来比较各种材料的抗断能力。裂纹扩展速率和应力水平及裂纹长度有关。

1963 年，Paris 首先把断裂力学引入疲劳裂纹的扩展中，并认为裂纹扩展速率 $\mathrm{d}a/\mathrm{d}N$ 主要受裂纹尖端的应力强度因子幅度 ΔK 的影响[120]，$\Delta K = K_{\max} - K_{\min}$，Paris 得到的关系式可表达为：

$$\frac{\mathrm{d}a}{\mathrm{d}N} = C_1 (\Delta K)^{C_2} \tag{1-96}$$

式中 C_1、C_2——材料有关常数，C_2 通常在 2~4 之间。

Paris 的这一发现，在后来许多研究者的重复试验中得到了验证。对于船舶与海洋工程，可以将 Paris 公式写成如下形式：

$$\frac{\mathrm{d}a}{CY^m(a)(\pi a)^{m/2}} = S^m \mathrm{d}n \tag{1-97}$$

式中 C——裂纹扩展参数；
m——实验总结的经验参数；
n——交变载荷的循环次数；
Y——几何修正系数。

设结构初始时刻就有一个深度为 a_0 的裂纹，经过 T_f 时间的交变应力作用后，裂纹深度达到临界值 a_T，此时结构开始断裂，这个时间就等于结构的疲劳寿命。于是，对式 (1-97) 进行积分有：

$$\int_{a_0}^{a_T} \frac{\mathrm{d}a}{CY^m(a)(\pi a)^{m/2}} = \int_0^{N_T} S^m \mathrm{d}n \tag{1-98}$$

式中 N_T——疲劳寿命时间 T_f 内的应力循环总次数。

对式 (1-97) 进行积分的结果是左端积分结果得到一个常数，右端积分以后得到一个关于结构疲劳寿命 T_f 的表达式，这样便可以求解得到结构的疲劳寿命。

随着物理微观裂纹在工程金属材料中的发现以及弹塑性断裂力学理论的发展，人们越来越认识到基于断裂力学理论的评估方法更能体现结构疲劳的本质，所有可以通过累积损伤理论得到的疲劳特性都可以在裂纹扩展理论下得到[121]。因此，有些学者基于断裂力学理论建立了疲劳寿命的统一预报方法，即能综合考虑实验中观察到的各种重要影响因素，如门槛值现象、载荷比的影响、载荷次序的影响、多轴疲劳、小裂纹扩展行为、循环压应力作用以及表面裂纹影响等因素的普适数学模型。

3. 雨流计数法

雨流计数法的目的就是计数随机波形的循环或者半循环[122]。其主要特点是根据研究材料的应力或应变过程进行计数；应注意的是，应变—时间记录的每一部分只计数一次。其基本假设是一个大的幅值所引起的损伤，并不受夹在大循环中的小幅值循环所引起应变—时间循环曲线的影响。利用这一特点，一个变幅历程可以简化成一系列它的最大值和最小值所确定的半循环，于是可以算得平均值，因而循环和半循环完全被确定。于是疲劳寿命可以利用累积损伤规律从等幅数据算出。根据计算得到的测点的应力—时程曲线，可获得应力—时间的峰谷值序列，采用4点法雨流计数原则进行雨流计数，计数条件如下：

（1）如果 $A>B$，$B \geqslant D$，$C \leqslant A$；或者 $A<B$，$B \leqslant D$，$C \geqslant A$，则记录一个全循环 BCB'，如图 1-35 和图 1-36 所示，范围值 $S_{rang} = |B-C|$，幅值 $S_a = |B-C|/2$，均值 $S_m = |B+C|/2$。

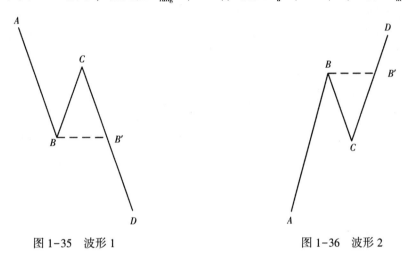

图 1-35　波形 1　　　　　　　　　　　　　图 1-36　波形 2

（2）重复上述方法，取出一系列的全循环，剩下的是发散—收敛序列，如图 1-37 所示，已不再满足上述计数条件，此时可用变程均值计数法，相邻两个节点构成一个半循环。范围值 $S_{rang} = |y_i - y_{i+1}|$，幅值 $S_a = |y_i - y_{i+1}|/2$，均值 $S_m = |y_i + y_{i+1}|/2$。再将具有相同均

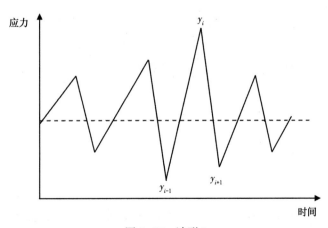

图 1-37　波形 3

值和范围的两个半波合成为一个全循环。

（3）上述得到的所有全循环合在一起，完成对应力—时程的雨流计数。由雨流计数法得到立管节点处的平均应力、应力幅值和应力循环数，然后根据疲劳试验计算公式将结果转化为等效均值应力。

$$S_{ij} = \frac{\delta_b S_{ai}}{\delta_b - |S_{mj}|} \tag{1-99}$$

式中　S_{ij}——均值应力；

　　　S_{ai}——第 i 个应力幅值；

　　　S_{mj}——第 j 个平均应力；

　　　δ_b——材料应力极限。

4. 涡激振动疲劳寿命分析的设计流方法

对于涡激振动诱发的疲劳问题，需考虑不同流速分布的组合情况。目前，在船舶与海洋平台的疲劳分析中通常采用波浪散布图来描述每一个短期海况，每一个短期海况都由表征波浪特性的参数（如有义波高和平均跨零周期等）及该海况所出现的概率来表述。有学者根据洋流长期分布的统计特征，生成若干组设计流工况进行疲劳寿命分析，并将该方法命名为"设计流"方法[123]。

流速沿水深的分布通常可采用声学多普勒流速剖面仪（Acoustic Doppler Current Profiler，ADCP）进行测量，根据对流速的大量测量和统计，流速的长期分布可视为服从二参数的 Weibull 分布（DNV Classification Notes No. 30.6，1992），概率密度函数可表示为：

$$f_U(U) = \frac{\xi}{\alpha}\left(\frac{U}{\alpha}\right)^{\xi-1} \exp\left[-\left(\frac{U}{\alpha}\right)^{\xi}\right] \tag{1-100}$$

式中　α——尺度参数；

　　　ξ——形状参数。

对应于回复周期为 T 的最大流速 U_T：

$$P(U > U_T) = \hat{f} \tag{1-101}$$

式中　$\hat{f}$——超越累积频率。

根据式（1-100）可计算得：

$$P(U > U_T) = \int_{U_T}^{+\infty} f_U(U)\mathrm{d}U = \int_{U_T}^{+\infty} \frac{\xi}{\alpha}\left(\frac{U}{\alpha}\right)^{\xi-1} \exp\left[-\left(\frac{U}{\alpha}\right)^{\xi}\right]\mathrm{d}U = \exp\left[-\left(\frac{U}{\alpha}\right)^{\xi}\right] \tag{1-102}$$

将式（1-102）代入式（1-101），则 Weibull 分布的尺度参数 α 可表示为：

$$\alpha = \frac{U_T}{(-\ln\hat{f})^{1/\xi}} \tag{1-103}$$

令 U_{LT1}、U_{T2} 和 $\hat{f}_1$、$\hat{f}$ 分别为对应于回复周期 T_1 和 T_2 期间出现的最大流速及超越累积频率，分别代入式（1-102），可得：

$$P(U > U_{T1}) = = \exp\left[-\left(\frac{U_{T1}}{\alpha}\right)^{\xi}\right] \tag{1-104}$$

$$P(U > U_{T2}) = = \exp\left[-\left(\frac{U_{T2}}{\alpha}\right)^{\xi}\right] \tag{1-105}$$

由于 $P(U>U_{T1})$ 与 $P(U>U_{T2})$ 满足如下关系：

$$\frac{P(U > U_{T1})}{P(U > U_{T2})} = \frac{\hat{f}_1}{\hat{f}} \tag{1-106}$$

联立式（1-104）和式（1-105），可求得 Weibull 分布的尺度参数和形状参数分别为：

$$\alpha = \exp\left(\frac{\eta_1 \ln U_{T2} - \eta_2 \ln U_{T1}}{\eta_1 - \eta_2}\right) \tag{1-107}$$

$$\xi = \frac{\eta_1}{\ln U_{T1} - \ln\alpha} = \frac{\eta_2}{\ln U_{T2} - \ln\alpha} \tag{1-108}$$

其中：$\eta_1 = \ln(-\ln\hat{f}_1)$；$\eta_2 = \ln(-\ln\hat{f}_2)$。

于是，流速的 Weibull 长期分布可通过回复周期 T_1 和 T_2 期间出现的最大流速 V_{T1} 和 V_{T2} 来表征。在实际计算时，回复周期 T_1 和 T_2 可分别取 10 年和 100 年。

立管 VIV 疲劳寿命分析所采用的设计流可按如下步骤生成：

（1）首先，根据分析需要确定设计流的个数 N；

（2）由百年一遇的表面极值流速 $U_{100y}(0)$ 生成 N 个表面流速设计值 $U_1(0)$，$U_2(0)$，…，$U_N(0)$［简化起见，可对 $U_{100y}(0)$ 进行 N 等分］；

（3）根据 Weibull 概率分布函数，求得表面流速 $U_i(0)$ 所对应的概率 P_i（$i=1$，2，…，N）作为该设计流的长期遭遇概率；

（4）由 Weibull 尺度参数 α、形状参数 ξ 及遭遇概率 P_i，可计算得到不同深度处的流速大小；

（5）重复步骤（3）和步骤（4）直至生成所有的设计流。

设计流生成后，分别对每组设计流进行 VIV 疲劳损伤度计算，立管的疲劳总损伤度 $D_f(z)$ 和疲劳计算寿命 T 可分别表示为：

$$D_f(z) = \sum_{i=1}^{N} P_i(U, \theta) D_{f,i}(z) \tag{1-109}$$

$$T = \frac{T_D}{\max\limits_{0 \leqslant z \leqslant L} D_f(z)} \tag{1-110}$$

式中　$D_{f,i}$——单组设计流作用下的疲劳损伤度计算值；

$P_i(U, \theta)$——各组设计流大小和流向角的联合遭遇概率。

5. 深水立管涡激振动疲劳寿命预报方法

目前，文献中报道的深海立管涡激振动疲劳寿命预报方法均为基于 S—N 曲线的疲劳寿命预报方法。1998 年，Vikestad 介绍了一种预报均匀来流中立管涡激振动疲劳损伤的简化方法，文中采用立管涡激振动响应的最大值来计算相应的应力范围，而未考虑涡激振动引起的交变应力范围的长期分布，这当然会导致预报出来的涡激振动疲劳损伤结果非常大。

2005 年，Meling 等采用经验正交数（Empirical Orthogonal Functions，EOF）方法来简化处理测量得到的大量流速数据，进而描绘出沿立管长度方向的设计流速分布，在此基础上预报立管涡激振动疲劳损伤。Leira 等针对 4 个不同结构形式的深海立管进行了疲劳可靠性分析，将升力系数、阻尼系数、附加质量系数、Strouhal 数以及沿立管长度方向的流速分布视为随机变量，基于响应面法建立了疲劳损伤安全系数和失效概率之间的函数关系式。

Trim 等通过试验研究了裸立管和加装抑振装置立管的涡激振动疲劳损伤。研究发现，对于裸立管，流向（in-line）涡激振动疲劳损伤和横向（cross-flow）涡激振动疲劳损伤量级相当，但是目前在工业界，人们则往往忽略流向涡激振动疲劳损伤，这应当引起立管设计人员的重视。Baarholm 等在 Trim 大量实验结果的基础上提供了一种计算加装抑振装置后立管的涡激振动疲劳损伤的经验方法。当前最有代表性的涡激振动预报程序 SHEAR7、VIVA 和 VIVANA 都有涡激振动疲劳损伤预报模块。应当指出的是，上述 3 个涡激振动预报程序均只考虑了横向涡激振动疲劳损伤。

2006 年，Baarholm 等依据试验数据研究了流向（涡激振动）和横向涡激振动引起的立管疲劳累积损伤，也指出流向涡激振动响应对立管疲劳损伤的贡献几乎和横向涡激振动响应相当，因为尽管流向涡激振动响应幅值较小，但是流向涡激振动响应频率近似为横向涡激振动响应频率的两倍。并且，在较低的激发模态时是流向涡激振动主导立管的疲劳损伤，而在较高的激发模态时，则是横向涡激振动主导立管的疲劳损伤。此外，通过与基于实验结果的比较，发现涡激振动交变应力长期分布近似服从 Rayleigh 分布。

目前，国内对涡激振动响应预报以及涡激振动疲劳损伤的研究相对较少。2004 年，谢彬等针对海洋深水刚性立管、钢质悬链式立管和柔性立管的疲劳、断裂及可靠性问题，评述了近 10 年国内外在这些方面的研究进展，给出了一些用于深水立管疲劳寿命预测及可靠性评估的实用理论和计算方法。2005 年，郭海燕等[124]以支撑于浅海固定式平台上的刚性立管为例，综合考虑管内流动流体、波浪载荷和洋流的共同作用对海洋输液立管的涡激振动响应以及疲劳损伤预报进行了研究。而对于深海立管，随着水深的增加，海面波浪载荷的作用减弱，沿立管长度方向分布的洋流引起的涡激振动将起到主导作用，因此郭海燕等的研究结论将不再适用。深海立管一般被视为柔性立管来处理，这和浅海开发时采用较短的刚性输液立管有很大的不同。

应该指出，目前国内对深海立管涡激振动疲劳损伤预报方法的研究与国外差距较大，因此，在国内开展深海立管涡激振动疲劳寿命预报方法研究是十分有必要的。

三、立管服役寿命计算模型

1. 疲劳强度的概率模型

S—N 曲线在工程中常用来描述结构的疲劳损伤，如基于疲劳累积损伤理论的疲劳寿命预报方法一节所提到的，以立管为研究对象，S 指的是疲劳载荷作用在立管上引起交变应力的应力范围，N 是立管在 S 的作用下达到破坏所需的应力循环次数，即疲劳寿命[125]。

S 和 N 的关系是通过对试件进行疲劳试验得到的。由于给定应力范围 S 下的疲劳寿命 N 是一个随机变量，因此表示不同的应力范围与疲劳寿命关系的 S—N 曲线需要做统计的研究。工程应用中，给定应力范围水平下的疲劳寿命常用解析形式的概率密度函数来表示[126]。目前使用最多的疲劳寿命分布模型是对数正态分布模型，这一结果也经过了实验论证。

假设用自然对数正态分布表示疲劳寿命的分布，设 $X = \ln N$，则 X 服从对数正态分布。N 的概率密度为：

$$f_N(N) = \frac{1}{\sqrt{2\pi}N}\exp\left[-\frac{1}{2}\left(\frac{\ln N - \mu_X}{\sigma_X}\right)^2\right] \tag{1-111}$$

式中　N——立管在 S 的作用下达到破坏所需的应力循环次数；

μ_X——X 的均值；

σ_X——交变应力的标准差。

其中：

$$\mu_X = \ln\mu_N - \frac{1}{2}\ln(1 + C_N^2) \tag{1-112}$$

$$\sigma_X^2 = \ln(1 + C_N^2) \tag{1-113}$$

式中　μ_N——N 的均值；

C_N——对应的 S—N 曲线常数。

2. 疲劳累积损伤模型

采用 Miner 线性累积损伤理论，该理论无须考虑疲劳载荷的先后顺序[127]。具体计算时，首先根据各海况中应力范围短期分布的概率密度函数计算出各自的期望值 $E(S^m)^i$，然后计算各海况中的应力参数 Ω_i 和等效应力范围 S_{ei}。采用 Rayleigh 分布模型。

$$E(S^m) = \int_0^{+\infty} S^m \frac{S}{4\sigma_{X_i}^2}\exp\left(-\frac{S^2}{8\sigma_{X_i}^2}\right)dS = (2\sqrt{2}\sigma_{X_i})^m\Gamma\left(\frac{m}{2}+1\right) \tag{1-114}$$

式中　S——疲劳载荷作用在立管上引起交变应力的应力范围；

σ_{X_i}——第 i 个海况交变应力的标准差；

Γ——伽马函数。

由于交变应力过程是窄带的，因此

$$f_{L_i} = f_{0_i} = n_{0_i} \tag{1-115}$$

式中　f_{0_i}——第 i 个海况的交变应力过程的跨零率；

n_{0_i}——第 i 个海况的交变应力过程的峰值率。

由于

$$\Omega_i = f_{L_i}E(S^m) \tag{1-116}$$

$$S_{ei} = \left[E(S^m)_i\right]^{\frac{1}{m}} \tag{1-117}$$

将式（1-114）、式（1-115）代入式（1-116）、式（1-117）得：

$$\Omega_i = f_{oi}(2\sqrt{2}\sigma_{X_i})^m \Gamma(\frac{m}{2} + 1) \tag{1-118}$$

$$S_{ei} = 2\sqrt{2}\sigma_{X_i}\left[\Gamma(\frac{m}{2} + 1)\right]^{\frac{1}{m}} \tag{1-119}$$

又有

$$\Omega = \sum_{i=1}^{k} \gamma_i \Omega_i = \sum_{i=1}^{k} \gamma_i f_{L_i} E(S^m)_i \tag{1-120}$$

$$S_e = \left(\frac{\Omega}{f_L}\right)^{\frac{1}{m}} = \left(\frac{\sum_{i=1}^{k}\gamma_i\Omega_i}{\sum_{i=1}^{k}\gamma_i f_{L_i}}\right)^{\frac{1}{m}} = \left(\frac{\sum_{i=1}^{k}\gamma_i f_{L_i}E(S^m)_i}{\sum_{i=1}^{k}\gamma_i f_{L_i}}\right)^{\frac{1}{m}} = \left(\frac{\sum_{i=1}^{k}\gamma_i f_{L_i}S_{ei}^m}{\sum_{i=1}^{k}\gamma_i f_{L_i}}\right)^{\frac{1}{m}} \tag{1-121}$$

再由式（1-120）和式（1-121）得：

$$\Omega_i = (2\sqrt{2})^m \Gamma(\frac{m}{2} + 1) \sum_{i=1}^{k} \gamma_i f_{oi} \sigma_{X_i}^m \tag{1-122}$$

$$S_e = 2\sqrt{2}\left(\frac{\Gamma(\frac{m}{2} + 1)\sum_{i=1}^{k}\gamma_i f_{oi}\sigma_{X_i}^m}{\sum_{i=1}^{k}\gamma_i f_{oi}}\right)^{\frac{1}{m}} \tag{1-123}$$

式中 S_{ei}——各海况中的等效应力范围；

Ω_i——各海况中的应力参数；

γ_i——反映应力比影响的参数。

疲劳累积损伤模型在工程应用中的应用比较广泛，比如该模型在张力腿平台（TLP）顶端张力式立管疲劳损伤预测中应用较多，如图1-38所示，给出了利用该模型计算的疲劳损伤沿立管长度方向的变化曲线。

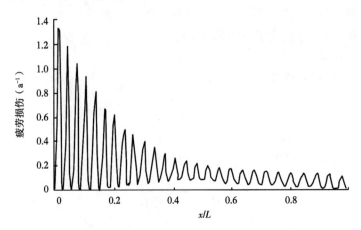

图1-38 疲劳损伤沿立管长度方向的变化[128]

3. 基于疲劳裂纹扩展理论的 McEvily 模型

McEvily 模型的基本关系式如下：

$$\frac{\mathrm{d}a}{\mathrm{d}N} = A(\Delta K_{\mathrm{eff}} - \Delta K_{\mathrm{eff,\,th}})^2 \tag{1-124}$$

式中　$\mathrm{d}a/\mathrm{d}N$——疲劳裂纹扩展率，m/cycle；

　　　a——裂纹长度，m；

　　　N——交变载荷循环次数，cycle；

　　　A——材料和环境常数，$(\mathrm{MPa})^{-2}$；

　　　ΔK_{eff}——有效应力强度因子范围，$\mathrm{MPa \cdot m^{1/2}}$；

　　　$\Delta K_{\mathrm{eff,th}}$——门槛值处的有效应力强度因子范围，$\mathrm{MPa \cdot m^{1/2}}$。

其中，有效应力强度因子范围 ΔK_{eff} 定义如下：

$$\Delta K_{\mathrm{eff}} = K_{\mathrm{max}} - K_{\mathrm{op}} \tag{1-125}$$

式中　K_{max}——循环荷载作用下的最大应力强度因子，$\mathrm{MPa \cdot m^{1/2}}$；

　　　K_{op}——裂纹张开水平时的应力强度因子，$\mathrm{MPa \cdot m^{1/2}}$。

实验表明，裂纹公式（1-124）适用于大量的金属合金。如果定义裂纹张开水平时的应力强度因子 ΔK_{op} 变化范围如下：

$$\Delta K_{\mathrm{op}} = K_{\mathrm{op}} - K_{\mathrm{min}} \tag{1-126}$$

式中　K_{min}——循环载荷作用下的最小应力强度因子，$\mathrm{MPa \cdot m^{1/2}}$。

根据应力强度因子变化范围 ΔK 的定义：

$$\Delta K = K_{\mathrm{max}} - K_{\mathrm{min}} \tag{1-127}$$

那么联合式（1-125）、式（1-126）和式（1-127）可得：

$$\Delta K_{\mathrm{eff}} = \Delta K - \Delta K_{\mathrm{op}} \tag{1-128}$$

将式（1-128）代入式（1-124）可得：

$$\frac{\mathrm{d}a}{\mathrm{d}N} = A(\Delta K - \Delta K_{\mathrm{op}} - \Delta K_{\mathrm{eff,\,th}})^2 \tag{1-129}$$

由于疲劳小裂纹的扩展占据了整个疲劳寿命的很大一部分，并且疲劳小裂纹的扩展与否是区分安全和潜在的不安全疲劳区域的标志，因此疲劳小裂纹的扩展行为显得非常重要。

从上述分析可以看出，McEvily 等提出的改进的线弹性断裂力学方法，能有效考虑疲劳小裂纹的扩展特性中。因此，该方法不仅能预报宏观长裂纹的疲劳扩展行为，而且适用于疲劳短裂纹的扩展行为。McEvily 模型可表示如下：

$$\frac{\mathrm{d}a}{\mathrm{d}N} = AM^2 \tag{1-130}$$

$$M = K_{\mathrm{max}}(1 - R) - (1 - \mathrm{e}^{-ka})(K_{\mathrm{op,\,max}}) - \Delta K_{\mathrm{eff,\,th}} \tag{1-131}$$

$$K_{max} = \sqrt{\pi r_e \left(\sec \frac{\pi}{2} \frac{\sigma_{max}}{\sigma_Y} + 1 \right)} \left[1 + Y(a) \sqrt{\frac{a}{2r_e}} \right] \sigma_{max} \qquad (1-132)$$

式中 da/dN——疲劳裂纹扩展率，m/cycle；

a——裂纹长度，m；

N——交变载荷循环次数，cycle；

A——材料和环境常数，（MPa）$^{-2}$；

K_{max}——循环载荷作用下的最大应力强度因子，MPa·m$^{1/2}$；

R——循环载荷中的应力比；

k——表征裂纹闭合水平随裂纹长度变化的参数，m^{-1}；

$K_{op,max}$——宏观裂纹在裂纹张开水平时的最大应力强度因子，MPa·m$^{1/2}$；

$\Delta K_{eff,th}$——门槛值处的有效应力强度因子范围，MPa·m$^{1/2}$；

r_e——材料的固有缺陷尺寸，是一个大小在微米量级的参数，m；

σ_{max}——交变载荷作用下的最大应力，MPa；

σ_Y——材料的屈服强度，MPa；

$Y(a)$——与裂纹形状和位置等有关的几何修正系数。

McEvily 模型已经被成功地应用到很多疲劳问题：经典两级载荷（Classical Two-step Fatigue Loading）作用下的疲劳问题；复合两级载荷（Multiple Two-step Fatigue Loading）作用下的疲劳问题；过载疲劳问题以及双轴载荷作用下的疲劳问题等[129]。McEvily 模型显示出广阔的应用前景。McEvily 模型应用在过载疲劳问题中的结果如图 1-39 所示。

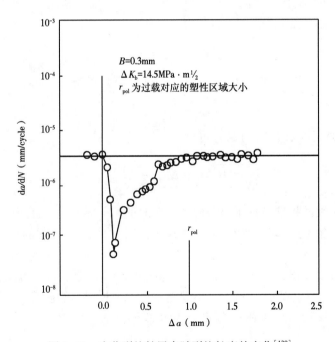

图 1-39 疲劳裂纹扩展率随裂纹长度的变化[130]

4. 九参数模型

2003 年，崔维成和黄小平[131]提出的九参数模型主要对 McEvily 模型进行了如下三方面的改进：

（1）将疲劳裂纹不稳定扩展情况引入裂纹扩展率曲线中，这样九参数模型就能覆盖整个疲劳裂纹扩展阶段——裂纹萌生、裂纹扩展和裂纹不稳定扩展失效；

（2）用虚拟强度（Virtual Strength）来代替材料的屈服强度，这样改进模型的适用范围将可以使疲劳应力在疲劳极限到极限强度之间变化；

（3）引入过载/低载参数来模拟循环载荷进程中的过载迟滞（Overload Retardation）和低载加速（Underload Acceleration）现象。

崔维成和黄小平在 McEvily 模型的基础上提出的九参数模型可表示如下：

$$
\begin{cases}
\dfrac{\mathrm{d}a}{\mathrm{d}N} = \dfrac{AM^2}{1-\left(\dfrac{K_{\max}}{K_{\mathrm{c}}}\right)^n} \\[4mm]
M = K_{\max}(1-R)-(1-\mathrm{e}^{-ka})(K_{\mathrm{op,\,max}}-RK_{\max})-\Delta K_{\mathrm{eff,\,th}} \\[2mm]
K_{\max}=\sqrt{\pi r_{\mathrm{e}}\left(\sec\dfrac{\pi}{2}\dfrac{\sigma_{\max}}{\sigma_{\mathrm{V}}}+1\right)}\left[1+Y(a)\sqrt{\dfrac{a}{2r_{\mathrm{c}}}}\right] \\[2mm]
\Delta K_{\mathrm{eff,\,th}}=\Delta K_{\mathrm{eff,\,th,\,0}}(1-R)^{\gamma} \\[2mm]
\Delta K_{\mathrm{op,\,max}}=K_{\mathrm{op,\,max,\,0}}(1-R)^{\gamma}
\end{cases}
\tag{1-133}
$$

式中　K_{c}——材料的断裂韧性，MPa·m$^{1/2}$；

n——表征 $K_{\max}/K_{\mathrm{c}}$ 影响能力的参数；

$\Delta K_{\mathrm{eff,th,0}}$——对应于应力比 $R=0$ 时的相应参数，MPa·m$^{1/2}$；

$K_{\mathrm{op,max,0}}$——对应于应力比 $R=0$ 时的相应参数，MPa·m$^{1/2}$；

γ——反映应力比 R 影响的参数。

Schijve（1979）指出 γ 取值在 0.5 和 1.0 之间；而 Kujawski（2001）则指出，对于正的应力比和负的应力比，参数 γ 可以取不同的值。σ_{V} 表示材料的虚拟强度，可以通过式（1-134）来确定：

$$
\sqrt{\pi r_{\mathrm{e}}\left(\sec\dfrac{\pi}{2}\dfrac{\sigma_{\mathrm{U}}}{\sigma_{\mathrm{V}}}+1\right)}\left(1+Y(r_{\mathrm{e}})\sqrt{\dfrac{r_{\mathrm{e}}}{2r_{\mathrm{e}}}}\right)\sigma_{\mathrm{U}}=K_{\mathrm{c}}
\tag{1-134}
$$

式中　σ_{U}——材料的极限强度（Ultimate strength），MPa；

σ_{V}——材料的虚拟强度，MPa。

从式（1-134）可以看出，虚强度的定义如下：对于无裂纹（裂纹长度 a 等于材料固有缺陷 r_{e}）光滑试件，在试件不稳定扩展失效时，作用的最大应力 $\sigma_{\max}$ 等于材料的极限强度 σ_{U}。因此，材料的虚拟强度 σ_{V} 代表理想情况下（材料的固有缺陷尺寸 $r_{\mathrm{e}}=0$）的材料强度；而材料真实的极限强度 σ_{U} 则代表在材料固有缺陷尺寸 $r_{\mathrm{e}}>0$ 时的材料强度。

在这个改进的疲劳裂纹扩展模型中，独立的参数有 A、n、k、γ、K_{c}、r_{e}、σ_{V}、$K_{\mathrm{op,max,0}}$ 和 $\Delta K_{\mathrm{eff,th,0}}$ 9 个，所以又称为九参数疲劳裂纹扩展模型。

5. 考虑载荷比效应的改进 McEvily 模型

与九参数模型相比较，考虑载荷比效应的改进 McEvily 模型主要进行了两方面的改进[132]：（1）对于不同的金属材料，疲劳裂纹扩展率曲线的斜率被视为一个变量，而不是一个固定值；（2）有效应力强度因子范围门槛值 $\Delta K_{\text{eff,th,0}}$ 和宏观裂纹张开应力强度因子 $K_{\text{op,max,0}}$ 对于不同的应力比都是变量，并且在试验数据的基础上通过曲线拟合的方法来建立 $\Delta K_{\text{eff,th,0}}$ 以及 $K_{\text{op,max,0}}$ 和应力比 R 之间的函数关系式。因此，可以用于不同应力比下疲劳裂纹扩展分析的改进 McEvily 模型表示如下：

$$\begin{cases} \dfrac{\mathrm{d}a}{\mathrm{d}N} = \dfrac{AM^m}{1 - \left(\dfrac{K_{\max}}{K_{\text{c}}}\right)^n} \\[2mm] M = K_{\max}(1-R) - (1-\mathrm{e}^{-ka})(K_{\text{op,max}} - RK_{\max}) - \Delta K_{\text{eff,th}} \\[2mm] K_{\max} = \sqrt{\pi r_{\text{e}}\left(\left(\sec\dfrac{\pi}{2}\dfrac{\sigma_{\max}}{\sigma_{\text{V}}} + 1\right)\right)}\left[1 + Y(a)\sqrt{\dfrac{a}{2r_{\text{e}}}}\right]\sigma_{\max} \\[2mm] K_{\text{op,max}} = f_1(R) \\[1mm] \Delta K_{\text{eff,th}} = f_2(R) \end{cases} \quad (1-135)$$

式中　$\mathrm{d}a/\mathrm{d}N$——疲劳裂纹扩展率，m/cycle；

a——裂纹长度，m；

N——交变载荷循环次数，cycle；

A——材料和环境常数；

$K_{\max}$——循环载荷作用下的最大应力强度因子，MPa·m$^{1/2}$；

K_{c}——材料的断裂韧性，MPa·m$^{1/2}$；

n——表征 $K_{\max}/K_{\text{c}}$ 影响能力的参数；

R——循环载荷中的应力比；

k——表征裂纹闭合水平随裂纹长度变化的参数，m^{-1}；

$K_{\text{op,max}}$——宏观裂纹在裂纹张开水平时的最大应力强度因子，MPa·m$^{1/2}$；

$\Delta K_{\text{eff,th}}$——门槛值处的有效应力强度因子范围，MPa·m$^{1/2}$；

r_{e}——材料的固有缺陷尺寸，是一个大小在微米量级的参数，m；

$\sigma_{\max}$——交变载荷作用下的最大应力，MPa；

σ_{V}——材料的虚拟强度，MPa；

$Y(a)$——与裂纹形状和位置等有关的几何修正系数；

m——疲劳裂纹扩展率曲线对应的斜率；

$f_1(R)$——对应参数 $K_{\text{op,max}}$ 关于应力比 R 的函数关系式；

$f_2(R)$——对应参数 $\Delta K_{\text{eff,th}}$ 关于应力比 R 的函数关系式。

在这个改进的 McEvily 模型中，参数 A、m、n、K_{c}、r_{e} 和 σ_{V} 认为是材料常数。如果这些材料常数事先未知，那么这些参数的确定将是一件很麻烦的事情。为了简化这些参数的确定，可以采用一个三步走的方法。第一步，取一组不同应力比下的试验数据，对于每一个应力比 R，根据相应的试验数据通过非线性最小平方拟合（the Nonlinear Least Squares

Fitting，NLSF）的方法得到一组参数值，即 A、m、n、k、K_c、r_e、σ_V、$K_{op,max}$ 和 $\Delta K_{eff,th}$ 的值；第二步，根据得到的不同应力比下的 $K_{op,max}$ 和 $\Delta K_{eff,th}$ 值，分别建立 $K_{op,max}$ 和 $\Delta K_{eff,th}$ 关于应力比 R 的函数关系式，并分别计算参数 n、k、K_c、r_e 和 σ_V 在不同应力比下的平均值，将得到的平均值视为参数 n、k、K_c、r_e 和 σ_V 对应的材料常数；第三步，将确定的参数 n、k、K_c、r_e 和 σ_V 以及建立的 $K_{op,max}$ 的 $\Delta K_{eff,th}$ 关于应力比 R 的函数关系式代入上述改进的 McEvily 模型，通过对不同应力比下所有试验数据的拟合来重新确定参数 A 和 m。

参 考 文 献

［1］李维仲，姜远新．小木球在固液两相流中上升规律研究及 Magnus 力测量［J］．大连理工大学学报，2011，51（5）：653-657.

［2］刘小兵，程良骏．Basset 对颗粒运动的影响［J］．四川工业学院学报，1996，15（2）：55-63.

［3］苏世为．水平井段携砂和冲砂过程中的力学分析及规律研究［D］．北京：中国石油大学（北京），2008.

［4］Wang Kai, Li Xiufeng. Numerical investigation of the erosion behavior in elbows of petroleum pipelines［J］. Powder Technology, 2017, 314：490-499.

［5］Morsi S A, Alexander A J. An investigation of particle trajectories in two-phase flow systems［J］. Journal of Fluid Mechanics, 1972, 55（2）：193-208.

［6］Ahlert K. Effects of particle impingement angle and surface wetting on solid particle erosion of AISI 1018 steel［D］. University of Tulsa, USA, 1994.

［7］DNV. Erosive wear in piping systems［S］. Recommended Practice RPO501, 2007.

［8］Haugen K, Kvernvold O, Ronold A. Sand erosion of wear-resistant materials：Erosion in choke valves［J］. Wear, 1995, 186-187：179-188.

［9］Neilson J H, Gilchrist A. Erosion by a stream of solid particles［J］. Wear, 1968, 11（2）：111-122.

［10］McLaury B S, Shirazi S A An alternate method to API RP 14E for predicting solids erosion in multiphase flow［J］. Energy Resour. Technol, 2000, 122（3）：115-122.

［11］Oka Y I, Okamura K, Yoshida T. Practical estimation of erosion damage caused by solid particle impact. Part 1：Effect of impact parameters on a predictive equation［J］. Wear, 2005, 259（1-6）：95-101.

［12］Finnie I. Erosion of surfaces by solid particles［J］. Wear, 1960, 3（2）：87 - 103.

［13］Grant G, Tabakoff W. An experimental investigation of the erosion characteristics of 2024 Aluminum alloy［D］. Department of Aerospace Engineering, University of Cincinnati, Cincinnati, 1973.

［14］Bourgoyne A T. Experimental study of erosion in diverter systems due to sand Production［C］. SPE/IADC 18716, 1989.

［15］Tahrim Alam, Zoheir N Farhat. Slurry erosion surface damage under normal impact for pipeline steels［J］. Engineering Failure Analysis, 2018, 90：116-128.

［16］Han Zhiwu, Zhang Junqiu, chao Ge, et al. Erosion Resistance of Bionic Functional Surfaces Inspired from Desert Scorpions［J］. Langmuir, 2012, 28（5），2914-2921.

［17］Zhang Jixin, Kang Jian, Fan Jianchun, et al. Research on erosion wear of high-pressure pipes during hydraulic fracturing slurry flow［J］. Journal of Loss Prevention in the Process Industries, 2016, 43：438-448.

［18］Yao Jun, Zhou Fang, Zhao Yanlin, et al. Experimental investigation of erosion of stainless steel by liquid-solid flow jet impingement［J］. Procedia Engineering, 2015, 102：1084 -1091.

［19］Wang Min-Hua. Computational fluid dynamics modelling and experimental study of erosion in slurry jet flows

[J]. International Journal of Computational Fluid Dynamics, 2009, 23 (2): 155-172.

[20] Nguyen V B, Ngayen Q B, Zhang Y W, et al. Effect of particle size on erosion characteristics [J]. Wear, 2016, 348-349: 126-137.

[21] Akihiro Yabuki, Kohjiro sugita, Masanobu Matsumura, et al. The anti-slurry erosion properties of polyethylene for sewerage pipe use [J]. Wear, 2004 (1-2), 240: 52-58.

[22] Wheeler D W. Wood R J K. Erosion of hard surface coatings for use in offshore gate valves [J]. Wear, 2005, 258 (1-4): 526-536.

[23] Zeng L, Shuang S, Guo X P, et al. Erosion-corrosion of stainless steel at different locations of a 90° elbow [J]. Corrosion Science, 2016, 111: 72-83.

[24] Vieira R E, Paris, Mazdak, zahedi peyman, et al. Ultrasonic measurements of sand particle erosion under upward multiphase annular flow conditions in a vertical-horizontal bend [J]. International Journal of Multiphase Flow, 2017, 93: 48-62.

[25] Vieira R E. Mazdak, zahedi peyman, et al. Sand erosion measurements under multiphase annular flow conditions in a horizontal-horizontal elbow [J]. Powder Technology, 2017, 320: 625-636.

[26] Liu Jianguo, Bake Dashi, wu Lan, et al. Effect of flow velocity on erosion - corrosion of 90-degree horizontal elbow [J]. Wear, 2017, 376-377 (PartA): 516-525.

[27] Ronald E Vieira Amir Mansouri, Brenton S Mclaury, et al. Experimental and computational study of erosion in elbows due to sand particles in air flow [J]. Powder Technology, 2016, 228: 339-353.

[28] Poursaeidi E, Tafrishi H, Amani H. Experimental-numerical investigation for predicting erosion in the first stage of an axial compressor [J]. Powder Technology, 2017, 306: 80-87.

[29] Fan J R, Yao J, Cen K F. Antierosion in a 90°bend by particle impaction [J]. Aiche Journal, 2002, 48 (7): 1401-1412.

[30] Huang He, Zhang Yan, Ren Luquan. Particle erosion resistance of bionic samples inspired from skin structure of desert lizard, laudakin stoliczkana [J]. Journal of Bionic Engineering, 2012, 9 (4): 465-469.

[31] Han Zhiwu, Yin Wei, Zhang Junqia, et al. Erosion-resistant surfaces inspired by tamarisk [J]. Journal of Bionic Engineering, 2013, 10 (4): 479-487.

[32] Wael H Ahmed, Mufatiu M Bello, Meamer EI Nakla, et al. Flow and mass transfer downstream of an orifice under flow accelerated corrosion conditions [J]. Nuclear Engineering and Design, 2012, 252: 52-67.

[33] Thiana Alexandra Sedrez, Rodrigo Koerich Decker, Marcela Kotsuka da silva, et al. Experiments and CFD-based erosion modeling for gas-solids flow in cyclones [J]. Powder Technology, 2017, 311: 120-131.

[34] Huang Z Q, Xie D, Huang X. B, et al. Analytical and experimental research on erosion wear law of drill pipe in gas drilling [J]. Engineering Failure Analysis, 2017, 79: 615-624.

[35] Liu Huixin, Liu Pa, Fan Dongchang, et al. A new erosion experiment and numerical simulation of wellhead device in nitrogen drilling [J]. Journal of Natural Gas Science and Engineering, 2016, 28: 389-396.

[36] Zhang Peng, Zheng Sijia, Jing Jiaqiang, et al. Surface erosion behavior of an intrusive probe in pipe flow [J]. Journal of Natural Gas Science and Engineering, 2015, 26: 480-493.

[37] Xu Yunze, Tan Yongjun. Visualizing the dynamic processes of flow accelerated corrosion and erosion corrosion using an electrochemically integrated electrode array [J]. Corrosion Science, 2018, 319: 438-443.

[38] Yao Jun, Fan Jianren, Zhang Benzaho, et al. An experimental investigation of a new method for protecting bends from erosion in gas-particle flows [J]. Journal of Thermal Science, 2000, 9 (2): 158-162.

[39] Banakermani MR, Naderan H. An investigation of erosion prediction for 15°to 90°elbows by numerical simulation of gas-solid flow [J]. Powder Technology, 2018, 334: 9-26.

[40] Peng Wenshan, Cao Xuewen. Numerical prediction of erosion distributions and solid particle trajectories in

elbows for gas-solid flow [J]. Journal of Natural Gas Science and Engineering, 2016, 30: 455-470.

[41] Zhang Enbo, Zeng Dezhi, Zhu Hongjun, et al. Numerical simulation for erosion effects of three-phase flow containing sulfur particles on elbows in high sour gas fields [J]. Petroleum, 2018, 4 (2): 158-167.

[42] Zeng Dezhi, Zhang Enbo, Ding Yanyan, et al. Investigation of erosion behaviors of sulfur-particle-laden gas flow in an elbow via a CFD-DEM coupling method [J]. Powder Technology, 2018, 329: 115-128.

[43] Mohammad Zamani, Sadegh Seddighi, Hamid Reza Nazif. Erosion of natural gas elbows due to rotating particles in turbulent gas-solid flow [J]. Journal of Natural Gas Science and Engineering, 2017, 40: 91-113.

[44] Carlos Antonio Ribeiro Duarte, Francisco Joséde Souza. In novative pipe wall design to mitigate elbow erosion: A CFD analysis [J]. Wear, 2017, 380-381: 176-190.

[45] Parsi Mazdak . Ultrasonic measurements of sand particle erosion in gas dominant multiphase churn flow in vertical pipes [J]. Wear, 2015, 328-329: 401-413.

[46] Pei Jie, Lui Aihua. Numerical investigation of the maximum erosion zone in elbows for liquid-particle flow [J]. Powder Technology, 2018, 333 (15): 47-59.

[47] Zahedi Peyman, Zhang Jun, Arabnejad Hadi, et al. CFD simulation of multiphase flows and erosion predictions under annular flow and low liquid loading conditions [J]. Wear, 2017, 376-377 (Part B): 1260-1270.

[48] Zhang Jun. Modeling sand fines erosion in elbows mounted in series [J]. Wear, 2018, 403 (15): 196-206.

[49] Lopez Alejandro, Nicholls William. CFD study of jet impingement test erosion Using ansys fluent and openfoam [J]. Computer Physics Communications, 2015, 197: 88-95.

[50] Howard Coker E. The erosion of horizontal sand slurry pipelines resulting from inter-particle collision [J]. Wear, 2018, 400-401: 74-81.

[51] Avi Uzi, Yaron Ben Ami, Avi Levy. Erosion prediction of industrial conveying pipelines [J]. Powder Technology, 2017, 309: 49-60.

[52] Song X Q, Lin J Z, Zhao J F, et al. Research on reducing erosion by adding ribs on the wall in particulate two-phase flows [J]. Wear, 1996, 193: 1-7.

[53] Fan J R. Large eddy simulation of the anti-erosion characteristics of the ribbed-bend in gas-solid flows [J]. Journal of Engineering for Gas Turbines and Power, 2004, 126 (3): 672-679.

[54] Zhu Hongjun, Li Shuai. Numerical analysis of mitigating elbow erosion with a rib [J]. Powder Technology, 2018, 330: 445-460.

[55] Zhu Hongjun, Wang Jian, Chen Xiaoyu, et al. Numerical analysis of the effects of fluctuations of discharge capacity on transient flow field in gas well relief line [J]. Journal of Loss Prevention in the Process Industries, 2014, 31: 105-112.

[56] Liu B, Zhao J, Qian J. Numerical study of solid particle erosion in butterfly valve [J]. IOP Conference Series: Materials Science and Engineering, 2017, 220: 012018.

[57] Liu Bo, Zhao Jiangang, Qian Jianhua. Numerical analysis of cavitation erosion and particle erosion in butterfly valve [J]. Engineering Failure Analysis, 2017, 80: 312-324.

[58] Wallace M S, Dempster W M. Prediction of impact erosion in valve geometries [J]. Wear, 2004, 256 (9): 927-936.

[59] Hu Gang, Zhang peng, Wang Guorong, et al. Performance study of erosion resistance on throttle valve of managed pressure drilling [J]. Journal of Petroleum Science and Engineering, 2017, 156: 29-40.

[60] Nemitallah M A, Ben-Mansour R, Habib M A, et al. Solid particle erosion downstream of an orifice [J]. Journal of Fluids Engineering, 2015, 137 (021302/1).

[61] Knight R G, Mcmahon J, Skeaff C M, et al. A study on the cause analysis for the wall thinning and leakage in small bore piping downstream of orifice [J]. World Journal of Nuclear Science & Technology, 2014, 4 (1): 1-6.

[62] Huang Yong, Zhu Lihong, Liao Hualin, et al. Erosion of Plugged Tees in Exhaust Pipes Through Variously-sized Cuttings [J]. Applied Mathematical Modelling, 2016, 40 (19-20): 8708-8721.

[63] Pouraria H, Seo J K, Paik J K. Numerical study of erosion in critical components of subsea pipeline: tees vs bends [J]. Ships & Offshore Structures, 2017, 12 (2): 11.

[64] Wei Mingao. Numerical investigation of erosion of tube sheet and tubes of a shell and tube heat exchanger [J]. Computers & Chemical ring, 2017, 96 (4): 115-127.

[65] Bremhorst K, Brennan M. Investigation of shell and tube heat exchanger tube inlet wear by computational fluid dynamics [J]. Engineering Applications of Computational Fluid Mechanics, 2011, 5 (4): 566-578.

[66] Cai Liuxi. Gas-particle flows and erosion characteristic of large capacity dry top gas pressure recovery turbine [J]. Energy, 2017, 120 (1): 498-506.

[67] Campos-Amezcua A, Mazur Z, Gallegos-MuOz A, et al. Numerical Study of Erosion due to Solid Particles in Steam Turbine Blades [J]. Numerical Heat Transfer, Part A: Applications, 2007, 53 (6): 667-684.

[68] Mehdi Azimian, Hans-Jörg Bart. Computational analysis of erosion in a radial inflow steam turbine [J]. Engineering Failure Analysis, 2016, 64: 26-43.

[69] Krishna Khanal, Hari P. A methodology for designing Francis runner blade to find minimum sediment erosion using CFD [J]. Renewable Energy, 2016, 87 (1): 307-316.

[70] Huang S, Su X, Qiu G. Transient numerical simulation for solid-liquid flow in a centrifugal pump by DEM-CFD coupling [J]. Engineering Applications of Computational Fluid Mechanics, 2015, 9 (1): 411-418.

[71] Subhash N Shaha, Samyak Jain. Coiled tubing erosion during hydraulic fracturing slurry flow [J]. Wear, 2008, 264 (3-4): 279-290.

[72] Graham L J W, Wu J, Short G, et al. Laboratory modelling of erosion damage by vortices in slurry flow [J]. Hydrometallurgy, 2017, 170: 43-50.

[73] Zheng Chao, Liu Yonghong. Experimental study on the erosion behavior of WC-based high-velocity oxygen-fuel spray coating [J]. Powder Technology, 2017, 318: 383-389.

[74] Farzad Parvaz, Seyyed Hossein Hosseini, Khairy Elsayed, et al. Numerical investigation of effects of inner cone on flow field, performance and erosion rate of cyclone separators [J]. Separation and Purification Technology, 2018, 201: 223-237.

[75] Xu Peng, Wu Z, Mujumdar A S, et al. Innovative hydrocyclone inlet designs to reduce erosion-induced wear in mineral dewatering processes [J]. Drying Technology, 2009, 27 (2): 201-211.

[76] Farzin Darihaki, Ebrahim Hajidavalloo. Erosion prediction for slurry flow in choke geometry [J]. Wear, 2017, 372-373: 42-53.

[77] Habib M A, Badr H M, Ben-Mansour R, et al. Erosion rate correlations of a pipe protruded in an abrupt pipe contraction [J]. International Journal of Impact Engineering, 2006, 34 (8): 1350-1369.

[78] Hu Chenshu, Luo Kun. Erosion and penetration rates of a pipe protruded in a sudden contraction [J]. Chemical engineering science, 2016, 153: 129-145.

[79] Gianandrea Vittorio Messa, Stefano Malavasi. A CFD-based method for slurry erosion prediction [J]. Wear, 2018, 398-399: 127-145.

[80] Xu Lei, Luo Kun, Zhao Yongzhi, et al. Multiscale Investigation of Tube Erosion in Fluidized Bed Based on CFD-DEM Simulation [J]. Chemical Engineering Science, 2018, 183: 60-74.

[81] Yuh Ming Ferng, Yung Shin Tseng. An analysis of possible Impacts of power uprate on the distributions of e-

rosion-corrosion wear sites for a BWR through CFD simulation [J]. Nuclear Technology, 2017, 162 (3):
308-322.

[82] Zhao Yongzhi, Ma Huaqing, Xu Lei, et al. An erosion model for the discrete element method [J]. Partic-
uology, 2017, 34 (5): 81-88.

[83] Jin Tai, Luo Kun, Wu Fan, et al. Numerical investigation of erosion on a staggered tube bank by particle
laden flows with immersed boundary method [J]. Applied Thermal Engineering, 2014, 62 (2): 444-454.

[84] Lin Nan, Lan Huiqing, Xu Yugong, et al. Effect of the gas-solid two-phase flow velocity on elbow erosion
[J]. Journal of Natural Gas Science and Engineering, 2015, 26 (2): 581-586.

[85] Meng S, Song S, Che C, et al. Internal flow effect on the parametric instability of deepwater drilling risers
[J]. Ocean Engineering, 2018, 149: 305-312.

[86] 庄申阳. 固液两相流诱导管道振动实验研究 [D]. 大庆:东北石油大学, 2018.

[87] Miwa S, Mori M, Hibiki T. Two-phase flow induced vibration in piping systems [J]. Progress in Nuclear
Energy, 2015, 78: 270-284.

[88] 雷太斌. 输气管道振动耦合特性分析与控制 [D]. 西安:西安石油大学, 2018.

[89] An C, Su J. Dynamic behavior of pipes conveying gas-liquid two-phase flow [J]. Nuclear Engineering and
Design, 2015, 292: 204-212.

[90] 钟兴福, 李志彪, 李东晖. 水平弯管内气液流动对管道振动影响的实验研究 [J]. 中国造船,
2006, 47 (增刊): 160-164.

[91] Paidoussis M P. Flow-induced instabilities of cylindrical structures [J]. Applied Mechanics Reviews,
1987, 40 (2): 163.

[92] Paid oussis M P, Li G X. Pipes conveying fluid: A model dynamical Problem [J]. Journal of Fluids &
Structures, 1993, 7 (2): 137-204.

[93] 刘忠族, 孙玉东, 吴有生. 管道流固耦合振动及声传播的研究现状及展望 [J]. 船舶力学, 2001
(2): 82-90.

[94] 朱炎. 基于气液两相流的输水管道稳态振动及瞬变过程研究 [D]. 哈尔滨:哈尔滨工业大学,
2018.

[95] 孟书生. 输流管道自由振动特性分析系统 [J]. 舰船科学技术, 2018, 40 (8): 49-51.

[96] 杨凡. 基于有限元方法的管道流致振动研究 [D]. 成都:西南交通大学, 2017.

[97] Guo B, Song S, Ghalambor A, et al. Offshore Pipelines [M]. Elsevier, 2005.

[98] Luo Xiaoming, He Limin, Ma Huawei. Flow pattern and pressure fluctuation of severe slugging in pipeline-
riser system [J]. Chinese Journal of Chemical Engineering, 2011, 19 (1): 26-32.

[99] 王琳, 刘昶, 李玉星, 等. 空气-水立管系统的严重段塞流瞬态数学模型 [J]. 油气储运, 2016,
35 (11): 1235-1242+1254.

[100] 金显军, 李昆, 扈新军. 段塞流对海上油气工艺设施的危害及防治 [J]. 油气田地面工程, 2011,
30 (11): 101.

[101] 宁永庚, 周海军, 李岩. 海底管道段塞流对 zj25-1 南油田群的影响与控制措施 [J]. 油气田地面
工程, 2015 (10): 8-10.

[102] 罗晓明, 何利民, 赵超越. 上升管中强烈段塞流消除方法实验研究 [J]. 工程热物理学报, 2006,
27 (3): 1446-449.

[103] 赵超越, 彭汉修, 吴大亮, 等. 强烈段塞流消除方法的试验研究进展 [J]. 管道技术与设备,
2004 (4): 1-5.

[104] 李晓平, 宫敬, 沈建宏. 立管严重段塞流控制方法实验研究 [J]. 中国海上油气, 2005, 17 (6):
416-420.

[105] Xing L C, Yeung H, Shen J, et al. Experimental Study on severe slugging mitigation by applying wavy pipes [J]. chemical Engineering Research and Design, 2013, 91: 18-28.

[106] 马文婧. 南海天然气水合物开发的风险因素分析 [D]. 青岛: 中国海洋大学, 2011.

[107] 吴传芝, 赵克斌, 孙长青, 等. 天然气水合物基本性质与主要研究方向 [J]. 非常规油气, 2018, 5 (4): 92-99.

[108] 白冬生. 气体水合物成核与生长的分子动力学模拟研究 [D]. 北京: 北京化工大学, 2013.

[109] 丁麟, 史博会, 吕晓方, 等. 天然气水合物形成与生长影响因素综述 [J]. 化工进展, 2016, 35 (1): 57-64.

[110] 孙贤, 刘德俊, 崔启华, 等. 中国关于水合物在管道中的生成过程研究进展 [J]. 化工进展, 2018, 37 (7): 2565-2576.

[111] Lv X F, Shi B H, Wang Y. Experimental study on hydrate induction time of gas-saturated water-in-oil emulsion using a high-pressure flow loop [J]. Oil & Gas Science & Technology-Revued IFP Energies Nouvelles, 2015, 70 (6): 1111-1124.

[112] 左冬来. 天然气管道冰堵成因及防治措施 [J]. 化工设计通讯, 2017, 43 (1): 149-150.

[113] 孙伟政. 钻进过程天然气水合物生成分解控制技术研究 [D]. 大庆: 东北石油大学, 2018.

[114] 康俊鹏. 采气管线水合物预测与抑制技术研究 [D]. 西安: 西安石油大学, 2017.

[115] 路伟, 蒙芸, 杨栩. 天然气水合物的防治方法 [J]. 辽宁化工, 2015 (7): 819-821.

[116] 朱红钧. 海洋立管涡激振动抑制方法 [M]. 北京: 石油工业出版社, 2017.

[117] 朱红钧. 海洋钻采管柱涡激振动抑制装置 [M]. 北京: 科学出版社, 2018.

[118] 王一飞. 深海立管涡激振动疲劳损伤预报方法研究 [D]. 上海: 上海交通大学, 2008.

[119] 薛鸿祥. 新型深海多柱桁架式平台及立管结构疲劳性能研究 [D]. 上海: 上海交通大学, 2008.

[120] 郭宇. 深海立管涡激振动的大涡模拟与涡振疲劳累积损伤分析 [D]. 哈尔滨: 哈尔滨工业大学, 2012.

[121] 曲雪. 深海顶张式立管涡激振动响应预报及其疲劳损伤影响因素研究 [D]. 上海: 上海交通大学, 2013.

[122] 张永波. 深海输液立管涡激振动预报及抑振技术研究 [D]. 青岛: 中国海洋大学, 2011.

[123] 李效民. 顶张力立管动力响应数值模拟及其疲劳寿命预测 [D]. 青岛: 中国海洋大学, 2010.

[124] 郭海燕, 傅强, 娄敏. 海洋输液立管涡激振动响应及其疲劳寿命研究 [J]. 工程力学, 2005 (4): 220-224.

[125] 余建星, 俞永清, 李红涛, 等. 海底管跨涡激振动疲劳可靠性研究 [J]. 船舶力学, 2005 (2): 109-114.

[126] 秦伟, 康庄, 宋儒鑫, 等. 深水钢悬链立管的双向涡致疲劳损伤时域模型 [J]. 哈尔滨工程大学学报, 2013, 34 (1): 26-33.

[127] Baarholm G S, Larsen C M, Lie H. On fatigue damage accumulation from in-line and cross-flow vortex-induced vibrations on risers [J]. Journal of Fluids and Structures, 2006, 22 (1): 109-127.

[128] 白勇, 戴伟, 孙丽萍, 等. 海洋立管设计 [M]. 哈尔滨: 哈尔滨工程大学出版社, 2014.

[129] 周力, 周巍伟, 曹静, 等. 深海悬链线立管涡激疲劳损伤研究 [J]. 海洋工程, 2010, 28 (1): 36-41.

[130] Bao H, McEvily A J. The effect of an overload on the rate of fatigue crack propagation under plane stress conditions [J]. Metallurgical and Materials Transactions, 1995, 26A (7): 1725-1733.

[131] Cui W. A state-of-the-art review on fatigue life prediction methods for metal structures [J]. Journal of Marine Science and Technology, 2002, 7 (1): 43-56.

[132] 薛鸿祥, 唐文勇, 张圣坤. Simplified model for evaluation of VIV-induced fatigue damage of deepwater marine risers [J]. Journal of Shanghai Jiaotong University, 2009, 14 (4): 435.

第二章 深水双梯度钻井关键技术^❶

目前，海洋油气勘探开发的重点正由浅水领域向深水领域过渡。深水钻井的主要难点是：（1）深水地层的孔隙压力与破裂压力之间的差值小（安全压力窗口窄），对井筒压力的调控提出了更高的要求；（2）深水井浅层常含有浅层气和浅层流，易侵入井筒，造成井涌甚至井喷等钻井安全事故；（3）巨大的隔水管悬挂载荷对平台提出了更高的建造要求，大幅度提高了钻井成本。从以上三点可以了解到，常规海洋钻井技术（单梯度钻井）已经无法满足深水钻井的需求。为了适应深水钻井的特点，国外石油公司在 20 世纪 90 年代开始对深水双梯度钻井技术进行研发与应用。本章主要以无隔水管海底泵举升双梯度钻井技术为重点，并对其他几种双梯度钻井技术进行了介绍。

第一节 深水双梯度钻井技术概述

深水钻井一般指作业水深超过 1000m 的钻井。目前，深水双梯度钻井技术的主要包括以下 5 种类型。

（1）无隔水管海底泵举升双梯度钻井技术（Riserless Mud Recovery System Dual-gradient Drilling，RMR），如图 2-1 所示。

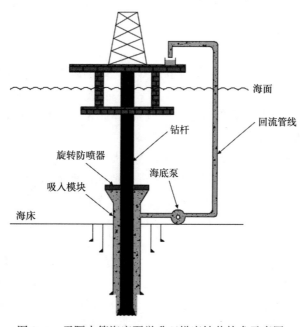

图 2-1 无隔水管海底泵举升双梯度钻井技术示意图

---

❶ 本章内容受到国家重点研发计划（编号：2018YFC0310200）资助。

（2）双层连续管双梯度钻井技术（ReelWell Dual-gradient Drilling Method，RDM），如图2-2所示。

（3）隔水管充气双梯度钻井技术（Gaslift Dual-gradient Drilling with Riser，GDR），如图2-3所示。

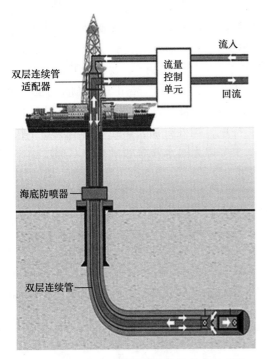

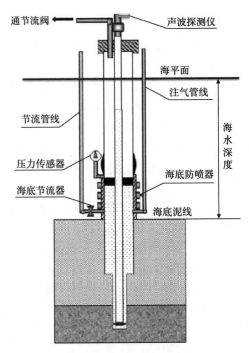

图2-2　双层连续管双梯度钻井技术示意图　　　　图2-3　隔水管充气双梯度钻井技术示意图

（4）注空心球双梯度钻井技术（Hollow Glass Spheres Dual-gradient Drilling，HGS），如图2-4所示。

（5）可控钻井液液面双梯度钻井技术（Controlled Annulus Mud Level Dual-gradient Drilling，CAML），如图2-5所示。

虽然深水双梯度钻井技术有很多类型，但基本原理大致相同。深水双梯度钻井技术的基本原理是[1,2]：通过对海床上部的液柱压力进行调控，使海床上部的液柱压力与该水深处的海水静压力相等，从而使得海床上部的压力梯度为海水压力梯度，海床下部为钻井液液柱压力梯度，以此来形成双梯度钻井。

相比于常规海洋钻井技术，深水双梯度钻井技术的主要优势包括：（1）深水双梯度钻井技术（图2-6）能够使井筒压力更大程度地通过窄安全压力窗口，能够减少深水钻井作业过程中的井涌、井喷和井漏事故；（2）深水双梯度钻井技术可以减少套管的下入层数，节省了套管及下套管的时间和固井时间，从而缩短了建井周期，提高了操作效率，节约了钻井成本；（3）可使隔水管内、外受力平衡，并且可避免隔水管内钻井液密度增加，降低了环空流动摩阻，进而解决了隔水管内返速过低和岩屑携带方面的问题；（4）可降低深水钻井作业对钻井平台和钻机等钻井设备的要求，可以用更小、更便宜的钻井设备钻更深的深水井；（5）可减小隔水管中钻井液液柱的质量，平台紧急撤离时更为安全，出现井喷等

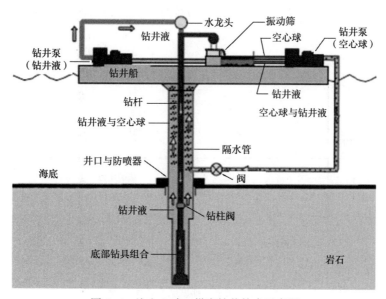

图 2-4 注空心球双梯度钻井技术示意图

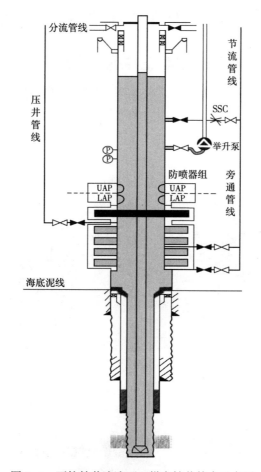

图 2-5 可控钻井液液面双梯度钻井技术示意图

较大事故的可能性及对海洋环境造成污染的可能性也大大降低，同时可减少钻井液的用量，使成本大大降低。

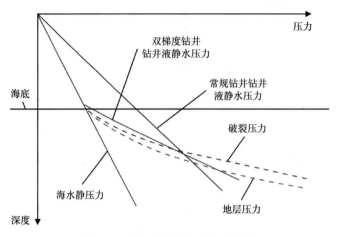

图2-6　深水双梯度钻井技术原理

第二节　无隔水管海底泵举升双梯度钻井技术及工艺

一、无隔水管海底泵举升双梯度钻井系统概述

在深水双梯度钻井技术中，无隔水管海底泵举升双梯度钻井系统（图2-7）是目前应用最广泛、最成功以及技术原理最特殊的一项深水双梯度钻井技术。

图2-7　无隔水管海底泵举升双梯度钻井系统

　　该系统主要由吸入模块、海底泵模块和回流管线模块组成。

　　吸入模块（图2-8）的主要功能是[3]：（1）通过在吸入模块上部安装旋转防喷器（Rotating Blow-out Preventer，RBOP）隔离井眼环空顶部和外部海水环境，将海水与井筒隔开，起到隔水管和防喷器的作用；（2）收集从环空中返回的钻井液和钻屑，并改变它们的流动方向，将它们送入海底泵模块；（3）扶正钻具。

图2-8　吸入模块

　　海底泵模块（图2-9）的主要作用是[4]：（1）通过调整泵速，使海底泵作用于海底井口上的压力（海底泵的入口压力）与该深度处的海水静压力相等，从而使海床上部为海

图2-9　海底泵模块

水静液柱压力，海床下部为钻井液的循环液柱压力，达到双梯度钻井的目的；（2）为钻井液和钻屑从海底举升到平台上提供充足的动力；（3）能够避免钻屑直接排放到海床上，起到了保护海洋环境的作用。

回流管线模块（图2-10）的唯一作用是[5]：为钻井液和钻屑从海底举升到钻井平台上提供通道。

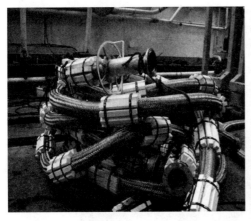

图 2-10　回流管线模块

二、无隔水管海底泵举升双梯度钻井系统流动模型

深水钻井常用的钻井液有高盐/PHPA（部分水解聚丙烯酰胺）聚合物加聚合醇钻井液体系和合成基钻井液体系。幂律流体更接近深水钻井使用的钻井液性能。

1. 本构方程

$$\tau = K\gamma^n \tag{2-1}$$

式中　τ——剪切应力，dyn❶$/cm^2$；

　　　　K——稠度系数，$dyn \cdot s^n/cm^2$；

　　　　γ——剪切速率，s^{-1}；

　　　　n——幂律流型指数。

2. 连续性方程

（1）钻杆内：

$$\frac{d}{dt}(A_d E_m \rho_m) + \frac{d}{ds}(A_d E_m \rho_m v_d) = 0 \tag{2-2}$$

式中　t——钻杆流场微元控制体某一时刻；

　　　　s——钻杆流场微元控制体长度。

（2）海底以下环空内。

钻井液：

---

❶　$1dyn = 10^{-5}N$。

$$\frac{\mathrm{d}}{\mathrm{d}t}(A_\mathrm{a}E_\mathrm{m}\rho_\mathrm{m}) + \frac{\mathrm{d}}{\mathrm{d}s}(A_\mathrm{a}E_\mathrm{m}\rho_\mathrm{m}v_\mathrm{a}) = 0 \tag{2-3}$$

岩屑：

$$\frac{\mathrm{d}}{\mathrm{d}t}(A_\mathrm{a}E_\mathrm{c}\rho_\mathrm{c}) + \frac{\mathrm{d}}{\mathrm{d}s}(A_\mathrm{a}E_\mathrm{c}\rho_\mathrm{c}v_\mathrm{c}) = 0 \tag{2-4}$$

（3）返回管线内。

钻井液：

$$\frac{\mathrm{d}}{\mathrm{d}t}(A'E_\mathrm{m}\rho_\mathrm{m}) + \frac{\mathrm{d}}{\mathrm{d}s}(A'E_\mathrm{m}\rho_\mathrm{m}v') = 0 \tag{2-5}$$

岩屑：

$$\frac{\mathrm{d}}{\mathrm{d}t}(A'E_\mathrm{c}\rho_\mathrm{c}) + \frac{\mathrm{d}}{\mathrm{d}s}(A'E_\mathrm{c}\rho_\mathrm{c}v_\mathrm{c}) = 0 \tag{2-6}$$

式中　A_d——钻杆内截面积，cm^2；

　　　A_a——环空内截面积，cm^2；

　　　A'——返回管线内截面积，cm^2；

　　　E_m——钻井液的体积分数；

　　　E_c——岩屑的体积分数；

　　　ρ_m——钻井液的密度，$\mathrm{g/cm}^3$；

　　　ρ_c——产出岩屑的密度，$\mathrm{g/cm}^3$；

　　　v_d——钻杆内钻井液流速，$\mathrm{m/s}$；

　　　v_a——环空内钻井液流速，$\mathrm{m/s}$；

　　　v_c——产出岩屑的返速，$\mathrm{m/s}$；

　　　v'——返回管线内钻井液流速，$\mathrm{m/s}$。

3. 运动方程

（1）钻杆内：

$$\frac{\mathrm{d}}{\mathrm{d}t}(A_\mathrm{d}E_\mathrm{m}\rho_\mathrm{m}v_\mathrm{m}) + \frac{\mathrm{d}}{\mathrm{d}s}(A_\mathrm{d}E_\mathrm{m}\rho_\mathrm{m}v_\mathrm{m}^2) + A_\mathrm{d}g\cos\alpha(E_\mathrm{m}\rho_\mathrm{m}) + \frac{\mathrm{d}(A_\mathrm{d}p)}{\mathrm{d}s} + A_\mathrm{d}\left|\frac{\mathrm{d}p}{\mathrm{d}s}\right| = 0 \tag{2-7}$$

式中　v_m——钻井液流速，$\mathrm{m/s}$；

　　　α——井斜角，（°）；

　　　p——钻杆内液柱压力，MPa。

（2）海底以下环空内：

$$\frac{\mathrm{d}}{\mathrm{d}t}(A_\mathrm{a}E_\mathrm{m}\rho_\mathrm{m}v_\mathrm{m} + A_\mathrm{a}E_\mathrm{c}\rho_\mathrm{c}v_\mathrm{c}) + \frac{\mathrm{d}}{\mathrm{d}s}(A_\mathrm{a}E_\mathrm{m}\rho_\mathrm{m}v_\mathrm{m}^2 + A_\mathrm{a}E_\mathrm{c}\rho_\mathrm{c}v_\mathrm{c}^2) +$$

$$A_\mathrm{a}g\cos\alpha(E_\mathrm{m}\rho_\mathrm{m} + E_\mathrm{c}\rho_\mathrm{c}) + \frac{\mathrm{d}(A_\mathrm{a}p)}{\mathrm{d}s} + A_\mathrm{a}\left|\frac{\mathrm{d}p}{\mathrm{d}s}\right| = 0 \tag{2-8}$$

（3）返回管线内：

$$\frac{\mathrm{d}}{\mathrm{d}t}(A'E_\mathrm{m}\rho_\mathrm{m}v_\mathrm{m} + A'E_\mathrm{c}\rho_\mathrm{c}v_\mathrm{c}) + \frac{\mathrm{d}}{\mathrm{d}s}(A'E_\mathrm{m}\rho_\mathrm{m}v_\mathrm{m}^2 + A'E_\mathrm{c}\rho_\mathrm{c}v_\mathrm{c}^2) +$$

$$A'g\cos\alpha(E_{\mathrm{m}}\rho_{\mathrm{m}} + E_{\mathrm{c}}\rho_{\mathrm{c}}) + F + \frac{\mathrm{d}(A'p)}{\mathrm{d}s} + A'\left|\frac{\mathrm{d}p}{\mathrm{d}s}\right| = 0 \tag{2-9}$$

三、无隔水管海底泵举升双梯度钻井系统水力参数设计

1. 钻井液密度

如果井眼底部压力和入口压力已知，则可确定该系统的钻井液密度：

$$\rho_{\mathrm{m}} = \frac{p_{\mathrm{b}} - p_{\mathrm{inlet}}}{0.00981h_{\mathrm{f}}} \tag{2-10}$$

$$p_{\mathrm{inlet}} = 0.00981\rho_{\mathrm{sw}}h_{\mathrm{w}} + \Delta p_{\mathrm{s}} \tag{2-11}$$

式中　ρ_{m}——钻井液密度，$\mathrm{g/cm^3}$；

p_{b}——井眼底部压力，MPa；

p_{inlet}——海底泵入口压力，MPa；

h_{f}——海床以下的井深，m；

ρ_{sw}——海水密度，$\mathrm{g/cm^3}$；

h_{w}——水深，m；

Δp_{s}——安全压力，MPa。

2. 环空压力

如果钻井液密度确定，则任何垂直深度处的环空压力为：

$$p = p_{\mathrm{inlet}} + 0.00981\rho_{\mathrm{m}}(h - h_{\mathrm{w}}) + \Delta p_{\mathrm{a}} \tag{2-12}$$

式中　h——实际垂直井深，m；

Δp_{a}——环空中的摩擦所产生的压耗，MPa。

3. 泵功率

钻头水功率是由平台供液泵提供的。钻井液从供液泵排出时具有一定的水功率，称为供液泵输出功率。水功率从供液泵传递到钻头上，是通过钻井液在循环系统中流动实现的。钻井液循环系统总体上可分为地面管汇、钻柱内、钻头喷嘴、环形空间和回流管线。钻井液流过时，都要消耗部分能量，使压力降低。对于RMR系统，在海面循环钻井，钻井液只需要相当低的泵压，这是因为在RMR系统中循环压力由两个泵共同提供。供液泵提供地面管汇、钻柱内、钻头喷嘴和环形空间的循环压耗，而海底泵提供回流管线的损耗。当钻井液返至地面出口管时，其压力变为0。供液泵泵压可表示为：

$$p_{\mathrm{s}} = \Delta p_{\mathrm{g}} + \Delta p_{\mathrm{p}} + \Delta p_{\mathrm{a}} + \Delta p_{\mathrm{b}} \tag{2-13}$$

式中　p_{s}——供液泵压力，MPa；

Δp_{g}——地面管汇压耗，MPa；

Δp_{p}——钻柱内压耗，MPa；

Δp_{a}——环空内压耗，MPa；

Δp_{b}——钻头压降，MPa。

根据水力学原理，供液泵的输出功率为：

$$P_s = p_s Q \tag{2-14}$$

式中　P_s——供液泵输出功率，kW；

　　　Q——供液泵排量，L/s。

4. 循环压耗

由于喷嘴出口面积用喷嘴当量直径表示，则钻头压降 Δp_b 可表示为：

$$\Delta p_b = \frac{0.00981 \rho_m Q^2}{C^2 d_{ne}^4} \tag{2-15}$$

$$d_{ne} = \sqrt{\sum_{i=1}^{n} d_i^2} \tag{2-16}$$

式中　C——喷嘴流量系数；

　　　d_{ne}——喷嘴当量直径，cm；

　　　d_i——当量直径（$i=1, 2, \cdots, n$），cm；

　　　n——喷嘴个数。

地面管汇压耗可表示为：

$$\Delta p_g = C_L C_f \rho_d \left(\frac{Q}{100}\right)^{1.86} \tag{2-17}$$

式中　C_L——地面管汇摩阻系数；

　　　C_f——与单位有关的系数；

　　　ρ_d——钻井液密度，g/cm³。

钻柱内压耗可表示为：

$$\Delta p_p = 7.56 \times 10^{-5} C_7 \mu_{pv}^{0.18} \rho_d^{0.82} Q^{1.82} L/d^{4.82} \tag{2-18}$$

式中　C_7——与单位有关的系数；

　　　μ_{pv}——钻井液的塑性黏度，Pa·s；

　　　L——某一相同内径的钻柱长度，m；

　　　d——钻柱内径，mm。

环空内压耗可表示为：

$$\Delta p_a = \frac{7.56 \times 10^{-5} C_7 \mu_{pv}^{0.18} \rho_d^{0.82} Q^{1.82} L}{(D_h - D_p)^3 (D_h + D_p)^{1.82}} \tag{2-19}$$

式中　D_h——井眼直径或套管内径，mm；

　　　D_p——钻柱外径，mm。

双梯度钻井系统中海底泵的作用是为钻井液的举升提供能量，海底泵所需功率的计算也很关键。在双梯度钻井系统中，海底泵提供的压力损耗主要是回流管线内的压力损失。回流管线内的压力损失为：

$$\Delta p_r = 7.29 \times 10^{-3} \mu_{pv}^{0.2} p_d^{0.8} h_w v_f^{0.8} / d_f^{1.2} \tag{2-20}$$

式中　d_f——回流管道内径，cm；

v_f——钻柱内钻井液的平均流速，m/s。

则海底泵的出口压力为：

$$p_p = \Delta p_r + 0.00981 \times 10^{-3} \rho_{sw} h_w \tag{2-21}$$

海底泵输出功率为：

$$P_p = p_p Q \tag{2-22}$$

四、无隔水管海底泵举升双梯度钻井全系统优化设计

1. 确定最佳排量

水力参数优化设计主要有两种标准，分别是最大钻头水功率标准和最大射流冲击力标准。

当供液泵处于额定泵功率工作状态时，$P_s = P_r$，由泵功率的传递关系可以知道，钻头水功率为：

$$P_b = P_s + \rho_m g h_w - \Delta p_{\text{总}} Q \tag{2-23}$$

其中，P_r 为泵额定功率，则钻头水功率为最大的条件是 $\dfrac{dP_b}{dQ} = 0$。

$$\frac{dP_b}{dQ} = p_r - [3 - (2-n)b] D_1 Q^{2-(2-n)b} - (1+n) D_2 Q^n = 0 \tag{2-24}$$

式中　p_r——最大泵压，MPa；

　　　n——泵转速，r/min；

　　　b——系数；

　　　D_1——举升泵组入口直径，m；

　　　D_2——举升泵组出口直径，m。

同理，海底泵的泵功率最大的条件是 $\dfrac{dP_{\text{海底泵}}}{dQ'} = 0$。

同理，射流冲击力 $F_j = K_F Q \sqrt{p_s - \Delta p_{\text{总}}}$，则射流冲击力为最大的条件是 $\dfrac{dF_j}{dQ} = 0$。

$$\frac{dF_j}{dQ} = \sqrt{p_r - D_1 Q^{2-(2-n)b} - D_2 Q^n} - \frac{1}{2} \frac{[2-(2-n)b] D_1 Q^{2-(2-n)b} + n D_2 Q^n}{\sqrt{p_r - D_1 Q^{2-(2-n)b} - D_2 Q^n}} = 0 \tag{2-25}$$

求解上述方程，即可求得最佳排量 Q_{opt}。

但是，在进行排量设计的过程中，还要考虑现场条件对排量的限制：

（1）优选的排量必须满足携带岩屑所需要的最小排量 Q_{min}，即 Q_a；

（2）从供液泵的最大泵压和所需钻井泵功率确定 Q_{max}：

$$Q_{max} = \frac{N_p E}{p_{max}} \tag{2-26}$$

式中　N_p——最大泵功率；

　　　E——泵效；

　　　p_{max}——最大泵压，MPa。

确定最大排量和最小排量这两个参数后，把这两个排量代入计算压耗的方法中计算出循环压耗，然后根据循环压耗与排量的关系计算出参数 D_1 和 D_2，得出循环压耗与排量的函数关系，然后求解上面的方程计算出最佳排量 Q_{opt}。

再进一步分析：

（1）当 $Q_{opt} \geqslant Q_{max}$ 时，说明它与最佳排量只能等于 Q_{max}。相当于在浅井段，钻井泵是在最大排量和额定功率下工作的。因此，此时只能取 $Q_{opt} = Q_{max}$。

（2）当 $Q_{opt} \leqslant Q_{min}$ 时，说明它与最佳排量只能等于 Q_{min}。相当于在深井段，排量已减少到携带岩屑所需的最小排量。因此，此时只能取 $Q_{opt} = Q_{min}$。

（3）当 $Q_{min} \leqslant Q_{opt} \leqslant Q_{max}$ 时，说明它与最佳排量可以位于 Q_{min} 和 Q_{max} 中间。相当于在中间井段，排量逐渐减小，以保持最优循环系统压耗 p_{opt} 不变。因此，此时只能取 $Q_{opt} = Q'_{opt}$。

2. 优选实际压耗

确定最佳排量 Q_{opt} 之后，返带回上面介绍的求循环压耗的方法求出实际的最佳压耗 p_{dopt}，为下一步进行优化设计做好准备。

3. 优选钻头压降

最优钻头压降为 $\Delta p_{bopt} = p_{max} - p_{dopt}$。

4. 优选水力参数

有了最优流量和最优钻头压降，就可以根据最大钻头水功率或最大射流冲击力标准优化水力参数和钻头喷嘴尺寸组合。

最优钻头水功率：

$$N_{opt} = \Delta p_{bopt} Q_{opt} \tag{2-27}$$

最优射流冲击力：

$$F_{bopt} = 0.01 Q_{opt} C \sqrt{20 \rho_m \Delta p_{bopt}} \tag{2-28}$$

其中，C 为喷嘴流量系数，无量纲，与喷嘴的阻力系数有关，但 C 值总小于1。

最优喷速：

$$v_{opt} = 10C \sqrt{20 \Delta p_{bopt} / \rho_m} \tag{2-29}$$

最优喷嘴面积：

$$A_{opt} = \sqrt{\frac{500 \rho_m Q_{opt}^2}{C^2 \Delta p_{bopt}}} \tag{2-30}$$

最优喷嘴当量直径：

$$d_e = 10 \left(\frac{\rho_m Q_{opt}^2}{1.25 \pi^2 C^2 \Delta p_{bopt}} \right)^{0.25} \tag{2-31}$$

五、无隔水管海底泵举升双梯度钻井系统压力梯度调控原理

在钻井工程中常通过对钻井液的当量循环密度（Equivalent Circulating Density，ECD）调控来使井筒压力更大程度地处于安全压力窗口之内。ECD 是通过井口回压、钻井液静液

柱压力和循环压耗这三种压力折算出来的密度。在无隔水管海底泵举升双梯度钻井系统中，ECD 主要通过式（2-32）进行计算：

$$\mathrm{ECD} = \frac{\rho_w h_w + \rho_m(1 - C_a)h_f}{h_w + h_f} + \rho_s C_a + \frac{\Delta p_a}{0.00981(h_w + h_f)} \quad (2-32)$$

$$\mathrm{ESD} = \frac{\rho_0}{1 + C_T \Delta T - C_p \Delta p} \quad (2-33)$$

式中　C_a——钻屑的体积分数；

ρ_0——钻井液初始密度，g/cm^3；

C_T——热膨胀系数；

C_p——弹性压缩系数。

从式（2-32）中可以看到，对 ECD 造成影响的因素主要包括水深、钻井液的静密度（Equivalent Static Density，ESD）、钻屑的体积分数和循环压耗。

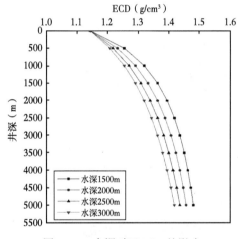

图 2-11　水深对于 ECD 的影响

1. 水深对于 ECD 的影响

从图 2-11 中可以看出，随着水深的增加，ECD 值会有所降低。这说明，当作业水深变深时，应当注意对海底泵的泵速进行调节，避免井筒压力低于地层孔隙压力而引发的井涌甚至井喷事故。

2. 钻井液的静密度对 ECD 的影响

随着井深的变化，温度和压差会有所变化，所以说钻井液的静密度对 ECD 的影响实质上是不同井深下井筒温度变化和压差变化所带来的影响。二者的变化会导致钻井液的体积发生膨胀或收缩，从而造成钻井液的静密度发生变化。由于无隔水管海底泵举升双梯度钻井系统的钻杆直接暴露于海水中，钻杆内的钻井液会与海水直接进行对流换热，从而造成系统的温度分布与常规海洋钻井技术存在着很大的不同。

结合图 2-12 和图 2-13 可以得到，井筒压力变化对 ECD 造成的影响要大于井筒温度变化所造成的影响，为了便于分析与计算，可忽略井筒温度变化对 ECD 的影响，从而将分析的重点全部放到井筒压力的调控上。

3. 钻屑体积分数对 ECD 的影响

钻屑的体积分数是与钻进速度相关联的函数：

$$C_a = \frac{\mathrm{ROP}}{3600(v_c - v_s)(1 - d_0^2/d^2)} \quad (2-34)$$

$$v_c = \frac{40Q}{\pi(d^2 - d_0^2)} \quad (2-35)$$

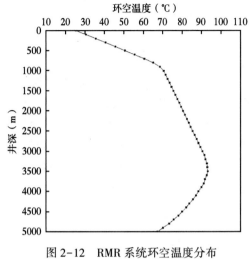

图 2-12　RMR 系统环空温度分布

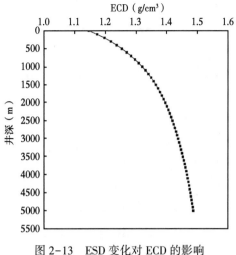

图 2-13　ESD 变化对 ECD 的影响

$$v_s = A\sqrt{\dfrac{d_s(\rho_s - \mathrm{ESD})}{\mathrm{ESD}}} \qquad (2\text{-}36)$$

式中　C_a——钻屑的体积分数；

　　　ROP——钻进速度，m/h；

　　　v_c——钻井液在环空中的上返速度，m/s；

　　　v_s——钻屑颗粒的下沉速度，m/s。

从图 2-14 和图 2-15 中可以看到，钻屑的体积分数越大，井筒中的 ECD 越高。因此，在不同的地层合理地选择钻进速度能够有效控制井筒压力，避免因井筒压力过高而导致井漏事故。

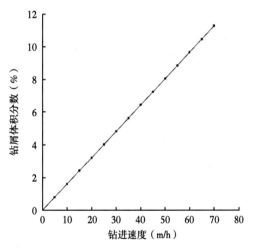

图 2-14　钻屑体积分数与钻进速度之间的关系

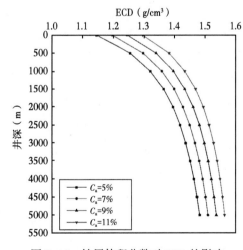

图 2-15　钻屑体积分数对 ECD 的影响

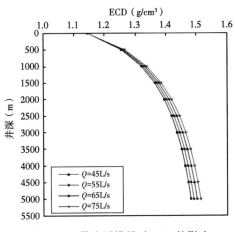

图 2-16 供液泵排量对 ECD 的影响

4. 循环压耗对 ECD 的影响

循环压耗的大小主要受平台供液泵排量的影响，因此循环压耗对 ECD 的影响实质上是供液泵排量变化带来的影响。

从图 2-16 中可以看出，随着供液泵排量的增大，环空中的 ECD 有所增加，但增加幅度不大。考虑到深水地层安全压力窗口窄的特点，在对井筒中的 ECD 进行调控时，仍然需要对供液泵排量进行微小的调控，从而使井筒压力更大程度地通过安全压力窗口。

第三节 其他双梯度钻井技术

一、双层连续管双梯度钻井技术

1. 连续管技术

连续管也称为挠性管、盘管或连续油管，它是由高强度、低合金碳素钢的钢板剪成钢板条，先焊成管再焊接成所需要长度的挠性管，无螺纹连接。一般外径为 31.75mm 和 38.1mm，目前已发展到最大直径达 168.27mm。可钻井深达 9000 m（质量约 30t）。Tenaris 公司生产的 HS-110 型连续管，其最小屈服强度已达 758MPa（110000psi），最小拉伸强度已达 793MPa（115000psi），可承受内压 45.5MPa。采用连续管技术作业的一套装置称为连续管作业机[6]。

连续管技术是将连续的（不需要连接）挠性管与各项作业的专业工具、仪器甚至驱动装置相连接，下入油气井内进行修井、测井、钻井和完井等作业的一种新技术。采用连续管技术后，即可以取代海上平台的修井机、常规钻机，并可不必再使用传统的钻柱。自 20 世纪末以来，世界上连续管作业机数量总体逐渐增加（表 2-1）。目前，全球已有超过 70000 口气井应用这种技术。

表 2-1 全球连续管作业机数量   单位：套

时间	2008 年	2009 年	2010 年	2011 年	2012 年	2013 年	2014 年	2015 年	2016 年
全球总数量	1616	1657	1451	1726	1789	1963	2025	2096	1951
俄罗斯和独联体	162	196	213	214	226	248	256	270	269
远东	135	165	225	167	179	200	211	226	230
中东	168	169	196	146	159	188	193	200	258
拉丁美洲	138	142	206	202	205	276	251	242	227
欧洲/非洲	154	152	172	183	179	171	176	196	153
美国	419	455	41	494	526	569	611	612	527
加拿大	440	378	398	320	315	311	327	350	287

连续管装上井下驱动装置即可进行钻井作业，目前它已成为国外钻井技术的新"热点"。它除适用于常规的下套管井、裸眼井的钻井、老井加深或开窗侧钻的钻井之外，还特别适用于水平井、小井眼井的钻井以及精细控压钻井。钻井过程中，它可进行打捞作业、井下管柱的切割作业、磨削"落鱼"作业，需要时，也可进行挤注水泥及负压射孔作业。此外，完井过程中，还可进行测井、射孔作业以及过油管防砂作业等。Sperry-sun钻井服务公司使用新设计的导向钻井系统进行连续管钻井，大尺寸井眼152.4mm（6in），井深达5833.3m（17500ft）。实践表明，这种连续管钻井技术加快了钻井速度，提高了井眼质量，降低了井下振动，提高了机械钻速，延长了钻头寿命，而且全套设备可靠性较高[7]。

连续管大多用于侧钻井、小井眼钻井、欠平衡钻井及过油管作业等，具有较强的作业优势。与常规钻井相比，连续管钻井主要具有以下优点：

（1）由于井场占地面积小，连续管钻井技术适合于地面条件受限制的地区和海上平台作业。

（2）适用于小井眼钻井，降低钻井成本。

（3）在老井重钻（加深钻井或侧钻井）作业中，因连续管直径小可进行过油管作业，无须取出老井中现有的生产设备，从而实现边钻边采的目的，可显著节约成本，适应老井重钻这一潜在的大市场。

（4）利用连续管进行欠平衡钻井作业，注入头下安装水力封隔器边喷边钻，不仅可确保安全，提高机械钻速，而且可减少钻井液漏失，防止地层伤害和增加产量。

（5）由于是钻小井眼，减少了设备和人力的投入，从而降低了作业成本。根据国外的经验，与用常规钻井或修井设备达到同样的目标相比，用连续管可以节约费用25%（挪威北海Ula油田）~40%（阿科阿拉斯加公司在普鲁德霍湾）。在钻机搬迁费高的地区，用连续管进行无钻机过油管重钻甚至比常规重钻井节约50%以上的成本。

（6）其他优点：由于连续管不需接单根，因而在起下钻过程中能够连续循环钻井液，减少起下钻时间，缩短作业周期，提高起下钻速度和作业的安全性，避免因接单根可能引起的井喷和卡钻事故，连续管可以内置电缆，改善信号的随钻传输，实现随钻测井，并且有利于实现闭环钻井，地面设备少，岩屑废料少，井场占地面积小，噪声低，减少环境污染，实现软地层快速钻进（不需要接单根），快速搬运和组装，作业人员少。

尽管连续管钻井具有许多优点，但该技术还不十分成熟，在以下几方面还存在局限性：

（1）由于连续管不能旋转，导致压差卡钻和底部钻具组合（BHA）难以打捞等问题。

（2）用目前的连续管作业装置能下入短尾管，但必须借助常规钻机或修井机才能下入长段套管柱或尾管柱。因此，用目前的连续管作业装置还不能完成从开钻到完钻的所有作业，而主要用于现有井的加深和侧钻作业。

（3）老井用连续管钻井之前，需要借助常规钻机或修井机做下井前的准备工作，如起出生产油管和封隔器、清洗井眼等。

（4）连续管卷在滚筒上，不能像常规钻杆那样旋转，钻头的旋转动力只能来自井下动力钻具，随着裸眼井段的延长，摩擦阻力不断增加，使其水平位移受到限制。为了解决这一问题，人们研究改进了老式的水力加压器提供钻压和推动力，但是，由于井眼清洗难度较大，使得连续管和BHA发生沉砂、黏附卡钻的可能性增加。

（5）因连续管不能旋转，在定向钻进作业中，为控制井眼轨迹，需要频繁起下钻，以更换 BHA 或调整井下动力钻具的弯曲角度。而频繁的起下钻作业可能使连续管过早地产生疲劳破坏。连续管的使用寿命因材质的不同比常规钻杆的使用寿命短。随着目前可调弯接头、弯壳体和可调稳定器的应用，这一现象有望得到解决。

（6）连续管的直径较小，限制了井眼尺寸和钻井液排量。

（7）钻压、转矩、水力参数和 BHA 受到限制。

（8）庞大的滚筒不利于运输和安装。

如上所述，连续管技术的作业功能全面多样，因而已被油气工业界誉为"万能作业机"。再加上它有利于保护油层（采用欠平衡钻井及替喷等），尤其是井场占用面积小（连续管与钻柱两用），还有作业成本大大降低（挪威北海钻井成本降低了约 50%）。因而它特别适用于海上，尤其是深水。当然，从我国海上应用连续管技术与推广来看，还存在一些应予着力解决的问题，提高工作寿命，保证批量生产以及掌握先进技术等问题。随着该技术的应用日益增多，其技术水平正在不断提高（表 2-2）[7]。

2. 双层连续油管钻进技术

连续油管具有柔性刚度及自动化程度高、可带压作业等特性，目前几乎涉及了所有常规钻杆、油管作业，成为未来修井作业行业的主导技术之一，在油气勘探与开发中发挥越来越重要的作用。与此同时，随着勘探开发的不断深入，对井下作业及连续油管技术提出了越来越高的要求，迫切需要能够进行负压作业的新结构形式的连续油管装置。双层连续油管负压作业工艺可有效解决这一技术难题。

表 2-2　连续管钻井技术指标

技术指标	地点	作业者	井深及段长
第一口连续管钻井	法国巴黎盆地	道威尔公司	钻深 1274.7m，垂深 480.1m，井径 98.4mm
连续管钻井所钻最长的水平段	美国得克萨斯	Oryx 能源公司	水平段长 992.4m，总进尺 1062.2m
连续管钻井所钻垂深最深的水平井	加拿大艾伯塔	Apache 公司	垂深 2569.5m，水平段长 365.8m
连续管开窗侧钻垂深最深井	英国北海	壳牌英国勘探与生产公司	窗口深度 3862~3866m，完钻井深 4137m
第一次用连续管技术取心井	法国巴黎盆地	法国 Elf 公司	第一筒岩心 889.7~891.8m，第二筒岩心 891.8~900.7m
用连续管进行的最深的修井作业	挪威	Statoil 公司	井测深 7125m，井斜角 85°
首次在墨西哥湾应用连续管钻井技术	墨西哥湾 Main Pass 区块	贝克休斯英特克公司	水深 100.6m

双层连续油管装置主要由双层连续油管、液压注入头、井口防喷系统、动力系统等组成。但所用连续油管为内外层双层管，滚筒、滚筒轴旋转头密封系统及其管汇系统有其特殊设计，其主要是管内管，重量的增加，对强度要求、滚筒直径要求、注入头承重要求、滚筒管汇双通道要求等。双层连续油管结构如图 2-17 所示。

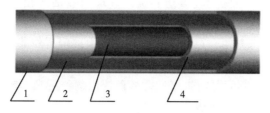

图 2-17　双层连续油管结构示意图

1—外层连续油管；2—双层连续油管环空；3—内层连续油管腔体；4—内层连续油管

双层连续油管采用改进的碳素钢制造，可以满足作业时连续油管塑性变形和韧性要求，多用 50.8mm 外管与 25.4mm 内管组合，60.325mm 外管与 28.575mm 内管组合等形式。

下面简单概述双层连续管配套工具及其功能。

双层连续油管伸缩连接器主要应用在油气田用双层连续油管连接工具作业时管体与工具之间连接以及内外两层连续油管伸缩量补偿调节。外层连续油管连接器通过卡瓦与外层连续油管外壁紧密咬合进行连接。内层连续油管通过在伸缩筒内管调节套上滑动完成伸缩补偿。连接于外管卡瓦连接器上的外筒调节套和伸缩筒内管调节套形成内外管体固定连接并密封，其底端螺纹便可分别与相关工具进行各种连接。

双通道异向联控单流阀能在作业时，形成内外两层连续油管之间循环通道的异向单向流动控制。在双层连续油管管体断裂、井底异常高压等意外情况发生时，能够有效地防止井喷等。

导流接头通过连接螺纹与内外两层连续油管以及相关井下工具相连。导流接头上的循环通道，实现流体从外层连续油管流出和从内层连续油管流入的功能，使得循环液（经钻头切削地层后的带有岩屑的混合流体流）通过井底上返后流入双层连续油管的内管或内外两个连续油管的环形空间，进而返出地面，井筒没有产生回压，循环冲砂不对油藏施加压力，因此可以不用氮气泡沫等轻动力流体。所有使用的液体均会返回地面，没有残留。负压环境，有利于液流吸砂搅动，使清砂作业有效、彻底。

双层连续油管钻井技术可用于油气井、煤层气井、天然气井、固态甲烷井等，并可实现带压作业或实现欠平衡钻井。双层连续油管下接钻井工具，钻井液（循环液）通过双层连续油管间的环形空间泵入，也可通过双层连续油管和井筒间的环形空间泵入，还可两个环空（两个环形空间，另一个是双层连续油管内外管间的环形空间，另一个是双层连续油管与井筒间的环形空间）同时泵入，也可通过双层连续油管内管泵入，而后钻井液从连续油管内管中返出或从另一个环形空间（非泵入环形空间）返出[8]。双层连续油管在钻井应用中具有如下优势：

（1）双层连续油管作业技术除用于繁多的常规修井作业外，还可与其他设备装具配合配套，进行负压的井下作业，特别是在水平井丛式井冲砂、低压低渗井循环作业、煤层气井疏通解堵、气藏生产井底积液排采诱喷等特殊的井下作业。

（2）无关联性，井中储层局部独立作业，与井筒（管柱）井眼形成独立回路单元，自体形成循环通道，减少了压井液护壁性要求等，且不影响作业井正常生产。

（3）连续油管作业设备运移、安装简便迅速，作业速度快，可缩短修井占井时间，并节约修井费用，经济效益显著。

（4）井口易于控制且可随时连续进行循环，能有效地防止地面污染，有利于保护环境。可带压作业的特性避免了压井而产生的地层伤害。

（5）设备集中，操作方便，自动化程度高，大大减轻了作业者的劳动强度。

双层连续管钻井技术是一种一体化、多用途的钻井技术。最初是为解决连续油管钻井应用的井眼清洁和钻压控制问题所带来的挑战而提出的，后来不断发展成为一项可以实现钻井液闭环循环的多用途的钻井新技术。

双层连续管钻井技术适用于控制压力钻井、大位移井钻井和深水钻井，在有压力挑战性的地层钻进方面有极大的潜力，同时它还可适用于海洋深水钻井。

同心钻杆双梯度钻井技术可以分为采用顶驱旋转钻进和井下动力钻进（双层连续管）。当采用顶驱旋转钻进时，同心钻杆需要传递扭矩和转速，通过旋转控制头隔开海水对压力梯度的影响，钻井液在同心双层钻杆内循环。而双层连续管钻井不需要传递扭矩和转速，采用双层连续管，增加井下举升泵将钻井液从双层管内举升至水面，泥线上下环空形成双梯度静液柱，可实现无隔水管钻进，可利用现有深水工艺海试，有望解决水合物开发难题。双层连续管钻井系统如图 2-18 所示。同心钻杆顶驱钻进双梯度钻井技术（Reel Well Drilling Method，RDM）如图 2-18 所示。

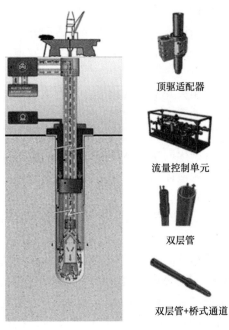

图 2-18　同心钻杆顶驱钻进双梯度钻井技术

RDM 系统主要由以下几部分组成：

（1）顶驱适配器，安装在双钻杆的顶部，有一个旋转接头，它可以使钻井液从双壁钻杆环形空间进入，并从内部钻杆中流出。

（2）双壁钻杆，即同心的双层钻杆，它是由一种常规的 $\phi127mm$（5in）钻杆改造而成的，钻杆里面设计有一种专用的装置。这种装置可以快速且简单地完成对普通钻杆的改造，故成本较低且方便实用。钻进时，钻井液从双壁钻杆环形空间进入，从内钻杆返回地面，从而实现了钻井液的闭环循环，也便于实现井底压力的精确控制。同时，如果将地面钻井液循环及处理系统密封，便可非常方便地实现密闭循环钻井技术，这对高含 H_2S 油气田的开发非常有利。

（3）上部钻具组合（BHA），由滑动活塞等组成，安装在下部 BHA 之上大约 400m 的钻柱上，它可用于井底压力的控制、钻压的控制以及膨胀尾管。滑动活塞是一种附着于双壁钻杆上的工具，它在已经下入套管的井眼内发挥作用，允许钻杆旋转，并能在钻杆外部封隔环空，将井底和上部井眼环空隔离，通过上部井眼环空的液体压力可对钻头施加钻压，同时也用于井底压力精确控制，套管与钻杆之间的环空在钻井时通过封闭加压进行井底压力控制。在大位移钻井中，它体现出了极大的优势，它可以为钻头的前进提供特殊的牵引力，这些牵引力足以克服钻具在井内产生的摩阻。另外，由于滑动活塞可以提供足够大的牵引力，因此它还可用于尾管的膨胀。

（4）下部 BHA，包括常规的 BHA 组件、双浮动阀和流动转换接头等。双浮动阀安装在双钻杆底端，可以同时或单独关闭、打开双钻杆的双流通流通道；当钻遇漏失性地层时，停止钻进并打开双浮动阀，可有效地防止由于钻井液漏失所导致的一系列井下复杂情况和事故的发生。因此，双浮动阀主要用于确保钻井安全。另外，如果单独关闭钻杆环空的双浮动阀，并选用合适的地面钻井泵，便可方便地在井眼中直接进行水力压裂试验。

（5）中间衬管，一段任意长度的位于上部 BHA 和下部 BHA 之间的衬管，在钻完新的井段后可以将这段中间衬管膨胀。

（6）地面数据采集系统和传感装置，主要包含压力传感器和流量计。钻井液流入流量计安装在立管的分支处，钻井液返回流量计安装在回流管线节流器处，系统可通过计算机实现一些基本的自动诊断和控制。

（7）井口压力控制装备，包括旋转控制装置（RCD）和常规防喷器（BOP）。RCD 是一种简单的被动型旋转控制装置，最高压力等级为 107.15kPa（500psi）。

（8）液压系统，即上部环空控制系统。系统包含一台最大流量为 400L/min 的泵，该泵由钻工控制室进行远程控制。

（9）节流装置，包括返回节流阀和节流器控制装置。返回节流阀是一种远程双节流阀，控制装置安装在钻工控制室旁，以方便钻工与节流操纵者通信。

（10）钻井泵、钻井液净化系统、钻井液储存罐及其他的辅助装备。

RDM 中钻井液的循环原理为：钻井液从同心双壁钻杆环形空间进入井筒，清洗井眼，并携带岩屑从内钻杆返回地面，从而实现了钻井液的闭环循环，这为钻井井底压力的方便、快捷、有效和精确控制提供了较好的条件和基础。同时，由于滑动活塞封隔了下部钻井液与上部环形空间，通过地面的液压系统给滑动活塞施加压力将整个钻柱向井下推进，这样滑动活塞就用于施加钻压和封隔井底压力，从而在整个 RDM 的各个子系统的配合下，可以实现对井底压力的精确控制，也为 RDM 在其他钻井技术中的应用奠定了坚实的基础[9]。

结合上面对 RDM 系统组成的分析，该技术实现的基本工艺原理为：

（1）衬管下入井中，并悬挂在表面。

（2）下部 BHA 和同心双壁钻杆通过衬管下入井中，并连接到衬管底部。

（3）上部 BHA 连接到衬管的顶部。

（4）当钻头到达井底时就开始钻进。

（5）上部 BHA 以上环形空间中的流体不是循环流体的一部分，但它可以从地面进行增压，以实现井底压力的控制、施加钻压及钻柱向前推进。

（6）当新的井段钻达与衬管长度相当时，衬管就可以释放，并在钻杆取出前在适当的位置进行膨胀。

（7）当钻杆起出井眼时，井内充满新的钻井液。

（8）上述过程一直重复，直至钻达设计深度。

双层连续管钻井技术与 RDM 系统组成和原理基本一样，其区别在于两者的适配器不一样。RDM 采用顶驱钻进，需在同心双壁钻杆顶部安装顶驱适配器。双层连续管系统采用井下动力钻进，需在双钻杆顶部安装双层连续管适配器。

由此不难看出，要成功地应用双层连续管钻井技术钻新井段，还需要一些基本条件，即必须有一个下了套管的上部井段，此井段可以是用常规钻井方法钻成并下套管的浅井段，也可以是需要加深或进行侧钻的老井。双层连续管钻井技术是以同心双壁钻杆技术为基础，钻井液从同心双壁钻杆环空泵入井内并清洗井底，从内部钻杆中携带岩屑返回地表，从而实现钻井液闭环循环，于是可以实现井底压力和钻井液微流量的精确控制，能够打破常规控压钻井（MPD）、欠平衡钻井（UBD）以及大位移井钻井（ERD）的一些限制，因此还可应用于深水钻井。

3. 双层连续管钻井技术与常规钻井的比较

为了说明双层连续管钻井技术的优势和特点，将其先与常规钻井做简要的对比，可以知道，双层连续管钻井技术与常规钻井技术相比，具有十分明显的优势，主要包括：

（1）能够有效封隔井底。当双浮阀关闭时，钻井液无法从井底流出，也无法流入井底。同时，同心双壁钻杆外管和井眼间的环空被滑动活塞密封，从而使井底被封隔。

（2）钻井液携岩能力极大提高，井眼清洗能力增强。钻井液从同心双壁钻杆的环空注入，流过钻头破岩后由内管返出。由于内管的管径小，因此返出的钻井液流速大，从而携岩能力强，有效地避免了定向井、大位移井及水平井钻探过程中岩屑床的形成，提高了机械钻速，缩短了钻井周期，从而极大地提高了钻井的经济效益。

（3）零压力条件下接单根。当井底被封隔后，同心双壁钻杆内管和内外管环空只有静液柱。因此，可以在零压力状态下进行起下钻、接单根作业，从而保证了起下钻及接单根作业过程的安全。

（4）可使用低费用的钻井液。由于钻井过程中对井底压力的控制是通过地面节流管汇来调节，并不是靠调节钻井液的密度来实现的，因此可用普通的钻井液进行控制压力钻井，从而使钻井液的密度降低（如可用水），从而降低了钻井成本。

（5）使用水力液压系统调节钻压。由于滑动活塞与钻杆是固定在一起的，因此通过地面的水力液压系统往同心双壁钻杆和井眼之间封闭的环空注入液体，可以增大液压，进而传递给滑动活塞，活塞带动钻杆，使钻压增大，克服了常规钻井中无法施加钻压的困难。

（6）去掉了隔水管，减少了下隔水管费用、船上空间和对船的要求。

另外，由图2-20不难看出，在钻井装备方面，双层连续管钻井技术与常规钻井技术在双层连续管适配器、双浮动阀、流动转换接头、中间衬管以及地面液压系统方面存在较大差别，而其他的装备，包括钻机、钻杆、BHA、钻头、节流装置、井控设备、钻井泵、钻井液净化系统和辅助装备等，都可以采用常规的钻井装备，即使对部分装备进行改进，其改进费用也十分低廉[10]。

进行双层连续管钻井必须至少具备以下几个条件：配套设备必须齐全，连续管车、制氮车、井下工具组合、随钻测量工具、连续管、注入头等必不可缺；富有经验的操作队伍等。连续管钻井主要应用于以下领域：

（1）软地层小井眼直井。

（2）水平井负压重钻井。

（3）在不用永久性安装钻井设备的海上平台或浮动生产设施上钻井。

（4）在88.9mm或直径更大的油管中过油管钻井。

（5）加深井钻井。

（6）可以作为监测井堵塞或完井的勘探井。

（7）浅层气救援井（降压井）。

（8）浅层气无基座钻井。

（9）郊区或环境敏感区（降低噪声、场地限制、降低污染）钻井。

4. 深水钻井应用

在陆上复杂地层及海洋深水中蕴含着大量的油气资源。但是由于钻井装备和工艺的局限，使得钻井作业很困难，传统的钻井方法和设备已不能完全满足其钻井要求。

目前，双层连续管钻井按钻井的类型可分为定向重钻和直井钻井两类；按钻井工艺方式，有欠平衡钻井、平衡钻井和过平衡钻井。双层连续管钻井主要用于浅直井钻井（深度小于 610m）及定向井重钻。这两种应用区别很大，浅直井无须复杂的设备，而定向井则需要开窗和控制设备。有些双层连续管定向井为穿越生产油管，还需要小直径造斜器和定向井底钻具组合。双层连续管钻机主要分为橇装式和组合式两种类型。橇装式钻机属中—小型，主要用于海上钻井，该钻机系统具有安装、拆卸方便，操作可靠、安全等优点。组合式钻机属大尺寸型，类似普通钻机，主要包括连续管作业机、井架、操作台、动力机组、注入头及滚筒等。连续管适合于老井重钻、边远地区勘探、边际油田开发。用于钻井的连续管钻井主要有 3 种模式：

（1）浅井，采用具有套管装卸能力的连续管钻机。

（2）井眼加深，采用中型或大型连续管钻机。

（3）定向井和水平井，采用能装卸大直径管柱的大型连续管钻机。

双层连续管钻井技术则在深水钻井中体现出了很大的优势，其主要体现为：

（1）可以实现新的双梯度钻井方案。

（2）可以进行无隔水管的钻井作业。

（3）管内可内置电缆，改善信号的随钻传输，实现完全随钻测井，有利于实现闭环钻井，比常规随钻测量与随钻测井更具优势。

（4）在 MPD、UBD、MFC 钻井中具有更加明显的优势。

（5）在大位移井、水平井、定向井钻井中优势明显。

（6）可实现尾管钻井。

（7）由于双层连续管不需要接单根，因而在起下钻过程中能够连续循环钻井液，减少起下钻时间和作业周期，提高了起下钻速度和作业的安全性，避免因接单根可能引起的井喷和卡钻事故。

（8）设备少，岩屑废料少，噪声低，污物溢出量小，减少了海洋环境污染。

（9）可快速搬运和组装，可用电缆快速采集数据。

（10）可实现单一直径井身结构。

它的这些优势使得深水钻井可以选用更低费用的钻机、更低要求的钻井设备和工具，使深水钻井更加安全、高效、低成本，为深水油田的高效开发奠定了坚实基础。

二、隔水管充气双梯度钻井系统技术及工艺

1. 概述

开发深水油气是解决目前世界油气资源紧缺的一个重要途径，但深水钻井存在钻井液

安全密度窗口（孔隙压力和破裂压力压差）狭窄等问题，双梯度钻井技术为该问题的解决提供了很好的途径。

隔水管气举钻井技术由路易斯安那大学（LSU）和巴西国家石油公司（Petrobras）共同研究。该系统利用标准设备，将气体压缩输送到海底注入隔水管的底部，降低隔水管中钻井液的密度，如图 2-19 至图 2-21 所示。

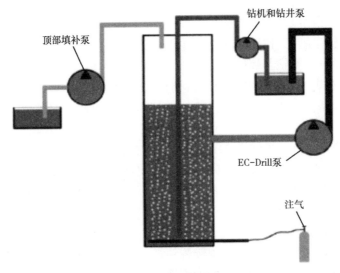

图 2-19　隔水管二维模型示意图

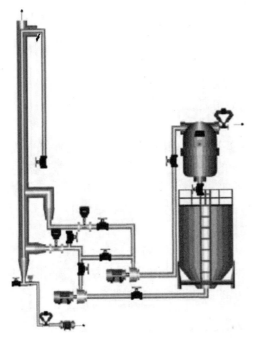

图 2-20　隔水管三维模型示意图

图 2-21　隔水管模型

2. 基本原理

隔水管气举（简称气举法）是一种开发较早的双梯度钻井技术，它是通过向海底防喷器以上的隔水管管段注入氮气或空气，从而减小隔水管内的钻井液密度，在井眼环空和隔水管环空形成两个不同的流体密度，使隔水管底部的压力等于甚至低于泥线处海水的静水压力，以此实现双梯度钻井。这种注气系统可以是全自动的，在向钻柱泵送非充气钻井液的同时，可使海底井口处的压力等于泥线处海水的静水压力。其结果是，套管鞋处的有效钻井液密度低于钻深处的有效钻井液密度，与常规深水钻井设计相比，能够减少套管层数。

3. 气举法双梯度钻井的设备组成

气举法双梯度钻井所用设备与传统隔水管钻井设备比较接近，其水下部分除了隔水管、防喷器组、节流管线等常规设备外，唯一的不同就是增加了注气管线、注入接头等。如果采用的是注氮气方案，所需要的海面专用设备主要包括制氮设备、位于海面隔水管上的旋转控制头、隔水管专用节流装置、大功率钻井液—氮气分离装置等。

美国路易斯安那大学和巴西国家石油公司共同研发了 LSU 隔水管注气举升双梯度钻井技术[11]，典型气举系统如图 2-22 所示。将气体（空气、氮气、天然气）压缩输送到海底并注入隔水管底部，以降低隔水管环空中的钻井液密度。该系统的主要设备包括制氮充氮设备、注入管线、注入接头以及井口控制、地面处理设备。制氮充氮设备主要包括空气处理系统、氮气分离系统和氮气增压系统。

在钻井过程中，系统需要一个气体注入管线（一个附加的专用管线，或压井或节流管线）。目的是维持隔水管环空钻井液和气体

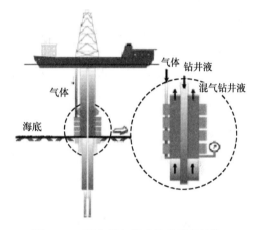

图 2-22 隔水管气举系统的设备结构

混合液的密度与海水相当，相对密度大于预测的地层压力和起下钻余量之和。

路易斯安那大学的 Lopes 开展了采用隔水管气举系统实现双梯度钻井的可行性研究，安装举升系统维持海底井口压力与周围压力相当，通过井眼中的重钻井液系统控制异常地层压力。Stanislawek 利用多相流模拟器 OLGA™ 建立了钻井液数学模型，模拟了隔水管气举过程，并与 Lopes 仿真结果进行了比较，验证了 OLGA™ 的结果。结果表明，OLGA™ 可用于确定隔水管气举系统气体需求量。Stanislawek 还开展了隔水管气举井控方法研究，建立数学模型用于预测不同井控方案下流量和压力增长趋势。Herman 提出了一种不同的隔水管气举方式，使用小直径、高压同轴隔水管减少需要的气体体积，另外在系统中使用海面防喷器组。与气举相关的问题主要包括：隔水管内流体具有足够的固相悬浮能力，以及井内流体在经过轻流体较大程度的稀释后，其携岩能力的变化情况。

隔水管系统[12]在钻井中的主要功能是提供井口与平台之间的钻井液往返通道，同时支撑辅助管线，如高压节流与压井管线，钻井液增压线和液压管线，并引导和回收钻井工具和防喷器组从钻井船下入海底井口。典型海洋隔水管系统组成包括隔水管单根、伸缩

节、海面张力器、高压节流与压井管线、液压管线、钻井液增压线、隔水管填充阀、终端短节以及连接底部海洋隔水管组与防喷器组的液压接头等。

从水中泵系统出口流出的钻井液通过回流管线返回海面，钻井液流速和泵的功率极限决定回流管线的内径，回流管线的直径决定海面动力功率。

4. 气举法双梯度钻井的优缺点

（1）气举法和欠平衡钻井在实现机理上有一定的相似性，而欠平衡钻井技术的研究与应用目前已经成熟，所以气举法在技术原理上具有较为成功的参考依据。

（2）它与传统单梯度的隔水管钻井相比，不需要对钻井设备做太多的改动，只需要添加一套氮气分离设备、一套注气附加管线和一台注气泵，对于成本高昂的深水钻井来说，这就大大节省了设备改造上的资金投入。据估计，应用隔水管气举法时，至少能降低9%的成本，大部分情况下可以降低17%~24%的成本。

但该技术遇到的主要问题是：高的压缩机费用，氮气费用，腐蚀问题，气体的可压缩性导致的压力梯度的非线性，重新将氮气从钻井液中分离出来困难等。隔水管稀释技术费用降低效果不是很明显。试验证明，与常规系统相比只节省7%。

5. 气举双梯度钻井环空温度场

采取注气法双梯度钻井工艺或钻井方法时，气体的引入使隔水管环空形成气液两相流[4]，使温度场的计算更为复杂。海床以上井段，注入气体从海底井口处进入隔水管环空，液相流量不变，同时海床处环空内压力是一定的，达到稳定时，环空内气液两相流是稳定的，传热也是稳定的，但各个流型流动结构相差较大（图2-23），必然会对压降和传热产生影响。

根据气液两相流理论，气体侵入井眼后在井底并不是以连续气柱的形式出现，而是呈气液两相流动状态并符合两相流动规律。根据气体侵入量的大小，在环空内出现的流型分布可分为微小气侵量下的流型分布、小气侵量下的流型分布、中气侵量下的流型分布和大气侵量下的流型分布。管内气液两相流流型分布类型如图2-23所示。

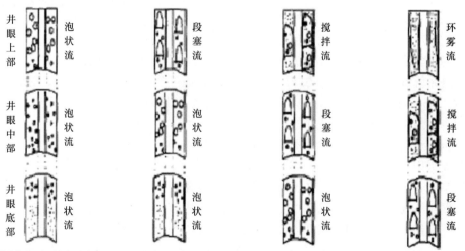

（a）微小气侵量下的流型分布 （b）小气侵量下的流型分布 （c）中气侵量下的流型分布 （d）大气侵量下的流型分布

图2-23 隔水管环空气液两相流流型分布图

对于不同流型，根据其不同的特点可建立连续性方程、压降方程和能量方程，以求解摩阻等相应的水力、热力参数。

隔水管环空温度影响因素包括水深，液相、气相流量，注入温度和保温层。

（1）水深。随着水深增加，环空温度整体上呈降低趋势；但是随着距离海平面越近，温差越来越小。

（2）液相、气相流量。液流量改变时隔水管环空温度均产生一定变化，但是流量增加，温度变化幅度减小。气相流量改变对环空温度影响较小，液相流量是影响温度分布的主要因素。

（3）注入温度和保温层。注气法双梯度钻井工况下，钻井参数不变时注入温度升高，环空温度逐渐升高，但是出口温度增加却较小，因而不能仅凭环空出口温度判别管内温度分布情况；隔水管外加保温层后，隔水管的温度受海水温度影响明显减小，隔水管内流体温度变化明显减弱。

6. 隔水管双梯度钻井中气体运移

气体运移是钻井过程中需要考虑的重要问题，在海洋钻井中尤为关键。虽然对气体运移[2]问题进行了大量研究，但实际数据和实验室数据相互矛盾，因此不存在气体运移的精确模型。虽然存在钻井液密度、流变性、气泡尺寸和气泡几何形状等多个不确定变量，但气泡运移速度是定义气体运移过程的重要变量。当用清水作为介质时，由于黏度低，气体运移速度较高。这是由于黏度对气泡运移速度影响很大，黏度越大，对气泡结合成向上运移的较大气泡的阻力也大。钻井液中较大气泡比较小气泡的运移速度快[14]，如图2-24所示。

隔水管模型底部的注入口用来注入气体到试验装置中，注入的气体与环空中的钻井液混合。通过排出泵，流体被引导进入气体分离器。在分离器中，气体与钻井液分离。进入隔水管模型和离开分离器的气体之间的速度差有助于气体向隔水管模型顶部运移。虽然模拟时选择的雷诺数应与实际情形相匹配，但需要的流速超过离心泵泵速，因此，循环速率应根据泵速进行选择[15]。

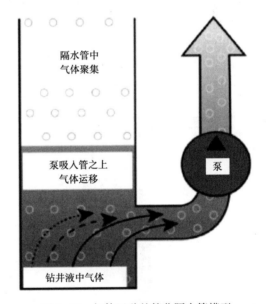

图2-24 气体运移的简化隔水管模型

（1）双梯度钻井隔水管中，气体运移受排出速率的影响，随着排出速率的增大，排出的气量只能在一定程度上增大。

（2）随着入口流量的增大，气泡更加分散，尺寸减小；与大气泡或段塞流相比，低流量下的小气泡更易被清除，导致排出更多的气体。而且，小气泡的运移速度还受到排出速率的影响。

（3）在低入口流量下，当气体到达三通管处时，气泡尺寸变大，并在较短时间内向上运移至隔水管模型顶部，排出的气体较少。

（4）在高排出速率下，大气泡快速运移至三通管处，然而，一旦气泡运移至排出管线以上某一点处，运移速度也相应放慢。

三、可控泥浆液面双梯度钻井技术

1. CAML 基本含义

控制泥浆液面高度（Controlled Annular Mud Level）钻井方法是在无隔水管钻井技术上发展起来的一种新型钻井技术[1]，主要由海底泵模块钻井液回流管线隔水管改进接头及地面控制系统组成。CAML 钻井系统使用常规钻井液，通过控制隔水管内钻井液液柱高度精确控制井底压力安全钻井窄密度窗口及控压固井，同时还具备早期井涌检测能力，并可使用常规井控措施及切换为常规钻井方法。

2. CAML 钻井系统组成及工艺原理

CAML 钻井技术是在无隔水管钻井系统基础上改造升级而成，主要由地面装备和海底装备组成，其中地面装备包括监测系统、动力系统、管缆绞车和控制系统，海底装备包括海底泵模块、钻井液返回管线和隔水管改进接头，主要组成部分如图 2-25 所示。

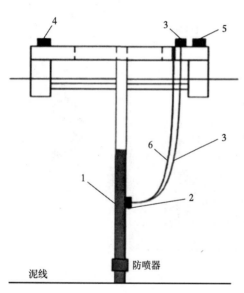

图 2-25　CAML 钻井系统示意图
1—隔水管改进接头；2—海底泵模块；
3—管缆绞车及管缆线；4—中央控制室；
5—动力系统；6—钻井液返回管线

监测系统：通过计算机监测显示系统，实时监测隔水管压力、钻压、钻速、扭矩等钻井参数；井底压力、环空压力、进口及出口钻井液密度、排量等压力相关参数；并对实时井底压力、破裂压力、漏失压力和坍塌压力形成实时可视化曲线。

动力系统：主要指为海底泵模块提供动力的电源设备，包括变频驱动器、升压变压器（能将电压从 440V 增加到 3000V）。

管缆绞车：与无隔水管系统中的相同，该设备安装在钻井平台甲板外缘，在平台外侧下入安装海底泵模块等月池无法通过的设备模块，同时该设备还为中央控制室和海底泵模块间控制与动力提供了连接通道。

控制系统：计算机控制系统与自动节流管汇控制系统相连接，根据实时数据曲线，设定回压值，以保持井口回压稳定。通过海底泵模块保持稳定的返速及钻井液液面高度，并调节变频驱动装置以改变海底泵的泵速。通常，控制系统有手动、恒定隔水管压力和自动 3 种不同的模式。

（1）手动模式：司钻根据隔水管压力读数手动控制泵速。

（2）恒定隔水管压力模式：泵速自动调整以保持额定隔水管压力。

（3）自动模式：泵速依据监测数据自动调节。

海底泵模块：由马达和管线组成的海底泵安装在隔水管上，主要用于控制信号和传感器输入及为上返岩屑和钻井液提供动力。该模块主要设备包括若干串联或并联的叶轮泵、水下电动机、压力流量检测与控制接口、钻井液返回管线快速接口、出入口阀门及压力传感器等。

钻井液返回管线：与无隔水管钻井系统相似，CAML 钻井系统使用柔性回流软管作为管道将钻井液和岩屑输送到上层钻井平台，同时作为节流和压井管线、海底控制电缆等的附着体。

隔水管改进接头：隔水管改进接头安装在隔水管下部，由隔离阀和传感器组成。与控制系统连接，通过管缆线传导信号进行工作。司钻可通过关闭隔离阀将 CAML 系统转换回常规钻井方式。

CAML 钻井系统在隔水管上安装电驱动的海底泵模块，并在预定深度处安装改进隔水管接头，隔水管改进接头处还安装有隔离阀。CAML 钻井系统通过安装在隔水管中间的海底泵模块和钻井液回流管线，改变钻井泵和海底泵模块之间的相对泵送口，调节海底泵模块上方隔水管中钻井液的液面高度，精确控制井底压力。控制中心通过管缆线向海底泵模块提供电源及传输信号，安装在改进接头处的压力传感器读数直接传输到监控系统，监控系统通过专门软件对比隔水管压力读数与输入的隔水管工作压力。并且可通过计算机控制系统精确检测、控制井下压力和钻井液流量，实现早期井涌检测，提高钻井安全性。在 CAML 钻井系统中，通常空气占据隔水管的上部，隔水管下部可以使用密度较大的钻井液。如果需要调节液位，控制系统将通过变频器相应地自动调节泵速，提高钻井液液面高度及降低泵速可以增加井底压力，反之也可以降低井底压力。

3. CAML 钻井工艺特点及其优点

深水钻井面临的窄密度窗口、浅水流、浅层气等挑战会增加大量的非生产时间及无法钻达目的层。并且由于环空返速低，钻速也会由于井底岩屑堆积而降低，岩屑增多同样会增大压漏地层的风险。而这些困难大多由于井底压力控制困难而造成的，因此精确、有效地控制井底压力有助于保障深水钻井安全顺利进行。CAML 钻井系统通过海底泵模块调节隔水管内钻井液的液位高度，以保持所需的井底压力，实现控压固井；还集成了可靠的早期井涌检测功能；通过配合相关部件的使用，还可加强对于当量循环密度的控制。

早期井涌检测功能是 CAML 钻井系统的一大特点。正常钻进过程中，钻井液返回管线总是充满钻井液，CAML 钻井系统通过在钻井液返回管线上安装精密流量计测量回流流量，增强了早期井涌检测的能力，这相比于通过钻井液池增量的判断方式极大地提高了井涌检测速度。

监测数据对比功能也是 CAML 钻井系统用于井涌检测的一大特点。CAML 钻井系统数据对比检测功能，主要是对比当前的数据趋势与之前的数据趋势，以在停泵或重新开泵发生 U 形管效应时更好地监测井涌和漏失。

使用 CAML 系统钻进时的井屏障与常规方法钻井时完全相同，CAML 系统不需要改装井控设备，井控事件的处理方式也是一致的，停泵后关闭防喷器，然后隔离 CAML 钻井系统，溢流物通过常规压井节流管线循环出井筒即可。如前文所述，司钻也可通过关闭系统中的隔离阀，将隔水管内充满钻井液，切换回常规钻井方式。

深水钻井过程中常面临浅部地层欠压实程度高、弱胶结、承压能力低等挑战，浅层水、浅层气等挑战更是给上部地层段的固井带来很大挑战。表层套管下入深度较浅或封固质量不好，则气体会从套管外喷出，造成套管外井喷，在地面形成大坑等危害，因此浅部地层的固井尤为重要。

控压固井技术是结合 CAML 钻井技术，通过建立闭合循环系统，精确控制压力，在实现安全固井操作的同时，还能在循环过程中避免漏失和地层流体侵入。而且在水泥浆到达预定位置后，可以通过压力监测验证水泥的固结程度。无论是固定式或半潜式钻井平台、有无隔水管，控压固井技术都能很好地胶结表面套管并隔离高压浅砂层。在注水泥过程中，通过海底泵控制井口处压力，使得临界区域的压力保持恒定。临界区是指需要保持压力与注水泥之前一致的点，通常指套管鞋处。因为破裂压力非常接近井眼压力，所以临界区井筒压力的微小增加都可能会导致水泥浆向地层漏失。注水泥过程通常可分为以下两步骤：

（1）水泥浆到达临界区域之前。在这一过程中，海底泵在恒定入口压力下工作，确保临界区井筒压力保持恒定。在水泥浆置换钻井液离开套管鞋之后，井底压力也会自然增加。

（2）水泥浆顶部到达临界区后。在这一过程中，海底泵入口压力和隔水管压力保持一致。假设循环速率保持恒定，这种方式也将保持临界区压力恒定。尽管套管鞋处胶结程度不是很高，但使用控压固井技术，可以安全循环水泥浆，完成固井作业。

CAML 双梯度钻井系统技术具有以下技术优点：

（1）降低了由钻井平台随波浪浮沉造成的井筒压力瞬变问题。

（2）增加了隔水管安全余量窗口与起下钻压力窗口。

（3）通过调节隔水管内钻井液液面快速灵活地控制井底压力，而不用调配新钻井液，节约了钻井液配制成本，缩短了调控井底压力的时间。

（4）延长了单层套管的延伸能力，减少了套管层次。

（5）由于海底井口处压力小于海水压力，降低了水合物在井口处生成的可能性。

对于这种新的钻井技术，国内研究才处于起步阶段，有许多问题需要解决。有效的井筒压力控制是保证安全快速钻进的关键，而井筒流动规律是井筒压力预测与控制的基础。

4. CAML 双梯度钻井技术应用及存在的问题

CAML 双梯度钻井技术在钻井作业过程中，隔水管内钻井液液面保持在海面以下，在隔水管内形成一个钻井液/空气界面，通过控制海底举升泵控制隔水管内钻井液液面的位置，精细控制井底压力，补偿由排量变化引起的环空压耗的变化。该钻井系统综合了控压钻井与双梯度钻井的优势，实现了海上的精细控压。

CAML 双梯度钻井技术一方面可以通过优化钻井液的密度与钻井液液面的深度，调整井筒压力剖面，使之更加匹配孔隙压力与破裂压力之间的密度窗口，增加钻井安全余量。另一方面，通过调节隔水管内钻井液液面的深度，快速、灵活、准确地调节井筒压力，可有效解决深水安全密度窗口"窄"的问题；通过应用举升泵和安装在泵入口处的精确的压力计，提高了溢流和漏失的监测能力；增加了井涌安全余量；具有隔水管安全余量，保证了隔水管突然断开后的安全；CAML 双梯度钻井由于隔水管上部开口，作为开环钻井系统降低了由于平台升降浮沉造成的压力波动问题，同时也加强了溢流和漏失的监测能力。针对这种较新的钻井形式，目前需要解决的问题还很多，如适合于 CAML 双梯度钻井的井筒多相流体瞬态流动模型的建立，CAML 双梯度钻井停泵后发生 U 形管效应过程中井筒流动变化规律，适合于该种钻井方式的井控技术等问题，都还没有得到彻底解决[16]。

四、注空心球双梯度钻井技术

20 世纪 70 年代初期，苏联科学家首次使用空心球作为轻质钻井液添加剂。直至 90 年代中末期，美国 Maurer 技术公司承担的美国能源部项目"欠平衡钻井产品的开发与试验"首先提出了注空心球双梯度钻井概念，并在随后的工业联合项目"注空心球双梯度钻井系统研究"中进行了详细研究，开展了大量的试验工作。研究人员发现，将低密度空心球注入环空中后，隔水管内的钻井液密度数值明显下降。因此，这种方法也是通过改变隔水管流体密度，进而控制环空压力，最终实现安全钻进的。

1. 注空心球双梯度钻井系统的工作原理

空心球和钻井液在海面按一定比例混合形成低密度钻井液，泵送到海底并注入隔水管的底部，降低隔水管中钻井液的密度，使其与周围的海水密度相当。钻井液返回海面后通过振动筛从中分离出空心球和钻屑，分离出的空心球和钻屑进入海水池，重的钻屑沉入底部，而轻的空心球则漂浮在水面，可以重新收集利用。通过振动筛后，大部分钻井液进入循环池，小部分钻井液（或海水）与分离出的空心球重新混合形成低密度流体，经钻杆泵送到海底注入隔水管内继续循环[17]。

2. 空心球的物理性能

空心球的材质可以是玻璃、塑胶、合成材料、金属等。Maurer 最初做试验用的是由 3M 公司制造的直径 $10 \sim 100 \mu m$ 的空心玻璃微球，其密度为 $0.38 g/cm^3$。添加体积为 50% 的这种空心球可以将 $1.68 g/cm^3$ 的钻井液密度降至海水密度（$1.02 g/cm^3$）。工业用空心玻璃球的主要化学成分见表 2-3。选用空心玻璃球作为钻井液的轻质固体添加剂（LWSA），是基于良好的物理性能及其在油气井中高温高压条件下仍能保持其良好物理特性的能力，其中最主要的是空心玻璃球较低的球体密度和较高的破裂压力[18]。

表 2-3 空心玻璃球的主要化学成分

SiO₂（%）	Al₂O₃（%）	Fe₂O₃（%）	CaO（%）	MgO（%）
$65.91 \sim 69.60$	$22.71 \sim 46.20$	$3.86 \sim 7.16$	$2.13 \sim 3.01$	$0.44 \sim 1.08$

3. 空心球的海面分离技术

Maurer 最初做试验用的是由 3M 公司制造的直径 $10 \sim 100 \mu m$ 的空心玻璃微球。为了节约钻井成本，达到经济钻井的目的，空心球需要回收再利用。但是，MTI、贝克休斯和其他公司进行的大量试验表明，在双梯度钻井的高循环速度下（$50.47 \sim 88.32 L/s$），用常规的离心机或者水力分离器不可能 100% 地将空心球从钻井液中分离出来并回收再利用。为了解决把小直径空心球从钻井液中分离出来比较困难的问题，Maurer 使用大直径（大于 $100 \mu m$）空心球进行试验，证明大直径空心球可以用普通的振动筛从钻井液中分离出来[19]。

空心球进行分离过程如图 2-26 所示，空心球在海底混合到钻井液中并注入隔水管后，与从环空返回的、携带钻屑的钻井液混合在一起。当携带空心球和钻屑的钻井液返出井眼后先通过振动筛分离，分离出的空心球和钻屑进入一个海水容器（池），因为钻屑比较重所以沉入底部，而空心球比较轻则漂浮在水面，可以将其重新收集利用。通过振动筛后，大部分钻井液进入循环池，小部分钻井液与分离出的空心球重新混合形成低密度流体，泵送到海底注入隔水管内继续循环。大直径空心球除了具有用普通振动筛可以很容易地从钻井液中分离出来的优点外，由它配制的钻井液的黏度也比较低。

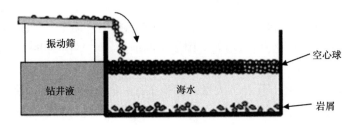

图 2-26　空心球分离系统

4. 注空心球双梯度钻井技术的优势

使用注空心球双梯度钻井技术具有以下几种优势：

（1）减少或消除了海底泵的使用，利用普通的钻井泵，比海底泵更容易控制。

（2）钻屑与碎片不必通过海底泵，消除了使用海底泵时的气体堵塞，比较容易发现井涌或井喷，井控也容易实现。

（3）容易控制由于地层孔隙压力过大致使油气进入钻井液而引发的井喷事故，容易保持海水的压力梯度。

（4）不需要海底电力和动力管线。

（5）通过一定的注入方法，空心球可使压力梯度呈线性变化。

5. 深水钻井应用

双梯度钻井系统在 500~1500m 的深水中有较好的应用前景，在这一深度面临的主要问题是井身的稳定性，浅层水的流动和循环漏失，海底泵双梯度钻井系统对于该深水领域应用来说过于昂贵，因此使用低成本的空心球双梯度钻井系统是一个不错的选择，由于深水井远多于超深水（大于1500m），而且注空心球双梯度钻井分离工艺简单、成本低廉，因此空心球双梯度钻井系统在中等深度的深水（600~1500m）中有较好的应用前景。综合考虑我国海洋油气开发工程装备能力、南海复杂的气候环境和油气藏特性，我国有关科研单位开展了适宜于南海深水的双梯度钻井方案的优选。优选结果表明，注空心球系统是最适宜于南海深水作业的双梯度钻井方案，有可能成为解决制约我国深水钻井技术发展的一个突破口，具有潜在的应用价值。但是为了实现注空心球双梯度钻井系统在我国深水油气开发中的应用，还需要对空心球注入方式、分离技术、分离设备等相关技术进行全面研究，并按照计划有针对性地进行探索型应用，形成一套适合我国深水油气开发特点的双梯度钻井技术体系，为我国深水油气勘探开发提供技术支撑[19]。

参 考 文 献

[1] 陈阳，付建红，张瑞典. 无隔水管钻井液回收钻井系统井筒压力分析［J］. 西部探矿工程，2016，28（3）：44-47.

[2] 彭齐，樊洪海，纪荣艺，等. 无隔水管钻井技术临界排量分析［J］. 石油机械，2016（2）：48-52.

[3] 彭齐，樊洪海，纪荣艺，等. 无隔水管钻井浅部地层井筒循环压耗分析［J］. 石油机械，2015（8）：73-77.

[4] 葛瑞一，陈国明，周昌静，等. 无隔水管钻井泥浆举升系统管路特性计算与分析［J］. 石油矿场机械，2012，41（7）：33-37.

［5］吕肖，张葳，魏凯，等．深水无隔水管钻井液多级举升系统泵参分析［J］．科技信息，2011（23）：83-84.

［6］石晓兵，张杰，王国华．海洋钻井工程［M］．北京：石油工业出版社，2016.

［7］唐志军，刘正中，熊继有．连续管钻井技术综述［J］．天然气工业，2005，25（8）：73-75.

［8］提云，徐克彬，任永强，等．双层连续管应用技术探讨［J］．油气井测试，2016，25（5）：38-40.

［9］陈颖杰，马天寿，曾欣，等．国外 ReelWell 钻井新技术及其应用［J］．石油机械，2010，38（8）：87-92.

［10］李根生，宋先知，黄中伟，等．连续管钻井完井技术研究进展及发展趋势［J］．石油科学通报，2016，1（1）：81-90.

［11］王朝辉，蒋宏伟，连志龙，等．新型双梯度钻井技术——CAML 钻井方法［J］．内蒙古石油化工，2017，43（5）：56-59.

［12］李基伟．深水可控泥浆液面双梯度钻井井筒流动规律与井控技术研究［D］．北京：中国石油大学（北京），2016.

［13］马永乾，孙宝江，邵茹，等．注气法双梯度钻井隔水管环空温度场模拟［J］．石油学报，2014，35（4）：779-785.

［14］苗典远．隔水管气举双梯度钻井注气量计算及其影响因素分析［J］．石油钻探技术，2013，41（2）：23-27.

［15］殷志明．新型深水双梯度钻井系统原理、方法及应用研究［D］．青岛：中国石油大学（华东），2007.

［16］陈国明，殷志明，许亮斌，等．深水双梯度钻井技术研究进展［J］．石油勘探与开发，2007（2）：246-251.

［17］苏鹏，李双贵，李林涛，等．双梯度钻井隔水管中气体运移过程试验研究［J］．石油机械，2018，46（1）：16-20.

［18］王焕平．双密度钻井技术［J］．中国石油和化工标准测量，2013，5（1）：50-52。

［19］殷志明，陈国明，盛磊祥，等．深水空心球双梯度钻井技术［J］．中国造船，2005，46（21）：71-76.

第三章 海上油田适度出砂防砂理论与技术

油气井出砂对生产的危害很大，因此，国内外针对出砂的油气井都是采用防砂完井后投产的方式开发地下油气资源。防砂有个"度"的概念：防砂过度、防得过死，产量会大幅度下降；防得过松，出砂量会很大，井下抽油设备受不了，而且还会出现井筒携砂不力、井内沉砂的问题。因此，目前国内外基本上还是以常规防砂为主。但是，对于海上稠油井的防砂，从增产的角度，也可适当防得稍微宽松一些，这就是适度出砂防砂。本章专门介绍海上油田适度出砂防砂理论与技术。

第一节 常规防砂与适度出砂的差异分析

一、地层砂粒度分析

对于出砂的地层，粒度分析是防砂的基础。粒度分析是指确定砂岩中不同大小地层砂颗粒的含量以及分布。地层砂粒度分布是防砂设计的重要参数。测定地层砂粒度的实验方法主要有筛析法、沉降法、薄片图像统计法和激光衍射法。各种方法都有其优点和局限，筛析法是最常用的粒度分析测定方法，也是最准确的方法。筛析前，先把样品进行清洗、烘干和颗粒分解处理，然后放入一组不同尺寸的筛子中，把这组筛子放置于声波振筛机或机械振筛机上，经振动筛析后，称量每个筛子中的颗粒质量，从而得出样品的粒度分析数据。筛析法的分析范围一般为4mm的细砾至0.0372mm的粉砂。颗粒直径小于0.0372mm的泥质、黏土，一般采用沉降法确定。

目前，国内外按地层砂的粒径大小进行分级：粒径不大于0.1mm为特细砂或粉砂；粒径介于0.1~0.25mm为细砂；粒径介于0.25~0.5mm为中砂；粒径介于0.5~1.0mm为粗砂；粒径不小于1.0mm为特粗砂。

地层砂筛析曲线上累积质量分数所对应的地层砂粒径用 d_n 表示。例如，d_{50} 表示地层砂筛析曲线上累积质量分数为50%时对应的地层砂粒径，简称地层砂的粒度中值。此外，地层砂均质性指的是砂粒分选的均匀性，一般用均匀性系数 c 表示：

$$c = d_{40}/d_{90} \tag{3-1}$$

式中　　d_{40}——地层砂筛析曲线上累积质量分数为40%时对应的地层砂粒径；

d_{90}——地层砂筛析曲线上累积质量分数为90%时对应的地层砂粒径；

c——地层砂均匀性系数，$c<3$ 为均匀砂，$c<6$ 为不均匀砂，$c<10$ 为极不均匀砂。

表3-1为渤海×油田4口井6个层段地层砂筛析结果，其粒度分析曲线如图3-1所示。

表 3-1　渤海×油田地层砂粒度分布主要参数

井段	d_{40}（mm）	d_{50}（mm）	d_{80}（mm）	d_{90}（mm）	均匀性系数 c	备注
层段 1	0.087	0.078	0.057	0.043	2.02	均匀粉砂
层段 2	0.077	0.071	0.044	0.04	1.93	均匀粉砂
层段 3	0.079	0.074	0.052	0.041	1.93	均匀粉砂
层段 4	0.075	0.07	0.05	0.04	1.88	均匀粉砂
层段 5	0.078	0.073	0.052	0.042	1.86	均匀粉砂
层段 6	0.2	0.176	0.14	0.085	2.35	均匀细砂
平均值	0.092	0.078	0.053	0.043	2.14	均匀粉砂

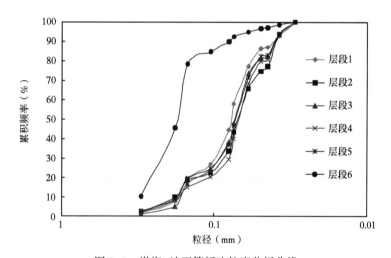

图 3-1　渤海×油田筛析法粒度分析曲线

筛析结果表明，渤海×油田地层砂粒度中值 d_{50} 平均为 0.078mm，均匀性系数 c 为 2.14，因此，×油田地层砂可以定义为均匀粉砂。

二、砾石充填层挡砂机理

按照完井方法是否具有防砂的功能，可分为防砂型和非防砂型的完井方法，见表3-2。

从表 3-2 来看，机械防砂主要就是砾石充填防砂以及直接下入筛管防砂两大类。砾石充填防砂完井是先将绕丝筛管下入井筒油层部位，然后用充填液将在地面上预先选好的砾石泵送至绕丝筛管与井眼或绕丝筛管与套管之间的环形空间内，形成一个砾石充填层，如果砾石尺寸选择得当，被地层流体携带入井的地层砂就会被挡在砾石层之外。液流中的部分细砂被带入砾石层，地层砂中较大的砂粒在砾石层表面形成稳定的砂桥，砂桥将更细的地层砂阻挡在更外面。这样经过自然分选，在砾石层的外面形成一个由粗到细的滤砂器，既有良好的渗透能力，又能起到保护井壁、防砂入井的作用。

砾石充填完井主要分为裸眼砾石充填完井和套管砾石充填完井。

裸眼砾石充填完井的具体施工程序是：钻头钻达油气层顶界以上约3m后，下技术套管注水泥固井。再用小一级的钻头钻穿水泥塞，钻开油气层至设计井深。然后，更换扩张式钻头将油气层部位的井径扩大到技术套管外径的 1.5~2 倍（以确保充填砾石时有较大的环形空间，增加防砂层的厚度，提高防砂效果）。将绕丝筛管或者上节所述的高级优质筛管下入井内油气层部位，然后用充填液将在地面上预先选好的砾石泵送至绕丝筛管（或者高级优质筛管）与井眼之间的环形空间内，构成一个砾石充填层，以阻挡油气层砂流入井筒，达到保护井壁、防砂入井的目的。

管内井下砾石充填的完井工序是：钻头钻穿油层至设计井深后，下油层套管于油层底部，注水泥固井，然后对油层部位射孔，再在射孔的油层套管内下入高级优质筛管，最后以低于地层破裂压力泵压下在套管与筛管的环形空间和射孔孔眼中充填砾石。要求采用高孔密（30 孔/m 左右）、大孔径（20mm 左右）射孔，以增大充填流通面积，有时还把套管外的油层砂冲掉，以便于向孔眼外的周围油层填入砾石，避免砾石和地层砂混合增大渗流阻力。由于高密度充填（高黏充填液）紧实，充填效率高，防砂效果好，有效期长，故当前大多采用高密度充填。

表 3-2　完井方法按防砂型和非防砂型分类

非防砂型完井方法	防砂型完井方法	
	裸眼系列	射孔系列
（1）裸眼完井； （2）打孔管完井； （3）割缝衬管完井； （4）射孔完井	（1）裸眼砾石充填； （2）裸眼压裂砾石充填； （3）裸眼绕丝筛管完井； （4）裸眼精密微孔复合防砂筛管完井； （5）裸眼精密微孔网布筛管完井； （6）裸眼加强型自洁防砂筛管完井； （7）裸眼梯形广谱多层变精度防砂筛管完井； （8）裸眼螺旋不锈钢网滤砂管完井； （9）裸眼星形孔金属纤维防砂筛管完井； （10）裸眼金属纤维防砂筛管完井； （11）裸眼烧结陶瓷防砂筛管完井； （12）裸眼金属毡防砂筛管完井； （13）裸眼粉末冶金滤砂管完井； （14）裸眼环氧树脂滤砂管完井； （15）裸眼陶瓷滤砂管完井； （16）裸眼割缝衬管完井	（1）管内砾石充填完井； （2）管内压裂砾石充填完井； （3）管内绕丝筛管完井； （4）管内精密微孔复合防砂筛管完井； （5）管内精密微孔网布筛管完井； （6）管内加强型自洁防砂筛管完井； （7）管内梯形广谱多层变精度防砂筛管完井； （8）管内螺旋不锈钢网滤砂管完井； （9）管内星形孔金属纤维防砂筛管完井； （10）管内金属纤维防砂筛管完井； （11）管内烧结陶瓷防砂筛管完井； （12）管内金属毡防砂筛管完井； （13）管内粉末冶金滤砂管完井； （14）管内环氧树脂滤砂管完井； （15）管内陶瓷滤砂管完井； （16）割缝衬管完井

国外 20 世纪 60 年代发表的 Saucier 砾石充填防砂设计曲线如图 3-2 所示[1]。

由图 3-2 可以看出，在不同的 D_{50}/d_{50} 分布区间，砾石充填层渗透率变化趋势有所不同。在不同的 D_{50}/d_{50} 分布区间，砾石层与地层砂分布如图 3-3 所示。

下面根据图 3-2 和图 3-3 分析砾石充填层挡砂机理。

（1）无地层砂侵入机理。当 $D_{50}/d_{50}<5$，即砾石直径很小时，在砾石与地层砂的交界处形成由地层细砂、泥质成分组成的低渗透带，砾石与地层砂界面清晰，能完全阻止地层细砂侵入，如图 3-3（a）所示。此时，尽管整个砾石层的渗透率基本维持原状（充填后砾石渗透率/充填前砾石渗透率接近 1），但是由于砾石直径小，整个砾石层的渗透率很

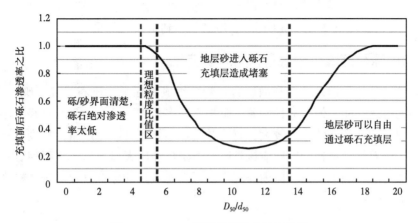

图 3-2　Saucier 砾石充填防砂设计曲线

D_{50}—砾石粒度中值；d_{50}—地层砂粒度中值

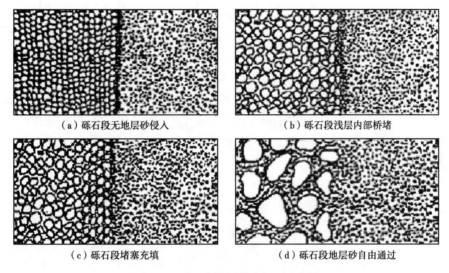

（a）砾石段无地层砂侵入　　　　　　　（b）砾石段浅层内部桥堵

（c）砾石段堵塞充填　　　　　　　（d）砾石段地层砂自由通过

图 3-3　砾石充填层挡砂机理示意图

低，从而降低了油井的产能。

（2）浅层内部桥堵机理。当 $5 \leqslant D_{50}/d_{50} \leqslant 6$，即砾石直径偏小时，砾石充填层渗透率略有下降，地层砂在与砾石层的表面形成稳定的砂桥，如图 3-3（b）所示。此时，砾石层渗透率损害范围较小，既具有较高的渗透率（充填后砾石渗透率/充填前砾石渗透率在 0.9 以上），又能有效地阻挡地层砂，是防砂型完井理想的粒度比值区。

（3）砾石层堵塞充填机理。当 $6 < D_{50}/d_{50} \leqslant 14$，即砾石层直径与地层砂直径相比略大时，地层砂部分侵入砾石充填层，造成了砾/砂互混，砾石渗透率下降（充填后砾石渗透率/充填前砾石渗透率急剧下降，当 D_{50}/d_{50} 达到 10 左右时最低可达 0.25）。在与地层砂接触的较小砾石层范围内，由于地层砂的快速堆积，从而形成砂桥，如图 3-3（c）所示。

（4）地层砂自由通过砾石层机理。当 $D_{50}/d_{50} > 14$，即砾石直径与地层砂直径相比很大时，地层砂可以自由通过砾石充填层，如图 3-3（d）所示。此时，砾石层虽然具有较高的渗透率（充填后砾石渗透率/充填前砾石渗透率随着砾石直径的增大快速回升，当 D_{50}/d_{50} 达到 18 以上时，渗透率几乎无伤害），但已起不到防砂的效果。

三、常规砾石充填防砂砾石尺寸设计方法

砾石充填防砂的关键是选择与油层岩石颗粒组成相匹配的砾石尺寸。砾石直径太大，虽然有较高的渗透性能，但过滤性能差，阻挡不住多数岩石砂粒；砾石直径太小，虽然挡砂效果好，但对油井产能的影响较大，有些井设计不好还可以使产量大幅度下降甚至堵死油井。因此，砾石尺寸选择的原则应该是既要能阻挡油层大量出砂，又要使砾石充填层具有较高的渗透性能，确保产量。国内外对常规砾石充填防砂砾石直径的选择有许多经验计算方法，详见表 3-3[1]。

表 3-3　砾石尺寸计算方法

序号	方法名称	砾石直径计算公式	备注
1	Coberly 和 Wagner 方法	$D_{max} \leqslant 10d_{10}$	D_{max} 为最大砾石直径
2	Gumpertz 方法	$D_{max} \leqslant 11d_{10}$	D_{max} 为最大砾石直径
3	Hill 方法	$D_{max} \leqslant 8d_{10}$	D_{max} 为最大砾石直径
4	Tausch 和 Corley 方法	$D_{max} = (4 \sim 6)d_{10}$	D_{max} 为最大砾石直径
5	Smith 方法	$D_{50} = 5d_{10}$	D_{50} 为砾石的粒度中值
6	Maly 和 Krueger 方法	$D_{min} = 6d_{10}$	D_{min} 为最小砾石直径
7	Ahrens 方法	（1）当 $C<2$ 时，$10d_{50}>D_{50}>5d_{50}$； （2）当 $C>2$ 时，$58d_{50} \geqslant D_{50} \geqslant 12d_{50}$，$40d_{85} \geqslant D_{85} \geqslant 12d_{85}$。 $D_{max} < 12.7$mm	D_{50} 为砾石的粒度中值，D_{max} 为最大砾石直径
8	Karpoff 方法	（1）当 $C<3$ 时，$10d_{50}>D_{min}>5d_{50}$； （2）当 $C>3$ 时，$8d_{50}>D_{min} \geqslant 4d_{50}$	D_{min} 为最小砾石直径
9	DePriester 方法	$D_{50} \leqslant 8d_{50}$，$D_{90} \leqslant 12d_{90}$，$D_{10} \geqslant 3d_{90}$	
10	Schwartz 方法	（1）当 $C<5$ 时，$v \leqslant 0.015$m/s，$D_{10}=6d_{10}$ （2）当 $5<C \leqslant 10$ 时，$v>0.015$m/s，$D_{40}=6d_{40}$ （3）当 $C>10$ 时，$v>0.03$m/s，$D_{70}=6d_{70}$	流速 $v = 2 \times$ 产量/射孔总面积
11	Saucier 方法	$D_{50} = (5 \sim 6)d_{50}$	D_{50} 为砾石的粒度中值

注：D 为设计的砾石直径，D_n 与地层砂的 d_n 对应，单位为 mm。

表 3-3 中的计算方法大多建立在砂拱理论基础之上，只有 Saucier 方法是根据出砂模拟实验建立在完全阻挡机理之上的，也是目前国内外使用最多的砾石直径计算方法，Saucier 根据图 3-2 的砾石充填防砂设计曲线，提出选用的工业砾石的粒度中值为防砂井地层砂粒度中值的 5~6 倍：

$$D_{50} = (5 \sim 6) \, d_{50} \tag{3-2}$$

式中　D_{50}——防砂选用的砾石的粒度中值，mm；

　　　d_{50}——地层砂的粒度中值，mm。

经过全球无数油气井的生产实践证明，式（3-2）作为常规防砂设计是科学和合理的。

四、常规防砂与适度出砂防砂的主要区别

1. 常规防砂与适度出砂防砂的差异

常规防砂与适度出砂防砂的主要区别体现在设计的 D_{50}/d_{50} 的大小不一样，见表3-4。

表3-4　常规防砂与适度出砂防砂的主要区别

项目	砾石材料差异	砾石充填防砂设计准则差异	产量差异	对举升设备要求上的差异
常规防砂	以前砾石充填主要采用石英砂作为砾石。目前，基本上采用陶粒作为砾石	$D_{50} = (5 \sim 6) \, d_{50}$	同样情况下产量低	对举升泵要求不是很严格，不强行要求能抗砂
适度出砂防砂	采用陶粒作为砾石	$D_{50} = (5 \sim 8) \, d_{50}$，本章后续主要论述	同样情况下产量高	对举升泵要求比较严格，要求能抗砂卡的各种泵为好

2. 现代防砂采用陶粒替代石英砂的原因

首先分析石英砂类砾石的原始渗透率，即在 0.0MPa 闭合应力下（不加任何围压下自然松散堆积）的渗透率，见表3-5[1]。

表3-5　工业砾石（石英砂）参数

砾石美国标准筛目（目）	砾石粒度中值（mm）	砾石层渗透率（D）
10~20	1.42	325
10~30	1.30	191
16~30	0.89	—
20~40	0.64	121
30~40	0.50	110
40~50	0.36	66
40~60	0.33	45
50~60	0.28	43
60~70	0.23	31

从表3-5中可以看出，砾石直径越大，渗透率越高。

西南石油大学通过实测给出了国内 40~60 目 6 种陶粒和 40~60 目兰州石英砂的参数综合评价结果，见表3-6。

表 3-6　40~60 目 6 种陶粒和 40~60 目兰州石英砂评价结果对比（熊友明实测）

厂家编号	陶粒 1	陶粒 2	陶粒 3	陶粒 4	陶粒 5	陶粒 6	兰州石英砂
规格（目）	40~60	40~60	40~60	40~60	40~60	40~60	40~60
规格（mm）	0.25~0.42	0.25~0.42	0.25~0.42	0.25~0.42	0.25~0.42	0.25~0.42	0.25~0.42
筛析合格率（%）	98.81	98.68	97.64	98.71	99.97	99.12	97.92
体积密度（g/cm³）	1.76	1.68	1.62	1.63	1.66	1.76	1.53
视密度（g/cm³）	3.27	3.35	3.23	3.25	3.29	3.28	2.65
圆度	0.9	0.9	0.9	0.9	0.9	0.9	0.65
球度	0.9	0.85	0.9	0.9	0.9	0.9	0.65
6.9MPa 下的破碎率（%）	0.39	2.23	0.89	0.43	0.27	0.39	2.78
0.0MPa 闭合应力下（松散堆积）的渗透率（D）	320.8	314.9	333.5	345.6	380.5	356.7	44.3
0.0MPa 闭合应力下（松散堆积）陶粒渗透率与兰州砂渗透率之比	7.24	7.11	7.53	7.80	8.59	8.05	—
6.9MPa 闭合应力下的渗透率（D）	193.18	189.23	199.71	210.23	273.19	218.98	36.78
6.9MPa 闭合应力下陶粒渗透率与兰州砂渗透率之比	5.25	5.14	5.43	5.72	6.61	5.95	—

注：陶粒 1 至陶粒 6 为国内 6 个生产陶粒的厂家的产品。

从表 3-6 中可以看出，对于 40~60 目的陶粒和石英砂（表中以兰州石英砂为例）来说，0.0MPa 闭合应力下（松散堆积）陶粒渗透率与兰州砂渗透率之比分别达到 7.11~8.59。6.9MPa 闭合应力下陶粒渗透率与兰州砂渗透率之比仍然分别达到 5.14~6.61。这就是目前砾石充填防砂强烈推荐采用陶粒替代石英砂的主要原因。

3. 适度出砂防砂采用高于 6 倍地层砂粒度中值的原因

从表 3-6 可以看出，同样目数的陶粒与石英砂相比，陶粒作为砾石的充填层渗透率要比石英砂作为砾石的充填层的渗透率至少高 5 倍以上。再从图 3-2 来看，如果采用陶粒作为砾石，即使砾石直径 D_{50}/地层砂直径 d_{50} 达到 9，即 $D_{50}/d_{50}=9$，此时充填后砾石渗透率/充填前砾石渗透率大约为 0.3，采用表 3-6 中 6.9MPa 闭合应力下的渗透率（随便选取陶粒 6 来作为计算依据）进行计算对比。结果表明，陶粒砾石层充填后的渗透率仍然达到 65.694D。反之，如果采用兰州石英砂作为砾石，即使砾石直径 D_{50}/地层砂直径 d_{50} 只取 5.5，即 $D_{50}/d_{50}=5.5$，此时充填后砾石渗透率/充填前砾石渗透率比值大约为 0.95，采用表 3-5 中 6.9MPa 闭合应力下的渗透率（取兰州砂）进行计算对比。结果表明，兰州石英砂砾石层充填后的渗透率只有 34.941D。由此可知，即使采用同样 40~60 目的陶粒与石英砂对比，陶粒砾石层充填后的渗透率都比石英砂砾石层充填后的渗透率高 1 倍。由于砾石直径越大，渗透率越高，如果按照适度出砂防砂采用 $D_{50}/d_{50}=6~9$ 来设计陶粒砾石直径，那么陶粒砾石层充填后的渗透率还要远远高于 65.694D，陶粒砾石层充填后的渗透率会比石英砂砾石层充填后的渗透率高 1 倍以上（详细的分析论证和设计参见本章第四节）。这就是适度出砂防砂采用高于 6 倍地层砂粒度中值的主要原因。

第二节 适度出砂油井增产原理

适度出砂油井产量计算是实施适度出砂技术的重要环节，本节主要介绍适度出砂油井产量计算模型和适度出砂增产效果评价方法，并介绍适度出砂的增产原理。

一、油井产量计算模型

圆形封闭地层拟稳态流动的油井产量计算公式为：

$$q = \frac{2\pi K_o h(\bar{p} - p_{wf})}{\mu_o B_o \left(\ln \dfrac{r_e}{r_w} - \dfrac{3}{4} + S_t \right)} \tag{3-3}$$

式中　q——油井地面产量，m^3/d；

　　　K_o——油层有效渗透率，D；

　　　$\bar{p}$——供油区内平均油藏压力，MPa；

　　　p_{wf}——井底流压，MPa；

　　　B_o——原油体积系数；

　　　μ_o——地层油的黏度，$mPa \cdot s$；

　　　r_e——供给半径，m；

　　　r_w——井筒半径，m；

　　　h——油层有效厚度，m；

　　　S_t——总表皮系数。

当 $S_t = 0$ 时，油井不存在表皮，通常把不存在表皮的油井称为完善井或理想井。

当 $S_t > 0$ 时，油井具有表皮，通常把存在表皮的油井称为不完善井或伤害井，根据式（3-3）可知，具有表皮的不完善井的产量比无表皮的理想井产量低。

当 $S_t < 0$ 时，油井具有负表皮，通常把存在负表皮的油井称为超完善油井，其产量比理想井产量高。

总表皮系数 S_t 可分解为由钻井液、完井液等对地层伤害引起的真实表皮系数 S_d 与其他各种原因引起的拟表皮系数 $\sum S'$ 之和，即

$$S_t = S_d + \sum S' \tag{3-4}$$

$$\sum S' = S_{pt} + S_\theta + S_{cm} + S_b + S_{tu} + S_A \tag{3-5}$$

式中　S_t——总表皮系数；

　　　S_d——真实伤害表皮系数；

　　　S_{pt}——油层部分打开拟表皮系数；

　　　S_θ——井斜拟表皮系数；

　　　S_{cm}——完井拟表皮系数；

S_b——流度变化拟表皮系数；

S_{tu}——非达西流（高速流）拟表皮系数；

S_A——泄油面积形状拟表皮系数。

下面具体分析各项表皮系数含义及计算方法。

1. 地层真实伤害表皮系数

地层真实伤害表皮系数 S_d 是由钻井液、完井液等对地层伤害所引起的。造成地层伤害的原因有：固体颗粒堵塞了孔隙空间，多孔介质的机械风化，或流体效应，如乳化物的形成、相对渗透率的变化等。地层真实伤害表皮系数 S_d 可由试井或室内实验确定，S_d 与 K_d 的关系[2-4]如下：

$$S_d = \left(\frac{K}{K_d} - 1 \right) \ln \frac{r_d}{r_w} \tag{3-6}$$

式中　K——油藏原始的渗透率，D；

K_d——伤害区渗透率，D；

r_d——钻井和注水泥造成的污染半径，m。

2. 油层部分打开拟表皮系数

由于地质（气顶或底水）或工程原因，储层未完全钻穿或没有全部射开，流体流入井筒时会产生一个附加压力降，由此形成油层部分打开拟表皮系数 S_{pt}。油层打开厚度越小，产生的部分打开拟表皮系数越大；油层完全打开时，部分打开拟表皮系数为零。油层部分打开拟表皮系数 S_{pt} 可通过式（3-7）计算[5]：

$$S_{pt} = \left(\frac{h}{h_p} - 1 \right) \left[\ln \left(\frac{h}{r_w} \right) \left(\frac{K_H}{K_V} \right)^{1/2} - 2 \right] \tag{3-7}$$

式中　h_p——油层打开厚度，m；

h——油层总厚度，m；

K_H——油层水平向渗透率，D；

K_V——油层垂向渗透率，D。

在式（3-7）中，如果 $h_p = h$ 表示油层全打开，则 $S_{pt} = 0$。

3. 井斜拟表皮系数

理想油井为水平地层的垂直井，井斜为零；而对于斜井，流体入井的阻力不同于垂直井，因此会产生一个拟表皮效应，用井斜拟表皮系数 S_θ 表示，井斜越大，产生的负表皮系数的绝对值也就越大。井斜表皮系数 S_θ 可用 Cinco-Lee[6] 公式进行计算，即

$$S_\theta = - \left(\frac{\theta'_w}{41} \right)^{2.06} - \left(\frac{\theta'_w}{56} \right)^{1.865} \lg \left(\frac{h_D}{100} \right) \tag{3-8}$$

$$h_D = \frac{h}{r_w} \sqrt{\frac{K_H}{K_V}} \tag{3-9}$$

$$\theta'_w = \tan^{-1} \left(\sqrt{\frac{K_V}{K_H}} \tan \theta_w \right) \tag{3-10}$$

式中　h_D——地层厚度；

　　　θ'_w——井斜校正角度，(°)；

　　　θ_w——井斜角，(°)；

　　　h——油层厚度，m；

　　　K_H——油层水平渗透率，D；

　　　K_V——油层垂直渗透率，D。

4. 完井拟表皮系数

完井拟表皮系数 S_{cm} 根据不同完井方式确定，具体计算方法见"二、常规防砂油井产量计算模型"。

5. 流度变化拟表皮系数

当近井地带存在明显的流度变化时（如存在天然气、凝析气或其他流体时）将产生流度变化拟表皮系数 S_b。S_b 可通过式（3-11）计算[7]：

$$S_b = (\frac{1}{M} - 1)\ln\frac{r_b}{r_w} \tag{3-11}$$

式中　M——流度比；

　　　r_b——流度变化区的半径，m。

6. 非达西流（高速流）拟表皮系数

井底流体流速很高时，将出现非达西流动，在井底周围产生附加压力损失，从而引起非达西拟表皮系数 S_{tu}，气井因流速高，必须考虑该项；而油井因产量而异，高产时，应考虑该项。S_{tu} 可通过式（3-12）计算[8,9]：

$$S_{tu} = Dq$$
$$D = \frac{10^{-9}\beta\rho K}{172.8\pi h\mu r_w} \tag{3-12}$$

式中　D——非达西流因子，d/m^3；

　　　q——产量，m^3/d；

　　　β——紊流系数，m^{-1}；

　　　ρ——流体密度，g/m^3；

　　　μ——流体黏度，mPa·s；

　　　K——地层渗透率，D。

7. 泄油面积形状拟表皮系数

由于不稳定试井的数学模型，其基本假设为无穷大地层中心一口井，而实际油藏形状复杂，则产生泄油面积形状拟表皮系数 S_A。其求法为[10]：

$$S_A = \frac{1}{2}\ln(31.6/C_A) \tag{3-13}$$

式中　C_A——油藏形状系数。

二、常规防砂油井产量计算模型

按照完井方式是否具备防砂功能，可分为防砂型完井和非防砂型完井两大类，见

表 3-2。本章主要介绍裸眼井下砾石充填完井和裸眼高级优质筛管完井两种海洋油气田典型的防砂完井方式的产量计算模型。由前文分析可知，计算不同防砂完井方式的油井产量，需要确定不同完井方式所产生的完井拟表皮系数 S_{cm}。

1. 裸眼井下砾石充填完井表皮系数

在地质条件允许使用裸眼而又需要防砂时，可采用裸眼砾石充填完井方式（图 3-4）。其工序是钻头钻达油层顶界以上约 3m 后，下技术套管注水泥固井（先期裸眼完井），再用小一级的钻头钻穿水泥塞，钻开油层至设计井深，然后更换扩张式钻头，将油层部位的井径扩大到技术套管外径的 1.5~2 倍，以确保充填砾石时有较大的环形空间，增加防砂层的厚度，提高防砂效果。一般砾石层的厚度不小于 50mm。技术套管与井眼直径、扩眼直径、筛管外直径的匹配关系见表 3-7。

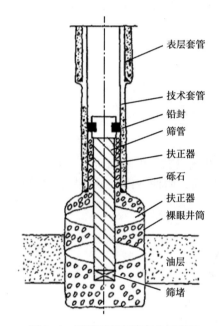

图 3-4　裸眼砾石充填完井示意图

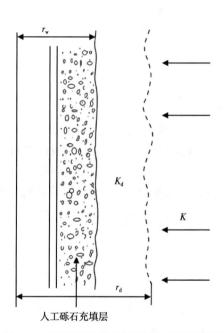

图 3-5　裸眼砾石充填完井流动模型示意图

表 3-7　技术套管与井眼直径、扩眼直径、筛管外直径的匹配关系

技术套管		井眼直径		扩眼直径		筛管外直径	
in	mm	in	mm	in	mm	in	mm
5½	139.7	4¾	120.6	12	305	2⅞	87
7	177.8	6⅛	155.5	12	305	4	117
9⅝	244.5	8¾	222.2	16	407	6⅝	184
10¾	273.1	9½	241.3	18	457.2	7	194

裸眼砾石充填完井流动模型如图 3-5 所示，裸眼砾石充填完井产生的表皮系数主要为筛管与套管环空砾石充填层形成的表皮系数，可用式（3-14）计算：

$$S_{cm} = S_{ops} = \left(\frac{K_o}{K_{grav}} - \frac{K_o}{K_d} \right) \times \ln\left(\frac{r_{wk}}{r_w}\right) + \frac{K_o}{K_{grav}} \times \ln\left(\frac{r_w}{r_s}\right) \tag{3-14}$$

式中　S_{ops}——裸眼井下砾石充填拟表皮系数，无量纲；

　　　K_o——原始地层渗透率，D；

　　　K_{grav}——砾石充填层渗透率，D；

　　　K_d——钻井污染带渗透率，D；

　　　r_w——井眼半径，m；

　　　r_s——筛管半径；

　　　r_{wk}——扩眼半径，m。

2. 裸眼高级优质筛管完井表皮系数

高级优质筛管防砂完井的防砂机理是允许一定大小的能被原油携带至地面的细小砂粒通过，而把较大的砂粒阻挡在衬管外面，大砂粒在衬管外面形成"砂桥"，从而达到防砂的目的（图3-6）。

由于"砂桥"处流速较高，小砂粒不能停留其中。砂粒的这种自然分选使"砂桥"具有较好的流通能力，同时又起到保护井壁骨架砂的作用。

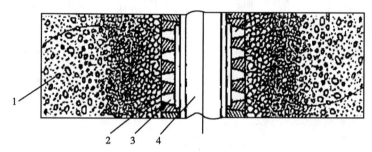

图3-6　筛管（衬管）外自然分选形成"砂桥"示意图
1—油层；2—砂桥；3—缝眼；4—井筒

裸眼高级优质筛管完井工序是：钻头钻至油层顶界后，先下技术套管注水泥固井，再从技术套管中下入直径小一级的钻头钻穿油层至设计井深。然后，在油层部位下入高级优质筛管，依靠衬管顶部的衬管悬挂器将衬管悬挂在技术套管上，并密封衬管和套管之间的环形空间，使油气通过衬管的割缝流入井筒，如图3-7所示。

裸眼高级优质筛管完井流动模型如图3-8所示。裸眼高级优质筛管完井产生的表皮系数主要为：筛管外地层自然充填砂层表皮系数S_{ps}，高级优质筛管表皮系数S_{sj}。

$$S_{cm} = S_{ps} + S_{sj} \tag{3-15}$$

$$S_{ps} = \frac{K_o}{K_s} \times \ln\left(\frac{r_w}{r_{sl}}\right) \tag{3-16}$$

$$S_{sj} = \frac{K_o}{K_{pj}} \times \ln\left(\frac{r_{sl}}{r_{s2}}\right) \tag{3-17}$$

式中　K_s——筛管外地层自然充填砂层渗透率，D；

　　　r_{sl}——双层筛管外半径，m；

　　　r_w——井筒半径，m；

r_{s2}——双层筛管内半径，m；

K_{pj}——由生产厂家提供，直接输入。

K_s 值一般模拟到地层压力环境下测量。

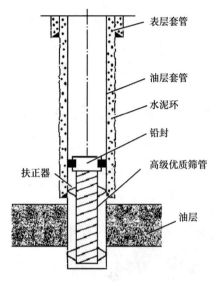

图 3-7　裸眼高级优质筛管完井示意图

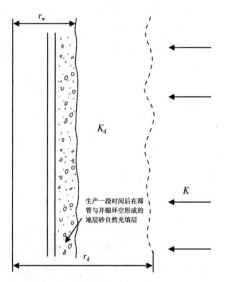

图 3-8　裸眼高级优质筛管完井流动模型

根据技术套管确定钻头尺寸及筛管尺寸，见表 3-8。

表 3-8　筛管尺寸选择

技术套管尺寸		裸眼井段钻头		绕丝筛管公称尺寸		绕丝筛管尺寸	
						基管外径 mm	筛网外径 mm
in	mm	in	mm	in	mm		
7	177.8	6	152	4	101.6	101.6	117
8⅝	219.7	7½	190	5	127	127	142
9⅝	244.5	8½	216	5½	139.7	139.7	155
10¾	273.1	9⅝	244.5	6	152.4	152.4	168

将防砂井总表皮系数代入油井产量计算公式（3-3），可得防砂油井产量计算公式：

$$q_{sp} = \frac{2\pi K_o h(\bar{p} - p_{wf})}{\mu_o B_o\left(\ln \dfrac{r_e}{r_w} - \dfrac{3}{4} + S_d + \sum S'\right)} \tag{3-18}$$

三、适度出砂油井产量计算模型

油井采用适度出砂完井后进行适度出砂生产，靠近井筒的出砂区域地层渗透率得到改善，对油井产量会产生增大的影响。因此，本书定义适度出砂激励表皮系数 S_{sp}，用来表征由出砂区域地层渗透率改善引起的表皮效应。

根据油井总表皮系数公式（7-2），可得适度出砂油井总表皮系数 S_t 为：

$$S_t = S_{sp} + \sum S' = S_{sp} + S_{pt} + S_\theta + S_{cm} + S_b + S_{tu} + S_A \tag{3-19}$$

下面主要分析适度出砂激励表皮系数 S_{sp} 的定义。

假设在圆形等厚地层中单相微可压缩牛顿流体做达西渗流，在地层中心有一口定产量生产井，不考虑重力作用。设油井半径为 r_w，出砂带半径为 r_s，地层的外边界即供给半径为 r_e。地层的内外边界皆为定压边界，地层的内边界压力即井底流压为 p_{wf}，地层的外边界压力即供给压力为 p_e。适度出砂油藏地质模型如图 3-9 所示。

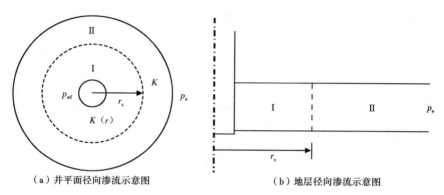

（a）井平面径向渗流示意图　　　　　（b）地层径向渗流示意图

图 3-9　适度出砂油藏地质模型

出砂区域内适度出砂激励表皮系数 S_{sp} 的计算式如下：

$$S_{sp} = \left(\frac{K}{K_s} - 1 \right) \ln \frac{r_s}{r_w} \tag{3-20}$$

将适度出砂激励表皮系数 S_{sp} 求得的适度出砂总表皮系数代入油井产量计算公式（3-3）得到适度出砂油井产量计算公式：

$$q_{sp} = \frac{2\pi K_o h(\bar{p} - p_{wf})}{\mu_o B_o \left(\ln \dfrac{r_e}{r_w} - \dfrac{3}{4} + S_{sp} + \sum S' \right)} \tag{3-21}$$

四、适度出砂油井产能计算实例

以裸眼井下砾石充填完井为例，对油井适度出砂生产增产效果进行评价，以说明适度出砂防砂确实能提高产量，计算所用基础参数见表 3-9。

表 3-9　适度出砂区域物性参数预测基础参数

参数	数值
地层深度（m）	1200
原始地层压力（MPa）	12.5
原始孔隙度	0.31

续表

参数	数值
原始渗透率（D）	2.0
油层厚度（m）	20
井筒半径（m）	0.1
泄油半径（m）	300
油层条件下原油黏度（mPa·s）	79.2
原油密度（kg/m³）	0.95
上覆岩层平均密度（kg/m³）	2.35×10³

计算结果见表3-10、图3-10和图3-11。由图3-10可见，油井采用适度出砂完井开采产量高于常规防砂完井产量，高于理想天然井产量。由图3-11可见，适度出砂油井总表皮系数随着生产压差的增加而减小，例如，油井采用适度出砂完井开采，在最大生产压差下总表皮系数为-4.79，其增产原理类似于酸化作业，由于井筒附近地层适度出砂，导致近井带地层渗透率明显提高。

表3-10 适度出砂油井与常规防砂油井产量对比

生产压差 （MPa）	表皮系数		产量（m³/d）		
	常规防砂	适度出砂	理想天然	常规防砂	适度出砂
1	1.42	0.00	34.35	28.74	34.36
2	1.42	-1.49	68.70	57.47	86.49
3	1.42	-2.21	103.05	86.21	148.22
4	1.42	-2.71	137.40	114.95	219.35
5	1.42	-3.12	171.75	143.68	301.08
6	1.42	-3.45	206.10	172.42	392.38
7	1.42	-3.74	240.44	201.16	495.62
8	1.42	-3.97	274.79	229.89	607.33
9	1.42	-4.19	309.14	258.63	731.80
10	1.42	-4.39	343.49	287.37	869.06
11	1.42	-4.56	377.84	316.10	1016.93
12	1.42	-4.72	412.19	344.84	1179.24
12.5	1.42	-4.79	429.36	359.21	1265.51

注：计算用到的总表皮系数 S_t 中只考虑地层真实伤害表皮系数 S_d 和完井拟表皮系数 S_{cm}。

以上分析表明，油井采用适度出砂完井开发有利于发挥油井潜能，提高油井产量。对于海上油田，适度出砂油井具体完井方法需要综合多种因素优选，完全可以选择与砾石充填防砂完井效果相当的高级优质筛管完井，降低完井成本，提高油田开发经济效益。

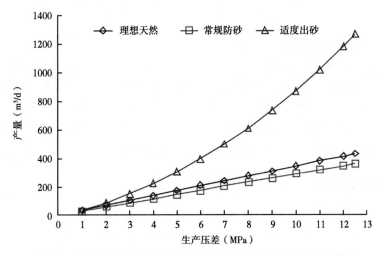

图3-10　油井常规防砂与适度出砂产量随生产压差变化曲线

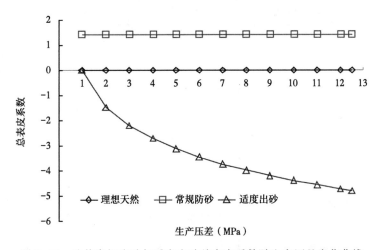

图3-11　油井常规防砂与适度出砂总表皮系数随生产压差变化曲线

第三节　海上油田适度出砂"度"的确定

适度出砂"度"（合适的含砂量）的确定是实现适度出砂的基础。陆上稠油冷采的含砂量可达20%～60%，陆上适度出砂的含砂量可达4%～10%，均采用高抗砂卡的泵生产。而海上油田适度出砂由于受到运输能力、平台面积、安全环保、作业成本、电动潜油泵（海上主要采用的举升方式）等特殊因素的制约，含砂量与陆地适度出砂相比具有很大差异。主要原因包括：

（1）与陆上油田相比，海上油田处理采出砂存在更多困难。从环保的角度来看，不能随便存放砂子。另外，受海上平台空间限制，无法摆放大型除砂和储存砂的装置。

（2）海上油田开发不同于陆地，要求高速、强采，尽量减少出砂对油井作业的影响。

（3）海上油田主要为斜井、水平井和丛式井，因此下井工具管柱结构以及施工工艺参数与陆地有较大的不同。

（4）海上运输安全和环保比陆地要求更高。

因此，需要综合考虑海上油田开发特点、井筒携砂能力、产出砂的处理方式、排放要求以及油井产能等因素确定适度出砂"度"。如果适度出砂的"度"较大，则出砂量就会较大，按照出砂增产的机理，产能恢复得较多，但由于砂埋和砂磨蚀，造成的生产风险也会大大增加；反之，若适度出砂的"度"控制较小，那么出砂量就小，但防砂后的产能降低则越多。因此，适度出砂"度"的把握是适度出砂开采技术发挥最大效益的前提。

一、海上油田适度出砂"度"的确定原则

在防砂设计阶段，可以采用行业标准 SY/T 5183—2000 中含砂量指标来设计挡砂精度，见表 3-11。新版防砂效果评价行业标准 SY/T 5183—2016（表 3-12）无出砂量指标（只有生产有效期和防砂前后产量对比，适合于现场防砂井的评价），对新井防砂设计不具有操作指导性。

表 3-11 油井防砂效果评价指标（行业标准 SY/T 5183—2000）

项目	指标	评价（分）
防砂后日产油量比防砂前日产油量（%）	>70	30
	50~70	20
	<50	0
含砂量（%）	<0.03	30
	0.08~0.03	20
	>0.08	0
有效生产时间（d）	>180	30
	30~180	20
	<30	0
防砂后采油指数比防砂前采油指数（%）	≥80	10
	<80	0

表 3-12 新版防砂效果评价指标（行业标准 SY/T 5183—2016）

项目	指标			分值
	化学防砂	机械防砂	压裂防砂	
t（d）	$t<90$	$t<180$	$t<180$	0
	$90\leq t<210$	$180\leq t<330$	$180\leq t<330$	2
	$210\leq t<330$	$330\leq t<480$	$330\leq t<480$	4
	$330\leq t<450$	$480\leq t<600$	$480\leq t<600$	6
	$450\leq t<540$	$600\leq t<720$	$600\leq t<720$	8
	$t\geq540$	$t\geq720$	$t\geq720$	10

续表

项目	指标			分值
	化学防砂	机械防砂	压裂防砂	
R_t（%）	$R_t<40$	$R_t<50$	$R_t<60$	2
	$40\leq R_t<50$	$50\leq R_t<60$	$60\leq R_t<70$	5
	$50\leq R_t<60$	$60\leq R_t<70$	$70\leq R_t<80$	8
	$R_t\geq60$	$R_t\geq70$	$R_t\geq80$	10

注：表中 t 表示有效天数；R_t 表示防砂后日产油量与日配产油量的比值。

从新旧版本行业标准可以看出，与防砂设计直接相关的指标是含砂量。其次，此行业指标适用于陆上油田。在海上油田由于受到工作场所（海上平台）空间限制，也就是产出砂处理方式的限制，含砂量的确定将会与陆上油田不同。因此，确定海上油田适度出砂的含砂量需要综合考虑多种因素。

海上油田适度出砂"度"的确定原则如下。

1. 遵守国家原油外输固相含量的限制原则

国家原油外输固相含量的规定为 0.03%，也就是 10000m³ 原油允许的固相含量为 3t。因此，海上油井产出液的固相含量只要达到 0.03% 就可以外输，而超过 0.03% 的部分就要在平台上处理，如何处理又与下述的生产管理模式密切相关。

2. 充分考虑海上油田生产管理模式的原则

油井产出砂的处理方式与海上油田生产管理模式密切相关。海上油田生产管理模式有4种，如图 3-12 所示，相应地适度出砂的"度"是收还是放，以及放的多少都与此相关。

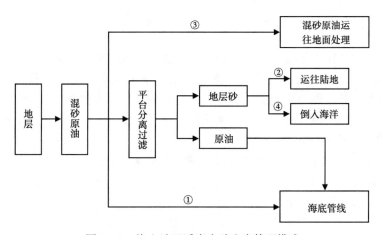

图 3-12　海上油田适度出砂生产管理模式

第一种模式：地层产出的混砂原油不经过滤除砂，而直接进入海底管道。

地层产出的混砂原油在平台上油水分离后不经过滤的方式去除地层砂，而是直接进入海底管道，这样就要求产出液的固相含量必须达到原油外输的固相含量的标准；否则，海底管道堆积大量的地层砂，今后处理起来费用高、难度大。在此模式下，必须提高防砂精度，加强防砂，适度出砂的"度"不能超过 0.03%。

第二种模式：地层产出的混砂原油在平台上经油水分离后，再进行过滤，过滤出来的砂堆放在平台上，定期运往陆地处理。

地层产出的混砂原油在平台上经油水分离后，通过过滤去除多余的地层砂，使之达到国家原油外输标准。该模式下适度出砂的"度"就与油井单井配产量、平台总井数、平台预留的堆积地层砂的空间体积、从平台到陆地的运砂周期等密切相关。产液量高、井数多，则需要处理的地层砂就多，平台预留的空间体积就要大，用船运到地面的周期就短。因此，该模式下适度出砂的"度"还需结合油井产量、平台井数、平台上存砂体积以及运砂周期等，进行综合评价。

第三种模式：地层产出的混砂原油直接运往陆地处理。

地层产出的混砂原油在平台上经油水分离后直接用油轮运送到陆地，此时，产出的地层砂和原油混合在一起被运走，到地面再处理。此时，适度出砂的"度"可以放得更大一些。

第四种模式：地层产出的混砂原油在平台上经油水分离后过滤，过滤出来的砂直接倒入海洋。

3. 遵守油井防砂效果评价指标中含砂量的限制原则

按照行业指标，含砂量大于 0.08%，视为防砂失败。因此，要求海上油田油井产液的含砂量不大于 0.08%。

4. 遵守出砂不造成整个储层骨架破坏、不会使储层段塌陷的原则

研究表明，当地层出砂量大于 5% 时，易造成储层骨架的破坏坍塌，因此要求适度出砂量不超过 5%。

5. 满足井筒携砂能力的限制原则

地层产出砂能够被携带出井筒，不会在井底大量积砂和在井内沉砂。

二、第二种生产管理模式下海上油田出砂井含砂量的标定

第二种生产管理模式是海上平台稠油油井携砂开采最常用的油砂处理模式。在此种生产管理模式下，产出砂中超过原油外输标准的部分都要在平台上过滤掉，并堆积到平台上，然后周期性地被运到地面处理。显然，如何标定海上油田油井出砂量的标准，与平台上的油井数、单井日产液量水平、年处理砂周期、平台预留体积等密切相关。

1. 适度出砂开采的"度"的确定方法

海上油田适度出砂开采的"度"的确定流程如图 3-13 所示。

具体步骤如下：

（1）根据地质—油藏工程，确定合理的配产和控砂完井方式。

（2）根据携砂能力、日产量、平台总井数确定年产砂量。

（3）根据平台运砂周期计算平台所需的周期存砂空间大小。

（4）对比平台的现有存砂能力，如果能力偏小，表明出砂过多，一方面可以调整配产或挡砂精度，降低允许出砂量，但可能引起油井产能下降；另一方面，可以改进平台的砂处理能力，增加存砂空间或增加运砂频率。

（5）如果平台的存砂能力偏大，表明出砂量低于"度"，一方面可以调整配产或挡砂精度，在携砂能力允许的前提下提高最大出砂量，油井产能相应提高；另一方面，可以减少运砂频率，降低砂的处理费用。

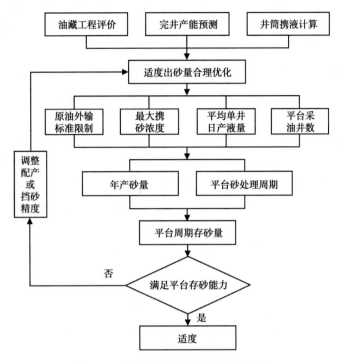

图 3-13　适度出砂"度"的确定流程

2. 平台预留存砂体积计算

1) 名词定义

（1）含砂量：指原油中砂量所占的比例，对于平台上油井来说，指的是全部产出液中砂量所占的比例，单位为 $t/10^4m^3$。比如，$3t/10^4m^3$ 就是通常所说的 0.03%。

（2）单井日产液量水平：指单井每天的产液量，单位为 m^3。

（3）单井出砂量：指单井一天的出砂量，单位为 t。单井出砂量=单井日产液量×含砂量。比如，含砂量为 0.05%，单井日产液量为 $200m^3$，则该井每天的产砂量为：$0.05\%×200m^3=0.1m^3$。一年 360 天的产砂量为 36t。

（4）年处理砂周期：指一年到平台将地层砂拉走的次数，例如，周期为 3 就是指每 4 个月拉走一次。

（5）需要过滤掉的砂量：指将产出液过滤到满足原油外输标准 $3t/10^4m^3$ 后过滤出来的多余的需要运走的地层砂，单位为 m^3。

（6）平台预留地层砂堆放体积：指平台上预留的用于堆放地层砂的空间体积，单位为 m^3。

2) 不同情况下的平台累计堆积砂量计算

以单个平台为 20 口井，平均单井日产液量为 50～500 m^3，单井平均年生产时间为 360 天，石英砂平均体积密度为 $1.6g/cm^3$ 为计算依据。不同含砂量时需要过滤掉的砂量见表 3-13，年处理砂周期为 2 次时，平台预留堆放体积见表 3-14；年处理砂周期为 3 次时，平台预留堆放体积见表 3-15。

表 3-13　不同含砂量时需要过滤掉的砂量对比

日产液量 （m³）	需要过滤掉的砂量（m³）			
	含砂量 0.04%	含砂量 0.05%	含砂量 0.06%	含砂量 0.07%
50	22.5	45	67.5	90
100	45	90	135	180
150	67.5	135	202.5	270
200	90	180	270	360
250	112.5	225	337.5	450
300	135	270	405	540
350	157.5	315	472.5	630
400	180	360	540	720
450	202.5	405	607.5	810
500	225	450	675	900

表 3-14　不同含砂量时平台预留地层砂堆放体积对比（年处理砂周期：2 次）

日产液量 （m³）	平台预留地层砂堆放体积（m³）			
	含砂量 0.04%	含砂量 0.05%	含砂量 0.06%	含砂量 0.07%
50	11.25	22.5	33.75	45
100	22.5	45	67.5	90
150	33.75	67.5	101.25	135
200	45	90	135	180
250	56.25	112.5	168.75	225
300	67.5	135	202.5	270
350	78.75	157.5	236.25	315
400	90	180	270	360
450	101.25	202.5	303.75	405
500	112.5	225	337.5	450

表 3-15　不同含砂量时平台预留地层砂堆放体积对比（年处理砂周期：3 次）

日产液量 （m³）	平台预留地层砂堆放体积（m³）			
	含砂量 0.04%	含砂量 0.05%	含砂量 0.06%	含砂量 0.07%
50	7.5	15	22.5	30
100	15	30	45	60
150	22.5	45	67.5	90

日产液量 (m³)	平台预留地层砂堆放体积（m³）			
	含砂量 0.04%	含砂量 0.05%	含砂量 0.06%	含砂量 0.07%
200	30	60	90	120
250	37.5	75	112.5	150
300	45	90	135	180
350	52.5	105	157.5	210
400	60	120	180	240
450	67.5	135	202.5	270
500	75	150	225	300

3. 平台预留存砂体积设计的影响因素分析

1）油井配产与平台预留存砂体积的关系

以平台为 20 口井，平均单井日产液量为 50~500m³，单井平均年生产时间为 360 天，石英砂平均体积密度为 1.6g/cm³，含砂量为 0.05%，平台年处理砂周期分别为 2 次和 3 次，为计算依据。计算结果如图 3-14 所示，从图中可以看出，随着单井日产液量增加，平台预留存砂体积增加，当单井日产液量为 200 m³ 时，需预留平台存砂体积分别为 90m³ 和 60m³。

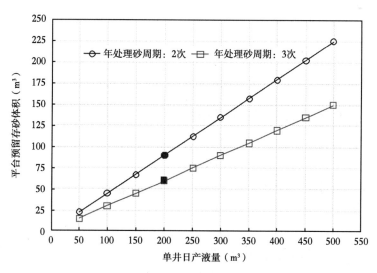

图 3-14　单井配产与平台预留存砂体积的关系

2）含砂量与平台预留存砂体积的关系

以平台为 20 口井，平均单井日产液量为 200m³，单井平均年生产时间为 360 天，石英砂平均体积密度为 1.6g/cm³，含砂量为 0.04%~0.08%，平台年处理砂周期分别为 2 次和 3 次，为计算依据。计算结果如图 3-15 所示，从图中可以看出，随着油井含砂量增加，平台预留存砂体积增加。

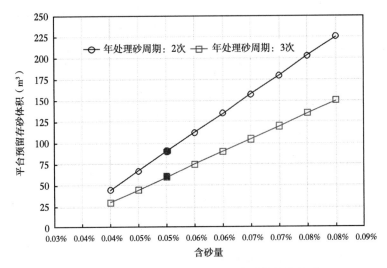

图 3-15　油井含砂量与平台预留存砂体积的关系

4. 适度出砂开采的"度"的确定

从表 3-13 至表 3-15 以及图 3-14 和图 3-15 的分析结果可以看出，考虑一年处理周期为 3 次，考虑平均一个平台 20 口井，在平均单井日产液量为 50~200m³ 的情况下，再考虑绝大多数出砂井的出砂量集中在前几十天，以后的出砂量会逐渐减少并稳定下来，统一确定第二种生产管理模式下海上油田出砂井适度出砂的油井含砂量标准为 0.05%。

在陆上油田，可以采用抗砂能力强的泵来生产，很多油田规定的油井含砂量为 0.08%，甚至还有超过 0.1%~0.3% 的，因为地面可以任意堆放过滤出来的多余的地层砂。但是，海上平台空间狭小，规定海上油田适度出砂的油井含砂量为 0.05% 是合适的。含砂量为 0.05% 既能满足携砂要求，又能够保证井壁稳定。

三、各种生产模式下海上油田适度出砂井含砂量的标定

1. 第一种生产管理模式下海上油田出砂井含砂量的标定

此种生产管理模式下，海上油田出砂井含砂量标定为 0.03%。

2. 第二种生产管理模式下海上油田出砂井含砂量的标定

此种生产管理模式下，统一规定海上油田出砂井适度出砂的油井含砂量标准为 0.05%。

3. 第三种生产管理模式下海上油田出砂井含砂量的标定

此种生产管理模式下，原则上地层砂出得越多越好。但是防砂失效标准规定，含砂量大于 0.08%，视为防砂失败。因此，海上油田出砂井含砂量标定为 0.07%。

4. 第四种生产管理模式下海上油田出砂井含砂量的标定

此种生产管理模式下，由于过滤出来的砂直接倒入海洋，原则上地层砂出得越多越好。但是防砂失效标准规定，含砂量大于 0.08%，视为防砂失败。因此，海上油田出砂井含砂量标准暂定为 0.08%。

综上所述，不同的生产管理模式，适度出砂的标准是不一样的，整理归纳见表 3-16。

表 3-16　海上油田不同生产管理模式下适度出砂的标准

生产管理模式	生产管理模式简单要点描述	允许含砂量		备注
		%	t/10^4m³	
第一种模式	产出原油在平台上经油水分离后不通过过滤去除地层砂，而是直接进入海底管道，产出液的固相含量必须达到原油外输固相含量标准	0.03	3	海洋环境保护法规允许
第二种模式	产出原油在平台上经油水分离后，通过过滤去除多余的地层砂，使之达到国家原油外输标准。多余的地层砂堆放在平台上，周期性地运送到陆地处理	0.05	5	海洋环境保护法规允许
第三种模式	产出原油在平台上经油水分离后不需要过滤，地层砂直接用油轮运送到陆地，到陆地再处理沉积下来的砂	0.07	7	海洋环境保护法规允许
第四种模式	产出原油在平台上经油水分离后，需要过滤地层砂，过滤出来的地层砂直接倒入海洋	0.08	8	海洋环境保护法规不允许

因此，所有出砂井的挡砂精度都要根据这个标准来反推，也就是通过出砂模拟实验来确定不同地层砂情况下的挡砂精度，具体确定方法见本章第四节。

第四节　海上油田适度出砂挡砂精度设计

一、实验目的实验流程及实验步骤

1. 实验目的

本节介绍通过砾石充填防砂模拟实验，确定海上油田适度出砂的类似 Saucier 的砾石充填设计曲线，目的是回答下述问题：

（1）砾石的粒度中值 $D_{50}=（5\sim6）d_{50}$ 情况下，出砂量是多少，是否满足海上油田适度出砂规定的出砂量的要求？

（2）满足海上油田适度出砂规定的出砂量的要求情况下，砾石与地层砂的粒度中值的比例 D_{50}/d_{50} 为多少最为合适？

（3）不同的砾石尺寸与地层砂的粒度中值的比例条件下对应的出砂量是多少？

（4）不同类型地层砂、不同原油黏度下适度出砂防砂的设计准则是什么？

2. 实验流程

实验流程如图 3-16 所示。表 3-17[1] 是石英砂充填层与国产陶粒 7 充填层原始渗透率的对比结果。对比两种材料砾石充填层渗透率测量结果可知，砾石充填最好采用陶粒，以保证砾石充填层有更高的渗透率。实验所用筛网，根据对应砾石的目数按照行业标准选取，见表 3-18。

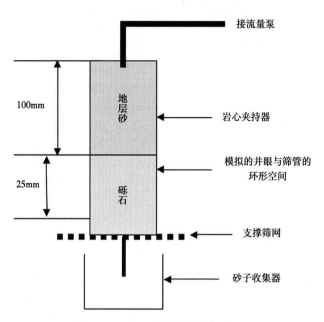

图 3-16　砾石充填实验方案流程图

表 3-17　各种目数石英砂/圣戈班陶粒充填层的原始渗透率测量结果

标准筛目（目）	近似粒度中值		石英砂原始渗透率[1]	国产陶粒 7 原始渗透率①
	in	mm	（D）	（D）
6~8	0.113	2.87	1900	2100.5
8~10	0.0865	2.2	1150	1350.9
10~14	0.0675	1.71	800	680.7
10~20	0.056	1.42	325	450.9
10~30	0.051	1.295	191	268.8
20~40	0.025	0.635	121	252.2
30~40	0.0198	0.503	110	235.7
40~50	0.014	0.356	66	210.5
40~60	0.013	0.33	45	190.5
50~60	0.0108	0.274	43	172.7
60~70	0.009	0.229	31	140.6

①熊友明实测。

表 3-18　砾石尺寸与配套筛管缝隙的对应表

砾石尺寸		筛管缝隙尺寸	
标准目数	mm	mm	in
40~60	0.249~0.419	0.15	0.006
30~50	0.297~0.595	0.2	0.008

续表

砾石尺寸		筛管缝隙尺寸	
标准目数	mm	mm	in
30~40	0.419~0.595	0.25	0.01
20~40	0.419~0.841	0.3	0.012
16~30	0.595~1.19	0.35	0.014
10~30	0.595~2.00	0.4	0.016

3. 实验步骤

适度出砂砾石充填挡砂实验步骤如下：

（1）将砾石、地层砂分别充填于岩心填砂管中；

（2）按照图3-16所示连接实验流程；

（3）使流体以设定的恒定速度通过岩心填砂管，同时测量砾石层两端的压力及通过砾石层的流体的流量、总出砂量。

4. 渗透率计算

在模拟实验中，由于流体的黏度较低，驱替流速不大，流体在砾石层中的流动呈单向稳定线性流，遵循达西流动公式。因此，砾石层渗透率的计算公式为：

$$K = \frac{Q\mu L}{A\Delta p} \times 10^{-1} \qquad (3-22)$$

式中　K——砾石层渗透率，D；

Δp——砾石层两端压力差，MPa；

Q——通过砾石层的流量，cm^3/s；

μ——通过砾石层的流体黏度，$mPa \cdot s$；

L——砾石层的长度，cm；

A——砾石层截面积，cm^2。

二、渤海×油田实际地层砂的出砂模拟实验

采用上述渤海×油田4口井的地层砂混合进行砾石充填出砂模拟实验，实验流体为黏度为100mPa·s的原油，采用各种目数陶粒作为砾石充填层，实验流程如图3-16所示。所有实验记录并精确计量总出砂量，记录流量、压力，以便计算陶粒充填层在原始状态和地层砂侵入状态下的渗透率。图3-17是根据实验结果绘制的渤海×油田地层砂砾石充填模型曲线。

通过对渤海×油田实际地层砂的出砂模拟实验得出以下结论：

（1）×油田地层，考虑普通的常规防砂，以$D_{50} = (5\sim6)d_{50}$设计挡砂是很合适的。

（2）×油田地层，考虑适度的防砂，以$D_{50} = (6\sim7)d_{50}$设计挡砂最为合理。此时，砾石层渗透率较高，有利于提高产量，且出砂量小于$2.5t/10^4 m^3$。

（3）×油田地层，当$D_{50} = (8\sim12)d_{50}$时，尽管出砂量小于$5\ t/10^4 m^3$，但是砾石充填层的渗透率最低，不利于提高产量。

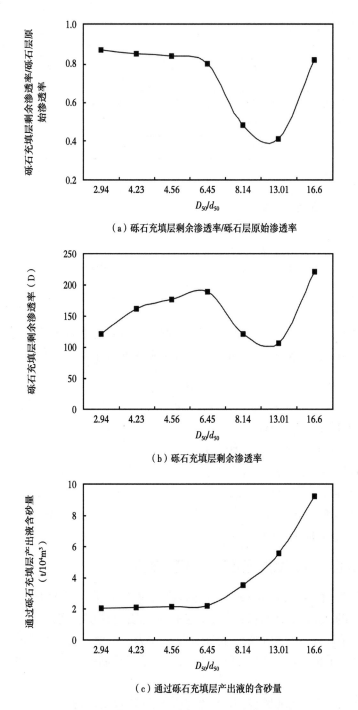

（a）砾石充填层剩余渗透率/砾石层原始渗透率

（b）砾石充填层剩余渗透率

（c）通过砾石充填层产出液的含砂量

图 3-17　渤海×油田地层砂砾石充填模型曲线

（4）×油田地层，当 $D_{50} > 12d_{50}$ 时，尽管砾石充填层的渗透率很高，但出砂量高于 $5t/10^4m^3$ 的要求，已经不能起到防砂的作用。

（5）图 3-17 与图 3-2 的基本形状是相似的。

三、人工模拟地层砂砾石充填挡砂精度实验

为了研究各种情况下适度出砂防砂的设计准则，模拟粗、中、细、粉4种地层砂的挡砂精度设计，考虑均匀砂、不均匀砂和极不均匀砂3种情况；考虑原油黏度为高、中、低3种情况，形成海上油田适度出砂36个挡砂精度设计原则和经验公式。

为了进行科学的实验，采用不同目数的陶粒作为模拟的地层砂，由于模拟的是地层骨架砂出砂，因此不添加黏土，模拟实验参数见表3-19。模拟实验所用砾石技术参数见表3-20。

表3-19 模拟的地层砂和原油的技术参数

砂型	序号	d_{40}（mm）	d_{50}（mm）	d_{90}（mm）	c	定义
粗砂	1-1	1.19	0.841	0.42	2.83	均匀砂
粗砂	1-2	1.19	0.841	0.21	5.67	不均匀砂
粗砂	1-3	1.19	0.841	0.105	11.33	很不均匀砂
中砂	2-1	0.42	0.297	0.149	2.822	均匀砂
中砂	2-2	0.42	0.297	0.053	7.92	不均匀砂
中砂	2-3	0.42	0.297	0.037	11.35	很不均匀砂
细砂	3-1	0.297	0.177	0.105	2.83	均匀砂
细砂	3-2	0.297	0.177	0.044	6.75	不均匀砂
细砂	3-3	0.42	0.177	0.037	11.35	很不均匀砂
特细砂或粉砂	4-1	0.105	0.088	0.044	2.39	均匀砂
特细砂或粉砂	4-2	0.25	0.088	0.044	5.68	不均匀砂
特细砂或粉砂	4-3	0.42	0.088	0.037	11.35	很不均匀砂

注：模拟原油黏度分别为150mPa·s、30mPa·s和3mPa·s。

表3-20 模拟实验所用砾石技术参数

序号	砂型	模拟砂粒度中值（mm）	实验所用砾石目数（目）	砾石近似粒度中值（mm）	D_{50}/d_{50}	砾石层原始渗透率（D）
1	粗砂	0.841	8~10	2.2	2.62	1350.9
			6~8	2.87	3.41	2100.5
			4~6	4.06	4.83	4200.1
			3~4	5.74	6.83	9500.3

序号	砂型	模拟砂粒度中值 （mm）	实验所用 砾石目数 （目）	砾石近似 粒度中值 （mm）	D_{50}/d_{50}	砾石层原 始渗透率 （D）
2	中砂	0.297	10~30	1.295	4.36	268.8
			10~20	1.42	4.78	450.9
			10~14	1.71	5.76	680.7
			8~10	2.2	7.41	1350.9
			6~8	2.87	9.66	2100.5
			4~6	4.06	13.67	4200.1
			3~4	5.74	19.33	9500.3
3	细砂	0.177	20~40	0.635	3.59	252.2
			16~20	1.016	5.74	260.2
			10~30	1.295	7.32	268.8
			10~20	1.42	8.02	450.9
			10~14	1.71	9.66	680.7
			8~10	2.2	12.43	1350.9
			6~8	2.87	16.21	2100.5
4	粉砂	0.088	40~60	0.33	3.75	190.5
			40~50	0.356	4.05	210.5
			30~40	0.503	5.72	235.7
			20~40	0.635	7.22	252.2
			10~30	1.295	14.72	268.8
			10~20	1.42	16.14	450.9

1. 高黏度原油挡砂精度模拟实验及结果分析

模拟原油黏度为150mPa·s，属于常规稠油。更高黏度的原油室内不便模拟，因此更高黏度的原油的模拟实验不再进行。实验流程如图3-16所示。

1）模拟粗砂挡砂精度实验

模拟粗砂的粒度中值为0.841mm，均匀砂、不均匀砂、极不均匀砂，模拟最大砾石粒度为地层砂粒度的6.83倍（$D_{50}/d_{50}=6.83$，更大的砂室内无法模拟）。模拟粗砂砾石充填模型实验结果如图3-18所示。

2）模拟中砂挡砂精度实验研究

模拟中砂的粒度中值为0.297mm，均匀砂、不均匀砂、极不均匀砂，模拟中砂砾石充

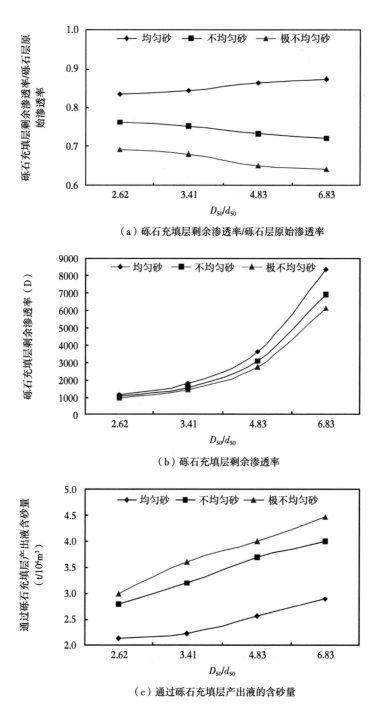

（a）砾石充填层剩余渗透率/砾石层原始渗透率

（b）砾石充填层剩余渗透率

（c）通过砾石充填层产出液的含砂量

图3-18 模拟粗砂砾石充填模型实验结果（高黏度原油）

填模型实验结果如图3-19所示。

3）模拟细砂挡砂精度实验研究

模拟细砂的粒度中值为0.177mm，均匀砂、不均匀砂、极不均匀砂，模拟细砂砾石充

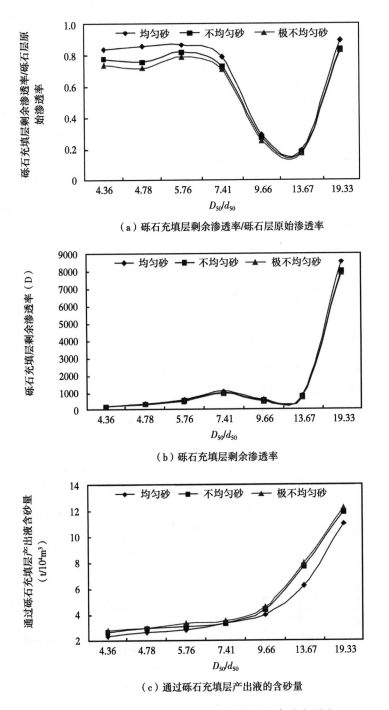

（a）砾石充填层剩余渗透率/砾石层原始渗透率

（b）砾石充填层剩余渗透率

（c）通过砾石充填层产出液的含砂量

图 3-19 模拟中砂砾石充填模型实验结果（高黏度原油）

填模型实验结果如图 3-20 所示。

4）模拟粉砂挡砂精度实验研究

模拟粉砂的粒度中值为 0.088mm，均匀砂、不均匀砂、极不均匀砂，模拟粉砂砾石充

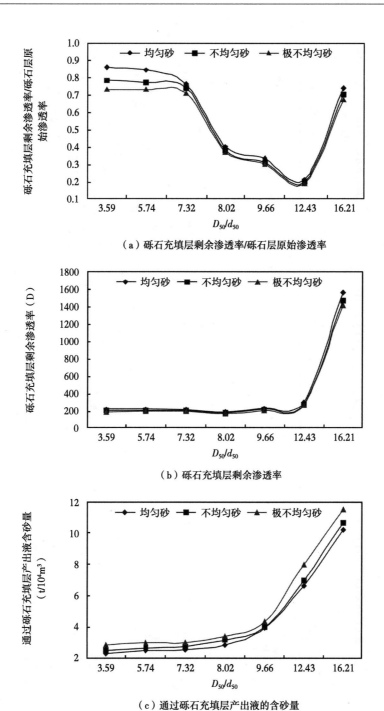

（a）砾石充填层剩余渗透率/砾石层原始渗透率

（b）砾石充填层剩余渗透率

（c）通过砾石充填层产出液的含砂量

图 3-20 模拟细砂砾石充填模型实验结果（高黏度原油）

填模型实验结果如图 3-21 所示。

2. 中黏度原油挡砂精度实验研究

模拟原油黏度为 30mPa·s，属于常规稠油。实验流程如图 3-16 所示。

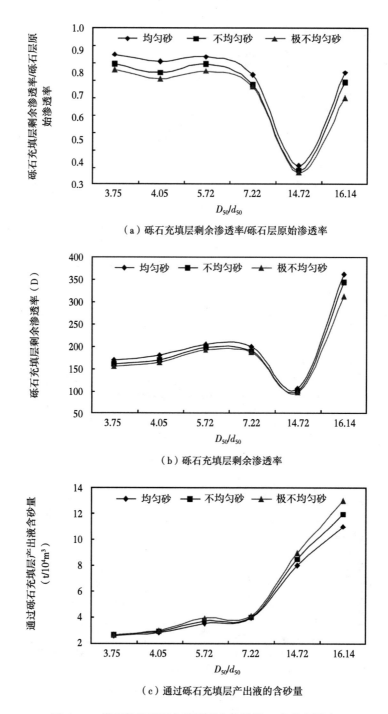

（a）砾石充填层剩余渗透率/砾石层原始渗透率

（b）砾石充填层剩余渗透率

（c）通过砾石充填层产出液的含砂量

图 3-21　模拟粉砂砾石充填模型实验结果（高黏度原油）

1）模拟粗砂挡砂精度实验研究

模拟粗砂的粒度中值为 0.841mm，均匀砂、不均匀砂、极不均匀砂，各种目数陶粒充填层出砂模拟实验结果如图 3-22 所示。更大的砂无法模拟，只模拟到 D_{50}/d_{50} 为 6.83。

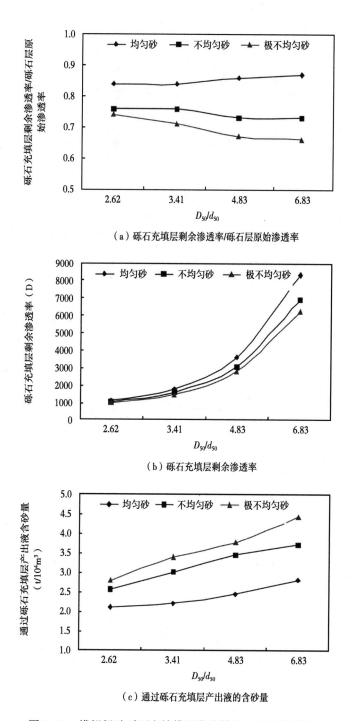

（a）砾石充填层剩余渗透率/砾石层原始渗透率

（b）砾石充填层剩余渗透率

（c）通过砾石充填层产出液的含砂量

图 3-22　模拟粗砂砾石充填模型实验结果（中黏度原油）

2）模拟中砂挡砂精度实验研究

模拟中砂的粒度中值为 0.297mm，均匀砂、不均匀砂、极不均匀砂，模拟中砂砾石充填模型实验结果如图 3-23 所示。

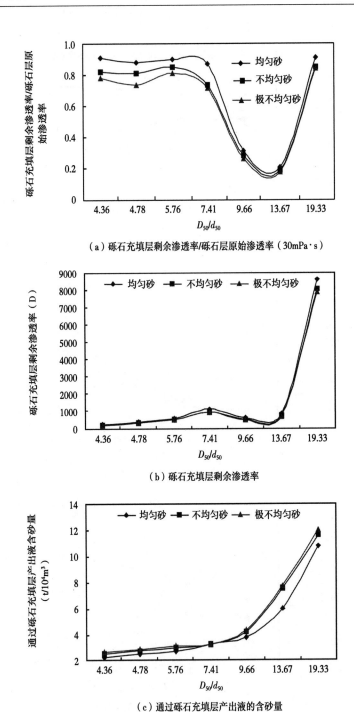

（a）砾石充填层剩余渗透率/砾石层原始渗透率（30mPa·s）

（b）砾石充填层剩余渗透率

（c）通过砾石充填层产出液的含砂量

图 3-23　模拟中砂砾石充填模型实验结果（中黏度原油）

3）模拟细砂挡砂精度实验研究

模拟细砂的粒度中值为 0.177mm，均匀砂、不均匀砂、极不均匀砂，模拟细砂砾石充填模型实验结果如图 3-24 所示。

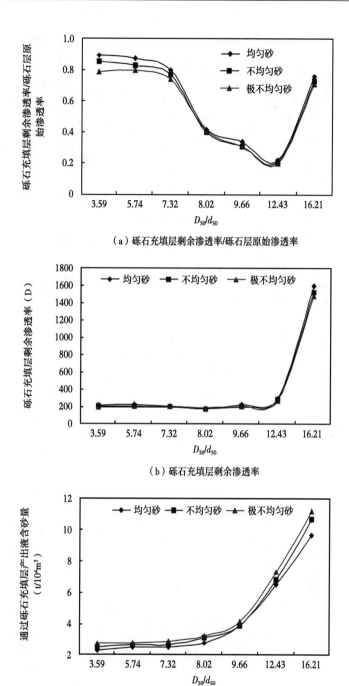

（a）砾石充填层剩余渗透率/砾石层原始渗透率

（b）砾石充填层剩余渗透率

（c）通过砾石充填层产出液的含砂量

图 3-24 模拟细砂砾石充填模型实验结果（中黏度原油）

4）模拟粉砂挡砂精度实验研究

模拟粉砂的粒度中值为 0.088mm，均匀砂、不均匀砂、极不均匀砂，模拟粉砂砾石充填模型实验结果如图 3-25 所示。

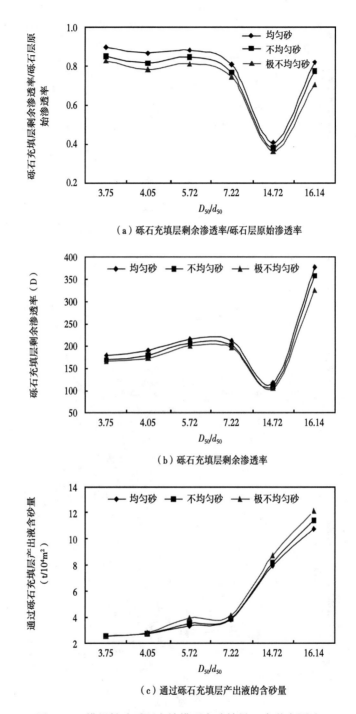

（a）砾石充填层剩余渗透率/砾石层原始渗透率

（b）砾石充填层剩余渗透率

（c）通过砾石充填层产出液的含砂量

图 3-25　模拟粉砂砾石充填模型实验结果（中黏度原油）

3. 低黏度原油挡砂精度实验研究

模拟原油黏度为 3mPa·s，属于常规稠油。实验流程如图 3-26 所示。

1）模拟粗砂挡砂精度实验研究

模拟粗砂的粒度中值为 0.841mm，均匀砂、不均匀砂、极不均匀砂，模拟粗砂砾石充填模型实验结果如图 3-26 所示。

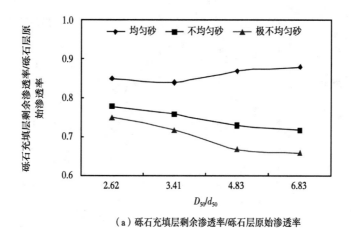

（a）砾石充填层剩余渗透率/砾石层原始渗透率

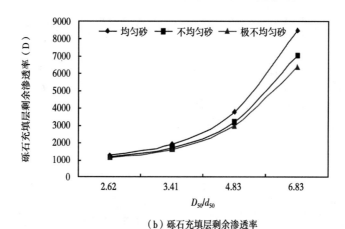

（b）砾石充填层剩余渗透率

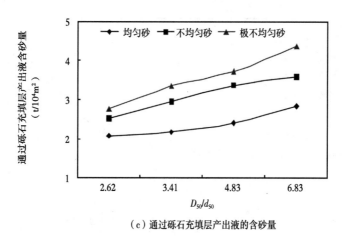

（c）通过砾石充填层产出液的含砂量

图 3-26　模拟粗砂砾石充填模型实验结果（低黏度原油）

2）模拟中砂挡砂精度实验研究

模拟中砂的粒度中值为 0.297mm，均匀砂、不均匀砂、极不均匀砂，模拟中砂砾石充填模型实验结果如图 3-27 所示。

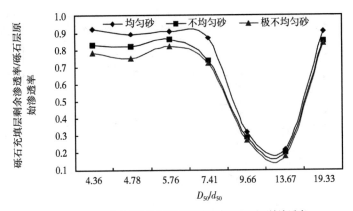

（a）砾石充填层剩余渗透率/砾石层原始渗透率

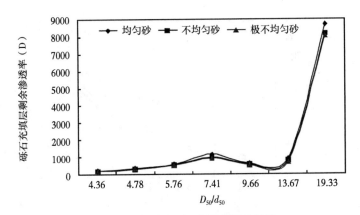

（b）砾石充填层剩余渗透率

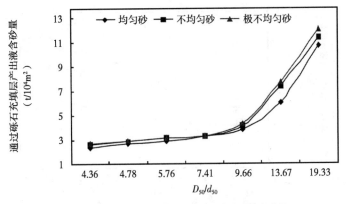

（c）通过砾石充填层产出液的含砂量

图 3-27　模拟中砂砾石充填模型实验结果（低黏度原油）

3）模拟细砂挡砂精度实验研究

模拟细砂的粒度中值为 0.177mm，均匀砂、不均匀砂、极不均匀砂，模拟细砂砾石充填模型实验结果如图 3-28 所示。

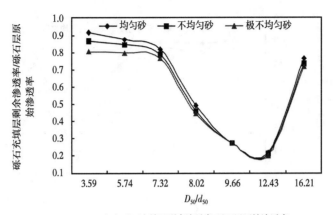

（a）砾石充填层剩余渗透率/砾石层原始渗透率

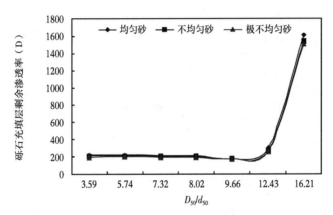

（b）砾石充填层剩余渗透率

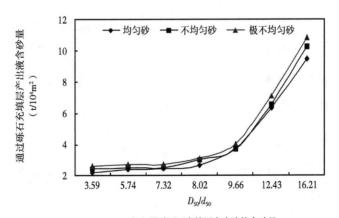

（c）通过砾石充填层产出液的含砂量

图 3-28 模拟细砂砾石充填模型实验结果（低黏度原油）

4）模拟粉砂挡砂精度实验研究

模拟粉砂的粒度中值为 0.088mm，均匀砂、不均匀砂、极不均匀砂，模拟粉砂砾石充填模型实验结果如图 3-29 所示。

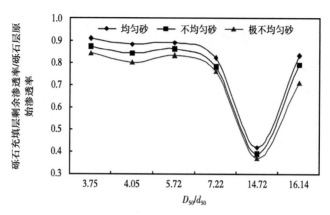

（a）砾石充填层剩余渗透率/砾石层原始渗透率

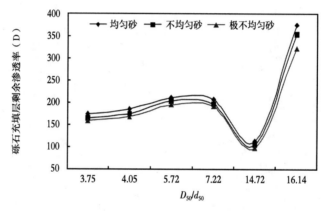

（b）砾石充填层剩余渗透率

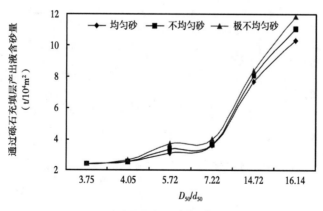

（c）通过砾石充填层产出液的含砂量

图 3-29　模拟粉砂砾石充填模型实验结果（低黏度原油）

四、砾石充填适度出砂防砂的挡砂精度设计

通过上述 216 组实验，获得适度出砂条件下砾石充填防砂的挡砂精度设计原则和经验公式，见表 3-21 至表 3-23。

表 3-21　适度出砂条件下砾石充填防砂的挡砂精度设计原则和经验公式（高黏度原油）

砂型	分选性	适度出砂的砾石充填设计原则和公式
粗砂	均匀砂	$D_{50} = （6\sim7）d_{50}$
	不均匀砂	$D_{50} = （6\sim7）d_{50}$
	极不均匀砂	$D_{50} = （6\sim7）d_{50}$
中砂	均匀砂	$D_{50} = （7\sim8）d_{50}$
	不均匀砂	$D_{50} = （7\sim8）d_{50}$
	极不均匀砂	$D_{50} = （7\sim8）d_{50}$
细砂	均匀砂	$D_{50} = （5\sim7）d_{50}$
	不均匀砂	$D_{50} = （5\sim7）d_{50}$
	极不均匀砂	$D_{50} = （5\sim7）d_{50}$
特细砂或粉砂	均匀砂	$D_{50} = （5\sim7）d_{50}$
	不均匀砂	$D_{50} = （5\sim7）d_{50}$
	极不均匀砂	$D_{50} = （5\sim7）d_{50}$

表 3-22　适度出砂条件下砾石充填防砂的挡砂精度设计原则和经验公式（中黏度原油）

砂型	分选性	适度出砂的砾石充填设计原则和公式
粗砂	均匀砂	$D_{50} = （6\sim7）d_{50}$
	不均匀砂	$D_{50} = （6\sim7）d_{50}$
	极不均匀砂	$D_{50} = （6\sim7）d_{50}$
中砂	均匀砂	$D_{50} = （7\sim8）d_{50}$
	不均匀砂	$D_{50} = （7\sim8）d_{50}$
	极不均匀砂	$D_{50} = （7\sim8）d_{50}$
细砂	均匀砂	$D_{50} = （5\sim7）d_{50}$
	不均匀砂	$D_{50} = （5\sim7）d_{50}$
	极不均匀砂	$D_{50} = （5\sim7）d_{50}$
特细砂或粉砂	均匀砂	$D_{50} = （5\sim7）d_{50}$
	不均匀砂	$D_{50} = （5\sim7）d_{50}$
	极不均匀砂	$D_{50} = （5\sim7）d_{50}$

表 3-23 适度出砂条件下砾石充填防砂的挡砂精度设计原则和经验公式（低黏度原油）

砂型	分选性	适度出砂的砾石充填设计原则和公式
粗砂	均匀砂	$D_{50} = （6～7）d_{50}$
	不均匀砂	$D_{50} = （6～7）d_{50}$
	极不均匀砂	$D_{50} = （6～7）d_{50}$
中砂	均匀砂	$D_{50} = （7～8）d_{50}$
	不均匀砂	$D_{50} = （7～8）d_{50}$
	极不均匀砂	$D_{50} = （7～8）d_{50}$
细砂	均匀砂	$D_{50} = （5～8）d_{50}$
	不均匀砂	$D_{50} = （5～8）d_{50}$
	极不均匀砂	$D_{50} = （5～8）d_{50}$
特细砂或粉砂	均匀砂	$D_{50} = （6～7）d_{50}$
	不均匀砂	$D_{50} = （6～7）d_{50}$
	极不均匀砂	$D_{50} = （6～7）d_{50}$

对以上实验结果进行汇总分析表明：

（1）经典的 Saucier 公式 $D_{50} = （5～6）d_{50}$ 设计砾石充填挡砂精度情况下，出砂量都很少，可以看成是不出砂，这个已经应用接近 50 年的公式适合于所谓的"严防死守"类型的防砂。

（2）考虑适度出砂选择砾石充填设计准则时，既要考虑砾石层的渗透率，也要考虑出砂量。只有综合考虑才是科学的方法。

（3）粗砂地层，不论原油的黏度高低，也不论地层砂的分选性好坏，都可以按照 $D_{50} = （6～7）d_{50}$ 设计适度出砂的砾石充填挡砂精度。

（4）中砂地层，不论原油的黏度高低，也不论地层砂的分选性好坏，都可以按照 $D_{50} = （7～8）d_{50}$ 设计适度出砂的砾石充填挡砂精度。

（5）细砂地层，原油黏度高或者中等时，不论地层砂的分选性好坏，都可以按照 $D_{50} = （5～7）d_{50}$ 设计适度出砂的砾石充填挡砂精度。而原油黏度低时，不论地层砂的分选性好坏，都可以按照 $D_{50} = （5～8）d_{50}$ 设计适度出砂的砾石充填挡砂精度。

（6）特细砂地层，原油黏度高或者中等时，不论地层砂的分选性好坏，都可以按照 $D_{50} = （5～7）d_{50}$ 设计适度出砂的砾石充填挡砂精度。而原油黏度低时，不论地层砂的分选性好坏，都可以按照 $D_{50} = （6～7）d_{50}$ 设计适度出砂的砾石充填挡砂精度。

五、高级优质筛管适度出砂防砂的挡砂精度设计

中国海油规定，凡是泥质含量低于 14% 的油气田均采用高级优质筛管直接防砂，而泥质含量高于 14% 的油气田则均采用砾石充填防砂。目前，在我国各个海上油气田，采用高级优质筛管直接防砂已成主流。

1. 高级优质筛管的类型

目前，除了对于中砂以及粗砂、特粗砂地层采用割缝衬管防砂以外，我国绝大多数的地层是在细砂、粉砂地层之列，其中细砂地层最多。高级优质筛管是油田上一个比较笼统

的称呼，实际上包括：（1）绕丝筛管；（2）精密微孔复合防砂筛管；（3）精密微孔网布筛管；（4）加强型自洁防砂筛管；（5）梯形广谱多层变精度防砂筛管；（6）螺旋不锈钢网滤砂管；（7）星形孔金属纤维防砂筛管；（8）金属纤维防砂筛管；（9）烧结陶瓷防砂筛管；（10）金属毡防砂筛管；（11）粉末冶金滤砂管；（12）环氧树脂滤砂管；（13）陶瓷滤砂管。

不论哪一种筛管，目前均可统称为高级优质筛管。高级优质筛管完井，就是在已钻的裸眼内或者已射孔的套管内下入经过优选的高级优质筛管后完井。

2. 高级优质筛管适度出砂防砂挡砂精度设计

挡砂精度指高级优质筛管防砂时的综合网孔直径。高级优质筛管适度出砂防砂挡砂精度设计步骤如下：

（1）根据地层砂的粒度中值设计砾石的粒度中值。根据地层砂的砂型、分选性、地下原油黏度的高低，从表3-20至表3-22中选择公式进行计算，得到砾石的中值直径 D_{50}。

（2）根据设计的砾石的粒度中值 D_{50} 设计高级优质筛管挡砂精度。根据计算的砾石的粒度中值 D_{50}，查表3-24，确定高级优质筛管挡砂精度。

表 3-24　高级优质筛管综合挡砂精度设计

砾石目数 （美国标准筛目）	砾石中值 （mm）	高级优质筛管综合 挡砂精度（μm）
<40~60	<0.249	统一取 60
40~60	0.35	60
30~50	0.45	90
30~40	0.5	105
20~40	0.65	125
16~30	0.9	149
16~30	1.1	177
10~30	1.3	210
10~20	1.4	250
10~14	1.7	300
8~10	2.2	350
6~8	2.9	400
4~6	3.6	450
>4~6	>3.6	统一取 500

举例说明如下：

某油田地层中泥质含量为 18.9%，地层砂粒度中值为 0.31mm（中砂），均匀性系数 $c=6.5$（不均匀砂），地下原油黏度为 190.6mPa·s（高黏度原油），采用适度出砂防砂和常规防砂，试设计各自采用高级优质筛管的挡砂精度。

（1）采用常规防砂，砾石直径 D_{50} 取 $5.5d_{50}$ 进行计算，则砾石中值为 1.705mm，如采用砾石充填，则砾石目数为 10~14 目；如采用高级优质筛管防砂，查表3-23，则挡砂精度为300mm。

（2）适度出砂防砂，砾石直径 D_{50} 取 $7.5d_{50}$ 进行计算，则砾石中值为 $2.325mm$，如采用砾石充填，则砾石目数为 $8\sim10$ 目；如采用高级优质筛管防砂，查表3-23，则挡砂精度为350mm。

参 考 文 献

［1］万仁溥，罗英俊. 采油技术手册［M］. 北京：石油工业出版社，1991.

［2］Hawkins M F Jr. A note on the skin effect［J］. Trans. AIME, 1956, 207：356-357.

［3］陈元千. 确定井底污染半径的方法［J］. 石油勘探与开发，1988，15（2）：63-71.

［4］段永刚，陈伟，熊友明，等. 油气层损害定时分析和评价［J］. 西南石油学院学报，2001，23（2）：44-46.

［5］Brons F, Marting V E. The effect of restricted fluid entry on well productivity［J］. Trans. AIME 1961, 222：1972.

［6］Cinco-Ley H, Ramey H J, Frank Miller Pseudo-skin factors for partially penetrating directionally drilled wells［C］. SPE 5589, 1975.

［7］陈元千. 油气藏工程计算方法［M］. 北京：石油工业出版社，1999：102-106.

［8］陈元千. 油井二项式的推导及新的 IPR 方程［J］. 油气井测试，2002，11（1）：1-3.

［9］Economides M J, Hill A D, et al. Petroleum production systems［M］. Prentice-Hall, 1994：86-100.

［10］McKinley R M, Estimating flow efficiency from afterflow distorted pressure buidup data［J］. Journal of petroleum Technology, 1974, 26（6）：696-697.

第四章 海洋油气井测试理论与技术

第一节 海上油气井测试概述

测试是油气勘探开发的一个重要组成部分，是认识油田，验证地震、测井、录井等资料准确性的最直接、最有效的手段。通过测试可以获得油气层的压力、温度等动态数据，据此进行试井分析；同时可以测得产层的油、气、水产量；测取流体黏度、组分等各项资料；了解油气层产能、采油指数等数据，为油田开发提供可靠的依据。

一、测试技术发展历史与现状

测试工艺技术分为地面测试与地层测试两大类。

地面测试工艺主要是利用地面测试设备，实现安全控制、测取各项数据。地层流体流经水下试油树、地面试油树、油嘴管汇和数据管汇等设备，实现安全控制，并测取地面压力、温度数据，经加热器对流体加热后，进入分离器进行三相分离，分离后的油、气、水经各自的计量仪表计量产量。地面测试是整个测试过程中的一个重要部分，通过地面测试计量仪表及数据采集系统，可以测取流体到地面后的压力、温度，油、气、水密度，流体含水、含杂质，油、气、水产量及油气比等数据，最终提供地面测试报告。地面测试主要用于日常生产，或与地层测试配套使用。单独的地面测试不能用于产能分析。

地层测试是指在钻井过程中或完井之后对油气层进行测试，以获得在动态条件下地层和流体的各种特性参数，从而及时准确地对产层做出评价。地层测试又称为钻杆测试，国外称为 DST（Drill Stem Testing）；国内一般将钻井过程中进行的测试称为中途测试。其基本方法是用钻杆或油管将压力记录仪、筛管、封隔器、测试阀、循环阀等井下测试工具下到测试层段，通过封隔器将其他层段和压井液与测试目的层隔离开来，然后由地面控制，将井下测试阀打开，地层流体经筛管的孔道和测试阀流入测试管柱，直到地面，如图 4-1 所示。

地层测试按不同类型的井可分为裸眼井测试和套管井测试；按测试方式可分为常规测试和跨隔测试。当井中只有一个测试层时，只需一个封隔器坐封在测试层上部，称为常规测试，如图 4-1 所示。当井中有多个产层，而只需对其中某一层进行测试时，必须下两个或两组封隔器将测试层上部和下部都隔离开，称为跨隔测试，如图 4-2 所示。

1. 地层测试的用途

井下测试阀可由地面控制多次开井和关井，开井流动时可求得产量，关井时由压力记录仪记录地层压力恢复数据。压力记录仪记录下井下压力变化的全过程，通过对压力记录曲线的计算分析，结合其他资料综合计算，就可以定量地对地层做出评价。

在探井特别是新区预探井的钻井过程中及时进行地层测试或中途测试，可以：

（1）及时发现油气层，防止漏掉低电阻油气层、高 γ 油气层及被伤害的油气层，验证录井、测井解释有疑问的地层情况。

（2）在新区勘探中，由于对岩性和物性掌握不清，通过中途测试进行验证，可防止漏掉油气层，并且一旦中途测试获得工业油气流，即可立即进行下一步勘探部署，不必等待完井试油结果。

（3）通过中途测试，可及早获得准确的地层压力，为选择合适的钻井液密度提供依据，因为据统计，当钻井液密度高于地层压力系数 1.3 倍时，地层必然会受到伤害，伤害系数可达到 10 左右。

（4）通过中途测试，可及时获得地层压力、产量、温度等数据，可以为完井试油设计提供依据。

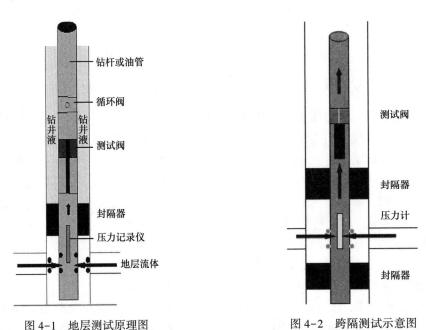

图 4-1　地层测试原理图　　　　图 4-2　跨隔测试示意图

2. 地层测试技术发展概况

1）国外发展情况

（1）1867 年，美国专利局颁发了世界上第一个地层测试器专利，名为《深井测试工具的改进》，专利号为 68350，申请者是 Burr 和 Wakelee。

（2）1882 年，美国专利局发给 B. Franklin《控制和调节油井液流的工具》专利，专利号为 26330。

（3）1933 年，美国专利局发给 J. T. Simmons《制动—旋塞测试器》专利，专利号为 1930987。

（4）20 世纪初，Johnston 发明捶拍阀式测试器，并形成了靠上提下放操作测试阀开关的测试器操作方法，一直沿用至今。

（5）同期研制成功筒形裸眼封隔器。

（6）1930 年，研制出了旁通阀。

（7）1944 年，在测试器上增加了反循环阀。

（8）20 世纪 50 年代，不稳定试井理论和资料解释方法开始建立并逐步推广应用，多家公司研制出了可多次开关井的测试阀，并装备密闭取样器。

（9）1965 年，Lynes 公司研制出了液压膨胀式测试器。

（10）20 世纪 70 年代，出现了适应海上大斜度、高产量井和浮动钻井平台特点的环空压力操作的全通径测试器。

2）国内发展情况

（1）20 世纪 40 年代，在玉门油矿使用过美国 Johnston 公司的捶拍阀式测试器。

（2）20 世纪 50 年代，主要采用苏联的试油工艺。

（3）20 世纪 60 年代，研制了锥形和筒形裸眼封隔器及玻璃接头式的测试阀，同时，地质矿产部仿制了美国 Halliburton 公司的液压弹簧测试器（HST）。

（4）1970 年，在江汉油田钻采设备研究所成立了专门的地层测试研究机构，组织了一批技术力量专门从事地层测试技术研究，先后研制出了"铁伞""泥巴伞"和"青蛙肚皮"（即液压封隔器）等，后改进为支柱式裸眼地层测试器。

（5）从 1978 年开始，国内各油田先后引进了一批美国 Schlumberger（Johnston）、Halliburton、Baker（Lynes）公司的各种类型的测试器，逐渐建立起了从事地层测试的专业技术队伍。

3）海洋石油测试技术发展情况

早期，使用较为普遍的是 MFE 工具，与之配套使用的压力计主要是 J200 压力计和 ANROUDA 压力计，它们都是机械压力计。到了 20 世纪 90 年代，随着井况的逐渐复杂、半潜式平台作业的开始，以及测试要求的逐渐提高，对测试工具的要求也日益提高，MFE 工具逐渐被淘汰，环空压力控制的井下工具由于其安全性好、成功率高的特性，逐渐取代了 MFE。电子压力计也逐渐取代原来的机械压力计。目前使用的井下环空压力控制的工具主要有 Halliburton 的 APR 工具和 Schlumberger 的 PCT 工具两种。

3. 测试阀的工作方式

井下测试阀是地层测试器的关键部件之一。井下测试阀的主要功能就是在下入和起出井眼时，阀保持关闭状态，而在测试时既可以开又可以关。有些测试阀为了取得地层流体样品，本身带有取样器，随测试阀关闭时把样品收集在取样器内。

井下测试阀的结构比较复杂，但地面操作比较简单，通过地面控制可使井下测试阀任意开关。其操作方法主要有管柱上提下放、管柱旋转和环空施加液压。

1）管柱上提下放工作方式

Johnston 公司的 MFE 开关工具、Halliburton 公司的液力弹簧测试阀、Lynes 公司的液力开关工具和 BJ 公司的液压测试阀均属于靠管柱上提下放开关的测试阀，它们的共同特点是运用液体缝隙流动的理论达到延时打开阀的目的。当测试工具下到井底后，用钻杆施加负荷，先坐封封隔器、关闭旁通阀，经过液压延时几分钟之后测试阀打开，地层流体便流经测试阀进入钻杆内。

MFE 测试工具管串不仅可以实现对裸眼井进行中途测试，也可以对套管井实行完井测试。但由于 MFE 测试工具开关井是靠上提下放管柱来实现的，不适用于浮式平台，在作业上存在诸多弊端，故在海上测试中现已极少使用。其管串结构主要包括多流测试器

（MFE）、裸眼旁通阀、安全密封、BT 裸眼封隔器、PT 套管卡瓦封隔器、套管剪销封隔器、液压锁紧接头、断销式和泵出式循环阀、压力记录仪及托筒、TR 调时震击器、安全接头、筛管及开槽尾管等，如图 4-3 至图 4-6 所示。

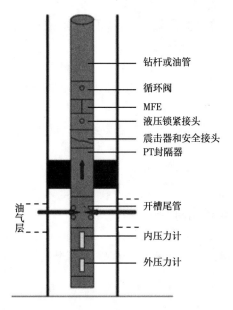

图 4-3　MFE 套管常规测试管柱

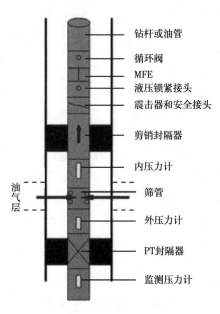

图 4-4　MFE 套管跨隔测试管柱

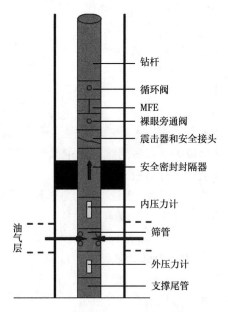

图 4-5　MFE 裸眼支撑式测试管柱

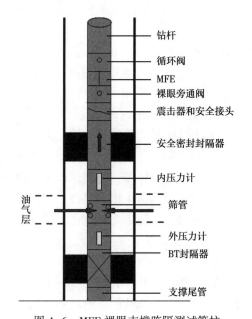

图 4-6　MFE 裸眼支撑跨隔测试管柱

2）管柱旋转工作方式

哈里伯顿公司的双关井压力阀和 Lynes 公司的六位旋转开关工具属于旋转管柱开关的测试阀，这是一种机械式套阀，当管柱旋转时带动螺杆旋转，螺杆再带动套阀移动，使阀在开和关的位置上。这种工作方式不适宜在海上大斜度定向井中应用。

3）环空压力工作方式

哈里伯顿公司的 APR 和斯伦贝谢（Johnston）公司的 PCT 测试器属于由地面向套管和钻杆之间的环形空间施加泵压来打开和关闭的测试阀，当给环形空间施加一定泵压时，推动测试阀上的活塞，活塞再带动球阀旋转，随即打开，去掉泵压后阀便关闭。环空压力工作方式很好地解决了海上油田大斜度定向井、水平井测试阀的控制问题。

（1）APR 测试器。

一套基本的 APR 测试系统包括 LPR-N 阀、RD 循环阀和 RD 安全循环阀、放样阀、RD 取样器、伸缩接头、BJ 震击器、RTTS 安全接头、液压旁通阀、RTTS 封隔器、大通径记录仪托筒等，如图 4-7 所示。APR 环空压控测试的测试阀通过环形空间加压进行操作，不动管柱，操作简单方便；全通径结构在大产量井的测试中流动迅速，节省了测试时间；可用于对地层的酸化压裂作业；可以进行各种绳索作业；在斜度较大的井和定向井的测试中，优于常规测试器。

LPR-N 测试阀结构如图 4-8 所示，它具有以下特点：

①内压的变化不影响球阀的操作，适应酸化、压裂施工。

②操作时，增大环空压力，就可增大关闭球阀的力。因为打开球阀时，氮气受压缩储存能量，环空泄压时，氮气释放能量使球阀关闭，增大环空压力就增加了氮气储存的能量，从而增大了关闭球阀的力。

③工具的性能基本上不受温度的影响。

④球阀和球座间是金属密封，先进的材料和加工工艺使其具有较强的气密封能力。

⑤开启包机构使球阀既可以在关闭位置，也可以在开启位置入井。

⑥在封隔器未坐封的情况下，也可以通过 LPR-N 阀进行挤注和循环。

⑦在深井、高温高压井测试中，可采用双氮气室来降低操作压力。

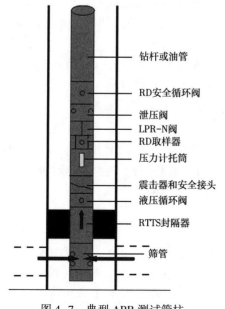

图 4-7 典型 APR 测试管柱

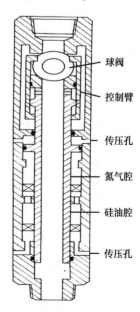

图 4-8 LPR-N 阀示意图

（2）PCT 测试器。

PCT 工具是一种滑套型测试阀，其滑阀（即测试阀）是靠氮气室的氮气压力和弹簧的弹力作用保持关闭，而氮气室和弹簧上下两端均受钻井液液柱压力的作用，因此压力是平衡的。当需要打开滑阀时，由环形空间施加泵压 5.52~8.27MPa，此压力作用在氮气腔的上部，使之压缩氮气和弹簧，PCT 芯轴向下移动，滑阀打开。当需要关井测压时，只要将环形空间所施加的泵压泄去即可。一旦泵压泄去，测试阀回复到关闭状态。要再开和再关测试阀，只要重复上述过程即可。如果测试完毕需永久关闭测试阀时，可由环形空间施加较高泵压，其压力由超压系统的剪塞或破裂盘的厚薄而定，一般为 17.23~34.47MPa，此压力将剪塞剪断或将破裂盘进裂，液柱压力进入超压系统腔，上顶芯轴使测试阀始终处于关闭状态。

为了适应海洋油气井的高产量和多种作业的要求，研制出了全通径 PCT 测试器。它是用球阀代替普通 PCT 的滑阀，其通径为 57.2mm，除适于高产量油气井测试外，还可用于酸化及绳索作业等。其作用原理与普通 PCT 基本相同，不同点在于球阀及其操作机构。PCT 测试系统主要包括伸缩接头安全阀、滑阀、伸缩接头、泵压式反循环阀、球阀型PCT、大通径 HRT、大通径记录仪托筒、震击器、安全接头、封隔器等。

环空压力控制方式的 APR 测试器或 PCT 测试器在海陆油田应用广泛。针对具有自喷能力的测试井，形成了射孔—测试联作技术，即 TCP-APR（或 MFE）联作技术，通过地面油嘴对产量的控制来实现对地层的测试。

4. 特殊地层测试技术

对于高产自喷油气层，采用常规测试法，通过地面变换油嘴可取得较好的产能资料；但对于低压、低产、低渗透储层，以及稠油储层，由于渗流速度慢、能量供应慢、渗流能力低下，往往难以形成自喷生产能力，在 DST 或常规测试过程中一般表现为非自喷生产状态。由于地层渗透性低，渗流能力差，致使压力恢复速度减慢，完成一次测试需要相当长的时间，测试难以达到径向流动状态和预期的目的，常常导致测试失败。同时由于续流影响严重，对解释结果产生较大的影响。这种情况下的测试资料与常规解释方法的适用条件不符，因而常规解释方法难以做出正确的解释。

对于"三低"、稠油储层，在流动过程中往往需要外力辅助排液，使井筒液面保持在距井口一定深度条件下连续稳定产出，然后关井测取压力恢复资料。

1）"三低"地层测试中的人工助排方式

（1）抽汲排液工艺。

该方法是在陆地油气田早期通用的一种传统排液工艺。它是以通井机为动力，利用钢丝绳连接抽子和加重杆，依靠抽子上的胶皮与油管间的间隙密封，将井内液体排出到地面的方法。由于安全、场地等的限制，这种方法不能用于海上油气田。

（2）汽化水（混气水）排液工艺。

汽化水排液工艺是利用空气压缩机首先向井内注入空气，待压力达到一定值后（一般为 12~13MPa），用小排量水泥车与空压机一起向井内注入水和空气。在高压下进入井筒的水与压缩空气汽化，这样当井筒内原有液体被排出后，还可以将注入的水利用压缩空气的压力返排出来，达到排出井内液体的目的。由于注入井内的空气与天然气混合易发生爆炸，有的改用氮气代替压缩空气。该排液方法不便于对井底压力的有效控制，近年来应用已较少。

（3）液氮排液工艺技术。

该技术是利用液态氮由液态到气态间转化时的体积变化来排出井筒内的液体。

①优点：排液速度快，效率高；掏空深度大，可达 3000m 以上；适用于任何尺寸套管的井筒。

②缺点：设备复杂，施工成本高；对地层造成低温伤害、激动伤害和回压伤害。

③适用范围：任何尺寸套管要求掏空深度大的井况；产量较低的油井；水层，稀油，含气。

（4）连续油管+氮气排液。

它是由连续油管和制氮车配套形成的一种试油排液工艺技术，其原理类似于气举。该技术可用于井下有封隔器的井况，既可单点气举，也可多点气举逐段掏空。

①优点：排液方便。速度快，效率高；掏空深度大，一般可达 3000m 以上；对地层伤害小。

②缺点：设备复杂，要求高；施工成本高；不适用于稠油井。

③适用范围：任何尺寸套管要求掏空深度大的井况；产量较低的油井；水层，稀油，含气。

（5）地面驱动单螺杆泵排液工艺技术。

该技术是利用地面驱动装置带动井下单螺杆泵，将井内油水排出井筒。该工艺技术在试采井、压裂后排液井等排液总量较大的井上使用比较多。

①优点：具有广泛的适应性，对原油黏度较高、出砂井均有较强的适应性；设备简单，易操作；排液连续，工作制度可调。

②缺点：前期准备时间长，工序多；泵体耐磨性差，泵体耐温低；故障率较高；排液周期长，效率低、成本高。

③适用范围：稠油出砂井；排液深度小于 1500m；长期连续性排液。

（6）纳维泵排液工艺技术。

纳维泵是由用于定向钻井的纳维钻改造而来，纳维泵的下端销于封隔器中保持稳定不动，它是通过转盘带动管柱转动来驱动的，操作简便，属于容积式正排出泵，泵出口的液量与泵转速成正比（临界转速约为 130r/min）。转子不转时，泵呈密封状态，实现了井下关井，故纳维泵起到了排液泵和测试阀的双重作用。

①优点：具有广泛的适应性，对原油黏度较高、出砂井均有较强的适应性；用转盘驱动，易操作，工作制度可调。

②缺点：泵体耐磨性差，泵体耐温低；故障率较高。

③适用范围：稠油出砂井；排液深度小于 1500m；海上试油排液。

（7）水力泵排液工艺技术。

地面设备只用一台高压动力泵和一些系统流程。水力泵举升是靠高压液体为动力驱动井下泵组工作，举升的液体与动力液混掺后一起排至地面。由于水力泵举升的特殊性，使该工艺用于试油排液具有许多独到之处。例如，可与许多工艺措施联作，减少作业费用，缩短施工周期；不动管柱可改变工作制度，录取油层不同流压下的产能；动力液可加温与产出液混掺适用于稠油井；排液连续且排液强度大，适用于压裂、酸化排液。典型水力泵

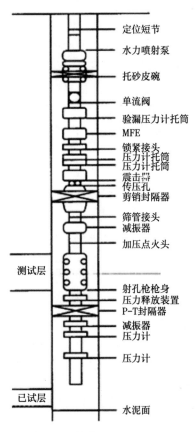

图 4-9　跨隔+TCP+MFE+JET
四联作管串示意图

图中标注（自上而下）：定位短节、水力喷射泵、托砂皮碗、单流阀、验漏压力计托筒、MFE、锁紧接头、压力计托筒、压力计托筒、震击器、传压孔、剪销封隔器、筛管接头、减振器、加压点火头、射孔枪枪身、压力释放装置、P-T封隔器、减振器、压力计、压力计；测试层、已试层、水泥面

排液测试管柱如图 4-9 所示。

①优点：具有广泛的适应性，对原油黏度较高、出气井均有较强的适应性；设备简单，易操作；排液连续，有利于保护油层；可与射孔、压裂、酸化等工艺措施联作，缩短施工周期，减少了油层伤害；可测取流压、流温，泵下高压取样；排液能力强，掏空深度大。

②缺点：由于动力液与产出液混掺，录取地层产液特性困难。

③适用范围：稠油井；排液深度可达 4000m；可长期连续性排液；可用于射孔联作、酸化联作、压裂联作排液。

常用助排工艺对比见表 4-1。

2) 稠油油藏地层测试中的人工助排方式

低渗透稠油储层在地层测试过程中，开井期间流体在井筒流动困难，关井期间压力恢复缓慢，达不到径向流，因此，不能准确地获取储层的产能和地层参数，给测试解释带来困难。针对稠油测试过程中流体在井筒流动困难的问题，一般采用"射孔—测试—排液"三联作和开井抽汲助排技术，也采用连续油管和电动潜油泵试油技术。

(1) 普通稠油的排液工艺技术。

①抽稠泵冷采排液工艺技术。

表 4-1　常用测试排液工艺技术适应情况对照

排液工艺	排液能力	掏空深度（m）	含气	稠油	连续排液	联作	动液面监测	动迁	费用	海上油田
抽汲	差	1800	较差	不适用	较差	可	不准	方便	低	不适用
汽化水	较强	3000	不适用	不适用	差	可	不准	方便	较低	不适用
液氮	强	3000	适用	不适用	较差	可	较准	较方便	较高	较适宜
连续油管+液氮	强	3000	适用	不适用	好	可	较准	较方便	高	适宜
螺杆泵	较强	1500	较差	适用	好	可	准	不便	高	较适宜
纳维泵	较强	1200	较差	适用	好	可	准	方便	较低	较适宜
水力泵	强	4000	较差	适用	好	可	准	方便	较低	较适宜

②螺杆泵冷采排液工艺技术。

③抽稠泵+电热杆或过泵电缆排液工艺技术。

④螺杆泵+电热杆排液工艺技术。

（2）特、超稠油蒸汽吞吐泵抽排液工艺技术。

①注蒸汽后抽稠泵或阀式泵排液工艺技术。

②注蒸汽后抽稠泵+电热杆或过泵电缆排液工艺技术。

（3）环空降黏+过泵电缆排液工艺技术。

（4）水力泵排液工艺技术。

（5）纳维泵排液工艺技术。

二、海上油气井测试面临的主要风险

油气井测试是海洋油气田勘探开发的关键环节，油气井测试的目的在于确定地层压力、产能、流体特性等参数，而这些参数恰恰又是测试工艺（测试管柱、地面流程）的设计依据。由于测试前对储层参数的认识有限，增加了测试的风险。据不完全统计，南海西部油田在2004—2013年共计测试75层，失败10层（含返工8层，未取得资料2层），损失作业时间累计1083.69h，按照测试当年费用折算，累计损失费用7735.80万元。

海上油气井测试作业面临的风险主要表现在以下方面：

（1）储层特性复杂，没有有效的预测方法，使得在钻井、测试前，对储层特性的认识不足。

以南海西部为例，既有海相高孔高渗、中孔中渗储层，又有陆相低孔低渗储层；既有常温常压储层，又有东方区高温高压低渗透储层；既有常规油田，又有乌石区块等稠油油田；部分区块同一储层不同部位气油比、饱和压力等差异巨大，甚至完全不同。而不同埋深、不同油品的油田对完井方式、射孔液选择、射孔方式、举升工艺、上部管柱的选择要求不尽相同。

（2）储层特性与测试工艺的匹配不足。

根据海上油气井的测试工况，其测试过程中可能面临的风险主要有结蜡或凝管、水合物、气井井底积液、出砂与冲蚀、管柱强度与变形、振动、噪声、热辐射等，而测试管柱与地面流程往往凭借经验进行设计，一方面不能定量评估与规避测试中可能存在的风险；另一方面，当实际储层参数与预估的储层参数出现差异时，很可能导致测试失败。

（3）测试决策效率低，实时跟踪指导困难。

现有测试技术不能实时读取井底压力、温度，测试时完全根据经验调节油嘴来改变产量，进而改变井底流压。随着低孔低渗储层的增多，测试成本日益高涨，是否测试以及如何测试，经常难以及时达成一致。其结果是留给测试准备的时间很短，当与前期准备方案差异较大或者相左时，部分设备调运仓促，极易出现设备保养不到位、运转故障频发的情况。

因此，深入研究测试储层与工艺的匹配性，进一步提高测试决策的准确性、及时性，成为提高测试作业成功率及时效的迫切要求。

第二节　测试管柱的决策、流动仿真与风险控制

一、测试管柱的组成

海上测试管柱涉及的工具类型较多（图4-10和图4-11），测试环境与测试要求多变，测试管柱的设计完全依靠设计者经验或类比进行，受人为因素的影响较大。由于井下工具、管具类型多，组配方式多，不同设计者得出的管柱结构差异较大；工具长度、扣型等依靠现场调配，变螺纹短节多、现场调配难度增大，工作量增加，影响工期。

根据收集、整理的海上不同工况下的测试管柱结构、配套工具，构建不同的工具、设备图形库，以及与之对应的工具、设备参数。基本管具库包括不同型号的变螺纹接头、钻杆、钻铤、油管、短钻杆、油管短节等，基本工具库包括各型封隔器、悬挂器、循环阀、伸缩节、放射性接头、OMIN阀、LPR-N阀、压力计托筒、RD取样器、安全接头等。当库中没有需要的工具、设备时，可在库中构建（添加）相应的井下工具图形并配套设置性能参数。

将测试工艺管柱中的工具、图形用数字代码一一对应，即通过设置不同的代码组合来表征测试工艺管柱结构，从而实现测试工具、管具的数字化。

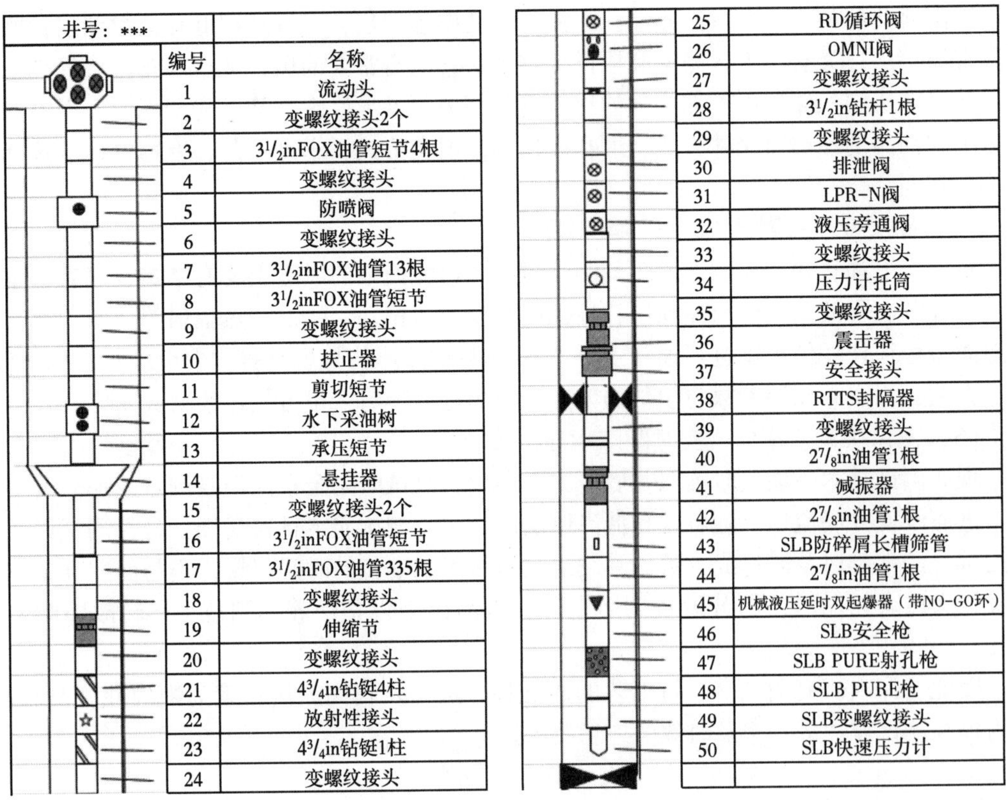

井号：***		
	编号	名称
	1	流动头
	2	变螺纹接头2个
	3	3$\frac{1}{2}$inFOX油管短节4根
	4	变螺纹接头
	5	防喷阀
	6	变螺纹接头
	7	3$\frac{1}{2}$inFOX油管13根
	8	3$\frac{1}{2}$inFOX油管短节
	9	变螺纹接头
	10	扶正器
	11	剪切短节
	12	水下采油树
	13	承压短节
	14	悬挂器
	15	变螺纹接头2个
	16	3$\frac{1}{2}$inFOX油管短节
	17	3$\frac{1}{2}$inFOX油管335根
	18	变螺纹接头
	19	伸缩节
	20	变螺纹接头
	21	4$\frac{3}{4}$in钻铤4柱
	22	放射性接头
	23	4$\frac{3}{4}$in钻铤1柱
	24	变螺纹接头

	25	RD循环阀
	26	OMNI阀
	27	变螺纹接头
	28	3$\frac{1}{2}$in钻杆1根
	29	变螺纹接头
	30	排泄阀
	31	LPR-N阀
	32	液压旁通阀
	33	变螺纹接头
	34	压力计托筒
	35	变螺纹接头
	36	震击器
	37	安全接头
	38	RTTS封隔器
	39	变螺纹接头
	40	2$\frac{7}{8}$in油管1根
	41	减振器
	42	2$\frac{7}{8}$in油管1根
	43	SLB防碎屑长槽筛管
	44	2$\frac{7}{8}$in油管1根
	45	机械液压延时双起爆器（带NO-GO环）
	46	SLB安全枪
	47	SLB PURE射孔枪
	48	SLB PURE枪
	49	SLB变螺纹接头
	50	SLB快速压力计

图 4-10　某半潜式平台测试管柱结构示意图

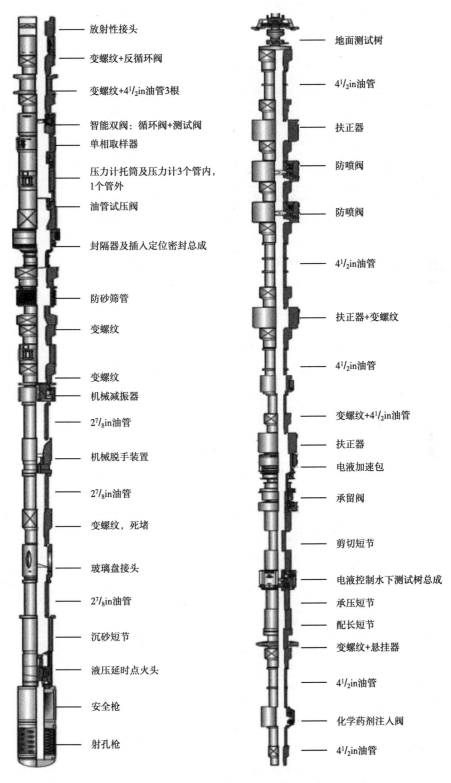

左侧管柱（从上到下）:
- 放射性接头
- 变螺纹+反循环阀
- 变螺纹+4$\frac{1}{2}$in油管3根
- 智能双阀: 循环阀+测试阀
- 单相取样器
- 压力计托筒及压力计3个管内, 1个管外
- 油管试压阀
- 封隔器及插入定位密封总成
- 防砂筛管
- 变螺纹
- 变螺纹
- 机械减振器
- 2$\frac{7}{8}$in油管
- 机械脱手装置
- 2$\frac{7}{8}$in油管
- 变螺纹, 死堵
- 玻璃盘接头
- 2$\frac{7}{8}$in油管
- 沉砂短节
- 液压延时点火头
- 安全枪
- 射孔枪

右侧管柱（从上到下）:
- 地面测试树
- 4$\frac{1}{2}$in油管
- 扶正器
- 防喷阀
- 防喷阀
- 4$\frac{1}{2}$in油管
- 扶正器+变螺纹
- 4$\frac{1}{2}$in油管
- 变螺纹+4$\frac{1}{2}$in油管
- 扶正器
- 电液加速包
- 承留阀
- 剪切短节
- 电液控制水下测试树总成
- 承压短节
- 配长短节
- 变螺纹+悬挂器
- 4$\frac{1}{2}$in油管
- 化学药剂注入阀
- 4$\frac{1}{2}$in油管

图 4-11　某深水气田典型测试管柱示意图

表 4-2　某高温高压气井测试管柱结构参数

名称	扣型	外径（mm）	内径（mm）	长度（m）	底部深度（m）
流动头	3.5in VAM TOP B	—	—	—	-3.05
3½inVAM-TOP 短油管	3.5in VAM TOP B×P	—	—	2.78	-0.27
3½inVAM-TOP 油管	3.5in VAM TOP B×P	88.90	69.85	19.28	19.00
变螺纹接头	3½in VAM TOP B×5in-4.SA P	167.20	76.20	0.39	19.39
防喷阀	5in SA B × B	321.80	76.20	3.06	22.45
变螺纹接头	5in SA P×3 ½in VAM TOP P	167.20	76.20	0.30	22.75
3½inVAM-TOP 油管	3.5inVAM TOP B×P	88.90	69.85	57.32	80.07
变螺纹接头	3.5inVAM TOP B×5inSA P	127.00	76.20	0.38	80.45
剪切短节	5in SA B×P	127.00	76.20	1.83	82.28
水下测试树	5in SA B×P	311.15	76.20	1.84	84.12
承压短节	5in SA B×P	127.00	76.20	1.38	85.50
悬挂器（上）	5in SA B	279.40	76.20	0.43	85.93
悬挂器（下）	5in SA B	279.40	60.96	1.45	87.38
变螺纹接头	4⅜in SA P×3.5inVAM TOP P	127.00	60.00	0.29	87.67
3½inVAM-TOP 短油管		88.90	69.85	2.19	89.86
3½inVAM-TOP 油管	3.5inVAM TOP B×P	88.90	69.85	2520.69	2610.55
变螺纹	3.5inVAM TOP B ×3⅞inCAS P	127.76	60.00	0.39	2610.94
RD 循环阀（无球）	3⅞inCAS B×P	127.76	57.15	1.09	2612.03
变螺纹	3⅞inCAS B ×3.5inVAM TOP P	127.76	60.00	0.41	2612.45
3½inVAM-TOP 油管	3.5inVAM TOP B×P	88.90	69.85	9.70	2622.15
变螺纹	3.5inVAM TOP B ×3⅞inCAS P	127.76	60.00	0.39	2622.54
RD 循环阀（有球）	3⅞inCAS B×P	127.76	57.15	1.73	2624.26
泄压阀	3⅞inCAS B×P	127.76	57.15	1.05	2625.31
选择性测试阀	3⅞inCAS B×P	127.76	57.15	7.27	2632.58
压力计托筒	3⅞inCAS B×P	127.50	50.00	1.87	2634.45
变螺纹	3⅞inCAS B ×3.5inVAM TOP P	127.76	60.00	0.41	2634.86
3½inVAM-TOP 油管	3.5inVAM TOP B×P	88.90	69.85	19.26	2654.12
变螺纹	3.5inVAM TOP B ×3⅞inCAS P	127.76	60.00	0.39	2654.51
压力计托筒	3⅞in CAS B×P	127.50	50.00	1.87	2656.38
RD 旁通试压阀	3⅞in CAS B×P	127.76	57.15	1.84	2658.22
变螺纹	3⅞in CAS B ×3.5inVAM TOP P	127.76	60.00	0.42	2658.63
3½inVAM-TOP 短油管	3.5in VAM TOP B×P	88.90	69.85	1.43	2660.07
插入密封定位	3.5inVAM TOP B×P	103.00	68.00	0.24	2660.31
插入密封短节	3.5inVAM TOP P	98.43	61.00	2.60	2662.91
FB3 永久封隔器		149.23	101.70	—	2662.91

名称	扣型	外径（mm）	内径（mm）	长度（m）	底部深度（m）
插入密封短节	3.5inVAM TOP B×P	100.50	61.00	9.14	2672.05
变螺纹	3.5inVAM TOP B×2⅞inEUE P	97.00	62.00	0.34	2672.39
2⅞inEUE 倒角油管	2⅞inEUE B×P	93.00	61.00	9.77	2682.16
专用长槽筛管（无玻璃盘）	2⅞inEUE B×P	93.00	54.00	0.17	2682.33
2⅞inEUE 倒角油管	2⅞inEUE B×P	93.00	62.00	185.01	2867.34
专用长槽筛管（无玻璃盘）	2⅞inEUE B×P	93.00	62.00	0.17	2867.51
2⅞inEUE 倒角油管	2⅞inEUE B×P	93.00	62.00	9.76	2877.27
2⅞inEUE 厚壁短油管	2⅞inEUE B×P	93.00	51.00	12.50	2880.40
防沉砂安全机械点火头	2⅞inEUE B×2⅞in-6Acme	93.00	N/A	0.64	2890.41
枪头+73 安全枪	2⅞in-6Acme ×2⅜in-6Acme	93.00	N/A	3.09	2893.50
73 复合射孔枪	2⅜in-6Acme	93.00	N/A	10.50	2904.00
73 枪头+压力延时点火头	2⅜in-6Acme × 2⅞inEUE	93.00	N/A	1.13	2905.13

二、测试管柱的决策

1. 测试管柱的抽提

以南海地区使用的测试管柱为主要对象，结合专家经验，可将测试管柱拆分为上、中、下三段。

1）上部管柱

根据平台类型，测试上部管柱可分为浮式钻井平台（半潜式、钻井船）上部悬挂管柱与自升式钻井平台上部悬挂管柱两种：自升式钻井平台上部管柱结构比较简单，由流动头与钻杆组成；而浮式钻井平台上部管柱结构较复杂，包括的专用工具有防喷阀、水下采油树、悬挂器等。上部管柱的具体组成见表4-3。

表4-3　上部测试管柱组成

浮式钻井平台	自升式钻井平台
流动头	流动头
钻杆或油管	钻杆或油管
防喷阀	
钻杆或油管	
剪切短节	
水下采油树	
承压短节	
上悬挂器	
下悬挂器	
钻杆或油管	

2）中部管柱

根据测试环境（半潜式平台、自升式平台、深水）、测试要求（PVT 取样、RD 取样）、测试管具（钻杆、油管）、测试功能（常规测试、高温高压测试）的不同，按照所选择的封隔器类型（RTTS、XHP、FB3），中部测试管柱的具体组成参见表 4-4 至表 4-6。

表 4-4　RTTS 封隔器测试管柱组成

自升式钻井平台			浮式钻井平台		
使用 OMNI 阀井	使用常规 N 阀井	高温高压井	常规井	双压力计井	利用 RD 关井井
伸缩节	伸缩节	伸缩节	伸缩节	伸缩节	伸缩节
钻铤	钻铤	钻铤	钻铤	钻铤	钻铤
放射性接头	放射性接头	放射性接头	放射性接头	放射性接头	放射性接头
RD 循环阀（无球）	RD 循环阀（无球）	RD 循环阀（无球）	RD 循环阀（无球）	RD 循环阀（无球）	RD 循环阀（无球）
OMIN 阀	RD 循环阀（有球）	RD 循环阀（有球）	RD 循环阀（有球）	RD 循环阀（有球）	RD 循环阀（有球）
排泄阀	排泄阀	排泄阀	排泄阀	排泄阀	压力计托筒
LPR-N 阀	LPR-N 阀	LPR-N 阀	LPR-N 阀	LPR-N 阀	液压旁通
液压旁通	液压旁通	压力计托筒	压力计托筒	压力计托筒	震击器
压力计托筒	压力计托筒	VAM 油管	RD 取样器	钻杆	安全接头
RD 取样器	RD 取样器	压力计托筒	液压旁通	压力计托筒	RTTS 封隔器
震击器	震击器	RD 旁通试压阀	震击器	RD 取样器	
安全接头	安全接头	液压旁通	安全接头	液压旁通	
RTTS 封隔器	RTTS 封隔器	震击器	RTTS 封隔器	震击器	
		安全接头		安全接头	
		RTTS 封隔器		RTTS 封隔器	

表 4-5　XHP 封隔器测试管柱组成

自升式钻井平台		浮式钻井平台	
常规井	高温高压井	高温高压井	利用高温高压选择性测试阀井
伸缩节	伸缩节	伸缩节	伸缩节
钻铤	钻铤	钻铤	钻铤
放射性接头	放射性接头	放射性接头	放射性接头
RD 循环阀（无球）	RD 循环阀（无球）	RD 循环阀（无球）	RD 循环阀（无球）
RD 循环阀（有球）	RD 循环阀（有球）	RD 循环阀（有球）	RD 循环阀（有球）
排泄阀	排泄阀	排泄阀	排泄阀
LPR-N 阀	LPR-N 阀	LPR-N 阀	选择性测试阀
压力计托筒	压力计托筒	压力计托筒	压力计托筒
RD 取样器	VAM 油管	VAM 油管	VAM 油管
液压旁通	压力计托筒	压力计托筒	压力计托筒
震击器	RD 旁通试压阀	RD 旁通试压阀	RD 旁通试压阀
安全接头	液压旁通	液压旁通	液压旁通
XHP 封隔器	震击器	震击器	震击器
	安全接头	安全接头	安全接头
	XHP 封隔器	XHP 封隔器	XHP 封隔器

表 4-6　FB3 封隔器测试管柱组成

自升式钻井平台	浮式钻井平台	
高温高压双压力计井	高温高压双压力计井	高温高压单压力计井
放射性接头	放射性接头	放射性接头
RD 循环阀	RD 循环阀	RD 循环阀
VAM 油管	VAM 油管	VAM 油管
RD 循环阀	RD 循环阀	RD 循环阀
排泄阀	排泄阀	排泄阀
选择性测试阀	选择性测试阀	选择性测试阀
压力计托筒	压力计托筒	压力计托筒
VAM 油管	VAM 油管	RD 旁通试压阀
压力计托筒	压力计托筒	VAM 油管
RD 旁通试压阀	RD 旁通试压阀	FB3 封隔器
VAM 油管	VAM 油管	
FB3 封隔器	FB3 封隔器	

3）下部管柱

下部完井管柱：从震击器往下，根据完井方式可分为射孔完井下部管柱、裸眼完井下部管柱、裸眼完井+圆堵下部管柱 3 类，具体组成信息见表 4-7。

表 4-7　下部测试管柱组成

射孔完井管柱井	裸眼完井+圆堵管柱井	裸眼完井管柱井
EUE 油管	压力计托筒	筛管
玻璃盘接头	安全剪切接头	钻杆
EUE 油管	筛管	压力计托筒
减振器	圆堵	
减振器		
EUE 油管		
玻璃盘接头		
EUE 油管		
压力点火头		
安全枪		
射孔枪		
枪尾		

除了以上所列的管柱决策条件以外，某些测试工具的使用要求也将成为测试管柱决策的限制和参考条件，结合测试工具本身的特点与长期的现场应用，测试工具的使用经验总结见表 4-8。

表 4-8　测试工具使用经验总结

名称	说明
RD 循环阀 （无球）	该工具为破裂盘激发式循环阀，通过环空加压操作击穿破裂盘，打开循环阀，打开后管柱上下和内外均连通
RD 循环阀 （有球）	该工具为破裂盘激发式循环阀，通过环空加压操作击穿破裂盘，打开循环阀，打开后管柱下部被球阀隔离，管柱内外连通实现循环，是循环压井工具，也可在必要时作为一开一关的关井工具
OMNI 阀	该工具通过环空加压和泄压组合实现球阀换位，具有循环位、测试位和盲位 3 个功能位置，注意其受环空压力波动的影响极为敏感，对环空压力稳定性要求较高
排泄阀	用于释放工具之间圈闭压力的工具，宜配置在两个球阀工具之间
LPR-N 阀	环空加泄压式开关工具，可实现多次开关井，是泄压关闭式测试工具
液压旁通	配合机械方式坐封和解封封隔器的工具，在使用 RTTS 封隔器及 XHP 封隔器等旋转坐封封隔器时，宜配置使用
压力计托筒	压力计的配载工具，一般可放置 3 支以上的压力计，根据实际需要设置托筒的数量，一般需设置两个托筒时，中间宜间隔一段距离以充分区分。注意该工具的内径偏小，部分工具有小台阶
RD 取样器	该工具是破裂盘激发式井下取样工具，通过环空加压至设置值击穿破裂盘，启动工具取样
气举阀 工作筒	根据气举阀设计一般设定 2100~2200，另外注意 7in 套管顶深（因内径过小）
PCP 定子	PCP 定子设置位置需参考尾管挂顶部深度、螺杆泵的下入受限因素，井斜度不宜大于 5°，大于 5° 时可考虑增设扶正器
化学剂 注入阀	在悬挂器以下 500m 左右
防喷阀	防喷阀配置位置需避开隔水管伸缩节活动端的活动范围，同时还应考虑控制管线的长度
放射性接头	放射性接头深度设置应注意与套管同位素设置位置相配合，防止重叠或无法校核出来
温度计短节	该温度计短节用于测量测试管柱温度变化情况
RTTS 封隔器	RTTS 封隔器通过正转管柱坐封，确保管柱具备旋转特点，选用时需注意封隔器的耐温压级别，确认满足油气层要求。使用该封隔器裸眼测试时，确保钻井液性能稳定，尽量控制测试时间，降低钻井液沉淀风险，高温高压测试时，该封隔器的耐温压能力需进一步衡量，重点做好封隔器单向承压能力的校核
XHP 封隔器	XHP 封隔器通过正转管柱坐封，封隔器自带旁通距离胶皮较近，使用该封隔器时，建议考虑额外配置液压旁通，防止解封困难。该封隔器解封后存在胶皮复位速度慢的特点。注意封隔器的最大外径偏大，确认与套管内径的匹配。建议用于气藏
FB3 永久封隔器	FB3 封隔器是插入密封配合密封筒实现密封的封隔器，使用射孔枪的尺寸相对较小，对封隔器以下管柱有最大外径和管柱倒角要求，射孔枪该封隔器在钻井液做测试液时，相对具有防沉淀作用。建议用于气藏
EUE 油管	EUE 油管是非气密油管，气井测试慎用
FOX 油管	FOX 油管是特殊螺纹气密油管。建议用于气藏
VAM 油管	VAM 油管是特殊螺纹气密油管。建议用于气藏
保温油管	保温油管磅级较重，抗拉强度偏低，注意下入深度的校核，另外其依靠密封圈辅助密封
钻杆	钻杆测试气密能力相对较差，气井测试慎用
PH4 油管	PH4 油管是特殊螺纹气密油管，具有力学性能强、高扭矩等特点

2. 测试管柱预决策

将上、中、下测试管柱按照一定的决策条件组合，再加上人工干预修改，可得一趟完整的测试管柱。海上测试管柱的整个决策过程涉及测试管柱结构类型、测试工具选择、工具使用长度与下入深度、各功能模块计算模型选择、防蜡防砂工具选择、人工举升方式筛选等诸多方面。利用构建的测试管柱上、中、下结构，可从多个层次进行管柱的预决策。

第一层次：平台类型。根据平台类型（自升式或浮式），确定上部悬挂管柱的基本结构形式。

第二层次：井类型。根据实际情况选择常规常压井或高温高压井。

第三层次：封隔器类型。根据实际情况选择可回收式或插入式。

第四层次：测试阀类型。根据实际情况选择 LPR-N 阀，或选择性测试阀，或 RD 旁通阀。

第五层次：钻具或管柱形式。根据实际钻井平台情况选择油管/钻杆，以及油管/钻杆直径。气井只能选择油管，油井可选择油管或钻杆。

第六层次：完井方式。根据选择的完井方式自动推荐下部射孔或裸眼完井管柱工具。

根据油气藏性质、压力等级、封隔器型号，通过以上几个层次的选择，可以初步构建测试管柱的结构组成；由于 RD 循环阀等配套工具长度固定，可根据读取的水深、产层深度等数据，自动设计（计算）钻杆/油管长度，从而自动预设测试管柱结构。

测试管柱的决策过程按先后顺序可分为测试管柱预决策、上下工具两端扣型匹配判断、测试工具使用长度及深度确定、管柱内温度压力流速仿真、防蜡防砂设计、替喷可行性分析及人工举升方式筛选。最终决策结果是由各步所有的决策条件共同决定的。

以下将整个决策过程分成测试管柱结构预决策、中间计算过程决策、替喷可行性与人工举升方式筛选 3 步进行说明，各步涉及的决策条件参考表 4-9 至表 4-11。

表 4-9　测试管柱结构预决策过程与条件

	决策条件	平台类型	油气井类型	钻具类型
上部管柱	决策结果	半潜式平台选择半潜式上部管柱；自升式平台选择自升式上部管柱	对于气井，推荐使用气密性油管测试管柱；对于油井，则钻杆与油管管柱均可	根据实际钻井选择带有相应钻具的管柱
	决策条件	油气井类型	封隔器型号	取样方式
中部管柱	决策结果	对于气井，推荐使用带 XHP 封隔器或 FB3 永久封隔器的中部管柱；对于油井，3 种封隔器中部管柱均可用	用户选择何种可用的封隔器，即采用带有相应封隔器的管柱	若要求 RD 取样，则推荐带有 RD 取样器的中部管柱
	决策条件	完井方式	是否使用圆堵	
下部管柱	决策结果	若为射孔完井，则推荐带有射孔枪的下部管柱；若为裸眼完井，则推荐带有筛管的两种下部管柱	用户选择使用圆堵，则推荐带有圆堵的裸眼完井下部测试管柱，筛管使用长度在 18m 左右；无圆堵管柱筛管使用长度在 9.2m 左右	

表 4-10　中间计算决策过程与条件

	决策条件	上部管柱结构	工具类型及尺寸	测深
工具深度计算	决策结果	若上部为半潜式管柱，则悬挂器位置在水深泥线处	5in、5⅛in 钻杆下入深度应该在 7in 套管顶界以上；气举阀工作筒、6⅛in 钻铤、外径过大的封隔器及其他工具的下深均应该在 7in 套管顶界以上；化学剂注入阀一般在悬挂器以下 500m 左右；PCP 定子在 1000~1100m 处	最终管柱总长应该等于测深与补心高度之和
温度压力流速计算	决策条件	油气井类型	井型	油管类型
	决策结果	气井采用单相气井压力计算方法；油井则采用 H-B、B-B、Orkiszewski 等多相流压力计算方法	若为垂直油井，则采用 H-B、Orkiszewski 压力计算模型；若为斜油井，则采用 M-B 或 B-B 压力计算模型	保温油管与普通油管的传热系数不同

表 4-11　替喷、人工举升筛选、防蜡防砂决策过程与条件

替喷可行性	决策条件	液垫类型		
	决策结果	根据用户选择的液垫类型（柴油、海水、完井液）确定对应的液垫相对密度		
连续油管气举	决策条件	平台类型	油气井类型	连续油管型号
	决策结果	根据平台设备条件确定气源性质、最大允许注气量、最高注气压力等参数	最大测试流量由油藏提供	根据设备条件选择，连续油管的外径、强度等参数将决定它的最大下入深度
多功能气举	决策条件	平台类型	油气井类型	油管型号与气举阀型号
	决策结果	与连续油管气举相同	与连续油管气举相同	外径、强度等参数决定最大下入深度
防蜡防砂	决策条件	防砂工具类型	油气井类型	原油黏度
	决策结果	用户选择何种防砂工具，则采用对应的工具设计防砂方案	根据储层产液参数考虑测试时管柱结蜡问题（如产液含蜡）	如黏度大于 50mPa·s，则需考虑凝管问题
螺杆泵	决策条件	螺杆泵型号	井型	动液面深度与沉没度
	决策结果	根据泵外径、排量、扬程等判断，确定螺杆泵的可行性	若为斜井，则需根据井斜角判定螺杆泵的可行性	判断螺杆泵的可行性
电潜泵	决策条件	电潜泵型号	动液面深度与沉没度	
	决策结果	确定电潜泵可行性，与螺杆泵大致相同	确定电潜泵可行性，与螺杆泵基本相同	

　　以上的决策条件部分是可变的，部分是不可变化的。不可变化的决策条件是井筒、油气藏、流体等固有属性，以及井型、完井方式等；可变化的决策条件是由操作者选择的，比如油管型号、是否使用圆堵、取样要求等，同时包括操作者对管柱结构的人工干预（对测试工具的增加、删除、修改）。决策条件与此同时考虑了海上测试管柱的经验积累与设计者的主观意向，使得决策出的测试管柱更加符合测试要求。

　　通过以上多个层次（平台类型、油气井类型、封隔器型号、完井方式等）的选择，自

动预决策，生成一套测试管柱方案。对生成的测试管柱可立即进行维护——结合实际测试需求及工具配套情况对工具或管具进行人工干预（增加、删除、修改），从而完成测试管柱的预决策。至于预决策生成的预设测试管柱结构能否满足实际测试要求，需要进一步对其进行流动保障等的分析研究。

三、测试管柱的流动仿真

测试管柱的流动仿真是指对测试管柱内的压力、温度、流速进行仿真计算。其中，井筒压力分布既是流动保障分析的基础，也是测试过程中通过井口压力/温度数据及时"窥视"井底压力变化的窗口，因此需要尽可能准确计算井筒中的压力分布。

1. 测试管柱的压力分布

测试井可能为油井或气井，但从管流机理研究角度，管流压力计算模型分为两类：一类是气液两相管流，主要针对油井；另一类是针对气井的单相管流。但从数学关系上讲，实际就是所适用的气液比不同，前者一般用于低气液比井，后者一般用于高气液比井（高于 $1400\text{m}^3/\text{m}^3$）。不论气液比高低或是油井、气井，管流时的总压降梯度可用式（4-1）表示为重力、摩阻和动能压降梯度（分别用下标 G、F、A 表示）3 个分量之和。其中，动能项明显小于前两项。

$$\frac{\mathrm{d}p}{\mathrm{d}z} = \left(\frac{\mathrm{d}p}{\mathrm{d}z}\right)_{\mathrm{G}} + \left(\frac{\mathrm{d}p}{\mathrm{d}z}\right)_{\mathrm{F}} + \left(\frac{\mathrm{d}p}{\mathrm{d}z}\right)_{\mathrm{A}} \tag{4-1}$$

所有管流计算模型均是以此为基础，不同学者通过不同的实验研究、实验数据无量纲化处理，再结合理论分析将 3 项代入整合成不同的模型。

1）高气液比井管流压降基本模型

当井筒内气液比高于 $1400\text{m}^3/\text{m}^3$ 时，井筒内流态属于多相流中的雾状流，其滑脱速度甚小，一般可忽略不计，计算时视这类多相流的气井为拟单相流。在单相流条件下，管流压降分别按重力、摩阻与动能项之和计算，经过较严格的数学推导，采用分离变量法，得到拟单相流条件下的压降基本模型或方程：

$$\int_{p_{\mathrm{tf}}}^{p_{\mathrm{wf}}} \frac{P/\,\overline{T}\,\overline{Z} \cdot \mathrm{d}p}{\left[\left(\frac{p}{\overline{T}\,\overline{Z}}\right)^2 + 7.651 \times 10^{-16} \frac{f_{\mathrm{m}}}{d^5}\left(\frac{W_{\mathrm{m}}}{M_{\mathrm{w}}}\right)^2\right]F_{\mathrm{w}}} = \int_0^H 0.03415\gamma_{\mathrm{w}}\mathrm{d}H \tag{4-2}$$

式中 p_{wf}、p_{tf}——井底流压、井口压力，MPa；

$\overline{T}$——流动管柱内气体平均温度，K；

$\overline{Z}$——p、$\overline{T}$ 条件下的气体偏差因子；

H——气层中部深度，m；

W_{m}——气水混合物的质量流量，kg/d；

d——油管内径，m；

f_{m}——气水混合物的摩阻系数；

F_{w}——含水校正系数。

为了求解式（4-2），不同研究者采用了不同的处理方法，其典型方法有平均温度和平均偏差因子法、Cullender-Smith 法、Aziz 法等。

2）低气液比井管流压降基本模型

对于部分产液（水）量较高，在井筒条件下气液比小于 1400m³/m³ 的井，地层流体在管柱中将呈气液两相流动状态。从能量平衡的观点看，式（4-1）是完全正确的，但要将公式右端的 3 项逐一精确计算出来困难极大，特别是怎样确定混合物密度和两相摩阻系数，这是每位研究者研究气液两相管流时的共同主攻目标。例如，Duns-Ros（1963）、Hagedorn-Brown（1965）、Orkiszewski（1967）、Aziz（1972）等垂直管上升流动的计算方法，Beggs-Brill（1973）、Mukherjee-Brill（1985）等定向井、水平井计算方法，以及 20世纪 80 年代以来出现的 Hasan-Kaber（1985）、Ansari（1990）等，无一不是想方设法寻找混合物密度和两相摩阻系数计算方法。由此可见，对于气液比小于 1400m³/m³ 的井，其气液两相管流计算过程较单相流复杂得多，本书不再展开。

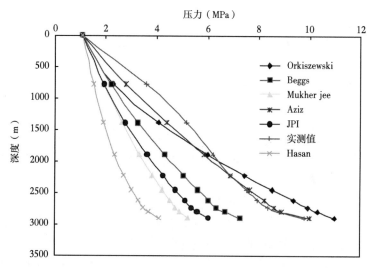

图 4-12　某油井不同压力计算模型计算结果与实测结果对比图

针对具体的油气井条件，必须对不同管流压降模型进行正确性和适应性评价。普遍采用的方法是分别计算不同模型下的井筒压力与实测值进行全面的对比评价，最终选择与实测结果误差最小模型作为计算模型（图 4-12）。但由于两相管流的复杂性，不同模型在不同井中的计算误差不同，甚至同一模型在同一口井的不同生产阶段（产量条件）下的计算误差也不同。因此，模型选择具有一定的地域等特点。

对于新的区块或知识库中没有可直接参考的油气井，根据计算经验：当气液比大于1400m³/m³ 时，可简化为均匀的单相流或拟单相流，采用单相气井均流压力计算方法；气水同产时，垂直油井采用最广泛的 Hagedorn-Brown 方法、定向井采用 Beggs-Brill 方法。对于油层测试，垂直井推荐选择 Orkiszewski（1967）计算方法；定向井、水平井采用Mukherjee-Brill（1985）计算方法。

对于已经有大量实测数据的地区，可以利用知识库中收集、构建的方法，选择相似油气田测试中模拟结果与实测结果误差较小的模型。

3）压力仿真误差原因分析

一方面，由于气液两相管流的复杂性，无法在式（4-1）基础上得出严格的解析解，均是在实验数据基础上，利用量纲分析方法得出基本计算方程，再结合实际生产井中所获取的数据进行验证、修正处理。因此，气液两相管流计算模型或方法本身就是"修正"的产物。虽然高气液比井或纯气井的计算模型经过严谨的理论推导，但其摩擦系数的计算仍然是实验得出的 Moody 图版拟合的结果。以 Orkiszewski 模型中泡流流型下的混合流体密度计算为例，由于其中的空隙率 H_G 无法进行理论计算，于是取实验数据得出的滑脱速度 v_s 的平均值（取 0.244m/s）计算空隙率或持气率，但实际上，即使处于泡流流型，其滑脱速度也随实际流速变化。随着实际流速的提高，滑脱速度减小，因此，取滑脱速度平均值的方法只是一种处理手段，并没有严格的理论依据。

另一方面，现有模型无论是室内实验、理论分析还是现场实测数据，基本是基于生产井的低流速或经济流速下得出。由表 4-2 可见，测试管柱存在多种变径工具且工具内径较上部钻杆或油管小得多，测试时的流速可能远远高于正常生产井（特别是部分小通径工具处）。

测试时的流量变化范围很大，以南海某气井为例，其同一测试管柱下的测试气量分别为 $40\times10^4 m^3/d$、$80\times10^4 m^3/d$、$120\times10^4 m^3/d$ 和 $160\times10^4 m^3/d$。在使用现有管流模型时，若测试流量较小，误差可能较小，随着测试流量（流速）的增大，误差增大，因此现有算法或模型适用于生产井，但并不适用于高流速下的高产测试。以应用较广的 PIPESIM 的计算为例，其不同产气量（流速）下的计算误差见表 4-12。

表 4-12 某井不同测试流量下压力计算误差

实测值			流量（m³/d）		PIPESIM 计算结果	
井底压力（MPa）	井口压力（MPa）	井口温度（℃）	油	气	井口压力（MPa）	误差（%）
21.41	17.13	26.8	—	99506	17.6	2.70
18.34	14.85	26.8	—	223357	14.86	0.08
15.58	12.1	27.5	—	307265	12.27	1.42
13.13	9.34	28.5	—	374450	9.87	5.66
29.38	21.2	18.5	17	468594	23.08	8.87
29.4	21.9	20.5	10.22	309883	23.36	6.69
29.36	19.43	14.7	21.79	840348	21.73	11.82
29.35	16.83	14	25.37	1096436	20.21	20.08

气井中天然气相对密度未变，管流压降中的重力项算法未变，高测试气量（流速）下的测试误差主要来自摩阻项。影响井筒压力分布的因素很多，包括流动型态（与油气水产量、气油比、黏度、流速等有关）、井身结构参数（井深与井斜角、管柱结构等）、管柱摩擦系数或粗糙度等。对于一口具体井而言，其流体特性、产量、井身结构、管柱结构、管壁粗糙度都唯一确定，在此条件下，影响测试管柱内压力分布的内控因素就是管柱摩擦系数。

4) 气井摩擦系数修正

影响摩擦系数的因素有雷诺数（与流动速度直接相关）和管壁粗糙度。

管壁粗糙度通常只是一个范围，且变化范围较大，但对于已经入井的测试管柱，其管壁粗糙度应为一固定值。在大量实验数据基础上，前人整理得出了管流摩擦系数 Moody 图版，不同研究者根据 Moody 图版整理出不同的计算公式并大量使用。如 Colebrook 和 White（1939）提出了比较完善的关系式：

$$\frac{1}{\sqrt{f}} = 1.74 - 2\lg\left(\frac{2e}{D} + \frac{18.7}{N_{Re}\sqrt{f}}\right) \tag{4-3}$$

式（4-3）适用于紊流的光滑管、过渡区及完全粗糙区。当雷诺数较大时，式（4-3）简化为Nikuradse公式：

$$\frac{1}{\sqrt{f}} = 1.74 - 2\lg\frac{2e}{D} \tag{4-4}$$

在现有两相管流计算中，摩擦系数基本采用了 1976 年 Jain 提出的直接计算的显式公式：

$$f = \left[1.14 - 2\lg\left(\frac{e}{D} + \frac{21.25}{N_{Re}^{0.9}}\right)\right]^{-2} \tag{4-5}$$

$$N_{Re} = v_m \rho D / \mu$$

式中　f——摩擦系数；

　　　e——管壁粗糙度，m；

　　　D——管柱内径，m；

　　　N_{Re}——雷诺数；

　　　v_m——流体流速，m/s；

　　　ρ——流体密度，kg/m³；

　　　μ——流体黏度，Pa·s。

其中，紊流（$N_{Re} > 2300$）时采用式（4-5）计算；层流（$N_{Re} \leq 2300$）时推荐使用下式计算：

$$f = N_{Re}/64 \tag{4-6}$$

假定管壁粗糙度一定，在其他参数一定的条件下，由式（4-5）可得到流速（雷诺数）对摩擦系数的影响，如图 4-13 所示。随着流速的增加，摩擦系数减小，当流速从 15m/s 增大到 50m/s 时，摩擦系数从 0.0306 降至 0.0233，仅仅减小了 0.0073，变化不明显。而按照式（4-4）的 Nikuradse 公式，摩擦系数为 0.0153。明显地，在管流压降中选用式（4-5）所得的高流速（雷诺数）下的摩擦系数偏大。

表 4-12 的计算表明，测试流量较低时，压力计算值与实测值误差较小，但随着产量的增大，计算值与实测值误差增大，产量越大，计算值与实测值的偏差越大。由于同一趟管柱的管壁粗糙度等不可能随着产量改变，因此影响误差的主要因素不是管壁粗糙度，而是流速（或雷诺数）。而测试时的流速往往大于甚至远大于正常生产时的流速。为此，将摩擦系数与流速（雷诺数）关联进行修正，使低流速时的摩擦系数基本不变，但高流速时

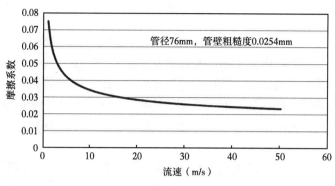

图 4-13　流速与摩擦系数关系

的摩擦系数降低，从而减小在不同测试流量下的计算误差。

通过收集大量的气井测试数据，建立相应的知识库，可以确定出合理的流速（或雷诺数）与摩擦系数的修正系数，从而可将不同测试气量（流速）下的压力仿真误差控制在 3% 以内。

5）油井两相混合物密度的修正

对于两相管流，在理想的无滑脱情况下气相与液相的速度相同，气液两相混合物的密度可按气、液体积流量计算。实际两相管流中存在与速度关联的附加重力项（密度）：流速较小，增大混合物密度；流速较高，减小混合物密度。而现有模型中，并没有将速度与滑脱引起的附加密度关联。

基于以上认识，通过对收集测试井实测数据与计算压力的对比，建立相应的知识库，从而确定混合物密度与流速、气液比的修正关系。计算表明，修正后计算误差大幅度减小，误差降至 10% 以内。

2. 测试管柱的温度分布

海上油气井测试过程中温度变化可分为海水段和地层段两部分，如图 4-14 所示。海水段主要是海水—隔水管—隔水管内流体—测试管柱—管柱内流体之间的传热问题；泥线

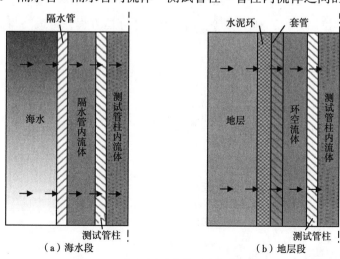

图 4-14　海上测试井筒温度场物理模型

以下井筒部分即为地层段，主要是地层—水泥环—套管—环空流体—测试管柱—管柱内流体之间的传热问题。

井筒流体温度分布的计算模型或方法有多种，其中 Ramey 和 Willhite 在井筒流体温度分布预测方面做了开创性的研究工作，现有的井筒温度计算模型或方法基本上是以他们的计算模型为基础。其井筒流体温度的预测均要考虑和地层之间的传热，处理方法上都以第二界面（水泥环和地层之间的接触面）为界，将传热分为井筒中的传热和井筒周围地层的传热两部分。第二界面处的温度是这两部分的纽带。井筒中的传热视为稳定传热，井筒周围地层中的传热视为非稳定传热。

将油气井沿井筒的流动考虑为稳定的一维流动，如图 4-15 所示，取地面为坐标原点，沿井筒向下的方向为坐标轴 z 正向，建立坐标系。θ 为井筒轴线与水平方向的夹角。所有

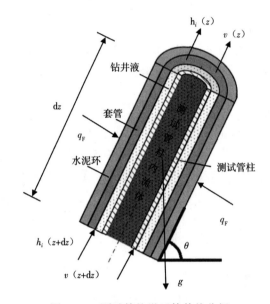

图 4-15 测试管柱微元体传热分析

单位均采用国际单位制单位，利用质量、动量和能量守恒方程，可最终得到井筒流体温度表达式：

$$\frac{\mathrm{d}T_\mathrm{f}}{\mathrm{d}z} = \frac{T_\mathrm{ei} - T_\mathrm{f}}{A} - \frac{g\sin\theta}{C_\mathrm{p}} + \partial_\mathrm{JT}\frac{\mathrm{d}p}{\mathrm{d}z} - \frac{v\mathrm{d}v}{C_\mathrm{p}\mathrm{d}z}$$

$$A = \frac{C_\mathrm{p}W}{2\pi}\left(\frac{K_\mathrm{e} + r_\mathrm{to}U_\mathrm{to}T_\mathrm{D}}{r_\mathrm{to}U_\mathrm{to}K_\mathrm{e}}\right) \tag{4-7}$$

式中 ρ——流体密度，kg/m^3；

   v——流速，m/s；

   z——深度，m；

   p——压力，Pa；

   g——重力加速度，$9.81m/s^2$；

   θ——井筒轴线与水平方向的夹角，（°）；

f——摩阻系数；

d——管子内径，m；

q——单位长度控制体在单位时间内的热损失，J/(m·s)；

A——流通截面积，m^2；

h——比焓，J/kg；

T_f——温度，K；

C_p——流体的定压比热，J/(kg·K)；

α_{JT}——焦耳—汤姆逊系数，K/Pa。

1）井底到海底井筒传热系数的确定

由图 4-16 可知，井筒径向能量传递包括如下几个过程，如图 4-17 所示。

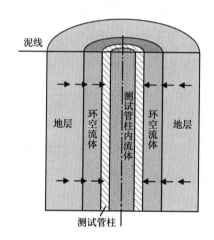

图 4-16 测试管柱地层段井筒温度场简化物理模型

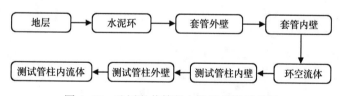

图 4-17 地层段井筒径向热量传递示意图

在计算井筒中流体温度及井筒热损失时，最关键的是如何确定在具体井筒结构条件下的总传热系数。而最困难的是如何准确计算出环空液体或气体的热对流、热传导及热辐射都存在条件下的环空传热系数。因为它与油管外表面性质、流体的物理性质（尤其是高温下的黏度变化）、油管外壁与套管内壁之间的温度与距离、套管内壁表面性质等都有影响。

（1）不同传热环节分析。

①井筒内流体至水泥环的传热（环空传热）。由于油管内对流传热系数和钢材的导热系数相对于其他的传热系数都很大，它们的热阻相对较小，可忽略不计。因此，油套环空传热系数可简化为：

$$K_{\mathrm{to}} = 2\pi r_{\mathrm{to}}\left(\frac{1}{h_{\mathrm{c}} + h_{\mathrm{r}}} + \frac{r_{\mathrm{to}}}{\lambda_{\mathrm{cem}}}\ln\frac{r_{\mathrm{h}}}{r_{\mathrm{co}}}\right)^{-1} \tag{4-8}$$

式中 r_{to}——油管外侧半径，m；

$\quad\quad h_{\mathrm{c}}$——自然对流传热系数；

$\quad\quad h_{\mathrm{r}}$——辐射传热系数；

$\quad\quad \lambda_{\mathrm{cem}}$——水泥环导热系数；

$\quad\quad r_{\mathrm{h}}$——水泥环外侧半径，m；

$\quad\quad r_{\mathrm{co}}$——套管外侧半径，m。

② 水泥环的导热热阻。其计算公式为：

$$R_{\mathrm{lcem}} = \frac{\delta_{\mathrm{cem}}}{2\pi\lambda_{\mathrm{cem}}}\ln\frac{r_{\mathrm{h}}}{r_{\mathrm{co}}} \tag{4-9}$$

式中 δ_{cem}——水泥环壁厚，m；

$\quad\quad \lambda_{\mathrm{cem}}$——凝固水泥环导热系数。

③ 水泥环外缘至地层的导热（地层热阻）。对于油井的尺寸，当作用时间超过一星期时，可近似地只取函数的前两项，而误差仍可接受，则地层热阻变为：

$$R_{\mathrm{Tf}} = \frac{1}{2\pi\lambda_{\mathrm{f}}}\left(\ln\frac{2\sqrt{\alpha t}}{r_{\mathrm{h}}} - 0.29\right) \tag{4-10}$$

式中 λ_{f}——地层的导热系数；

$\quad\quad \alpha$——地层的热扩散系数；

$\quad\quad t$——作用时间，s。

④ 辐射传热系数。其计算公式为：

$$h_{\mathrm{r}} = \sigma F_{\mathrm{tci}}(T_{\mathrm{to}}^{2} + T_{\mathrm{ci}}^{2})(T_{\mathrm{to}} + T_{\mathrm{ci}}) \tag{4-11}$$

其中，F_{tci} 为由油管外壁表面向套管内壁表面辐射散热的有效系数，它代表吸收辐射的能力，计算公式如下：

$$\frac{1}{F_{\mathrm{tci}}} = \frac{1}{\varepsilon_{\mathrm{to}}} + \frac{r_{\mathrm{to}}}{r_{\mathrm{ci}}}\left(\frac{1}{\varepsilon_{\mathrm{ci}}} - 1\right) \tag{4-12}$$

式中 σ——玻尔兹曼常数，$5.673\times10^{-6}\mathrm{W/(m^2 \cdot K^4)}$；

$\quad\quad \varepsilon_{\mathrm{to}}$、$\varepsilon_{\mathrm{ci}}$——油管外壁和套管内壁的辐射系数；

$\quad\quad T_{\mathrm{to}}$——油管温度，℃；

$\quad\quad T_{\mathrm{ci}}$——套管温度，℃。

⑤ 套管温度。强迫对流热阻、油管及套管壁热阻很小，可忽略不计，套管温度可由式（4-13）求得：

$$T_{\mathrm{ci}} = T_{\mathrm{h}} + \frac{\ln\dfrac{r_{\mathrm{h}}}{r_{\mathrm{co}}}}{2\pi\lambda_{\mathrm{cem}}}K_{\mathrm{to}}(T_{\mathrm{s}} - T_{\mathrm{h}}) \tag{4-13}$$

其中，根据 Ramey 的近似解，T_{h} 由式（4-14）计算：

$$T_{h} = \frac{T_{s}K_{to}f(t) + 2\pi\lambda_{f}T_{f}}{K_{to}f(t) + 2\pi\lambda_{f}}$$

$$f(t) = \ln\left(\frac{2\sqrt{\alpha t}}{r_{h}}\right) - 0.29$$

(4-14)

式中 T_{s}——油管中流体温度,℃;

T_{h}——水泥环与地层交界面处温度,℃;

T_{f}——地层温度,℃。

⑥自然对流系数。在环空平均温度及压力下,环空流体的等效导热系数包括自然对流影响的环空流体的综合导热系数。

$$h_{c} = \frac{0.049\lambda_{ha}(G_{r}p_{r})^{0.333}p_{r}^{0.047}}{r_{to}\ln\dfrac{r_{ci}}{r_{to}}}$$

$$p_{r} = \frac{C_{an}\mu_{an}}{\lambda_{ha}}$$

(4-15)

$$G_{r} = \frac{(r_{ci} - r_{to})^{3}g\rho_{an}\beta(T_{to} - T_{ci})}{\mu_{an}^{2}}$$

式中 λ_{ha}——环空中流体导热系数;

μ_{an}——环空中流体的黏度;

C_{an}——环空中流体的比热容;

ρ_{an}——环空流体密度;

β——环空流体体积膨胀系数。

以上符号参数单位见表4-13。

⑦环空传热系数迭代计算思路。环空传热系数 K_{to} 的计算步骤为:

a. 假设一个 K_{to}(例如,$K_{to1} = 1$);

b. 分别求得套管内壁温度 T_{ci} 和水泥环外缘温度 T_{h};

c. 分别求得辐射传热系数 h_{r} 和自然对流传热系数 h_{c};

d. 计算环空传热系数 K_{to2};

e. 将计算得到的 K_{to2} 与估计的 K_{to1} 进行比较,若两者之差超过允许误差范围,则以新的 K_{to} 作为估算值,重复以上步骤,使 K_{to2} 与 K_{to1} 之差在允许误差范围 ε 内为止。

⑧井底到海底的井筒总传热系数。根据井筒具体结构以及热交换机制,经过上述分析,得到井底到海底的井筒总传热系数为总热阻的倒数,表达式为:

$$K = (K_{to}^{-1} + R_{1cem} + R_{1})^{-1}$$ (4-16)

传热系数 K 不仅与井筒至地层之间的结构有关,还与套管内壁温度有关,且其中环空传热数值随油套环空流体性质的不同而不同。

(2)传热系数知识建立。

测试过程中,管柱内的地层流体与周围环境的传热过程十分复杂,由于油气测试时间不长,外界环境与流体间的传热未能达到稳定状态,且传热过程受到多种因素的影响,比如测试管柱结构、井型、产量、水深等，采用传热模型计算出来的传热系数往往存在很大的误差。因此，采用试算法调整传热系数，使得某井的温度、压力计算结果与其实测温度、压力数据之间的误差在一定范围之内。由此得到的传热系数即是该井的最优传热系数。之后，再采用相同的方法找到该井所在区块其他井的最优传热系数。通过对比该区块各井况与得到的最优传热系数，建立起传热系数与区块、井别、水深、产量等因素之间的关系。

水深较浅地层，调整海水段传热系数对温度分布的影响很小，应主要通过调整地层段传热系数来实现温度的拟合。

2) 海底泥线到钻井平台段传热系数的确定

海上油气井从海底泥线到钻井平台段，井筒中的流体经过油管壁、油管与隔水管环空、隔水管壁与海水发生热交换，如图4-18所示。

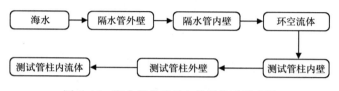

图4-18　海水段井筒径向热量传递示意图

与井筒传热不同的是，热交换过程中不存在水泥环和地层的导热，环空传热也只考虑对流换热与热辐射。该段总传热系数的计算公式如下：

$$K = (K_{to}^{-1} + R_{sw})^{-1}$$
$$K_{to} = 2\pi r_{to}(h_c + h_r)$$
$$R_{sw} = \frac{1}{2\pi\lambda_{sw}}\left[\ln\left(\frac{2\sqrt{at}}{r_{co}}\right) - 0.29\right] \tag{4-17}$$

式中　λ_{sw}——海水的导热系数；
α——海水的热扩散系数；
R_{sw}——海水导热热阻。

热辐射系数与自然对流系数根据环空流体性质确定，环空传热系数计算思路与井底到海底段相同。其中，隔水管处海水温度与水深、季节等相关。海水水温按垂直深度分为混合层、温跃层和恒温层，如南海温跃层下界最大深度为200m，海水水温垂直分布规律如图4-19所示。

温跃层海水的温度与水深及季节均有一定的相关性。通过对收集到的海水温度资料的分析，可得到不同季节海水

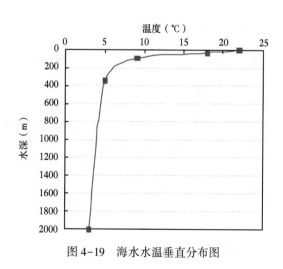

图4-19　海水水温垂直分布图

温度随着水深的分布关系。随着旧区块不断被开发，可利用越来越多的海水温度数据对该区块的温度分布进行修正完善。当对新区块进行测试时，可参考临近区块的海水温度分布，最后利用新区块的实测数据建立起该区块的海水温度分布模型。

3）参数敏感性分析

影响井筒内温度、压力分布的因素很多，包括地层、油管、水泥环的导热系数和比热容，天然气的物性、产气量、产液量、测试管柱中油管尺寸，天然气的比热容和导热系数，地层和海水的导热系数和比热容，测试管柱导热系数，水泥环导热系数和完井液导热系数，以及管外增压循环等。

其中，在地层参数、流体特性参数、测试产量参数、井身结构参数等一定的条件下，影响测试管柱温度分布的外部因素主要是海水的导热系数、管外增压循环等。

分别计算不同倍数海水导热系数条件下的测试管柱温度，如图4-20所示。

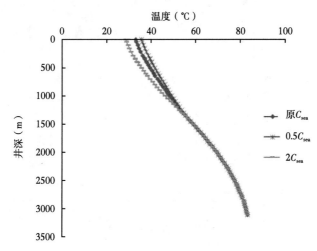

图4-20　不同海水导热系数温度分布图

从图4-20中可以看出，改变海水的导热系数会对海水段的测试管柱温度剖面产生一定的影响。以南海某深水气井为例，其相关数据见表4-13。

表4-13　某深水井基本参数

参数名称	数值	参数名称	数值
管柱内径（m）	0.095	海水导热系数 $[W/(m \cdot ℃)]$	0.57
管柱外径（m）	0.1143	海水深度（m）	1378.6
地层导热系数 $[W/(m \cdot ℃)]$	2.06	海水比热容 $[J/(g \cdot ℃)]$	4.182
地层岩石比热容 $[J/(kg \cdot ℃)]$	0.837	套管内径（m）	0.2168
地层岩石密度（kg/m³）	2640	套管外径（m）	0.2445
地层温度（℃）	107	套管导热系数 $[W/(m \cdot ℃)]$	43.26
地层深度（m）	3160	水泥环内径（m）	0.2445
地温梯度（℃/100m）	6	水泥环外径（m）	0.3112
天然气比热容 $[J/(kg \cdot ℃)]$	2227	水泥环导热系数 $[W/(m \cdot ℃)]$	1.73
天然气相对密度	0.65	隔水管内径（m）	0.4698
天然气导热系数 $[W/(m \cdot ℃)]$	0.03	隔水管外径（m）	0.5334
天然气表观黏度（Pa·s）	$2.55×10^{-5}$	隔水管导热系数 $[W/(m \cdot ℃)]$	43.26
海水密度（kg/m³）	1023	油管表面粗糙度（mm）	0.0254

根据前述模型求解方法，分别对该井不同测试气量的井筒温度进行计算，如图4-21所示。井口温度计算误差小于±3℃。

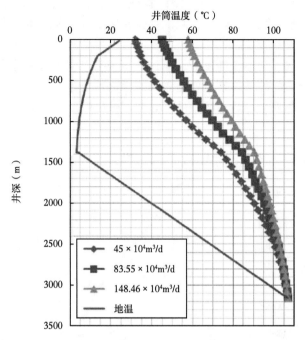

图4-21　不同测试气量下井筒温度分布

3. 测试管柱的温度、压力与流速仿真

1）测试管柱流动仿真的难点

测试管柱存在以下特殊性，大大增加了仿真的难度。

（1）测试管柱结构复杂，存在多处非等间距变径。计算时，对于长度较长的钻杆或油管，采用设定步长如50m迭代，但对于长度较短的测试工具，只能根据其实际长度迭代。

（2）工具、管柱类型多，管壁粗糙度等特性不完全相同，且完全准确获取较困难。

（3）流速可超过一般生产井，常规算法不能满足，因此需要采用以上修正算法。

（4）采用非等间距分段迭代计算时，需要与井斜数据耦合，而实际井测深、井斜角数据与测试管柱下入深度并不完全对应，需要对读入的井斜角数据处理后映射到对应管流深度计算中。

（5）井筒压力—温度存在相互影响，需要耦合计算。

2）压力—温度耦合仿真

管柱流动仿真时需综合考虑压力、温度之间的相互影响，建立测试井井筒压力、温度耦合分析模型。该模型包括压力计算模型和温度计算模型，在压力计算模型中考虑了动能变化的影响，在建立温度分布模型时，假设井筒中的传热为稳态传热，井筒周围地层中的传热为非稳态传热，并考虑了摩擦生热对井筒温度分布的影响。在求解压力、温度分布时，采用迭代计算法。以已知井底条件计算整个井筒的压力和温度分布为例，其计算方法与步骤为：

（1）将测试管柱分成若干段。由于测试管柱为变径管，计算时根据测试管柱内径分段

ΔL 计算，当工具/管具长度小于 ΔL 时按实际工具长度分段。

（2）根据井底条件计算第一段出口温度。

（3）根据井底条件和（2）的温度计算第一段出口压力。

（4）根据井底条件和（3）的压力重新计算第一段出口温度。

（5）比较（4）和（2）的计算结果，如不满足精度要求，则将（4）的结果作为（3）计算的初值，重新计算，直到满足精度要求。

（6）将第一段的计算结果作为第二段的起点条件，重复（3）至（5）可计算出第二段出口处的温度和压力；依此类推，即可求得整个井筒的压力、温度分布。

3）流速仿真

仿真计算时考虑温压场数据、测试资料及测试管柱结构。

（1）温压场数据：利用压力—温度耦合仿真得出的压力、温度分布数据。

（2）测试资料：测试压差、测试气流量、测试油流量、测试气流量。

（3）测试管柱结构：工具名称、工具位置、工具外径、工具内径、工具串位置。

四、测试管柱的流动保障与风险控制

从预设测试管柱安全系统工程的高度出发，综合分析测试过程中各个因素对管路系统流动性的影响，对存在流动障碍的风险因素进行分析，以基于各相关技术保障测试作业的顺利完成。

根据海上油气井的测试工况，其单层测试时间通常在一周左右，测试过程中管柱可能面临的风险主要有结蜡、出砂、稠油凝管、气井积液、气井水合物、冲蚀、段塞流、管柱强度与变形等。

1. 结蜡与凝管分析

分析方法：根据钻井前油藏评估提供的原油析蜡温度（析蜡点）与原油凝固点，利用井筒温度分布与原油析蜡点和凝固点进行比较，其中开井时井筒温度分布用于判断结蜡风险，关井时井筒温度分布用于判断凝管风险。

若全井筒温度分布（或井筒最低温度）高于析蜡点，则井筒不会结蜡；当井筒最低温度不大于析蜡点时，则井筒将会结蜡。井筒温度与析蜡点相同点即为析蜡点深度。对于凝固点低的稠油，测试过程中一方面温度较低时黏度升高，流动阻力较大；另一方面，关井切换时温度下降可能出现凝管（特稠油可能出现）。原油凝管的可能性、凝固点深度判断方法与析蜡判断方法相同。

管柱决策时，若判断井筒可能出现结蜡、凝管，将出现预警（提示）以便选取相应的技术措施，如采用保温油管、结蜡井加注防蜡剂、稠油井加注降黏剂，或者对可能出现凝管的井，关井前先用柴油循环替换井筒内稠油。

2. 水合物分析

1）水合物生成预测

水合物形成的基本条件是：高压、低温，存在自由水。气井测试时这几个条件都具备，所以气井测试时需要进行水合物的预测与预防。

水合物生成温度与其组分有关，其预测方法可分为图解法、经验公式法、相平衡计算法和统计热力学法四大类。图解法简单直观，但不便于计算机编程实现；经验公式法包括波诺马列夫法、天然气水合物 p—T 图回归法、二项式法、改进的 Holder-John 模型法，其中波诺马列夫法计算最为简便，但不能充分反映气体组分对天然气水合物的影响；统计热力学法充分考虑了不同组分气体对形成水合物的影响，应用广泛。

根据流动仿真得出的预设管柱内不同位置的压力、温度分布，结合天然气组分，可计算出测试管柱不同位置处水合物的生成温度。将不同测试流量下井筒内不同位置的温度与水合物形成温度进行对比，即可得到不同测试流量、测试管柱不同位置的水合物生成情况：若井筒温度低于水合物形成温度，则测试时会出现天然气水合物；否则，不会出现天然气水合物，如图 4-22 所示。

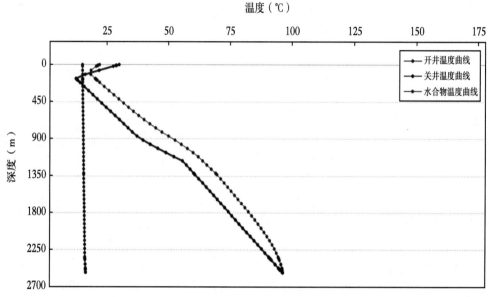

图 4-22　水合物生成风险预测曲线

开井状态下没有生成水合物的风险；关井状态下具有生成水合物的风险

2). 测试时水合物形成危险工况与危险部位

（1）水合物危险部位分析。

①上部测试管柱。由于从地层到井口的温度呈逐渐降低的趋势，因此上部测试管柱是水合物形成的危险部位，特别是深水气井。

②油嘴节流处。油嘴节流处必然存在压降、温降，是测试系统中最容易出现水合物的部位。根据嘴流规律，可计算出不同测试流量、不同油嘴尺寸条件下的节流压差、节流温降，将节流前后的温度与水合物预测温压表对比，即可判断是否生成水合物。

（2）水合物形成危险工况分析。

①初开井。开井前测试管柱内的液垫温度与外界环境温度接近（泥线下为地温，泥线上为水温），海水段管柱将会形成水合物。为防止水合物生成，可采取以下技术措施：a. 测试放喷前，注入抑制剂（如甲醇）；b. 适当控制（保证）初期测试气流量；c. 采用矿物油（如柴油）作液垫。

②开井流动。开井测试中，不同测试气量下的井筒温度不同，通过与水合物形成温度

的比较，可进行水合物预测。以图 4-23 为例，为防止测试时管柱内生成天然气水合物，测试气量应控制在 $25 \times 10^4 m^3/d$ 以上。

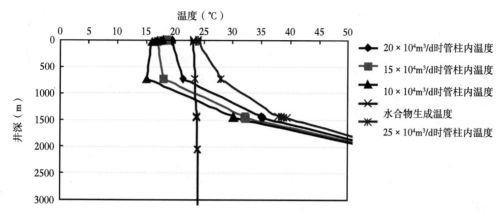

图 4-23 不同测试气量下管柱内水合物风险预测曲线

③井下关井。深水气井测试时一般采取井下关井。井下关井后，井口继续敞开，直至管柱内的气体全部排尽才在地面关井。虽然井下关井后管柱温度逐渐降低，但是测试管柱内压力降低很快，基本不会有水合物生成。

④地面关井。深水气井测试期间，当出现意外或其他原因地面关井时，一方面，随着关井时间推移，管柱内温度逐渐降低最终接近环境温度；另一方面，管柱内压力一直保持较高值，天然气水合物生成温度没有明显改变。

地面关井后，管柱内存在生成水合物的风险，关井时间越长，风险越大。因此，应尽量避免地面关井，如果由于意外情况，不得不地面关井时，则必须保证抑制剂连续注入，以免出现严重的水合物堵塞问题。

3. 携液能力分析

气井测试时往往存在气液同产，当产气量较大时能够顺利将液体携带出来，井底无积液；当产气量较小、液相不能及时携带出测试管柱时，井筒内将会出现积液，严重时可能无法完成测试。携液能力分析的目的在于判断测试时气井的携液能力与井筒积液状况，以指导测试气量的调节：最低测试气量应该大于测试管柱的临界携液气流量。

4. 冲蚀分析

冲蚀的先决条件是存在固相颗粒，其次是高流速。由于井筒中难以从根本上避免固相颗粒的存在、测试管柱的变径，因此，选择合理的油管直径、控制气流速度是防止冲蚀发生的主要手段。

1）冲蚀速度

通常用冲蚀临界速度表征气井中气流产生冲蚀的可能性。当实际气流速度低于冲蚀临界速度时，气流（及其裹挟的固相颗粒）对管道的冲蚀可以忽略。

（1）API 临界冲蚀速度。

API RP 14E 标准主要用于保护陆地表面管道，也用于保护高速井。根据 API RP 14E 给出的预测流体冲蚀磨损的临界冲蚀流速为：

$$v_e = C/\rho_m^{0.5} \qquad\qquad (4-18)$$

式中　v_e——临界冲蚀速度，m/s；

　　　ρ_m——混合物密度，kg/m^3；

　　　C——经验常数。

在计算冲蚀流速时，如果井筒流体很干净，不存在腐蚀和无固体颗粒情况下，C 值可以取 150。

（2）非 API 临界冲蚀速度。

世界上一些石油公司的实际标准如下：

①荷兰：43m/s；

②澳大利亚：35m/s；

③墨西哥湾：38m/s；

④埃克森美孚取 API 冲蚀标准中的"C"为 130；

⑤新疆克拉 2 气田的克拉 2 项目联合工作组及 Shell 冲蚀问题的专家研究了 API 标准的局限性，并对非 API 标准进行了探讨，最终建议克拉 2 气田的极限流速为 35m/s。

荷兰 SDP/334/91《含固相清井管线指南》中推荐的不同固相含量下允许的最大气流速度见表 4-14。

表 4-14　不同固相含量下允许的最大气流速度

固相含量（$g/10^4m^3$）	允许的最大气流速度（m/s）
0~160.2	55
160.2~304.3	50
320.4~464.5	45
480.6~624.7	40
640.7~784.9	35

2）冲蚀风险分析

将流速仿真中得出的井筒流速分布与临界冲蚀速度进行对比，若某处实际流速低于临界冲蚀速度，则判断"不会出现冲蚀"；否则，将提示"存在冲蚀风险"。

5. 测试管柱强度与变形量分析

测试管柱的基本力学效应主要包括重力效应、温度效应、活塞效应、鼓胀效应、螺旋弯曲效应、摩擦效应，不同力学效应的基本理论相同，本书不再赘述。但测试过程中，可能面对入井、试压、封隔器坐封、酸化、压裂、测试、地面关井、井下关井、地面井下同时关井、封隔器解封、管柱过提、正循环洗井、反循环洗井等工况，不同测试工况下管柱内外的压力、温度不同，力学效应需要根据实际工况具体分析。

通过不同工况下的管柱强度与变形分析，可以直观地得出不同工况下的变形量，及时发现各种危险工况（图 4-24），以便及时采取相应的预防措施，确保测试过程中不同工况下管柱的安全。

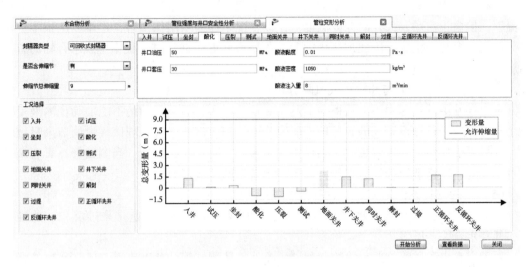

图 4-24　管柱变形分析结果

五、测试管柱的调整

管柱结构调整的目的有二：一是对预决策形成的测试管柱进行流动仿真、流动保障与人工举升的分析设计，看其是否满足流动保障与人工举升的需要，对不能满足流动安全的部件进行调整、更换；二是根据现场实际情况（如测试工具、管具的配备情况）对部分工具、管柱参数进行调整。

1. 预设管柱的风险与应对

根据管柱的流动保障与风险分析，预设管柱测试流动过程中可能存在的风险与基本对策如下：

（1）测试管柱结蜡分析。

结蜡可能发生在含蜡量较高的凝析气井或油井中。由于测试时间相对较短，一般情况下气井测试过程中结蜡问题不突出。但国内也有气井因凝析油含蜡量高、结蜡与水合物交互作用，导致测试时管柱堵塞、测试失败的案例。

预防测试管柱结蜡的措施包括物理法与化学法两类。由于蜡对温度敏感，只要保持管柱温度高于析蜡点，则测试管柱就不会结蜡，对应的措施是采用保温管。另外，也可以通过加注防蜡剂来预防测试管柱的结蜡。由于加注化学防蜡剂后不利于井口的取样分析，因此首先选择保温油管方法。

（2）凝管分析。

凝管可能发生在稠油井的测试过程中，特别是在关井后，其直接后果是可能导致再次开井、启动困难。凝管的预防措施与防蜡方法相同，因此决策时可将结蜡与凝管组合分析。

（3）测试管柱水合物分析。

水合物的生成远比管柱结蜡更"迅猛"，气井测试中必须做好天然气水合物的预测与预防。

测试过程中，只能通过改善温度或加注化学剂来防止水合物生成。改善温度可以采用保温管，但由于启动、关井时井筒温度低，该工况下即使采用保温管，也难以从根本上消除天然气水合物的生成，因此加注化学剂（如甲醇）是预防测试过程中生成水合物的首选措施。

（4）气井携液能力与井筒积液风险分析。

由于气井测试过程中不能从根本上避免液相的存在，更重要的是不能准确预测液量的大小，因此应进行预设管柱的临界携液能力分析。当测试井产液且测试气量调节余量较大时，应尽可能使最低测试流量高于临界携液流量，以防止井底积液；当测试管柱具有调节的可能性时，应优选上部油管直径，以提高测试时的携液能力。

（5）出砂风险分析。

海上油气田，特别是深水油气田地层容易出砂。地层出砂可能带来砂沉积、冲蚀加剧、气井水合物加剧等。

对于存在出砂风险的井，除控制测试压差外，从测试管柱角度来看，还需通过选择合适缝隙尺寸的绕丝筛管或割缝衬管来防砂。

（6）冲蚀风险分析。

冲蚀最严重的部位是变径处，地层出砂时冲蚀风险加剧。

防止冲蚀的方法是控制流速。一方面可以通过冲蚀风险分析，确定最大测试流量以控制流速；另一方面，对于存在冲蚀风险的管段，利用流动保障分析结果，更换较大尺寸的工具或管柱，以降低测试流速，消除冲蚀风险。

（7）测试管柱安全风险分析。

测试管柱安全风险指测试管柱强度（抗压、抗挤、抗拉）是否满足安全要求，不同工况下的变形量是否满足测试需要。

对于流动保障分析中存在强度不足的测试工具或管柱，通过人工干预，用强度更高的工具或管柱进行更换。

（8）举升方式对测试管柱的影响分析。

当地层压力较高、其自喷能力满足测试要求时，测试管柱不用考虑人工助排措施；对于不能自喷或自喷能力不能满足测试要求的井，需要进行举升方式筛选与设计。

筛选举升工艺时，测试管柱中应进行相应的举升工艺装置或工具配套，决策系统中可以通过人工干预完成。

2. 预设管柱的调整

对于流动保障、人工举升中存在风险的工具通过人工干预方式进行调整，以消除风险。

（1）风险汇总与调整。

将测试管柱的流动保障与风险分析中存在风险的因素、风险部位在测试管柱图中直观、集中展示，对于存在风险的工具根据风险类型进行相应的调整，即通过工具或管柱的更换以消除测试风险。

（2）根据测试现场工具、管柱配套情况进行调整。

测试管柱预决策时，根据平台类型、完井方式等预决策出相应的测试管柱。该测试管柱中的工具或管柱可能现场并不具备，或者现场需要使用新型工具，在这些情况下，通过人工干预方式对预决策出的管柱工具、管段等进行人为调整（人工干预）。

（3）调整后管柱的流动保障分析。

调整后的测试管柱是否能够满足测试要求，需要对调整后的测试管柱重新进行流动保障与风险分析，直至调整后的测试管柱能够满足流动保障要求与安全要求。

第三节　测试地面流程的决策、流动仿真与风险控制

一、测试地面流程

地面测试流程指从地面测试树到火炬放喷口间的设备、管线，主要包括测试树、软管、除砂器、地面安全阀、节流管汇、换热器、蒸汽锅炉、三相分离器、缓冲罐、空气压缩机、燃烧臂等。虽然设备类型较少，但每种设备的可选型号多，受压力、温度的影响，管线、设备型号的选择余地较大。常见地面测试基本流程如图4-25所示。

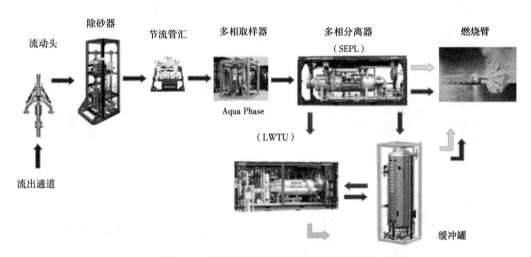

图4-25　斯伦贝谢公司典型测试流程设备

地面测试流程预决策思路与测试管柱预决策相似，包括地面流程设备数字化、测试流程预设与优选。

（1）地面流程设备数字化：构建不同的地面流程设备、管线图形库及与之对应的参数库，并对设备、管线进行数字编码，利用不同的数字串组合代表不同的测试设备组合。

（2）测试流程预设与优选：将不同的测试流程抽提，可构建出典型的测试流程，决策时根据油气层压力、流体特性等优选预设的测试流程。对预设的测试流程，可以进行人工干预：添加设备，删除设备，修改设备参数（如耐压、耐温、处理量等）。同时，决策系统支持利用数字化的地面设备，根据需要灵活构建地面测试流程。

不同地面测试流程的差异相对较小，海上油气田地面测试流程可整理为4种基本流程，即常规测试流程、深水井测试流程、高温高压井测试流程、"三低"及稠油井测试流程。

（1）常规井测试流程。常规井测试流程基本配置为地面测试树、测试软管、数据头、地面安全阀、化学注入头、节流管汇、换热器、分离器、缓冲罐+计量罐、燃烧臂。

（2）深水井测试流程。深水井容易出砂，其测试流程除包括常规井测试流程设备外，还包括含砂监测器、除砂器，如图4-26所示。

（3）高温高压井测试流程。高温高压井测试流程中增加有振动监测器，考虑双级节流增加了一级节流管汇，其余与深水井测试流程基本一致。

（4）"三低"及稠油井测试流程。"三低"及稠油井测试流程除换热器前地面管线采用保温管外，其余与常规井测试流程相同。

不同预设流程虽然设备名称等相同，但设备参数需要根据压力等级、处理量等灵活选择。

决策时根据油气层压力、流体特性等优选预设的测试流程，对预设的测试流程，可以进行人工干预：添加设备，删除设备，修改设备参数（如耐压、耐温、处理量等）。

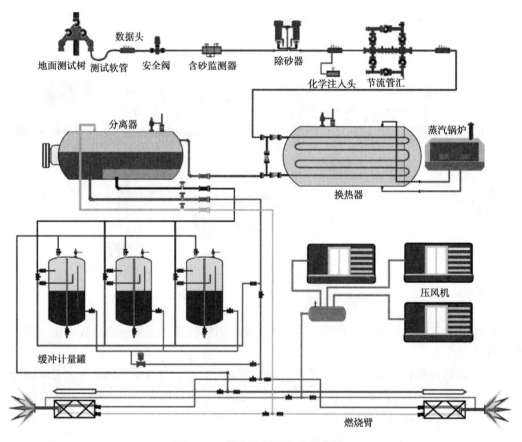

图4-26　深水井测试流程示意图

预设流程的选择标准分为一级指标（水深）、二级指标（地层压力）、三级指标（孔隙度、渗透率）和四级指标（地下原油黏度）。流程优选方法如图4-27所示。

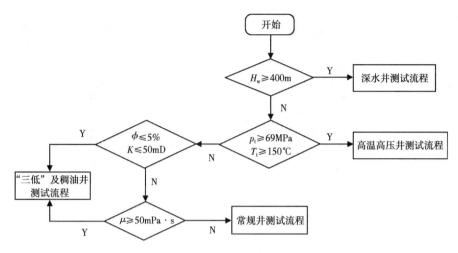

图 4-27 流程优选方法

H_w—水深；p_t—地层压力；T_t—地层温度；μ—地下原油黏度；K—储层渗透率；ϕ—孔隙度

二、地面流程的流动仿真

对预设测试流程进行流动仿真与流动保障分析的目的，在于评估预设流程潜在风险，预判流程中设备、管线型号参数的合理性。对于存在风险的设备或管线，在进入海上平台安装前进行相应处理。地面流动仿真结果并不取代实测结果。基于仿真目的，地面流程中的计量罐、缓冲罐等可不纳入仿真与流动保障分析。

1. 仿真技术路线

测试地面流程流动仿真思路如图 4-28 所示，主要包括分离器操作压力计算、油嘴计算、地面管流计算。其中：（1）油嘴管汇前压力、温度由测试树顺流向计算；（2）油嘴管汇后压力从燃烧头→分离器→油嘴管汇逆流向计算，首先需确定分离器操作压力，其次判定油嘴管汇前后压力值是否满足临界流；（3）油嘴管汇的温降根据油嘴管汇处压降条件，结合组分模型或黑油模型计算。

2. 压力计算模型

与测试管柱流动仿真中的压力计算分析相同，地面流程的流动仿真也进一步划分为高气液比和低气液比两种情况。其中，高气液比井全流程流动可视为拟单相流；低气液比井地面流程的流动可分为两段，分离器前为气液两相管流，分离器后根据管路性质分为纯气流和油流（或液流）。因此，地面流程中的流动可总结为两相管流与拟单相流（包括纯油流）两类。海上平台地面流程的高程可以忽略，管线较短但存在弯头/阀门等节流部件的局部压降。

1）两相管流模型

地面气液两相管流理论、方法与垂直井或定向井两相管流相同，只是地面流程主要为水平管流，管流压耗中重力损失较小，以摩阻损失为主。其计算模型一般有以下几种：Weymouth 模型一般仅用于净化较低的矿场集气管线；Lockhart-Martineli 模型适用于管径较小、气油比不高的油气混输管路；DUkler 2 模型只适用于水平两相管路，未考虑加速压降

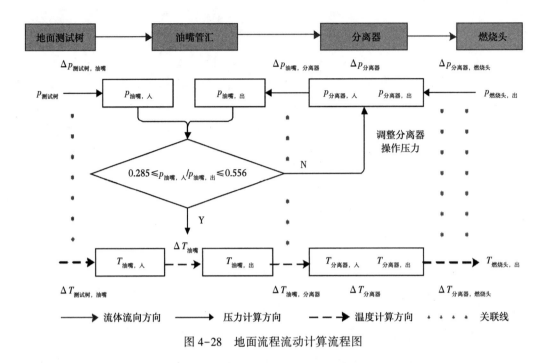

图 4-28　地面流程流动计算流程图

损失项；Beggs-Brill 模型适用于管斜角与水平线呈 0°~90° 之间的任意夹角，该方法在定向井、斜直井压降计算中得到普遍认可，亦可用于水平管流的计算；Mukherjee-Brill 模型改进了 Beggs 和 Brill（1973）的实验条件，并结合了新的实验成果，使计算准确度得到进一步提高。

地面流程中分离器前两相管流模型选择与参数处理可与预设管柱的流动仿真相同，即通过不同压力计算模型计算结果与实测结果对比，选择误差较小的模型。

2）单相流（拟单相流）模型

地面测试流程中单相流时的压降包括管线沿程压降、弯头/阀门等节流部件的局部压降。其具体计算方法可采用《工程流体力学》中推荐的方法。

（1）沿程压降 Δp_1。其计算公式为：

$$\Delta p_1 = \lambda \, \frac{1}{d} \, \frac{v^2}{2g} \gamma_{\mathrm{m}} \tag{4-19}$$

如果该段存在多种管径，则应该分段计算：

$$\Delta p_{\mathrm{L}} = \sum_{i=1}^{n} \lambda_i \, \frac{L_i}{d_i} \frac{v_i^2}{2g} \gamma_{\mathrm{m}}$$

（2）局部压降。当管流段存在弯头、阀门等节流部件时，需要考虑这些部件的局部压降：

$$\Delta p_{\mathrm{j}} = \zeta_i \frac{v^2}{2g} \gamma_{\mathrm{m}} \qquad \xi_i = \xi_{i0} \frac{\lambda}{0.022} \tag{4-20}$$

（3）沿程摩阻。纯气流或高气液比管段的沿程摩阻为：

$$\lambda = 0.009407/\sqrt[3]{d} \quad （威莫斯公式）$$

两相管流需首先计算雷诺数 Re：

$$Re = \frac{\rho_m v d}{\mu} \quad \rho_m = W_m/q_m$$

然后计算 L 判断：

$$L = 0.02875dRe$$

如果实际管线长度 $l < L$，则 $\lambda = \dfrac{a_1}{Re}$

如果 $l > L$，根据 Re 的大小选择不同的半经验公式，求得 λ，见表4-15。

表4-15 管流摩阻计算表

阻力区	范围	λ_1 的理论或半经验公式
层流区	$Re < 2320$	$\lambda = 64/Re$
临界区	$2320 < Re < 4000$	$\lambda = 0.0025Re^{0.5}$
光滑管紊流区	$4000 < Re < 22.2\left(\dfrac{d}{\Delta}\right)^{\frac{8}{7}}$	$\dfrac{1}{\sqrt{\lambda}} = 2\lg\ (Re\sqrt{\lambda})\ -0.8$
过渡区	$22.2\left(\dfrac{d}{\Delta}\right)^{\frac{8}{7}} < Re < 597\left(\dfrac{d}{\Delta}\right)^{\frac{9}{8}}$	$\dfrac{1}{\lambda} = -2\lg\left(\dfrac{\Delta}{3.7d} + \dfrac{2.51}{Re\sqrt{\lambda}}\right)$
粗造管紊流区	$Re > 597\left(\dfrac{d}{\Delta}\right)^{\frac{9}{8}}$	$\lambda = \dfrac{1}{\left[2\lg\ \left(3.7\dfrac{d}{\Delta}\right)\right]^2}$

注：Δ 为管壁粗糙度，一般为 0.04~0.17mm。决策系统中，按"新管线 $\Delta = 0.05$，半新管线 $\Delta = 0.1$，旧管线 $\Delta = 0.15$"取值。

式中 Δp_1——沿程压降，MPa；

γ_m——流体重度，N/m³；

d——管线内径，mm（从数据库读取）；

v——流体的平均速度，m/s；

l——管段长度，m；

Δp_j——局部压降，MPa；

ζ_i——局部阻力系数；

ξ_{i0}——局部阻力系数，其中弯头 ξ_{i0} 取 0.4，闸阀 ξ_{i0} 取 0.4，球阀 ξ_{i0} 取 0.7；

λ——沿程水力摩阻；

μ——流体动力黏度，Pa·s；

ρ_m——流体密度，kg/m³；

Re——雷诺数；

a_1——经验常数，$a_1 = 29.822\left(\dfrac{l}{dRe}\right)^{-0.2352}$。

3. 温度计算模型

温度计算模型包括管路模型与油嘴节流模型。

1) 管路温度模型

管路温度分布受环境温度、管线传热系数、流体质量流量、流体比热容等的影响。地面流程流动仿真分析可采用油气集输与矿场加工中常用的管输温度分布计算方法，距离起点 x 处的管路温度为：

$$T_x = (T_s + b) + (T_Q - T_s - b)\exp(-ax) - D_i \frac{X_g c_{pg}}{c}\left(\frac{p_Q - p_Z}{aL}\right)\left[1 - \exp(-ax)\right]$$

$$(4-21)$$

其中：$a = \dfrac{K\pi D}{Gc}$，$b = \dfrac{ig}{ac}$

式中 T_x——距离管道起点 x（m）处的流体温度，℃；

T_Q——起点（井口）温度，℃；

T_s——环境温度，℃；

b——摩擦热引起的温度上升，℃；

i——水力压降，$i = (p_Q - p_Z)/(\rho_L g)$，m；

K——传热系数，W/（m²·℃）；

D——管线外径，m；

G——气液混合物的质量流量，$G = \dfrac{\rho_o Q_o}{24 \times 3600} + \dfrac{\rho_w Q_w}{24 \times 3600} + \dfrac{\rho_g Q_g}{24 \times 3600}$，kg/s；

c——气液混合物的比热容，$c = \dfrac{G_g}{G}c_{pg} + \dfrac{G_w}{G}c_w + \dfrac{G_o}{G}c_o$，J/（kg·℃）；

c_{p_o}——原油的比定压热容，$c_{po} = \dfrac{1}{\gamma_0^{0.5} \times 273.15}(1.687 + 3.39t)$，J/（kg·℃）；

t——原油温度，℃；

γ_o——标准状态下原油相对密度，$r_o = \rho_o(t)/1000$（4℃）；

c_w——水的比热容，水的比热容随压力和温度变化不大，一般取 $c_w = 15.28$J/（kg·℃）；

X_g——流体中气相质量分数（如果 $X_g = 0$，则为输油管；$X_g = 1$，则为输气管），$X_g = G_g/G_m$；$G_m = [(1000\gamma_o + 1.2\gamma_g R_p)q_{0sc} + 1000\gamma_w q_{wsc}]$，$G_g = 1.2 \times 10^4 \gamma_g q_{gsc}$；

c_{p_g}——气体的比定压热容，$c_{p_g} = 273.15 \times$

$$\left[13.19 + 0.092(T + 273.15) - 6.24 \times 10^{-5}(T + 273.15)^2 + \frac{0.996M_g(p \times 10^{-5})^{1.124}}{\left(\frac{T + 273.15}{100}\right)^{5.08}}\right]^{\frac{1000}{M_g}}，\text{J/（kg·℃）；}$$

D_i——焦耳—汤姆逊效应系数，℃/Pa。

$$D_i = \frac{4.1868(2.343T_r^{-2.04} - 0.071p_r + 0.0568)T_{pc}}{p_{pc}c_p} \qquad (4-22)$$

$$C_p = 13.19 + 0.09224T - 0.6238 \times 10^{-4}T^2 + \frac{0.9965M_g(p \times 10^{-5})^{1.124}}{(T/100)^{5.08}} \qquad (4-23)$$

$$T_r = \frac{T}{T_{pc}} \quad p_r = \frac{p}{p_{pc}} \tag{4-24}$$

式中　p_{pc}、T_{pc}——临界压力、临界温度，$p_{pc} = \sum y_i p_{pci}$，$T_{pc} = \sum y_i T_{pci}$；

　　　　T_r、p_r——对比温度、对比压力；

　　　　T——节流前温度，K；

　　　　p——节流前压力，Pa；

　　　　M_g——天然气相对分子质量，$M_g = y_i M_i$。

根据油气集输与矿场加工的经验，D_i 一般为 2~5K/MPa。

2）节流管汇温降模型

根据油嘴前后节流压降 Δp，由前面计算的焦耳—汤姆逊效应系数 D_i，节流温降为：

$$\Delta T = \Delta p \cdot D_i \tag{4-25}$$

4. 油嘴推荐与嘴流计算

油嘴是测试过程中控制、调节产量的关键。"油嘴推荐"的目的：一是根据预计的测试流量估算油嘴直径；二是实时分析时根据当前油嘴直径推算、调节下一级测试时的油嘴直径，以缩短现场调试时间。根据流体性质不同，推算油嘴直径时的计算方法不同。

1）气井油嘴推荐

气流通过油嘴时的流动分为临界流动和亚临界流动两种情况。气井测试时，为了避免下游压力（嘴后压力）波动对测试流量的影响，一般均采用临界流动方式，即控制嘴后压力/嘴前压力不大于 0.55。油嘴直径由测试气流量和嘴前压力决定。

2）两相流油嘴推荐

气液两相嘴流的理论描述较单相嘴流复杂得多，一般根据测试数据得出的经验关系式（Gilbert、Ros、Achong 等）计算。在临界流动条件下，流量的变化只与油嘴前的压力即油压有关。

两相嘴流经验公式尽管应用较广，但仍然存在许多问题，如计算模型中并未直接考虑流体黏度、含水率的影响，不同模型推算的油嘴直径并不一致；同时，两相嘴流计算方法并未明确其适用的气油比下限。当气液比很低甚至是纯油井时，计算结果差异很大，显然纯液流或低气液比井油嘴流动不能采用两相流油嘴计算方法。为此，在理论计算基础上，结合实际测试和生产中油嘴直径与流量的关系，对理论计算方法进行修正，从而得出纯油井或低气液比井油嘴推荐直径计算方法。

5. 温度、压力与流速仿真

测试管柱中压力、温度均是从井底（地层）往井口逐渐自然降低，不需要进行人工干预（或调整）；地面测试流程中，压力、温度除在油嘴处发生突降外，换热器将使温度增加，分离器处压力将受到人为调节，以满足油嘴临界流动与火炬燃烧臂压力基本要求。

1）设备压降

除砂器、换热器等设备存在压降，不同型号设备内部结构不同，其压降无法准确计算。根据大量的现场实际测试经验，除砂器压降约 0.02MPa，换热器的压降约 0.2MPa，其余设备压降一般介于二者之间。

2）分离器操作压力的确定

分离器的操作压力通过其节流阀调节，调节余量较大，仿真的目的在于确定分离器的压力操作范围，以满足测试需要。

（1）操作压力下限的确定。

分离器操作压力下限必须保证燃烧头足够的压力，以满足燃烧头的喷射、与空气混合、燃烧需要。参考 SY/T 10043—2002《泄压和减压系统指南》，为了使空气与燃料混合更充分，燃烧头处压力应控制在 0.5~1.0MPa（75~150psi）。

以燃烧头压力 $p_{燃烧头}$ 为起点，分别沿油管线、气管线逆向计算至分离器，可分别得到分离器出口处油路压力 $p_{分,出,油}$、气路压力 $p_{分,出,气}$，由于分离器出口有泄压阀可调节，则分离器操作压力下限为：

$$p_{分,min} = \max \{p_{分,出,油}，p_{分,出,气}\} \tag{4-26}$$

（2）操作压力上限的确定。

操作压力上限由两因素决定：一方面不能超过分离器的允许压力（可取其额定工作压力的80%）；另一方面必须保证油嘴处于临界流动，以便于对流量的调节与控制。油嘴到分离器间压力变化较小，忽略该压降，则分离器操作压力上限为：

$$p_{分,max} = \min \{0.5p_{嘴,前}，0.8p_{分,工}\} \tag{4-27}$$

式中 $p_{分,工}$——分离器额定工作压力（其值根据型号由设备库调用），MPa；

$p_{嘴,前}$——油嘴前压力，MPa。

于是分离器操作压力的合理范围为 $(p_{分,min}，p_{分,mac})$。

仿真时按照以上方法自动给出分离器操作范围，最后通过人工干预选定操作压力。

3）油嘴级数的确定

（1）经验确定法。

根据现场大量测试经验，当井口压力小于 6000psi（41.38MPa）时采用一级节流；当井口压力大于 6000psi（41.38MPa）时采用二级节流。

同时，利用最大关井压力来选择压力级别：当压力小于 20MPa 采用 35MPa 管汇；井口压力为 20~50MPa 时采用 70MPa 管汇；当压力大于 50MPa 时采用 105MPa 管汇。

（2）根据临界流动确定。

为便于测试时对流量的控制，测试时应尽可能使油嘴处于临界流动状态，特别是高压气井。在临界流动条件下，油嘴下游压力（回压）对流量没有影响。工程应用中，一般取临界压力比 $(p_2/p_1)_c = 0.5$。

对于部分压力很高的井，即使分离器操作压力很大，其 $p_2/p_1 \ll 0.5$，虽然满足临界流动的基本条件，但当 p_2/p_1 很小时因为压降过大、嘴后压力过低，可能出现气穴。

确定油嘴级数的基本条件为：

$$0.2857 \leqslant p_2/p_1 \leqslant 0.5$$

当 $(p_2/p_1) < 0.2857$ 时，应采用多级油嘴。

4）压力—温度耦合计算

在实际测试过程中，压力—温度是相互影响的，因此需要将二者耦合分析。其耦合分析流程如图4-30所示。

耦合计算时：

（1）油嘴前的压力以测试树为起点，按压力计算模型沿流体流向计算；油嘴后的压力以燃烧臂的油管线/气管线为起点，逆流体流向计算。

（2）温度计算以测试树为起点，沿流体流向计算直至燃烧臂。其中，油嘴处根据压降存在温降，换热器处根据分离器操作温度存在温升。

（3）将全流程温度计算结果代入相应管段的压力计算中，直至压力、温度计算误差小于一定值，满足温度与压力耦合要求。

5）流速仿真

耦合计算确定了地面测试流程中各段管线、设备的压力和温度后，即可计算各段管线内的流速，计算方法与测试管柱中的流速仿真相同。

地面流程各设备中的流速一般低于管流速度，且各设备参数差异很大，因此决策系统中地面流程的流速仿真重点考虑各段管线内的流速。

三、测试地面流程的流动保障与风险控制

预设流程流动保障与安全分析的目的与预设管柱的流动保障分析相同。根据测试流程特点，流动保障与安全分析包括设备安全性分析、结蜡与凝管分析、水合物分析、冲蚀分析、振动与噪声分析、热辐射分析等方面。

1. 设备安全性分析

设备安全性分析除考虑配套的安全阀等安全设备外，重点分析地面流程中各管线、设备的耐压、耐温安全性。

将流动仿真确定的预设流程中各管段/设备压力、温度与实际管线/设备的耐压（最高工作压力）、温度阈值（允许的工作温度范围）进行比较，通过压力安全系数与温度阈值的安全范围来确定设备的安全性。对于存在安全风险的管线或设备，在上平台前应进行更换。

2. 结蜡/凝管分析

其分析方法与测试管柱相同。

3. 水合物分析

流程中水合物预测预防分析方法与测试管柱分析方法相同。

地面测试流程中，油嘴处将会出现节流压降与温降，是地面流程中最可能出现水合物风险的部位，如图4-29所示，可通过加热或加注抑制剂（如甲醇）预防。

4. 冲蚀分析

地面流程中各部位的冲蚀分析方法和测试管柱分析方法相同。但与测试管柱不同的是，地面流程中不同部位的固相含量不同：除砂器前含砂量较高（与测试管柱相同），除砂器后含砂量大幅度降低，而分离器后基本可认为含砂量为0。因此，地面流程的临界冲蚀速度应分段选择或计算，不宜像测试管柱一样采用相同的临界冲蚀速度。

图 4-29　测试流程中节流管汇外表面温降结霜图

5. 振动与噪声分析

1）工艺管线振动与噪声产生原因

地面流程中管道振动可能给测试带来严重的危害。长期振动会使得管道系统发生疲劳破坏，影响它的使用寿命；同时，强烈的振动将使管道系统的连接部位产生松动和破裂，造成气体泄漏。此外，振动也会产生噪声污染，影响人们的生活和工作。因此，分析管道系统的运行工况和振动，有助于对它们的合理设计和管理。

地面测试流程中管线振动与噪声产生的原因主要是管道内部流体激扰及管道外的随机载荷作用，具体归纳为以下几点：

（1）管道系统液体流动状态、流动方向（如弯头处）突然改变，对管道有较大的冲击力，引起管道在其轴向产生较大的振动；

（2）液体流经节流口处。将出现气穴现象，致使管道产生振动；

（3）管道内液体流动速度过快，管道系统的设计与配置不合理，导致管线出现振动；

（4）管道系统的配套固定装置（如支撑的类型和位置）具有一定的固有频率，当激发频率与某阶段固有频率相等或接近时，便发生管道的机械振动。

在气液两相管流中，段塞流是产生振动的一个重要原因。在严重段塞流工况下，管线的流动参数均表现出周期性变化，将对地面测试系统的正常生产工作造成极大危害。在海洋油气井测试过程中，如启停井、清喷作业、调节油嘴开度、复产时都可能导致段塞流现象出现。

2）振动与噪声控制方法

对于两相管流，控制段塞流的方法有节流法、气举法、分离法、扰动法、节流阀和差压变送器组合法、段塞流捕集器法等。对于地面测试流程而言，本身需要节流以控制测试产量，间接控制地层测试压差，当由于段塞流产生的振动较严重时，可以适当控制油嘴大小加以调节；而段塞流捕集器法流程复杂，工程投资高，操作运行费用高，占地面积较大，不推荐在测试流程中使用。

测试的主要目的是快速、高效获取地层资料，没有必要在测试管柱与地面流程中专门为预防段塞流而采取相应措施。为此，降低管线振动的措施主要有：（1）降低管道内表观速度；（2）改变管道的局部走向；（3）增加或改变支吊架的形式及位置。

实际测试流程中，由于平台空间有限，改变管道的局部走向受限，于是调节或加密固定点以提高管线自身的固有频率，从而避开能引起管线共振的频率区，合理选择管线直径以降低测试流程中的表观流速是控制振动和噪声的主要措施。

3）振动与噪声的流速控制

基于测试过程中流速是引起噪声和振动内在因素的认识，控制管内流速就成为振动和噪声控制的最有效手段。根据 NORSOK STANDARD P-001（Edition 5），控制噪声与振动的安全速度如下。

（1）气井（单相气流）：

$$v = 175\left(\frac{1}{\rho}\right)^{0.43} \tag{4-28}$$

减振管线 175 用 200 代替。

（2）油井（气液两相流）：

$$v = 183\left(\frac{1}{\rho_m}\right)^{0.5} \tag{4-29}$$

式中　v——不会引起噪声的最大气体流速，m/s；

ρ——气体密度，kg/m^3；

ρ_m——混合物的密度，kg/m^3。

（3）火炬和燃烧臂（放喷管线）流速控制

所有火炬头管线设计应满足 $pv^2 < 2000000\text{kg}/(\text{m} \cdot \text{s}^2)$（$\rho$ 为液体或气液两相混合物密度，kg/m^3；v 为速度，m/s）。

火炬管道和副火炬头的设计应满足最大速度小于 0.6Ma，即 204m/s。

燃烧臂出口管线下游的大小头处最大允许的流动速度为 0.7Ma，即 237.7m/s。

分离器前由于测试管线中压力较高、流速较低，气流流速一般不会超过噪声与振动的安全速度；油嘴处由于直径小、流速高，其实际气流流速通常会超过噪声与振动的安全速度；燃烧臂处由于压力较低，气流流速增高，实际气流流速可能超过噪声与振动的安全速度。因此，油嘴处与燃烧臂处是产生噪声和振动的主要部位。

4）风险识别与措施

若以上各段的实际流速低于对应的安全极限速度，则"振动、噪声校核安全"；否则，提示"存在振动、噪声风险"，并推荐"最小管径"。

取最大允许气流速度 v_{max} = 安全极限速度×80%，将 Q_{gsc} 折算至该段 p、T 下即 Q_{gi}，则最小管径为：

$$D_{imin} = \sqrt{\frac{1.2732Q_{gi}}{v_{max}}} \tag{4-30}$$

5）深水高产测试应用案例

以 HYSY981 地面测试流程对南海某深水气井的测试为例，其最大测试流量达到了 $160 \times 10^4 m^3/d$。

考虑到除砂器前后管线中含砂量差异较大、换热器前后存在温度差异，将地面流程分为 6 个部分进行流速的评估分析，即：（1）气井井口到除砂器入口；（2）除砂器下游到油嘴管汇入口；（3）油嘴管汇下游到换热器入口；（4）换热器下游到分离器入口；（5）分离器出口到燃烧臂进口；（6）燃烧臂出口到燃烧头。

根据流程中各段管线直径、压力，计算得到各段实际流速与最大允许流速（表 4-16）。

表 4-16　南海某井地面测试流程流速对比（测试气量：$160 \times 10^4 m^3/d$）

管段	最小内径 [in（mm）]	流体性质	最大允许速度 [ft/s（m/s）]	实际速度（m/s）	临界冲蚀速度（m/s）	噪声控制速度（m/s）
气井井口到除砂器入口	3（76.2）	油气水固体	98（30.2）	16.2	35.0	—
除砂器下游到油嘴管汇入口	3.826（97.2）	油气水	180（54.9）	9.8	55.0	—
油嘴管汇下游到换热器入口	3.826（97.2）	油气水	180（54.9）	15	55.0	—
换热器下游到分离器入口	3.826（97.2）	油气水	180（54.9）	15.4	55.0	—
分离器出口到燃烧臂进口	3.826（97.2）	气	646（197）	137	—	196.9
燃烧臂出口到燃烧头	4.813（122.3）	气	780（237.7）	172.7	—	237.7

因此，即使类似这样的高产气井，只要地面测试流程设计、控制合理，完全能够保证测试安全。

6. 热辐射分析

1）辐射半径与热辐射云图

火炬燃烧时，距离火焰中心不同位置（半径）的热辐射强度不同。若选取不同的辐射强度，则可计算得到相应的热辐射云图。

（1）热辐射半径：

$$G = \frac{0.0036 v_g \rho_g \pi d_g^2}{4} \tag{4-31}$$

$$Q = 2.78 \times 10^{-7} \xi H_v G \tag{4-32}$$

$$D = \left(\frac{\varepsilon Q}{4\pi K}\right)^{0.5} \tag{4-33}$$

式中　D_f——燃烧器出口直径，m；

　　　v'_g——燃烧器出口处的气流速度，m/s；

　　　v_g——气体流速，m/s；

　　　ρ_g——气体密度，kg/m^3；

　　　d_g——气管线直径，mm；

　　　G——气体的质量流量，kg/h；

　　　γ——燃烧臂与水平方向的夹角；

　　　ξ——修正系数；

H_v——气体的低发热值，J/kg；

Q——火焰放出的总热量，kW；

K——允许的辐射强度（表4-17），kW/m²；

ε——热辐射率；

D——散热中心到物体的距离，m；

L——燃烧臂长度，m；

Y——火焰中心到燃烧臂顶端的垂直距离，m；

X——火焰中心到燃烧臂的垂直距离，m；

R——最大安全距离，m；

r——最小安全距离，m。

表4-17 允许的辐射强度 K 取值

区域	K（kW/m²）	
	API标准	BP RP44-3
安全区域	<1.58	1.6（完全暴露）
防护距离	1.58~4.5	3.2（30min停留时间）
防护区域	4.5~6.3	4.7（60s峰值逃离到安全地带）
严重致死区域	>6.3	6.3（20s峰值逃离到安全地带）

（2）火焰中心位置。

燃烧臂朝向与正北方向夹角 θ 取值见表4-18。

表4-18 θ 取值

燃烧臂朝向	正北	东北	正东	东南	正南	西南	正西	西北
θ（°）	0	45	90	135	180	225	270	315

火焰尖端位置为（$l\cos\gamma\sin\theta$，$l\cos\gamma\cos\theta$，$l\sin\gamma$）；火焰中心位置为（$\frac{l}{2}\cos\gamma\sin\theta$，$\frac{l}{2}\cos\gamma\cos\theta$，$\frac{l}{2}\sin\gamma$）。

当马赫数 $m=\frac{v'_g}{340}$ 为 0~0.12 时，火焰长度 $l=720mD_f$；当马赫数 $m=\frac{v'_g}{340}$ 为 0.12~0.2 时，火焰长度 $l=(420m+36)D_f$。

$$v'_g=\frac{d_g^2}{D_f^2}v_g \tag{4-34}$$

风影响后的火焰中心坐标为：

风速的矢量长度：

$$l_w=\delta\frac{v_w}{v_g}l$$

式中 v_w——风速，m/s；

  δ——校正系数。

风速的矢量尖端位置为 $(l_w \sin\alpha,\ l_w \cos\alpha,\ 0)$。

风向与正北方向夹角 α 的取值见表 4-19。

表 4-19　α 取值

风向	正北风	东北风	正东风	东南风	正南风	西南风	正西风	西北风
α（°）	180	225	270	315	0	45	90	135

风影响后的火焰中心位置为 $\left(\dfrac{l\cos\gamma\sin\theta + l_w\sin\alpha}{2},\ \dfrac{l\cos\gamma\cos\theta + l_w\cos\alpha}{2},\ \dfrac{l}{2}\sin\gamma\right)$。

（3）热辐射云图平面投影。

燃烧臂低端与平台交点的空间坐标为 $(-L\cos\gamma\sin\theta,\ -L\cos\gamma\cos\theta,\ -L\sin\gamma)$。假设：燃烧臂低端与平台交点的平面投影坐标为 $(x_a,\ y_a)$；原火焰尖端的平面投影坐标为 $(x_b,\ y_b)$；风速矢量尖端的平面投影坐标为 $(x_c,\ y_c)$；风影响后的火焰尖端的平面投影坐标为 $(x_d,\ y_d)$；火焰中心的平面投影坐标为 $(x_e,\ y_e)$。则存在如下关系：

$$X = |\sin\beta| \times \sqrt{x_d^2 + y_d^2} \qquad (4\text{-}35)$$

$$Y = |\cos\beta| \times \sqrt{x_d^2 + y_d^2} \qquad (4\text{-}36)$$

令 $a = \sqrt{x_c^2 + y_c^2}$，$b = \sqrt{x_b^2 + y_b^2}$，$c = \sqrt{x_d^2 + y_d^2}$，$A = \dfrac{x_d}{y_d}$，$B = \dfrac{x_b}{y_b}$，

$$\cos\beta = \frac{b^2 + c^2 - a^2}{2bc}, \quad \sin\beta = \frac{A - B}{1 + AB}\cos\beta$$

式中　β——火焰方向与燃烧臂夹角。

2）热辐射评价标准

根据国家标准 GB/T 17244—1998《热环境 根据 WBGT 指数（湿球黑球温度）对作业人员热负荷的评价》，WBGT 指数是综合评价人体接触作业环境热负荷的一个基本参量，单位为℃。此法可方便地应用在工业环境中，以评价环境的热强度。美国和一些欧洲国家用此法评价高温车间热环境气象条件已有多年，ISO 国际标准化组织也从 1982 年起正式采用此法作为标准（ISO 7243）。GB/T 4200—2008《高温作业分级》也采用了 WBGT 指数法，将热环境的评价标准分为 5 级，见表 4-20。

表 4-20　WBGT 指数评价标准

平均能量代谢率	WBGT 指数（℃）			
等级	好	中	差	很差
0	≤33	≤34	≤35	>35
1	≤30	≤31	≤32	>32
2	≤28	≤29	≤30	>30
3	≤26	≤27	≤28	>28
4	≤25	≤26	≤27	>27

根据国家标准，能量代谢是估算作业人员热负荷的基本方法，可测量作业人员的氧消耗或根据参考表进行估算。根据能量代谢率可将劳动分为 0 级、低代谢率、中代谢率、高代谢率和极高代谢率 5 级（表4-21）。举例中的各活动项目均为单项操作，不是一个人或多个人 8h 工作日各项活动平均的能量代谢率。

表4-21　能量代谢率估算作业人员热负荷

级别	平均能量代谢率 M			示例
	W/m² （体表面积）	kcal （min·m²）	kJ （min·m²）	
0	M≤65	M≤0.930	M≤3.892	休息
1 低代谢率	65<M ≤130	0.930<M ≤1.859	3.892<M ≤7.778	坐姿：轻手工作业（书写、打字、绘画、缝纫、薄记、记账），手和臂的劳动（小修理工具、材料的检验、组装或分类），臂和腿的劳动（正常情况下，驾驶车辆脚踏开关或踏脚）。立姿：钻孔（小型），碾磨机（小件），绕线圈，小功率工具加工，闲步（速度为 3.5km/h 以下）
2 中代谢率	130<M ≤200	1.859<M ≤2.862	7.778<M ≤11.974	手和臂持续动作（敲钉子或填充）；臂和腿的工作（卡车、拖拉机或建筑设备等非运输操作）；臂和躯干的工作（风动工具操作、拖拉机装配、粉刷、间断搬运中等重物、除草、锄田、摘水果和蔬菜），推或拉轻型独轮车或双轮小车，以 3.5～5.5km/h 速度行走；锻造
3 高代谢率	200<M ≤260	2.862<M ≤3.721	11.974<M ≤15.565	臂和躯干负荷工作，搬重物、铲、锤锻、锯刨或凿硬木；割草、挖掘，以 5.5～7km/h 速度行走；推或拉重型独轮车或双轮车，清砂、安装混凝土板块
4 极高代谢率	M>260	M>3.721	M>15.565	快到极限节律的极强活动；劈砍工作，大强度的挖掘；爬梯、小步急行、奔跑，行走速度超过 7km/h

3）火炬热辐射案例

以 HYSY923 平台的燃烧臂及平台喷淋系统数据为例，其基本参数见表4-22。

表4-22　HYSY923 燃烧臂及喷淋系统参数

名称	规格
燃烧臂长度	24m
燃烧臂超级喷淋系统规格	距燃烧臂前端3m处，覆盖范围6m（长）×5m（高），喷淋能力 0.5m³/min
左侧喷淋水幕长度	30m
右侧喷淋水幕长度	10m
喷淋水幕喷淋能力	与燃烧臂根部平齐，覆盖范围40m（长）×5m（高），喷淋能力 0.5m³/min

（1）无风、无喷淋措施，天然气产量为 $80\times10^4 m^3/d$ 时的热辐射分析结果如图4-30所示，火焰长度约40m。

（2）有风、有喷淋措施，天然气产量为 $80\times10^4 m^3/d$。

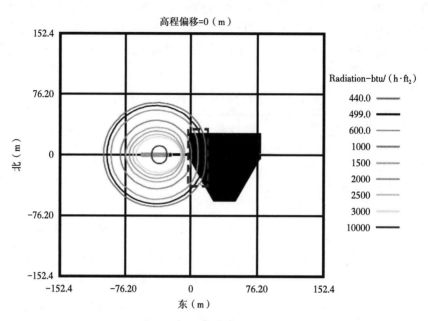

图 4-30　无风、无喷淋措施时 Flaresim 热辐射分析图

喷淋水幕的热辐射传导效率为 0.25。风向与燃烧臂的水平方向呈 90°夹角，风力 15m/s。热辐射分析云图如图 4-31 所示。

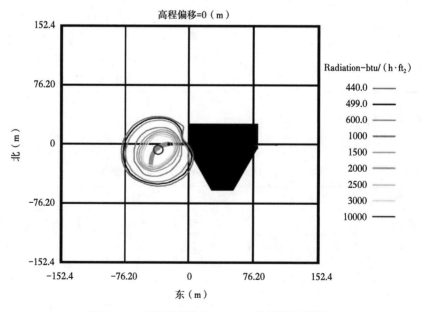

图 4-31　有风有喷淋时 Flaresim 热辐射分析图

四、地面流程的调整

地面流程的调整与测试管柱的调整目的相同：一是通过对预设流程的流动仿真、流动保障与安全分析，看其是否满足流动保障与安全分析的需要，对不能满足流动安全的部件

进行调整、更换；二是根据现场实际情况（如测试管线、测试设备的配备情况）对部分管线、设备参数以及测试流量进行调整。

对于流动保障与安全分析中存在风险的管段、设备，通过人工干预方式进行调整，以消除风险。

（1）风险汇总与调整。将测试地面流程的流动保障与风险控制中存在风险的因素、风险部位在流程图中直观、集中展示，对于存在风险的部位根据风险类型进行相应的调整，即通过管线或设备的更换以消除测试风险。

（2）根据测试现场需求对管线、设备配套情况进行调整。预决策形成的测试流程管线或设备可能现场并不具备，或者现场需要使用新型设备，在这些情况下，通过人工干预方式对预决策出的流程设备、管段等进行人为调整（人工干预）。

（3）调整后流程的流动保障分析。对调整后的测试流程重新进行流动保障与安全分析，直至调整后的测试流程满足流动保障要求与安全要求。

第四节　海上测试辅助举升与实时分析

一、辅助举升

1. 替喷判定与设计

替喷是指用低密度流体（如海水、柴油，甚至空气）部分替换密度较大的测试液以完成测试。替喷是完成测试的最经济方法，任何测试井首先应分析其替喷的可能性，对于满足替喷要求的井，应首选替喷。

替喷可行性分析

替喷时的井筒关系如图4-32所示，其中低替液最大允许深度为测试管柱内的测试阀深度。

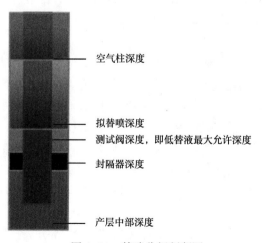

图4-32　替喷分析判断图

替喷可行性由两条件决定：

（1）替喷后能否实现自喷测试；

（2）自喷后井底最大流动压差能否满足测试压差。

只要其中任一条件不满足，则不能采用替喷测试。

条件（1）用低替最大启动压差 $\Delta p'$ 表示，即图 4-32 中拟替喷深度达到测试阀深度时的井底压差；条件（2）用最大流动压差 $\Delta p''$ 表示，由井口压力、最大测试流量（油、气、水），调用管流计算模型，从井口计算至产层中部深度的井底流压确定。

当油藏提供的最大测试压差 $\Delta p \leqslant \min \{\Delta p', \Delta p''\}$ 时，则液垫低替可行。若低替不可行，即测试地层不具备自喷生产能力（最大测试产量、最大测试压差下井口油压小于 0）时，则需要人工举升助排。

2. 连续油管气举可行性

利用连续油管实施氮气气举是海上测试、压井后恢复生产等的常用手段。连续油管在测试时的气举可行性由其下入深度和气举产生的压差决定。

1）最大允许下入深度

连续油管在测试管柱内的下入深度由以下 3 个因素确定：

（1）测试管柱内径允许的连续油管下入深度 L_1；

（2）连续油管强度允许下入深度 L_2；

（3）气举压力允许的油管下入深度 L_3。

L_3 可由平台设备的最高注气压力与液垫相对密度确定。

连续油管最大允许下入深度 $L_{\max} = \min \{L_1, L_2, L_3\}$。

2）连续油管气举时的生产压差

在连续油管最大下入深度、平台可提供的最大注气量下，由井口压力推算井底压力。若地层压力与推算的井底压力之差大于最大测试流量下的测试压差，则连续油管气举可行；否则，连续油管气举形成的压差无法满足测试要求，需要用其他助排技术。

3. 多功能气举设计

1）多功能气举原理

针对海上采用电潜泵、螺杆泵、常规气举诱喷测试时间长，测试管柱内不能下入钢丝作业工具，常规气举环空不能通过压力控制井下阀开关、气举效率低等问题，中海油湛江分公司与西南石油大学合作研发了多功能气举测试技术，并申报了专利与软件著作权。

多功能气举测试管柱下部采用常规测试管柱（包括循环阀、取样器等）不变，上部在 5in 钻柱顶部安装专用气举测试井口，钻柱内下入 2⅜in 油管、油管底部与钻杆间通过专用密封装置密封，2⅜in 油管上安装专用气举阀，气举阀的安装位置和数量由专用多功能气举测试工艺软件设计，半潜式平台在测试管柱上安装专用钻杆伸缩补偿器，如图 4-33 所示。

多功能气举测试管柱利用平台造氮设备从钻杆与 2⅜in 油管的小环空注气、油管排液，所需气量较小，平台自带造氮设备即可满足。可以实现常规测试的所有功能：通过环空压力控制井下阀开关、油管内和钻杆—套管环空均可进行钢丝绳作业，同时可进行快速诱喷、测试求产、地层取样、资料录取等。

2) 多功能气举专用设计软件

针对多功能气举测试管柱的特殊性、测试地层产能的不确定性和测试压差要求，能满足不同压井液下的气举参数设计（包括气举阀级数、布阀深度、气举阀参数等），以指导现场实施。

3) 技术特点

（1）施工简单，基本没有辅助设备，钻井平台井队即可操作；

（2）可代替目前使用的井口流动头，拆装井口方便，大大节约了井口作业时间；

（3）可利用平台备有的氮气设备，无须额外的压缩机；

（4）具备测试管柱的所有功能，即快速诱喷、测试求产、地层取样、资料录取等；

（5）作业灵活，可根据测试要求，通过调节作业参数达到对生产压差的准确控制；

（6）适合不同的油品（稠油、轻油、高气油比、含砂原油等），并能满足压裂液、残酸液等不同流体的排液需要；

（7）可适用于不同的平台类型，如半潜式平台；

（8）气举效率高、作业时间短，并可按需要选择正举或反举方式。

（9）井下无运动件，可靠性高。

与常规测试技术相比，多功能气举测试周期短，大大节约了平台费用，测试时间每层次平均节约 1.25 天，且装置可重复利用。

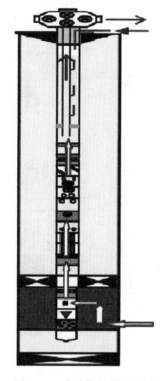

图 4.33 多功能气举原理图

二、实时分析

将井底实测压力，温度实时传输至地面以提高测试成功率，是测试技术发展的一个趋势。在不能实时传输的条件下，可通过模拟计算，利用地面实测参数实时分析井底参数，以指导工作制度的调整。

1. 井底温压实时计算

井底温压的实时计算就是根据实测井口压力、温度以及实测的油气水产量等数据，对入井的实际测试管柱结构，利用节点系统分析方法从井口向下推算井底的压力、温度，以间接了解井底（地层）实时压力、温度情况，为测试工作制度的调整提供指导。

由于实时数据量很大（每秒钟一个数据点），不可能、也没有必要对实测的每个数据点都进行计算，真正关注的主要是每级测试中产量、地面数据稳定时的井底压力、温度。决策系统中可人为设定实时计算起点时间、时间间距后自动计算得出相应的井底压力、温度，为油藏专家进行测试工作制度的调整、油嘴调整提供依据。

2. 测试风险动态预警与安全控制

对测试管柱与地面流程可视化展示，实时监测测试系统状态，超过系统安全阈值时，对应危险位置闪烁报警,如图4-34所示。通过对流动保障分析中的风险部位和风险信息进行警示,以指导对测试管柱和地面流程的优化与人工调节。

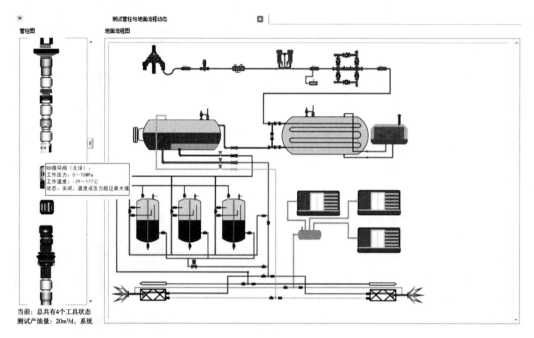

图4-34 测试管柱与地面流程总成示意图

参 考 文 献

[1] Mogbo O. Deepwater DST design, planning and operations – offshore niger delta experience [C]. SPE133772,2010.

[2] Nicholas Gatherar, Graeme John Collie. Divice for installation and flow test ofsubsea completions: US7114571 [P] . 2006-10-03.

[3] Knight R. Large independents find opportunities in Southeast Asian deep water [J]. Oil and Gas Journal, 2004,102 (44): 41-47.

[4] 孙合朋,李四江. 海上试油测试的一些特殊设备及工艺简介 [J]. 中国石油和化工标准与质量, 2011 (9): 105-106.

[5] 王跃曾,唐海雄,陈奉友. 深水高产气井测试实践与工艺分析 [J]. 石油天然气学报,2009 (5): 148-151.

[6] 戴宗,罗东红,梁卫,等. 南海深水气田测试设计与实践 [J]. 中国海上油气,2012,(1): 25-28.

[7] 康露. 海上测试管柱决策软件开发 [D]. 成都: 西南石油大学,2015.

[8] Vogel J V. Inflow Performance Relationship for Solution Gas Drive Wells [J]. Journal of Petroleum Technology, 1968, 20 (1): 83-92.

[9] Standing M B. Inflow Performance Relationship for Damage Wells Producing By solution Gas Drive [J]. Journal of Petroleum Technology, 1970, 22 (11): 1399-1400.

[10] Orkiszewski J. Predictiong Two-Phase Pressure Drop in Vertical Pipe [J]. Journal of Petroleum Technology, 2013, 19 (6): 829-838.

[11] Duns H Jr, Ros N C J. Vertical Flow of Gas and Liquid Mixture in Well [C]. Frankfurt: 6th World Petro-

leum Congress, 1963.

[12] Mukherjee H, Brill J P. Pressure Drop Correlations for Inclined Pipes [J]. Journal of Energy Resources Technology, 1985, 107 (4): 549.

[13] Glibert W E. Flowing and Gas-Lift Well Performance [C]. API Drilling and Production Practice, 1954: 126-157.

[14] 韩国有, 刘晓燕. 油气水多相管流工艺计算方法的对比 [J]. 油气田地面工程, 2007, 26 (9): 54.

[15] 高仪君, 刘建仪, 张键. 定向井井筒温度压力耦合分析 [J]. 油气藏评价与开发, 2013 (2): 29-33.

[16] Ramey H J Jr. Wellbore Heat Transmission [J]. Journal of Petroleum Technolgy, 2013, 14 (4): 427-435.

[17] Satter A. Heat Losses During Flow of Steam Down a Wellbore [J]. Journal of petroleum Technolgy, 1965, 17 (7): 845-851.

[18] Shiu K C, Begges H D. Predicting Temperatures in Flowing Oil Wells [J]. Journal of. Energy Resource Technology, 1980, 102 (1): 2.

[19] 蒋汉青, 陈静惠, 卢祥国. 井筒两相流传热计算——地层温度 [J]. 国外油田工程, 1993 (2): 34-36.

[20] 刘通, 李颖川, 钟海全. 深水油气井温度压力计算 [J]. 新疆石油地质, 2010, 31 (2): 181-183.

[21] 唐海雄, 张俊斌, 王堂青, 等. 海上高温油井的井筒温度剖面预测 [J]. 大庆石油学院学报, 2010 (3): 96-100, 128.

[22] 朱忠喜, 张迎进. 井口回压和注气量对井底压力的影响 [J]. 钻采工艺, 2007 (5): 11-12, 16, 163.

[23] 潘迎德. 多相垂直管流压降梯度"奥氏"法计算程序 [J]. 西南石油学院学报, 1987 (1): 25-43.

[24] 尹邦堂, 李相方, 李骞, 等. 高温高压气井关井期间井底压力计算方法 [J]. 石油钻探技术, 2012 (3): 87-91.

[25] Shing-Ming Chen, William Xiaowei Gong, Geoff Antle. DST Design for Deepwater Wells with Potential Gas Hydrate Problems [C]. The 2008 Offshore Technology Conference, 2008.

[26] 吴木旺, 杨红君, 梁豪, 等. 基于临界流量的深水探井测试关键技术与实践——以琼东南盆地深水区为例 [J]. 天然气工业, 2015 (10): 65-70.

[27] 李效波. 深水完井油气测试中原油析蜡预测方法研究 [D]. 青岛: 中国石油大学 (华东) 2009.

[28] 张东伟. 原油析蜡点计算软件的设计与实现 [J]. 信息技术, 2013 (2): 51-54, 58.

[29] 赵文勋. 含蜡原油析蜡点确定的新方法及其应用 [J]. 河南科技, 2013 (6): 72.

[30] Kosta J Leontariti. Cloud point and wax deposition measurement techniques [C]. SPE 80267, 2003.

[31] Rajiv Sagar, Doty D R, Zellmir Schmidt. Predicting temperature profiles in a flowing well [C]. SPE 19702, 1991.

[32] Hasan A R, Kbir C S. Heat Transfer During Two-Phase Flow in Wellbores. Part II-Wellbore Fluid temperature [C]. SPE22948, 1991.

[33] 张兴华. 稠油油藏地层测试保温管技术 [J]. 中国海上油气, 2007 (4): 269-271.

[34] 谭忠健, 许兵, 冯卫华, 等. 海上探井特稠油热采测试技术研究及应用 [J]. 中国海上油气, 2012 (5): 6-10.

[35] Wang Pingshuang, Zhou Jianliang, Li Min. Sand production prediction of weizhou121 oil field in Beibu Gulf in South China Sea [J]. SPE 64623, 2000.

[36] 金泽亮, 王荣仁, 陈金先, 等. 气井测试水合物的防治研究与应用 [J]. 油气井测试, 2007 (4):

54-55，58，77-78.

[37] 卢斌，李臻，邹云. 油井管柱抗冲蚀性能研究进展 [J]. 化学工程与装备，2011（10）：159-160.

[38] 卢斌. 喷射式冲蚀实验装置研制及油井管柱抗冲蚀性能研究 [D]. 西安：西安石油大学，2012.

[39] 伍开松，赵云，柳庆仁，等. 高压射孔测试管柱力学行为仿真 [J]. 石油矿场机械，2011，40（5）：74-77.

[40] 周绍根. 几种常用地层测试工具及应用 [J]. 钻采工艺，1996（1）：75-79.

[41] 朱礼斌，袁秀俊. 全通径测试工具综合应用技术 [J]. 油气井测试，1989（1）：53-57.

[42] Hushbeck D F，Henderson J L. Drillstem testing of high-pressure and temperature wells on land is made safer by using annulus pressure operated testing tools [C]. SPE Production Operations Symposium，1983.

[43] 康浩，赵云，柳庆仁. 三高气井测试管柱力学行为仿真 [J]. 机械研究与应用，2012（3）：27-28.

[44] 高宝奎，高德利. 高温高压井测试管柱变形增量计算模型 [J]. 天然气工业，2002（6）：52-54，7.

[45] 丁亮亮，练章华，林铁军，等. 川东北三高气井测试管柱力学研究 [J]. 钻采工艺，2010（4）：71-73，140.

[46] 张国林，沈亚平. 钻柱测试工艺中液垫的设计 [J]. 油气井测试，1993（4）：34-36.

[47] 王玺，夏柏如，康健利，等. 高压高产气井地面测试流程研究 [J]. 油气井测试，2005，14（2）：39-41.

[48] 牟小清，张晶，邓红英，等. 高温高压含硫气井测试地面流程优化 [J]. 中外能源，2010（5）：60-63.

[49] 王爱玲，李玉星. 油气田地面工艺流程模拟计算软件 [J]. 石油规划设计，2002（2）：23-25.

[50] 王全英. 油气地面集输工艺流程仿真系统的设计与实现 [D]. 天津：天津财经大学，2011.

[51] 何玉发，周建良，蒋世全. 基于 HYSYS 的深水测试地面工艺流程模拟 [J]. 广州化工，2011，39（17）：13-14.

[52] 李旭方，王文起. 地面流程系统工艺在高含 H_2S 井测试中的应用 [J]. 油气井测试，1997（4）：53-56，75.

[53] 谢玉洪，王尔钧，孟文波，等. 深水测试地面设备模块化系统：CN104234692A [P]. 2014-12-24.

[54] 魏剑飞，金泽亮，王革新. 海上测试流程地面管线选型 [J]. 中国石油和化工标准与质量，2012（6）：55-56.

[55] 陆惠林. 关于流体加热输送的压降和温降影响的计算 [J]. 油田地面工程，1988，（5）：1-6.

[56] 王树立，赵志勇，王淑华. 油气集输管线温降计算方法 [J]. 油气田地面工程，1999（2）：22-25.

[57] 黄船，胡长翠，潘登，等. 地面测试中天然气水合物影响分析及工艺技术对策 [J]. 钻采工艺，2007（1）：10-12，143.

[58] 王磊. 高产气井管汇压力分析及安全控制 [D]. 西安：西安石油大学，2010.

[59] 毛小亮，安发亮，李金科. 工业炉燃烧器的噪声及其控制技术 [J]. 乙烯工业，2012（2）：57-61.

[60] 扬世绵. 液压装置中节流孔处的气蚀与噪声（入口的形状与油温的影响）[J]. 液压工业，1986（1）：57-61.

[61] 孙继德，张国军，曲美菊. 锅炉炉膛、燃烧器的振动和噪音浅析 [J]. 电站系统工程，1996（5）：26-30，63-64.

[62] 张家豪. 长输天然气管道放空火炬热辐射影响范围研究 [D]. 广州：华南理工大学，2014.

[63] 高希峰. 火炬安全距离计算 [J]. 石油工业技术监督，1996（5）：24-25.

[64] 缪鹏飞. 地面火炬的安全防护距离 [J]. 消防技术与产品信息，2004（6）：26-29.

[65] 赵春立，杨志，王尔钧，等. 海上"三低"油气田多功能气举测试新工艺 [J]. 中国海上油气，2014，26（2）：72-76.

[66] 田向东，康露，杨志，等. 海上油气井快速诱喷测试技术 [J]. 油气井测试，2018，27（2）：

41-46.

[67] 马磊，王尔钧，魏安超，等 . 海上油气井测试管柱决策系统研究 [J]. 油气井测试，2017，26（2）：28-32.

[68] 高永海，孙宝江，王志远，等 . 深水钻探井筒温度场的计算与分析 [J]. 中国石油大学学报（自然科学版），2008，32（2）：58-62.

[69] 毛伟，梁政 . 气井井筒压力、温度耦合分析 [J]. 天然气工业，1999，19（6）：66-68.

[70] 杨继盛 . 采气工艺基础 [M]. 北京：石油工业出版社，1992.

第五章 海上致密气藏斜井压裂产能预测技术

海上低渗透气藏采用定向井压裂开发可以显著降低开发成本和提高经济效益。本章对致密气藏斜井压裂不规则多裂缝不稳定渗流机理与生产规律开展研究，主要从致密气藏斜井压裂储层基质渗流、水锁伤害、应力敏感效应、压裂裂缝内高速非达西流动压降模型以及低渗透气藏斜井压裂产能预测方面开展研究。

第一节 致密气藏斜井压裂不规则多裂缝渗流模型

致密气藏具有低渗透致密的储层特征，导致其压力波不能有效传播至整个储层，若应用常规采气技术显然不能满足工业开采的需要。随着斜井压裂技术的快速发展，致密气藏的经济商业开采成为可能。本节针对致密气藏斜井压裂后基质—裂缝—应力—渗流耦合作用下的不稳定渗流问题开展研究，考虑封闭箱型致密气藏应力敏感和水锁伤害，结合斜井压裂不规则多裂缝、气体沿裂缝面非均匀流入、裂缝内高速非达西压降、射孔孔眼节流效应等因素，综合应用 Green 函数、Newman 积分、镜像反映、叠加原理等方法研究致密气藏斜井基质—裂缝—渗流—应力相互耦合的不稳定渗流问题，揭示致密气藏斜井压裂后的渗流机理，指导斜井压裂优化设计，以提高斜井压裂效果[1]。

一、致密气藏斜井压裂储层基质渗流模型

1. 考虑裂缝面水锁伤害压降模型

考虑水锁伤害深度沿人工裂缝面逐渐减小，将每个楔形裂缝离散单元下的伤害区域近似处理为楔形伤害单元，如图 5-1 所示。假设第 k 条人工裂缝跟部最大水锁伤害深度为 $d_{max,fk}$，端部最小水锁伤害深度为 $d_{min,fk}$，则第 k 条人工裂缝上第 i 个离散单元的水锁伤害深度 $d_{fk,i}$ 为：

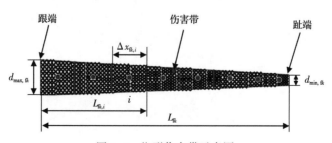

图 5-1 楔形伤害带示意图

$$d_{\mathrm{fk},i} = d_{\min,\mathrm{fk}} + \frac{L_{\mathrm{fk}} - L_{\mathrm{fk},i}}{L_{\mathrm{fk}}}(d_{\max,\mathrm{fk}} - d_{\min,\mathrm{fk}}) \tag{5-1}$$

式中　L_{fk}——第 k 条人工裂缝半长，m；

$L_{\mathrm{fk},i}$——第 k 条人工裂缝上第 i 个离散单元到裂缝趾端的距离，m。

考虑第 k 条人工裂缝上第 i 个离散单元的长度 $\Delta x_{\mathrm{fk},i}$，得第 k 条人工裂缝第 i 个离散单元的水锁伤害表皮系数 $S_{\mathrm{fk},i}$ 为：

$$S_{\mathrm{fk},i} = \frac{\pi}{2\Delta x_{\mathrm{fk},i}}\left[\frac{K(p)}{K_{\mathrm{dfk},i}} - 1\right]\left[d_{\min,\mathrm{fk}} + \frac{L_{\mathrm{fk}} - L_{\mathrm{fk},i}}{L_{\mathrm{fk}}}(d_{\max,\mathrm{fk}} - d_{\min,\mathrm{fk}})\right] \tag{5-2}$$

进一步可以得到第 k 条裂缝上第 i 个离散单元由水锁伤害产生的附加压降 $\Delta p^2_{S_{\mathrm{fk},i}}$ 为：

$$\begin{aligned}\Delta p^2_{S_{\mathrm{fk},i}} &= \frac{\mu p_{\mathrm{sc}} ZT}{\pi K_{\mathrm{p}} d_{\mathrm{fk},i} T_{\mathrm{sc}}} S_{\mathrm{fk},i} q_{\mathrm{fk},i}\\ &= \frac{\mu p_{\mathrm{sc}} ZT}{4\Delta x_{\mathrm{fk},i} K_{\mathrm{p}} d_{\mathrm{fk},i} T_{\mathrm{sc}}}\left(\frac{K_{\mathrm{i}}}{K_{\mathrm{d}}} - 1\right)\left[d_{\min,\mathrm{fk}} + \frac{L_{\mathrm{fk}} - L_{\mathrm{fk},i}}{L_{\mathrm{fk}}}(d_{\max,\mathrm{fk}} - d_{\min,\mathrm{fk}})\right]q_{\mathrm{fk},i}\end{aligned} \tag{5-3}$$

式中　$S_{\mathrm{fk},i}$——裂缝面伤害表皮系数；

K_{p}——储层目前渗透率，mD；

$d_{\min,\mathrm{fk}}$——裂缝面最小伤害深度，m；

L_{fk}——裂缝长度，m；

$L_{\mathrm{fk},i}$——裂缝上第 i 个点汇坐标，m；

$d_{\max,\mathrm{fk}}$——裂缝面最大伤害深度，m；

$\Delta x_{\mathrm{fk},i}$——裂缝单元长度，m；

$K_{\mathrm{dfk},i}$——伤害后裂缝渗透率，mD；

$\Delta p_{\mathrm{sfk},i}$——裂缝面压力降平方，MPa^2；

μ——气体黏度，mPa·s；

p_{sc}——标况下压力，MPa；

Z——气体偏差因子；

T——气体温度，K；

T_{sc}——标况下的温度，K；

$q_{\mathrm{fk},i}$——裂缝。

2. 储层基质渗流模型

假设斜井井筒位于封闭气藏的中心，裂缝完全穿透储层，因此整个系统的三维流动视为二维平面流动（忽略 z 方向变化）。在空间上采用离散裂缝方法，可将压裂裂缝离散为若干个点源，这样水力裂缝生产时的压力响应则可以通过每个点源生产时的压力响应叠加得到。可以建立考虑致密气藏存在应力敏感和水锁伤害的封闭箱形致密气藏压裂斜井储层基质渗流压降方程：

$$\Delta p^2_{\mathrm{fk}+1,j}(t) = p_{\mathrm{i}}^2 - p^2_{\mathrm{fk}+1,j} = \sum_{k=1}^{N}\sum_{i=1}^{ns}\frac{\mu q_{\mathrm{fk},i} p_{\mathrm{sc}} ZT}{2\pi K_{\mathrm{p}} h T_{\mathrm{sc}}}\int_0^{t-t_0} S(x,\tau)\cdot S(y,\tau)\cdot S(z,\tau)\mathrm{d}\tau$$

$$+ \sum_{k=1}^{N} \sum_{i=1}^{ns} \frac{\mu_g p_{sc} Z T}{K_p d_{fk,i} T_{sc}} S_{fk,i} q_{fk,i} \tag{5-4}$$

$$= \sum_{k=1}^{N} \sum_{i=1}^{ns} q_{fk,i} \cdot F_{fki,fk+1,j}(t)$$

其中，$F_{fki,fk+1,j}(t)$ 表示在生产时间 t 时刻（$x_{fk,i}$，y_{fk}）位置处离散单元对（$x_{fk+1,j}$，y_{fk+1}）位置处离散单元的影响，即阻力函数，表达式如下：

$$F_{fki,fk+1,j}(t) = \frac{\mu p_{sc} Z T}{2\pi K_p h T_{sc}} \int_0^{t-t_0} S(x,\tau) \cdot S(y,\tau) \cdot S(z,\tau) \mathrm{d}\tau$$

$$+ \frac{\mu_g p_{sc} Z T}{4\Delta x_{fk,i} K_p d_{fk,i} T_{sc}} \left(\frac{K_p}{K_d} - 1 \right) \left[d_{\min,fk} + \frac{L_{fk} - L_{fk,i}}{L_{fk}} (d_{\max,fk} - d_{\min,fk}) \right] \tag{5-5}$$

二、致密气藏斜井压裂裂缝内流动数学模型

1. 裂缝内高速非达西压降模型

在致密气藏压裂开采过程中，由于裂缝渗透率远大于储层渗透率，储层流体首先由基质沿裂缝面非均匀流入人工裂缝，然后流向井筒。随着气体在裂缝内不断聚集，其流动不再符合达西定律，将会产生高速非达西压降效应。本节基于 Forchheimer 方程，建立致密气藏斜井压裂裂缝内气体高速非达西流动方程为：

$$\frac{\mathrm{d}p_{fk,i}}{\mathrm{d}x_{fk,i}} = \frac{\mu v_{fk,i}}{K_{fk}} + \beta_{g,fk} \rho_g v_{fk,i}^2 \tag{5-6}$$

式中　$p_{fk,i}$——第 k 条裂缝上第 i 个离散单元处的压力，Pa；

　　　K_{fk}——第 k 条裂缝内渗透率，m^2；

　　　$\beta_{g,fk}$——第 k 条裂缝内速度系数，m^{-1}；

　　　ρ_g——流体密度，kg/m^3；

　　　$v_{fk,i}$——第 k 条裂缝上第 i 个离散单元处的流体速度，m/s。

其中，$\beta_{g,fk}$ 的计算公式为：

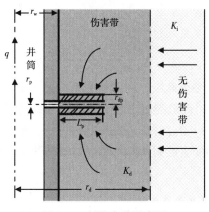

图 5-2　射孔完井示意图

$$\beta_{g,fk} = 7.644 \times 10^{10} / K_{fk}^{1.5} \tag{5-7}$$

2. 射孔孔眼节流压降模型

射孔时会在射孔孔眼周围产生一个压实带，当气体流经该区域时，会产生非达西紊流，从而使从裂缝到井筒的气体在该区域产生压降损耗（图 5-2）。射孔引起的表皮系数 S 由 3 部分构成：

$$S = S_d + S_p + S_{dp} \tag{5-8}$$

式中　S_d——钻井和固井造成的井筒伤害表皮系数；

S_p——射孔孔道几何形状引起的表皮系数；

S_{dp}——射孔孔道周围压实带产生的伤害表皮系数。

其中，S_p 可根据相关的射孔参数查哈里斯（Harris）图版，S_d 和 S_{dp} 可由以下两式计算：

$$S_d = \left(\frac{K_p}{K_d} - 1 \right) \ln \frac{r_d}{r_w} \tag{5-9}$$

$$S_{dp} = \frac{h}{L_p n} \ln \frac{r_{dp}}{r_p} \left(\frac{K_p}{K_{dp}} - \frac{K_p}{K_d} \right) \tag{5-10}$$

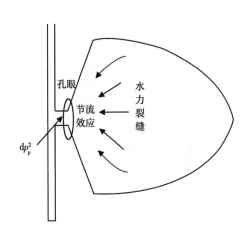

图 5-3　射孔孔眼节流示意图

式中　K_d——地层污染带渗透率，mD；

r_d——地层污染带半径，m；

r_w——井筒半径，m；

L_p——射孔长度，m；

n——射孔孔眼数目，孔；

r_p——射孔孔道半径，m；

r_{dp}——射孔压实带半径，m；

K_{dp}——地层压实带渗透率，mD。

气流流经射孔孔眼周围的压实带时会产生高速非达西流动（图 5-3），则射孔完井的产能方程为：

$$\Delta p^2 = \frac{1.291 \times 10^{-3} \mu Z T q_{sc}}{K_i h} \left[S + (D_R + D_a + D_{dp}) q_{sc} \right] \tag{5-11}$$

对于射孔井，气流通过压实带的压降方程为：

$$\Delta p_{dp}^2 = \frac{2.828 \times 10^{-21} \gamma_g Z T}{h_p^2} \left[\beta_{dp} \left(\frac{1}{r_p} - \frac{1}{r_{dp}} \right) \right] q_{sc}^2 \tag{5-12}$$

式中　h_p——射孔孔眼高度，m；

β_{dp}——射孔压实带的紊流系数，$\beta_{dp} = 7.644 \times 10^{10} / K_{dp}^{1.5}$，$m^{-1}$。

3. 致密气藏斜井压裂不规则多裂缝有限导流压降模型

考虑人工裂缝缝宽由跟部到趾部逐渐变窄的实际情况，应用空间离散方法，将每个裂缝微元处理为等腰梯形，即每条人工裂缝是由 ns 个等腰梯形构成（图 5-4），从而实现缝宽沿缝长的楔形变化，最终建立缝内考虑高速非达西、射孔孔眼节流和缝宽楔形变化的缝内压降模型。

因此，第 k 条人工裂缝第 i 个离散单元的缝宽 $w_{fk,i}$ 可表示为：

$$w_{fk,i} = w_{fk,min} + \frac{i-1}{ns} (w_{fk,max} - w_{fk,min}) \tag{5-13}$$

式中　$w_{fk,max}$——第 k 条人工裂缝跟端裂缝宽度，mm；

$w_{fk,min}$——第 k 条人工裂缝趾端裂缝宽度，mm；

ns——第 k 条人工裂缝的离散单元总数。

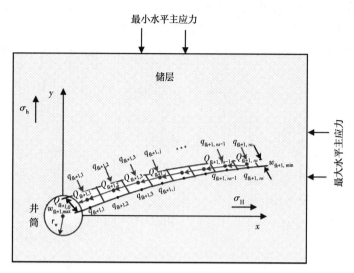

图 5-4　楔形裂缝单元内流动示意图

流体经过裂缝面非均匀流入裂缝后流量斜井井筒过程中会因流体高速非达西效应和射孔孔眼节流效应而产生非线性流动，则第 $k+1$ 条人工裂缝第 j 微元段（点 $Q_{fk+1,j}$）到井筒（点 $Q_{fk+1,0}$）间产生总的压降损失 $\Delta p_{fk+1,j-0}^2$ 为：

$$
\begin{aligned}
\Delta p_{fk+1,j-0}^2 &= p_{fk+1,j}^2 - p_{fk+1,0}^2 \\
&= \left[\frac{2\mu p_{sc}ZT}{K_{fk+1}h_{fk+1}T_{sc}} \frac{\Delta x_{fk+1,1}}{w_{fk+1,1}} q_{fk+1,1} + \frac{2\mu p_{sc}ZT}{K_{fk+1}h_{fk+1}T_{sc}} \left(\frac{\Delta x_{fk+1,1}}{w_{fk+1,1}} + \frac{\Delta x_{fk+1,2}}{w_{fk+1,2}} \right) q_{fk+1,2} \right. \\
&\quad + \cdots + \frac{2\mu p_{sc}ZT}{K_{fk+1}h_{fk+1}T_{sc}} \left(\frac{\Delta x_{fk+1,1}}{w_{fk+1,1}} + \frac{\Delta x_{fk+1,2}}{w_{fk+1,2}} + \cdots + \frac{\Delta x_{fk+1,j}}{w_{fk+1,j}} \right) q_{fk+1,j} \\
&\quad + \frac{2\mu p_{sc}ZT}{K_{fk+1}h_{fk+1}T_{sc}} \left(\frac{\Delta x_{fk+1,1}}{w_{fk+1,1}} + \frac{\Delta x_{fk+1,2}}{w_{fk+1,2}} + \cdots + \frac{\Delta x_{fk+1,j}}{w_{fk+1,j}} \right) q_{fk+1,j+1} \\
&\quad \left. + \cdots + \frac{2\mu p_{sc}ZT}{k_{fk+1}h_{fk+1}T_{sc}} \left(\frac{\Delta x_{fk+1,1}}{w_{fk+1,1}} + \frac{\Delta x_{fk+1,2}}{w_{fk+1,2}} + \cdots + \frac{\Delta x_{fk+1,j}}{w_{fk+1,j}} \right) q_{fk+1,ns} \right] \\
&\quad + \frac{2p_{sc}ZT}{T_{sc}} \left[\frac{2\beta_{g,fk+1}M_{air}\gamma_g}{Rh_{fk+1}^2} \frac{\Delta x_{fk+1,1}}{w_{fk+1,1}^2} q_{fk+1,1}^2 + \frac{2\beta_{g,fk+1}M_{air}\gamma_g}{Rh_{fk+1}^2} \left(\frac{\Delta x_{fk+1,1}}{w_{fk+1,1}^2} + \frac{\Delta x_{fk+1,2}}{w_{fk+1,2}^2} \right) q_{fk+1,2}^2 \right. \\
&\quad + \cdots + \frac{2\beta_{g,fk+1}M_{air}\gamma_g}{Rh_{fk+1}^2} \left(\frac{\Delta x_{fk+1,1}}{w_{fk+1,1}^2} + \frac{\Delta x_{fk+1,2}}{w_{fk+1,2}^2} + \cdots + \frac{\Delta x_{fk+1,j}}{w_{fk+1,j}^2} \right) q_{fk+1,j}^2 \\
&\quad + \frac{2\beta_{g,fk+1}M_{air}\gamma_g}{Rh_{fk+1}^2} \left(\frac{\Delta x_{fk+1,1}}{w_{fk+1,1}^2} + \frac{\Delta x_{fk+1,2}}{w_{fk+1,2}^2} + \cdots + \frac{\Delta x_{fk+1,j}}{w_{fk+1,j}^2} \right) q_{fk+1,j+1}^2 + \cdots \\
&\quad \left. + \frac{2\beta_{g,fk+1}M_{air}\gamma_g}{Rh_{fk+1}^2} \left(\frac{\Delta x_{fk+1,1}}{w_{fk+1,1}^2} + \frac{\Delta x_{fk+1,2}}{w_{fk+1,2}^2} + \cdots + \frac{\Delta x_{fk+1,j}}{w_{fk+1,j}^2} \right) q_{fk+1,ns}^2 \right] \\
&\quad + \frac{1.291 \times 10^{-3}\mu ZT}{K_p h} \left[\Delta x_{fk+1,1}(S_{fk+1}q_{fk+1,1} + D_{fk+1,1}q_{fk+1,1}^2) + (\Delta x_{fk+1,1} + \Delta x_{fk+1,2})(Sq_{fk+1,2} + D_{fk+1,2}q_{fk+1,2}^2) \right.
\end{aligned}
$$

$$+ \cdots + (\Delta x_{fk+1,1} + \Delta x_{fk+1,2} + \cdots + \Delta x_{fk+1,j})(S_{fk+1}q_{fk+1,j} + D_{fk+1,2}q_{fk+1,j}^2)$$

$$+ (\Delta x_{fk+1,1} + \Delta x_{fk+1,2} + \cdots + \Delta x_{fk+1,j})(S_{fk+1}q_{fk+1,j+1} + D_{fk+1,j+1}q_{fk+1,j+1}^2) + \cdots$$

$$+ (\Delta x_{fk+1,1} + \Delta x_{fk+1,2} + \cdots + \Delta x_{fk+1,j})(S_{fk+1}q_{fk+1,ns} + D_{fk+1,ns}q_{fk+1,ns}^2)]$$

$$= \left(\frac{2\mu p_{sc}ZT}{K_{fk+1}h_{fk+1}T_{sc}} + \frac{1.291 \times 10^{-3}\mu ZTS_{fk+1}}{K_p h_{fk+1}} \right) \left\{ \sum_{i=1}^{j} \left(q_{fk+1,j} \sum_{j=1}^{i} \frac{\Delta x_{fk+1,j}}{w_{fk+1,j}} \right) + \sum_{n=j+1}^{ns} \left[q_{fk+1,n} \left(\sum_{i=1}^{j} \frac{\Delta x_{fk+1,i}}{w_{fk+1,i}} \right) \right] \right\}$$

$$+ \frac{2p_{sc}ZT}{T_{sc}} \frac{2\beta_{g,fk+1}M_{air}\gamma_g}{Rh_{fk+1}^2} \left\{ \sum_{i=1}^{j} \left(q_{fk+1,j}^2 \sum_{j=1}^{i} \frac{\Delta x_{fk+1,j}}{w_{fk+1,j}^2} \right) + \sum_{n=j+1}^{ns} \left[q_{fk+1,n}^2 \left(\sum_{i=1}^{j} \frac{\Delta x_{fk+1,i}}{w_{fk+1,i}^2} \right) \right] \right\}$$

$$+ \frac{1.291 \times 10^{-3}\mu ZT}{K_p h_{fk+1}} \left\{ \sum_{i=1}^{j} \left(q_{fk+1,j}^2 \sum_{j=1}^{i} D_{fk+1,j}\Delta x_{fk+1,j} \right) + \sum_{n=j+1}^{ns} \left[q_{fk+1,n}^2 \left(\sum_{i=1}^{j} D_{fk+1,j}\Delta x_{fk+1,i} \right) \right] \right\}$$

$$(5-14)$$

式中　K_{fk+1}——第 $k+1$ 条人工裂缝渗透率，mD；

　　　$w_{fk+1,i}$——第 $k+1$ 条人工裂缝第 i 个离散单元的宽度，m。

三、致密气藏斜井压裂不规则多裂缝渗流基质—裂缝耦合求解

由于在上一节建立的源函数假设条件为定产量生产，而在压裂斜井产能研究中，更多情况是定井底流压生产，压裂斜井产量会随储层压力降低而逐渐减小，实际生产过程为变产量生产过程，如图 5-5 所示。

本书采用空间和时间离散方法，将裂缝处理为许多个微元裂缝段，每一微元裂缝段等效为 1 口直井，在每一个微小时间段内视为定产生产，即在该微小时间段内是稳态产能求解过程，再将每一个微小时间段叠加，从而实现非稳态产能模型求解。对于求解变产量问题的基

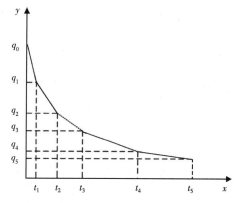

图 5-5　产量 q 随时间 t 任意变化曲线

本思想是：每一时间的新产量（q_q，q_2，$\cdots$，q_n）都想延续到 t 时刻，在 t 时刻上一系列产量增量（或负增量）（$q_i - q_{i-1}$）（$i = 1$，2，$\cdots$，n）在裂缝单元上所引起的压力降（压力升）的代数和即为裂缝微元段在 t 时刻的压力降，如图 5-6 所示。

1. 耦合流动模型

气体从储层渗流到斜井井筒的过程可以划分为储层渗流和裂缝内高速非达西流动两个过程，且气体从储层沿裂缝面非均匀流入裂缝，根据在裂缝壁面处压力连续且相等原则，即可根据观察点 $Q_{fk+1,j}$ 处压力连续建立压力连续方程；由于考虑压裂斜井井筒无限导流，在定井底流压生产时压裂斜井井筒压力为定值，各裂缝与斜井井筒相交处 $Q_{fk+1,0}$ 的压力相等：

$$p_{fk+1,0} = p_{wf} \tag{5-15}$$

式中　$p_{fk+1,0}$——第 $k+1$ 条人工裂缝与斜井井筒相交处的压力，MPa；

　　　p_{wf}——斜井井筒井底流压，MPa。

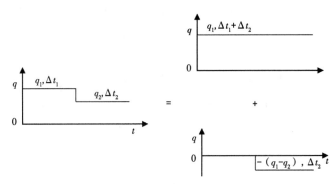

图 5-6 变产量生产与定产量生产转化示意图

从而建立气藏基质—裂缝的耦合流动方程，再利用空间离散和时间叠加建立压裂斜井的非稳态产量预测新模型。

2. 瞬态产能模型

考虑气体沿裂缝面非均匀流到裂缝，再经过裂缝和孔眼流到井底的物理过程，基于已建立的致密气藏斜井压裂储层基质瞬态渗流、楔形裂缝和射孔孔眼内非达西流动方程，利用气体在储层基质、裂缝内以及孔眼各衔接位置处流动时满足压力连续、质量守恒的基本原理，建立致密气藏基质—裂缝—孔眼耦合流动的瞬态渗流模型。

$$\Delta p_{\mathrm{fk}+1,j}^2(t) = p_{\mathrm{i}}^2 - p_{\mathrm{fk}+1,0}^2$$

$$= \sum_{k=1}^{N} \sum_{i=1}^{ns} \mu_{\mathrm{g}} q_{\mathrm{fk},j} p_{\mathrm{sc}} ZT \left\{ \frac{1}{2\pi h K_{\mathrm{p}} T_{\mathrm{sc}}} \int_0^{t-t_0} \left(\left\{ 1 + 2\sum_{n=1}^{\infty} \exp\left[-\frac{n^2\pi^2 \mathcal{X}(t-\tau)}{x_{\mathrm{e}}^2} \right] \cdot \cos\frac{n\pi x}{x_{\mathrm{e}}} \cdot \cos\frac{n\pi x_{\mathrm{w}}}{x_{\mathrm{e}}} \right\} \right.$$

$$\times \left\{ 1 + 2\sum_{n=1}^{\infty} \exp\left[-\frac{n^2\pi^2 \mathcal{X}(t-\tau)}{y_{\mathrm{e}}^2} \right] \cdot \cos\frac{n\pi y}{y_{\mathrm{e}}} \cdot \cos\frac{n\pi y_{\mathrm{w}}}{y_{\mathrm{e}}} \right\}$$

$$\times \left. \left\{ 1 + 2\sum_{n=1}^{\infty} \exp\left[-\frac{n^2\pi^2 \mathcal{X}(t-\tau)}{z_{\mathrm{e}}^2} \right] \cdot \cos\frac{n\pi y}{z_{\mathrm{e}}} \cdot \cos\frac{n\pi y_{\mathrm{w}}}{z_{\mathrm{e}}} \right\} \mathrm{d}\tau \right.$$

$$+ \left. \frac{1}{4\Delta x_{\mathrm{fk},i} d_{\mathrm{fk},i}} \left(\frac{K_{\mathrm{p}}}{K_{\mathrm{d}}} - 1 \right) \left[d_{\min,\mathrm{fk}} + \frac{L_{\mathrm{fk}} - L_{\mathrm{fk},i}}{L_{\mathrm{fk}}} (d_{\max,\mathrm{fk}} - d_{\min,\mathrm{fk}}) \right] \right\}$$

$$+ \left[\frac{2\mu p_{\mathrm{sc}} ZT}{K_{\mathrm{fk}+1} h_{\mathrm{fk}+1} T_{\mathrm{sc}}} \frac{\Delta x_{\mathrm{fk}+1,1}}{w_{\mathrm{fk}+1,1}} q_{\mathrm{fk}+1,1} + \frac{2\mu p_{\mathrm{sc}} ZT}{K_{\mathrm{fk}+1} h_{\mathrm{fk}+1} T_{\mathrm{sc}}} \left(\frac{\Delta x_{\mathrm{fk}+1,1}}{w_{\mathrm{fk}+1,1}} + \frac{\Delta x_{\mathrm{fk}+1,2}}{w_{\mathrm{fk}+1,2}} \right) q_{\mathrm{fk}+1,2} \right.$$

$$+ \cdots + \frac{2\mu p_{\mathrm{sc}} ZT}{K_{\mathrm{fk}+1} h_{\mathrm{fk}+1} T_{\mathrm{sc}}} \left(\frac{\Delta x_{\mathrm{fk}+1,1}}{w_{\mathrm{fk}+1,1}} + \frac{\Delta x_{\mathrm{fk}+1,2}}{w_{\mathrm{fk}+1,2}} + \cdots + \frac{\Delta x_{\mathrm{fk}+1,j}}{w_{\mathrm{fk}+1,j}} \right) q_{\mathrm{fk}+1,j}$$

$$+ \frac{2\mu p_{\mathrm{sc}} ZT}{K_{\mathrm{fk}+1} h_{\mathrm{fk}+1} T_{\mathrm{sc}}} \left(\frac{\Delta x_{\mathrm{fk}+1,1}}{w_{\mathrm{fk}+1,1}} + \frac{\Delta x_{\mathrm{fk}+1,2}}{w_{\mathrm{fk}+1,2}} + \cdots + \frac{\Delta x_{\mathrm{fk}+1,j}}{w_{\mathrm{fk}+1,j}} \right) q_{\mathrm{fk}+1,j+1}$$

$$+ \cdots + \frac{2\mu p_{\mathrm{sc}} ZT}{K_{\mathrm{fk}+1} h_{\mathrm{fk}+1} T_{\mathrm{sc}}} \left(\frac{\Delta x_{\mathrm{fk}+1,1}}{w_{\mathrm{fk}+1,1}} + \frac{\Delta x_{\mathrm{fk}+1,2}}{w_{\mathrm{fk}+1,2}} + \cdots + \frac{\Delta x_{\mathrm{fk}+1,j}}{w_{\mathrm{fk}+1,j}} \right) q_{\mathrm{fk}+1,ns} \right]$$

$$+ \frac{2 p_{\mathrm{sc}} ZT}{T_{\mathrm{sc}}} \left[\frac{2\beta_{\mathrm{g},\mathrm{fk}+1} M_{\mathrm{air}} \gamma_{\mathrm{g}}}{R h_{\mathrm{fk}+1}^2} \frac{\Delta x_{\mathrm{fk}+1,1}}{w_{\mathrm{fk}+1,1}^2} q_{\mathrm{fk}+1,1}^2 + \frac{2\beta_{\mathrm{g},\mathrm{fk}+1} M_{\mathrm{air}} \gamma_{\mathrm{g}}}{R h_{\mathrm{fk}+1}^2} \left(\frac{\Delta x_{\mathrm{fk}+1,1}}{w_{\mathrm{fk}+1,1}^2} + \frac{\Delta x_{\mathrm{fk}+1,2}}{w_{\mathrm{fk}+1,2}^2} \right) q_{\mathrm{fk}+1,2}^2 \right.$$

$$+ \cdots + \frac{2\beta_{\mathrm{g},\mathrm{fk}+1} M_{\mathrm{air}} \gamma_{\mathrm{g}}}{R h_{\mathrm{fk}+1}^2} \left(\frac{\Delta x_{\mathrm{fk}+1,1}}{w_{\mathrm{fk}+1,1}^2} + \frac{\Delta x_{\mathrm{fk}+1,2}}{w_{\mathrm{fk}+1,2}^2} + \cdots + \frac{\Delta x_{\mathrm{fk}+1,j}}{w_{\mathrm{fk}+1,j}^2} \right) q_{\mathrm{fk}+1,j}^2$$

$$+ \frac{2\beta_{g,fk+1}M_{air}\gamma_g}{Rh_{fk+1}^2}\left(\frac{\Delta x_{fk+1,1}}{w_{fk+1,1}^2} + \frac{\Delta x_{fk+1,2}}{w_{fk+1,2}^2} + \cdots + \frac{\Delta x_{fk+1,j}}{w_{fk+1,j}^2}\right)q_{fk+1,j+1}^2 + \cdots$$

$$+ \frac{2\beta_{g,fk+1}M_{air}\gamma_g}{Rh_{fk+1}^2}\left(\frac{\Delta x_{fk+1,1}}{w_{fk+1,1}^2} + \frac{\Delta x_{fk+1,2}}{w_{fk+1,2}^2} + \cdots + \frac{\Delta x_{fk+1,j}}{w_{fk+1,j}^2}\right)q_{fk+1,ns}^2\Bigg]$$

$$+ \frac{1.291 \times 10^{-3}\mu ZT}{K_p h}\big[\Delta x_{fk+1,1}(S_{fk+1}q_{fk+1,1} + D_{fk+1,1}q_{fk+1,1}^2)$$

$$+ (\Delta x_{fk+1,1} + \Delta x_{fk+1,2})(Sq_{fk+1,2} + D_{fk+1,2}q_{fk+1,2}^2)$$

$$+ \cdots + (\Delta x_{fk+1,1} + \Delta x_{fk+1,2} + \cdots + \Delta x_{fk+1,j})(S_{fk+1}q_{fk+1,j} + D_{fk+1,2}q_{fk+1,j}^2)$$

$$+ (\Delta x_{fk+1,1} + \Delta x_{fk+1,2} + \cdots + \Delta x_{fk+1,j})(S_{fk+1}q_{fk+1,j+1} + D_{fk+1,j+1}q_{fk+1,j+1}^2)$$

$$+ \cdots + (\Delta x_{fk+1,1} + \Delta x_{fk+1,2} + \cdots + \Delta x_{fk+1,j})(S_{fk+1}q_{fk+1,ns} + D_{fk+1,ns}q_{fk+1,ns}^2)\big] \tag{5-16}$$

进一步整理得:

$$\Delta p_{fk+1,j}^2(t) = p_i^2 - p_{fk+1,0}^2$$

$$= \left(\frac{2\mu p_{sc}ZT}{K_{fk+1}h_{fk+1}T_{sc}} + \frac{1.291 \times 10^{-3}\mu ZTS_{fk+1}}{K_p h_{fk+1}}\right)\left\{\sum_{i=1}^{j}\left(q_{fk+1,i}\sum_{j=1}^{i}\frac{\Delta x_{fk+1,j}}{w_{fk+1,j}}\right) + \sum_{n=j+1}^{ns}\left[q_{fk+1,n}\left(\sum_{i=1}^{j}\frac{\Delta x_{fk+1,i}}{w_{fk+1,i}}\right)\right]\right\}$$

$$+ \frac{2p_{sc}ZT}{T_{sc}} + \frac{2\beta_{g,fk+1}M_{air}\gamma_g}{Rh_{fk+1}^2}\left\{\sum_{i=1}^{j}\left(q_{fk+1,i}^2\sum_{j=1}^{i}\frac{\Delta x_{fk+1,j}}{w_{fk+1,j}^2}\right) + \sum_{n=j+1}^{ns}\left[q_{fk+1,n}^2\left(\sum_{i=1}^{j}\frac{\Delta x_{fk+1,i}}{w_{fk+1,i}^2}\right)\right]\right\}$$

$$+ \frac{1.291 \times 10^{-3}\mu ZT}{K_p h_{fk+1}}\Big)\Big\{\sum_{i=2}^{j}\left(q_{fk+1,i}^2\sum_{j=1}^{i}D_{fk+1,j}\Delta x_{fk+1,j}\right) + \sum_{n=j+1}^{ns}\big[q_{fk+1,n}^2\big(\sum_{i=1}^{j}D_{fk+1,i}\Delta x_{fk+1,i}\big)\big]\Big\}$$

$$+ \frac{\mu p_{sc}ZT}{2\pi K_p h T_{sc}}\int_0^{t-t_0}S(x,\tau) \cdot S(y,\tau) \cdot S(z,\tau)d\tau$$

$$+ \frac{\mu_g p_{sc}ZT}{4\Delta x_{fk,i}K_p d_{fk,i}T_{sc}}\left(\frac{K_p}{K_d} - 1\right)\left[d_{min,fk} + \frac{L_{fk} - L_{fk,j}}{L_{fk}}(d_{max,fk} - d_{min,fk})\right] \tag{5-17}$$

3. 非稳态产能模型

1) 气体物性参数动态变化

本书结合其他学者的研究成果,考虑了气体物性参数随开发过程的变化。气体密度 ρ 可表示为:

$$\rho = \frac{pV}{nZRT} \tag{5-18}$$

气体偏差系数变化式可以由拟对比压力和拟对比温度表示:

$$Z = 0.702p_{pr}^2 e^{-2.5T_{pr}} - 5.524p_{pr}e^{-2.5T_{pr}} + 0.044T_{pr}^2 - 0.164T_{pr} + 1.15 \tag{5-19}$$

$$p_{pr} = \frac{p}{p_{sc}} \tag{5-20}$$

$$T_{pr} = \frac{T}{T_{sc}} \tag{5-21}$$

式中　p_{pr}——拟对比压力;

T_{pr}——拟对比温度。

气体黏度的变化式可表示为：

$$\mu = 10^{-7} \Lambda \exp\left[X(10^{-3}p)^Y \right] \tag{5-22}$$

其中，$\Lambda = \dfrac{(9.379 + 0.01607M)(1.8T)^{1.5}}{209.2 + 19.26M + 1.8T}$；$X = 3.448 + \dfrac{986.4}{1.8T} + 0.01009M$；$Y = 2.447 - 0.2224X$。

2）变产量的时间叠加

基于在生产时间 $t = \Delta t$ 下的瞬态产能模型式，根据时间叠加原理，即可求解每个裂缝离散单元的流量随地层压力变化的问题，可写出 $t = n\Delta t$（$n = 2, 3, \cdots, n$）下的非稳态产能方程。以此类推，第 j 个裂缝微元段 [$1 \leqslant j \leqslant (N \cdot ns)$ 且 j 为正整数] 在生产时间到 $t = n\Delta t$ 时的非稳态产能方程可以写为：

$$p_i^2 - p_j^2(n\Delta t) = \sum_{k=1}^{N} \sum_{i=1}^{ns} (q_j(\Delta t) F_{i,j}(n\Delta t)$$
$$+ \sum_{k=2}^{n} \{q_j(k\Delta t) - q_j[(k-1)\Delta t]\} F_{i,j}(n-k+1)\Delta t) \tag{5-23}$$

对于式（5-23），一共由 $N \times ns$ 个方程组成，其中每个离散段流量为未知数，即存在 $N \times ns$ 个未知数，构成封闭非线性方程组。由于方程个数与未知数是相等的，因此数学模型是可解的。可以求解得到某个时刻 t 每个离散单元的流量，从而叠加得到压裂斜井产量：

$$Q = \sum_{k=1}^{N} \sum_{i=1}^{ns} q_{fk,i} \tag{5-24}$$

四、模型求解

本节建立的致密气藏压裂斜井产能数学模型为封闭非线性方程组，可以选取拟牛顿、Gauss-Seidel 迭代方法和辛普森积分等求解数学模型。由于裂缝离散单元较多，考虑了缝内高速非达西和射孔孔眼节流带来非线性压降问题，涉及储层渗流系统矩阵和裂缝内非线性流动系统矩阵的处理，其计算步骤如下：

（1）收集储层参数、井筒参数；

（2）将不规则人工裂缝离散成若干个裂缝单元，每个裂缝单元考虑为楔形，并对裂缝单元进行编号，计算裂缝微元段的平面位置坐标；

（3）对时间进行离散，计算考虑应力敏感和裂缝面水锁伤害的储层渗流系数矩阵；

（4）计算考虑裂缝内高速非达西和射孔孔眼压降的系数矩阵；

（5）对每一个裂缝离散单元，将其储层渗流的系数矩阵和裂缝内的系数矩阵进行组装，并用拟牛顿、Gauss-Seidel 迭代方法和辛普森积分求解非线性方程组，从而得到该时间节点下的各裂缝离散单元的流量；

（6）当计算到下一个时间节点时，重新计算储层压力、储层渗透率和有关气体物性参数，并重复步骤（3）至（5），从而获得每个时间节点下各裂缝离散单元的流量；

（7）当储层压力小于井底流压后，迭代计算截止。

采用 VB 编写了相应的计算机程序，程序的具体流程如图 5-7 所示。

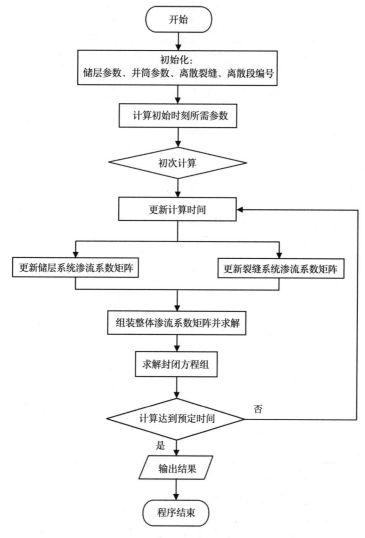

图 5-7 计算程序流程图

第二节 致密气藏斜井压裂不规则多裂缝产能研究

根据本章第二节建立的致密气藏压裂斜井产能模型，对影响压裂斜井产能的储层参数、裂缝参数和生产参数等进行了敏感性分析。

一、致密气藏斜井压裂基本参数

为了验证本书建立的致密气藏压裂斜井产能模型在模拟致密气生产过程的有效性，以 A 区块一口压裂斜井的数据为例，模拟了在致密气开发过程中的产量变化情况。其计算所需模拟基本参数见表5-1。

表5-1　气藏基本参数

变量	单位	数值	变量	单位	数值
气藏长度	m	1000	气体偏差因子		0.89
气藏宽度	m	1000	气体临界压力	MPa	4.5
气藏厚度	m	25	气体的相对密度		0.6
储层温度	K	348.6	气体黏度	mPa·s	0.0184
储层渗透率	mD	0.05	气体常数	J/(mol·K)	8.314
储层孔隙度	—	0.12	气体密度	kg/m³	0.655
原始地层压力	MPa	30	空气的相对分子质量		29
人工裂缝条数		4	气体临界温度	K	190
人工裂缝渗透率	D	200	气体临界压力	MPa	4.59
水力裂缝的长度	m	90	重力加速度	m/s²	9.8
人工裂缝趾端缝宽	mm	0.3	应力敏感系数	MPa⁻¹	0.087
人工裂缝跟端缝宽	mm	1.2	气藏束缚水饱和度	%	10
单条人工裂缝离散单元数		15	储层伤害带渗透率	mD	0.01
分支裂缝条数		4	压裂液最大伤害深度	m	0.5
分支裂缝渗透率	D	70	压裂液最小伤害深度	m	0.1
分支裂缝长度	m	10	改造区的渗透率	mD	1
分支裂缝缝宽	mm	0.2	改造区的改造深度	m	30
单条分支裂缝离散单元数		6	井筒半径	m	0.107
压裂后井底流压	MPa	20	—		—

二、致密气藏斜井压裂裂缝参数优化

在致密气藏斜井压裂后，人工裂缝参数（长度、宽度、渗透率和弯曲程度等）和分支裂缝参数（长度、宽度、渗透率和位置等）对压裂后产量都具有重要影响，下面将逐一讨论这些因素对压裂后日产气量和累计产气量的影响。

1. 人工裂缝长度

为研究人工裂缝长度对压裂斜井日产气量和累计产气量的影响，设置人工裂缝缝长为60m、90m、120m和150m 4种情形，人工裂缝的初始弯曲程度 β 为60°。不同裂缝长度下斜井压裂不规则弯曲楔形裂缝展布如图5-8所示。

图5-9和图5-10为不同人工裂缝长度对压裂斜井日产气量和累计产气量的影响曲线。从图中5-9和图5-10可以看出：压裂斜井的日产气量和累计产气量随着人工裂缝长度的增加而增大，两者总体呈正相关趋势；当人工裂缝长度不同时，压裂斜井的初期日产气量不同，人工裂缝长度越长，其初期日产气量越高。

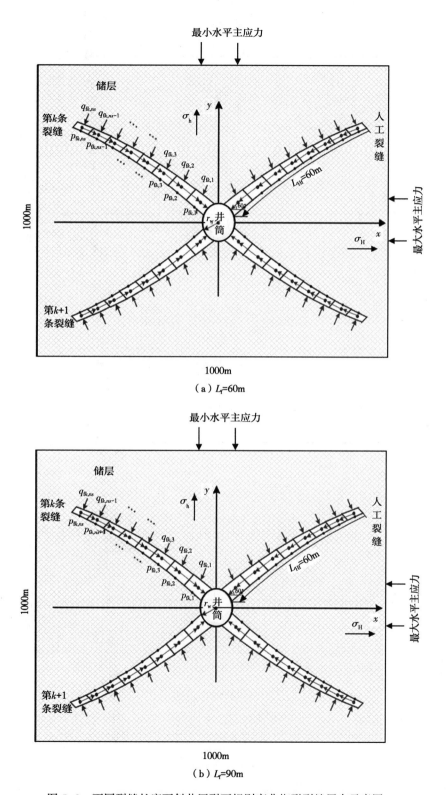

（a）L_f=60m

（b）L_f=90m

图 5-8 不同裂缝长度下斜井压裂不规则弯曲楔形裂缝展布示意图

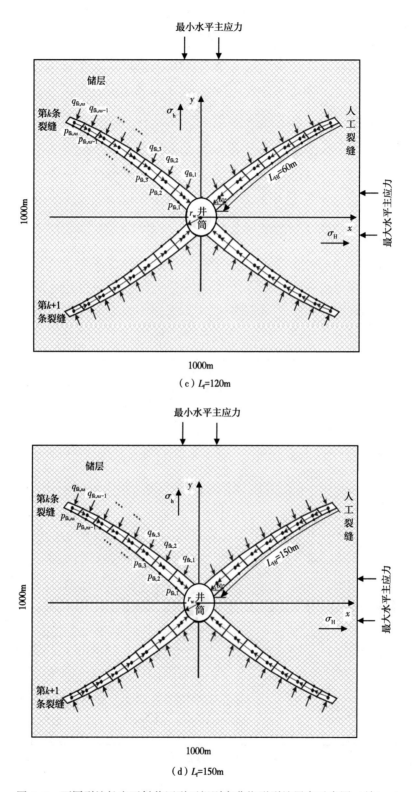

（c）L_f=120m

（d）L_f=150m

图 5-8　不同裂缝长度下斜井压裂不规则弯曲楔形裂缝展布示意图（续）

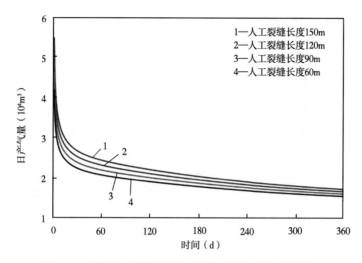

图 5-9　不同人工裂缝长度对压裂斜井日产气量的影响

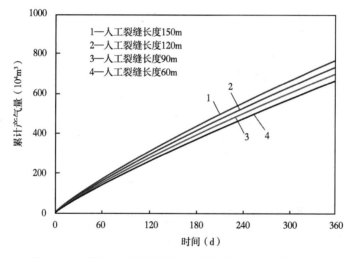

图 5-10　不同人工裂缝长度对压裂斜井累计产气量的影响

2. 人工裂缝渗透率

图 5-11 和图 5-12 为不同人工裂缝渗透率对压裂斜井日产气量和累计产气量的影响曲线。从图 5-11 和图 5-12 中可以看出，其他参数一定时，随着人工裂缝渗透率的增加，压裂斜井日产气量和累计产气量越高，而产量的增长幅度逐渐减小。这是由于人工裂缝渗透率越高，流体在裂缝中渗流阻力越小，造成非达西效应越弱。当人工裂缝渗透率降低时，压裂斜井日产气量迅速降低。

图 5-13 显示了人工裂缝渗透率大小对人工裂缝离散单元产量分布的影响。从图 5-13 中可以看出：在投产初期，人工裂缝渗透率越大，则裂缝各离散单元的产量越高，井筒附近出现产量"峰值"，远离井筒处产量逐渐递减；随着生产时间的进行，人工裂缝渗透率越高，产量分布逐渐均匀，且井筒附近产量反而降低，这是因为在较高的裂缝渗透率下，地层能量下降更快。

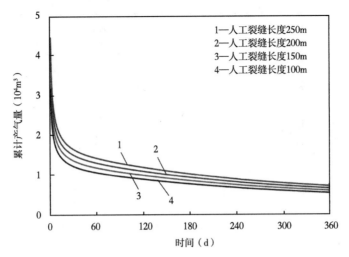

图 5-11　人工裂缝渗透率对压裂斜井日产气量的影响

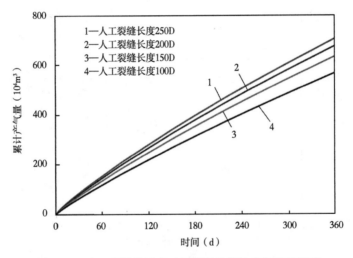

图 5-12　人工裂缝渗透率对压裂斜井累计产气量的影响

3. 人工裂缝初始弯曲程度

为研究人工裂缝初始弯曲程度对压裂斜井日产气量和累计产气量的影响，设置人工裂缝初始弯曲程度 β 为 90°（最小水平主应力方向）、60°、30° 和 0°（最大水平主应力方向）4 种情形，如图 5-14 所示。在初始弯曲程度为 0° 时，只有 2 条人工裂缝且缝长 L_f 取 180m，其余 3 种情形缝长 L_f 取 90m。

图 5-15 和图 5-16 为不同人工裂缝初始弯曲程度对压裂斜井日产气量和累计产气量的影响曲线。从图 5-15 和图 5-16 中可以看出，相比直缝（初始弯曲程度 0°，$L_f = 180$m），扭曲裂缝（初始弯曲程度 30°、60° 和 90°，$L_f = 180$m）的产量更高，日产气量增幅高达 50%。这是因为扭曲裂缝增加了改造的控制面积，有利于产量提高。当人工裂缝初始弯曲程度为 0° 时，即压裂裂缝沿最大主应力方向，其投产初期斜井日产气量急剧下降，下降幅度高达 75%。

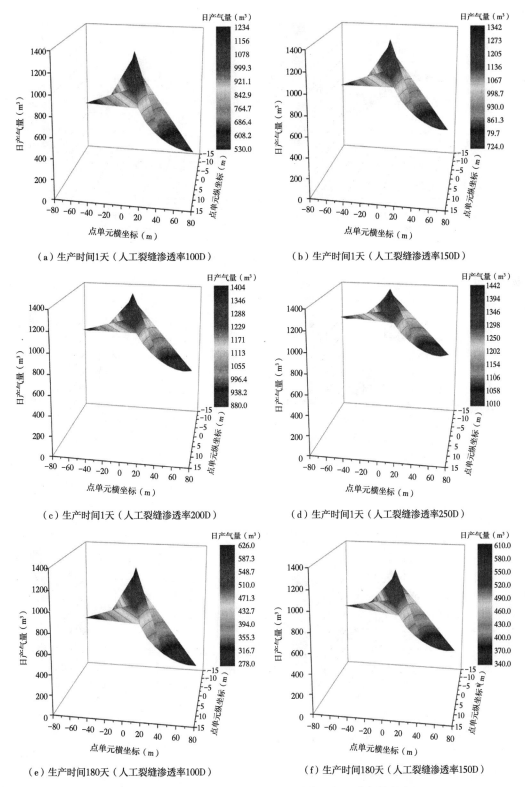

图 5-13   人工裂缝渗透率大小对离散单元产量分布的影响

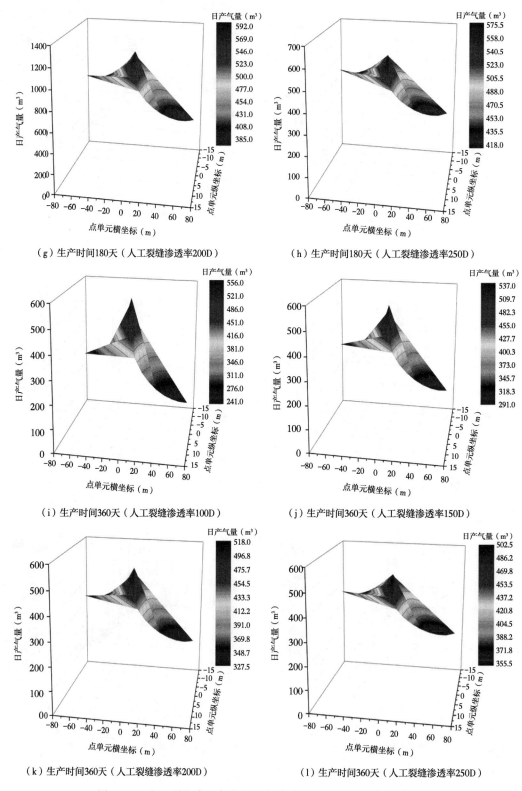

（g）生产时间180天（人工裂缝渗透率200D）　　（h）生产时间180天（人工裂缝渗透率250D）

（i）生产时间360天（人工裂缝渗透率100D）　　（j）生产时间360天（人工裂缝渗透率150D）

（k）生产时间360天（人工裂缝渗透率200D）　　（l）生产时间360天（人工裂缝渗透率250D）

图 5-13　人工裂缝渗透率大小对离散单元产量分布的影响（续）

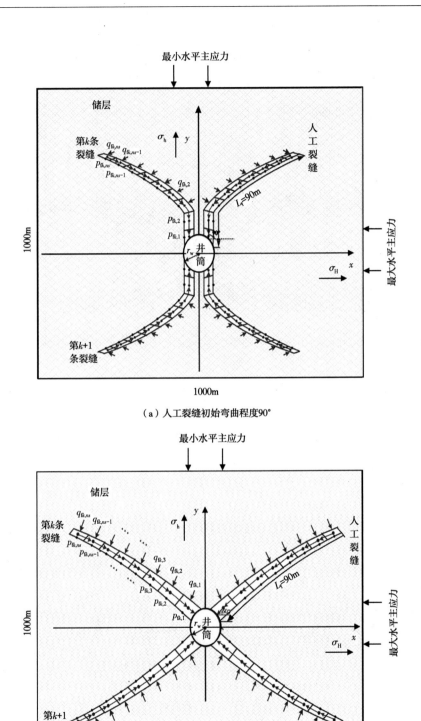

（a）人工裂缝初始弯曲程度90°

（b）人工裂缝初始弯曲程度60°

图 5-14　不同裂缝初始弯曲程度下不规则弯曲楔形裂缝展布示意图

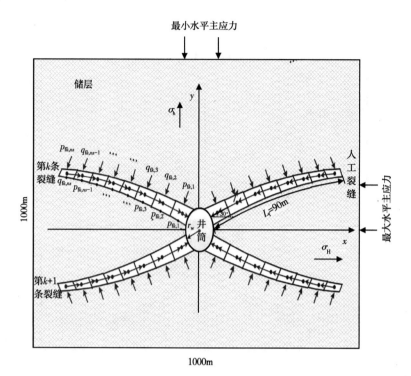

（c）人工裂缝初始弯曲程度30°

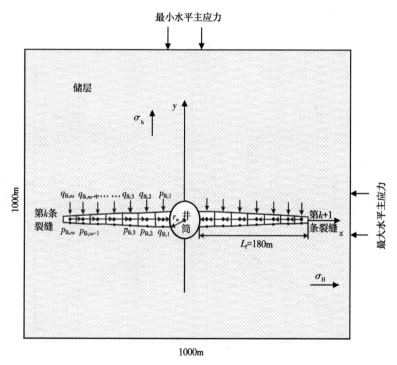

（d）人工裂缝初始弯曲程度0°

图5-14　不同裂缝初始弯曲程度下不规则弯曲楔形裂缝展布示意图（续）

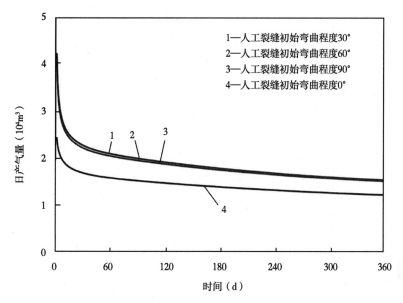

图 5-15　人工裂缝初始弯曲程度对压裂斜井日产气量的影响

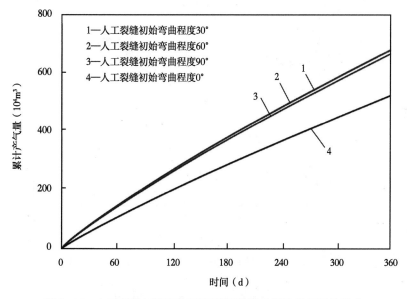

图 5-16　人工裂缝初始弯曲程度对压裂斜井累计产气量的影响
（曲线 1 与曲线 2 接近，趋于重合）

4. 人工裂缝宽度

图 5-17 和图 5-18 为不同人工裂缝宽度对压裂斜井日产气量和累计产气量的影响曲线。从图 5-17 和图 5-18 中可以看出，在其他参数一定时，人工裂缝跟端缝宽越大，压裂斜井日产气量和累计产气量越高。这是因为人工裂缝跟部缝宽的大小决定了整条裂缝宽度大小，跟部缝宽越大，整条裂缝平均缝宽越大，非达西效应越弱，流体渗流阻力越小，斜井产能越高。当跟部缝宽变小时，初期日产气量降低。

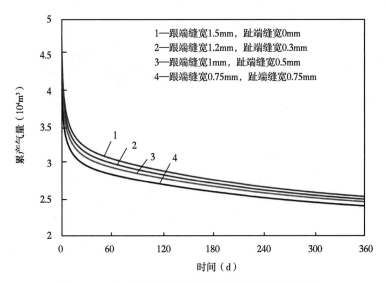

图 5-17　人工裂缝宽度对压裂斜井日产气量的影响

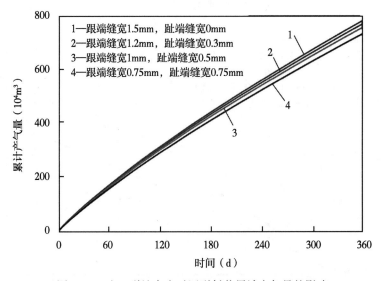

图 5-18　人工裂缝宽度对压裂斜井累计产气量的影响

图 5-19 显示了人工裂缝宽度对离散单元产量分布的影响。从图 5-19 中可以看出，当人工裂缝跟端缝宽和趾端缝宽大小不同时，裂缝离散单元产量分布呈 "W" 形分布，产量井筒先较小后增大，而在恒定缝宽，产量流量远离井筒逐渐递减。

5. 人工裂缝条数

不同裂缝条数下，不规则弯曲楔形裂缝展布如图 5-20 所示。

图 5-21 和图 5-22 为不同人工裂缝条数对压裂斜井日产气量和累计产气量的影响曲线。从图 5-21 和图 5-22 中可以看出，在裂缝总长度一定条件下，人工裂缝条数越多，压裂斜井的日产气量和累计产气量越高。当人工裂缝条数不同时，压裂斜井的初期日产量不同。

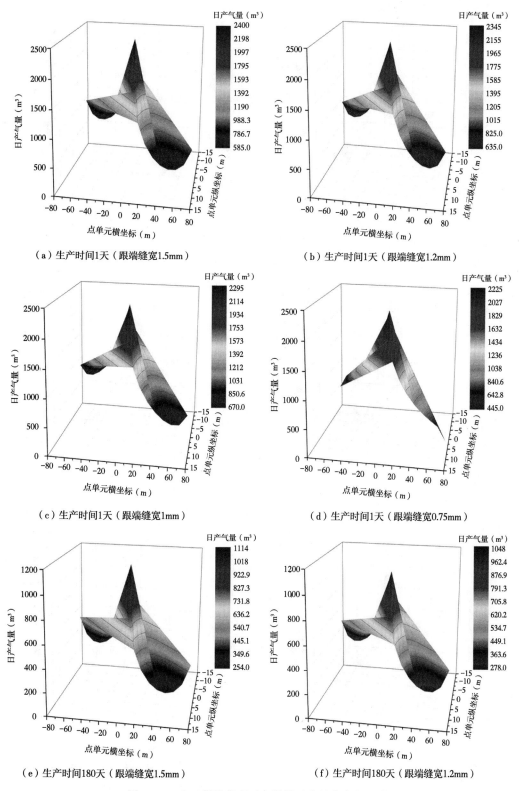

（a）生产时间1天（跟端缝宽1.5mm）

（b）生产时间1天（跟端缝宽1.2mm）

（c）生产时间1天（跟端缝宽1mm）

（d）生产时间1天（跟端缝宽0.75mm）

（e）生产时间180天（跟端缝宽1.5mm）

（f）生产时间180天（跟端缝宽1.2mm）

图5-19　人工裂缝宽度对离散单元产量分布的影响

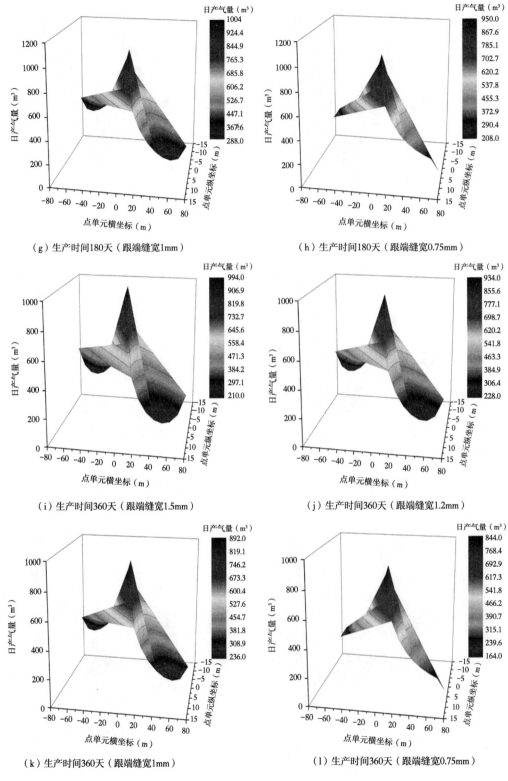

（g）生产时间180天（跟端缝宽1mm）　　　　（h）生产时间180天（跟端缝宽0.75mm）

（i）生产时间360天（跟端缝宽1.5mm）　　　　（j）生产时间360天（跟端缝宽1.2mm）

（k）生产时间360天（跟端缝宽1mm）　　　　（l）生产时间360天（跟端缝宽0.75mm）

图5-19　人工裂缝宽度对离散单元产量分布的影响（续）

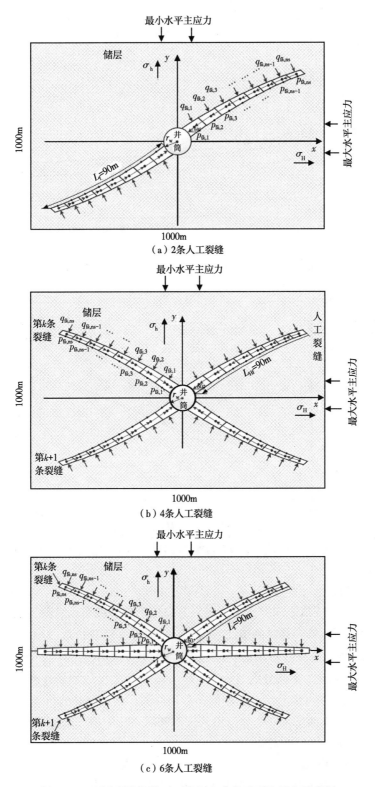

（a）2条人工裂缝

（b）4条人工裂缝

（c）6条人工裂缝

图5-20 不同裂缝条数下不规则弯曲楔形裂缝展布示意图

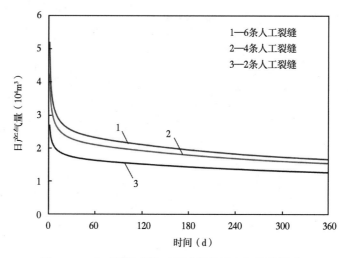

图 5-21　人工裂缝条数对压裂斜井日产气量的影响

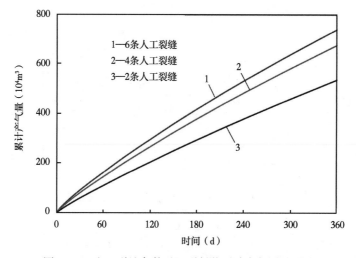

图 5-22　人工裂缝条数对压裂斜井累计产气量的影响

6. 分支缝的长度

图 5-23 为不同分支缝下斜井压裂不规则弯曲楔形裂缝展布示意图，主缝 90m，4 条分支缝，分支缝的初始位置到井筒的距离 d 为 10m，取分支缝缝长 L_{Nf} 为 10m、20m、30m 和 40m 4 种情形，分析了分支缝不同长度对压裂斜井产能的影响。

图 5-24 和图 5-25 为不同分支缝长度对压裂斜井日产气量和累计产气量的影响曲线。从图 5-24 和图 5-25 中可以看出：在相同参数条件下，压裂斜井的日产气量和累计产气量随着分支缝长度的增加而增大；当分支缝长度不同时，压裂斜井的初期日产量不同，分支缝长度越长，其初期日产气量越高。

7. 分支缝的渗透率

取分支缝渗透率为 50D、70D、90D 和 110D 4 种情形，分析了不同分支缝渗透率对压裂斜井日产气量和累计产气量的影响。

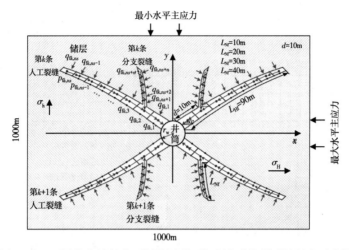

图 5-23　不同分支缝长度下斜井压裂不规则弯曲楔形裂缝展布示意图

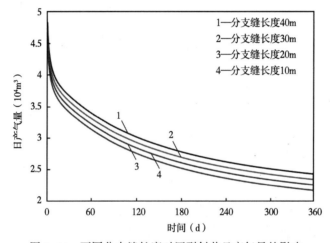

图 5-24　不同分支缝长度对压裂斜井日产气量的影响

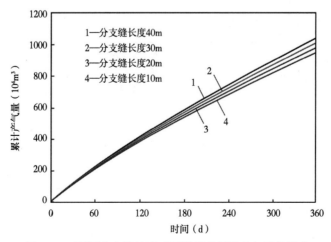

图 5-25　不同分支缝长度对压裂斜井累计产气量的影响

图 5-26 和图 5-27 为不同分支缝渗透率对压裂斜井日产气量和累计产气量的影响曲线。从图 5-26 和图 5-27 中可以看出，其他参数一定时，随着分支缝渗透率的增加，压裂斜井日产气量和累计产气量越高，而产量的增长幅度逐渐减小。这是由于分支缝渗透率越高，流体在裂缝中渗流阻力越小，造成非达西效应越弱。当分支缝的渗透率降低时，压裂斜井日产气量迅速降低。

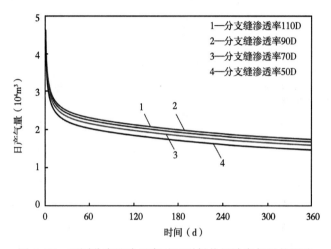

图 5-26　不同分支缝渗透率对压裂斜井累计产气量的影响

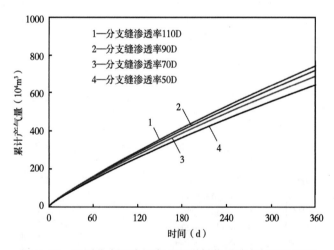

图 5-27　不同分支缝渗透率对压裂斜井累计产气量的影响

8. 分支缝宽度

图 5-28 和图 5-29 为不同分支缝缝宽对压裂斜井日产气量和累计产气量的影响曲线。从图 5-28 和图 5-29 中可以看出，在其他参数一定时，分支缝缝宽越宽，压裂斜井日产气量和累计产气量越高。这是因为分支缝缝宽越大，非达西效应越弱，流体在裂缝中渗流阻力越小，压裂斜井产能越高。

9. 分支缝的位置

分支缝与主缝交互点的不同位置（分支缝的初始位置到井筒的距离），会影响压裂斜

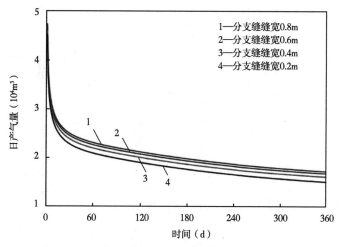

图 5-28　分支缝缝宽对压裂斜井累计产气量的影响

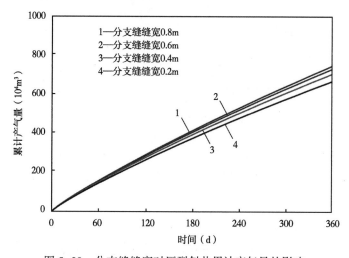

图 5-29　分支缝缝宽对压裂斜井累计产气量的影响

井的产量。取分支缝初始位置（交互点位置）距离井筒 10m、30m、60m 和 90m 4 种情形，如图 5-30 所示。

　　图 5-31 和图 5-32 为不同分支缝初始位置对压裂斜井日产气量和累计产气量的影响曲线。从图 5-31 和图 5-32 中可以看出，在其他参数一定时，分支缝初始位置离井筒越近，压裂斜井日产气量和累计产气量越高，产量的增长幅度逐渐增大。这是因为分支缝离井筒越近，越有利于形成复杂裂缝网络，从而增大控制面积。随着分支缝初始位置的减小，投产初期压裂斜井的日产气量越高。

10. 改造区

　　斜井压裂后，压裂裂缝之间可能形成其渗透率高于地层原始渗透率的改造区，分析了改造区的渗透率和改造范围对压裂斜井的日产气量和累计产气量的影响，其基本的物理模型如图 5-33 所示，储层原始渗透率为 0.05mD，压裂后改造区渗透率为 1mD，改造范围为 30m，改造区刚好能够覆盖压裂裂缝之间的储层。

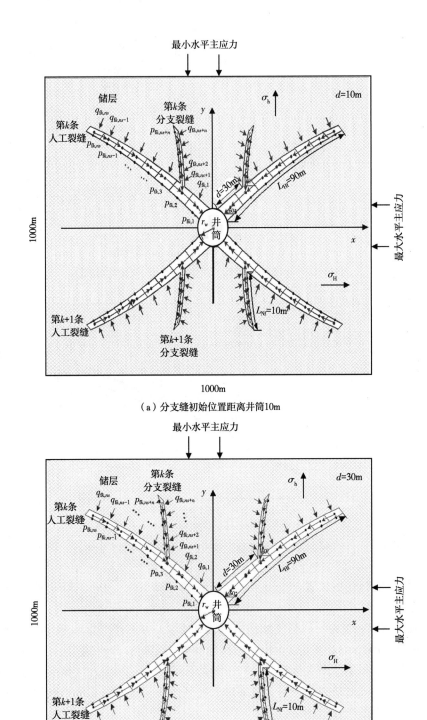

（a）分支缝初始位置距离井筒10m

（b）分支缝初始位置距离井筒30m

图 5-30　不同分支缝初始位置下不规则弯曲楔形裂缝展布示意图

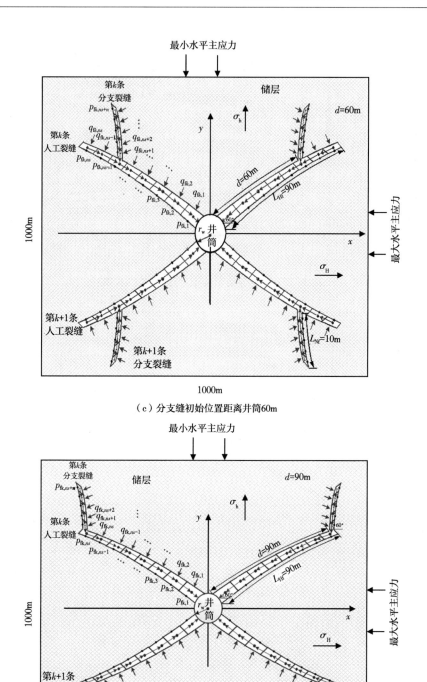

（c）分支缝初始位置距离井筒60m

（d）分支缝初始位置距离井筒90m

图5-30　不同分支缝初始位置下不规则弯曲楔形裂缝展布示意图（续）

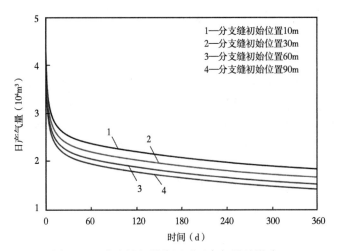

图 5-31　分支缝初始位置对日产气量的影响

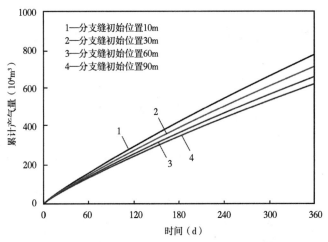

图 5-32　分支缝初始位置对累计产气量的影响

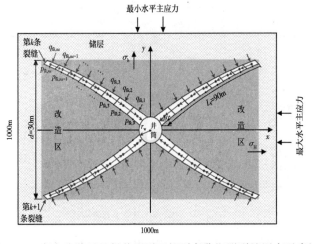

图 5-33　存在改造区的斜井压裂不规则弯曲楔形裂缝展布示意图

1）改造带渗透率

为研究改造区渗透率对致密气藏产量的影响，改造区的渗透率设置为 1mD、3mD、5mD 和 7mD4 种情况，分析了改造区渗透率对压裂斜井日产气量和累计产气量的影响。

图 5-34 和图 5-35 为不同改造区渗透率对压裂斜井日产气量和累计产气量的影响曲线。从图 5-34 和图 5-35 中可以看出，在相同参数条件下，随着改造区渗透率的增加，压裂斜井的日产气量和累计产气量越高。这是由于改造区渗透率越大，流体在改造区的渗流阻力越小，从而造成产量较高，这种增长趋势在生产初期、中期尤为明显；而在生产后期时，改造区渗透率对日产气量的影响趋势逐渐变小，这是由于在生产后期储层能量普遍较低所致。

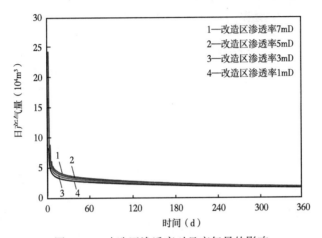

图 5-34　改造区渗透率对日产气量的影响

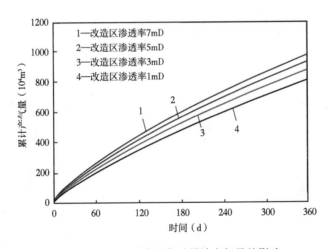

图 5-35　改造区渗透率对累计产气量的影响

2）改造带渗透率对离散段产量分布的影响

图 5-36 显示了改造区渗透率大小对人工裂缝离散单元产量分布的影响。从图 5-36 中可以看出：（1）在相同条件下，改造区渗透率越大，则裂缝各离散单元的产量越高；（2）在生产初期，离散单元的产量分布呈现出靠近井筒处产量最高，远离井筒处产量呈先减小后增大的趋势，且各裂缝离散单元之间产量大小差异随改造区渗透率的增加而增加，即在较低的改造区渗透率下各裂缝离散单元产量差异越小；（3）随着生产时间的增加，各离散

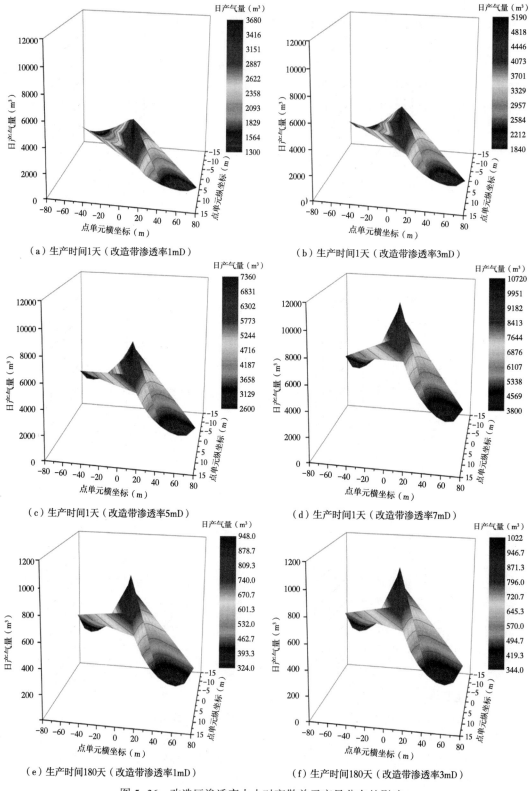

（a）生产时间1天（改造带渗透率1mD）　　　　　（b）生产时间1天（改造带渗透率3mD）

（c）生产时间1天（改造带渗透率5mD）　　　　　（d）生产时间1天（改造带渗透率7mD）

（e）生产时间180天（改造带渗透率1mD）　　　　　（f）生产时间180天（改造带渗透率3mD）

图 5-36　改造区渗透率大小对离散单元产量分布的影响

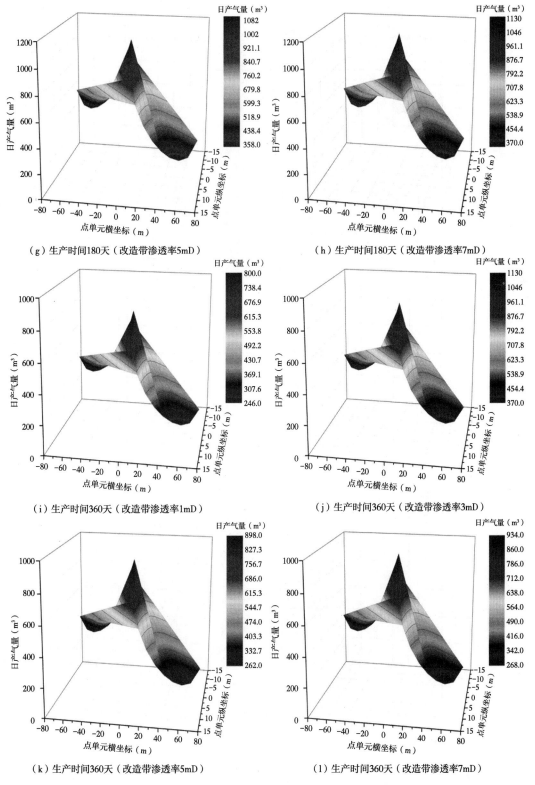

（g）生产时间180天（改造带渗透率5mD）　　　　（h）生产时间180天（改造带渗透率7mD）

（i）生产时间360天（改造带渗透率1mD）　　　　（j）生产时间360天（改造带渗透率3mD）

（k）生产时间360天（改造带渗透率5mD）　　　　（l）生产时间360天（改造带渗透率7mD）

图 5-36　改造区渗透率大小对离散单元产量分布的影响（续）

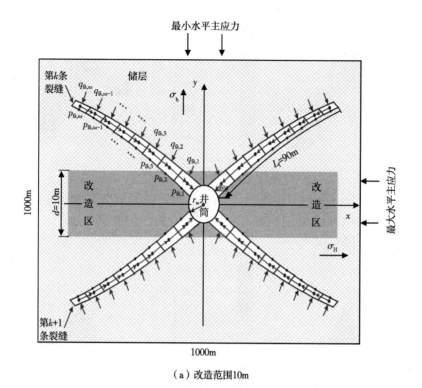

（a）改造范围10m

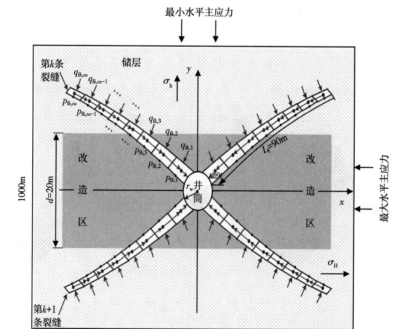

（b）改造范围20m

图 5-37　不同改造范围深度下斜井压裂不规则弯曲楔形裂缝展布示意图

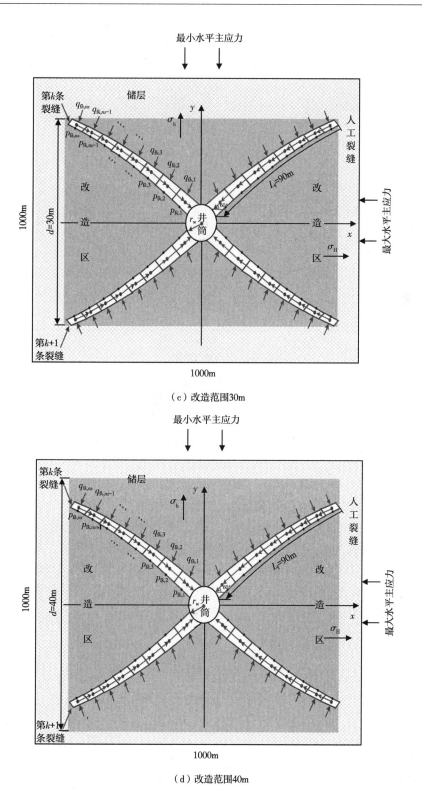

（c）改造范围30m

（d）改造范围40m

图5-37　不同改造范围深度下斜井压裂不规则弯曲楔形裂缝展布示意图（续）

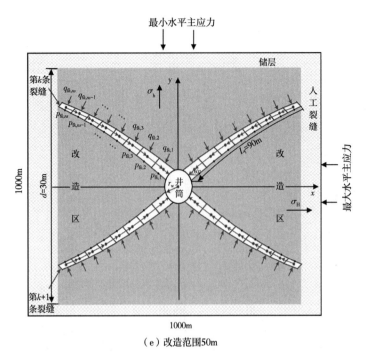

（e）改造范围50m

图 5-37　不同改造范围深度下斜井压裂不规则弯曲楔形裂缝展布示意图（续）

单元产量整体减小，产量分布总体呈"W"形分布，这是由于裂缝离散单元之间的干扰增强所致。此外，不同改造区渗透率下的产量流量分布曲线的差异逐渐减小。

3）改造范围

为进一步研究改造区的改造范围对致密气藏压裂斜井日产气量和累计产气量的影响，设置改造区的渗透率为5mD，改造区的改造范围为3种情形：（1）改造区未覆盖压裂裂缝之间的区域，此时改造范围设置为10m和20m；（2）改造区刚好覆盖压裂裂缝之间的区域，此时改造范围设置为30m；（3）改造区覆盖压裂裂缝之间及之外的部分区域，此时改造范围设置为40m和50m。不同改造范围深度下斜井压裂不规则弯曲楔形裂缝展布如图5-37所示。

图 5-38 和图 5-39 为改造区的不同改造范围对压裂斜井日产气量和累计产气量的影响曲线。从图 5-38 和图 5-39 中可以看出：在相同参数条件下，改造区的改造范围对压裂斜

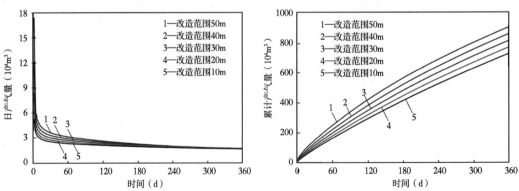

图 5-38　改造范围对压裂斜井日产气量的影响　　图 5-39　改造范围对对压裂斜井累计产气量的影响

井产能影响主要凸显在投产的初期、中期，随着改造区改造范围的增加，压裂斜井的日产气量和累计产气量越高，初期的日产气量也越高；在生产的后期，不同改造范围下的日产气量曲线差异逐渐减小，这是由于生产后期地层压力普遍下降，接近井底流压，地层能量较低所致。

4) 改造范围对离散段流量分布的影响

图 5-40 显示了改造区的改造范围大小对人工裂缝离散单元产量分布的影响。从图 5-40 中可以看出：（1）在相同条件下，改造区的改造范围越大，则裂缝各离散单元的产量越高；（2）在生产初期，离散单元的产量分布呈现出靠近井筒处产量最高，远离井筒处产量呈先减小后增大的趋势，且各裂缝离散单元之间产量大小差异随着改造区渗透率的增加而增加，即在较小的改造范围下各裂缝离散单元产量差异越小；（3）随着生产时间的增加，各离散单元产量整体减小，产量分布总体呈"W"形分布，这是由于裂缝离散单元之间的干扰增强所致。此外，不同改造区渗透率下的产量分布曲线的差异逐渐减小。

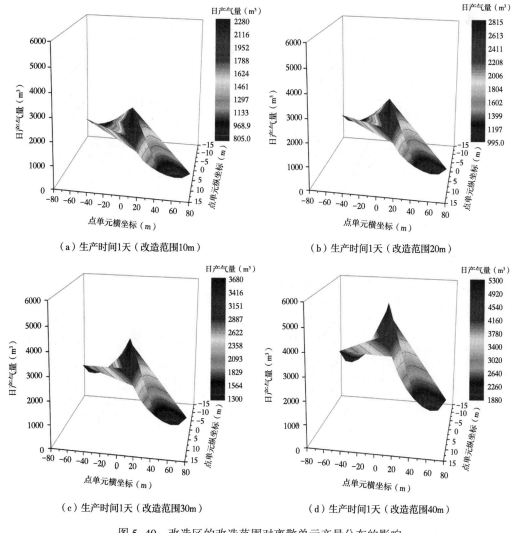

图 5-40　改造区的改造范围对离散单元产量分布的影响

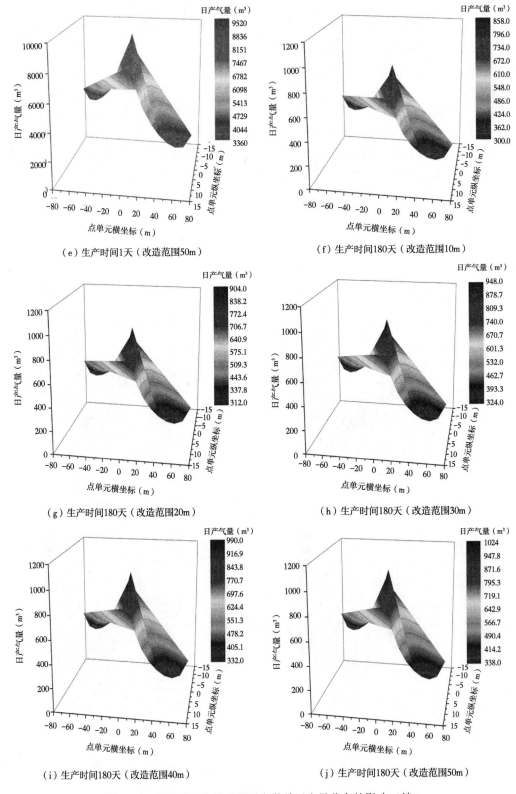

（e）生产时间1天（改造范围50m）

（f）生产时间180天（改造范围10m）

（g）生产时间180天（改造范围20m）

（h）生产时间180天（改造范围30m）

（i）生产时间180天（改造范围40m）

（j）生产时间180天（改造范围50m）

图5-40　改造区的改造范围对离散单元产量分布的影响（续）

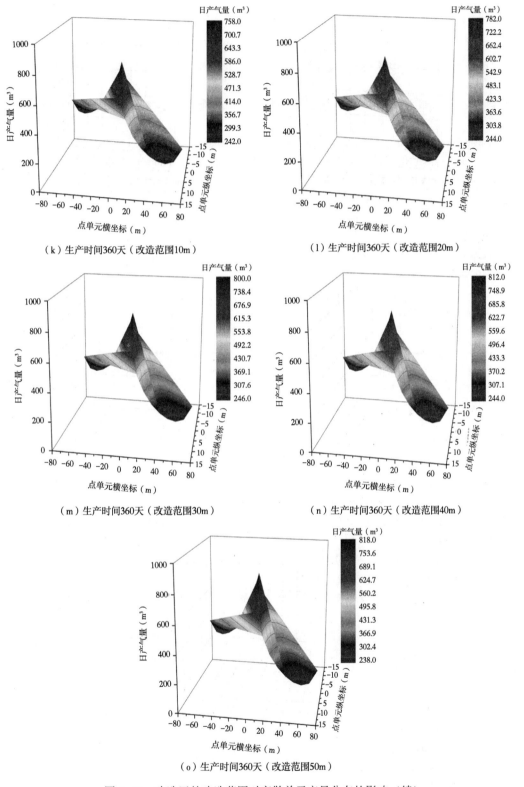

（k）生产时间360天（改造范围10m）

（l）生产时间360天（改造范围20m）

（m）生产时间360天（改造范围30m）

（n）生产时间360天（改造范围40m）

（o）生产时间360天（改造范围50m）

图5-40　改造区的改造范围对离散单元产量分布的影响（续）

参 考 文 献

［1］ 程小昭. 致密气藏斜井压裂不规则多裂缝渗流理论研究 ［D］. 成都：西南石油大学，2018.

［2］ 柳毓松，王才经. 自动识别油藏渗透率分布微分方程反演算法 ［J］. 石油学报，2003，24（4）：73-76.

［3］ 李成勇，刘启国，张燃. 水平井压力动态点源解的计算方法研究 ［J］. 油气井测试，2004，13（6）：4-6.

［4］ Padmanabhan L. Well test-A program for computer-aided analysis of pressure transients data from well tests ［C］. Las Vegas, Nevada：SPE Annual Technical Conference and Exhibition，1979.

［5］ Roemershauser A E, Jr M H. The Effect of Slant Hole, Drainhole, and Lateral Hole Drilling on Well Productivity ［J］. Journal of Petroleum Technology，1955，7（2）：11-14.

［6］ Chang M M, Linville B. Simulator predicts production from nonvertical wells ［J］. Oil and Gas Journal，1989，87：13.

［7］ Besson J. Performance of Slanted and Horizontal Wells on an Anisotropic Medium ［C］. SPE 20965 MS1990.

［8］ Abbaszadeh M, Hegeman P S. Pressure-transient analysis for a slanted well in a reservoir with vertical pressure support ［J］. Spe Formation Evaluation，1990，5（3）：277-284.

［9］ Khatteb H A, Yeh N S, Agarwal R G. Pressure transient behavior of slanted wells in single and multiple-layered systems ［C］. Dallas, Texas：SPE Annual Technical Conference and Exhibition，1991.

［10］ Zhang L, Dusseault M B, Franklin J A Slant well production in media with permeability anisotropy ［C］. SPE 27636-MS，1993.

［11］ Wang L, Chen C T, Lin W C. An efficient algorithm to compute the complete set of discrete Gabor coefficients ［J］. IEEE Trans Image Process，1994，3（1）：87-92.

［12］ 张继芬，王再山，高文君. （拟）稳定流斜直井产能预测方法 ［J］. 大庆石油地质与开发，1995（4）：69-74.

［13］ 廖新维. 双重介质拟稳态油藏斜井试井模型研究 ［J］. 石油勘探与开发，1998（5）：57-61.

［14］ 廖新维，陈钦雷. 均质油藏斜井试井模型研究 ［J］. 中国海上油气：地质，1998（5）：332-338.

［15］ 张振华，鄢捷年. 储层损害对大斜度定向井产能影响的计算方法研究 ［J］. 石油钻采工艺，2001，23（6）：40-43.

［16］ 杨雷，黄诚，段永刚，等. 大斜度井、分支井的不稳定压力动态分析 ［J］. 西南石油大学学报：自然科学版，2002，24（2）：25-27.

［17］ 郭世慧，王晓冬. 大斜度井两种计算产能和表皮系数方法的对比与讨论 ［J］. 油气井测试，2008，17（4）：21-23.

［18］ 王瑞，刘启国，王辉. 高速非达西效应的大斜度井稳产研究 ［J］. 吐哈油气，2010（4）：367-371.

［19］ 王华，徐方，张勤，等. 斜井产能分析 ［J］. 辽宁化工，2011，40（5）：515-518.

［20］ 王海静，薛世峰，高存法，等. 各向异性油藏大斜度井入流动态 ［J］. 石油勘探与开发，2012，39（2）：222-227.

［21］ 张小龙，李晓平，张旭，等. 直角断层板状双重介质油藏斜井试井模型研究 ［J］. 油气井测试，2012，21（6）：1-4.

［22］ Feng G Q, Liu Q G. Pressure transient behavior of a slanted well with an impermeable fault ［J］. Journal of Hydrodynamics，2014，26（6）：980-985.

［23］ Sousa B R, Moreno R B Z L. Transition radial flow in slanted well test analysis ［C］. SPE Latin American and Caribbean Petroleum Engineering Conference，2015.

［24］ Waltman C, Warpinski N, Heinze J. Comparison of single and dual array microseismic mapping techniques in the Barnett Shale ［J］. Seg Technical Program Expanded Abstracts. 2005, 24 （1）: 1261.

［25］ Cipolla C, Wallace J. Stimulated reservoir volume: A misapplied concept ［M］. Society of Petroleum Engineers, 2014.

［26］ Wu K, Olson J E. Investigation of the impact of fracture spacing and fluid properties for interfering simultaneously or sequentially generated hydraulic fractures ［J］. Spe Production & Operations, 2013, 28 （4）: 427-436.

［27］ Wu K, Olson J E. Mechanics analysis of interaction between hydraulic and natural fractures in shale reservoirs ［C］. Unconventional Resources Technology Conference, 2016.

［28］ Wu K. Simultaneous multi-Frac treatments: fully coupled fluid flow and fracture mechanics for horizontal wells ［J］. Spe Journal, 2014, 20 （2）: 337-346.

［29］ Cinco-Ley H, Jr H R, Miller F. Unsteady-state pressure distribution created by a well with an inclined fracture ［J］. Journal of Petroleum Technology, 1975, 27 （11）: 1392-1400.

［30］ Luo W, Tang C. Pressure-transient analysis of multiwing fractures connected to a vertical wellbore ［J］. Spe Journal, 2015, 20 （2）: 360-367.

［31］ 胡永全, 蒲谢洋, 赵金洲, 等. 页岩气藏水平井分段多簇压裂复杂裂缝产量模拟 ［J］. 天然气地球科学, 2016, 27 （8）: 1367-1373.

［32］ 蒲谢洋. 页岩气藏压裂复杂裂缝产能研究 ［D］. 成都: 西南石油大学, 2017.

［33］ 何军, 范子菲, 宋珺, 等. 压裂水平井渗流理论研究进展 ［J］. 地质科技情报, 2015, 34 （4）: 158-164.

［34］ 崔传智. 水平井产能预测的方法研究 ［D］. 北京: 中国地质大学, 2005.

［35］ Puchyr P J. A numerical well Test model ［C］. Denver, Colorado: Low Permeability Reservoirs Symposium, 1991.

［36］ Zheng S, Corbett P, Stewart G. The impact of variable formation thickness on pressure transient behavior and well test permeability in fluvial meander loop reservoirs ［C］. Spe Technical Conference & Exhibition, 1996.

［37］ Archer R A, Yildiz T T. Transient well index for numerical well test analysis ［C］. Society of Petroleum Engineers, 2001.

［38］ Juanes R, Patzek T W. Multiscale numerical modeling of three-phase Flow ［C］. SPE 84369, 2003.

［39］ Nnadi M, Onyekonwu M. Numerical welltest analysis ［J］. SPE 88876-MS, 2004.

［40］ Ding Y, Jeannin L. New numerical schemes for near-well modeling using flexible grid ［J］. Spe Journal, 2004, 9 （1）: 109-121.

［41］ Ozkan E, Al-Kobaisi M, Raghavan R. A hybrid numerical-analytical model of finite-conductivity vertical fractures Intercepted by a horizontal well ［C］. Spe International Petroleum Conference in Mexico, 2004.

［42］ 曾凡辉, 郭建春, 赵金洲, 等. 影响压裂水平井产能的因素分析 ［J］. 石油勘探与开发, 2007, 34 （4）: 474-477.

［43］ 曾凡辉, 郭建春, 王树义, 等. 裂缝面非均匀流入的气藏压裂水平井产量计算 ［J］. 天然气工业, 2014, 34 （5）: 100-105.

［44］ Lee S T, Brockenbrough J R. A new analytic solution for finite conductivity vertical fractures with real time and Laplace space parameter estimation ［C］. SPE 12013, 1983: 103-106.

第六章　海上低渗透油气藏压裂新技术

随着海洋油气勘探开发技术的不断进步，以酸化压裂为主要手段的储层改造技术成为开发低渗透气田、提高单井产量的主体技术，形成了完整的配套技术和成熟的工艺体系，但海上油气田受天气和海况的影响极大，平台甲板空间狭小，橇装设备附件多，其配套性、稳定性较差；施工船舶、各种设备、高压管汇、大罐等设施的摆放、固定难度大，特别是压裂液配制和废液处理、施工组织等存在较大的困难。开展具有一定规模的压裂酸化作业具有一定的局限性。

第一节　海上压裂装备现状与趋势

海上自然环境恶劣，气象多变，受潮汐、风浪影响大，作业环境特殊，陆地上一些技术由于安全原因无法应用，海上油气田压裂作业方式有两种：一种是将设备放在平台上；另一种是将设备集中在一艘船舶上。

一、海上压裂平台

平台压裂技术就是利用海上油田自身平台（钻井平台、采油平台）条件，充分利用平台面积和已有设备，不借助压裂船而完成压裂施工。目前，国内外采用平台压裂的井极少。

平台压裂技术需要在充分利用平台面积的基础上，利用平台已有的各种设备，包括各种液罐（例如钻井液池）、泵（固井泵、注水泵、钻井泵等）（图6-1）。平台压裂技术的

图6-1　压裂现场

优点是受海况等影响较小，适用范围广且成本较低。缺点是压裂规模受到平台限制，往往不能达到充分改造储层的目的。但是如果能够充分利用平台设备，并对施工方案进行优化，平台压裂技术完全可以达到增产改造的目的，具有广泛的应用前景。

1. 平台压裂工序

根据海上同区块或邻区块的压裂经验，将平台压裂施工工序进行优化。整个压裂施工优化过程可分为压裂施工准备、设备流程连接、压裂液配制、压裂液注入施工和压裂后管理 5 个阶段。

（1）压裂施工准备阶段：出海前检查施工工具与材料，对主要压裂设备进行试运转检查，熟悉和掌握压裂作业程序与平台应急程序，明确岗位重点工作职责与安全要点。

（2）设备流程连接阶段：按照压裂设备摆放与流程连接设计图吊装摆放设备，完成流程连接，按设计要求进行试压检查。

（3）压裂液配制阶段：在技术监督指导下配制压裂液，配完后及正式施工前取样检测黏度、pH 值和交联性，检测结果应与室内实验结果一致。

（4）压裂液注入施工阶段：进行压裂施工、安全工作模拟演习，按照压裂设计参数测试压裂施工，依据主压裂泵注程序泵注前置液、携砂液、顶替液，出现异常情况时按照应急计划处置。

（5）压裂后管理阶段：压裂泵注完毕停泵后，根据设计要求进行测试与连续返排。

2. 平台压裂设备及摆放

1）压裂液罐

平台一般有 6 个钻井液池，配有负压射流泵（配有加料漏斗）。其中，2#、3#钻井液池不具备搅拌装置，其余 4 个钻井液池配有搅拌装置（表 6-1）。

表 6-1　平台钻井液池与容量

序号	容积（m³）	备注
1#	55	
2#	55	
3#	55	
4#	55	每个钻井液池大约有 2m³ 左右不能抽出
5#	30	
6#	15	
总容积	265	

2）供液泵

平台共有两个混合泵、两个灌注泵，排量都为 200m³/h。混合泵主要用于给射流泵提供动力，配制压裂液；灌注泵可以不经过钻井泵向甲板供液，可同时开启两台泵。

3）平台摆放

以配套有钻机模块的平台为例，以钻机模块的上层甲板作为压裂施工的主要区域，摆放压裂泵、混砂泵、压裂砂罐等设备设施；钻机模块的钻井液池、固井泵、节流管汇用来完成压裂施工的配储液、打平衡压、排液等施工；其他压裂辅助设备与材料摆放在钻机模块的其他位置；通过流程管线与控制系统的连接组成完整的压裂施工系统。在此基础上，制定压裂设备布置、流程连接的基本要求，编制标准化的海上平台压裂施工设备与流程连接设计图（图6-2）。

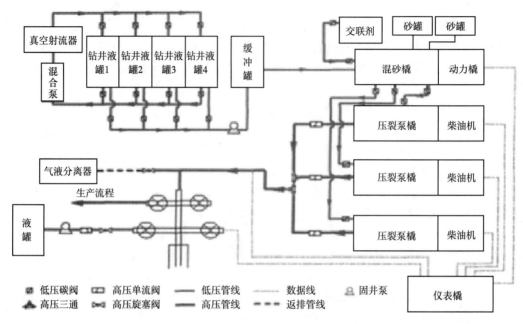

图 6-2　海上平台压裂施工设备与流程连接设计图

二、压裂作业船

海上压裂作业船起步于1991年的美国墨西哥湾，初期主要是采用陆地油气田的增产措施作业装备，放置在平台供应船上实施海上压裂作业。随着海洋石油的勘探开发日益高涨，许多油气田相继投产，油气产量大幅度提高，油气田的生产维护工作量随之增加，无论是作业频次，还是作业质量上都很难满足需要，于是各大石油工程服务公司纷纷建造专用压裂作业船，以满足油田公司的生产需要。目前，国内外海上油气田的压裂多利用拖轮或专门的压裂作业船进行压裂，国内在渤海进行过少数井的压裂作业船压裂作业。

1. 压裂作业船概况[1]

压裂作业船必须首先具备高效性和安全性，其次具有优越的操控性能和良好的稳定性。因此，配备了先进的船舶航行系统、动力定位系统和强大的动力系统，同时配备压裂作业的支撑剂储存装置和混合系统、各类液体和化学药剂添加系统、压裂作业泵系统、中央控制室以及数据采集系统，并有完备的质量控制体系、安全的作业管线和快速脱离装置。压裂作业船压裂的优点是无须海上作业平台为其提供甲板面积和储存空间，同时也节省了昂贵的海上平台使用费用。压裂作业船能连续处理多个产层，能在几小时内完成常规作业几周才能完成的工作量，作业效率高，安全可靠，且可以保证施工的规模达到优化的目标，最大限度地改善储层，从而达到增产的目的。缺点是受海洋气候等条件影响较大，作业范围和时间受到严重制约，且成本较高。

以贝克休斯、哈里伯顿和斯伦贝谢为代表的国际石油工程服务公司根据各自的需要建造了不同类型和特征、高效安全的压裂作业船，截至2012年底，根据 *offshore* 杂志统计，压裂作业船共计 32 艘，隶属于 4 家公司，其中贝克休斯 9 艘，哈里伯顿 12 艘，斯伦贝谢 10 艘和 superior Energy Services1 艘。2015 年，亚洲首艘专业油田增产作业船"海洋石油 640"（图 6-3），隶属于中海油田服务股份有限公司（简称为中海油服）船舶事业部。

图 6-3　"海洋石油 640"增产作业船

"海洋石油 640"是目前国内技术最先进、功能最强大的增产作业船。总长 81.15m，型宽 18m，作业海区：无限航区，作业环境为大气温度-10℃到+45℃，出海作业期间船舶自持能力达 30 天。采用国际先进动力 DP Ⅱ 动力定位，船舶满足 6 级风、1.5 节海流海况下，连续定位 24h，保障压裂作业施工安全。满载舱容可达 1000m³ 压裂液，支撑剂储量 100m³，船上配备美国双 S 压裂泵组，达到 10000HHP❶，最大作业压力 15000psi，最大排量 8m³/min。不仅解除了有限的平台空间对施工规模的限制，同时可以大幅度提高作业时效，降低施工风险。

斯伦贝谢的 BIGORANGE ⅩⅧ船是世界上最有经验的增产船之一，是斯伦贝谢多年经验总结所得的成果。与大多数替代船舶不同，它是专门为井的增产作业而设计的，其混合、泵送和储存系统从一开始就采用了独特的设计，从最小的基质处理到大的水力压裂操作都可以执行。具有 DnV Dynpos AUTR Class Ⅱ 认证的动态定位，卓越的操控性，即使在最极端的条件下也具有高稳定性，以及能够将控制中心和住宿区与 H_2S 环境隔离的空气监测和调节系统。

2. 压裂作业船主要设施和作业装备

压裂作业船除船舶本身海事方面所必需装备设施外，最主要是满足工程作业服务所需要的装备，如动力定位系统和装备、压裂作业设备等。因此，要配备足够大的电站，动力定位系统要求的推进器和控制系统，压裂作业高压泵系统和支撑剂、干湿药剂添加剂系统等装备设施。下面就主要设施和作业装备各系统分别介绍。

1）主电站、推进器和动力定位系统

配置 3 台或 4 台柴油发电机组，总功率在 7457.12kW 以上，电站必须经过船级社完全

---

❶　1HHP = 745W。

认证，直流电系统的泵和推进器是系统控制。

船舶配备两套全回转推进器，安装在船尾部，主推进器为两台方位角推进器，定螺距全回转螺旋桨，每个可提供 250N 推力，最大功率为 $2\times1789.71kW$。两套隧道式侧向推进器船首推进器，为定螺距螺旋桨，每个具有推力，最大功率为 $2\times850.11kW$。

动力定位系统可按船级社 DP-2 级的要求配置。动力定位系统主要由动力与推进器系统、测量系统和自动化控制系统构成。动力与推进器系统负责为船舶提供足够的电力和有效的机动性。动力系统由主发电机和先进的电站管理设备组成。推进器提供抵御外力作用和提高机动性的动力。动力定位船舶的操纵性能十分优越，可原地掉头。一般海况下，即使一台电力推进系统和一台侧推器同时出现故障，也能保持动力定位功能和船舶操纵性（即具有一定的冗余度）。

2）压裂作业材料储存和混合调配系统

压裂作业材料储存和混合调配系统是压裂作业船的重要设备之一，占用空间大，合理布局是满足压裂作业工艺的重要保障，包括如下系统：支撑剂储存、液体添加剂、海水过滤器、胶体连续混合、原酸储存、混合调配和质量控制实验室。

支撑剂储存：总计 $500\sim900m^3$ 的支撑剂储存在 $6\sim9$ 个固定安装的重力式储罐内，为了把支撑剂精确地输送到混合器，每个都配置了一个自变速的容积式输送机，每台输送机能够输送支撑剂的量高达 $3.11m^3/min$。添加到混合器的支撑剂由工艺操作控制器计算，以便自动补偿处理量的任何变化，保证在所有作业工况下达到准确的浓度。

液体添加剂：10 台不锈钢液体添加剂罐分别引入由单独计算机控制的容积泵。每种液体添加剂的比例可以由中心处理器控制，自动补偿添加比例的变化。

海水过滤器：压裂作业船在海上油气田工程施工过程中发挥着重要作用，任何在作业过程中所需的海水都需要过滤，在这种情况下，海水过滤器将会发挥作用。对于在作业过程中的海水，都需要海水过滤器在一定时速下进行处理，从而使每个过滤芯的最高效能得以充分体现。

胶体连续混合：为了使压裂作业船的工作效率不断提升，并且使其工作成本得以有效降低，需要配备先进的连续调配系统。连续调配系统的使用，可以使胶体连续混合，并且对于混合中的材料，没有任何浪费。同时，也不会产生环境污染，符合生态和谐的理念，继而确保生态文明健康持续地发展。连续调配系统的应用，对工作时间也有一定的限制，从而避免了因长时间工作而造成设备破坏的现象，从而延长了压裂作业船的使用期限。

原酸储存：原酸储存在 6 个 $100\sim130m^3$ 的罐内，使浓度为 28% 的 $900m^3$ 氯化氢或浓度为 15% 的氯化氢在线混合，并以 $9.5m^3/min$ 排量提供给高压泵。

混合调配：压裂作业船在作业过程中，需要按要求调配出不同类型的支撑剂。因而，这就需要运用到调配系统。调配系统由搅拌罐、搅拌叶片和喷射器构成。为了保证调配系统的使用效能，搅拌罐通常采用不锈钢材质。调配系统在运转过程中，通过传输系统将支撑剂进行组合，从而调配出符合规格标准的支撑剂，继而确保压裂作业船稳定作业。

质量控制实验室：为了使海上油气田工程作业船在作业过程中，压裂液、基础液、后置处理液能按一定的标准配制，成立了质量控制实验室。当然，为了使质量控制实验室的功能得到充分发挥，安排了专业人员运用化学、物理等方法对混合区域的液体样品进行化验检测，并将样品检测的结果进行收集整理，继而在作业完工后对其进行分析和评估。

3）压裂作业设备和操作系统

压裂作业船的主要作业设备是高压泵组，压裂作业船的特色之一是需配置9台高压压裂泵，总输出液功率可在8950kW左右，驱动形式可分为两种：一种配6台电驱动；另一种配3台柴油机驱动。泵压力为68.950MPa时，液体排量为9.22m³/min；或泵压力为33.096MPa时，排量为11.13m³/min，作业期间留有一台泵备用。

低压输送泵是配置离心泵，输送调配好的液体，精心设计和卓越的设备能力保证在加工调配各种液体过程中有极高的冗余度。

液氮的储存和氮气泵系统配置为：液氮被储存在4个低温罐内，总量为（6~8）×10⁴m³。液氮由3台直流电动机驱动的低温容积式泵加压，泵功率为560kW、压力为68.950MPa时，排量为1048m³/min。

作业管线的配备分为两部分：一部分是压裂作业船到生产平台的柔性管，它缠绕在压裂作业船的滚筒上；另一部分就是钢管，作业管线一直敷设到井口。

压裂液经过两根7.62cm或10.16cm易弯曲的柔性管连接到钻机或平台，作业管线的额定压力为103.425MPa或68.950MPa，最大排量为9.54m³/min。如果钻机发生紧急情况，柔性管线能够从控制室遥控脱开"快速分离"接头，实现安全分离，使压裂作业船毫不迟延地驶离。

根据作业公司的安全和防损标准，必须制订独立实施方案，满足特种作业需求，重点放在安全性和冗余度方面。所有作业管线在派往到平台的钻机上之前一定要经过年度完整测试和认证。各种压力安全阀和关断系统确保预先限定的井口压力保持住，阀位确保每个作业管线能够隔断。作业管线上的压力传感器和环路中继信息传输到控制室，这些信息和其他可选择参数被发送到钻机的监视器，保证全体人员知道作业情况和进展。

4）压裂作业控制中心

作业过程控制和监视全部集中在位于作业船高处的270°视角压裂作业控制中心。将所有操作和监视压裂作业的控制、仪器和计算机集中在一个房间内，构成压裂作业控制中心。压裂作业控制中心包括主控制室、计算机房和仪器仪表/设备接入室。操作台完全遥控所有压力泵、输送器和阀门。作业过程利用最先进的单回路可编程控制器和显示台控制。流量计、压力表、罐内液位仪和密度计的反馈仪器以数字形式呈现。

作业操作的基本参数是实时显示的，包括所有容器罐和混合器的充满率，每种液体和添加剂的流量，每种液体的百分比（流量总流量），流体黏度，每个压力泵的出口压力，压力安全阀的释放压力，压裂液处于系统内临界点的压力和排量，支撑剂、混合器、高压泵和液氮的累计量。

计算机室装有带备份装置的数据记录系统。备份装置监测主数据记录系统的执行情况，并且如果检测到与主装置不一致时自动接管工作任务。数据被实时记录（一秒钟间隔并馈送进"压裂专用"计算机辅助处理系统。这套系统由硬件和监视、记录和报告所有压裂作业类型的软件组成）。

随着作业过程的展开，实时显示、情景、地面示意图和井筒动画会呈现一个清晰的作业画面，给决策者提供一些从地面到孔内的实时详细的工作信息。在工作期间，专用系统轨迹设计，并显示与计划值比较的实际工作参数。

3. 压裂作业船的发展展望[2]

（1）加大投资力度，提高压裂作业船的性能。

我国缺乏专门用来开发海上油气的压裂作业船，这在很大程度上阻碍了海上油气田工程的进度，从而使工期延长。因而，相关部门负责人应重视这一问题，并意识到这一问题的严重性。采取措施，从而确保压裂作业船研发工作的开展，同时，提高压裂作业船的性能。要加大对压裂作业船的投入力度，培养专门人员对其进行研发，也要提高工作人员的技术和操作技能，从而使压裂作业船的性能不断提升，继而为海上油气田工程的开展提供充足的硬件设备。

（2）加大对技术人员的培养力度。

压裂作业船的良好运作，需要专业的技术人员为其提供强有力的技术支撑。因而，高校可以通过专家讲座、座谈会、各校师生之间的交流互动等，提高技术人员的技能，从而使压裂施工工艺进一步提升，继而使技术人员可以根据船舶自身方面的特点，充分发挥技术性能和自动化优势，从而使支撑剂储存、混合调配等，满足海上油气田作业的需求。

（3）不断提高压裂作业船定位能力。

压裂作业船在作业过程中需要极强的定位能力，从而对油气所处位置进行准确定位，继而节省大量的时间、人力、财力。因此，需要加大对定位系统的研究力度。可以成立专家组，召开研讨会，就提高定位系统能力这一问题，提出科学依据和行之有效的改进措施，设计出极强的定位系统，从而根据社会发展需求，制造出属于自己的压裂作业船，继而使海上油气田工程顺利开展。

（4）设计超高压快速脱离装置。

压裂船的压裂作业是提高海洋油田产量的一项重要措施，连接压裂作业船管汇与海洋平台管汇的快速脱离装置，在海洋压裂作业应急防护中起到至关重要的作用。针对海洋压裂作业船超高压快速脱离装置技术被国外垄断的现状，应大力自主研发设计压裂作业船超高压快速脱离装置。

（5）要设计出多功能的压裂作业船。

近年来，海洋石油开采业逐渐兴盛，油气增储的形式也日益增多。因而，为了使压裂作业船满足海上油气田开采的需求，需要设计出多功能、类型各异的压裂作业船，继而满足油气开采工程的需求。在各种情况下均可使用，从而使海上油气田工程得以在规定时间内竣工。与此同时，也使得压裂作业船的开采质量不断提升，从而使海上油气田工程经济效益和社会效益不断提升。

三、海上压裂配套装置

1. 海上橇装式压裂设备自动混砂装置

自动混砂装置由输砂绞龙、液添系统、干添系统、清水泵、排出泵、搅拌系统等组成。在压裂施工过程中，根据油水井压裂设计工艺要求，混砂装置自动连续将泵吸入的压裂液、输砂绞龙携带的支撑剂、干添系统输送的粉末状化学添加剂、液添系统注入的液体化学添加剂按精确比例在搅拌系统（搅拌池）内搅拌成砂浆，然后由排出泵排出，为泵1、泵2等组成的高压泵组供液。自动化控制中心的计算机检测系统可以跟踪和记录数字传感器的输入，使各个系统精确执行给定的指令，并利用各个数据做出图像，实时对数据进行处理。支撑剂的添加量可以平滑改变，压裂液的黏度也可以由过程控制加以改变[3-5]。自动混砂装置工作原理如图 6-4 所示。

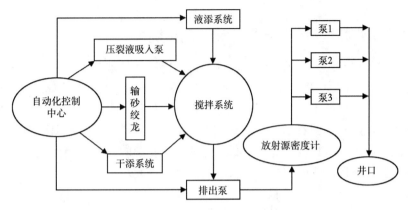

图 6-4　混砂装置工作原理图

2. 压裂作业船超高压快速脱离装置[6]

超高压快速脱离装置是一种工作可靠且不需要借助外界工具，通过网络控制便能迅速实现管路断开的自动化管接头。当遇到紧急情况时，它能保证压裂作业船载设备与平台的管路连接装置快速有效地脱离。

该装置的技术要求如下：

（1）最高工作压力 140MPa，压裂作业时不发生泄漏，连接可靠稳定；

（2）短时间内断开管路连接，可靠度高；

（3）一键操作，简单方便，自动化程度高；

（4）具有断开后封闭管路功能，防止压裂液溢出而造成毁坏与污染。

海洋压裂作业船工作时，其排出管汇通过高压软管与平台井口连接。当需要紧急撤离时，首先停泵，然后启动快速脱离装置，将高压软管与船载排出管汇的管路连接断开，压裂作业船快速离开平台，如图 6-5 所示，快速接头主要由外接头与内接头组成，快速接头安装在连接平台高压软管和船载排出管汇上，被固定在压裂船甲板设备橇装中。

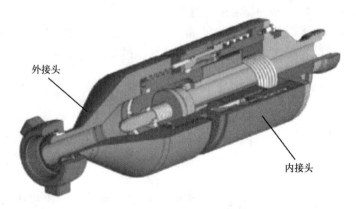

图 6-5　快速接头结构示意图

第二节 高矿化度海水基压裂液技术

一、海水矿物特征及其对压裂液带来的新挑战

随着海上油气田开发力度的加大，越来越多的优质储量被动用，未开发储量中低渗透储量所占比例不断提高。截至 2010 年底，低渗透探明储量约占总探明储量的 6%，而低渗透产量约占海油总产量的 1%。近年陆上低渗透储量发现的数量越来越多，该类油田的产量增长迅速，已经成为中国石油、中国石化近年主要产量增长点。根据陆上油气田勘探开发的经验，随着海上勘探程度的深入，低渗透油气田发现的数量和储量将会不断增多，所建成的产能占整个海油产能的比例也将会不断提高，因此海上低渗透储层的经济高效开发将对海上石油工业持续稳定增长起着至关重要的作用。

海上低渗透油田储量分布相对集中，主要分布在渤海、东海和南海西部海域，大部分低渗透油藏物性差、油层薄，且多为砂泥岩互层，泥质含量较高；由于海上低渗透油藏埋深较大，除文昌油田群的低渗透油田埋深较浅（1000~1400m）外，其他低渗透油田的埋深基本在 2500m 以上，东海海域部分低渗透气藏埋深超过 4000m，地层受强烈压实作用影响，孔渗条件较差，孔喉细小，结构较复杂；受埋深影响，储层温度普遍高于 100℃，且 140℃ 以上高温地层较为常见。

水力压裂作为改造低渗透储层的重要增产措施，是低渗透油藏获得高效开发的重要手段，在陆上油气田已得到广泛应用，效果显著。压裂施工中，压裂液起到造缝、携砂的作用，针对陆地上的压裂施工希望压裂液具有较高黏度、滤失少、低摩阻、低残渣、热稳定好以及经济有效等特性。以砂岩储层为主的海上低渗透油气田，水力压裂具有广阔的应用前景，但是由于海上油田的"中深层、高温、高泥质含量、孔喉结构复杂"等储层特征，对压裂工作液性能提出了一些具体的要求。

（1）携砂能力较高。海上油田可动用储层的渗透率、孔隙度较陆上油田较高，因而压裂时需要铺置较高浓度的支撑剂，要求压裂液具有较高的携砂能力。

（2）耐高温。针对海上 140℃ 以上高温储层，必须保证压裂液体系在高温高剪切环境下具有优良的流变性，即足够的黏度来造缝和携砂。

（3）控制滤失。压裂液适当的滤失能够有效造壁，进而降低滤失，但是海上低渗透储层的渗透率普遍高于陆上低渗透储层，在具有较好渗透性的储层中开展压裂施工应特别注意控制液体滤失，以提升流体造缝效率。

（4）延迟交联。不同于陆上压裂装备，海上压裂设备泵压范围受限，有效降低井口施工压力措施之一就是通过基液的延迟交联降低液体的管路摩阻，以减小摩阻损耗。

（5）低伤害。由于海上低渗透储层孔喉细小，泥质胶结物多，应保证压裂液残渣含量较低，同时需要加入性能优良的黏土稳定剂和助排剂，以防止由于黏土膨胀运移和水锁效应对储层造成二次伤害。

（6）经济可行。油气田的开发必须考虑经济效益，海上油田由于受运输和气候的影响，更要有效地控制压裂成本。

虽然常规淡水基压裂液体系能够满足上述性能要求，但是海上压裂施工的特殊性很大

程度上限制了淡水基压裂液体系的应用，比如现阶段海上压裂施工基本依照陆上流程，先将淡水运送至平台，在平台上完成压裂液的配制后再施工，而客观条件的限制让海上后勤保障和外围支持的风险增大，成本也大幅度提高；由于平台储液能力有限，如果压裂规模较大，需要利用补给船协助压裂施工，海上环境的不确定性将给补给船辅助施工方式带来巨大风险；同时压裂液容易变质失效，海上各类情况造成的推迟施工都可能引起施工风险增大或造成压裂液的浪费，效益风险增大。

要解决海上压裂施工的后勤保障和规模限制问题，同时能有效降低海上压裂液施工风险和成本，最有效的方法就是直接用海水配制压裂液，其主要优势在于平台周围的海水能够即抽即配，从而减少了淡水运送和储备环节；与连续混配装置联用开展在线施工，压裂规模将不受平台空间储液规模的限制，作业成本和风险降低。高性能海水基压裂液的应用将解决海上压裂施工过程中诸多工程问题，是未来海上压裂的重要发展方向。但是海水系统复杂，会对常规瓜尔胶压裂液体系性能造成较大影响，主要问题有：

（1）海水中溶解有大量的无机盐，这些无机盐会严重影响瓜尔胶水化溶胀性能，普通瓜尔胶及其衍生物无法在海水中快速溶胀增稠，从而不具备开展海上连续混配施工的条件，压裂规模受平台空间限制的问题无法得到根本解决。

（2）稠化剂在海水中快速溶胀问题，解决了压裂用稠化剂在海水中的快速溶胀，才能使连续混配成为可能，使海上水平井的压裂成为可能。

（3）海水中溶解了大量的钙、镁离子，在常规高 pH 值交联环境下会以氢氧化物沉淀形式析出，从而干扰压裂液体系的 pH 值，导致交联冻胶的黏度降低，耐温耐剪切性能下降。尤其针对海上 140℃以上高温储层，稳定的压裂液黏度对于保证压裂液携砂、造缝和降低滤失等性能都是至关重要的。

二、海水基压裂液体系技术现状

国外从 20 世纪 90 年代初开始对海水基压裂液体系进行系统研究，并大规模应用到墨西哥湾油田和北海油田的压裂改造作业中，取得了显著效果。针对硼交联瓜尔胶压裂液的碱性交联体系，提出了对海水进行预处理和降 pH 值交联思路。另外，提出了酸性交联体系、清洁压裂液体系，还有两性聚合物体系等与海水有较好配伍性的压裂液体系。目前，国外常用的海水基压裂液为硼交联瓜尔胶压裂液体系，其中瓜尔胶经过改性后可在海水中快速溶胀，满足海上压裂连续混配的要求。另外，降 pH 值交联技术使得硼交联剂能够在较低 pH 值下释放硼酸根离子与瓜尔胶发生交联反应，从而避免氢氧化镁沉淀生成。但是针对高温储层（大于 150℃）的海水基压裂液体系的报道较少。国内对海水基压裂液的研究较少，尤其针对适用于 150℃以上高温储层的海水基压裂液体系的研究更是空白。

1. 硼交联瓜尔胶体系

1993 年，Kruljf 等率先系统地研究了海水基硼交联瓜尔胶压裂液体系中氢氧化镁沉淀对 pH 值的影响规律，并提出配制海水基硼交联瓜尔胶压裂液有必要在交联之前将海水中的钙、镁离子完全沉淀下来。

1998 年，Phillip Harris 等也针对这一问题，指出通过预处理去除钙、镁离子的思路。实验发现一旦钙、镁离子完全沉淀下来，体系 pH 值就得以控制，从而交联反应就能够顺利进行。但是该方法成本较高，不利于大规模应用。

1998 年，William Pickering 等提出了降低交联 pH 值的思路，将硼酸根离子与羟丙基瓜尔胶的交联 pH 值控制在低 pH 值范围，从而避免生成氢氧化物沉淀，该体系已成功应用在墨西哥湾油田的压裂作业中。

1）流变性能

实验选用墨西哥湾海水，具体离子含量见表 6-2。

表 6-2　各海域海水离子含量　　　　　　　　　　　　　　　　　单位：mg/L

组分	丹麦北海	地中海	安哥拉海	南海	墨西哥湾	GOM 地层
钠	8800	12300	14200	9900	11000	42700
钾	400	380	210	400	470	1350
钙	420	500	300	420	650	6120
镁	1550	1790	630	1170	1220	560
锶	6	—	5	7	10	1800
氯化物	22000	22000	15000	18000	19700	81000
碳酸氢盐	140	140	95	110	90	370
碳酸盐	—	—	—	—	40	0
硫酸盐	3300	2900	1400	2500	3130	0

如图 6-6 所示，在流变性能方面，实验温度为 76.7℃，羟丙基瓜尔胶加量为 0.35%，测试 40s^{-1} 下两种不同溶剂配制的硼交联冻胶的黏度。与含 2% 氯化钾淡水基体系相比，由于海水的矿化度更高，冻胶的黏度更低，但是仍能达到 900mPa·s，体系剪切 2h 后黏度维持在 700mPa·s 以上，能够满足携砂、造缝要求。但调研发现，该体系高温稳定性能较差，无法满足高温储层（大于 140℃）的压裂施工要求。

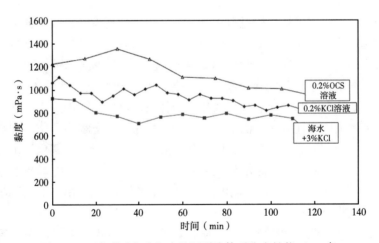

图 6-6　硼交联瓜尔胶海水基压裂液体系流变性能（40s^{-1}）

海水基压裂液黏度降低可能是由于在高离子强度海水中，聚合物水化溶胀程度降低造成的。因此，在海水基压裂液设计中，有必要增大稠化剂浓度来提升黏度。

2）破胶性能

如图 6-7 所示，实验选用氧化物破胶剂，破胶性能明显受到海水中高盐度和温度的影响，含 0.3%瓜尔胶的海水基体系与 2%KCl 淡水体系相比所需破胶剂含量更高，同时需要添加一定量的化学激活剂来增强低温下氧化破胶剂的破胶性能。

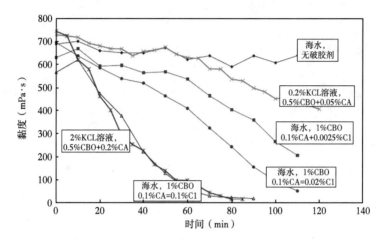

图 6-7　硼交联瓜尔胶海水基压裂液体系破胶性能（76.7℃，40s^{-1}）

3）滤失与导流能力测试

实验选用氧化破胶剂破胶 2h 后的破胶液，滤失性能测试发现海水基和淡水基体系的滤失系数差别不大，而导流能力测试实验发现，在选用 20/40 目陶粒支撑剂、铺砂浓度为 24.4kg/m^2、闭合压力为 27.6MPa 条件下海水基体系的导流能力高于淡水基体系，而 55.2MPa 下两者数值相当，说明海水中二价阳离子的存在并没有影响压裂液体系的滤失性能和支撑裂缝的导流能力（表 6-3）。

表 6-3　动态滤失和恢复导流能力测试结果

水源	C_w	滤失量	导流能力	
			闭合压力 27.6MPa	闭合压力 55.2MPa
淡水，2%KCl	0.00305	0.73	59%	55%
淡水，5%KCl	0.00373	1.58	46%	45%
淡水，7%KCl	0.00358	1.16	53%	55%
墨西哥湾	0.00397	0.60	100%	67%

2. 酸性交联体系

为了彻底避免硼交联冻胶体系在碱性交联环境下钙、镁离子的沉淀问题，2005 年 F. Huang 等以及 2010 年 Leiming Li 等分别提出将酸性交联体系引入海水基压裂液中。

1）过渡金属交联瓜尔胶体系

20 世纪 70 年代以来，针对高温储层压裂改造，过渡金属交联剂得到发展，由于钛、锆化合物与氧官能团（顺式—OH）具有亲和力，有稳定的+4 价氧化态以及低毒性，因而使用最普遍。

锆交联剂包括无机锆和有机锆。锆交联冻胶具有高温下胶体稳定性好的特点，可用于150~200℃地层。在酸性环境下（3<pH 值<5），可与 PAM、改性瓜尔胶发生交联反应。其中，改性瓜尔胶可以选用含有羧甲基取代基的瓜尔胶衍生物，如羧甲基瓜尔胶、羧甲基羟丙基瓜尔胶。两者聚糖羟基的氢原子部分被羧甲基（—CH$_2$COO$^-$）取代，在酸性条件下多个羟基与锆发生交联反应形成冻胶。

（1）流变性能。

如图 6-8 所示，在流变性能方面，实验温度为 53.3℃，羧甲基羟丙基瓜尔胶加量为0.35%，pH 值分别为 4.6、5.7 和 7.2，测试剪切速率为 37.7s^{-1} 下的表观黏度。结果发现，pH 值为 5.7 时流变性能最优，最大黏度达到 2500mPa·s，基本接近于淡水配制的液体性能，能够满足携砂、造缝的要求。

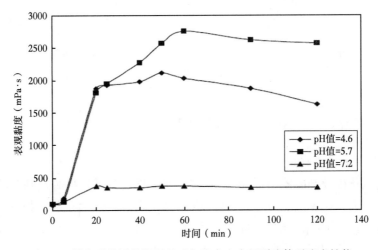

图 6-8　锆交联羧甲基羟丙基瓜尔胶产出水压裂液体系流变性能

钛交联剂性能与锆交联剂相似，在酸性环境下可与羟丙基瓜尔胶、羧甲基羟丙基瓜尔胶等发生交联反应，形成黏弹性良好的冻胶。在性能方面，实验温度为 89℃，羧甲基羟丙基瓜尔胶加量为 0.48%，交联 pH 值为 4，剪切速率为 100s^{-1} 下，黏度最大能达到 320mPa·s，连续剪切 100min 后，黏度仍能达到 100mPa·s 以上，能够满足携砂、造缝要求。

（2）溶胀时间对流变性能的影响。

如图 6-9 所示，对于传统瓜尔胶，随着溶胀时间的缩短，交联冻胶的表观黏度明显降低，说明瓜尔胶的溶胀程度决定了压裂液体系的流变性能，从而影响着体系的抗温抗剪切性能，因此在短时间内快速提升瓜尔胶的溶胀程度将是本课题的研究重点之一。

（3）破胶性能。

如图 6-10 显示，过硫酸盐氧化破胶剂能够有效地对压裂液体系破胶，但是随着硫酸根离子浓度加大，破胶性能减弱；随着破胶剂浓度增大，破胶性能逐渐增强。因而，在后续实验开展中需要关注硫酸根离子浓度和破胶性能的优化。

（4）现场施工。

该体系对北美一口井实施了重复压裂，施工压力为 20.7MPa 左右，排量为 2m^3/min，最高砂浓度达到 1078kg/m^3，压裂后产量翻倍达到 2831.68m^3/d。

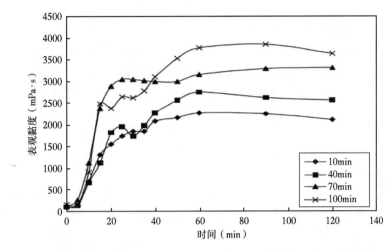

图 6-9　锆交联羧甲基羟丙基瓜尔胶产出水压裂液体系溶胀时间对表观黏度的影响

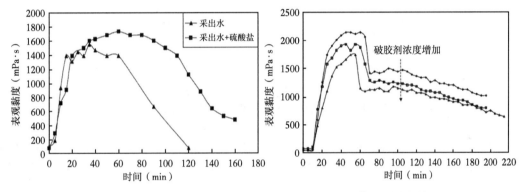

图 6-10　锆交联羧甲基羟丙基瓜尔胶产出水压裂液体系破胶性能

2）人工合成两性聚合物体系

2011 年，Satry Gupta 等提出用高密度盐水配制两性聚合物压裂液体系，取得了不错的效果。2011 年 7 月，北京国海能源技术研究院联合中国石油大学（北京）和中国科学院物理化学研究所，针对海水的预处理技术，提出通过引入聚合物离子吸附膜和添加配位剂来屏蔽海水高矿化度，从而解决钙、镁离子的结垢问题。2012 年 8 月，北京国海能源技术研究院提出了海水基微聚压裂液体系，能够满足中温储层（低于 120℃）海水基压裂液携砂、造缝的要求。

水溶性两性聚合物是分子链上含有正负两种电荷基团的水溶性高分子，与仅含有一种电荷的水溶性阴离子型或阳离子型聚合物相比，它们的性能最为独特。该体系在盐水中黏度不但不降低，反而升高，呈现出十分明显的反聚电解质效应；该体系具有剪切稀释恢复性能，从而减小了压裂液泵注过程中的沿程摩阻；同时该体系在遇到地层烃后自动破胶，也可以加入氧化物破胶剂提升破胶性能，破胶液对地层伤害低。

如图 6-11 所示随着聚合物浓度的增加，黏度不断增加；当聚合物浓度恒定时，随着温度的增加，黏度不断减小。以用高矿化度 $CaCl_2$ 盐水配制的压裂液为例，在温度为 65.6℃、聚合物浓度为 0.35% 时，$100s^{-1}$ 下黏度只有 150mPa·s 左右；同样条件下，聚合物浓度达到 0.6% 时，100s⁻¹ 下黏度达到 420mPa·s，并在连续剪切 2h 后黏度稳定在 400mPa·s 以上；当温度升高到 93.3℃，其他条件不变时，最高黏度降至 280mPa·s，在连续剪切 2h 后黏度稳定在 250mPa·s 以上；当温度进一步升高到 121.1℃ 时，与在低温下黏度变化情况相比，黏度下降速率明显加快，1h 内黏度从 450mPa·s 下降到 250mPa·s。从实验数据看，高矿化度盐水没有影响工作液的稳定性，体系流变性能依然保持稳定。

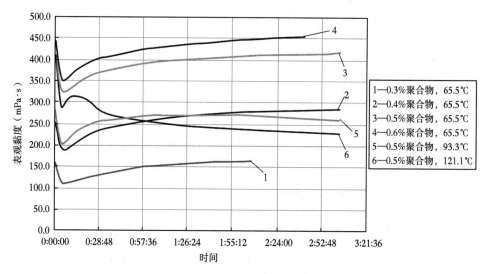

图 6-11　人工合成聚合物加重压裂液体系流变性能

如图 6-12 所示，与常规淡水压裂液相比，含钙盐加重合成聚合物压裂液体系的摩阻较高，明显高于淡水摩阻，但是低于同浓度盐水的摩阻。因此，在海水基压裂液体系的性能评价与优化环节中，应注意液体的摩阻情况。

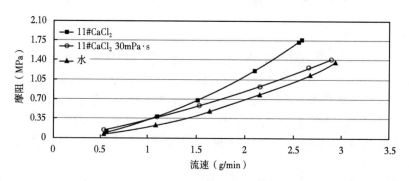

图 6-12　人工合成聚合物加重压裂液体系摩阻性能

3. 清洁压裂液体系

20 世纪 90 年代后期开始使用 VES 清洁压裂液以来，因其良好的携砂、造缝能力以及低伤害等优势，被广泛应用于低渗透储层的压裂增产改造中。2008 年，Daren Bulat 等提出用高矿化度产出水配制清洁压裂液。2009 年，斯伦贝谢首次将海水基清洁压裂液体系用于海上连续混配压裂施工。2012 年 3 月，中海油服提出海水基清洁压裂液体系 PA-VES90。该体系主要利用表面活性剂分子在水溶液中和反离子的作用下形成的蠕虫状胶束实现压裂液的增黏。性能方面，6%主剂 PA-1+4.5%激活剂 PA-JX1 的清洁压裂液体系在 90℃、170s^{-1} 下初始黏度为 800mPa·s，剪切 1.5h 后，黏度维持在 40 mPa·s 以上。由于胶束在高温环境下的稳定性限制，该体系只能满足中低温储层（低于 90℃）海水基压裂携砂、造缝要求。

目前基于黏弹性表面活性剂的清洁压裂液体系多由阳离子型季铵盐表面活性剂组成，一定浓度的表面活性剂能在盐溶液中形成蠕虫状或棒状胶束，且胶束之间相互缠绕，形成类似于交联聚合物的网状结构。另外，基于黏弹性表面活性剂的清洁压裂液体系呈中性，因此不会形成氢氧化物沉淀，从而维持了体系 pH 值的平衡。

如图 6-13 所示，在流变性能方面，在实验温度为 65.6℃、剪切速率为 100s^{-1} 条件下，含 3.0%VES 的海水基清洁压裂液体系的黏度维持在 90mPa·s 左右，且黏度不随剪切时间的增加而改变。随着测试温度的增加，体系黏度不断减小；当温度升高到 121.1℃时，黏度降到 50mPa·s；当温度近一步升高到 132.2℃时，黏度降到 30 mPa·s。抗温性能在很大程度上限制了该体系在高温储层的应用。

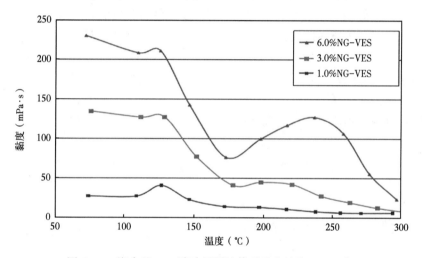

图 6-13　海水基 VES 清洁压裂液体系流变性能（100s^{-1}）

三、海水基压裂液发展思考

国外已实现海水基压裂液体系成功应用，常规植物胶交联冻胶压裂液体系由于稠化剂溶胀性能的限制未能实现连续混配，VES 清洁压裂液体系在 2009 年实现了海上连续混配施工，但是适用储层温度小于 100℃。国内的研究成果未见现场应用相关报道。国外开发的海水基压裂液稠化剂包括改性瓜尔胶、人工合成聚合物以及 VES 清洁压裂液，国内开发的稠化剂是聚合物和 VES 清洁压裂液。虽然国内聚合物体系的室内测试使用温度达到 100℃以上，但由于聚合物分子量巨大，降解也比较困难，对地层伤害很大；而表面活性剂耐温性能一直未有大的突破，且成本高，不适合于高温井和大规模应用。

基于对国内外文献的调研发现，现有的应用与海上油田压裂的压裂液体系存在以下问题，并提出相应的解决思路：

（1）采用海水基压裂液连续混配不但可以大幅度提高作业效率，还能够减少储液设施的投入，降低作业成本。但是由于普通瓜尔胶及其衍生物在海水中水化溶胀耗时较长的问题，无法达到快速混液的条件。因此，提高瓜尔胶在海水中的溶胀速度将是实现海上快速混配压裂液的关键。

（2）选用硼交联体系时，虽然钙、镁离子可以通过预处理方法去除，但是这个过程成本较高且耗时较长，不利于海上开展连续混配。硼交联体系在海水中的抗温性能有限，普遍只适用于120℃以内的中低温储层；而对于海上140℃以上的高温储层，需要对硼交联体系进行改性，以提升抗温性能。

（3）选用钛、锆交联体系时，虽然在降低交联pH值和抗温性能方面都具有一定优势，但是过渡金属对剪切敏感，且井筒泵送过程中高剪切速率下冻胶将产生不可逆降解，影响施工质量。同时海水中含有大量盐离子会影响氧化破胶剂的破胶性能。因此，对海上适用的交联剂需要考虑采用优化的硼锆交联剂。

（4）人工合成聚合物多以聚丙烯酰胺类聚合物为主，该体系在高温、高矿化度环境下易发生水解导致黏度急剧降低，同时成本较高，不适用于海上高温储层的压裂改造。

（5）基于黏弹性表面活性剂的清洁压裂液体系虽然有较好的应用效果，但是海上多采用水平井分段压裂，压裂规模较大，而清洁压裂液的成本较高，不利于大规模应用。该体系不适用于高温储层。

（6）各海域海水中所含离子类型、浓度有所差异，而且各种不同的离子对压裂液性能的影响也不相同，在选择适合的压裂液体系之前必须定量分析海水中矿物含量，根据海水特性和储层特点提出相适应的压裂液体系。

第三节　海上压裂工艺技术

一、海上低渗透油气藏压裂优化技术

1. 压裂液快速混配工艺[7]

压裂液快速混配技术就是将常规的先配液、再施工的压裂工艺改为一种边配液边泵注的连续式压裂施工工艺，所有的化学添加剂都在施工过程中加入，不但能实时调整各种化工料和液体配方，还可根据实际施工情况配制液体，不存在液体浪费和短缺限制施工等现象发生，并能有效提高压裂施工效率。

1）快速混配工艺的原理

快速混配工艺采用失重法在线动态测量稠化剂添加量，通过高能恒压混合器依照设定的指令自动将水和瓜尔胶粉及其他添加剂按照比例混合均匀，并通过旋风式扩散槽、混合罐及增黏搅拌器使压裂液快速增黏，泵注出符合设计要求的压裂液基液，实时进行压裂施工。快速混配工艺技术原理如图6-14所示。

2）核心系统工作原理

压裂液现场混配装置由底盘车、柴油机、离心泵橇、压裂液混合罐、吸入装置、低压管汇、水合罐、管线阀门组、液罐等构成，具体包括高能恒压混合系统、粉料计量系统、液添系统、液压系统、动力系统、混配系统、气路系统和自动控制系统。

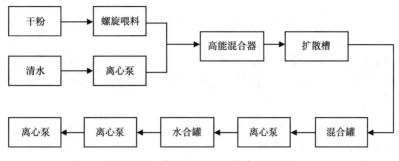

图 6-14　快速混配工艺技术原理图

（1）粉料计量系统。

在快速混配设备上，安装了由一个液压油缸、两个轨道滑槽和一块承重钢板组成的提升装置。每次可以装瓜尔胶粉 250kg（10 袋），提升速度较快，能够大大缩短现场装粉的准备时间。

（2）混配系统。

混配系统是一种典型的快速混配装置的混合系统（图 6-15），这种结构的罐可以保证先流进罐的液体先流出，即"先进先出"。液体流过一个罐的时间一致，在流动过程中加以高速搅拌，能够在 3min 内将压裂液黏度提升至实验室黏度的 80%~90%，完全可以达到施工要求，能够完美解决传统工艺中压裂液循环时间过长的问题。如果工作流量大，液体经过罐的时间少于 3min，可采用串联几个罐的方法实现，罐与罐之间用传输泵连接。

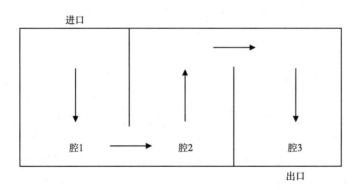

图 6-15　混合罐结构图

（3）自动控制系统。

快速混配设备由全自动计算机控制，能根据施工设计要求随时调整配比及配液流量，物料与水的配比控制是闭环控制，保证了配液质量的稳定可靠，液位自动控制器能够保证各储液罐内的液位都保持在一个适宜的高度，不抽空、不溢罐。采用自动控制时，设备能够根据设定的指令自动将水和一定比例瓜尔胶粉、添加剂配制成一定数量的压裂液，还可以根据混砂车的瞬时变化实时改变配液流量。

受海上作业环境的影响，海上的压裂作业具有其自身的特殊性，施工环境增加了作业成本和施工风险，大规模作业受到了限制，面临着设备的运送、拖船改造，以及设备在平台摆放和应用等问题。快速混配工艺具有高效、低污染、质量稳定的特点，结合海上作业的特点，综合分析认为快速混配工艺对海上作业有以下优点：

①节省人力资源、节约时间成本。

目前海上利用平台钻井泵作为动力的配液过程，仍然需要耗费大量人力，劳动强度大，快速混配设备由全自动计算机控制，能够大大地节省人力。同时，自动混配装置能大大地提高工作效率，节约时间成本。

②杜绝物料浪费、安全环保。

传统配液将液体配制在大罐里，罐里残留 5% ~ 15% 的液体无法使用，造成了浪费，污染了环境，而快速混配装置则可以做到用多少液体即可配制多少，不存在浪费，更不会对环境造成污染。同时，快速混配工艺能够大大降低工人在粉尘环境中作业的时间，更加安全。

③保证作业质量，降低海上作业的风险。

海上作业成本比较高，必须要求高标准地完成作业质量，从目前陆上油田的应用效果来看，未出现水包粉现象，且混配过程不受天气的影响，因此该工艺能够有效地降低海上作业的风险。

但是目前该工艺在海上的应用仍然存在一些问题，主要瓶颈是目前所开发的设备是针对陆上油田，设备占地面积比较大，且通常是以车载的形式出现，完全照搬陆上设备并不能很好地满足海上作业的要求。因此，如何通过改造使目前的快速混配工艺适合海上作业仍然需要进一步研究。

2. 压裂管柱系统优化[8]

在压裂施工中，工作液从地面高压管汇经井口、井内管柱进入地层。因此，压裂管柱系统的研究包括井口装置、油管、套管、封隔器等。施工管柱的尺寸、钢级及抗拉、抗内压、抗外挤等性能是确定泵注排量、地面泵压、井口装置、需用功率以及安全作业必须考虑的重要因素。

1) 油管

大多数压裂施工是通过油管进行的，油管泵注的优点是有利于保护套管，相对于油套环形空间泵注或套管泵注而言，在相同的排量下能保持较高的流速，减少或避免在井筒内脱砂，以及便于压裂后的井下作业。缺点是产生的高沿程摩阻将增加地面泵压，使泵注排量受到限制且要消耗部分设备功率。

油管的选择原则为：

（1）一般浅井或中深井压裂，可选用 $3\frac{7}{8}$in 油管；

（2）如果井较深或需要大排量施工的井，选用 $3\frac{1}{2}$in 油管；

（3）一般不宜采用管径过小或过大的油管；

（4）入井油管应校核其抗拉强度和抗内压强度，以保证其既能满足泵注排量，又能安全完成施工。

2) 套管

如果选用油套管环形空间或油套管合注的方式压裂，那么套管的每一部分都需要承受最高的施工压力；如果井内下有封隔器，封隔器以下的套管也必须能够承受最高的施工压力。因此，泵注排量的极限与地面泵压的极限取决于套管允许的抗内压强度。

与油管泵注比较，使用套管压裂的优点是沿程摩阻小、地面泵压低、泵注排量大，在相同的地层条件下，同一排量可节约设备功率，降低施工成本。但其管柱内流速慢，容易造成井筒内脱砂。

对低渗透油气藏，油气井的完井措施应充分考虑以后的压裂作业，入井套管的性能应能满足压裂的需要，油气层段固井质量合格，同时压裂设计必须以套管抗内压强度来选择排量，确定地面压力。

3) 井口装置

井口装置的作用在于连接地面压裂车组与井筒内油套管柱，使压裂车泵出的流体通过井口沿井下管柱泵入地层。因此，井口装置的承压能力影响泵注排量与地面压力极限的选择与确定。根据压裂施工时的最大施工压力来选择井口类型，当施工压力超过井口承压时，需要提高井口承压级别或采用井口保护器保护井口。

4) 封隔器

在压裂施工中，封隔器可以隔绝油管与油套环形空间之间的流体流动和压力传递，起到保护套管、封隔非压裂层段的作用。压裂施工中为了保证施工安全，一般要求封隔器承压至少在 50MPa 以上，坐封可靠，压裂后易解封，且最好带有反洗通道，利于压裂后冲砂及处理砂堵等异常情况。

5) 管柱优化设计

对压裂施工来说，原则上需要采用专门的压裂管柱，保证施工安全，且便于处理各种复杂情况。对单层压裂来说，一般采用如图 6-16 所示的压裂管柱，该管柱结构简单实用，在陆上油田应用非常广泛。对于多层压裂或井况复杂的井，管柱结构需要根据不同井身结构、目的层特征和完井要求确定。

对于海上压裂来说，由于成本原因，一般不希望换专门的压裂管柱，此时需要对当前管柱系统的每一个构件进行强度校核，保证整个压裂管柱在施工中的绝对安全，否则不能施工。采用原井管柱施工，虽然可以降低成本，但是会一定程度上限制施工参数的优化，不能完全达到施工目的。

同常规完井测试管柱相比，压裂管柱具有系统压力高、温度效应大、砂液冲蚀磨损快、工具砂卡风险高等特点。

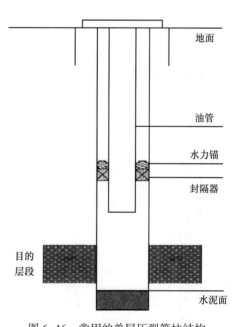

图 6-16　常用的单层压裂管柱结构

海上低孔隙度、低渗透油气藏压裂管柱优化设计原则为：

（1）管柱设计既要满足施工要求，又要使工序简化，达到保护储层与提高时效的目的。

（2）优化管串工具配置，达到工具配套齐全、工具性能可靠、准备周期快捷等要求。

（3）应对管柱进行受力分析，保证管串工具的强度要求和变形控制。

井下管柱受到内外压力、轴向力、屈曲等综合作用，应根据三向应力计算等效应力校核管柱强度。根据第四强度理论，等效应力为：

$$\sigma_e = \sqrt{\frac{1}{2}\left[(\sigma_\theta - \sigma_r)^2 + (\sigma_r - \sigma_z)^2 + (\sigma_z - \sigma_\theta)^2\right]} \tag{6-1}$$

式中　σ_r——径向应力，MPa；

　　　σ_θ——周向应力，MPa；

　　　σ_z——轴向应力，MPa。

管柱安全校核条件为：

$$s = \sigma_s / \sigma_e \geqslant [s] \tag{6-2}$$

式中　σ_s——管材的屈服强度，MPa；

　　　s——安全系数；

　　　$[s]$——许用安全系数。

（4）应考虑砂液冲蚀、砂卡、后续出砂对气举阀、安全阀等井下工具的影响，制定压裂失败、砂堵等事故的应急程序及处理手段。

中国海油首次设计的海上低孔隙度、低渗透油气藏探井射孔—测试—压裂一体化管柱如图6-17所示，具有如下技术特点：

（1）首次在测试中采用射孔枪自动丢枪装置。

（2）配置高温高压测试工具，首次使用13.4MPa加强型封隔器。

（3）采用外置式压力计托筒，不受砂液的影响。

（4）拉开井下工具的环空压力操作级别，满足环空打备压的要求。

（5）两级 RD 循环阀设计（上级无球，下级有球），操作压力约为20MPa。

（6）由于温度效应和膨胀效应，压裂时预计管柱收缩3m，下入4支伸缩接头（倒置下入）可消除温度和膨胀效应变形。

压裂作业施工风险高，压裂管柱的优化设计应在保证施工安全的前提下向一体化多功能方向发展，只有积极引进国内外专业公司的新工具、新技术，并不断进行技术创新，才能满足海上低孔隙度、低渗透油气田高效开发的需要。

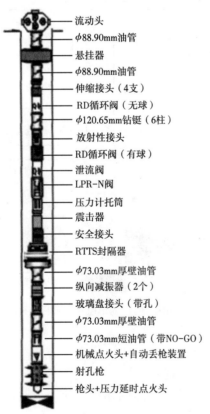

图6-17　海上低孔隙度、低渗透油气藏探井射孔—测试—压裂一体化管柱示意图

流动头
ϕ88.90mm油管
悬挂器
ϕ88.90mm油管
伸缩接头（4支）
RD循环阀（无球）
ϕ120.65mm钻铤（6柱）
放射性接头
RD循环阀（有球）
泄流阀
LPR-N阀
压力计托筒
震击器
安全接头
RTTS封隔器
ϕ73.03mm厚壁油管
纵向减振器（2个）
玻璃盘接头（带孔）
ϕ73.03mm厚壁油管
ϕ73.03mm短油管（带NO-GO）
机械点火头+自动丢枪装置
射孔枪
枪头+压力延时点火头

3. 裂缝系统及工艺参数优化

对于一个新区块而言（尤其是低渗透储层），实施储层模拟，确定合理的裂缝系统及

施工参数是进行单井压裂方案优化的技术关键，也是压裂工艺技术研究的首要环节。

（1）缝长优化：对于水力压裂工艺来说，要想达到最优增产效果，不同的储层条件需要匹配优化的裂缝参数，其中支撑裂缝长度是一个非常重要的参数。根据压裂理论研究，储层渗透性越差，需要的最优支撑缝长越长；反之，储层渗透性越好，需要的裂缝长度越短。

（2）导流能力优化：除了缝长以外，裂缝中支撑剂的导流能力对一个成功的水力压裂施工来说也是非常重要的。除压裂液残渣的伤害外，裂缝中的支撑剂铺置浓度和破碎决定了裂缝在生产过程中的导流能力，进而最终决定油气井产出能力。而不同储层由于物性的不同，与之匹配的最佳的裂缝导流能力也不同。

（3）施工排量优化：施工排量对压裂施工是一个非常重要的参数。施工排量对水力裂缝几何尺寸（缝长、缝高、缝宽）有很大影响。一般来说，排量越大，裂缝更容易延伸，缝宽更宽，携砂更容易，有利于施工安全。但是排量也并不是越大越好，其大小需要根据储层物性、厚度、隔层发育情况进行优化，以形成最优化的裂缝形态。

排量对裂缝的缝高影响较大。排量越大，缝高越大；反之，缝高越小。对水力压裂来说，裂缝的缝高应尽量控制在储层有效厚度内，如果缝高超过储层有效厚度，将会造成支撑剂的无效支撑。

（4）砂比优化：如式（6-3）所示，无量纲裂缝导流能力 F_{cd} 定义为裂缝导流能力 $K_{f}W$ 与地层渗透率 K 和裂缝支撑半长 X_{f} 乘积之比。根据国内外理论研究结果和低渗透储层开发经验，对一般低渗透储层 $F_{cd} > 1.0$ 即可满足生产需要。渗透率越高，需要的 F_{cd} 越小。

$$F_{cd} = \frac{K_{f}W}{KX_{f}} \tag{6-3}$$

（5）前置液比例优化：选择适当的加砂时机即选择合理的前置液用量，是确保施工成功并获得较好压裂改造效果的重要前提之一。一方面，足够的前置液量能形成有效的裂缝体积，提高施工成功率；另一方面，过多的压裂液进入地层，将会对裂缝支撑带和地层渗透率造成难以恢复的损害，从而影响压裂效果。因此，前置液量的选择是非常重要的。前置液用于压开地层，具有造缝和降低储层温度的作用，为携砂液的进入准备裂缝空间。一般前置液比例为 20%~50%。对水力压裂来说，前置液量确定了在支撑剂达到端部前可以获得多少裂缝的穿透深度。一旦前置液耗尽，裂缝可能在不渗透层中继续延伸直至支撑剂在宽度窄的裂缝内桥塞。这样，泵注充分的前置液是关键，才能造出所需的缝长。前置液量必须使裂缝保持足够的张开宽度，以便允许支撑剂进入。另外，太多的前置液可能引起更多的伤害，特别是对于要求高裂缝导流能力的情况。泵注结束后，裂缝继续延伸，在裂缝的端部附近遗留下较大的未支撑。压裂后裂缝的残余塑性流动在裂缝内可能会发生，支撑剂将被携带至端部，并最终形成较差的支撑剂分布。压裂后裂缝的残余塑性流动直至裂缝闭合后才会停止，这时携砂液脱水并停止了延伸。常规施工的理想工序是前置液耗尽时支撑剂达到裂缝端部，并且这时恰好达到所需的裂缝穿透深度。

4. 压裂后排液优化

1）海上排液技术

（1）气举阀诱喷。

采用气举阀气举诱喷，由平台上一口井口压力较高、不产水的生产井提供气源，通过对环空注气打开气举阀，排空井内工作液，直至诱喷成功投产。气举阀气举诱喷工艺流程简单，施工简便，操作安全性高，成本低。

（2）连续油管气举。

连续油管气举诱喷工艺采用由连续油管注入，从生产管柱和连续油管环空返排，为海上气井成熟应用的一种诱喷工艺。可以根据油气井的生产需要，下至不同深度掏空井筒液。缺点为费用高，占场地面积大。

（3）现场制氮车气举。

橇装制氮注氮气举诱喷工艺采用橇装制氮注氮设备（最大工作压力35MPa，举深可达到4500m），配合气举管柱增加举深深度；气源不受限制；施工过程中安全、省时、快捷、高效；不受积液介质的影响；施工成功率高。

（4）液氮伴注助排。

该工艺是先在水力压裂的压裂液中加入一定量的助排剂和发泡剂，以降低液体的表面张力。施工过程中在不影响压裂液携砂能力的情况下，伴注一定量的液氮，液氮通过蒸发器后变成氮气，其体积增大，并与压裂液水相混合形成泡沫，降低了液体的滤失和密度。在施工结束后，因压裂液密度低而容易排出地面。另外，在井口压力降低后，压缩的氮气泡沫迅速膨胀，体积增大，进一步降低了液体密度，减小回压；同时提供了液体流动的动力，在地层内局部高压下使气井能够连续自喷，将压裂液大量排出地面，达到了助排的目的，大大提高了返排速度，减少了二次伤害。

根据海上低渗透储层的特点，在施工条件满足的条件下，建议采用伴注液氮的方法助排，该方法简单有效，压裂后可保证一次性喷通。如果无法实现伴注液氮，压裂后可以采取气举阀气举或连续油管气举等方法加快排液速度。

2）放喷、排液时机确定

压裂改造后为了尽量减少压裂液在地层中的滞留时间，降低压裂液对储层的伤害，需要使压裂液尽快返出地层。但是过快排液容易使未破胶的压裂液携带支撑剂返出，造成大量出砂，影响裂缝尤其是近井地带的导流能力。因此需要确定最优的排液时机，既保证压裂液快速排出，又不会造成大量出砂。

放喷、排液时机由以下几项因素确定，通常加以综合考虑得出结果。

（1）依据施工压降曲线，求得改造层的闭合应力和闭合时间。

（2）在室内进行压裂液破胶性能测试。

根据实验室对压裂液破胶时间的测定，确定压裂后关井时间。一是等待裂缝闭合，二是等待压裂液破胶，以保证压裂后液体顺利返排而不出砂。

二、海上特殊压裂工艺技术

1. 爆燃压裂技术

1）工艺原理

爆燃压裂技术采用高能气体压裂（HEGF），是在爆炸压裂和聚能射孔的基础上发展起来的一种利用火药或火箭推进剂在井筒中高速燃烧产生大量高温高压气体来压裂油气层的增产增注技术。该技术是与油气井采油工艺相结合的一种增产增效技术，利用特殊装药结构的发射药或火箭推进剂装药在油井中按一定规律燃烧，产生大量的高温高压燃烧气体，燃气以脉冲加载的方式通过炮眼进入地层，形成辐射状的径向裂缝体系，穿透近井地带污染区，沟通地层天然裂缝，提高油层的导流能力，从而有效改善油气层的渗透性和导流能力，降低油流阻力，使油气层近井带形成多条不受地应力影响的径向裂缝，解除地层伤害，改善地层导流能力，达到油气井增产增注的目的。

2）适用条件

爆燃压裂技术适用于以下油水井的增产增注：

（1）钻井过程中受到钻井液伤害的井。

（2）水敏、酸敏地层。

（3）天然裂缝较发育，可能出现水力压裂压窜的井。

（4）底水油藏的解堵。

（5）注水井解堵。

3）作业优势

（1）爆燃压裂所产生的裂缝不遵循最小主应力规律，裂缝走向以水平方向为主。

（2）爆燃压裂工艺的选择性是指可以将产生的气体作用在整个目的层，这一特点使得在原生产层的上下无须采取隔离措施，可对一个或多个薄层的局部进行选择性增产作业，避免将不需要压裂的层位压开（例如含水层）。

（3）爆燃压裂用于油层评价是一个快速、经济有效的方法。在决定下套管后，爆燃压裂仅以很少的费用即可提供对油层的快速验证，且火药燃烧后产物主要是 CO、CO_2 及 H_2O，对油层无伤害。

（4）压裂后的裂缝不需填入支撑剂。水力压裂后裂缝中必须加入支撑剂，以使裂缝具有一定的导流能力，而爆燃压裂后由于残余应力的作用使裂缝保持一定开度，因而可不加入支撑剂。

（5）设备少，施工安全、简便。与酸化及水力压裂措施相比，爆燃压裂措施不需大型设备、大量容器及配制大量的液体，现场组装及施工工序简单，无须往返搬迁设备。

2. 爆燃压裂酸化复合增产技术

对于低渗透油田开发，海上油田受特殊的油藏条件、完井方式、海上平台规模等限制，目前主要采用的压裂、酸化等常规增产措施手段有限，且常规酸化施工时，通常表现为施工压力非常高、注入排量低，酸化无法对储层进行有效改造，导致酸化增产增注效果弱。

1）爆燃压裂酸化复合增产技术主要机理

爆燃压裂酸化复合增产技术，即使用物理和化学的复合方法进行增产，物理方法即爆燃压裂，它能使地层形成辐射状多裂缝油流通道，增强酸液注入能力，扩大酸化半径；化学方法即酸化，能解除近井堵塞，沟通渗透通道，进一步防止裂缝闭合，增强物理效果。该项技术在国内外油田均有大量应用案例。

其中，爆燃压裂技术是采用火药或推进剂在井筒中燃烧产生的动态高压气体对地层进行压裂，在井筒中形成的压力相比水力压裂具有压力上升速度快、压力峰值高的特点，该压力会在井筒附近地层形成不受地应力影响的辐射状多裂缝油流通道，解除堵塞污染，实现增产的目的。

该项技术的优势之一是压裂后会沿着射孔孔眼方向造缝，最长的裂缝缝长能达到约15m，特别适合于底水油帽油藏。关于爆燃压裂裂缝特征及形成过程，苏联、美国等国专家进行了大量室内实验及现场试验工作。美国首先在被废弃的坑道内做过试验，试验结果证明，爆燃后地层可沿爆燃中心产生多条放射状裂缝，而且这些裂缝不受地应力的控制。西安石油大学在延长七里村油矿选择多块巨石，在室内也做过类似模拟实验，说明上述事实是正确的。该项技术施工简单、费用低廉，并结合针对低渗透油田开发的酸化工作液体系，在海上油田具有较大的应用前景。

2）爆燃压裂技术与常规压裂技术的区别

首先，它不像爆炸压裂产生瞬时的峰值高压力，易造成地层伤害，它作用时间更长，在大于地层破裂压力下还会稳定持续几毫秒或几百毫秒，能在地层中形成多条随机裂缝，而又不伤害井筒或套管。

其次，它不同于水力压裂，不受地应力控制，也不需要大量压裂液、支撑剂以及压裂设备，大大降低了作业成本，施工设备主要为点火装置、压裂管柱和压裂枪（或电缆）、复合推进剂，施工极为简单，对于海上油田它的应用范围更广，对于边底水活跃、厚度薄的低渗透储层，"横向造缝"的特点使它基本不会沟通边底水，也不会担心缝高过长。

3）爆燃压裂酸化复合增产技术在海上油田适应性分析[9]

（1）地质油藏条件适应性。

"三低"油藏开发是海上油田中的一个重点方向，但是目前储层改造增产手段有限，特殊的条件决定了海上油田不能像陆地油田那样实施大规模改造，必须找一项适合自身特点的新技术。海上存在大量的低渗透油田处于待开发状态，油气储量大，动用程度低。该项技术就是针对低渗透油田产量低的特点，在陆上以低渗透开发为代表的长庆油田，每年有成百口井上千层位依靠爆燃压裂技术生产。

随着海上油田开发地质情况的日趋复杂，一些薄油层，特别是大量边底水活跃的油气层相继开发。水力压裂无法进行施工，爆燃压裂所释放的能量和形成的辐射状裂缝局限在作业层段的油井和地层局部范围内，因此不会发生水窜和油层窜的现象。

对于水敏或酸敏地层，采用水力压裂或酸化可能造成地层伤害，造成堵塞加剧，产能下降。而爆燃压裂对于水敏或酸敏地层也具有很好的适应性。

（2）工程条件适应性。

实施爆燃压裂只需用电缆或油管把压裂弹送到油层点火即可，完全不受场地限制。该技术形成了一套设计方法和设计软件，可将地层参数、井筒参数、射孔参数、装药参数进行综合设计计算。该技术形成电缆起下工艺和油管起下工艺两套基本施工工艺。其技术覆盖面宽，能在1000~6000m深的生产井和注水井中应用，耐压120MPa，耐温200℃，适合于海上油田绝大多数井况。该技术能与海上油田的通用设备配套使用，可采用常规的作业方法，所用设备简单、施工方便、安全可靠、费用低廉，针对油层厚度可任意组合管柱的长度。针对海上油田常规套管井、油管柱井、水平井均可实施，火药产生的峰值压力可根据地层破裂压裂情况进行软件计算，火药直径主要依据井筒尺寸，可以设计加工不同的直径，也可根据井斜情况，选择"油管传输，井口加压起爆"和"电缆传输，电信号引爆"两种施工方式。

（3）技术经济适应性。

该技术相对其他的水力压裂、酸化等措施是投入资金最小的。海上水力压裂一口井费用约为成百上千万元，是爆燃压裂的 4~10 倍，酸化一口井费用为几十万到百余万元，是爆燃压裂的 2~4 倍。

同时，施工后在增加裂缝长度和裂缝数量的条件下，爆燃压裂增产倍数为 1.5~3 倍，如果在沟通天然裂缝以及配合酸化解堵的条件下，增产倍数还会进一步提高，可见对油井开发具有可观的经济性。

4）爆燃压裂酸化复合增产技术在海上油田安全性分析

（1）套管安全性。

对于套管安全性，主要考察套管的承压能力，而造成套管损伤的主要因素是爆破压差：

$$\Delta p = p_{爆} - p_{破} \qquad\qquad (6-4)$$

式中　Δp——爆燃后的套管环空压力与地层破裂压力之差，MPa；

　　　$p_{爆}$——进入套管环空的气流压力，MPa；

　　　$p_{破}$——地层破裂压力，MPa。

需要查阅套管材质的耐压情况和固井水泥质量，这些满足施工条件才能确保作业安全，其次在施工时需要对套管进行提前试压，防止使用时间较长的老套管抗压能力变弱，而出现破损情况。

（2）卡枪安全性。

在施工时，爆燃压裂仪器或 TCP 枪进出井口慢、到达井底慢、遇阻遇卡慢；管窜在下至该井造斜点处时，应严格控制下钻速度。

（3）地层出砂安全性。

从形成机理来说，压裂沿着射孔方向横向造缝，作用时间长，不会对储层造成大规模伤害。并且低渗透储层岩心比较致密，速敏比较弱，油藏出砂可能性小。在施工的百余口井中未发现压裂后出砂现象。

（4）火药运输安全性。

该火药为一种复合推进剂，只有在特殊的点火装置情况下才会起爆，从而确保地面运输安全。

3. 海上平台射孔、压裂、测试与水力泵快速返排的联作工艺[10]

1）工艺原理

将枪、异型喷砂器、RTTS 大通径压裂封隔器、可锁定开关井全通径压控选择测试 LPR-N 阀、防砂卡器、海上水力压裂射流泵、定位短节一起下入井下预定位置，校深，使枪对准目的层，坐封封隔器，钻杆加压射孔，丢枪。钻杆打入压裂液，对目的层进行改造，压裂完毕。环空加压开关井测试，测试完毕，环空加压使锁定开关井全通径压控选择 LPR-N 测试阀在常开状态，投泵芯，钻杆加压，打开滑套，启动平台固井泵或钻井泵驱动井下水力压裂射流泵快速返排压裂液。若地层产气，停泵，环空加压关闭 LPR-N 阀，投隔离套，入位锁死，钻杆加压，观察油套密封情况，环空不返液，则钻杆放喷地层产液进入平台测试系统进一步测试求产。

2）管柱结构

海上平台射孔+压裂+测试+水力泵快速返排求产联作测试工艺管柱结构（自下而上）：

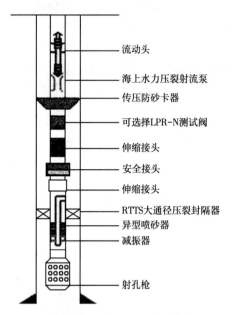

流动头

海上水力压裂射流泵

传压防砂卡器

可选择LPR-N测试阀

伸缩接头

安全接头

伸缩接头

RTTS大通径压裂封隔器

异型喷砂器

减振器

射孔枪

图6-18　射孔+压裂+测试+水力泵快速返
排求产联作测试工艺管柱示意图

射孔枪+减振器+异型喷砂器+RTTS 封隔器+伸缩接头+安全接头+偏心压力计托筒+可锁定开关井全通径压控选择 LPR-N 测试阀+防砂卡器+海上水力压裂射流泵+定位短节（图6-18）。

3）管柱特点

（1）不动管柱同时完成射孔、测试、措施改造及水力泵快速返排 4 项作业，安全、环保。

（2）研制的可锁定开关井全通径压控选择 LPR-N 测试阀在实现开、关井测试的同时，特殊处理的耐磨面满足了压裂冲刷的要求。

（3）由于措施改造完毕后，马上投泵芯排液，极大地缩短了残液二次沉淀对油层造成的伤害，保护了油气层，求取的数据更加真实、可靠。

（4）设计的管柱中带有传压托砂卡器，在保证压控式测试器正常开关井测试的同时，防砂卡器上皮碗，可以有效防止排液过程中地层出砂落到封隔器上发生砂卡封隔器的情况发生。

（5）海上水力压裂射流泵排液方式为正循环，确保了不会出现砂卡泵芯，为后面投隔离套入泵筒提供了条件。

（6）缩短了试油周期，降低了平台占用费用，具有良好的经济性。

4. 海上低孔隙度、低渗透气藏重复压裂[11]

低渗透油气藏是当前中国油气储量与产量的主要来源，也是未来剩余油资源分布的主要领域之一。受海上作业环境及条件限制，长期以来国内外海上油气田勘探开发以中高渗透储层作为主力开发对象，但是随着中高渗透油气资源大规模开发，有限资源越来越少，而低渗透规模越来越大，海洋石油已逐步从中高渗透向中低渗透发展。

在现有海上认识和技术水平条件下，选择具有较大重复改造潜力的井层是决定重复压裂能否成功的关键性因素。

1）重复压裂选井原则

气井重复压裂的选井原则就是"选择那些具有继续生产潜力的井作为候选井"。其基本原则如下：

（1）必须具有足够的剩余储量和地层能量。

这是重复压裂能够取得增产效果的物质基础。很多海上低孔隙度、低渗透气藏未得到有效开发动用，剩余储量丰富。

（2）合适的地层系数。

地层系数太小（特低渗透地层）的话，储层向裂缝供油的能力会非常弱，采用延伸老裂缝的办法较差，宜采用改向重复压裂，且必须加大施工规模；如果地层系数过大（高渗透地层），很难保证裂缝的导流能力高于地层，除非应用端部脱砂技术；如果地层系数太高（裂缝性地层），重复压裂作业可能直接无效。

（3）必须建立在对初次改造效果差的原因清楚认识的基础之上。

导致单井产能动静态解释差异较大的原因较多，如何对这些原因进行有效、准确地识别和评估，对于重复压裂方式和参数的选择至关重要。

对于由以下原因造成的造成裂缝失效的井层，应该优先考虑重复压裂：①初次压裂施工失败（如早期脱砂）井；②初次改造压裂规模不够的井；③初次改造由于支撑剂破碎造成裂缝闭合的井。

（4）优先选择无明显边底水的储层。

从海上气田开发现状可以看出，各井在改造后或多或少有出水状况，说明该区域储层水体相对活跃。根据相对渗透率理论，地层水产出，会降低气相渗透率，严重影响天然气井产能。因此，在选井选层中，首先应选择无明显边底水的储层。

（5）井筒状况简单且满足作业需要。

由于压裂施工属于高压作业，对井筒管柱具有较高的要求。在选井时应选择井筒内管柱状况良好，井筒无变形，目的层段固井质量合格的井作为候选井。由于重复压裂规模一般要大于初次压裂，且初次压裂会对套管等原有工况造成影响。选择时一定要判断套管强度是否满足压裂条件，避免由于管柱损坏所导致的施工失败。

2）合适的地层系数

如果地层系数太小（特低渗透地层），储层向裂缝供油的能力会非常弱，采用延伸老裂缝的办法较差，宜采用改向重复压裂，且必须加大施工规模；如果地层系数过大（高渗透地层），很难保证裂缝的导流能力高于地层，除非应用端部脱砂技术；如果地层系数太高（裂缝性地层），重复压裂作业可能直接无效。

5. 海洋连续油管压裂工艺技术[12]

水力压裂是国内外油气田勘探、开发与开采领域中的一项重要的增产措施，随着技术水平的不断提高，已成为低渗透储层改造和增产的重要手段。连续油管（Coiled Tubing，CT）装置是一种有别于传统作业方式的特种作业设备，自 20 世纪 60 年代初，引入油田生产后，便以其高效、实用、经济的特点备受使用者的青睐，进入 90 年代后，材质和设备制造技术的更新提高，促使连续油管技术飞速发展，其应用范围已扩展到修井、完井、测井、增产测试、钻井、管道集输以及用于生产油管等多种作业。上述两者的结合便产生了连续油管压裂技术，其在海洋油气田的应用具有独特的优点。

1）海洋连续油管压裂的特点

（1）连续油管压裂技术优势。

连续油管压裂是一种新的安全、经济、高效的油田服务技术，从 20 世纪 90 年代后期开始在油气田上得到应用。连续油管压裂作业的压裂层位的最大深度约 10000ft，特别适合于具有多个薄油气层的井进行逐层压裂作业；一次下管柱逐层压裂的层数多，可以多达十几个小层，能使每个小层都得到合理的压裂改造，从而使整口井的压裂增产效果更好；不需要打水泥、桥塞，具有起下压裂管柱快、移动封隔器总成位置快、大大缩短作业时间的优点；能在欠平衡条件下作业，不需要压井，从而减轻或避免了油气层伤害。但是由于管径摩阻大，地面施工压力高，注入排量低，对泵注设备有一定的要求。

（2）海洋连续油管作业特点及要求。

连续油管与传统常规作业相比，具有施工作业成本低、作业时间短、操作简单、安全可靠、对地层伤害少等显著优点。海洋作业风险大，环境恶劣，各方面要求高，因此连续油管海上压裂作业需要考虑以下因素：①吊车的能力，要能够满足设备的最大吊重需要；②要制订紧急关井和撤离计划；③平台和平台道路的尺寸，满足设备摆放需要；④危险区域的识别；⑤设备的摆放方向，风向的影响等。

2）连续油管压裂基本工艺

（1）单封隔器与砂塞压裂（逐层压裂工艺）。封隔器封堵上部层位，砂塞封堵下部层位。要求精确控制砂塞的砂量。该工艺的特点：①卡住封隔器的风险较小；②压裂层段的间隔不受井口放喷管长度的限制；③压裂完后需冲砂。

（2）跨式双封隔器压裂（多层压裂工艺）。在连续油管压裂作业过程中，跨式双封隔器底部的压缩变形构件和顶部的两个皮碗将一段射孔层段卡开。压裂工具串下至第一个待压裂的小层位置，上部卡瓦固定在套管壁上，下部封隔器将会封闭井筒。此时，开始连续油管压裂。完成压裂后，利用连续油管上提而将双封隔器解封，再移至第二个小层，对该小层进行压裂。重复操作直至完成所有小层的压裂。压裂结束之后，可以直接利用井下工具对作业流体进行返排后即可进行生产，不需要专门的作业流体返排设备。该工艺的特点：①连续作业，不需要坐桥塞或填砂；②跨式双封隔器串的长度受到井口防喷管长度的限制。

（3）漏掉产层的连续油管压裂。在小井眼、多产层井中，对漏掉的产层进行增产的常规方法是，用井下机械工具封隔下部产层，上部射孔段用挤水泥等方法封隔起来，且要使所挤水泥有足够的强度来承受压裂压力，这样有很大的风险。若射孔段是很活跃的产层，则问题更为突出，这样作业还会造成额外的修井费用，并影响到整个增产措施的经济性，若用连续油管压裂方法，可以克服这些局限性。对漏掉产层进行连续油管压裂作业的方法如下：首先清除井内杂物，用连续油管压裂技术确定漏层的位置，采用即时射孔和连续油管压裂。

6. 海上低渗透油气藏水平井分段压裂技术

水平井分段多级压裂是低渗透油气藏增产上储的关键措施，已在陆上油田开发中取得了较好的效果。陆上油田进行增产改造时，首先确定开发储层地应力方向，以满足压裂起裂和裂缝延伸需求，再根据地应力方向设计井眼轨迹、井身结构和固井方案等。由于海上油田开发特殊性，使得海上压裂的风险较大、成本较高，导致海上低渗透油田的开发力度远远小于陆上油田，因此，海上低渗透油气田的增产改造还处于起步阶段。

国内外水平井分段压裂的工艺技术方法，主要分为以下4类。

1）化学隔离技术

国内外在20世纪90年代初采用该技术，主要用于套管井。其基本做法是：（1）射开第一段，油管压裂；（2）用液体胶塞和砂子隔离已压裂井段；（3）射开第二段，通过油管压裂该段，再用液体胶塞和砂子隔离；（4）采用这种办法，依次压开所需改造的井段；（5）施工结束后冲砂冲胶塞合层排液求产。液体胶塞和填砂分隔分段压裂方法施工安全性高，但所用的液体胶塞浓度高，对所隔离的层段伤害大，同时压裂后排液之前要冲开胶塞和砂子，冲砂过程中对上下储层会造成伤害，而且施工工序繁杂、作业周期长，使得综合成本高。因此，该技术方法自20世纪90年代初发展起来后没有得到进一步发展与推广应用。

2）机械封隔分段压裂技术

机械封隔分段压裂技术用于套管井，主要有机械桥塞与封隔器结合或双封隔器单卡分压，或环空封隔器分段压裂等技术，基本分为以下 3 种：

（1）机械桥塞+封隔器分段压裂。射开第一段，油管压裂，机械桥塞坐封封堵；再射开第二段，油管压裂，机械桥塞坐封封堵；按照该方法依次压开所需改造的井段，打捞桥塞，合层排液求产。

（2）环空封隔器分段压裂。首先把封隔器下到设计位置，从油管内加一定压力坐封环空压裂封隔器，从油套环空完成压裂施工，解封时从油管加压至一定压力剪断解封销钉，同时打开洗井通道，洗井正常后起出压裂管柱，重复作业过程，实现分射分压。

（3）双封隔器单卡分压。可以一次性射开所有待改造层段，压裂时利用导压喷砂封隔器的节流压差压裂管柱，采用上提方式，一趟管柱完成各层的压裂。

3）限流压裂技术

限流压裂技术是在压裂过程中，当压裂液高速通过射孔孔眼进入储层时会产生孔眼摩阻，并且随泵注排量的增加而增大，带动井底压力上升，当井底压力一旦超过多个压裂层段的破裂压力，即在每一个层段上压开裂缝，它要求各段破裂压力基本接近，可用孔眼摩阻来调节。该技术多用于形成纵向裂缝的水平井，分段的针对性相对较差。

4）水力喷砂压裂技术

水力喷射压裂技术是在 20 世纪 90 年代末发展起来的目前国外应用比较广泛的技术。其技术原理是根据伯努利方程，将压力能转换为速度，产生高速射流冲击（喷嘴喷射速度大于 126m/s），地层岩石形成一定直径和深度的射孔孔眼，通过环空注入液体使井底压力刚好控制在裂缝延伸压力以下，射流出口周围流体速度最高，其压力最低，环空泵注的液体在压差作用下进入射流区，与喷嘴喷射出的液体一起被吸入地层，驱使裂缝向前延伸，因井底压力刚好控制在裂缝延伸压力以下，压裂下一层段时，已压开层段不再延伸，因此不用封隔器与桥塞等隔离工具，实现自动封隔。通过拖动管柱，将喷嘴放到下一个需要改造的层段，可依次压开所需改造井段。水力喷射压裂技术可以在裸眼、筛管完井的水平井中进行加砂压裂，也可以在套管井上进行，施工安全性高，可以用一趟管柱在水平井中快速、准确地压开多条裂缝，水力喷射工具可以与常规油管相连接入井，也可以与大直径连续油管相结合，使施工更快捷。水力喷射压裂原理和水力压裂拖动分段压裂分别如图 6-19 和图 6-20 所示。

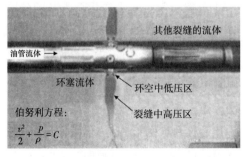

图 6-19 水力喷射压裂原理示意图

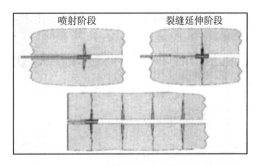

图 6-20 水力喷射拖动分段压裂示意图

三、海上压裂工艺技术展望

1. 爆燃压裂酸化复合增产技术

海上油田受特殊的油藏、完井方式、海上平台规模等条件限制，目前主要采用的压裂、酸化等常规增产措施手段有限，在应用过程中存在诸多问题。爆燃压裂酸化复合增产技术是一种适合海上低渗透油田储层改造的技术，施工简单、费用低廉，在井筒附近地层形成不受地应力影响的辐射状多裂缝油流通道，不受地应力控制，持续时间长，也不需要大量压裂液、支撑剂和压裂设备，大大降低了成本。对于海上油田边底水活跃、厚度薄的一些低渗透储层，其"横向造缝"的特点，基本不会沟通边底水，也不会压裂到其他层位。该项技术在海上油田具有较好的适应性，并通过相关安全验证，技术应用广泛，安全可靠。对于海上油田下步大规模开发低渗透油田，爆燃压裂酸化技术具有较好的应用前景[13]。

2. 连续油管压裂技术

国内低渗透油藏构造普遍比较复杂，一般都是多层，并且储层厚度小，使用传统的压裂技术成本很高。采用连续油管压裂技术，一方面可以有效降低作业时间和作业成本；另一方面，可以在层位的最佳位置产生最佳的裂缝组合，从而大幅度提高作业效果。由于受连续油管管径的限制，为克服施工中高摩阻的不利影响，往往在连续油管压裂时采用环空注入的压裂方式，这样压裂支撑剂将直接冲击连续油管外表面，造成连续油管外表面严重损伤，从而影响使用寿命，甚至将连续油管刺坏或断裂落井而造成事故，因此，为了保护连续油管，有必要研制高强度耐磨的连续油管保护器，以满足连续油管环空压裂的需要。

3. 水平井分段压裂技术

（1）水力喷射分段压裂技术。水力喷射分段压裂技术可以在裸眼、筛管，甚至套管完井的水平井以及石灰岩、砂岩等不同岩性上进行分段酸压或加砂压裂，而且施工安全快捷。大力发展水平井水力喷射分段压裂技术，特别是与大直径连续油管联作是一个总的发展趋势。

（2）新型低伤害化学暂堵胶塞分段压裂技术。在以往的技术条件下，采用液体胶塞+填砂隔离的办法，液体胶塞浓度高，伤害封堵层，且施工结束后需冲开或钻开胶塞与砂子，又可导致上下储层伤害。新型伤害化学胶塞应采用低浓度成胶剂，成胶后强度高，封堵已压层段不用填砂，成胶与破胶时间可控，压裂后可彻底破胶水化，施工结束后无须冲砂或钻塞等作业，直接排液求产，对地层伤害小。

（3）双封隔器单卡分段压裂技术。双封隔器单卡分段压裂技术适用于套管井的分段改造，可以一次性射开多层，采用上提管柱的方式，一趟管柱完成各层压裂，具有改造针对性强、节省时间的优势，但需攻关解决砂卡封隔器后解卡技术。

（4）多级封隔器分段压裂技术。在双封隔器分段压裂成功的基础上发展不动管柱的多级封隔器分段压裂技术，它类似于滑动套筒循环装置，液压坐封可回收封隔器将每层封隔开，每个套筒内装有一个螺纹连接的球座，最小的球座装在最下面的套筒上，最大的球座装在最上部的套筒内，将不同大小的低密度球送入油管，然后将球泵送到相应的工具配套的球座内，封堵要增产处理的产层，再通过打开套筒就可以对下一个产层进行处理，最多可以对10层进行不动管柱的分压处理。

海洋油气压裂工艺技术正向着实时化、信息化、可视化、集成化、自动化、智能化发展。压裂作业船的综合压裂酸化是今后的一个重要发展方向。我国海洋油气压裂技术还处于起步阶段，应借鉴国际先进技术与经验，研制适合中国海洋油气环境及储层特点的压裂技术；同时提升现有压裂技术，发展压裂酸化组合技术，研发环境友好型及高产油、低产水的压裂技术，开发压裂实时监测软件和多功能增产作业船[14]。

参 考 文 献

[1] 薄玉宝．海上油气田工程压裂作业船及装备配置技术探讨［J］．海洋石油，2014，34（1）：98-102.

[2] 贺平．浅谈海上油气田工程压裂作业船及装备配置技术［J］．中国设备工程，2018（5）：142-143.

[3] 陈紫薇，张胜传，隋向云，等．海上平台井大型压裂工艺技术探索实践［C］．油气藏改造压裂酸化技术研讨会会刊，2014.

[4] 赵战江，张超．海上平台压裂作业承载能力校核［J］．中国海洋平台，2017（5）：41-48.

[5] 雷刚，王启中，许亚彬，等．2000 型海洋压裂橇组的研制［J］．石油机械，2011（7）：22-24.

[6] 李增亮，周邵巍，肖茵，等．压裂作业船超高压快速脱离装置设计研究［J］．石油机械，2016，44（10）：63-67.

[7] 王涛．压裂液快速混配工艺在渤海油田的应用前景分析［J］．价值工程，2013（27），53-54.

[8] 赵战江，张承武，许广强，等．海上低孔低渗油气藏压裂管柱优化设计及应用［J］．中国海上油气，2013，25（2）：83-86.

[9] 孙林，宋爱莉，易飞，等．爆压酸化技术在中国海上低渗油田适应性分析［J］．钻采工艺，2016，39（1）：60-62.

[10] 郭士生，赵战江，聂锴，等．海上平台射孔、压裂、测试与水力泵快速返排求产联作测试工艺技术研究与应用［J］．油气井测试，2015，24（1）：41-43.

[11] 杜晓雷．海上低孔渗气藏重复压裂技术研究［D］．青岛：中国石油大学（华东），2015.

[12] 庞涛涛，李文智，朱永凯．海洋连续油管压裂工艺技术与应用实践［J］．硅谷，2011（11）：138-139.

[13] 江怀友，李治平，卢颖，等．世界海洋油气酸化压裂技术现状与展望［J］．中外能源，2009，14（11）：45-49.

[14] Mendez A，Ghadimipour A. The complexity of hydraulic fracturing designs offshore middle east［C］. ARMA 18-136, 2018.

第七章　海上油田酸化增产增注新技术

酸化（Acidizing）是指用一定类型、浓度的酸液以及添加剂组成的配方酸液，按照一定的施工参数和顺序泵入储层，通过酸液对岩石胶结物或储层孔隙、裂缝内堵塞物等的溶解和溶蚀作用，恢复或提高储层孔隙和裂缝渗透性，降低油、气、水渗流阻力，从而达到增产、增注的目的[1-3]。

第一节　常规酸化原理与技术

常见油气储层分为砂岩和碳酸盐岩两大类储层。由于两类储层矿物组成、岩石结构、储集和渗流空间等有显著差异，酸化或酸压改造时应用的酸液体系、酸岩反应机理和产物、工艺方法、设计方法和模拟方法等完全不同，本节分两类储层介绍常规酸化原理与技术。

一、酸化处理技术简介

常用的酸化工艺可粗分为酸洗、基质酸化和压裂酸化三大类。

1. 酸洗

酸洗（Acid Washing）是一种清除井筒中的酸溶性结垢或疏通射孔孔眼的工艺。它不外乎是将少量酸定点注入预定井段，在无外力搅拌的情况下与结垢物或地层起作用。另外，也可通过正反循环使酸不断沿孔眼或地层壁面流动，以此增大活性酸到井壁面的传递速度，加速溶解过程。

2. 基质酸化

基质酸化（Matrix Acidizing）是在低于储层破裂压力条件下将配方酸液注入储层孔隙（晶间、孔穴或微裂缝）。对于砂岩储层，酸液大体沿径向渗入储层，溶解孔隙空间内的颗粒及堵塞物，扩大孔隙空间［图7-1（a）］；破坏钻井液、水泥及岩石碎屑等堵塞物的结构，从而解除井筒附近伤害，恢复或提高基质渗透率，从而达到恢复油气井产能的目的；在某些条件下，也可能形成高渗透性酸蚀孔道［Channel，图7-1（b）］而旁通伤害带。对

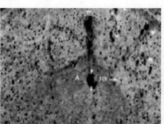
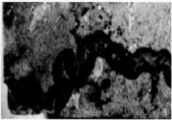

（a）酸液流经孔隙　　　　（b）酸液与砂岩作用形成的孔道　　（c）酸液与碳酸盐岩作用形成的酸蚀蚓孔

图7-1　酸液与岩石作用

于碳酸盐岩储层，酸液则主要通过溶解微裂缝中堵塞物或溶蚀裂缝壁面，扩大裂缝；或者形成类似于蚯蚓的孔道［简称为酸蚀蚓孔（Wormhole），图 7-1（c）］而旁通伤害带，从而改善储层渗流条件。

3. 酸化压裂

酸化压裂（Acid Fracturing），简称酸压，是在足以压开地层形成裂缝或张开地层原有裂缝的压力下，对地层挤酸的一种工艺。如果处理后高导流的通道仍旧张开，则可达增产目的。通道是由酸对裂缝酸溶性壁面的酸蚀作用而形成的。施工后压力消失、裂缝闭合时，裂缝的溶蚀壁面无法完全闭合，裂缝便具有很高的导流能力。

二、碳酸盐岩储层酸化原理

在碳酸盐岩储层酸化改造中，主要形成和发展了基质酸化技术和酸化压裂技术，习惯上用酸化表示基质酸化，用酸压表示酸化压裂。碳酸盐岩储层基质酸化或酸压的目的是溶蚀储层形成酸蚀蚓孔，或者通过酸溶蚀形成高渗透性裂缝。

1. 基质酸化增产原理

基质酸化也称为常规酸化或解堵酸化，大多数情况下，基质酸化的目的重在解除伤害物和旁通伤害带。其基本特征是在井底流压小于储层岩石破裂压力的条件下，将酸液注入储层，在储层中形成有效的穿透伤害带的蚓孔（图 7-2），酸蚀蚓孔必然增加基质的孔隙度，沟通天然裂缝，旁通伤害带，甚至产生负表皮效应，降低近井地带的渗流阻力，增加产量。其增产效果与蚓孔的尺寸密切相关。

当酸液反应活性高而注入排量低时，酸不能实现深穿透，仅仅产生岩石表面型溶蚀。因此，只能起到清洗井筒或射孔孔眼壁面的目的，不能产生具有高渗流能力的酸蚀通道，解堵效果差。提高排量或降低酸岩反应速率，酸溶蚀地层将产生圆锥形通道。在合适的高排量下注入缓速酸，形成的酸蚀蚓孔细而长，并在主溶蚀孔中产生一些分支。主溶蚀孔的形成表示注入排量和反应活性达到最佳组合，也是酸蚀蚓孔穿透伤害带的最佳方式。若再进一步提高排量，主溶蚀孔

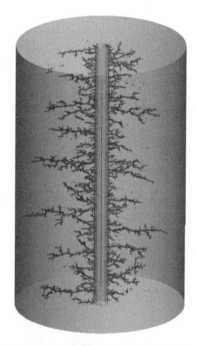

图 7-2　酸蚀蚓孔与井筒沟通示意图

将产生较多的分支，使得酸液更多地进入分支孔中，酸蚀裂缝短而宽，这种方式增产效果不好，无法穿透伤害带。不同类型酸蚀蚓孔形态如图 7-3 所示，蚓孔形态与酸化后表皮系数的相对大小关系如图 7-4 所示。蚓孔长度随用酸强度的增加而增长，同时表皮系数不断降低；当蚓孔穿透伤害带后，表皮系数可以降低到 0 以下。碳酸盐岩储层基质酸化时，正是通过蚓孔的形成、旁通或穿透伤害带而达到解堵的目的。

2. 酸压增产原理

酸压指在高于储层破裂压力或天然裂缝的闭合压力下，将酸液挤入储层，在储层中形成裂缝，同时酸液与裂缝壁面岩石发生反应，非均匀刻蚀缝壁岩石，形成沟槽状或凹凸不

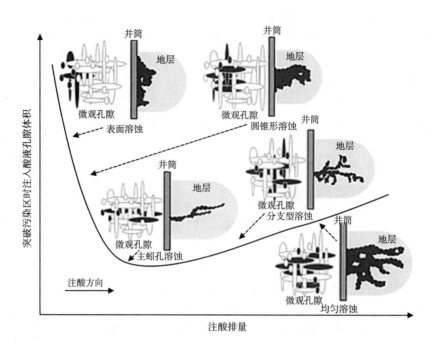

图 7-3 常见酸蚀蚓孔形态及相对穿透深度

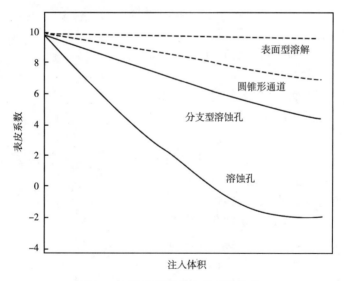

图 7-4 酸蚀蚓孔与表皮系数关系

平的刻蚀裂缝（图 7-5），施工结束后裂缝不完全闭合，最终形成具有一定几何尺寸和导流能力的人工裂缝，改善油气井的渗流状况，从而使油气井增产。

　　酸压和水力压裂增产的基本原理和目的都相同，目标是产生有足够长度和导流能力的裂缝，减少油气水渗流阻力，而主要差别在于如何实现其导流性。对于水力压裂，裂缝内的支撑剂阻止停泵后裂缝闭合（图 7-6）；酸压一般不使用支撑剂，而是依靠酸液对裂缝壁面的非均匀刻蚀产生一定的导流能力（图 7-7），这种非均匀刻蚀是由于岩石的矿物分布和渗透性的不均一性所致。酸液沿着裂缝壁面流动反应，有些地方的矿物极易溶解（如方解石），有些地方则难以被酸溶解，甚至不溶解（如石膏、砂等）。易溶解的地方刻蚀得厉害，形成较深的凹坑或沟槽；难溶解的地方则凹坑较浅，不溶解的地方保持原状。此外，渗透性好的壁面易形成较深的凹坑，甚至是酸蚀孔道，从而进一步加剧对裂缝壁面的非均匀刻蚀。

图 7-5　酸液非均匀刻蚀裂缝壁面

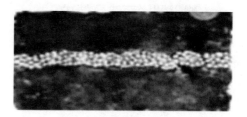

图 7-6　水力压裂填砂裂缝

因此，酸压的应用通常局限于碳酸盐岩储层，也是碳酸盐岩储层增产措施中应用最广的酸处理工艺，很少用于砂岩储层，因为：

（1）由于酸沿缝壁均匀溶蚀砂岩，不能形成沟槽，酸压后裂缝大部分闭合，形成的裂缝导流能力低。即使是对砂岩矿物溶蚀能力强的土酸也不能使储层刻蚀形成足够导流能力的裂缝，且土酸酸压可能产生大量沉淀物堵塞流道。

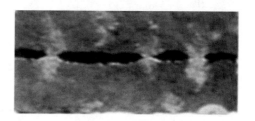

图 7-7　酸压酸蚀裂缝

（2）砂岩储层的胶结一般比较疏松，酸压可能由于大量溶蚀，致使岩石松散，引起油井出砂。因此，砂岩储层一般不能冒险进行酸压，要大幅度提高产能需采用水力压裂措施。但是，在某些含有碳酸盐充填天然裂缝的砂岩储层或一些特殊岩性储层中，使用酸压也可以获得很好的增产效果。

与水力压裂技术类似，酸压的增产原理主要表现在：

（1）酸压裂缝增大油气向井内渗流的渗流面积，改善油气的流动方式，增大井附近油气层的渗流能力；

（2）消除井壁附近的储层伤害；

（3）沟通远离井筒的高渗透带、储层深部裂缝系统及油气区。

无论是在近井伤害带内形成通道，或改变储层中的流型都可获得增产效果。小酸量处理可消除井筒伤害，恢复油井天然产量，大规模深部酸压处理可使油气井大幅度增产。

三、砂岩储层酸化原理

在砂岩储层酸化改造中，主要形成和发展了基质酸化技术，极少对砂岩储层进行酸化压裂改造。

砂岩储层基质酸化是指以低于破裂压力向储层注入酸液，酸液溶解伤害物和岩石骨架，由于砂岩储层含碳酸盐类矿物成分较少，难以形成酸蚀蚓孔，因此，砂岩储层基质酸化增产主要依靠溶解伤害物、岩石骨架、孔喉及裂缝充填物等，从而增大渗流面积、旁通或穿透伤害带。

第二节　不动管柱酸化技术

一、酸化解堵液体系要求

酸化设计必须针对施工井的具体情况选择适当的酸液，选用的酸液应满足以下要求：

（1）溶蚀能力强，生成的产物能够溶解于残酸中，与储层流体配伍性好，对储层不产生伤害；

（2）加入化学添加剂后所配制成的酸液，其物理、化学性质能够满足施工要求；

（3）运输、施工方便，安全；

（4）价格便宜，货源广。

二、保护生产管柱的酸液体系

随着酸化工艺技术的发展，国内外酸化用酸液越来越多，目前常用的酸可分为无机酸、有机酸、粉状酸、多组分酸或缓速酸等类型。每类酸的常用品种见表7-1。

表 7-1　酸化常用酸型

酸类	名称	特点	适用条件
无机酸	盐酸	溶解力强，价廉货源广；反应速率快，腐蚀严重	广泛用于不同类型储层酸化
	盐酸—氢氟酸（土酸）	溶解力强，反应速率快，反应严重，易产生二次伤害	砂岩储层基质酸化
	氟硼酸	反应慢，水解速度受温度影响较大，处理范围大	砂岩储层深部解堵酸化
	磷酸	反应速率慢，用以解除硫化物、腐蚀产物及碳酸盐类堵塞物，氢氟酸溶解黏土矿物	碳酸盐含量高，泥质含量高，含有水敏及酸敏性黏土矿物，伤害较重，又不宜用土酸处理的砂岩储层，可用磷酸/氢氟酸处理
有机酸	甲酸（蚁酸）乙酸（冰醋酸）	反应慢，腐蚀性弱	高温碳酸盐岩储层酸化
粉状酸	氨基磺酸	反应慢，腐蚀性弱，运输方便；溶蚀能力低，在高温下易产生水解不溶物	温度不高于70℃的碳酸盐岩储层解堵酸化
	氯乙酸	反应慢，腐蚀性弱，运输方便；溶蚀能力低，较氨基磺酸酸性强而稳定	碳酸盐岩储层的解堵酸化
多组分酸	乙酸—盐酸混合酸甲酸—盐酸混合酸	可保证较强的溶解力，又可较好地实现深部酸化	高温碳酸盐岩储层的深部酸化

酸类	名称	特点	适用条件
缓速酸	尿胶凝酸（稠化酸）	黏度较高，缓速效果好，滤失量小；降阻率高，高温下稳定性差	碳酸盐岩储层的酸化、酸压
	交联酸	黏度远远高于胶凝酸，其缓速和降滤失效果显著优于胶凝酸，降阻率较高；破胶不彻底，残酸不易返排，对储层伤害较大	高温、滤失较大碳酸盐岩储层酸压；或者携砂酸压
	乳化酸	缓速酸效果好，腐蚀性弱；摩阻大，排量受限	（裂缝性）碳酸盐岩储层的酸化、酸压
	自转向酸	缓速效果好，滤失量小；高温下稳定性差	碳酸盐岩储层的酸化、酸压
	泡沫酸	缓速效果好，滤失量小，对储层伤害小；成本高，深井酸化施工困难	低压、低渗透水敏性碳酸盐岩储层酸压

1. 缓速土酸体系

1）常规土酸体系

土酸是砂岩酸化中最常用的酸液体系，典型的配方为：$8\% \sim 12\%\,HCl + 0.5\% \sim 3\%\,HF$ 和添加剂组成。其中，盐酸与地层中铁、钙质矿物发生反应，氢氟酸与地层中的硅酸盐（如石英）、黏土、泥质等发生反应。常规土酸酸化主要用于解除钻井、完井造成钻井液污染的新注水井和老井的铁锈、水质中钙垢堵塞。其解堵优点在于溶蚀能力强，解堵、增注效果较好，动用设备少，施工成本适中，原料来源广。但是酸液有效作用距离有限，腐蚀严重，易生成酸渣，引起二次伤害。

2）盐酸—氟化铵体系

多次交替注入盐酸和氟化铵水溶液，使之通过离子交换作用在黏土表面形成氢氟酸分子，这是利用了储层黏土的天然离子交换性能。但是此工艺体系，对不含黏土的储层物质作用较小，适用于由于黏土造成的伤害储层，在提高储层渗透率和穿透深度方面都优于常规土酸。此体系在陆地油田应用相对较多，在渤海油田相对应用较少。

3）氟硼酸体系

氟硼酸是一种缓速酸，它进入地层后能缓慢水解生成氟化氢，可以解除较深部地层的堵塞。氟硼酸与岩石反应的速率比常规土酸慢，对岩石的破坏程度比土酸小，酸化作用距离较远。

该酸液体系的作用机理是通过氟硼酸逐步水解生成氢氟酸，氢氟酸再参与地层矿物发生反应，因此酸液中氟化氢的浓度一直较低，与地层矿物的反应速率较慢。随着氟化氢被消耗，氟硼酸继续水解产生更多的氟化氢，从而可以实现酸液的深穿透。利用电镜扫描观察发现，氟硼酸酸化处理过的砂岩孔隙中，高岭石像是被"熔结"在矿物表面，从而有利于稳定处理后的黏土矿物，防止分散运移带给地层的伤害。同时，氟硼酸体系还可以控制黏土膨胀，抑制黏土的水敏性膨胀。现场作业表明，土酸敏感的储层在用土酸酸化之前用氟硼酸溶液作为前置液，可改善酸化效果。氟硼酸的水解作用是一个多级水解反应，氟硼酸水解分4步完成：

$$HBF_4 + H_2O \longrightarrow HBF_3(OH) + HF \tag{7-1}$$

$$HBF_3(OH)+H_2O \longrightarrow HBF_2(OH)_2+HF \tag{7-2}$$

$$HBF_2(OH)_2+H_2O \longrightarrow HBF(OH)_3+HF \tag{7-3}$$

$$HBF(OH)_3+H_2O \longrightarrow H_3BO_3+HF \tag{7-4}$$

现场试验表明，在含钾的硅铝酸盐的储层中，用氟硼酸酸化能更好地减少六氟硅酸钾沉淀生成，生成对地层具有轻微伤害的氟硼酸钾沉淀。

4）自生土酸体系

国内自 20 世纪 90 年代以来，吉林油田、石油勘探开发研究院等先后开发出四氯化碳体系、磷酸—氢氟酸体系等自生酸工作液，并应用于现场取得了成效。目前，国内外主要的自生酸体系包括以下几种：

（1）酯、酸酐和酰卤。

1983 年，美国壳牌公司 Abrams、Tempson 和 Richardson 提出用甲酸甲酯、乙酸甲酯或一氯代乙酸铵与氟化铵的混合物作为一种缓速土酸。此体系主要为有机酯的水解生成羧酸，之后羧酸和氟化铵反应生成氢氟酸，因为水解反应被温度活化，所以得到的酸液酸性没有土酸强，因此得到了期望的低腐蚀和缓速的效果，并延长了氢氟酸的有效穿透距离。

根据井底温度，可以选用不同的有机酯。

①甲基四酸在 $130 \sim 180 \, \text{°F}$（$55 \sim 80\text{℃}$）的反应：

$$HCOOCH_3+H_2O \Longrightarrow HCOOH+CH_3OH \tag{7-5}$$

$$HCOOCH_3+NH_4F \Longrightarrow NH_4^+ +HCOO^- +HF \tag{7-6}$$

（后者是慢反应，速度控制反应）

②氯乙酸铵盐在 $180 \sim 215 \, \text{°F}$（$80 \sim 102\text{℃}$）的反应：

$$NH_4^+ +ClCH_2COO^- +H_2O \Longrightarrow NH_4^+ +HOCH_2COOH+Cl^- \tag{7-7}$$

酯类主要有甲酸甲酯、乙酸甲酯。前者用于低温及中温井，后者用于高温井。甲酸甲酯在 $54 \sim 82\text{℃}$ 地层中水解为甲酸，而乙酸甲酯在 $88 \sim 138\text{℃}$ 下水解为乙酸。甲酸甲酯及乙酸甲酯等低级醇的酯有很好的缓速作用，酸消耗时间可在 $40 \sim 400\text{min}$ 范围内。消耗时间与温度有关，温度影响水解速率。这类自生酸可用于碳酸盐岩和白云岩。它常和氯羧酸盐自生酸物质混合使用。

酸酐主要是乙酸酐，它水解产生乙酸，反应式为：

$$(CH_3COO)_2O+H_2O \longrightarrow 2CH_3COOH \tag{7-8}$$

这种缓速酸可有效地防止铁离子沉淀，对金属的腐蚀较轻。研究表明，使用自生酸进行酸化作业时，可以用常规油井设备作业，尤其在高温储层条件下，此种酸液工作液能有效地延缓酸液对施工设备的腐蚀。并且酸化碳酸盐岩地层后所形成的乙酸钙在残酸中呈溶解状态，不堵塞通道。

此体系可根据不同的地层温度选择不同的有机酸。该酸液除具有有机土酸易生成氟硅酸盐沉淀的缺点外，另一缺点是分解温度难以控制。因此，现场应用过程中很少被采纳。

（2）氯羧酸盐。

氯羧酸盐作为自生酸要求其必须迅速溶于水，最常用的是氯乙酸铵。它的溶液在地层停留或流动时，由于其缓慢的水解速率，可得到缓慢的酸释放速率。其水解及酸反应方程式为：

$$ClCH_2COO^- + H_2O \rightleftharpoons HOCH_2COOH + Cl^- \tag{7-9}$$

$$HOCH_2COOH \rightleftharpoons HOCH_2COO^- + H^+ \tag{7-10}$$

$$CaCO_3 + 2H^+ \rightleftharpoons CO_2 + Ca^{2+} + H_2O \tag{7-11}$$

氯乙酸铵与碳酸钙接触所形成的沉淀物为 $(HOCH_2COO)_2Ca$，但在地层温度下，其沉淀物有较高的溶解度，不会产生沉淀。

这类自生酸盐在地面的水解度极小，生成的游离酸浓度低，不易腐蚀金属。可用于碳酸盐岩和白云岩地层，也可用于含有能溶于有机酸物质的硅质地层。它还可与羟乙基纤维素（HEC）合用，HEC作为稠化剂。这样可改善处理效果。用氯羧酸盐水解产生游离酸酸化地层工艺的缺点是水质要求较高，当温度下降时，反应产物会沉淀析出。

（3）卤代烃。

将无水的卤代烃从井中注入地层与地层接触，在地层中就地水解生成卤酸。卤代烃通式为 $C_xH_yX_z$，其在水解前，高温高压下具有热稳定性。卤代烃在121~371℃的地层条件下可水解产生酸。油田使用的卤代烃有卤代烷、卤代烯和卤代芳烃，如 $CHCl_2CHCl_2$ 水解产生 HCl；CHF_2CHF_2 水解产生 HF。较佳的卤代烷有产生盐酸的四氯甲烷、三氯甲烷、五氯乙烷和四氯乙烷，以四氯甲烷最佳；有产生盐酸和氢溴酸混合酸的溴三氯甲烷、氯二溴甲烷、溴二氯甲烷、三氯二溴甲烷、1，1-二氯-1，2-二溴甲烷、1，2-二氯-1，2-二溴甲烷和1，1-二氯-2，2-二溴乙烷，有产生盐酸和氢氟酸混合酸的1，1，2-三氟三氯乙烷、氟四氯乙烷和氟三氯乙烷，以1，1，2-三氟三氯乙烷最佳。

酸化含有大量钙、镁离子或其他多价阳离子的碳酸盐或其他酸溶性地层，以水解生成盐酸、氢溴酸或氢碘酸的卤代烃较佳，特别是氯代烃。酸化含硅物质，如黏土，以氢氟酸产生的氟代烃较佳，水解生成氢氟酸和盐酸混合酸的卤代烃更佳。

利用自生酸可对某些酸化工艺无法处理的高温层进行酸化。本工艺提供了一种高温地层的酸化方法，基本上消除了井下设备的腐蚀，并避免在井眼附近立即将酸不理想地消耗完。本方法可处理原生水含量高的高温层，如地热水层，或有少量乃至没有原生水的高温层。其优点是能用常规油井设备作业，不必为了避免油井设备的腐蚀而使用稀有合金或其他材料。

但是由于自生土酸体系具有注入混合处理液后关井时间较长、待酸反应后再缓慢投产的特点，使得此体系选择添加剂的难度大大提高，同时很容易引起储层新的伤害，因此目前基本上很少应用。

（4）卤代盐。

主要是卤的碱金属和铵盐。但这类物质必须使用引发剂（如醛、酸）才能生成相应的酸。例如，铵盐生成酸的反应式为：

$$4NH_4Cl + 6CH_2O \longrightarrow N_4(CH_2)_6 + 4HCl + 6H_2O \tag{7-12}$$

$$NH_4F + HCl \longrightarrow HF + NH_4Cl \tag{7-13}$$

$$NH_4HF_2+HCl \longrightarrow 2HF+NH_4Cl \tag{7-14}$$

$$4NH_4F+6CH_2O \longrightarrow N_4(CH_2)_6+4HF+6H_2O \tag{7-15}$$

利用这类反应可以使地层生成酸。卤代盐和醛一经混合，反应立即进行。如果把这种混合的溶液泵入地层，反应速率快，无缓速效应。但在混合溶液中加入六次甲基四胺 $[N_4(CH_2)_6]$ 等化学添加剂可抑制酸的生成反应，减慢酸形成速率。因而使地下生成酸得以实现，这样的地下生成酸系统包括化学添加剂、醛和铵盐，最好加入稠化剂以改善滤失特性，还可制成乳状液。铵盐根据要求什么酸类而定，可用 NH_4Cl 或 NH_4F。加入六次甲基四胺使酸的生成速率减慢是由于具有如下的反应式机理：

$$NH_4F \longrightarrow NH_3+HF \tag{7-16}$$

$$NH_4Cl \longrightarrow NH_3+HCl \tag{7-17}$$

由于加入六次甲基四胺使生成 HF 或 HCl 的速率减慢。同样，也可用乙酸和乙酸盐作化学添加剂抑制酸生成的反应。主要是乙酸和乙酸盐中的羧基与醛生成缩醛类化合物，起掩盖醛基作用，当 pH 值上升时，这类化合物又能水解成醛而和卤代盐反应。对于氟盐合适的有氢氯酸铵、氟化铵、氟化铯、过氟化铯等。

用地下生成酸的卤代盐作为释放游离酸，由于加入化学添加剂，因此生成酸的速率很小，从而使酸化岩石的速率减慢，增加酸耗时间，使穿透距离大大增加，同时也能缓和泵入过程中金属设备的腐蚀，不易引入铁离子，避免铁离子引起沉淀。

（5）含氟酸及盐。

这一类主要是如氟硼酸（HBF_4）、氟磷酸（PF_5HF）、氟磺酸（$R—SO_2F_2H$）等酸以及氟硼酸、六氟磷酸、二氟磷酸和氟磺酸的水溶性碱金属和（或）铵盐等。它们是 HF 的自生酸物质。对于含氟酸，主要是在水中水解产生 HF，反应式为

$$HBF_4+3H_2O \longrightarrow 4HF+H_3BO_4 \tag{7-18}$$

$$PF_6 \cdot HF+4H_2O \longrightarrow 6HF+H_3PO_4 \tag{7-19}$$

$$R—SO_2F_2H+H_2O \longrightarrow 2HF+R—SO_3H \tag{7-20}$$

氟硼酸可由硼酸、氟化氢铵和盐酸反应制取：

$$H_3BO_3+2HCl+2NH_4HF_2 \longrightarrow HBF_4+2NH_4Cl+3H_2O \tag{7-21}$$

对于含氟酸的盐，同样是发生水解产生 HF。例如，氟硼酸铵的水解反应式为：

$$NH_4BF_4+3H_2O \longrightarrow 4HF+(NH_4)_3BO_4 \tag{7-22}$$

较佳的含氟酸盐有六氟磷酸铵、六氟磷酸铯和氟磺酸铯等。

2. 乳化酸

乳化酸是 20 世纪 70 年代开发出来的一种酸化工作液，适用于低渗透碳酸盐岩油气藏的深度酸化改造和强化增产作业。乳化酸具有酸岩反应速率低、酸液穿透距离深的特点，可以在较大范围内改善油层的渗透率，提高油井产能。在乳化剂存在下，由酸与油形成乳化酸。在稳定状态下，油外相将酸与岩石表面隔开，当达到一定条件后，乳化液被破坏，释放酸液，与岩石发生反应，从而达到使得酸液深穿透的目的。在施工作用的进行过程

中，在高温地层的作用下，乳化酸会逐渐发生破乳，因而与岩石开始发生反应，生成的 $CaCl_2$ 同时加速了乳化酸的破乳，酸岩反应形成不均匀的溶蚀，能够有效地提高裂缝的导流能力。对于疏松砂岩储层，基本不选用乳化酸，因此本章节不进行详细的介绍。

3. 稠化酸

稠化酸又称胶凝酸，通过加入稠化剂提高酸的黏度。稠化酸具有控制滤失速率、增加裂缝宽度、有效保持层流最终实现深部酸化的优点。该酸液体系的酸压是通过增加酸液黏度来达到降低滤失速率的目的，而其基质酸化是通过清洗高渗透的通道和减少液体进入低渗透地层中。该酸液体系的作用原理是：由于酸液黏度提高了，因此 H^+ 的扩散速率减慢，其向岩石骨架表面扩散的速率也会跟着减慢，这样酸液的消耗速率就会降低，流体在储层中的滤失速率也会降低，酸液与岩石的反应速率得到了控制，从而增加了裂缝的宽度，提高了储层的渗透率，最终导致穿透距离增加，起到缓速酸化的作用。目前，常用的稠化剂有黄胞胶、PAM 及能在酸溶液中形成杆状胶束的表面活性剂。稠化酸主要用于储层酸压改造，由于渤海油田基本不采用酸压作业，稠化酸的应用也较少，因此本章节不进行详细的介绍。

4. 螯合酸

螯合剂具有抑制 Ca^{2+}、Mg^{2+}、Fe^{3+} 等金属离子的作用，螯合剂之前应用在印染行业中以去除有害金属离子。随着螯合剂的不断发展，目前螯合剂已经应用到油田行业，用以螯合金属离子抑制二次、三次沉淀的生成。在油田化学处理过程中，通常将螯合剂加入增产酸液中，形成螯合酸液，阻止由于酸液在地层中的反应而导致的固体沉淀。另外，螯合剂也可用作清垢剂/防垢剂。螯合剂能与多价金属离子形成环状配合物，主要存在两种螯合剂，即无机类和有机类。由于无机类螯合剂随温度的升高会不断分解，从而使螯合能力大大降低或消失，且只适合碱性介质，对铁离子的螯合能力很差，因此已逐渐消失，其中以多聚磷酸盐为代表。目前，主要的有机物螯合剂以 5 类为主。

1）氨基酸类

近年来合成一种生物高分子螯合剂——聚天门冬氨酸，它具有水溶性聚羧酸的性质，已引起越来越多的重视。此类螯合剂无毒性，易降解，同时对环境的污染小，是一种环境友好型的绿色螯合剂。此螯合剂对 Ca^{2+} 具有良好的螯合能力，但是对 Mg^{2+}、Fe^{3+} 等的螯合能力较弱，因此此类螯合剂在石油行业中的应用也受到了一定的限制。一般不单独使用，通常复配使用。曾有报道称，在油气田开发进入中后期，普遍采用注水采油，多种原因导致结垢，且油田垢常以复合形式出现，同一阻垢剂对不同类垢在阻垢性能上存在明显的差异性，利用多个单一药剂进行复配，复配剂在阻垢性能上有明显的协同增效作用。选用聚丙烯酸（PAA）、聚天门冬氨酸（PASP）、乙二胺四亚甲基膦酸（EDTMP）和柠檬酸（CA）互配，经实验验证，复配剂在油田阻垢性能上有明显的协同增效作用。

2）聚羧酸类

聚羧酸类螯合分散剂以丙烯酸或马来酸酐为单体的均聚物或二种单体的共聚物，也有与其他单体的共聚物，成为当前应用最广的系列产品。聚羧酸类是一类既有螯合力，又有分散力的螯合分散剂。主要因为聚羧酸分子中有大量羧酸存在，羧基氧原子具有形成配位键的能力，相邻羧基能与金属离子形成螯合环而稳定存在于水中，同时因吸附在水中悬浮物上，增加螯合物分子表面负电荷，提高在水中的分散稳定性。目前，此类螯合剂在石油行业的应用相对较少。

3）羟基羧酸类

羟基羧酸类中的柠檬酸、酒石酸、葡萄糖酸钠含有相当数量的羟基和羧基，作为配位基可与金属离子络合而成为螯合剂。但在酸性条件下羟基与羧基不会离解为氧负离子，因而络合能力很弱，不适宜在酸性介质中应用。其中，柠檬酸是此类螯合剂在石油行业中应用最为广泛的。在酸压工艺中，经常使用少量柠檬酸调节 pH 值。在砂岩酸化处理过程中也曾经应用柠檬酸作为主体酸，与氢氟酸配合，当柠檬酸与氢氟酸配合时，柠檬酸中最佳的氢氟酸浓度为 0.5%（质量分数）。在柠檬酸中，氢氟酸的浓度增加到 1.5%（质量分数）时，其渗透率会降低。目前，在石油行业中柠檬酸的应用范围相对较为广泛。

4）有机磷酸盐类

20 世纪 60 年代以来，由于石油工业的迅猛发展，有机磷化合物由于具有与氨基聚羧酸类物质一样螯合金属离子的能力而受到了人们的广泛关注和重视，有机磷酸类化合物能在较宽的 pH 值范围内与多种金属离子生成稳定的配合物，且毒性小，合成方法简单，原料易得，价格低廉，因而相继得到了各国的重视。但其主要应用方向为：农药、工业水处理剂、医药、高分子材料、纺织助剂、冶金助剂、润滑油添加剂等。有机磷酸盐类螯合酸液最典型的代表为多氢酸体系，此体系也是目前渤海油田应该最广泛的体系之一。

多氢酸是由一种特殊复合物代替 HCl 与氟盐发生氢化反应。多氢酸是一种中强酸、一类多元酸，能够在不同化学计量条件下通过多级电离而释放出氢离子，因此被称为多氢酸（Multi-Hydrogen Acid）。多氢酸的结构通式如下：

$$R2-\overset{\overset{\displaystyle R1}{|}}{\underset{\underset{\displaystyle R3}{|}}{C}}-\overset{\overset{\displaystyle O}{\|}}{\underset{\underset{\displaystyle O-R5}{|}}{P}}-O-R4$$

其中，R1、R2 和 R3 可能是氢、芳基、烷基、磷酸酯、膦酸酯、胺、酰基、羟基、羟基等；R4、R5 可能是氢、钠、钾、铵或有机基团。

多氢酸通过逐步电离的氢离子来控制 HF 生成的速度。当酸液的 pH 值较低时，多氢酸电离受到反应平衡的限制，所以其电离的氢离子浓度比较低。多氢酸酸液体系中的有机酸和氟盐形成的缓冲调节体系，酸岩反应过程中，当 H^+ 与岩石矿物发生化学反应而被消耗掉时，其电离平衡就会被打破，这时反应将向着生成 H^+ 的方向进行，直到溶液中重新建立起新的平衡。因此，只要溶液中酸的浓度足够大，酸液中 H^+ 的浓度就基本上保持恒定，这样就能实现深部酸化。

多氢酸体系在渤海油田砂岩储层酸化作业过程中得到了广泛的应用，并取得了显著的效果。

5）氨基羧酸类

有机螯合剂以氨基羧酸类应用最早，螯合剂首先被用在盐酸体系中被作为铁离子稳定剂，并取得了良好的效果。1998 年，螯合剂才被首次用于碳酸盐岩/砂岩基质酸化增产过程。EDTA、NTA 及柠檬酸等被广泛使用，但是这些螯合剂存在着一些局限性：在较高盐酸中具有较低的溶解性，在高温下热稳定性能差等。目前，螯合剂还在不断发展和改善之中，但是已经成为以后发展的新趋势。

5. 固体酸

目前，国内外固体酸主要包括复合固体酸、固体硝酸、微胶囊固体硝酸、二氧化氯等。

1）复合固体酸

复合固体酸外观为白色或淡黄色粉末状固体，复合固体酸由固体有机酸、固体潜伏酸及多种复合添加剂组成，固体有机酸主要为混合脂肪酸及芳香酸，能溶解地层中的有机堵塞物，可部分溶解无机物。固体潜伏酸在地层温度下在一定时间内释放出土酸及多元羧酸，主要溶解无机堵塞物。两种酸都能络合地层中的多价金属离子，防止产生二次沉淀。添加剂包括助溶剂、烃类溶剂、反应控制剂及反应时间调节剂等，使酸液能适应不同区块的地层条件。复合固体酸在使用时用热的（50~60℃）油田污水配成10%的水溶液，其中固体有机酸与潜伏酸的质量比一般为3:1。

2）固体硝酸

固体硝酸酸化最早由乌克兰石油工业科学研究院一位院士提出，该工艺是将特殊工艺生产的固体硝酸粉末用不含水的柴油作为携带液打入地层，在地层内遇水或后续的酸液后释放出活性硝酸，配合使用其他无机酸和必要的添加剂，形成多组分强酸体系，与地层中的有机堵塞物和无机堵塞物发生可溶性硝酸盐反应，疏通油流通道，从而达到增产增注的目的。高浓度土酸体系中 F^- 含量增加，导致大量沉淀生成，而硝酸粉末液体系溶解岩粉形成的硝酸盐均为可溶于水的物质，不会给地层带来二次伤害。硝酸粉末酸化工艺对油管及套管的腐蚀速率小，腐蚀速率仅为 $3.319g/(m^2 \cdot h)$。

硝酸粉末外观为白色粉末，平均粒度小于 $100\mu m$，熔点 $140℃$（分解），溶于水、乙醇，不溶于油。其粉末在水中的溶解度随温度的升高而升高。正常状态下硝酸粉末呈非活性，需要外界力量才能激发其活性。根据过渡状态理论，物质反应的有效碰撞首先形成一个活性基团（活化配合物），然后分解为活性产物，水和各种酸都可以作为其激活剂，常用的激活剂是 HCl。固体硝酸，除具有无机酸的通性外，还具有下列特性：

（1）氧化作用。

硝酸是氮的最高氧化态的化合物。由于其分子的不稳定性，因此强烈氧化作用是它的特征性质。许多非金属同它作用，均会被氧化成相应的酸，而硝酸则被还原成二氧化氮或一氧化氮。硝酸也能使某些类型的有机物发生强烈的氧化反应，得到羧酸，同时发生碳链断裂。硝酸和盐酸以 1:3 比例混合，称为"王水"，氧化能力更强。

硝酸与金属作用，其本质也是氧化作用，与金属反应，不论浓硝酸或稀硝酸，不论氢位前或氢位后金属，都不会置换出氢，反应后的生成物，视硝酸浓度、金属活泼性、反应条件的不同而不同。硝酸分别被还原成 NO_2、NO、N_2O、NH_3。

（2）硝化作用。

硝酸能在有机化合物中引入（—NO_2）而生成硝基化合物。通过硝酸的氧化作用和硝化作用，使得非水溶性有机化合物及胶质、沥青质含量高的碳链断裂，分子量下降，黏度降低，水溶性变好或完全溶于水，从而达到解除这两类物质堵塞的目的。

对于低温地层（60℃以下），硝酸粉末在地层孔隙中逐渐溶解，使地层在较长的时间里维持低的 pH 值，防止地层二次伤害。释放出的活性硝酸与地层岩石反应速率较慢，实验证明，盐酸比其快9倍，液体硝酸比其快4.5~5.5倍（该结果与实验条件有关，如岩心矿物成分、酸浓度、温度），但该酸液体系对含油岩心浸泡的溶蚀量比单纯采用盐酸、土酸的岩心溶蚀量却大得多。

3）微胶囊固体硝酸

微胶囊包裹固体酸技术，是先将固体酸包裹起来，利用水基液注入压开的裂缝中。固体酸通过包裹材料上的微孔道扩散向外释放，微胶囊浸入水溶液中后，外部的水经过包膜中的微孔道渗入微胶囊内，溶解固体酸而成为溶液，然后 H^+ 沿充满水的微孔道向外扩散，从微胶囊中释放出来。根据菲克扩散定律，微胶囊包膜越厚，H^+ 扩散越慢，释放时间延后越多；温度升高，则扩散速率增大，延迟释放时间变短。因此，根据实际地层温度和所需施工时间确定微胶囊包膜的厚度，实现固体酸在井筒中不释放而当酸液进入地层后才释放的目的。同时，微胶囊受到岩石应力作用会发生膜破裂，也可将固体酸在地层中迅速释放出来。

4）二氧化氯复合解堵技术

二氧化氯复合解堵技术主要利用二氧化氯（ClO_2）与"酸"的协同作用，解除近井地带的无机物、高分子聚合物、硫化亚铁与细菌及其代谢物等堵塞，达到解堵增注增产的目的。稳定性好的二氧化氯溶液进入地层后，在酸性环境下被激活，迅速氧化降解在钻井、压裂、堵水等施工过程中残留于近井地带的各种高分子聚合物（如 CMC、聚丙烯酰胺、瓜尔胶等），使其黏度大幅度下降，流动性变好，从而易于从地层排出，解除对地层的堵塞。

二氧化氯与地层中的硫化亚铁垢反应，生成可溶性铁盐，防止硫化亚铁二次沉淀，同时消除酸化阶段产生的有害气体硫化氢。此外，二氧化氯分子对细菌的细胞壁有强烈的吸附能力与穿透能力，可有效氧化细胞壁内的酶，分解细胞蛋白质的氨基酸，导致酰键（即氨基酸链）断裂，从而杀灭注水系统中存在地层水中的微生物菌体，分解及清除其黏稠分泌物。

然而，二氧化氯制备困难，氧化性太强，从而安全性低，限制了其应用推广。

三、酸液转向技术

为达到均匀布酸或针对性改造的目的，常用暂堵转向技术有机械转向和化学分流转向[4-10]。

1. 泡沫转向

1）技术简介

20 世纪 60 年代提出了泡沫酸转向技术。泡沫转向酸由酸液、气体、表面活性剂等组成。酸可为盐酸、氢氟酸或混合酸；气体可为氮气、空气、天然气或二氧化碳；表面活性剂包括起泡剂和稳泡剂，常用的起泡剂有阴离子型起泡剂、阳离子型起泡剂、非离子型起泡剂、两性离子型起泡剂、聚合物型起泡剂及复合型起泡剂等。

2）基本技术原理

用泡沫提高采收率的原理与泡沫转向原理相似，二者的区别主要是施工设计及应用上的差异。大量的泡沫行为研究均认为：泡沫不直接改变孔隙介质中液体的流动性，即无论泡沫存在与否，液相相对渗透率 K_{rw} 与其饱和度 S_w 的函数关系不变（液相此处指的是水）。

一旦进入地层，大部分水从泡沫中分离出来，并且沿着相同的、狭窄的孔隙和裂隙流动。在水的流动过程中，水的饱和度与无泡沫时一致，由无泡沫时的相对渗透率函数 K_{rw} 和有泡沫时的水饱和度 S_w，可根据达西定律求出有泡沫时水的总流度。由该总流度可推导出，泡沫转向酸是通过增加气的饱和度来降低水的饱和度。加入气体和表面活性剂后，酸液就能产生泡沫，泡沫使酸液具有高黏度。当这种流体注入高渗透地层区域后，通过气泡在高渗透层叠加的贾敏效应封堵高渗透层，可阻止其他流体进入该地层区域，而地层中的油可解除泡沫产生的堵塞。注入压力随之上升，当总的注入压力超过某一压力极限时，低渗透地层区域开始接受注入流体。此时，酸液与低渗透地层接触并作用，实现对低渗透带的改造。

3）施工工艺

泡沫酸转向技术有两种施工工艺：泡沫段塞转向酸化技术和泡沫酸转向酸化技术。泡沫段塞转向酸化技术是在常规酸化过程中注入几个泡沫段塞，封堵高渗透层，从而将酸液转向低渗透层，该工艺的优点是施工时间短；泡沫酸酸化技术是在常规酸化中加入起泡剂和气体，在地面形成以酸液为连续相、气泡为分散相的泡沫酸，连续注入地层，利用泡沫酸的分流特性实现酸液分流，这种工艺的优点是分流效果好。

泡沫酸转向技术的关键在于，注泡沫阶段尽量使更多的泡沫进入高渗透层或未伤害层，在后续注酸阶段尽量保持更多的气体圈闭在原地以降低液相流度，将酸液转向低渗透层或受伤害层。泡沫酸转向技术具有对地层渗透率和油水层的选择性，气体膨胀能够为残酸返排提供能量，泡沫黏度大、携带能力强，以及缓速性等诸多优点。然而，用作转向酸化的泡沫既不强韧，也不持久。在油润湿性岩石中，油对泡沫的破坏作用十分巨大，油使大多数泡沫的强度削弱甚至破坏。温度高于93℃时，大多数泡沫不稳定，该技术受到温度的限制。另外，在高渗透储层中，泡沫转向酸存在高渗漏现象，此时泡沫的有效性很小。总之，泡沫酸转向技术在酸化转向方面虽具有一定作用与技术优势，但它所暴露的诸多缺点和对应用环境的苛刻要求，使其应用范围受到一定限制。

4）技术应用要点

（1）泡沫转向时要求泡沫质量分数介于70%~90%时效果最好。

（2）泡沫段塞体积由以下两个条件确定，即裸眼段容腔体积，泡沫段塞的体积为储层裸眼段容积的1.5~2倍。

（3）大多数是利用不含酸的水段塞模拟注入泡沫，后注入酸。

（4）泡沫除可实现转向以外，还有助于洗井和处理液的返排。

（5）增加泡沫段的体积，以填充注酸期间因岩心溶解而产生的空间；建议泡沫段的液量应足够大，以保证泡沫段在管柱的传输过程中不与其他液段过分混合。

（6）在转向液中，泡沫质量分数一般为60%~80%。低渗透储层试验结果表明，高泡沫质量分数（70%~80%）可获得较好的转向效果。

（7）对于长的井段，尤其是水平井，常用连续油管辅助液体在整个井段放置。施工处理从整段的底端开始，随后一边泵入，一边上提连续油管，在一定间隙内注入泡沫液。结果表明，这一方法比从井口注入产生的效果好。

（8）在后续的注酸过程中，压力显著降低则表明新的区域被酸化，且实现了转向作用。

5) 典型泡沫转向分析（水基泡沫）

在酸化过程中，水基泡沫能很好地扮演转向剂的角色，从而使酸液快速有效转向，关键在于水基泡沫与酸液的特性存在很大差异，亦即利用二者的显著特性差来实现酸液的转向分流。水基泡沫与酸液的主要特性差异表现在以下几方面：

（1）水基泡沫是不与地层岩石发生化学反应的惰性流体；

（2）水基泡沫与常规酸液的微观结构和尺度差异很大；

（3）水基泡沫与通常应用的酸液相比黏度差较大；

（4）水基泡沫在地层基质中的滤失比酸液低得多。

水基泡沫的转向作用机理，实际上就是在注酸过程中，利用水基泡沫与酸液在化学反应、微观结构和尺度、黏度及滤失等特性方面存在的巨大差异，对原注酸层段换注水基泡沫进行迅速充填、有效降滤和快速暂堵，从而使流体进入该层段的流动阻力不断上升，当其流动阻力高于酸液进入其他未进酸层段的流动阻力时，后续酸液便很快转而流入其他未进酸层段，由此迫使酸液实现快速有效地转向分流。

在实际应用中，水基泡沫转向具有较多优点：滤失低，暂堵效率高；转向分流作用明显且快速有效；适应性强，不受射孔段跨距大小限制（封隔器分层酸化技术则受限）；适应范围广，射孔、衬管和裸眼完井方式都适应（堵塞球转向技术则不适应后两种完井方式）；对储层伤害小，并已得到国内外室内实验验证（固体颗粒转向剂对储层的堵塞伤害则较重）；可显著改善长跨距射孔、长衬管或长裸眼井的布酸效果和增产效果。相对地，水基泡沫酸转向技术在实际应用中也存在一些缺点：酸化设计相对复杂，一是有效的转向设计需考虑和选择适当的泡沫质量、泡沫排量及总量；二是涉及氮气在井底体积变化的相关计算比较烦琐；投入应用必须有适宜的泡沫液配方及相关室内实验支撑；现场应用需增加液氮泵注设备和水基液液罐。

总的来说，水基泡沫酸转向技术与其他技术相比，在酸化以及分层转向应用中具有其独特的技术优势，其水基泡沫段塞分层施工简单，易于控制，分层效果好；在井况较为复杂（套管变形、裸眼完井）而无法应用卡封工具分层时，水基泡沫段塞分层更具有优越性，同时泡沫有助于提高残液的返排率，缩短排液周期，从而提高增产效果；水平井酸化最佳的布酸方式是水基泡沫酸转向技术+连续油管拖动技术相结合的工艺；利用泡沫分层转向技术对长井段进行酸化转向显然是一种行之有效的方法。

2. 聚合物转向

1) 技术简介

聚合物酸液可提高酸液的黏度，因此可应用于酸化转向。聚合物转向酸液一般由酸溶性聚合物、pH 值缓冲剂、交联剂（使体系黏度增大）以及破胶剂（使体系黏度降低）组成。该聚合物一般为聚丙烯酰胺类的聚合物、氨基聚合物等；交联剂可为锆盐、铁盐等；解聚剂可为树脂包覆的过氧化物或过硫化物等。

2) 基本技术原理

高聚物交联凝胶酸已经在油田中作为转向流体来使用，此体系依赖于 pH 值的改变来实现黏度的变化。pH 值的改变活化了体系中的金属试剂，该金属试剂使聚合物分子链发生交联，增加了聚合物流体的黏度和流体流动的阻力。pH 值进一步增大会钝化金属试剂，打破聚合物的交联，使聚合物分子链相互分开，黏度下降。文献报道在 pH 值为 2 时，聚合物与交联剂反应，形成一种黏性凝胶。而此时，酸的质量分数降低到大约 0.04%，酸几乎已经完全消耗。酸的黏度达到 1000mPa·s，可以将没有反应的酸转向至没有酸化的区域。当 pH 值为 4~5 时，由于聚合物和交联剂解体，凝胶的黏度下降，存在的解聚剂确保交联的完全解体，酸液黏度降低，较容易从地层移出。

裂缝中会有部分残余聚合物，降低了支撑剂填充层的渗透性，最终导致作业有效性降低。据有关返排液的系统分析表明，酸化处理过程中，甚至部分井仅有 30%~45% 的注入高聚物在返排阶段得到回收。此结果表明，相当多的聚合物留在地层中，给地层带来伤害。

3）聚合物转向主要类型

（1）部分水解聚丙烯酰胺（HPAM）。HPAM 分子缠结作用增强引起的表观黏度的增加或衰竭层厚度的降低，使平行于油水界面的拉动残余油的力增加，使残余油饱和度降低，采收率提高。

（2）AP-P4。AP-P4 为疏水缔合聚合物，其在 HPAM 分子链上引入了少量的疏水基团，由于静电氢键和范德华力作用，在分子间产生具有一定强度的物理缔合，使得原来分子量较低的聚合物分子形成巨大的三维立体网状空间结构。与同浓度的 HPAM 溶液相比，该型聚合物溶液具有更高的黏度和很好的调驱效果。

（3）即胶态分散凝胶（CDG），又被称为弱凝胶和可动凝胶。CDG 体系属于弱凝胶，具有很好的流动性，因此可以大量注入，能进入油藏深部，以凝胶的状态在多孔介质中运移，不易受油藏中矿物质物理化学作用的影响，具有很好的耐温和抗盐性，在地层内可长时间保持流动性和注入能力，具有动态波及效果，并且同时具有调剖和驱油的双重功效。CDG 体系作为化学驱提高原油采收率的手段之一，目前因技术、经济效益等方面的限制，广泛推广应用的条件还不成熟。

4）聚合物转向技术缺陷

聚合物的残渣含量会给地层带来严重的伤害，而且金属离子交联剂容易与地层中的硫化氢发生反应，在地层中生成沉淀，长期滞留在地层中，使其返排困难，渗透率降低，给地层造成伤害。

5）国内外聚合物转向典型应用情况简介

（1）针对大港小集油田高温（114℃）高盐，储层孔隙度、渗透率低，非均质性较强的特点，用纳米聚合物材料合成机理和方法，用聚合物单体、交联剂、引发剂和活性剂等聚合合成与油层岩石孔隙直径匹配的有机聚合物微球，利用室内实验开展了聚合物微球深部液流转向油藏适应性研究。室内静态评价实验与核磁共振实验结果表明：聚合物微球与多孔介质孔隙尺寸具有一定的匹配关系，匹配关系较好时聚合物微球具有良好的封堵能力；与其他两种聚合物微球相比，粒径较小的 1#聚合物微球能够有效启动小集油田储层条件岩心水驱后中小孔隙剩余油；在一定的渗透率级差范围内，聚合物微球具有改变液流分配、改善储层吸液剖面的能力。

通过现场生产数据可知，聚合物微球转向在大港小集油田高温高盐的地质环境中得到了成功应用。

（2）1999 年 8 月开始，大庆油田在原北一区断西聚合物驱工业性试验区内开展了铝交联胶态分散凝胶调驱技术先导试验，见到了较好的增油降水效果。试验区于 1999 年 8

月 27 日正式投注，试验方案设计聚合物质量浓度为 600mg/L，聚铝比为 30:1，配制水和稀释水采用低矿化度清水，注入速度为每年 0.14 倍孔隙体积。截至 2002 年 11 月底，全区累计增油量为 $7.3804×10^4$t，平均提高采收率 4.84 个百分点，试验区取得了明显的增油降水效果。

（3）渤海油田针对海上油田独特的生产工艺条件及油藏特点，研究了由抗盐聚合物、间苯二酚及复合助剂等组成的弱凝胶体系。该体系具有速溶、耐盐、施工简单等特点，在 S 油田进行了矿场试验，其聚合物转向工艺取得了良好的深部调剖效果。

（4）Cantarell 是位于墨西哥坎佩切湾的一个重要的复合型海上油田，也是世界产量第二的大油田。在该油田的钻井阶段，很大数量的钻井液很具代表性地滤失到地层中。采用了很多方法来减少钻井液滤失带来的伤害，包括采用低密度、泡沫、无固相钻井液配方。然而，地层的多裂缝条件和储层衰竭情况仍然导致钻井液大量滤失。Cantarell 复合油田的油井要求使用增产措施来克服钻井液滤失带来的损害，并保证碳氢化合物产量的经济水平。

经多方研究测试，在对泡沫酸、就地交联酸（ICA）、缔合聚合物的对比分析后，可发现缔合聚合物适用于该油田的酸化转向作业。

图 7-8 显示了分别用泡沫酸、ICA 和缔合聚合物作为转向剂的酸化增产的生产指数。这些数据来自能进行压力恢复试井的油井。这些数据表明，用缔合聚合物进行酸化增产得到的平均生产指数（PI）高于使用泡沫酸或 ICA 得到的平均生产指数。使用缔合聚合物处理的油井的 PI 值是 349，ICA 是 151，泡沫酸是 182。

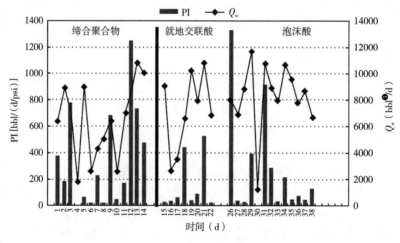

图 7-8　生产指数数据

Cantarell 油田的现场生产测井数据表明，与使用泡沫酸或 ICA 相比，使用缔合聚合物能得到更好的效果；与 ICA 相比，使用缔合聚合物得到的地面压力表明，缔合聚合物有更持久的转向性能；与泡沫酸或 ICA 相比，生产指数数据表明，使用缔合聚合物作为转向剂的效果更好；该油田的现场试验表明，缔合聚合物的转向性能在高含水饱和度的油井也不

❶　1bbl = 158.987dm³。

受限制。

3. 化学微粒转向

1）技术简介

化学微粒转向技术是指由酸液携带具有选择溶解性的化学颗粒至地层，根据地层吸酸能力的不同形成厚度不同的滤饼。化学微粒转向主要采用无机的微粒和一些有机树脂作为转向剂，在它们被注入地层后，会在地层中形成厚薄不均的滤饼。在高渗透层中，由于地层吸收酸液能力强，形成的滤饼较厚；在低渗透层中，由于地层吸收酸液的能力弱，形成的滤饼较薄。后续酸液通过厚度大的滤饼时阻力大，促使酸液转向流入低渗透层段进行处理，层间进酸量差异减小，最终达到均匀酸化的目的。

有关转向材料的资料最早出现在 1936 年，由哈里伯顿公司提出专利，采用肥皂溶液与氯化钙反应生成不溶于水但溶于油的钙化皂作转向材料，因其沉淀可能引起永久的储层伤害，很快为人们所淘汰。1954 年，萘被用作封堵材料。另外，粉碎的石灰岩、四硼酸钠、天然沥青和多聚四醛也可用作转向材料。后来使用完全溶解的材料，20 世纪 60 年代起，用于生产井的石蜡—聚合物混合物烃树脂；在干气井中使用的蛋白质、橡胶、糖酶的混合物，均在一定条件下可实现暂堵转向；在注水井中使用苯甲酸和岩盐。随着实验设备及科技的发展，Crowe 和 Hinchin 对同一种物质——油溶性树脂材料（OSR）进行了研制，认为它可作为较为理想的转向材料。最近，固体有机酸（乳酸颗粒）开始被运用于酸化转向。固体有机酸在储层温度下水解释放出酸，但水解反应需要足够的水，则固体酸会以固体形式长期存在对储层造成伤害。通常颗粒转向剂能较好地提高砂岩储层的酸液转向效果，对于碳酸盐岩储层，基质酸化过程中会产生酸蚀蚓孔，绕开颗粒转向剂形成的非渗透层，转向效果不佳。

化学微粒可分为水溶性化学微粒和油溶性化学微粒。

（1）水溶性化学微粒具有以下性质和应用特征：由晶体颗粒聚集形成的颗粒基团在孔喉直径过大时，较为迅速而有效地对大孔喉进行填充封堵；均匀分散的颗粒能够有效桥堵孔喉直径适中的地层。实验结果表明，可通过优选表面活性剂的类型和浓度控制化学微粒的微观形态与粒径，以适应酸化目的层的孔喉特征，从而确保化学微粒能够实现工作液稳定分流。

（2）油溶性化学微粒具有以下性质和应用特征：油溶性化学微粒是一种油溶性树脂微粒，其在水中就为微粒存在。油溶性化学微粒在酸液中保持惰性，在油中能够全部溶解，性能良好，可用于转向酸化作业。

2）基本技术原理

根据达西定律，对于多层油藏酸化时，酸液线性流过第 i 层段时，符合下列关系：

$$q_i = \frac{K_i \Delta p_i A_i}{\mu L_i} \tag{7-23}$$

式中　K_i——第 i 层段地层渗透率；

　　　Δp_i——第 i 层段注入压差；

　　　A_i——第 i 层段的渗流面积；

　　　μ——注入液体的黏度；

L_i——第 i 层段造成压差的距离。

为了保证酸液能够均匀进入井段各部位，达到均匀解堵的目的，就必须满足井段各部位单位面积上的注酸速度相同，即满足式（7-24）：

$$q_1 = q_2 = \cdots = q_i = \cdots = q_n \qquad (7\text{-}24)$$

式中   下标 n——总层数。

由于各小层受到的伤害程度、自身物性、储层压力、所含流体的压缩性、流体黏度、天然缝洞发育等可能不同，式（7-24）在不采取措施时将完全不能满足，因此，在酸化时应考虑采用分流技术。

化学微粒分流技术是指通过化学微粒在多孔介质中的运动，实现稳定架桥和填充，以形成低渗透带，依靠高渗透层与低渗透层天然物性的差异，在化学微粒的作用下最终实现高低渗透层均匀进液（$Q_{高}/Q_{低}=1$）的目的。

在相同水力条件下，化学微粒均匀分散，随着时间的延长，高低渗透层进液趋势相同或接近，将会形成如图 7-9 所示的情形：层孔喉半径大，化学微粒会在孔喉内部细小处形成大量的致密充填［图 7-9（b）］，若化学微粒足够多，则形成如图 7-9（c）所示的持续堆积；层孔喉半径小，化学微粒仅在孔喉外部形成少量相对松散的封堵［图 7-9（a）］。

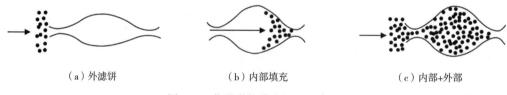

（a）外滤饼　　　　　　　　　　（b）内部填充　　　　　　　　　（c）内部+外部

图 7-9　化学微粒分流机理示意图

对于化学微粒粒径的选择，Abrams 等提出的"1/3~2/3 粒径架桥理论"，是选择微粒粒径的基本指导方法。由于地层孔隙结构的复杂性，以及形成化学微粒的特殊条件，目前选择现场施工参数，仍然需要依靠实验手段进行模拟。

3）技术应用要点

化学微粒转向技术能让酸液充分进入渗透率较低或伤害严重井段，获得较好的解堵酸化效果。由于受油气井条件、储层条件等限制，目前可使用的化学微粒种类较少，必须满足下列性能要求：

（1）物理要求：为了使暂堵功效最大，化学微粒在井壁附近应尽可能生成渗透率小于等于最致密层或伤害严重层的滤饼，这样可使酸液进入低渗透层酸化地层，同时阻止高渗透层过多进酸；化学微粒必须完全分散在携带液中，避免发生凝聚现象；化学微粒的大小必须与处理层的岩石物性相适应，若用过细的化学微粒，则固体颗粒会与处理液一起通过孔隙介质运移，将不可能出现分流；为了获得最大的暂堵和清洗效果，必须防止化学微粒侵入油气藏深部。

（2）化学要求：化学微粒必须与处理液（酸液）及其添加剂配伍，在油气井处理温度条件下，不能与携带液发生化学反应；化学微粒在产出液或注入液中能够完全溶解。

4）化学微粒转向技术优缺点

该技术的优点：可溶性化学微粒粒径可控性强，通过对表面活性剂类型与用量的调整可以较为准确地控制水溶性化学微粒的微观形态。可以通过优选化学微粒的粒度分布，以满足对不同地层孔喉分布特征的采油井或注水井进行转向酸化的需求。对化学微粒的物理模拟结果表明，化学微粒能够对岩心实现稳定的封堵，且对具有一定渗透率级差的岩心实现稳定分流。

化学微粒转向技术可实现一次处理多个层段，其难点在于化学微粒类型的确定、粒径的选择以及与地层流体的匹配性；同时，在裂缝性地层中存在高渗漏。

5）国内外化学微粒转向主要类型

国内外化学微粒转向技术工艺中主要应用的类型有水溶性暂堵剂和油溶性暂堵剂。

（1）水溶性暂堵剂：水溶性暂堵剂一般为无机盐类和有机物类，暂堵剂遇水溶解。例如，目前渤海油田在用的SA-2暂堵剂体系，SA-2是一种盐类物质，为无色或淡黄色液体，密度为1.12g/cm³，与酸液接触后形成白色的化学微粒。现场应用时首先配制HCl与表面活性剂混合的酸性溶液，再加入SA-2，两种溶液混合均匀即形成化学微粒，其在水中溶解性良好，配制、泵注方便，分流效果显著。其中，ZDJ-J也为水溶性暂堵剂，主要用5‰丙烯酸树脂-Ⅱ按20%的增重比包裹无机盐而成。ZDJ-J暂堵剂在水中能溶解且速度慢，在酸中溶解率较低，且在50℃经过24h后在水中的溶解率能达到70%以上。酸化解堵后，其渗透率恢复率超过90%。

（2）油溶性暂堵剂：油溶性暂堵剂一般具有良好的油溶性、水不溶性、酸不溶性，不同暂堵剂粒径分布范围各不相同，可根据储层条件进行优选。例如，目前渤海油田在用油溶性暂堵剂SA-1，其粒径分布主要处于10~200μm之间，对均质砂岩亚段实现暂堵，暂堵剂会侵入储层较多。SA-1化学微粒在酸液中能保持惰性，在地层原油中能全部溶解，且物理上能有效封堵储层，形成各层均匀进酸的效果。YRC-1为油溶性暂堵剂，其具有较好的油溶性、酸不溶性及较好的悬浮稳定性，并具有暂堵率高、暂堵转向效果较好、施工后能自行解除暂堵、保护油气层、现场施工简单等优点。

6）化学微粒转向技术现场应用实例

（1）SA-1化学微粒在塔中16-10井获得成功应用。具体情况如下：

2007年8月8日，暂堵酸化技术在塔中16-10井现场应用，施工挤入地层总液量233m³（清洗液4m³，氯化铵液14m³，前置液66m³，处理液94m³，后置液55m³），挤入地层SA-1暂堵剂14m³。施工泵压为33.6~48.5MPa，施工排量为1.2~3.0m³/min。

该井酸化后返排率为100%，8月11—15日，油压不断上升，从0.5MPa上升到1MPa；产液量从245m³/d下降到139m³/d，产油量从8m³/d上升到14m³/d；含水率从97.1%下降到89.9%。

与酸化前生产情况对比看，井底流压变化不大，产液量从53m³/d上升到139m³/d，产油量从7m³/d上升到14m³/d，含水率从85.3%上升到89.9%，上升不大，说明储层达到均匀解堵和抑制含水率的目的。

（2）运用水溶性化学微粒分流剂SA-2对渤海某油田的一口注水井进行了酸化施工。该井酸化井段长达108.2m。酸化前注水量为600m³/d，井口压力为9MPa。进行转向酸化施工后，注水量达到2200m³/d，井口压力仅为0.9MPa。酸化增注效果十分明显。

通过现场生产数据表明，水溶性化学微粒分流剂SA-2遇酸能够形成稳定的化学微粒，其微观形态及粒径可以通过表面活性剂类型与浓度控制，现场应用中应结合储层孔喉关系优选表面活性剂类型与用量，应用方便，可操作性强；水溶性化学微粒分流剂 SA-2 在酸性环境下形成的化学微粒在环境 pH 值达到 7 后能够完全溶解；酸与 SA-2 的混合溶液能够实现存在一定渗透率级差的岩心的稳定分流，在现场应用中应依据储层孔喉关系合理优化分流剂 SA-2 的浓度及其形成化学微粒的粒径分布，以在较短时间内达到有效分流的目的。

（3）油溶性化学微粒暂堵剂 YRC-1 在胜利油田多次成功应用。其中，纯 11-斜 15 井是比较典型的案例。

纯 11-斜 15 井酸化层位 C1-2，12m/6 层。其中，最大渗透率 80mD，最小渗透率 15mD，层多而薄，非均质性严重，渗透率差异大。该井酸化前日产液 3m³，含水率为 50%。2008 年，对该井进行了酸化转向技术试验：先注入 12% 盐酸 6m³、有机酸 6m³，施工泵压由 20MPa 下降到 15MPa；然后注入 5%YRC-1+0.02% 分散剂组成的暂堵转向液 3m³，泵压由 15MPa 逐渐上升到 22MPa；再注入 12% 盐酸 6m³、有机酸 6m³，泵压由 23MPa 下降到 20MPa。开井 3 天后，日产液 12m³，日产油 7m³，含水率为 41.7%，日增油 5.5m³，效果显著。

4. 纤维转向

1）技术简介

纤维转向是指在碳酸盐岩酸化改造过程中，加入可降解纤维对射孔孔眼或高渗透储层进行堵塞，阻止后续酸液进入，实现酸液在层内的合理放置，使得纵向上存在非均质性的多段储层均能得到改造，从而提高各段储层对产能的贡献，进而增加生产井产能。施工结束后，地层温度得到恢复，可降解暂堵纤维缓慢水解成水溶性液体的酸和醇，并随着其他液体一起排出，从而达到对地层清洁改造的目的。新型纤维转向酸在低温井不但能够化学转向，而且能够物理转向、快速降解，应用时将纤维注入地层，纤维相互缠绕，堵塞开度较大的裂缝和孔隙，引导酸液改变流向，实现均匀布酸和深部酸化，纤维完全降解，对地层无伤害。

2）基本技术原理

纤维暂堵裂缝转向技术是在施工过程中适时地向地层中加入适量纤维暂堵剂，遵循流体向阻力最小方向流动的原则，纤维进入地层天然裂缝或先期人工裂缝。在缝端暂堵，形成高于裂缝破裂压力的压力差值，使后续工作液不能向天然裂缝或先期人工裂缝流动，这必然会在一定程度上升高井底压力，在一定的水平两向应力差条件下，产生二次破裂，进而改变裂缝起裂方位以产生新裂缝。

3）技术应用要点

（1）纤维暂堵剂能够实现对人工裂缝及天然裂缝的临时暂堵，促使裂缝转向。

（2）与地层流体以及岩层具有很好的配伍性，不会对地层造成伤害。

（3）在施工泵送过程中，人造纤维具有很好的化学稳定性，与处理液具有很好的配伍性。

（4）转向纤维是一种温敏材料，在地层高温环境下（大于 100℃）通过水解降解。纤维降解主要发生在长度方向上，在径向上基本无变化，降解后的纤维能够通过 100 目的筛网，不会对储层造成伤害。

（5）纤维暂堵转向剂，可以在泵注过程中，通过混砂车搅拌罐搅拌加入。

4）纤维转向技术优势

（1）酸压过程中，加入了纤维暂堵转向剂后，通过对天然裂缝或先期人工裂缝形成封堵，在初次裂缝起裂方向上发生了应力重定向，使得人工裂缝方向发生偏转。

（2）由于人造纤维暂堵转向剂具有自动降解特性，酸压时在开启了新裂缝的同时保持了原有裂缝的连通性。不同程度地改变了油层渗流驱替规律，增加了新的泄油面积，取得了较好的增产效果。

（3）纤维暂堵转向酸压工艺技术是针对裂缝、孔洞型碳酸盐岩储层改造的一种行之有效的转向酸压技术。

（4）纤维暂堵酸压技术，是针对天然裂缝储层以及层间渗透率差异大的储层酸压改造转向的一种新方法，该方法在现场试验中取得了很好的效果。

（5）在可降解纤维团与储层渗透率比值越小的情况下，加入可降解纤维后过液量相应变得比没加入可降解纤维的过液量比值越小。

（6）可降解纤维转向技术在川东大斜度井、水平井应用中取得了明显的增产效果，同时从现场典型井应用情况看，转向效果显著。

5）国内外纤维转向主要类型

目前，应用于各大油田的纤维转向类型主要有：

（1）可降解纤维。可降解纤维暂堵转向技术主要适用于气井。其降解率高，能够满足天然气井现场施工需求。从室内实验及现场生产测井剖面来看，对两段储层而言，渗透率及流动系数差异越大，其转向效果越明显。在可降解纤维团与储层渗透率比值越小的情况下，加入可降解纤维后的过液量，较之没加入可降解纤维的过液量，其比值越小。

（2）醋酸纤维。醋酸纤维又称醋酸纤维素，即纤维素醋酸酯，结构式为 $(C_6H_7O_2)_{3-m}(OOCCH_3)_m$。醋酸纤维是以醋酸和纤维素为原料经酯化反应制得的人造纤维。纤维素是植物的主要组成部分，能溶解于高浓度酸，再水解生成葡萄糖。醋酸纤维既具有一定的吸水性，又具有吸水后快速脱去的性能。醋酸纤维的软化温度和熔点与聚酯较为接近，具有类似合成纤维的热性能；松弛条件下的干热处理不会对纤维的性能造成影响。

醋酸纤维在常规碳酸盐酸化（盐酸浓度为18%~24%）过程中不溶解，从而确保其暂堵的有效性。同时，其在高浓度盐酸（30%）条件下可以迅速溶解的性质，为酸化施工完毕后采用酸完全解除醋酸纤维创造了良好的施工条件。由此可见，醋酸纤维能起到较好的储层暂堵效果，在较低浓度盐酸条件下能实现非均质储层均匀布酸的目的，同时在较高浓度盐酸条件下可完全解除。

醋酸纤维适合于非均质碳酸盐岩储层酸化，能起到均匀布酸、均匀酸化的效果；同时，醋酸纤维可采用高浓度盐酸解除，有利于现场施工作业程序的优化，提高作业时效。

（3）高温有机转向酸+纤维转向。高温有机转向酸+纤维转向技术就是在化学转向的基础上引入物理转向，利用纤维转向剂在地层温度压力下快速降解，避免对储层造成伤害。并且高温有机转向酸的化学转向与纤维转向液的物理转向相结合，可提高布酸效率，达到均匀酸化的目的。

6）纤维转向技术现场应用实例

（1）2011年7月12日，由中国石油西南油气田公司天然气研究院研制的高温有机转向酸+纤维转向技术在高石1井进行了成功应用，挤入地层液体的流量为418.64m³，其中转向酸 340m³+纤维转向液 40m³，测试获天然气 102.14×10³m³。

研制人员针对高石 1 井储层分为 5 层，裂缝特征明显等特殊地质情况，为了避免大量酸液进入缝洞，采用耐酸可降解纤维转向剂进行物理堵塞，实现层与层之间转向，在化学和物理双重转向机理的共同作用下提高布酸效率，达到了均匀布酸、均匀酸化的效果。在施工过程中，注入高温有机转向酸后油压明显升高，实现了层内多次转向；两次注入纤维转向液后油压均升高，封堵效果显著，施工完成后获高产工业气流。

（2）川东地区目前共有 7 口井采用了可降解纤维+转向酸布酸工艺技术。其中，大斜度井 4 井次，水平井 3 井次。经酸化改造后共有 6 井次获得高产工业气流，累计增加井口天然气产能 376.7×10⁴m³/d，平均每米储层产能 4422m³/d。川东地区采用转向酸+裸眼封隔器布酸工艺技术的大斜井、水平井 22 井次，平均每米储层产能 720m³/d；采用转向酸+降阻酸+裸眼封隔器布酸工艺的大斜度井、水平井 9 井次，平均每米储层产能 1001m³/d。由此可见，可降解纤维+转向酸布酸工艺技术在大斜度井、水平井酸化改造中具有显著的优势。

（3）2011 年，西南油气田公司自主研发的新型纤维转向酸体系在月 5 井获得成功。现场试验井系明月峡甘家湾潜伏构造的一口探井，石炭系试油段分段后段长为 60~74.5m，但单段试油段内储层渗透率差异较大，因此整个施工段合理布酸存在一定困难。经研究分析，技术人员对渗透率差异在一个数量级的试油段采用可降解纤维实现物理转向，使整个施工段合理布酸。施工后，点火焰高 10~12m，测试日产天然气 12.4×10⁴m³。

现场试验结果表明，新型纤维转向酸体系能够最大限度地满足该井的储层改造技术要求，施工曲线能够明显看到纤维转向酸酸液转向的过程，施工后残酸返排液性能检测满足设计要求，有效地解除了污染，沟通了微裂缝，达到了预期设计的要求，获得了较好的增产效果，为低温长井段水平井增产改造提供了良好的技术支持。

（4）哈萨克斯坦肯基亚克油田储层具有超深（4000~4950m）、高温（120~150℃）、裂缝孔洞型碳酸盐岩、强非均质性的特点。近年来，酸压改造已经成为肯基亚克油田成熟的增产工艺，且针对不同的改造目的衍生了多种酸压技术。但是，当人工裂缝延伸方位与储集体走向方位不匹配时，常规酸压往往无能为力，不能有效沟通天然裂缝和孔洞。纤维暂堵转向酸压技术是通过使用可降解人造纤维暂堵剂临时封堵天然裂缝强制流体转向来达到最大限度沟通有利储集体，从而提高储层动用程度和单井产量。截至 2011 年 7 月，纤维暂堵酸压改造技术已经在哈萨克斯坦开展了 8 口井现场试验，其中 7 口井增油效果明显，最高单井增产原油 139t。

纤维暂堵转向酸压工艺技术在哈萨克斯坦肯基亚克油田的成功应用，证明它是针对裂缝、孔洞型碳酸盐岩储层改造的一种行之有效的转向酸压技术，可以进一步推广应用；纤维暂堵酸压技术是针对天然裂缝储层以及层间渗透率差异大的储层酸压改造转向的一种新方法，该方法在现场试验中取得了很好的效果。

5. 黏弹性表面活性剂转向

对于非均质低渗透油气藏来说，转向酸化技术优于常规酸化技术，这在近几年的油田应用中已得到证明。然而，目前转向酸化技术具有各自不同的缺陷。例如，机械转向技术操作不便且费用较高；用作转向酸化的泡沫既不强韧，也不持久，使转向效果受到限制；聚合物转向酸化技术则会导致地层伤害。根据目前的研究结果，一种新型的黏弹性表面活性剂转向酸化技术，可以克服以上种种缺陷，具有良好的应用前景。基于黏弹性表面活性剂的转向酸液体系（The Visco-Elastic Surfactant based acid，VES），又称为清洁自转向酸液体系（Clear Self-Diverting Acid，CDA 或 SDA），它以黏弹性表面活性剂为酸液体系添加剂。因其对地层无伤害，有文献称其为清洁转向酸；又因其可以在井下地层（就地）随着酸化反应的进行自动增大黏度，起到转向酸化作用，而不需要交联剂，因此又被称为自转向酸，或就地转向酸液体系（In situ Diverting Acid）。在国外的现场应用已经证明，可以达到较好的酸化效果。

1）技术原理

黏弹性表面活性剂转向酸又称 VES 转向酸，表面活性剂一般为 pH 值较小的双子季铵盐类。黏弹性表面活性剂转向酸由酸液、黏弹性表面活性剂、酸液添加剂等组成。国外在2000 年左右将黏弹性表面活性剂引入基质酸化中，取得了较好的效果。黏弹性表面活性剂酸液体系摩阻低，泵入速度高，清洗压力低，在水平井和直井中都可以应用，并且能够用于含硫井的酸化，不需要 Fe^{3+} 和 Zr^{4+} 交联剂，消除了酸液消耗后金属氢氧化物的沉淀以及含硫化氢井中金属硫化物的沉淀。

黏弹性表面活性剂转向酸注入待处理地层后，由于鲜酸黏度较小，优先进入高渗透层，与储层岩石发生反应；随着酸岩反应的进行，酸浓度降低，pH 值上升，酸液体系中的黏弹性表面活性剂开始形成球状胶束，鲜酸中转向剂形态如图 7-10 所示；当 pH 值达到该黏弹性表面活性剂的等电点后，且在酸岩反应产物 Ca^{2+}、Mg^{2+} 的作用下，球状胶束开始向蠕虫状胶束转变（图 7-11），使得酸液的黏度急剧增加，降低酸液中 H^+ 的传质速率，减慢酸岩反应速率，减少了酸液向地层的滤失；随着酸岩进一步反应，大量的蠕虫状胶束形成，进而相互缠绕形成三维空间网状结构，体系黏度达到最大，暂时封堵高渗透层，将酸液转向流入低渗透层，实现酸液转向。另外，大孔道的堵塞会使注酸压力升高，压迫鲜酸进入没有形成堵塞的小孔道和低渗透储层，直到鲜酸发生酸岩反应变成残酸，形成新的堵塞作用，进一步增加了注酸压力，最终冲破原有堵塞，继续酸液的推进，循环往复就达到了对高渗透储层和低渗透储层共同酸化和均匀布酸的目的。在地层中，VES 转向酸遇到烃类时黏度将会迅速降低，接近水的黏度，这样既有利于返排，又减少了储层的伤害。

相比之下，VES 转向酸体系具有明显的优势。虽然关于 VES 转向酸体系在流变性能及酸岩反应动力学方面的研究还不完善，但 VES 转向酸体系在酸化施工中已经使用了。

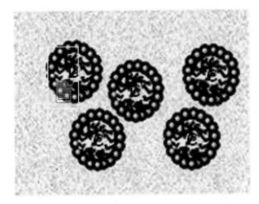

图 7-10　鲜酸中转向剂形态

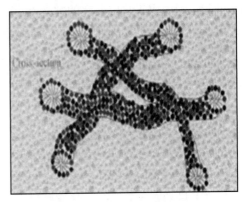

图 7-11　残酸中转向剂形态

2）黏弹性表面活性剂转向酸液体系的优点

（1）形成对储层的高渗透带暂堵，起到转向作用。

（2）VES 转向酸在酸岩反应过程中可起到稠化酸的作用。

如果油藏温度较高，此时酸岩反应过高，使正常的压裂酸化施工受到限制。在这种情况下，就需要采取措施来降低酸岩反应速率，以增加酸的侵入距离。常用的稠化酸就具有这种作用。有效地降低酸岩反应速率，可以延长酸液在地层中的作用时间，在油气井中能够形成深远而畅通的酸蚀裂缝，提高裂缝的导流能力。VES 清洁转向酸在与地层碳酸盐岩发生作用之后，其黏度增加，酸岩反应速率减慢，使酸液在地层中充分作用，产生较长较畅通的油气通道。

（3）VES 转向酸是一种就地自转向酸体系。

VES 转向酸与其他转向酸不同之处是：其他转向酸在地面已经活化，即黏度增大，当到达井底时，其黏度对于高渗透地层和低渗透地层是一致的。VES 转向酸在注入时黏度很小，到达储层并与岩石作用后，其黏度增大，比在井筒内时的黏度要大得多，因此可以完成转向作用。与传统的酸液体系不同的是，VES 转向酸体系不需要交联剂和破胶剂，酸岩反应产生的 Ca^{2+} 可起到交联剂的作用；酸化压裂导致酸液与地层烃类的接触会改变 VES 胶束的结构，使胶束的结构从蠕虫状转变为球状，从而使酸液的黏度迅速下降。

（4）VES 转向酸可以降低酸液滤失，不带来地层伤害。

在压裂酸化过程中，要使地层达到最大限度的改善，在注酸时必须有有效的降滤失控制。特别是在高渗透储层情况下，泡沫和聚合物凝胶转向技术缺乏有效性。使用适当尺寸的颗粒，如硅石粉、碳酸钙或有机树脂，来防止滤失的发生，但是加入这些物质对井底表面会有不利影响。某些不适当尺寸的颗粒可引起颗粒深层侵入地层，造成地层伤害。VES 转向酸由于其较高的黏性，可在一定程度上具有降滤失效果，并且 VES 转向酸不含如铁和锆之类的金属交联剂，在酸性气井中不会产生硫化铁沉淀，对地层无伤害。

（5）VES 转向酸的酸压施工工艺简单。

VES 转向酸在施工现场容易制备，并且在施工中不占用单独的转向施工阶段，这样就可以大大降低施工操作的复杂性。VES 转向酸还可以分几个阶段泵注，可以进行常规或者延迟酸化。

3）国内外表面活性剂主要类型

目前，国内用于自转向酸的黏弹性表面活性剂以两性表面活性剂居多，兼有阳离子型表面活性剂和非离子型表面活性剂。从发展趋势来看，用于自转向酸化处理的黏弹性表面活性剂有向两性表面活性剂侧重的趋势。

现主要介绍目前国内常用的几种黏弹性表面活性剂。

（1）VES-1：所报道的 VES-1 低伤害清洁压裂液体系，是由 4%阳离子型表面活性剂增稠剂、2%～4%盐水和 0.35%反离子等所组成的。该压裂液的增稠剂在水中 1～2min 内可均匀分散并形成冻胶；抗温能力达 80℃；抗剪切性能好，在 80℃下剪切 60min 后，压裂液的黏度仍大于 90mPa·s；不用破胶剂，在室温下 120 min 后压裂液黏度小于 5mPa·s；伤害低，平均岩心恢复率大于 90%；平均砂比大于 50%。

通过大量的室内实验和现场试验研究，VES-1 清洁压裂液具有下述性能特点：①清洁压裂液的组成简单，配液十分方便；②清洁压裂液的抗剪切性好，压裂液在剪切后黏度保持率大于80%；③清洁压裂液破胶快，1~3h破胶，破胶液黏度小于5mPa·s；④清洁压裂液的岩心渗透率恢复快，最高达97%以上；⑤压裂液携砂性能强，砂比大于50%；⑥清洁压裂液的性能达到国外同类产品的水平。

（2）VDA-08：VDA-08是一种两性表面活性剂，其盐酸体系的鲜酸黏度低，在碳酸盐岩或含碳酸盐储层酸化、酸压过程中，与碳酸盐发生化学反应后，H^+浓度逐渐降低，二价阳离子（Ca^{2+}和Mg^{2+}）浓度上升，当酸被消耗到残酸，二价阳离子与带负电荷的表面活性剂分子相互作用，使溶液内部结构产生很大的变化，一旦pH值升高到等电点，两性表面活性剂分子将带负电荷，当pH值由0.5升至1.2时，液体中的长杆状表面活性剂分子转变成相互缠织在一起的蠕虫状胶束，表观黏度明显地上升，并且表观黏度在pH值超过2.5后基本上维持为一个常数，这种高黏度流体充当了暂时的屏障作用，把酸液分流给剩下的低渗透处理层。处理结束后，基于黏弹性表面活性剂的酸液凝胶遇到储层中碳氢化合物或预（后）处理液时自动破胶，对地层伤害小。

通过大量的室内实验和现场试验研究，VDA-08表面活性剂具有下述性能特点：①VDA-08表面活性剂盐酸体系在与碳酸盐反应过程中有两次变黏过程，其残酸在pH值大于3、120℃时，黏度大于100mPa·s，使酸液具有较好的缓速和降滤失能力；②VDA-08表面活性剂的加量对其盐酸体系的残酸黏度影响较大，加量越高，黏度越大，可以根据使用温度调整用量；③根据VDA-08表面活性剂盐酸体系变黏特性，可将其应用到水平井酸化及碳酸盐岩储层的多级酸压中。

（3）SAP-BET：即芥子酰胺丙基甜菜碱。其分子结构如图7-12所示。

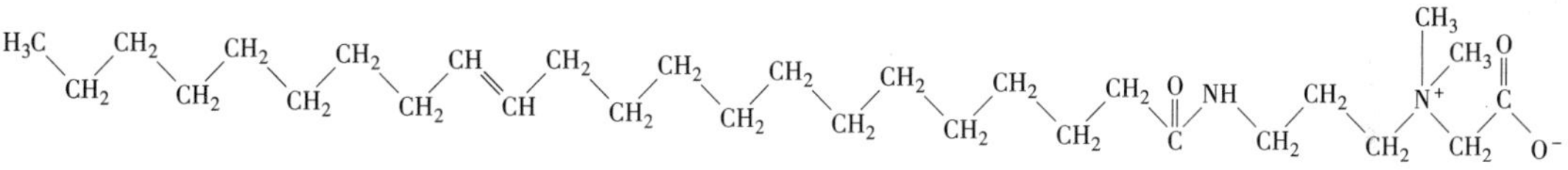

图7-12　SAP-BET分子结构

由于SAP-BET为具有很长疏水碳链的两性黏弹性表面活性剂，因此用其配制的胶束流体具有良好的黏弹性行为，可用其配制具有自主分流、控滤失等特性的酸液或清洁压裂液，同时也适用于高温非均质多层砂岩油藏转向酸化。

（4）VDA：即黏弹性表面活性剂基变黏酸。它是斯伦贝谢公司利用VES（黏弹性表面活性剂）化学原理生产出一种无聚合物酸液，主要用于碳酸盐岩酸化。该体系是由盐酸、黏弹性表面活性剂、反离子、无机盐及其他酸液添加剂配制而成的。其中，黏弹性表面活性剂分子由阳性季铵基亲水头和阴性羧基长疏水尾形成的碳氢链组成。与其余的酸液体系相比，它具有无伤害、自动转向、易返排、缓速、低滤失等显著优点，可以用来对井底静态温度达到150℃范围内的井进行增产处理，已在沙特阿拉伯、墨西哥、埃及等国成功应用。

VDA的初始状态为单体形式的表面活性剂与稀释酸混合（图7-13），黏度在$170s^{-1}$剪切速率下大约为30mPa·s，随着酸液与$CaCO_3$反应，pH值升高，产生$CaCl_2$盐水。当pH值升到2时，黏弹性表面活性剂形成具有凝胶性质的螺旋状胶束，缠结在一起的螺旋状胶束使酸液显示出很好的黏弹性，体系黏度急剧增加，可达到1000mPa·s。酸化处理后，产出的油气或某种互溶剂与长条形胶束接触，将其转换成球形胶束，酸液黏度又急剧下降到 5mPa·s 以下。在 VDA 变粘的全过程中，黏弹性表面活性剂起决定性的作用。因此，选择性能优良的黏弹性表面活性剂是整个体系能否实现成功变黏的关键。

$$CaCO_3+2HCl \rightarrow CaCl_2+CO_2+H_2O$$

残酸　　　　　　　　　　　　　　油气

单体　　　　　　　螺旋状胶束　　　　　　　球形胶束

图 7-13　VDA 变黏过程图

黏弹性表面活性剂变黏酸具有降滤失、均质酸化、无伤害、自动转向、缓速、配制简单等显著优点，具有比聚合物变黏酸更广阔的应用前景。VDA 已经在世界上许多油气田的基岩压裂和酸化压裂增产处理中使用，取得了较好的效果。

（5）VDA-SL：在酸化或酸压施工中，由于酸液的滤失和酸岩反应速率过快，导致活性酸液的穿透距离有限或酸液因不能分流转向而进入高渗透带，从而降低酸化或酸压施工的效果，为了解决上述问题而研制了交联酸、温控变黏酸等多种高分子类型酸液体系，但却容易对油藏造成二次伤害。为此，在室内合成了一种黏弹性表面活性剂 SL，利用该表面活性剂配制了新型的黏弹性表面活性剂转向酸 VDA-SL，并对其性能进行了评价。室内实验结果表明，当酸液质量分数为 25% 左右时，VDA-SL 黏弹性表面活性剂转向酸的黏度为 20mPa·s 左右，当酸液质量分数从 21% 降低到 10% 时，黏度出现变化。其变黏特性及机理与文献报道的高分子类变黏酸明显不同，随着酸液的消耗，其黏度约在酸液剩余质量分数为 20% 处开始增大，当酸液质量分数降低到 15% 左右时黏度出现最大值，可以达到 650mPa·s。

VDA-SL 自转向酸注入油层以后，随着酸液与油层的反应，酸液浓度会逐渐降低；同时，由于酸液浓度降低，酸液的黏度会逐渐增大。当酸液的黏度增大以后，可以显著地降低酸液的滤失和酸液与油层岩石的反应速率，从而增加酸液的穿透深度和处理范围，在油层中形成一条高导流能力的通道，达到提高酸化或酸压效果的目的。并且，VDA-SL 自转向酸的变黏范围出现在酸岩反应的主要阶段，可以更有效地起到降滤失和转向作用，从而有望进一步提高自转向酸的作用和效果。

此外，国外对于应用于自转向酸液的表面活性剂研究从阳离子型表面活性剂开始，现在应用比较多的是两性表面活性剂，主要为烷基甜菜碱类两性表面活性剂；氧化胺类两性表面活性剂应用于自转向酸也有报道，并且室内实验评价效果也不错。

4）国内外表面活性剂转向工艺发展状况

地层条件下温度较高，因此酸液在高温条件下是否仍有效是衡量黏弹性表面活性剂自转向酸的一个重要指标。F. F. Chang 等报道了一种成功应用于渗透率为 150~530mD 的高含水油井中的黏弹性表面活性剂转向酸，其热稳定性温度超过 148.8°C。Diedre Taylor 等研制了一种温度稳定性提高的黏弹性表面活性剂转向酸液体系，在温度为 149°C 时仍然具有稳定性。多孔岩心实验表明，这种酸液体系对高渗透岩心和低渗透岩心均有较好的效果。国内郑云川等研制出在 100~150°C 时仍具有较高黏度（大于 200mPa·s）的砂岩 VES 胶束转向酸。

处理非均质地层时酸液的转向性能也是极其重要的一个指标。在合适的 pH 值和游离的二价金属阳离子（Ca^{2+}、Mg^{2+}）浓度条件下，酸液黏度增大将高渗透层暂堵，使后续酸液转入低渗透地层，无须额外的转向剂，这是其他酸液体系无法比拟的。Lungwitz 等认为转向能力是原始渗透率的函数，并提出用岩心流动实验中的最大压力比 R_p（dp_{max}/dp_o）来度量。Nasr-El-Din 等通过平行岩心实验发现，实验条件下，低渗透岩心中排出液的体积要比高渗透岩心排出液的体积大，酸液突破首先发生在低渗透岩心中。Al-Ghamdi 等在上述基础上研究了注酸速率的影响，发现注酸速率是取得最大转向效率的关键因素。酸液沿岩心的流动可分为 3 个阶段：Ⅰ阶段岩心中的流量分布比较稳定，与原始渗透率成正比。渗透率高的岩心流量大，渗透率低的岩心流量小。Ⅱ阶段大量的鲜酸进入高渗透岩心，产生酸蚀孔并扩展。高渗透岩心中的流量增大，低渗透岩心中的流量减少。Ⅲ阶段残酸中二价游离金属阳离子（Ca^{2+}、Mg^{2+}）浓度增加，球形胶束相互纠缠形成蠕虫状胶束，黏度增大并促使酸液转向。高渗透岩心中酸液流量几乎降为零，低渗透岩心中酸液流量增大。反映在压差曲线上，Ⅰ、Ⅱ阶段压差比较平稳，Ⅲ阶段压差显著增大，此时即为酸液开始转向的标志。在原始渗透率比为 1.7、注酸速率为 7cm³/min 条件下进行平行岩心实验，酸液在低渗透岩心突破，高渗透岩心中酸蚀孔洞传播至岩心长度的 80%，总注酸体积为 280cm³；原始渗透率比为 1.5，注酸速率为 10cm³/min，只有Ⅰ、Ⅱ阶段发生，Ⅲ阶段没有发生。酸液在高渗透岩心中突破，低渗透岩心中酸蚀孔洞传播至岩心长度的 50%，总注酸体积为 190cm³。由此说明，自转向酸液中注入速率是非常关键的因素，而注酸流速为 3cm³/min 时转向效率最高。在原始渗透率比为 12、注酸速率为 7cm³/min 时，酸液在高渗透岩心形成突破，低渗透岩心进行 CT 扫描没发现酸蚀孔洞的形成，原始渗透率的差异限制了酸液转向进入低渗透岩心的能力。

各种添加剂往往要加入酸液中以确保酸化的顺利进行，添加剂的类型（阳离子型、非离子型、阴离子型）和浓度的差异会对酸液表观黏度产生不同的影响。缓蚀剂减小鲜酸的黏度，影响程度与缓蚀剂的溶剂有关。Fe^{3+} 的存在对酸液的黏度具有极大的影响，研究其对酸液表观黏度的影响显得尤为重要。低浓度的 Fe^{3+} 可以与黏弹性表面活性剂的—N 或—OH 形成配位键，从而使鲜酸的表观黏度增大；随着 Fe^{3+} 浓度的增大，会出现互不相溶的两相，最后产生黏弹性表面活性剂与铁螯合物的沉淀；铁离子稳定剂降低了酸液的黏度，乳酸的影响是显著的，特别是在高浓度下；柠檬酸也降低了表面活性剂基酸液的黏度，但使用量不能超过 0.5%（质量分数）；EDTA 可轻微降低酸液的黏度。

这种新型酸液体系自问世以来，已被成功应用于多个油田。例如，2003 年 9 月青海尕斯油田采用了黏弹性表面活性剂转向酸对储层进行改造，共进行 2 口井次酸化试验：跃 11-6 井和跃 555 井。这在国内酸化改造历史上尚属首次，增产效果及经济效果均很显著。2006 年，针对磨溪嘉二段气藏埋藏较深、高温、高压，水平井段长度大、有效储层分散及非均质性的特点。采用清洁自转向酸工艺技术在 M005-H3 井获得了成功应用，射孔后初测产气 3.5706×10⁴m³/d，采用加重酸解堵酸化后，测试产量减至 2.61×10⁴m³/d，采用清洁转向酸措施后气产量增至 4.7888×10⁴m³/d，采用胶凝酸重复酸化后产量又减至 3.3366×10⁴m³/d，表明清洁转向酸体系在该井的应用中具有明显的优势。

5）国内外黏弹性表面活性剂转向工艺现场应用实例

（1）VES-1 压裂液于 2001 年研究成功后，已在长庆、辽河和青海等油田应用了 10 余井次，与同类施工井比较，平均单井可提高产量50%左右；其平均砂比为50%，破胶时间缩短近一半；施工工艺大大简化，增油效果较瓜尔胶压裂液有明显提高，获得了良好的社会效益和经济效益。由于清洁压裂液在施工和对地层伤害等方面表现出较瓜尔胶压裂液的卓越优点，它将是今后发展的一个趋势。但是，目前清洁压裂液存在的问题是耐温能力较差，一般只适用于80℃以下的油井使用。另外，其成本较水基高。因此，提高压裂液耐温能力和降低压裂液成本是研究者今后应努力的方向。

（2）CDA-1转向酸酸液体系已经在国内多个油田进行了现场施工应用，并取得了良好的效果。现以普光气田某井的实施应用情况为例，进行黏弹性表面活性剂转向酸化技术的现场应用分析。

普光气田位于四川省达州，具有明显的四川气田高温、埋深、高压、多产层和高含硫的特点，这些特点对酸化工作液的各方面性能要求都比较高。必须要耐高温，这就给均匀布酸和返排带来难度。

VES转向酸体系很好地解决了这些问题，具体施工过程如下：目的层井段为4012.31~4068.43m，按照方案对该层段实施了变黏酸、清洁转向酸酸压施工。本次施工的施工压力为28.603~92.85MPa，施工排量为1.1~3.8m^3，井筒的总液量为312.42m^3。各种液体数量如下：顶替液25.14m^3；变黏酸203.42m^3；清洁转向酸83.86m^3；最终进入地层中的总液量为296.35m^3。

通过本次酸压施工，该井产量得到大幅度提升，产气量由施工前的6.35×$10^4$$m^3$/d提高到17.64×$10^4$$m^3$/d，几乎提高了3倍；产水量由酸压施工前的0提高到19.8m^3/d。由此可见，黏弹性表面活性剂转向酸化技术在开采碳酸盐岩非均质低渗透油气藏中具有无可比拟的优势，应大力推广应用，使之服务于我国的油气田开采。

（3）川渝气田多为非均质性低渗透气藏，大多数低渗透气藏具有深埋、高温、高压、高含硫和多产层等特点，特别是最近几年发现和开发的水平井、大斜度井，低渗透、非均质性比较严重。黏弹性表面活性剂转向酸是一种针对非均质低渗透储层改造的新型酸液体系，在川渝气田的5井次水平井、大斜度井应用中，增产效果明显。

（4）国外已有许多黏弹性表面活性剂转向工艺的现场应用实例，如埃尼-阿吉普石油公司在亚得里亚海的Giovanna油田进行压裂作业时采用了这种新的黏弹性表面活性剂基流体，在EMMAA6、EMMAA8、Giovanna6等油井用含HEC和VES的压裂液进行对比试验，发现这种含VES的压裂液（CFRAC）的性能优于聚合物压裂液。采用含VES的压裂液进行压裂作业的油井不仅大大减小了地层伤害，而且获得了理想的油井产量。对受污染、致密砂岩的Giovanna 6井成功进行了端部脱砂压裂，并且产生了达到高产和增加油井寿命的高裂缝传导率。在美国得克萨斯州南部一块产气的砂岩地层用绕管作为导管进行了压裂，压裂液的组成为：含2%表面活性剂的VES流体、3.60kg/m^3有机盐（水杨酸钠）、KCl组分用作黏土稳定剂。结果表明，VES压裂液使绕管压裂成为一种可行的作业。

6）未来应用及新发展

黏弹性表面活性剂转向酸在酸岩反应过程中形成高黏凝胶能够阻止酸液进入高渗透层、低伤害层，从而使酸液进入低渗透层，实现酸液转向，同时能够降低酸岩反应速率，酸液有效作用距离增大。未来可应用于高含水地层、多层、裸眼完井、长水平井眼和天然裂缝发育储层等情形。

第三节　注水井在线酸化技术

海上油田单步法在线酸化技术有效克服了目前油田注水井酸化改造的弊端[11-16]。

一、解堵液体系要求

要求解堵液体系不仅能满足传统酸化过程中前置液、主体液、后置液的所有功能，而且具有抑制酸化过程中二次沉淀产生等特点。具体而言，需要满足以下性能条件：

（1）单步法酸液体系，必须要与注入水、生产污水、有机溶剂及各种酸化添加剂具有良好的配伍性，能够满足单步注入的要求。

酸液与添加剂和地层流体的配伍性，是直接影响酸化效果的重要因素，若酸液的配伍性差，当酸液与地层流体接触时会产生沉淀或分层，不仅达不到预期的酸化效果，沉淀物还会堵塞流动孔道，从而造成新的伤害，单步法酸化只注入一种酸液体系，必须与储层流体具有良好的配伍性。

（2）针对砂岩储层，单步法酸液体系必须具有良好抑制二次、三次沉淀的能力。

在砂岩酸化过程中，由于砂岩储层组成的复杂性很容易产生二次、三次沉淀。砂岩酸化过程中，沉淀的产生是不可避免的，且其对储层的危害是极大的，在单步法进行砂岩酸化时，没有盐酸作为前置液用来降低 pH 值，降低 CaF_2 等沉淀的生成，因此更应该特别注意抑制沉淀的生成。

（3）能够有效地溶解注水井堵塞物、岩粉及黏土矿物，以提高储层渗透率，达到酸化解堵的目的，同时不能过度溶蚀，而破坏岩石骨架结构，造成新的储层伤害。

酸化解堵的目的在于溶蚀地层岩石部分矿物或孔隙、裂缝内堵塞物，提高地层或裂缝渗透率，改善渗流条件，恢复或提高油气井产能（或注入井注入能力）。因此，在酸液体系设计过程中，必须要保证酸液体系具有一定的溶解能力，但也不能造成岩石的过度溶蚀。

（4）酸液与岩粉、黏土矿物反应具有一定的缓速性能，以达到深步酸化的效果。

王宝峰指出，对于重复酸化的井、含水井、水敏性油层等，常规酸化的成功率、增产幅度和有效期都很有限，见效率仅 50% 左右，其中一个重要的原因在于，酸液与地层中可酸溶的物质反应速率快。因此，酸化处理过程中，酸液的缓速性能是关系到酸化效果好坏的重要因素。

（5）具有良好的缓蚀性能，不仅满足行业要求，而且能尽量延长管柱的使用寿命。

酸液是具有较强腐蚀性的液体，对设备和管柱都有腐蚀作用，因此在酸化增注增产过程中要求酸液具有一定的缓蚀性能。尤其对于单步法在线酸化，酸液与注入水一起注入必须具有良好缓蚀性能，否则直接影响注水管线及管柱的使用寿命。

二、单步酸液体系

智能复合酸液体系由新型螯合剂、有机酸、氟化物、缓蚀剂、特殊表面活性剂和与水任意比例混溶的高效溶剂制备而成，实际应用时不需要再配制众多类型的酸化添加剂。其智能特性表现在体系只解除伤害物，而基本不造成新的二次伤害，这完全不同于常规酸化的酸液体系。该酸液体系集有机清洗液、前置液、处理液和后置液的功能于一体，这种特性成为在线单步法酸化技术成为可能的关键。

（1）与注入水、生产污水、各种酸化添加剂配伍性良好，能满足在线混配的要求。

注水井单步法酸化处理过程中，要求酸液与注入水在线混配，因此，注入水与酸液、相关添加剂、地层流体之间的配伍性显得尤为重要。海上油田通常使用生产污水以及其他层位地层水混合后作为注入水水源，其注入水中含有大量的金属离子，往往与常规酸液中的 F^- 产生沉淀或絮状物；同时由于生产污水中含有大量油垢，油滴具有良好的形变特性，会以吸附和液锁形式造成储层伤害，甚至会对储层岩石表面的润湿性造成一定的影响。智能复合酸液体系中为克服常规酸液不配伍的弊端，添加了螯合剂及高效有机溶剂，将酸液分别与注入水、采出水按照体积比为 $V_{酸液}:V_{采出水/注入水} = 1:1$、$1:3$、$1:5$、$3:1$、$5:1$ 相互混合，分别在室温和 90℃ 的条件下静置两小时观察其配伍性。智能复合酸与采出水的配伍性实验结果如图 7-14 所示，智能复合酸与注入水的配伍性实验结果如图 7-15 所示。在室温和高温下进行配伍性实验研究表明，此体系具有良好的配伍性。

（a）反应前室温　　　（b）反应前90℃　　　（c）反应后室温　　　（d）反应后90℃

图 7-14　智能复合酸与采出水的配伍性研究

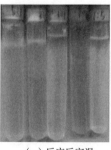

（a）反应前室温　　　（b）反应前90℃　　　（c）反应后室温　　　（d）反应后90℃

图 7-15　智能复合酸与注入水的配伍性研究

（2）具有良好的抑制二次、三次沉淀的能力。

在砂岩酸化过程中，由于砂岩储层组成的复杂性很容易产生多种类型的二次、三次沉淀，大量报道称，砂岩酸化过程中少量的铁离子就能产生巨大的储层伤害，铁的氢氧化物沉淀或其他包含铁离子的沉淀都会严重堵塞流动通道，并且铁离子问题在注入井更为严重。Gdanski 等研究表明，在二次反应过程中容易产生氟铝酸盐沉淀，在三次反应过程中 pH 值不断增加，铝的浓度也随之增加。在酸化后期当 pH 值上升时，$Fe(OH)_3$ 在 pH 值大于 2.2 的溶液中就开始沉淀，而 $Al(OH)_3$ 在 pH 值为 3 时也开始沉淀。在进行单步法砂岩酸化时，没有前置液用来降低 pH 值，防止 CaF_2 沉淀生成，因此更应该特别注意钙离子沉淀的生成。之所以智能复合酸液体系不造成新的二次伤害，主要是因为特殊设计的配方能高效络合容易形成沉淀的铁、钙、镁等金属离子，并使其难以形成氟硅酸盐、氟铝酸盐、氟化物和氢氧化物等沉淀。研究过程中，在室温条件下根据螯合剂的评价方法，对此酸液体系进行金属离子螯合性能评价，此体系对 Ca^{2+}、Mg^{2+}、Fe^{3+} 的螯合能力均高于其他螯合剂，实验结果见表 7-2。并且此体系能有效抑制砂岩酸化过程中常见的二次沉淀，相对于常规土酸体系，二次沉淀抑制率接近 75%，实验结果见表 7-3。

表 7-2　各种螯合剂对 Ca^{2+}、Mg^{2+}、Fe^{3+} 的螯合能力　　　　单位：mg/g

螯合剂类型	Ca^{2+} 容忍量	Mg^{2+} 容忍量	Fe^{3+} 容忍量
EDTA	140	65	145
HEDTA	116	70	165
NTA	146	55	215
DTPA	104	104	115
InteAcid	253	158	442.5

表 7-3　不同酸液对二次沉淀抑制率的测定

酸液类型	抑制率（%）			
	金属氟化物	氟硅/铝酸盐化合物	金属氢氧化物	总沉淀
12%HCl+3%HF+添加剂	0.00	0.00	0.00	0.00
12%HCl+10%HBF4+添加剂	22.66	10.37	0.17	5.07
50%InteAcid	71.81	70.51	78.59	74.71

（3）酸液具有一定的缓速性能，以达到深步酸化的效果。

当酸液反应速率过快时，活性酸进入地层只能在井筒周围起作用，解除井径近周的堵塞，酸液浓度在离井眼不到 1m 的距离已降至很低的数值，造成近井眼的地层过度酸化，形成溶洞或溶去砂粒间大部分胶结物而破坏储层骨架，引起地层出砂，无力解除深部污染。缓速性能测试的重要指标即为酸液对黏土矿物的溶蚀，R. L. Thomas 和 H. A. Nasr-El-Din 于 2001 年通过研究高温、高压砂岩储层酸化过程中沉淀形成机理发现，传统酸化模式中盐酸在前置液阶段会溶解大部分铝盐，这样导致的结果是处理液阶段的硅铝比（Si/Al）对硅胶沉淀的预测是完全错误的，R. D. Gdanski 于 2000 年提出由于酸岩二次反应速率快，储层矿物组成复杂，砂岩酸化采用土酸体系存在很高的风险，在高温条件下这种风险会扩大，同时由于盐酸会破坏伊利石与绿泥石结构，导致其发生严重的微粒运移，同时酸液对黏土矿物的过度溶蚀会引起岩石骨架结构的破坏与严重的微粒运移，因此有必要将土酸与智能复合酸液对黏土矿物的溶蚀率进行对比。

由图 7-16 可以看出，土酸对多种黏土的溶蚀率均表现出很强的溶解性，0.5h 时对黏土的溶蚀率可高达 22.4%，在 1h 时达到最大值 29.8%，在 2h 时对高岭石的溶蚀率甚至达到了 45%，土酸对黏土的溶蚀率极高，反应速率过快，一般在反应初始阶段便反应完全。智能复合酸液对黏土矿物的溶蚀率较低，大部分在 30% 以下，相比于土酸较慢、较弱，且在 4h 的反应过程中对黏土矿物的溶蚀率不断上升。由图 7-17 可以看出，智能复合酸液具有良好的缓速性能，且能有效地保证地层胶结物的完整性，防止因黏土被过度溶蚀而产生的微粒运移堵塞地层，甚至导致地层坍塌。

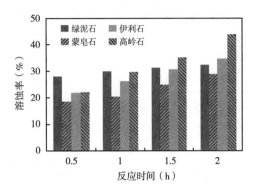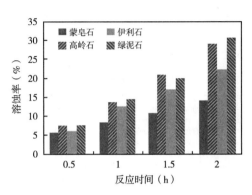

图 7-16　土酸与不同黏土矿物的溶蚀率　　　图 7-17　智能复合酸液与不同黏土矿物的溶蚀率

（4）有效地溶解注水井堵塞物，有效提高储层渗透率。

酸化解堵的目的在于溶蚀地层岩石部分矿物或孔隙、裂缝内堵塞物，提高地层或裂缝渗透率，改善渗流条件，恢复或提高油气井产能（或注入井注入能力）。由于黏土矿物具有不稳定性，往往因过度溶蚀或反应速率太快而造成黏土矿物的运移、沉降，甚至储层坍塌，造成新的储层伤害。因此，在酸液体系设计过程中，必须保证具有有效的溶解能力，但也不能造成岩石的过度溶蚀或酸岩反应速率过快。在保证有效溶蚀的同时，还具有很好的缓速性，有利于实现深部酸化。因此，开展岩心流动实验研究。岩心流动实验表明，智能复合酸液可有效解除注水过程导致的近井地带污染，且污染程度越深，酸化效果越好；未伤害岩心渗透率提高到原始渗透率的 1.35 倍［图 7-18（a）］，伤害（含 5% 注入水堵塞物）岩心渗透率提高到原始渗透率的 3.6 倍［图 7-18（b）］。InteAcid 智能复合酸酸化后岩心端面较好，未出现微粒脱落和出砂现象，表明该酸液具有较好的稳定黏土作用，对岩石骨架破坏小。

（5）具有良好的缓蚀性能，保证酸化安全施工。

酸液是具有较强腐蚀性的液体，对设备和管柱都有腐蚀作用，酸化增注增产过程中要求酸液具有一定的缓蚀性能。研究表明，在 140℃ 下智能复合体系 N80 钢片的腐蚀速率为 17.65g/($m^2 \cdot h$)，小于 20g/($m^2 \cdot h$)，均匀腐蚀。参考行业标准 SY/T 5405—1996《酸化用缓蚀剂性能试验方法及评价指标》，其酸液体系达到行业一级要求。

智能复合酸是实现单步在线酸化的核心，其具有高效解堵、与注入水在线混配、有效控制二次沉淀、低腐蚀、深部酸化的性能，其应用可实现单一酸液体系代替多段酸化的性能需求。

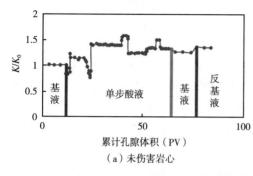 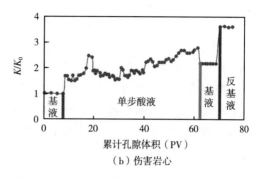

（a）未伤害岩心　　　　　　　　　（b）伤害岩心

图7-18　智能复合酸液单步酸化流动曲线

K—处理时渗透率；K_0—岩心初始渗透率

三、在线施工工艺及实时监测技术

1. 在线施工工艺

在线单步法酸化技术通过使用智能复合酸代替传统技术中使用的前置液、处理液、后置液和顶替液4种功能不同的液体，在不停止注水流程的条件下将酸液泵入注水流程，施工过程中实时监测施工参数变化，实时优化施工参数，保证入井酸液浓度稳定，同时确保在酸化效果达到预期值时即刻停止注酸泵，在实现最佳酸化效果的同时有效避免酸液浪费。整个酸化技术完整流程如下：

（1）配制智能复合酸。根据智能复合酸配方，在陆地配制好酸液并装入注入系统酸液罐中，为了方便动迁、简化施工，一般采用 $30m^3$ 酸液罐。

（2）设备动迁、安装、检查。将注入系统及辅助设备运移至采油平台，配置好注入系统，连接酸液罐到注酸流程，然后连接注酸系统至注水流程，对管线进行试压，试压合格后再进行下一步。

（3）设定注酸量与注水量比例。根据地层层实际吸液能力、井口注入压力及酸化工艺要求综合考虑，在计算机中设定注酸量与注水量比例，比例一般为 $V_{单步酸}:V_{注入水}=1:2\sim2:5$，注水量范围 $2\sim75m^3/h$，注酸量范围 $1\sim30m^3/h$，注入压力不超过地层破裂压力，一般为 $7\sim35MPa$。

（4）开泵注酸。开启注酸管线与注水管线连接，然后开启注酸泵，向注水管线泵入酸液。

（5）自动化施工过程。计算机自动监测注入流程中注酸压力和注酸流量变化，实时控制注酸排量，计算表皮系数，表皮系数降低到预期值后即刻停止注酸。

（6）恢复正常生产。停止注酸后，注水泵不停，保持注水，关闭注酸管线与注水管线连接，拆除注酸管线，施工结束，完全恢复正常注水。

与现有技术相比，该技术可大幅度节约海上油田作业时间、空间、费用和人力，具有下列显著优点：

（1）液体高效、显著简化。只有一种液体，代替传统酸化技术中前置液、后置液和顶替液等，液体具有解堵效果好、能有效防止二次沉淀、稳定黏土微粒、表面张力低与注入水配伍等优良性能。作业程序显著简化，液体配制劳动强度大幅度降低，在陆地配制好后装入酸液罐，无须现场配制酸液，节约了施工时间。

（2）在线施工。酸液通过注水流程随注入水进入地层，在线施工，不影响注水过程，在生产的同时达到解堵目的。施工灵活，根据注水量的大小调节酸液注入速度。

（3）实时优化。实时监测压力、流量等参数，模拟计算表皮系数等变化，通过压力、流量和表皮系数综合判断注水井解堵程度和吸水能力恢复程度等，从而确定合适的泵注规模、停泵时间并实施调整施工参数，保证规模足够，又能优化液量。

（4）规模化作业。哪一层位需要酸化，就向对应的注水流程中泵注智能复合酸即可完成酸化作业，可多层、多井次集中作业，达到规模化效益。

（5）节约时间、空间。一个罐，一个泵，一条管线，简单易行，施工时间短，占用作业窗口时间少；占用平台空间小，可交叉作业，对采油平台其他作业的影响降到最低。

（6）节约淡水。注入水在线稀释智能复合酸，无须额外淡水配制酸液，节约宝贵的淡水资源。

（7）动迁容易。设备少，仅有一个小型酸液储罐及小型橇装集成化注入系统（图 7-19），占用船舶、平台空间小，易于动迁，可大幅度减少对船舶、平台的占用。

（a）传统注入泵 　　　　　　　　　　　　（b）智能注入传统注入泵

图 7-19　传统注入泵与智能系统注入泵对比

（8）作业费用低。单步法施工快速，智能注入系统可实现酸液用量最优化，设备少，动迁容易，可大幅度降低作业费用、船舶费用。

（9）劳动强度低。吊装设备、管线连接、配液、泵注等劳动强度极大降低。

（10）安全性进一步提高。酸液体系、施工工序显著简化，减小了施工失误可能；施工工艺自动化程度提高，安全性得到进一步提高。

2. 在线实时监测技术

1）实时监控原理

目前，酸化实时监测系统一般采取两种思路：一种通过酸液有效作用距离和渗透率的变化来反求表皮系数。另一种方法采用实时监测施工排量和压力，反求表皮系数。两种思路采用不同的方式求出表皮系数，通过表皮系数变化确定酸化效果，实现对酸化的实时监控。

（1）间接模拟法。采用 Taha 等提出的非均质砂岩油藏酸化反应数学模型，模拟计算酸液和矿物浓度、酸液有效作用距离、孔隙度和渗透率的分布，再通过酸液有效作用距离和渗透率的变化反求表皮系数，从而实现对酸化施工的实时监测。

①酸与矿物浓度分布模型：

$$\phi \frac{\partial c}{\partial t} + u \frac{\partial c}{\partial r} = -R_{h} \tag{7-25}$$

$$(1-\phi)\frac{\partial c_j}{\partial t} = r_j (j = s, q) \tag{7-26}$$

其中，初始条件和边界条件为：

$$\begin{cases} C(r,o) = 0, C_j(r,o) = C_{0j} \\ C(r_w,o) = C_o, C_j(r_w,t) = 0 \\ C(r > R_{ef,t}) = 0, C_j(r > R_{ef,t}) = C_{0j} \end{cases} \tag{7-27}$$

式中 ϕ——储层孔隙度；

C、C_j——HF 浓度和矿物某一时刻的浓度；

C_{irj}——残余矿物浓度；

R_h——酸液的反应速率；

r_j——矿物的反应速率；

k_{rj}——反应速率常数；

u——酸液流动速率。

酸液的反应速率 R_h 和矿物溶解速度 r_j 分别如下：

$$R_h = \sum_{j=1}^{J} \sigma_j r_j \tag{7-28}$$

$$-r_j = k_{rj} C (C_j - C_{irj})(j = s, q) \tag{7-29}$$

式中 σ_j——矿物 j 的化学计量系数，它表示溶解 1mol 该物质所需要的物质的量浓度。

用以上 4 个方程组组成的数学模型来计算酸和矿物的浓度分布。

②酸液有效穿透距离计算。

在酸化过程中，当酸液浓度减小到原始浓度的 ε 倍时（一般 ε 值由实验或经验判断而得，不同类型酸液 ε 值不同），酸液将失去反应能力，变为残酸。因此，对于 t_n 时间段酸液的有效穿透距离为：

$$如果 C_j^n = \varepsilon，那么 R_{ef}^n = r_i \tag{7-30}$$

$$如果 C_j^n \leqslant \varepsilon，那么 R_{ef}^n = r_{i-1} + \frac{r_i - r_{i-1}}{C_{i-1}^n - C_i^n}(C_i^{n-1} - C_i^n) \tag{7-31}$$

③储层孔隙度、渗透率分布模型。

在酸化处理过程中，随着酸液的消耗，储层岩石矿物也逐渐溶解，这将引起储层孔隙度的变化。可以利用矿物浓度的体积平衡方程推导出孔隙度在 $n+1$ 时间段和 r_i 点的计算公式：

$$\phi_i^{n+1} = \phi_0 + (1-\phi_0)\sum_{j=1}^{J}(C_{oj} - C_{ji}^{n+1})\frac{W_j}{\rho_j} \tag{7-32}$$

式中　W_j——矿物 j 的相对分子质量；

　　　ρ_j——矿物 j 的密度；

　　　C_{oj}——原始矿物 j 的浓度；

　　　C_{ji}^{n+1}——$n+1$ 时间段 r_i 点处矿物 j 的浓度。

酸化后矿物溶解，孔隙度改善使得地层渗透率恢复提高，渗透率随着孔隙度的变化一般按照简单的指数关系计算：

$$K_i^{n+1} = K_0 \left(\frac{\phi_i^{n+1}}{\phi_0} \right)^L \tag{7-33}$$

式中　L——经验系数，通过实验及流体资料确定，通常为 7。

大多数可溶性矿物的溶解，例如长石、石英以及黏土矿物的缓慢溶解导致渗透率的累积变化，通过式（7-34）计算：

$$\frac{K_i^{n+1}}{K_0} = \exp\left(\beta \frac{\Delta\phi_i^{n+1}}{(\Delta\phi)_{\max}} \times \frac{\phi_i^{n+1}}{\phi_0} \times \frac{1-\phi_0}{1-\phi_i^{n+1}} \right) \tag{7-34}$$

式中　β——孔隙度和渗透率的特性常数；

　　　$(\Delta\phi)_{\max}$——孔隙度的最大变化值；

　　　$\Delta\phi_i^{n+1}$——孔隙度的变化值，$\Delta\phi_i^{n+1} = \phi_0 - \phi_i^{n+1}$。

④计算表皮系数。

求得了酸浓度和矿物浓度的分布，便可求出酸液有效作用距离以及孔隙度和渗透率的分布情况，从而利用酸液有效作用距离和渗透率求出表皮系数，具体求解公式为：

$$S(t) = \left(\frac{K_o}{K_d} - 1 \right) \ln\left(\frac{r_d}{r_w} \right) \tag{7-35}$$

在砂岩基质酸化过程中，酸浓度分布、矿物浓度分布、孔隙度、渗透率及小层中的流量都是时间和位置的函数。计算过程中，不同的时刻要代入不同的参数计算。联立几个模型中方程，反复迭代求解，从而求出表皮系数，实现对酸化作业的实时监控。

（2）直接推算法。理论上，井底流压与井底压力的变化反映了地层对酸化的响应。然而，由于目前尚无能承受强酸高压的井底压力、流量监测设备，直接采用酸化施工压力、施工排量来计算酸化过程中表皮系数变化，从而实现酸化效果实时监控。

此种监测的原理简单，即达西径向流公式：

$$q = \frac{2\pi Kh(p_e - p_{wf})}{B\mu\left(\ln\dfrac{r_e}{r_w} + S \right)} \tag{7-36}$$

对于特定油藏，其渗透率 K、油层厚度 h、油藏压力 p_e、体积系数 B、黏度 μ 及 r_e/r_w 都为已知参数，因此施工排量 q 与井底压力 p_{wf} 及表皮系数 S 之间存在一函数关系式：

$$q = f(p_{wf}, S) \tag{7-37}$$

通过井口施工压力推算出井底流压，则可以通过 p_{wf} 和 q 计算出表皮系数 S，判断酸化效果。

Paccaloni 等基于稳态达西渗流，推导出表皮系数与 p_{wf} 和 q 关系：

$$s = \frac{0.00708Kh(p_{wf} - p_e)}{\mu q_i} - \ln \frac{r_b}{r_e} \qquad (7-38)$$

$$p_{wf} = p_{ti} + \Delta p_{PE} - \Delta p_F \qquad (7-39)$$

其中，Δp_{PE} 和 Δp_F 分别是油管中压力降的势能和摩擦分量。在处理时，用井口压力对注入速度作图，就可从图中得到演变表皮系数。

2）实时监控系统

实时监测系统如图 7-20 所示，计算机把通过压力、流量测量元件、变送单元和模数转换器送来的数字信号，直接反馈到表皮系数计算单元进行运算，若计算出的实时表皮系数大于预期表皮系数，则执行机构保持注酸泵继续注酸；若计算出的实时表皮系数不大于预期表皮系数，则执行机构即刻停止注酸泵，剩余酸液可用于其他井酸化，有效避免酸液浪费。

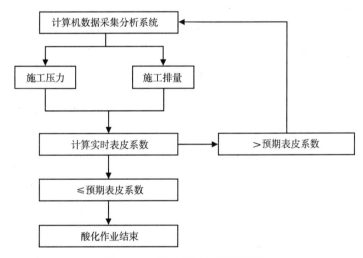

图 7-20 酸化实时监测流程图

参 考 文 献

[1] Economides M J, Christine E, Ding Z, et al. Petroleum production systems [M]. 2nd Edition. Prentice Hall, 2012.

[2] 魏晨吉，李勇，田昌炳，等. 油气开发系统 [M]. 2 版. 北京：石油工业出版社，2016.

[3] 李颖川. 采油工程 [M]. 2 版. 北京：石油工业出版社，2009.

[4] ZHAO L, CHEN X, ZOU H, et al. A review of diverting agents for reservoir stimulation [J]. Journal of Petroleum Science and Engineering, 2019: 106734.

[5] Zhang H, Lu Y, Li K. Temporary sealing of fractured reservoirs using scaling agents [J]. Chemistry and Technology of Fuels and Oils, 2016, 52 (4): 429-433.

[6] Vernáezez O, García A, Castillo F, et al. Oil-based self-degradable gels as diverting agents for oil well operations [J]. Journal of Petroleum Science and Engineering, 2016, 146: 874-882.

［7］ Wilson A. No-damage stimulation by use of residual-free diverting fluids［J］. Journal of petroleum technology, 2016, 68（6）：63-64.

［8］ Yang C, Yue X, Li C, et al. Combining carbon dioxide and strong emulsifier in-depth huff and puff with DCA microsphere plugging in horizontal wells of high-temperature and high-salinity reservoirs［J］. Journal of Natural Gas Science and Engineering, 2017, 42：56-68.

［9］ Liu P, Wei F, Zhang S, et al. A bull-heading water control technique of thermo-sensitive temporary plugging agent［J］. Petroleum Exploration and Development Online, 2018, 45（3）：536-543.

［10］ Li C, Qin X, Li L, et al. Preparation and performance of an oil-soluble polyethylene wax particles temporary plugging agent［J］. Journal of Chemistry, 2018, 2018：1-7.

［11］ 刘平礼, 张璐, 潘亿勇, 等. 海上油田注水井单步法在线酸化技术［J］. 西南石油大学学报：自然科学版, 2014, 36（5）：148-154.

［12］ 邓志颖, 张随望, 宋昭杰, 等. 超低渗油藏在线分流酸化增注技术研究与应用［J］. 石油与天然气地质, 2019（2）：430-435.

［13］ 孙林, 孟向丽, 蒋林宏, 等. 渤海油田注水井酸化低效对策研究［J］. 特种油气藏, 2016, 23（3）：144-147.

［14］ 马惠, 卓知明, 王玉生, 等. 在线酸化技术在江苏油田高压欠注井的应用与研究［J］. 复杂油气藏, 2018（4）：81-84.

［15］ 李文彬, 武龙, 高宇. 姬塬油田注水井在线酸化处理液评价及应用［J］. 钻采工艺, 2018, 41（5）：67-70.

［16］ 孙鹏飞. 高温深层注水井在线酸化技术研究［D］. 成都：西南石油大学, 2018.

第八章　海上稠油油田多元热流体增产技术

多元热流体吞吐是一种适合海上稠油开发的小型热采技术。本章重点介绍了多元热流体吞吐技术原理、适用油藏条件、关键处理设备和工具，以及注采工艺等内容。

第一节　多元热流体增产原理

多元热流体采油技术实质上是一种利用气体（N_2、CO_2、烟道气或天然气）与蒸汽的复合作用，通过加热降黏、气体溶解降黏、增能保压、气体扩大加热范围和提高热效率、辅助重力驱等机理来开采原油。多元热流体采油技术不同于单纯的注蒸汽开采技术，其采油机理更为复杂。通过数值模拟与室内实验相结合的方法，定性、定量地分析了多元热流体的增产机理。本节主要介绍了所采取的技术模型，以渤海湾南堡35-2油田为例，表征了利用多元热流体开采稠油油田所表现出的机理特征，主要包括降黏机理、提高采收率机理、增能保压机理和协调增产机理[1,2]。

一、多元热流体吞吐采油技术模型

1. 实验模拟

为了模拟研究高温高压多元热流体吞吐采油的开采效果和提高采收率机理，组建了具有4个测温点和2个测压点的高温高压多元热流体吞吐采油模拟实验装置，实验装置的流程如图8-1所示，主要由填砂模型（配置压力和温度传感器、控温加热套和保温层）、中间容器（注入过程中的流体缓冲容器）、蒸汽发生器、二氧化碳中间容器、氮气中间容器、油气水计量装置、计量泵、压力计和数据采集及控制系统。

多元流体采油模拟实验步骤如下：

（1）清洗油砂。

（2）模型填砂，模型体积约5.0L，孔隙体积约1.2L，束缚水量约0.54L，饱和油量约1.25L。

（3）在模拟地层温度下饱和模拟地层水后静置12h。

（4）饱和原油至产出液不含水，且产液速度稳定，静置12h。

（5）冷采实验：注入端定压注油，采出端控制回压稳定开采，记录采油速度和采水速度，并记录压力（4个压力点：采出端、注入端和模型管上部两点）变化，至采油速度稳定；回压放空，记录采油速度、采水速度和压力。

（6）蒸汽吞吐实验：从采出端注入设计量的高温蒸汽，记录注入速度、温度（红外测温）和压力（4个压力点：采出端、注入端和模型管上部两点）变化；完成注入量后，按照设计时间焖井；注入端在定压条件下注油驱替，采出端控制回压稳定，记录采油速度

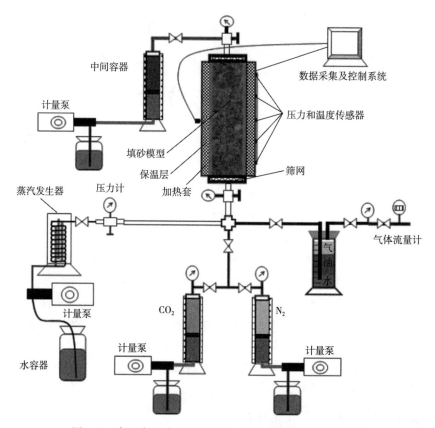

图 8-1　高温高压多元热流体吞吐采油模拟实验装置流程

和采水速度，直至采油速度与冷采相当；回压放空，记录采油速度、采水速度及对应时间的压力变化。

（7）多元流体吞吐实验：从采出端注入设计量的蒸汽+氮气/二氧化碳，记录注入速度和压力（4个压力点：采出端、注入端和模型管上部两点）变化；完成注入量后，按照设计时间焖井；注入端在定压条件下注油驱替，采出端控制回压稳定，记录采油速度和采水速度，直至采油速度与冷采相当；回压放空，记录采油速度、采水速度、采气速度及对应时间的压力变化。

按照以上的实验方法，开展了冷采、蒸汽吞吐和多元流体吞吐模拟实验，实验压力控制在 10MPa 左右，注入 0.65L 当量水的蒸汽，注入 0.125L 当量水的氮气，注入 0.05L 当量水的二氧化碳，焖井时间均为 15min。稠油冷采、蒸汽吞吐和多元流体吞吐的开采动态分别如图 8-2 和图 8-3 所示。由图 8-2 和图 8-3 可见，温度和压力对南堡稠油采油指数的影响非常明显，在 56℃（模拟油藏温度）下仅为 28.0mL/（MPa·min），蒸汽吞吐的采油指数较冷采有明显提高；240℃蒸汽吞吐的平均采油指数为 66.7mL/（MPa·min），为冷采的 2.5 倍左右。240℃多元流体吞吐的增产效果更为明显，240℃多元流体吞吐的平均采油指数高达冷采的 4 倍，是 240℃蒸汽吞吐平均采油指数的 1.6 倍。由于吞吐模拟实验是在相同注入量（油藏压力条件下）下进行的，如果提高注入氮气和（或）二氧化碳的量，可以进一步提高注蒸汽与氮气和（或）二氧化碳吞吐激励增产效果。

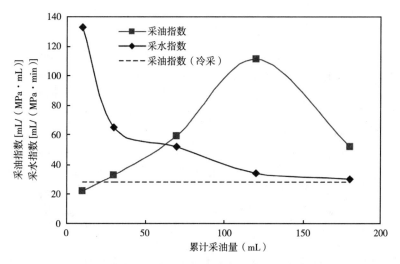

图 8-2　240℃蒸汽吞吐采油指数和采水指数与累计采油量的关系

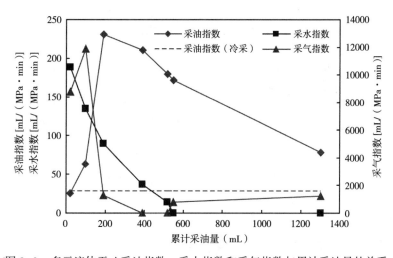

图 8-3　多元流体吞吐采油指数、采水指数和采气指数与累计采油量的关系

　　饱和天然气稠油冷采、蒸汽吞吐和多元流体吞吐的开采动态分别如图 8-4 和图 8-5 所示。饱和天然气量对注蒸汽及注蒸汽与氮气和（或）二氧化碳吞吐开采南堡稠油效果具有一定的影响。饱和天然气稠油的采油指数要明显高于脱气稠油。当稠油中饱和天然气量减小后注入氮气和二氧化碳，虽然不能提高含气稠油的采油指数，但是可以明显提高周期增产油量。因此，可在已开采的油藏压力降低后注入氮气和二氧化碳补充油藏能量，进而提高油井产量。

　　综上，从采油指数来看，南堡稠油多元热流体吞吐开采的增产效果要高于蒸汽吞吐，当油藏开采压力降低、饱和天然气量减小后，注入氮气和（或）二氧化碳等非凝析气体，可以保持油藏的压力和采油速度。

2. 数值模拟

　　室内模拟实验表明，多元热流体吞吐开采稠油可以获得明显的增产效果，为了更好地

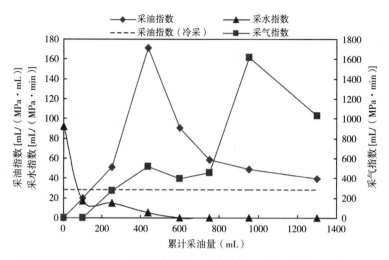

图8-4 饱和天然气稠油蒸汽吞吐采油指数、采水指数和采气指数与累计采油量的关系

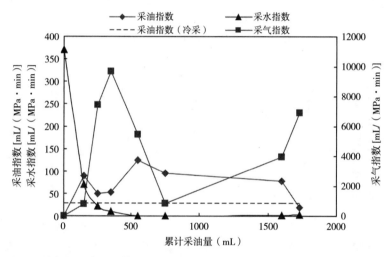

图8-5 饱和天然气稠油多元流体吞吐采油指数、采水指数和采气指数与累计采油量的关系

认识多元热流体热采的增产机理和开采规律，有必要从油藏角度开展油藏数值模拟研究，比较蒸汽吞吐和多元流体吞吐的开采效果、注采动态、流体分布及温度和压力分布[3]。

采用Eclipse软件的Thermal模型进行多元热流体吞吐的油藏数值模拟。根据渤海油田南堡35-2典型的油藏地质特征，建立了50×40×25个网格的均质油藏地质模型和水平井7组分（N_2、CO_2、CH_4、C_2—C_5、C_6—C_{12}、C_{13}—C_{29}和C_{30+}）模型。所建立的沿水平井油藏模型剖面如图8-6所示，油藏顶深为1000m，厚度为25m，水平井钻井位置为距顶部17m处，水平段长340m。油藏规格为1000m×200m×25m。油藏孔隙度为0.33，水平渗透率为1200mD，垂直渗透率为792mD。

基于室内实验和数值模拟结果，得到了油水相对渗透率曲线和油气相对渗透率曲线，如图8-7和图8-8所示。

冷采、蒸汽吞吐、多元热流体吞吐油藏数值模拟中流体的注入量是基于相同热焓值来

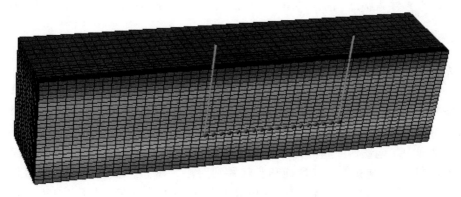

图 8-6　水平井吞吐的油藏模型剖面图

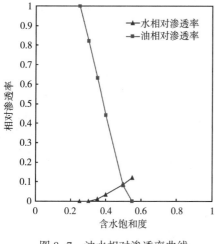

图 8-7　油水相对渗透率曲线

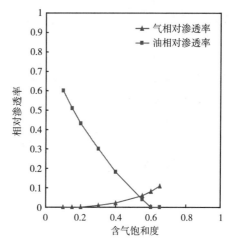

图 8-8　油气相对渗透率曲线

确定的，模拟计算期为 24 个月，不同开采方式模拟计算期和 12 个月的增产油量和平均日产油量见表 8-1。

表 8-1　不同开采方式模拟计算期和 12 个月的增产油量和平均日产油量

开采方式	冷采	300℃多元流体吞吐	200℃多元流体吞吐	蒸汽吞吐
计算期增产油量（m³）	—	6308	5110	4252
计算期日产油量（m³）	15.5	24.3	22.6	21.4
第 1 年增产油量（m³）	—	5698	4443	4067
第 1 年日产油量（m³）	17.5	34.2	30.7	29.6

蒸汽吞吐有效期均为 300 天左右，而多元流体吞吐有效期超过 400~500 天；多元热流体吞吐较蒸汽吞吐可明显提高采油速度，300℃多元热流体在 300 天内的平均日产油量为 47.5m³，是冷采（22.8m³）的 2.1 倍，是蒸汽吞吐（37.0m³）的 1.3 倍。二氧化碳吞吐和氮气吞吐也能提高南堡普通稠油的采油速度，但是经济性和可操作性还需深入研究。各因素对周期采油量影响显著性的顺序为：油藏压力、二氧化碳注入强度、氮气注入强度、

蒸汽（或热水）注入强度、注入方式、注汽温度、流压/地层压力、焖井时间和注汽速度。

二、降黏机理

1. 热降黏

采用 Haake VT550 黏度计，测定了在不同温度下稠油与饱和天然气稠油（在 10MPa 压力下将稠油饱和天然气得到模拟油样）黏温曲线。南堡稠油和饱和天然气稠油的黏度具有较明显的温度敏感性，当温度由 56℃增至 120℃时，南堡稠油和饱和天然气稠油的黏度降低了 92%以上，南堡稠油和饱和天然气稠油黏度随温度变化的拐点在 100℃左右。

在 120℃以下，饱和天然气稠油和脱气稠油对温度敏感性很强（降黏率达到 90%以上），但进一步升高温度对饱和天然气稠油黏度影响不大，只有温度升至 180~200℃以上时，南堡稠油与饱和天然气稠油的黏度降低才变得更为明显。

南堡稠油与饱和天然气稠油的黏温曲线表明，南堡稠油具有较明显的黏温敏感性，采用热采降黏方法改善稠油流动性是非常有效的。在 100℃左右的温度下即可使南堡稠油具有非常好的流动性，加热至 200℃对稠油流动性改善的贡献不大。

不同温度下脱气稠油和饱和天然气稠油的采油指数（室内模拟实验结果）和黏度比（56℃黏度与加热后黏度之比）与温度的关系曲线如图 8-9 所示。由图 8-9 可见，采油指数和黏度比均随着温度增大而线性增大，二者之间具有很好的相关性。因此，通过加热降黏可以使稠油流动性呈线性增大，产量也线性增大。不同温度下饱和天然气稠油的采油指数明显高于脱气稠油，且其随温度提高而增大的趋势也要高于脱气稠油，这主要是由稠油中天然气的溶解性及稠油膨胀性不同造成的。通过加热降黏可使饱和天然气稠油的采油指数提高 1.5~20 倍，可使稠油采油指数提高 2~10 倍。

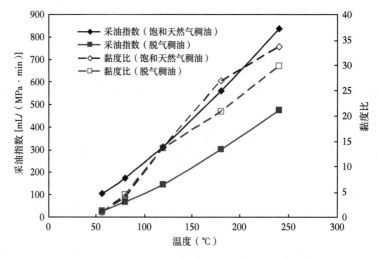

图 8-9　采油指数和黏度比与温度的关系曲线

2. 气体溶解降黏

1）氮气、二氧化碳、二氧化碳+氮气对稠油黏度的影响

通过 PVT 实验研究了氮气、二氧化碳、二氧化碳+氮气对稠油黏度的影响，实验装置为 PVT 测定仪，装置流程如图 8-10 所示。

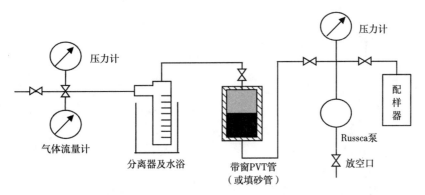

图 8-10　稠油与注入气体系 PVT 物性测量系统流程

实验方法是在模拟油藏温度和压力下将稠油与模拟天然气饱和后，在饱和或不饱和二氧化碳或氮气条件下测定不同温度（56℃、80℃、140℃和180℃）下的黏度、膨胀系数、溶解度等 PVT 参数。

不同温度下，饱和不同量氮气或二氧化碳，南堡稠油的黏度及对应饱和压力分别如图8-11 和图 8-12 所示。

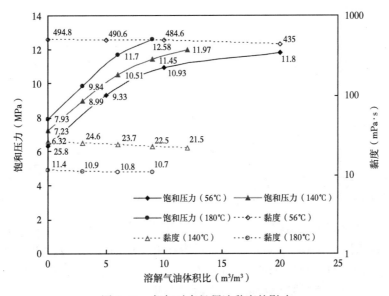

图 8-11　氮气对南堡稠油黏度的影响

由此可见，二氧化碳较氮气对南堡稠油黏度的影响显著，饱和二氧化碳可使南堡稠油黏度降低 50%~90%，而氮气仅为 10%~30%。

2）氮气、二氧化碳、二氧化碳+氮气对饱和天然气稠油黏度的影响

不同温度下氮气、二氧化碳、二氧化碳+氮气对饱和天然气稠油的黏度测定结果见表8-2。

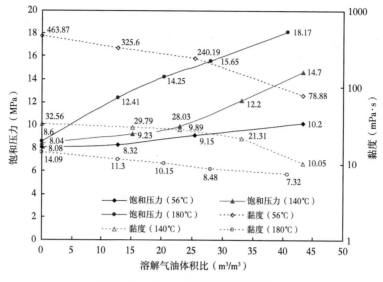

图 8-12　CO_2 对南堡稠油黏度的影响

表 8-2　不同温度下氮气、二氧化碳、二氧化碳+氮气对饱和天然气稠油黏度的影响

项　　目		温度（℃）				
		56	80	120	180	240
黏度 （mPa·s）	饱和天然气稠油	1074.0	273.0	77.8	39.8	31.9
	N_2	823.4	244.4	83.1	90.1	92.9
	CO_2	200.5	103.2	47.9	42.9	39.9
	CO_2+N_2（1:2）	463.5	145.9	71.2	63.2	64.6
降黏率 （%）	N_2	23.33	10.48	-6.81	-126.38	-191.22
	CO_2	81.33	62.20	38.43	-7.79	-25.08
	CO_2+N_2（1:2）	56.84	46.56	8.48	-58.79	-102.51

　　由表 8-2 可知，在不同温度下，氮气、二氧化碳、二氧化碳+氮气对饱和天然气稠油黏度的影响规律不同。在低于 120℃ 时，氮气溶解可使稠油黏度降低 10%~25%，二氧化碳溶解可使稠油黏度降低 60%~81%，二氧化碳+氮气（1:2）溶解可使稠油黏度降低 45%~57%；在 120℃ 下，二氧化碳溶解可使稠油黏度降低 38.43%，二氧化碳+氮气（1:2）溶解可使稠油黏度降低 8.48%，而氮气溶解却使稠油黏度升高了 6.81%；在高于 120℃ 时，氮气、二氧化碳和二氧化碳+氮气（1:2）均使稠油黏度升高，其中添加氮气使稠油黏度升高最为明显，原因是高温条件下，稠油溶解氮气、二氧化碳和二氧化碳+氮气能力降低，而氮气、二氧化碳和二氧化碳+氮气抽提稠油中轻组分能力增大，温度越高，抽提作用越明显。

　　3）热—气体复合降黏

　　采用 PVT 模拟实验装置，在模拟油藏温度和压力下将原油与模拟天然气饱和后，饱和或不饱和二氧化碳或氮气测定不同温度（56℃、80℃、140℃ 和 180℃）下的黏度参数。

不同温度下，饱和不同量二氧化碳或氮气南堡稠油的 PVT 性质见表 8-3 和表 8-4。表中，气体与热复合降黏值为气体与热共同作用的结果，即 AB；气体降黏值+热降黏值为气体与热分别作用结果之和，即 A+B。由此可见，在不同温度下饱和氮气可使南堡稠油黏度降低 10%~30%，饱和二氧化碳可使南堡稠油黏度降低 40%~80%，二氧化碳对南堡稠油黏度的影响较氮气显著；单纯热作用可使南堡稠油黏度降低 50%~98%；而气体与加热复合作用则可使南堡稠油黏度降低 65%~99%。可知，从气体与热的降黏作用来看，虽然气体与热复合降黏效果要好于热降黏，明显好于气体降黏，但二者之间未达到协同效应。原因可能是溶解气体后使稠油黏度对温度的敏感性变差。

表 8-3 N₂ 对南堡稠油 PVT 性质的影响

温度 （℃）	压力 （MPa）	气油 体积比	黏度 （mPa·s）	气体降黏率 （%）	热降黏率 （%）	总降黏率 （%）	气体与热复合降黏值 （mPa·s, AB）	气体降黏值+热降黏值 （mPa·s, A+B）
56	6.32	0	494.8					
	11.8	20	435	12.1				
80	6.5	0	218.8		55.8			
	14.54	20	168.6	22.9		65.9	326.2	335.8
140	7.23	0	25.8		94.8			
	13.5	20	18.9	26.7		96.2	475.9	528.8
180	7.93	0	11.4		97.7			
	16.4	20	9.8	14.0		98.0	485.0	543.2

表 8-4 CO₂ 对南堡稠油 PVT 性质的影响

温度 （℃）	压力 （MPa）	气油 体积比	黏度 （mPa·s）	气体降黏率 （%）	热降黏率 （%）	总降黏率 （%）	气体与热复合降黏值 （mPa·s, AB）	气体降黏值+热降黏值 （mPa·s, A+B）
56	8.08	0	463.87					
	9.9	40	120.6	74.0				
80	1	0	194.7		58.0			
	15.4	40	46.9	75.9		89.9	417.0	612.4
140	1	0	32.56		93.0			
	13.8	40	14.2	56.4		96.9	449.7	774.6
180	1	0	14.09		97.0			
	18.04	40	7.45	47.1		98.4	456.4	793.1

采用配置密闭系统的 HAKKE RS6000 高温高压流变仪，在 56℃、80℃、120℃、150℃ 和 180℃ 下，测定了不同压力（将密闭容器与天然气气源相连，通过手动计量泵控制测试压力条件）下饱和天然气稠油的流变曲线（剪切速率为 $0.01~20s^{-1}$），不同温度下气体对稠油黏度的影响如图 8-13 所示。由图 8-13 可见，饱和天然气稠油黏度对温度具有较高的敏感性，相同压力下饱和天然气稠油的黏度随着温度增大而明显降低。在相同温度下，饱和天然气稠油的黏度变化具有不同的规律，当温度低于 80℃ 时，饱和压力增大，稠油黏度先降低后增大，表明低温时稠油溶解天然气的能力有限，压力过高时会产生对稠油

的压缩作用。当温度在120℃以上时，稠油黏度随着压力增大而不断降低，表明高温时稠油溶解天然气的能力增大。

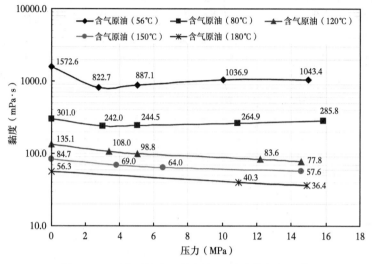

图 8-13　压力对饱和天然气南堡稠油黏度的影响

根据饱和天然气稠油黏度测定结果，可以得到如下指导生产的认识：

（1）油藏压力应该保持在5MPa以上，使稠油饱和较高的天然气量，以保证较低的稠油黏度。

（2）注入天然气时，加热油藏至120℃以上，可使稠油具有较高的溶解天然气能力，在加热降黏的基础上进一步降低稠油黏度。

采用配置密闭系统的 HAKKE RS6000 高温高压流变仪，在油藏温度（56℃）下饱和天然气至10MPa后饱和氮气、二氧化碳或氮气+二氧化碳至15MPa，在 56℃、80℃、120℃、150℃和180℃下测定气体与稠油体系的流变性（剪切速率为 $0.01 \sim 20 s^{-1}$）。饱和不同气体的稠油黏度与温度的关系曲线如图8-14所示。由图8-14可见：

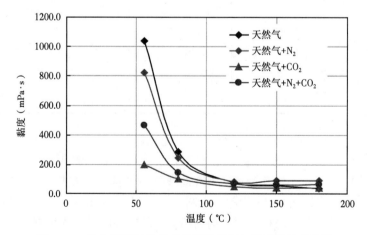

图 8-14　饱和不同气体的南堡稠油黏度与温度的关系曲线

（1）添加氮气和二氧化碳的饱和天然气稠油黏度随着温度升高而降低，但降低幅度和变化情况有所不同，即在不同温度下，天然气、氮气和二氧化碳对稠油黏度的影响规律有所不同。添加氮气时，在低温时对饱和天然气稠油的黏度影响较大，56℃时可使稠油黏度降低20%（由1036.9mPa·s降至823.4mPa·s）以上，与前面PVT实验结果一致（数值上不同主要是因为PVT实验是在定剪切速率下测定的，而流变性的黏度值是不同剪切速率下黏度的平均值）。但是当温度升至120℃以上时，与饱和天然气稠油相比，添加氮气饱和天然气稠油黏度反而升高，其原因在于高温条件下氮气对稠油中轻组分的蒸馏作用。

（2）添加二氧化碳时，在150℃以下时对饱和天然气稠油具有明显的降黏作用，56℃时可使稠油黏度降低80%（由1036.9mPa·s降至200.5mPa·s）以上，与前面PVT实验也是一致的。当温度高于150℃时，添加二氧化碳饱和天然气稠油黏度与饱和天然气稠油黏度相当或略有升高，其原因也可能是高温条件下二氧化碳的蒸馏作用。

（3）同时添加氮气和二氧化碳时，在150℃以下时对含天然气稠油仍然具有明显的降黏作用，56℃时可使稠油黏度降低50%（由1036.9mPa·s降至463.5mPa·s）以上。

为了达到降黏开采稠油的目的，可以通过升高温度和注入气体两种途径。例如，为了使稠油黏度降低90%以上，可以通过以下技术途径来实现：

（1）注入与饱和天然气体积50%以上的二氧化碳，并加热稠油至80℃；

（2）注入与饱和天然气体积50%以上的氮气和二氧化碳（1:1），并加热稠油至100℃。

考虑到注汽设备、注汽热损失和注汽成本时，适度加热，并辅以注入氮气、二氧化碳或氮气+二氧化碳，可以达到与热采相当的降黏效果。如果考虑到增加地层压力和减小热损失等作用时，采用"适度加热，辅以注气"开采技术对于南堡海上稠油开采是非常有潜力的。需要强调的是，在开发南堡油田这样的普通稠油油藏时，温度和压力是稠油开采的两个不可或缺的要素，压力的影响尤其要引起重视。

三、提高采收率机理

1. 提高波及体积

与注蒸汽相比，注入多元流体可明显增大加热腔体积和油藏压力，原因在于气体能够降低蒸汽分压及气体本身的热载体作用。注入气体驱替是非混相驱，在原油与气体间较低界面张力作用下，气体比水更容易进入较小的含油孔隙中，形成微小的气泡，吸附在孔隙中，这部分气体在汽驱中不会被采出，同时，气体气泡的存在增加了流动阻力，多分布在蒸汽主流线附近，因而可以改善吸汽剖面，迫使蒸汽波及未波及区域，提高蒸汽波及系数。

模拟B14m井进行了水平井注蒸汽和注多元流体吞吐数值模拟研究。注入蒸汽和多元热流体的温度均为200℃。蒸汽吞吐方案注蒸汽3300t，多元热流体方案注入蒸汽3240t，注入气体$270×10^4m^3$，注气结束时形成的气腔如图8-15所示，气腔温度剖面如图8-16所示。

注蒸汽与注多元热流体的加热腔和高压区参数见表8-5。由表8-5可知，多元热流体加热腔大小是蒸汽加热腔的4倍以上，在10MPa油藏压力下注入的200℃蒸汽在油藏中以热水状态存在，而注入多元热流体中的气体可降低蒸汽分压，提高蒸汽干度，同时也起到

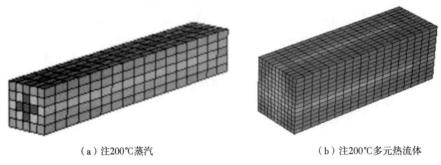

（a）注200℃蒸汽　　　　　　　　　　（b）注200℃多元热流体

图8-15　蒸汽吞吐和多元热流体吞吐注气后形成的气腔

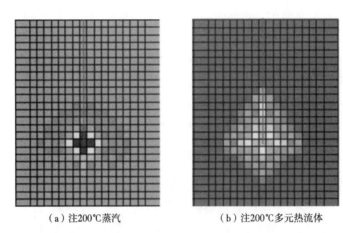

（a）注200℃蒸汽　　　　　　　　　　（b）注200℃多元热流体

图8-16　水平井注蒸汽和注多元热流体时加热腔的剖面

热载体的作用，扩大加热范围。多元热流体加热腔平均温度要低于蒸汽加热腔，分别为152℃和176.7℃。另外，注多元热流体形成高压区体积要明显大于注蒸汽，是其3倍以上，增压效果明显。

表8-5　注蒸汽与注多元热流体的加热腔和高压区参数

项目	注蒸汽	注多元热流体
加热腔体积（m³/m）	16	66
加热腔温度（℃）	176.7	152
加热腔压力升高值（MPa）	1.96	1.16
高压区体积（m³/m）	225	720
高压区平均压力升高值（MPa）	0.74	0.654
油藏平均压力升高值（MPa）	0.072	0.097

2. 提高驱油效率

1）降低界面张力作用

降低界面张力能使毛细管准数（μ/σ）增大，进而降低原油饱和度。在适当压力和组成条件下注气，相间传质将会使界面张力大大降低。界面张力降低可使气体进入被高界面张力完全隔离的孔道，从而提高波及系数，并减小残余油饱和度。

通过实验测定了 56~240℃ 和 5~20MPa 条件下，油水（蒸汽）、氮气和二氧化碳与南堡普通稠油之间的界面张力。氮气、二氧化碳和水与稠油之间的界面张力与温度的关系如图 8-17 所示。由此可见，氮气、二氧化碳和水与稠油之间的界面张力随温度升高而降低。在不同温度下，气体与稠油之间的界面张力大于水与稠油之间的界面张力。二氧化碳与稠油之间的界面张力低于氮气与稠油之间的界面张力。

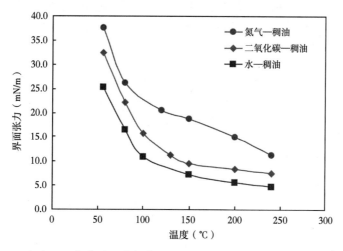

图 8-17　氮气、二氧化碳和水与南堡稠油之间的界面张力随温度的变化曲线

150℃下氮气和二氧化碳与稠油之间的界面张力随压力的变化曲线如图 8-18 所示。由此可见，N_2 与稠油之间的界面张力开始时随压力增大而增大。当压力高于 20MPa 后，氮气与稠油之间的界面张力反而降低，这还需要进一步的实验来验证并分析其原因。150℃时，低压下二氧化碳与稠油之间的界面张力较高，但随着压力升高，二氧化碳与稠油之间的界面张力不断降低。

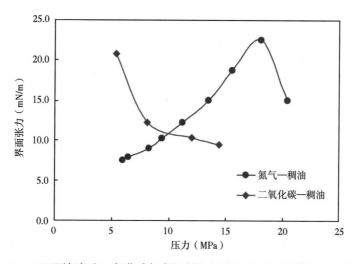

图 8-18　150℃下氮气和二氧化碳与南堡稠油之间的界面张力随压力的变化曲线

2）改善相对渗透率作用

采用非稳态方法测定多元热流体—油相对渗透率。以一维两相水驱油（蒸汽驱油）的基础理论为依据，描述稠油油藏的岩心在热水驱（蒸汽驱）过程中水（蒸汽）、油饱和度在多孔介质中的分布随距离和时间而变化的函数关系。按照模拟条件要求，在岩心模型上进行恒速的热水驱油（蒸汽驱油）实验，记录模型出口端两相流体的产量和模型两端的压差随时间变化的情况。用 JBN 法或最优化历史拟合的数值模拟方法整理计算实验数据，得到油—水（油—蒸汽）的相对渗透率与含水（液相）饱和度的关系曲线，如图 8-19 所示。

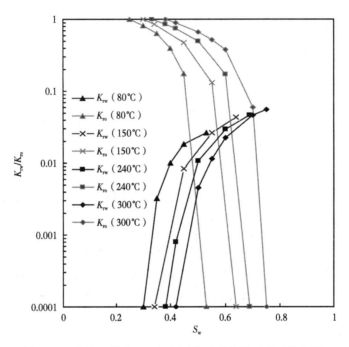

图 8-19　蒸汽（热水）—油相对渗透率曲线（半对数坐标）

实验测得蒸汽（或热水）驱油时，残余油饱和度下蒸汽（或热水）端点相对渗透率为 0.02~0.05，残余油饱和度随着蒸汽（或热水）温度升高而降低，表明蒸汽温度越高，驱油效率越高。300℃蒸汽驱油效率为67%。

实验测得注氮气和（或）二氧化碳驱替时，残余油和束缚水饱和度下氮气和（或）二氧化碳的端点相对渗透率为 0.03~0.125，残余油饱和度随着温度升高而降低。温度越高，驱油效率越高。240℃下氮气和二氧化碳驱油效率分别为 39.7%和 47.2%，低于相同温度下蒸汽驱油效率。

实验测得在注热水、蒸汽、氮气和（或）二氧化碳驱替的同时，添加一定浓度表面活性剂［这里为 0.1%（质量分数）的十二烷基苯磺酸钠］，可以降低残余油饱和度，提高驱油效率。在 56℃热水中添加表面活性剂可使残余油饱和度由 0.493 降至 0.413，驱油效率提高了 10.2%。在 150℃蒸汽中加入表面活性剂可使残余油饱和度由 0.3603 降至 0.296，驱油效率提高了 8.4%。而在 50℃蒸汽中加入表面活性剂和氮气，形成氮气泡沫，可使残余油饱和度进一步降至 0.264，驱油效率也进一步提高了 4.7%。

3）多元热流体的微观驱油效率

采用渤海油田南堡 35-2 油田砂样（或人工砂样）和油样以及模拟地层水，进行填砂管模型驱油模拟实验。

实验中多元热流体的注入条件是根据多元热流体发生器的温度和流体组成关系确定的，二氧化碳和氮气体积是指在注入压力条件下的体积。整个 1D 填砂模型孔隙体积约为 50mL，蒸汽注入速度与现场多元热流体注入的实际流速相当。注入蒸汽和气体体积以相同热量为基准。水的比热容和焓随温度和压力变化明显，需要根据注入条件来确定。在 3～5MPa 的注入压力下，140℃、200℃和300℃蒸汽（或热水）的焓值分别约为 1020kJ/kg、2850kJ/kg 和 3060kJ/kg；在相应温度和压力下，二氧化碳的焓值分别约为 98kJ/kg、158kJ/kg 和 260kJ/kg。根据这些焓值，确定了蒸汽、二氧化碳和氮气的注入量和注入速度。分别测定了注入 1.5PV 蒸汽或多元热流体时的阶段采收率和最终采收率，结果如图 8-20 和图 8-21 所示。图 8-20 中的最终采收率和油气比（OGR，采出油量与注入气体量之比）可以反映蒸汽或多元热流体驱替的效果。

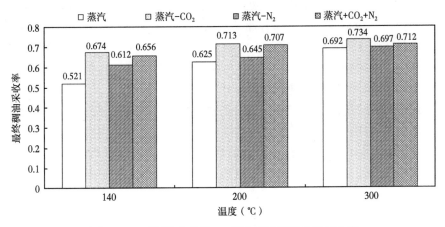

图 8-20　不同注入流体 1D 填砂模型驱替最终采收率

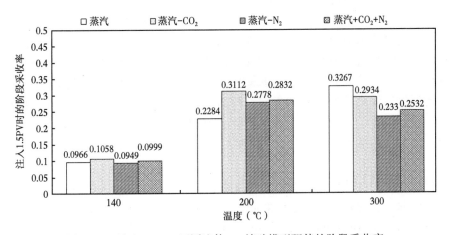

图 8-21　注入 1.5PV 不同流体 1D 填砂模型驱替的阶段采收率

由此可见，注入蒸汽与气体［二氧化碳、氮气或烟道气（二氧化碳+氮气）］的最终采收率均高于蒸汽驱，其中，蒸汽+二氧化碳复合驱替的采收率最高，300℃蒸汽+二氧化碳复合驱最终采收率达到73.4%；其次是蒸汽+烟道气复合驱替，300℃蒸汽+烟道气复合驱最终采收率达到71.2%，与蒸汽+二氧化碳复合驱相差不多；蒸汽+氮气复合驱替最终采收率相对较低，300℃蒸汽+氮气复合驱最终采收率为69.7%。总体上，1D填砂模型实验条件下，300℃蒸汽与气体复合驱替较蒸汽驱可提高采收率2%~4%，提高采收率幅度并不是很大。但是，在注入流体温度较低时，蒸汽（热水）与气体复合驱较蒸汽（或热水）驱提高采收率幅度变得非常明显：200℃时，蒸汽与气体复合驱替较蒸汽驱提高采收率2%~9%；140℃时，蒸汽与气体复合驱替较蒸汽驱提高采收率9%~15%；温度越低，复合驱提高采收率效果越好。

3. 气驱

多元热流体热采过程中，二氧化碳、氮气等非凝析气体在油藏条件下对提高稠油采收率和开采效果起着一定作用。气驱提高稠油采收率主要有混相驱和非混相驱。

最小混相压力取决于二氧化碳的纯度、原油组分和油藏温度。最小混相压力随着油藏温度的增加而提高。最小混相压力随着原油中 C_5 以上组分分子量的增加而提高。最小混相压力受二氧化碳纯度的影响，如果杂质的临界温度低于二氧化碳的临界温度，最小混相压力减小；反之，如果杂质的临界温度高于二氧化碳的临界温度，最小混相压力增大。氮气同原油的混相压力比二氧化碳同原油的混相压力高。

多元热流体注入地层的大量二氧化碳溶于原油中具有溶解气驱作用。不同原油中二氧化碳的溶解度是不同的，而且其溶解度随着原油分子量与地层压力增加而增加。由于注入超临界二氧化碳在原油中溶解，随着原油中溶解气量增加，井筒附近和油藏内部压力增加，地层能量增加。油井开井时，随着油藏压力下降，流体中的溶解气脱出，液体内产生气体驱动力，带动原油流入井筒，形成内部溶解二氧化碳驱，提高了驱油效果。

4. 重力驱

除了多元热流体吞吐开采时的增产机理外，注入多元热流体强化重力驱油时，气体会在油藏上部捕集，抑制蒸汽向上渗透，影响蒸汽加热腔的向上扩展。同时，气体具有明显的增压作用和向下驱替作用。与蒸汽辅助重力泄油"蒸汽加热形成蒸汽腔，稠油沿蒸汽腔边缘向下流动，主要依靠重力向采油泄油"的机理不同，注多元热流体强化重力驱油是"捕集的气体会限制蒸汽加热腔向上扩展，主要依靠气体向下驱动及气体与稠油之间的重力差异作用将加热的稠油驱替至采油井采出，是气驱和气、油重力差异强化重力泄油"。

不考虑气体溶解对稠油黏度的影响，根据模拟实验装置高度（0.65m），稠油密度取 $950kg/m^3$，分别计算了不同温度、压力下多元热流体组分与稠油之间的重力分异作用。高压低温蒸汽的重力驱替作用力为负值，表明蒸汽以液态水存在，密度大于稠油，重力作用使稠油向上"浮动"。

二氧化碳和氮气在计算的温度、压力条件下以气态存在，重力驱替作用力为正值，重力作用使气体向上"浮动"，而使稠油向下"驱动"。由于氮气密度较低，其重力驱替作用最为明显，达到0.0059MPa，而室内高压驱替实验中，驱替压差为0.2~1.0MPa，因此，重力驱替作用仅为压力驱替作用的2.74%以下，重力驱替作用并不显著，只有在油藏压力衰竭时，重力才是主要作用。如果考虑气体溶解使稠油密度降低的影响，则重力驱替作用会进一步减小。

5. 提高热效率

注入地层的多元热流体中含有大量低潜热的氮气，与蒸汽一同注入时，由于气体的导热系数低，非凝析气体的存在可以降低蒸汽的露点，使蒸汽换热速度减慢，可降低高潜热蒸汽的热损失。有利于提高蒸汽波及效率。同时，注入气体在地层捕集形成气顶，可以明显降低蒸汽向上覆地层的热损失，如图 8-22 所示。而单纯蒸汽驱不易形成蒸汽腔，即使形成了蒸汽腔，也会因热交换导致蒸汽冷凝成水而导致热量散失。

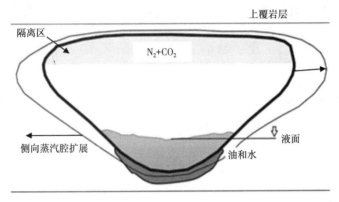

图 8-22　多元热流体蒸汽腔示意图

基于前面 300℃ 多元流体吞吐油藏数值模拟结果，注入多元流体后油藏中气体饱和度分布剖面如图 8-23 所示，油藏温度分布剖面如图 8-24 所示，对比注入多元流体油藏的气体饱和度分布与温度分布可知，气体波及面积达到 $500m^2$，是加热油藏面积（约 $66m^2$）的 7 倍以上。整个气体波及范围内的平均气体饱和度为 0.1079，而原始油藏气体饱和度为 0。

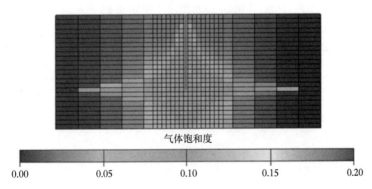

图 8-23　注入 300℃ 多元热流体油藏的气体饱和度分布剖面图

多元热流体中氮气与二氧化碳气体组分的导热系数均小于岩石与稠油的导热系数，所以在多元热流体注入地层后，由于氮气与二氧化碳的超覆作用，在气腔上部形成保护层，降低了热量向上覆岩层的散失，提高了多元热流体的热利用效率。根据模拟南堡 35-2 油田多元流体吞吐数值结果，注入多元流体一周期后波及区导热系数与蒸汽吞吐相比降低了 4.3%，比热容降低了 26.3%，提高热效率的作用非常明显。

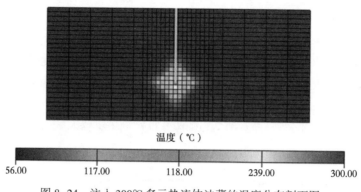

温度（℃）

| 56.00 | 117.00 | 118.00 | 239.00 | 300.00 |

图 8-24　注入 300℃多元热流体油藏的温度分布剖面图

四、增能保压机理

蒸汽吞吐采油又称为周期性注汽或循环注蒸汽采油方法。其机理是将油井周围有限的区域加热，以降低原油黏度，达到提高原油采收率的目的。蒸汽吞吐作业的过程可分为注汽、蒸汽浸泡（焖井）及采油（或回采）3 个阶段，即"吞"进蒸汽，"吐"出原油。然而，蒸汽吞吐往往只动用和采出了近井地带稠油，井间仍存在大量死油区。并且随着吞吐轮次的增加，地层（尤其是近井地带）能量呈现逐渐降低的趋势。总体上讲，蒸汽吞吐开采属于依靠天然能量开采，只不过在人工注入一定数量蒸汽并加热油层后，产生了一系列强化采油机理，主要是原油加热降黏的作用。多元热流体中包含大量的惰性气体，可提高地层能量，保持地层压力，进而提高开采效果。

以注入 25℃水产生 200℃多元热流体方案，计算了一口水平段长 300m 水平井在注入多元热流体后油藏压力增大情况，岩石压缩系数取 $2.0MPa^{-1}$，油藏孔隙度为 0.35，驱替后注入流体饱和度为 0.50，共注多元热流体 20d，采用上面方法计算得到 5MPa 油藏（模拟开发中后期油藏）和 10MPa（模拟开发初期油藏）油藏注入多元热流体后，不同流体组分的增压作用及气腔平均压力增高值见表 8-6。

表 8-6　不同流体组分的增压作用及气腔平均压力增高计算结果

多元热流体注入量（t）			油藏压力（MPa）	气腔截面积（m²）	蒸汽增压（MPa）	CO_2 增压（MPa）	N_2 增压（MPa）	气腔平均增压（MPa）
蒸汽	CO_2	N_2						
5491.2	283.2	964.8	5	200	0.301	0.152	1.468	1.922
				400	0.151	0.076	0.734	0.961
				800	0.075	0.038	0.420	0.533
			10	200	0.300	0.050	0.645	0.995
				300	0.150	0.025	0.322	0.497
				700	0.075	0.012	0.161	0.249

由表 8-6 可见，在给定多元热流体注入方案下，多元热流体具有明显的增压作用，增压贡献大小顺序为：氮气>蒸汽>二氧化碳。在形成不同高压气腔时，气腔内平均压力可达 0.2~2.0MPa，增产效果明显。而且，对低压油藏（5MPa）的增产效果更为明显，这也表

明，注多元热流体也适用于油藏开发中后期或低压稠油油藏的增压开采。

五、协同增产机理

采用具有 4 个测温点和 2 个测压点的多元热流体高压模拟实验装置，开展了南堡稠油和模拟特稠油注蒸汽吞吐、氮气和二氧化碳吞吐、多元热流体吞吐的模拟实验，其中实验压力均为 10MPa，焖井时间均为 15min。

由表 8-7 可见，多元流体（蒸汽、氮气和二氧化碳）对南堡稠油吞吐开采具有明显的协同增产作用，多元流体增产油量是蒸汽吞吐与气体吞吐增产油量之和的 1.6 倍，原因在于多元流体吞吐过程中，蒸汽加热降黏，而气体除了降低稠油黏度外，还能为稠油提供驱动压力。

表 8-7 南堡稠油吞吐模拟实验结果

增效因素	激励方式	注入量（L）	平均采油指数 $[mL/(MPa \cdot min)]$	周期增产油量（mL）	A 增产效应+B 增产效应	AB 增产效应
A	蒸汽（240℃）	0.35	66.7	250		
B	N_2+CO_2（56℃）	N_2 0.125，CO_2 0.05	42.7	274	524	—
AB	多元流体（240℃）	N_2 0.125，CO_2 0.05，蒸汽 0.35	106.2	870	—	870

表 8-8 中饱和天然气南堡稠油吞吐模拟实验结果表明，饱和天然气稠油多元流体吞吐增产油量为蒸汽吞吐与气体吞吐增产油量之和的 1.05 倍，协同增产效应不明显，原因在于稠油中溶解的天然气起到了气体降黏和提供驱动压力的作用，使注入氮气和二氧化碳的降黏和提供驱动压力作用不明显。

表 8-8 饱和天然气南堡稠油吞吐模拟实验结果（天然气饱和压力为 10MPa）

增效因素	激励方式	注入量（L）	平均采油指数 $[mL/(MPa \cdot min)]$	周期增产油量（mL）	A 增产效应+B 增产效应	AB 增产效应
A	蒸汽（240℃）	蒸汽 0.35	60.0	678		
B	N_2+CO_2（56℃）	N_2 0.125，CO_2 0.05	58.2	460	1138	—
AB	多元流体（240℃）	N_2 0.125，CO_2 0.05，蒸汽 0.35	72.6	1200	—	1200

采用 Eclipse 软件的 Thermal 热采模拟器，进行南堡 35-2 油田水平井蒸汽吞吐、二氧化碳吞吐、注多元热流体吞吐油藏数值模拟的结果见表 8-9（模拟计算期为 24 个月，溶解气油比为 20m³/m³）。由表 8-9 可见，多元流体吞吐较冷采增产原油 6611m³，为蒸汽吞吐与气体吞吐的增产原油之和（5880m³）的 3.12 倍，协同增产效应非常明显，当溶解气

油比降低时，协同增产效应会进一步提高。原因在于多元流体吞吐过程中，蒸汽加热降黏，而气体除了降低稠油黏度外，还能为稠油提供驱动压力，在油藏规模下还起到提高波及体积和提高热效率的作用。

表 8-9　南堡油田吞吐水平井吞吐数值模拟结果

增效因素	激励方式	注入量（m³）	周期增产油量（m³）	A 增产效应+B 增产效应	AB 增产效应
A	蒸汽（240℃）	2050	4252	5880	—
B	N_2+CO_2（56℃）	$5.4×10^4$	1628		
AB	多元吞吐（240℃）	蒸汽2050，气体$5.4×10^4$	6611	—	6611

六、其他增产机理

多元热流体是一种热力采油技术，除上述重点描述的特性机理外，还包括以下增产机理[4-7]。

1. 相渗透率与润湿性改变

注入的多元热流体加热油层后，高温使油层的油水相对渗透率发生变化，在相同水饱和度下，油相渗透率增加，水相渗透率降低，平衡水饱和度增加，高温流体使砂粒表面上的胶质、沥青胶质油膜破坏，润湿性改变。由原来的亲油或强亲油变为亲水或强亲水。从油相分流率来看，油相渗透率增加，同样可以提高油相的分流量，进而增加原油产量。

2. 回采过程中的驱动作用

多元热流体回采过程中的驱动作用，以及冷凝水的闪蒸作用也是提高稠油采收率的增产机理。注入油层的蒸汽仍有一部分能够在回采过程中保留其相态，这些蒸汽在流动过程中受压降的影响，其体积膨胀。由蒸汽的相态特征可以看出，冷凝水突然闪蒸为蒸汽。此外，高温下油层原油产生某种程度的裂解，使原油的轻馏分增多，表现为采出原油的馏分随回采时间的增加而逐渐变重，而且后一周期比前一周期变重，这种蒸汽使部分原油轻度裂解对油井增产起了积极作用。

3. 提高井筒附近地层的渗流能力

稠油油藏在钻井、完井、井下作业及采油过程中，外来的钻井液及油藏的石蜡、沥青质很可能伤害、堵塞地层。其原因在于这些堵塞物会进一步受到稠油中胶质、沥青质成分的黏结作用，加上流速很低，堵塞物不易被清除。在多元热流体注入过程中，注入流体的高温使沉积在井筒附近空隙中的胶质、沥青质的相态发生变化，使其由固态变为液态，溶于原油中。在回采过程中，由于液流方向改变，在放大压差下高速流入井筒时，油、多组分流体产生了对井筒附近地层的冲刷作用，将堵塞物排出地层，改善了井筒附近地层的渗流条件，提高了原油的流动能力。

4. 原油受热膨胀作用

在油层孔隙孔道中，原油在高温下体积膨胀产生一定的驱油作用。原油、水及岩石的体积热膨胀系数分别为 $10^{-3}℃^{-1}$、$3×10^{-4}℃^{-1}$ 和 $10^{-4}℃^{-1}$。也就是说，原油的体积热膨胀系数相当于水的3倍多，岩石的10倍。当温度增加了200℃时，原油体积将增加20%，这是

340

油层加热过程中一种重要的驱油作用。

5. 降低贾敏效应

在高温多元热流体作用下，稠油水热裂解及蒸馏所产生的部分轻质化合物具有表面活性剂的特性，可以降低气泡或液珠对流体通过多孔结构喉孔的阻力。

第二节　多元热流体吞吐油藏条件

稠油油藏多元热流体开发方案设计远比常规油藏注水开发复杂，而且必须采用物理模拟、数值模拟技术及油藏工程研究方法进行深入全面的研究。

对于不同类型的稠油油藏，在开发方案设计之前，需按其特点筛选适宜的开发方式，而后再进行热采可行性研究及先导性试验，在取得必要的试验资料后，再进行正式热采开发方案设计，以提高开发效果及经济效益。

通过对稠油油藏热采地质油藏参数进行筛选评价，得出：

（1）对于海上稠油油藏，油层原油黏度小于 150mPa·s 时，可采用注水开发，最大不超过 200mPa·s，大于 200mPa·s 时采取多元热流体开发。

（2）对于海上稠油油藏，地下原油黏度介于几百至 2000mPa·s 时，可先采用常规冷采开发，后期采用多元热流体开发，为提高采油速度，也可早期采用多元热流体开发。

（3）对于地下原油黏度较高依靠天然能力不足以获得常规开采的海上稠油油藏，应尽早采用多元热流体开发。

（4）对于边底水活跃的海上稠油油藏，在实施多元热流体开发过程中应着重研究如何控制边底水侵入，防止边底水侵入，影响开发效果。

同时，稠油油藏注热采开发的选择有别于注水开发，对开发层系也具有一定的要求，应遵循的主要原则是：

（1）同一套开发层系要有适宜于热采的有效厚度，而且在平面上的分布较广，以保证热采能获得较好的经济效益。

（2）垂向上，将邻近的油层组合成一套开发层系，纯总厚度比应大于 0.35，单层开发时有效厚度下限应为 6m。

（3）同一开发层系内，储层原油黏度的差别不宜过大，岩石和原油的比热容、导热系数应接近。

（4）对于同一开发层系内，存在的厚度薄而物性差、密井网条件下横向连通差的小层，不应射开，如果射开这类油层，会使注热的动用程度低。

（5）一套独立的开采层系油层厚度及净总厚度比应满足开采的要求。

（6）层系划分与组合应考虑注入热能的充分利用，以提高其开发效果。

（7）对于多油层层状油藏，如果总的油层厚度大，而且有较好的隔层存在，可以划分为两套以上的开发层系，但推荐采用一套井网按自下而上的次序分层进行热采。与多套层系井网同时开发相比，其优点是：开发下层时，预热了相邻的上部油层，使上油层受热影响原油降黏，产生重力驱作用，产出部分原油，增加累计油汽比，缩短了上部油层热采开发期，延长了油藏的生产期，减少了一次性投资，尤其是减少了注热设备。

稠油热采同时应该选择合理的井网和井距。稠油热采开发井网初步可选择五点法、九点法的方形井网进行部署，这样适应范围大并有利于以后调整加密，节省了地面建设投资；后期井网加密时可选用反九点法、五点法和七点法。确定合理井网与井距的主要原则是：

（1）充分考虑油藏非均质性和油层连通程度，尽可能使注热井注入的热流体较均匀地推进，提高面积扫油系数和有效热利用率。

（2）应考虑地层的地应力状态及微裂缝系统分布规律，井网形状和井距合适，防止沿裂缝窜流的过早出现。

（3）应尽可能为热流体突破后或发生不规则窜流后留有调整井网和井距的余地。

（4）井网类型应依据构造形态、含油面积、油气水分布及其储层物性、非均质性和要求的注采井数比确定。

稠油油藏井距选择，不仅要考虑加热半径、注热速度、采注比等，还要兼顾投资效益和最终采收率等。根据国内外油田开发经验进行类比，结合油藏工程方法计算确定。井距的设计原则为：

（1）根据油藏特点和不同的开采方式优化井距。

（2）依据地质沉积相以及油砂体展布特点，分析不同井距对储量的控制程度，合理的井网控制程度一般应达到 80% 以上，形状不规则的条带状油藏也应达到 70% 以上。

（3）单井控制可采储量不低于经济极限值。

（4）井距应满足尽可能提高采油速度、缩短投资回收期、提高注热开发方案内部收益率的要求。

第三节　多元热流体热采关键装备

海上石油生产一般在海洋平台或其他海上生产设施上进行，具有设备设施紧凑、自动化程度高、海洋生产高安全性及高环保要求等特点。同时，由于海上石油生产的特殊性，也带来了在生产石油平台的空间有限、承重能力低、吊装能力有限、资源受限等困难。为此，在海上进行多元热流体注热作业，需要充分考虑注热装备的高效、集成功能，注热工艺流程的简单、安全，较低的热损失[8-11]。

海上多元热流体注热的关键装备主要包括多元热流体发生器、注热用水处理装置、制氮设备，同时海上油田应充分考虑平台可提供的作业面积、吊装能力、物料供给资源，以满足平台安全管理要求、减少成本投入为原则，合理配置多元热流体发生器所需的物料供给和注热管线流程。

一、多元热流体发生器研制

1. 多元热流体发生器工作原理

多元热流体发生器是运用液体火箭发动机的燃烧喷射理论，遵循物质守恒、能量守恒和化学平衡定律，通过一定混合比的燃料与氧化剂在燃烧室内爆燃产生高温混合气，将化学能转变为热能，整个燃烧过程包括柴油雾化过程、液滴蒸发过程、柴油和氧化剂气相混合过程及化学反应过程。燃烧后产生的高温混合气主要组分是 N_2、CO_2 及少量 H_2O，温度能够达到 2000~3000℃。燃烧产生的高温混合气与加热注入水产生的高温蒸汽形成多元热流体。

　　雾化效果是控制柴油燃烧速度和燃烧质量的关键，按照现代航天火箭发动机燃烧理论，液雾平均直径应控制在 $25\sim500\mu m$，有利于柴油与氧化剂混合，提高燃烧效率。目前设计采用的多元热流体中，柴油与空气质量配比为 1:14.9，目的层注入温度为 240℃。

2. 多元热流体发生器组成及特点

　　多元热流体发生器是注热装备的核心，主要由原料供给系统、多元热流体发生系统和废液收集系统组成。

　　1）原料供给系统

　　原料供给系统主要由空气压缩机舱、供燃油系统和供水系统组成。通过原料的发生、配比、供给，为稠油热采提供设计需求的定温、定压、定流体配比的多元热流体物料。

　　空气压缩机舱（图 8-25）是通过将高压空气从喷嘴输送到燃烧器内，为柴油燃烧提供氧化剂，同时为多元热流体注热提供压力。该系统由低压螺杆空气压缩机、高压空气压缩机、低压气体缓冲罐和电器控制柜组成，经三级压缩后输出高压空气。现阶段热采用空气压缩机舱最高输出压力可以达到 25MPa，最大输出空气量 $1200m^3/h$。

图 8-25　空气压缩机舱图

　　供水系统是将水处理装置淡化合格的水，通过系统增压为燃烧室提供高压水物料。该系统由水箱、前置水泵、高压水泵、过滤器、流量计、安全阀、截止阀等组成（图 8-26）。

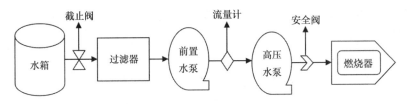

图 8-26　供水系统流程示意图

　　供油系统所需物料是平台生产用柴油，该系统通过对柴油过滤、高压油泵增压、喷嘴雾化为燃烧室提供燃料。该系统由油箱、截止阀、过滤器、流量计、高压油泵、安全阀等组成（图 8-27）。

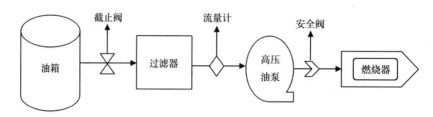

图 8-27　供油系统流程示意图

由于海上平台生产物料配给特点，在油箱设计时应考虑油箱容积能够满足多元热流体注热日耗油量需求。目前，按照拖三型多元热流体发生器燃油最大用量，油箱容积一般不低于 $14m^3$（10t 燃油）。

2）多元热流体发生系统

多元热流体发生系统，即主机舱（图 8-28），由机械设备与电器控制两部分组成，分属于机械设备室和控制室。

图 8-28　主机舱剖面示意图

机械设备室包括燃烧汽化装置、水泵总成、油泵总成、流量计、流量变送器、压力变送器、温度传感器、阀门及管路辅件、高温输出、排空管道等系统。其中，燃烧汽化装置是多元热流体的产生源头，它是通过供给系统按照设计比例输入定量的高压空气、燃油和水，在汽化室密闭燃烧后产生具备注热压力等级、混合气配比要求、温度要求等注热物性的多元热流体。

控制室由触摸屏显示器、PLC 控制柜、变频器柜、低压电器控制柜等组成，是设备启运、监控、参数调节中心，具备监控运行参数、自动或手动调节物料配比的功能。

3）废液收集系统

废液收集系统主要用于收集多元热流体发生器在启动、停机时所排出的气液混合物（含少量燃油），并集中处理，以减少对环境的污染。该系统主要由三通、排空阀和废液收集箱组成。其流程如图 8-29 所示。

在多元热流体发生器启动时，应将系统初期产生的不稳定多元热流体导入废液收集系统进行调试。当注热参数达到设计要求并稳定后，将多元热流体导入注热流程，并关闭废

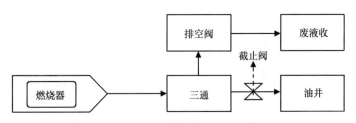

图 8-29　废液收集系统流程示意图

液收集系统。在多元热流体发生器停机时，流程操作参考启动流程。考虑到生产平台能力，现阶段废液收集箱容积一般设计为 5m³。

（1）多元热流体发生器性能参数。

针对不同阶段注热工艺的需求，集成设计了拖一型、拖二型和拖三型多元热流体发生器装备，实现了设备系列化。各型号多元热流体发生器性能参数见表 8-10。

表 8-10　多元热流体发生器性能参数

型号	拖一型	拖二型	拖三型
最大出口压力（MPa）	20	20	20
热流体温度（℃）	120~350	120~350	120~350
最大气流量（m³/h）	1000	2400	3600
最大水流量（t/h）	12	8	12
热流体流量（t/h）	1~5.6	1~11.2	1~16.8
主机舱尺寸（m×m×m）	9.2×2.5×2.5	9.2×2.5×2.5	9.2×2.5×2.5
主机舱重（t）	11	19	19
空气压缩机尺寸（m×m×m）	9.2×2.5×2.6	9.2×2.5×2.6	9.2×2.5×2.6
空气压缩机舱重（t）	17	18×2 组	18×3 组

（2）多元热流体发生器的特点。

①自动化控制，全封闭燃烧，热效率达 99%，余氧量在 2% 以内，具备自动安全监控系统及应急停机程序。

②模块化结构，重量轻。采用集装箱式模块，设备单件净重控制在 20t 以内，整套装备面积控制在 200m³ 以内。

③零碳排放，产生的多元热流体全部注入油层，利于环保。

④温度可控，适用范围广。多元热流体发生器产生的高温混合气能够达到 2000~3000℃，可根据工艺方案要求通过水冷调节注入温度，满足注热需求。

3. 燃气型多元热流体发生器研制

由于以柴油为燃料的多元热流体发生器运行成本较高，为了降低发生器运行成本，充分利用油田天然气资源，开展了燃气型多元热流体发生器的研制。天然气储量丰富、价格低、燃烧安全且污染小，所以将燃油型多元热流体发生器改为燃气型多元热流体发生器将取得巨大的经济效益，并为推广多元热流体热采新技术打下基础。

燃气型多元热流体发生器系统构成如图 8-30 所示。

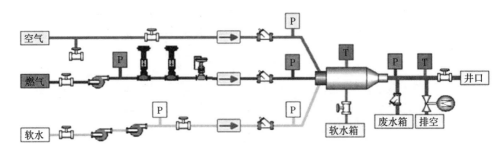

图 8-30　燃气型多元热流体发生器流程图

1）主机舱

主机舱主要包括燃烧系统、空气供给系统、天然气供给系统、供水系统、高压点火系统和电气控制系统。

2）空气压缩机舱

空气压缩机舱是一个高压空气供应站，主要包括低压螺杆机、高压活塞机、空气过滤系统、储气罐及电气控制系统等。图 8-31 为其结构示意图。

图 8-31　空气压缩机舱结构示意图

3）天然气压缩机舱

天然气压缩机舱是一个高压天然气供应站，主要包括活塞式天然气压缩机、缓冲罐、废液回收罐（回收的废液可供给燃气发电机组作为原料，从而进一步降低使用成本）、气体检测系统及电气控制系统等。图 8-32 为其结构示意图。

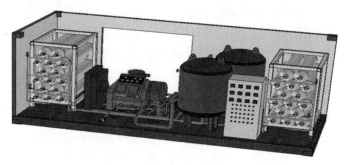

图 8-32　天然气压缩机舱结构示意图

燃气型多元热流体发生器技术参数见表8-11。

表8-11 燃气型多元热流体发生器技术参数

型号		FDLG/FDHG	FELG/FEHG	FFLG/FFHG
电源	电压（V）	380		
	频率（Hz）	50		
	功率（kW）	600	1200	1800
最大出口压力（MPa）		20		
出口热载体温度（℃）		120~350		
最大空气流量（m³/h）		1200	2400	3600
空气压缩机最大输出压力（MPa）		25	25	25
最大燃气流量（m³/h）		120	240	360
最大水流量（t/h）		4	8	12
热载体流量（t/h）		1~5.6	1~11.2	1~16.8
氮气排量（m³/h）		937	1874	2811
二氧化碳排量（m³/h）		125	250	375
主机舱重（t）		11	15	19
空气压缩机舱重（t）		19.5	19.5×2	19.5×3
余氧量（%）		<3		

二、水处理装置

1. 水源的选择

多元热流体发生器对供给水的水质要求严格。供给水水质标准见表8-12。

表8-12 多元热流体供给水水质标准

项目	指标
溶解氧（mg/L）	≤0.05
总硬度（以 $CaCO_3$ 计）（mg/L）	≤0.5
总铁（mg/L）	≤0.05
二氧化硅（mg/L）	≤50
悬浮物（mg/L）	≤2
总碱度（mg/L）	≤2000
油和脂[①]（mg/L）	≤2
矿化度（mg/L）	≤500
pH 值	6.9~11

① 建议不包括溶解油。

海上平台的水源一般有淡水、地热水、生产污水和海水。4 种水源的水质指标数据见表8-13。

表 8-13 水质指标数据

项目	淡水	地热水	生产污水	海水
溶解氧（mg/L）	—	—	0.3	—
总硬度（以 $CaCO_3$ 计）（mg/L）	2.0	0.98	3.19	55.76
总铁（mg/L）	2.22	0.22	0.2	0.57
二氧化硅（mg/L）	4.09	—	—	17.36
悬浮物（mg/L）	0.5	0.01	5.87	107.73
总碱度（mg/L）	—	49.35	17.94	2.21
油和脂（mg/L）	0	—	14	—
矿化度（mg/L）	358.76	5176.47	1761	30474.62
pH 值	6.94	9.04	8.86	7.30
来源	供给船	水源井	生产处理系统	海洋
优点	水质较好	水源充足	—	资源丰富
缺点	资源有限，成本高	一般含有伴生气	供给量有限，油处理难度大	水质差，处理难度大

通过对 4 种水源的水质分析，海上平台的水源均不满足多元热流体用水的水质要求，必须使用水处理装置进行纯化、淡化处理。其中，淡水资源供给有限，需供给船定期支持，费用高；生产污水供给量受生产流程产水量的限制且含油处理难度大；海水和地热水资源丰富，但海水水质很差，地热水相对较好，易处理。

通过对比分析、综合考虑，选择地热水作为水处理装置的水源。

2. 工作原理

半透膜是水处理装置的核心部件，它是一种只能透过溶剂（通常指水）而不能透过溶质的选择透过性膜。当纯水和盐水（或把两种不同浓度的溶液）分别置于此膜的两侧时，纯水将自发地穿过半透膜向盐水（或从低浓度溶液向高浓度溶液）侧流动，这种现象称为渗透。纯水侧的水流入盐水侧，盐水侧的液位上升，当上升到一定程度后，水通过膜的净流量等于零，此时该过程达到平衡，膜两侧的液位高度差对应的压力称为渗透压。而当在膜的盐水侧施加一个大于渗透压的压力时，水的流动方向就会逆转，此时盐水中的水将流入纯水侧，这种现象称为反渗透[12-15]。

水处理装置即是利用反渗透原理，通过高压泵提高水压，使水由较高浓度的一方渗透至较低浓度一方，当含盐的水溶液与多孔的半透膜表面接触时，则在膜的溶液界面上选择吸附一层水分子，在反渗透压力的作用下，通过膜的毛细管作用流出纯水，并连续地形成和流出这个界面纯水层。工作原理如图 8-33 所示。

3. 水处理装置组成

水处理装置由预处理净化系统、脱盐系统和储存配水系统组成，这三个系统由 PLC 中央控制系统集中自动控制。组成结构如图 8-34 所示。

1）预处理净化系统

预处理净化系统由粗滤器、炭滤器和精滤器三部分构成。预处理净化系统是对不符合反渗透膜进水条件的原水进行处理，改善供水环境，延长反渗透膜的使用寿命。它的处理

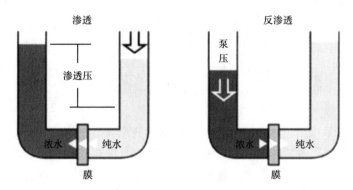

图 8-33　反渗透膜工作原理示意图

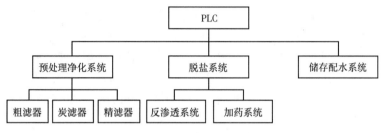

图 8-34　水处理装置组成结构图

对象主要是进水中的机械杂质、胶体、微生物、有机物及游离氯等。反渗透膜的进水水质条件见表 8-14。

表 8-14　反渗透膜的进水水质条件

项　目	条　件
浊度	<2NTU
pH 值	3~10
温度	4~45℃
反渗透膜污染指标 SDI	<3
总铁	<0.3
总锰	<0.1
$CaSO_4$ 浓度积（浓水侧）	230
$SrSO_4$ 浓度积（浓水侧）	800
BaS 浓度积（浓水侧）	6000
SiO_2 溶解度（浓水侧）	100
朗格利尔指数（浓水侧）	<1.8
菌落总数	100 个/mL
余氯含量	<0.1mg/L

　　粗滤器主要用于去除水中的泥沙、悬浮颗粒等杂质，出水的浊度小于 2NTU。工作原理是利用滤芯组成的孔隙，将原水中的泥沙、胶体、悬浮物等杂质截留，材质选用碳钢

衬胶。

炭滤器用于去除水中的胶体微粒、色度、活性氯等物质，降低反渗透膜的污染。炭滤器内填充活性炭，它有非常多的微孔和巨大的比表面积（1g 活性炭颗粒的比表面积达到 1000m²），物理吸附能力强。同时，活性炭表面有大量的羟基和羧基等官能团，可对有机物进行化学吸附，以防止因有机物过高而造成反渗透膜被污染。

精滤器用于去除大于 1μm 的悬浮固体及颗粒物，降低水的 SDI 指数。SDI（淤积密度）指数是反渗透系统对进水水质要求的一项重要的水质控制指标。

原水经过粗滤器、炭滤器等预过滤后，再经精滤器对其进行处理，进一步去除生水中残留的机械杂质等，从而使反渗透系统的待处理水完全符合膜的进水条件，保证反渗透系统正常运行。

2）脱盐系统

采用先进的反渗透膜作为脱盐装置，如图 8-35 所示。反渗透膜组是反渗透系统的"心脏"，其作用是去除待处理水中的可溶性盐分、胶体、有机物及细菌和热源，单支脱盐率为 99.0%~99.6%。具有极高的抗压密、抗磨损、抗化学降解性能；耐 pH 值范围最宽，能用普通酸碱进行强力高效的清洗，因清洗更彻底，从而使膜系统长期运行压力更低，可大幅度降低运行费用。它具有超低的运行压力、更高的水通量、更宽的水质适用范围和压力适应范围。

图 8-35　反渗透膜实物图

3）储存配水系统

储存配水系统由原水箱和纯水箱组成。

原水箱用于储存进入本系统的原水，原水供水量必须保证 40t/h 的用水量，其目的是调节进水流量的变化，防止进水波动对系统运行产生影响，保证系统的进水量稳定。原水箱设置液位控制装置，可随时监测水箱液位和控制原水泵。当原水箱低液位时，原水泵自动停止运行。

纯水箱用于储存反渗透产出的纯水，其目的是保证系统的出水量稳定。纯水箱设置液位控制装置，可随时监测水箱液位和控制高压泵。当纯水箱高液位时，高压泵自动停止运行。

4. 技术参数

现阶段注热作业配套的反渗透膜水处理装置采用模块化和系统化设计，占地面积小，能耗低。具备将流量 40t/h、矿化度 5000~6000mg/L 的原水淡化处理为流量 20t/h、矿化度 200mg/L 的纯水的能力。具体性能参数见表 8-15。

表 8-15　水处理装置性能参数

项目	参数
尺寸（m×m×m）	7×3×3
质量（t）	11.5
进水温度（℃）	15~35
进水排量（t/h）	≥40
产水排量（t/h）	≥20

三、高纯度制氮设备

制氮设备主要应用在海上油田热采中的氮气泡沫驱油、油气井气举诱喷、隔热助排、氮气置换等作业中，作业效果显著，且市场前景广阔。此类设备在陆地油田中应用时，通常产品氮气纯度在 95% 左右。表 8-16 列举了典型制氮设备设计参数值。在多元热流体和蒸汽吞吐作业中发现，由于油套环空注入大量的氮气，携带入较多的氧气，因热采井注入热流体温度较高，造成的油套管氧腐蚀严重，曾经出现过由于氧腐蚀断管的问题，造成了极大的损失。因此，有必要进行更高纯度的氮气设备的研发。

表 8-16　设计参数

项目	指　标	备　注
流量	≥450m³/h（20℃，101.325kPa）（纯度≥99.9%，氧含量≤0.1%）	流量变化前提下，纯度在 95%~99.9% 间可调节
运行时间	≥8000h/a	连续运行
排气压力	≤32MPa	
排气温度	≤50℃	
制氮时间	≤10min	
布局方式	分空气压缩机橇 1 个，制氮橇（含中控室）3 个，增压机组橇 1 个，共 5 个橇布局	
动力供应	380V/50Hz 空气压缩机，增压机都采用防爆电动机驱动，采用变频启动和控制	空气压缩机和增压机变频柜满足防爆等级 EX-dII BT-4
设计寿命	≥10 年	正常使用分子筛 10 年以上
冷却方式	风冷	
HSE 要求	装置设计应符合国家有关安全环保规范，装置富氧排出口位置设置合理，避免出现余气聚集现象	
运行海拔	≤2000m	
环境温度	-25~46℃	
环境湿度	≤90%	

变压吸附法（PSA）是一种新的气体分离技术，其原理是利用分子筛对不同气体分子吸附性能的差异而将气体混合物分开。它是以空气为原材料，利用一种高效能、高选择的固体吸附剂对氮和氧的选择性吸附的性能把空气中的氮和氧分离出来。碳分子筛对氮和氧的分离作用主要是基于这两种气体在碳分子筛表面的扩散速率不同，较小直径的气体（氧气）扩散较快，较多进入分子筛固相。这样气相中就可以得到氮的富集成分。一段时间后，分子筛对氧的吸附达到平衡，根据碳分子筛在不同压力下对吸附气体的吸附量不同的特性，降低压力使碳分子筛解除对氧的吸附，这一过程称为再生。变压吸附法通常使用两塔并联，交替进行加压吸附和解压再生，从而获得连续的氮气流。

1. 空气压缩机

（1）空气压缩机要求选用原装进口整体防爆空气压缩机。空气压缩机排气量大于 $30m^3/min$，排气含油量不大于 $3mg/L$；具有自动加载、卸载功能。空气压缩机的具体规格型号和排气压力由投标商根据整套氮气提纯设备配套标准确定。

（2）空气压缩机整体为集装箱密闭橇装式，后冷却风扇采用高效列管式冷却器，要求满足密闭橇装散热问题，并且便于清理，冷却风扇要装有防虫网。

（3）油气分离器应装有安全阀，回油管线要求装有滤网和观察窗口，可以直接观察到回油管线通畅情况，油气分离器应有明确的运行、停止状态下的油位标尺。

（4）空气压缩机的本地控制系统应具有独立的监控操作面板，具有报警点自保护停机功能、报警点详细信息提示，设有启动、停止、加载、急停等功能按键，控制面板要做防水保护，并且预留有通信端口，用于与数据房数据采集、监控系统连接。

2. 空气净化系统

（1）空气净化系统由一级过滤、二级过滤、活性炭过滤、冷干机等组成。

（2）空气缓冲罐容积不小于 $5m^3$，工作压力不低于 $1MPa$。

（3）采用进口过滤器，满足过滤质量要求。

（4）空气净化装置处理能力满足含尘不大于 $0.01\mu m$，含油量不大于 $0.003mg/L$，差压露点低于$-20℃$，处理能力不低于 $30m^3/min$ 的要求。

3. 空气处理系统控制

（1）一、二级过滤器压差指示器能提示及时更换滤芯。

（2）配备手动排液阀，当排水阀故障时能通过手动阀放空污水。

（3）自动排液阀，能够自动、及时、无空气排放损失的排除分离器中积聚的液态水。

（4）冷冻干燥机的运行状态可通过 PLC 监控，实现连锁控制功能，保证后端设备的安全。

4. PSA 制氮系统

（1）PSA 制氮系统由吸附塔、控制系统、分子筛、消音器组成。

（2）气体储罐高度不能超过设备限制高度，装有安全阀、压力表及其他安全附件。

（3）在氮气的排出端口，要求对氮气排量、纯度进行控制，对产出氮气排量、纯度、压力、温度进行数据测量和传输监控。设有氮气纯度报警系统，同时氮分析仪有第三方出具的校验证书。

（4）制氮系统设计具有良好的对负荷变动的适应性，且在变负荷运行时，系统有足够的安全可靠性。

（5）气管路采用不锈钢材质，关键部位应做防腐处理，统一排放并设计消音装置。

（6）装置采用的分子筛选择吸附容量大、抗压性能高、有效防止分子筛粉化、性能稳定的进口产品——日本岩谷 1.5GN-H，使用周期在 10 年以上；并出具进口证书。

（7）控制系统由可编程控制器 PLC（西门子）、气动电磁阀、流量计和氧分析仪等组成。通过 PLC 控制程序，完成吸附、再生等程序过程；通过在线检测纯度和流量，监控生产正常进行和不合格气体排空；通过流体力学精确计算、设计及控制，保证吸附塔内任何瞬间压差不超过分子筛粉化的临界值，防止分子筛粉化；合理控制变压吸附过程的时间，均衡气流速度，保持分子筛的长久性能。

（8）机组预留 RS485 通信接口、MODBUS 通信协议，可实现远程监视设备运行状态功能。

5. 氮气缓冲罐

（1）氮气缓冲罐容积不小于 $10m^3$，工作压力不低于 1MPa。

（2）设计符合国家标准，安全附件、仪表齐全，并且出具证书。

6. 增压机

增压机系统由增压机、防爆电动机、防爆变频柜、联轴器、润滑油系统、冷却系统、就地控制系统等组成；增压机采用原装进口的机型，水平对称式多级活塞压缩机；机组设有由原厂成套的机身和填料、汽缸润滑系统，并有超温、低压、超压、无油流润滑报警及停机保护系统；整体机组底座采用型钢制造，压缩机和发动机机座焊接成型后，整体热处理，消除内应力。压缩机底座配有固定螺栓及调平用微调螺栓，确保机组整体水平，防止损坏联轴器和压缩机、发动机部件。底橇四周设有挡油裙边，防止污油溢流污染环境。

管路、设备和底座等均严格按照 API 11P、GE 压缩机配套规范设计。底座设计考虑机组振动，并进行严格的振动分析，确保机组适应频繁转运的要求；配套管路均按照最高工况设计，安全余度大；气体进气口、排气口、放空口及机组所有排污口均接至橇边，便于操作维护。所有安全阀、手动放空口的排放均考虑安全设计，防止人体伤害。进气端装有放空阀，排出端装有放压阀。放空阀、放压阀和加载阀可通过手动电磁阀控制，保证人员和设备的安全。

（1）级间排污管全部接至橇边排污槽集中处理，排污效果良好，各级排气管线装有安全阀，设有排污池和减压装置防止污染环境。

（2）增压机曲轴箱内部和高位油箱内部都配有加热系统，保证冷启动润滑油压力在正常范围之内。

（3）增压机内各管线连接均采用标准 NPT 螺纹连接，增压机出口采用标准 1in NPT 螺纹连接 1502 活接头。

7. 橇组控制系统

（1）控制系统包括中央系统和现场控制单元等二级控制。空气压缩机组、变压吸附制氮系统与增压机组设有独立的控制系统，能独立完成自身的启动运行及报警、保护等功能。

（2）位于中央控制工作间内的中央控制，将空气处理系统，变压吸附制氮系统、增压机组的控制系统各种控制信号集中监控，把整套设备现场的主要数据和状态等传到中央控制的控制柜，集中进行数据和状态的实时监视、历史记录，显示工艺流程图、实时数据，具有数据采集、处理和显示、数据实时趋势和历史数据显示等功能，有打印输出接口，可方便地提供用户工作报表打印。

（3）中央监控选用工控机，通过标准 RS485 通信电缆与空气处理系统、PSA 制氮系统、增压机组通信，组态软件选用全中文组态软件。

（4）中控室装有防爆冷暖空调，可保证室内温度 18~25℃，配备操作台及座椅。

（5）中央控制的主要控制功能。变压吸附制氮与增压机组进行远程停机；空气压缩机组的出口温度、压力监视；变压吸附制氮装置的温度、压力、流量等重要参数；增压机组电动机转速、机油压力、排气压力、温度和运行状态显示；所有参数名称以中文显示，还能显示整套设备的工艺流程图、主要参数趋势图、报警记录等功能；自动记录设备运行参数，每隔 4h 自动存盘一次；同时对报警、停机信息进行自动存盘，可保留两年的设备运行记录。

第四节　多元热流体注采工艺

多元热流体注采工艺是通过配合多元热流体热力发生装备与流程，实现多元热流体注入和热力采油的工艺。海上实施多元热流体注采工艺是在参考常规热采注采工艺设计基础上，充分考虑海上生产平台空间局限性、生产及工艺的较高安全等级要求以及多元热流体注热特点，通过优化热采采油树结构、研发适合海上热采的耐温耐压井下工具、试验具备注热生产两套功能的注采管柱等工作，初步探索建立了适应海洋石油生产特点的稠油热采注采工艺。

一、热采采油树

热采采油树是稠油井注热和生产全过程中的重要控制装置，主要由阀门、异径接头、油嘴及管路配件等组成。海上应用热采采油树应在热采采油树常规配置的基础上，考虑海上平台空间摆放、连接与控制特点、耐温耐压等级诸多要求，以保障海上热采工艺与作业安全。

1. 热采采油树设计原则

（1）满足海上生产平台的空间限制与安全作业要求。海上生产平台的作业特点要求热采采油树需具备集成式结构、高密封性能、高安全控制，能够实现应急情况下的远程控制关断。

（2）考虑套管受热变形补偿功能。考虑生产套管受热伸长及海上生产井的管柱特点，在热采采油树设计时需增加套管的受热变形补偿。

（3）能够实现带压更换采油树功能。在油管头设计备压阀功能，确保采油树本体出现刺漏等突发情况时，能够带压更换采油树。

（4）材质满足海上热采作业需求。选择耐温、耐压性能好，密封性能稳定的材质，避免在注热过程中出现刺漏。

2. 海上热采采油树设计

对比常规热采采油树与海上常规采油树的相关特点，具体比对参数见表 8-17。海上常规采油树在通径上能够满足生产流量要求，在管柱安全上不具备通过高温高压流体。常规热采采油树虽然具备耐温、耐压能力，但其主通径为 65mm，无法满足海上热采生产要求；同时多采用卡箍式连接，易发生泄漏，不适用 21MPa 以上连接（依据 API 标准和 SY/T 5328—1996《热采井口装置》）。

表 8-17　采油树性能对比

项目	冷采采油树	常规热采采油树	海上热采采油树
耐温（℃）	<120	337，370	370
耐压（MPa）	21	21，35	35
主通径（mm）	80	65	80
连接方式	法兰式	卡箍式	法兰式
安全控制	有	无	有

依据常规热采采油树及海上常规采油树设计特点，充分考虑海上热采作业需求，探索实践了适合多元热流体热采的海上热采采油树。具体特点如下：

（1）采用整体式采油树，将主阀、安全阀、清蜡阀和翼阀等制成一个整体部件，阀与阀之间的距离较小，具有节省空间、耐高压特点，适合海上油田的热采作业。

（2）选用 DD 级以上的材质，有利于提高采油树的耐温、耐压等性能。

（3）采用具备高耐压性能的法兰连接方式，提高紧固件间的连接强度，增加密封的可靠性，整体提升采油树及管柱的可靠性。

（4）将常规热采采油树侧翼的单阀设计改为双阀设计，通过在采油树主通径和侧翼上加装双安全阀，增强采油树的安全控制，满足海上生产作业安全要求。

（5）调整采油树生产油嘴为可调式截流阀，有利于生产期间的产量控制。

（6）优化油管四通设计，在采油树内预留足够空间，解决由于套管预热膨胀升高带来的井口抬升问题。

改进后的海上热采采油树的主要构成及技术指标如下：

（1）主要构成。

热采套管头、油管头四通、80 气动安全阀、组合阀、65 气动安全阀、热采阀、节流阀、截止阀、压力表等组成；阀门与各组件之间采用法兰连接。

（2）技术指标。

①整体采用锻坯的材料形式，整体经过 53MPa 强度实验及 15min 气密实验。

②常温工作压力：35MPa（370℃工作压力 24.7MPa）。

③工作温度：-18~370℃。

④主通径：ϕ80mm。

⑤侧翼通径：ϕ65mm。

⑥材质：DD 级以上。

⑦性能级别：PR1。

⑧规范级别：PSL2。

⑨执行标准：API Spec 6A。

二、井下工具

井下工具是注采管柱功能实现的基础，海上热采作业的井下工具包括隔热油管、水平段均匀注热管、高温防污染工具和热采 Y 接头。海上热采井下工具应满足海上热采作业的安全及环保要求，有利于减少井筒热损失和保护套管安全，有利于油藏保护和保证热采效果，结构简单实用。

1. 隔热油管

隔热油管是注热开采稠油必备的井下工具之一，主要由内管、外管、隔热材料、接箍等组成。在稠油热采过程中，必须最大限度地减小注入油井井筒中的热损失量，保证注入井底的热量，并保证套管温度不超过极限安全温度，防止套管因热应力损坏及管外水泥环超高温变质。利用隔热油管注汽，能够使更多的热量进入油层，减小到达井底的热量损失，从而获得稠油开发增产的效果，同时防止油井套管和水泥环因高温而变形损坏，提高套管使用寿命。

1）隔热油管选择原则

（1）满足海上热采作业中减少井筒热损失的要求。海上生产平台的作业特点要求优选隔热性能最优的高真空隔热油管。

（2）满足海上热采井下入深度的要求。考虑海上生产平台油井一般埋藏深（大于1000m），选择强度高的隔热油管材质及螺纹连接方式，增加隔热油管的下入深度。

（3）满足海上生产作业的安全要求。考虑海上生产平台的作业特点，减少变径处因流体紊流导致的腐蚀速率增加，延长隔热油管的使用寿命。

2）隔热油管选择

（1）隔热油管的类型。

国内在注热开采的初期，曾经从美国的贝克等公司引进了不少隔热油管及其配件。后期随着国内隔热油管技术的发展，经历了多代的发展，隔热油管技术目前已成熟，国内热采基本选用国产隔热油管。

在注热流体过程中，井筒中径向热流量 Q_s，即由油管柱径向流向井筒周围地层的热流量，就是井筒热损失量。井筒结构及径向温度分布如图 8-36 所示。

根据传热学原理，在稳定热流状态下，井筒单元径向热流量 Q_s 与油管中热流体温度 T_s 与套管外水泥环和地层交界面之间的温度 T_h 的差值（$T_s - T_h$）成正比，也与该单元段长度 ΔL 形成的注入油管外表面积 $2\pi r_{t0} \Delta L$ 成正比。

$$Q_s = 2\pi r_{t0} U_{t0} (T_s - T_h) \Delta L \tag{8-1}$$

式中　U_{t0}——油管外表面至水泥环外表面间的总传热系数，$kcal$❶$/(m^2 \cdot h \cdot ℃)$。

U_{t0} 的倒数即是总热阻，总传热系数就是通过注入油管柱单位外表面积在单位温差下向井筒周围散热的热流速度。

总传热系数 U_{t0} 是控制井筒隔热效果的关键工程参数，它随井筒隔热条件，如隔热油管及套管尺寸、环空介质、注汽温度等变化。通过井筒油管壁、套管壁及水泥环的热流是

---

❶　1kcal＝4.1868kJ。

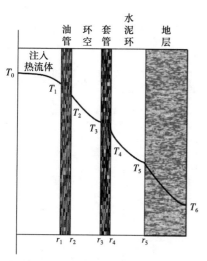 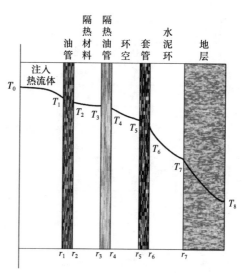

（a）环空中未下入隔热油管（其中是气体或液体）　　　（b）环空中下入隔热油管

图 8-36　井筒结构及径向温度分布图（T 表示温度，r 表示尺寸）

以热传导方式发生的。根据多层圆筒壁传热原理，通过每个圆筒壁的热流速度与圆筒壁介质中的温度梯度成正比，此比例常数 K_h 就是介质的导热系数。

隔热油管正是利用了多层圆筒壁传热原理，是注热管柱的重要组成部分，其主要功能是利用低导热系数，减少井筒热损失，保护套管及套管外的水泥环免受损坏。海上油田由于大多数稠油井较深，注气压力较高，为减少井筒热损失，最大限度地保证套管安全，必须采用隔热油管，考虑海上稠油热采的高速高效开发，对隔热油管的性能也提出更高的要求。

国产隔热油管可分为外波纹隔热油管、内波纹隔热油管和预应力隔热油管三类，其结构特点见表 8-18。

表 8-18　各类隔热油管结构特点

制造厂家	类型	隔热材料	防止热辐射层	扶正器	端部连接结构	连接螺纹
抚顺石油机械厂	外波纹隔热油管	硅酸铝纤维毯抽空后回注氩气	铝箔	钢辐板	外波纹管焊接	外加厚油管螺纹
抚顺石油机械厂	内波纹隔热油管	硅酸铝纤维毯抽空后回注氩气	铝箔	钢辐板	内波纹管焊接	偏梯形螺纹
抚顺石油机械厂	预应力隔热油管	硅酸铝纤维毯抽空后回注氩气	铝箔	钢辐板	预应力喇叭口焊接	偏梯形螺纹
辽河油田总机厂	预应力隔热油管	硅酸铝纤维毯抽空后回注氩气	铝箔	钢辐板	预应力喇叭口焊接	偏梯形螺纹

国产隔热油管应具有注热流体井各种工况所需要的抗拉、抗内压、抗外挤等力学性能，见表 8-19。

表 8-19　国产隔热油管力学性能

结构尺寸 (mm×mm)		127×62.0	114×62.0	114×50.6	88.9×50.6	88.9×40.9
预应力隔热油管	抗拉载荷 (kN) 20℃	820	680	560	510	500
	350℃	610	470	420	380	370
	抗内压 (MPa) 20℃	58	55	55	49	48
	350℃	42.8	40	40	35	36
	抗外挤 (MPa) 20℃	37.5	28	28	45	50
	350℃	25	20	20	38	38
内波纹隔热油管	抗拉载荷 (kN) 20℃	—	650	650	—	—
	350℃	—	450	450	—	—
	抗内压 (MPa) 20℃	—	40	40	—	—
	350℃	—	30	30	—	—
	抗外挤 (MPa) 20℃	—	28	28	—	—
	350℃	—	21	21	—	—
外波纹隔热油管	抗拉载荷 (kN) 20℃	—	600	450	—	—
	350℃	—	520	38	—	—
	抗内压 (MPa) 20℃	—	70	60	—	—
	350℃	—	52	45	—	—
	抗外压 (MPa) 20℃	—	28	28	—	—
	350℃	—	21	21	—	—

对比外波纹隔热油管、内波纹隔热油管和预应力隔热油管 3 种隔热油管，其中预应力隔热油管主要具有以下优点：

①隔热油管的内管受到热流体热量影响时，可释放预施加的拉应力，以补偿内外管温差伸长，确保了产品在高温下工作的可靠性。

②密封环空内充填有吸气剂，其功能是对污染气体进行清洁，从而延缓了系统随时间增加隔热性能下降的趋势，使产品在较长期工作中保持良好的隔热性能。

③用隔热油管可使注热流体的热损失大幅度降低，大大提高了可注入深度和注入油层的热流体质量。

④降低了套管和水泥环的热应力，防止套管高温损坏。

（2）海上热采用隔热油管设计。

海上热采隔热油管选择：

①隔热等级。采用隔热性能最优的高真空隔热油管，隔热等级为 E 级。

②隔热油管材质。隔热油管的下入深度直接影响井筒热损失的大小，隔热油管的材质影响其下入深度，目前隔热油管材质多以 N80 和 P110 应用较普遍。

a. 不同材质隔热油管强度校核。针对 N80 及 P110 钢级、内外管连接方式的隔热油管，结合钢材性能进行管柱强度校核计算，计算结果见表 8-20。

由表 8-20 可知，P110 的下入深度明显大于 N80，内管连接的下入深度大于外管连接，因此，对深井而言，内管连接、P110 钢级的隔热油管更有利于减少井筒热损失，更有利于保护套管安全。

表 8-20　不同材质、不同螺纹连接方式的隔热油管的最大下深

项目	外管连接		内管连接	
材质	N80	P110	N80	P110
下入深度（m）	1718	2067	1820	2500

b. 不同材质隔热油管防腐性能研究。多元热流体组分中的 CO_2 及少量的 O_2，在注热过程中会对隔热油管造成腐蚀。因此，应通过室内实验，模拟多元热流体现场工况，对 N80 和 P110 两种钢材开展腐蚀速率研究实验。

c. 不同材质、不同螺纹连接方式的影响。在注入多元热流体管柱内的流体为层流状态运行时，腐蚀现象不明显；而在注入多元热流体管柱内的流体为紊流状态时，腐蚀现象极其严重，根据腐蚀机理，发现其原因是过高的注入速度导致管柱内的流体出现紊流状态，特别是在管柱内径变化的地方（图 8-37），形成阻力平方区，紊流状态的出现急剧加快了腐蚀速率。

为了避免多元热流体对隔热油管接箍处的冲蚀，同时也为了增加隔热油管强度，隔热油管的连接方式上选用内接箍隔热油管。

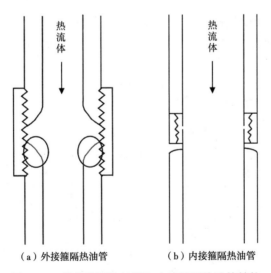

（a）外接箍隔热油管　　　　（b）内接箍隔热油管

图 8-37　外接箍隔热油管和内接箍隔热油管结构

由表 8-20 可知，不同材质的内接箍隔热油管的下入深度均大于外管连接的隔热油管。

内接箍隔热油管下入深度更深，更有利于减少井筒热损失，减少了流体通道内变径部位，更有利于降低多元热流体的腐蚀，更有利于保护套管安全，所以在海上油田热采作业中更适合选择内接箍隔热油管。

3）隔热油管的使用方案

（1）隔热油管选择的基本原则。

①在设计的采出范围内，所选隔热油管尺寸对流体的压力损失相对较低，以减少采油能耗。

②隔热油管的强度能够满足下入深度和常规修井作业的要求。

③单个区块内所选的油管种类力求单一，以便于后期生产管理和操作。

（2）安全系数选择。

①抗外挤屈服强度安全系数：1.125。

②抗内压屈服强度安全系数：1.10。

③螺纹连接屈服强度安全系数：1.60。

（3）分析原则。

①隔热油管强度设计考虑抗外挤屈服强度、抗内压屈服强度及抗拉强度。

②隔热油管抗外挤屈服强度的计算考虑油管全部掏空。

③隔热油管抗内压屈服强度按试压工况的内压载荷计算。

④从经济及安全的角度选择油管壁厚，同时考虑有利于施工作业。

（4）隔热油管尺寸选择。

根据油藏预测最大产能，根据完井手册推荐，参考老井油管尺寸选择及生产情况，并考虑油田生产管理因素，选用隔热油管尺寸。

（5）隔热油管强度校核（以南堡35-2油田B27h井为例）。

根据井深、垂深、泵挂深度等按《海洋钻井手册》中规定进行强度校核，计算结果见表8-21。

油管螺纹连接屈服强度校核的计算公式及计算条件如下：

①管柱所受最大轴向拉力＝解封力+油管重量有效分量+电泵重量+摩阻−浮力有效分量。

②油管重量有效分量＝油井垂深×单位油管重量。

③浮力有效分量＝（压井液最小密度/钢材密度）×油管重量有效分量。

表8-21　隔热油管强度校核

油管类型		$4\frac{1}{2}$in 隔热油管	$2\frac{7}{8}$in EUE N-80
公称质量（lb/ft）		22.05	6.5
抗外挤	计算值（psi）	2523	3071.24
	极限值（psi）	3335	11170
	安全系数	1.32	3.64
抗内压	计算值（psi）	2610	4975.83
	极限值（psi）	2900	10570
	安全系数	1.11	2.13
螺纹连接屈服强度	计算值（lb）	143595	56058
	极限值（lb）	284900	145000
	安全系数	1.98	2.59

根据强度校核结果，管柱选用公称质量为22.05lb/ft的$4\frac{1}{2}$in隔热油管，抗外挤、抗内压、抗拉安全系数分别都大于设计的安全系数值。

（6）隔热油管选择结果（以南堡35-2油田B27h井为例）。

优化后的隔热油管参数见表8-22。

表 8-22　隔热油管选择结果

油管尺寸 （in）	公称质量 （lb/ft）	钢级	壁厚 （in）	内径 （in）	扣型	抗挤强度 （MPa）	内屈服压力 （MPa）	螺纹连接屈服强度 （T）
4½in 隔热油管	22.05	P110	0.254	2.992	EUE	21	20	128
2⅞in	8.7	P110	0.308	2.259	EUE	145	142	123

（7）隔热油管扭矩监测。

为了保证隔热油管螺纹连接的密封性，隔热油管螺纹连接扭矩必须达到合适的扭矩值。如果扭矩过大，那么隔热油管可能损坏螺纹，甚至使油管本体破裂；过大的扭矩还会损坏金属密封面，而且会使扭矩止动台挤坏，从而使隔热油管失去保护屏障。因此，隔热油管上扣扭矩的监测也是隔热油管方案设计的重要一环。

每一种油管都具特有的最小扭矩值、最佳扭矩值和最大扭矩值，上扣扭矩最好落在最佳扭矩上，但实际上很难做到。只要上扣扭矩落在最小扭矩和最大扭矩之间，那么螺纹连接的密封性既可得到保证，同时又不损坏油管的螺纹。隔热油管上扣时进行扭矩监控，每根隔热油管上扣扭矩为（3.7±0.5）kN·m。

为了严格监测隔热油管螺纹的扭矩，在油管钳上装有一个压力表或拉力传感器，在上扣过程把大钳的压力或拉力传送到计算机中，通过软件把它转换成扭矩，画成曲线并显示在计算机屏幕上，当扭矩达到最小扭矩时，计算机发出一个指令，切断电源，使大钳停止工作。如果上扣扭矩没有落在最大扭矩和最小扭矩之间，就必须松开重新上扣以保证扭矩落在最小扭矩和最大扭矩之间，这样才可完成螺纹的上扣工作。隔热油管上扣过程可以分为 3 个阶段：第一阶段是螺纹连接阶段，进扣阻力小，扭矩小，曲线坡度小；第二阶段为密封面连接，阻力大，扭矩大，曲线坡度大；第三阶段是扭矩止动台阶密封，这时油管转动小，但扭矩大，使得两个金属面挤压，表明外螺纹台肩与内螺纹台肩实现挤压密封，扭矩值达到设定值后动力切断，完成上扣过程。

2. 水平段均匀注汽管

1）水平井注汽的影响因素

水平井注热流体吞吐开采的效果受油藏地质条件、完井方式及质量、注入工艺参数（如注入强度、注入速度和焖井时间）及注采设备和管柱的影响。水平段油藏动用不均的主要原因是油藏非均质性、筛管内热流体流动特性和井间热流体窜流。

（1）油层非均质性。

在油藏非均质性比较严重的情况下，注热流体时的油藏动用不均问题对水平井开采效果的影响也将变得更为严重。以辽河油田杜 84 大 H1 井为例，其水平段温度与渗透率分布的关系如图 8-38 所示，可以看出，水平段温度的变化与油层的非均质性相关。对比温度测试结果与水平井段地层渗透率可知，二者之间具有很好的对应关系，高渗透段吸汽能力强，温度高，动用好。另外，随着注入热流体周期的增加，沿水平段的油藏动用不均不断加重，导致油藏局部吸汽量增大，甚至发生井间窜流。

（2）热流体窜流。

热流体沿井间高渗透带的突进会造成井间热流体窜流，局部吸汽量过大，井段动用比例小，注汽和开采效果差。以辽河油田曙光油区为例，其主要稠油区块水平井汽窜井统计

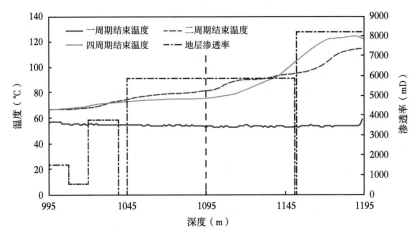

图 8-38　杜 84 大 H1 井水平段温度与渗透率分布的相关性

结果表明，水平井汽窜井比例达到 29.1%，接近 1/3，严重影响了水平井注汽开采效果。

（3）筛管内热流体流动特性。

水平井笼统注汽时，出汽口一般设在水平段前半段中部，但是受油藏非均质性影响，动用好井段可能位于水平段跟部、中部和端部，水平段温度差异可达 2 倍以上，增加注热周期无法有效提高水平井水平井段的动用长度，只能扩大已经动用段垂向波及厚度。

在筛管与注汽环空内热流体流动时，由于地层渗流和管流造成的沿程压力和温度损失，也会造成水平井段油藏动用不均，而油藏非均质性会进一步加剧渗透率高或动用程度高井段的动用程度。均质油藏注汽时水平段的热流体压力、温度和干度沿着水平段不是均匀分布的，由于摩阻和渗流而使热流体压力下降，从而导致温度降低。

2）水平井注汽方式

水平井水平段长，与油藏接触面积大，产量高，已经成为目前稠油开采的主要技术之一。水平井注汽方式主要有笼统注汽、双管注汽和水平井均匀注汽。

（1）笼统注汽。

水平井常规注汽方式为笼统注汽，笼统注汽是采用下入水平段内的隔热油管等注汽管柱，向某一油藏部位注汽（图 8-39）。一般只有一个注汽口。在注汽过程中，容易造成油藏局部吸汽量高、吸汽剖面不均匀。

（2）双管注汽。

加拿大和国内的辽河油田重点研究和应用了水平井双管注汽工艺技术，采用内外管方式分别对水平井跟部和端部注汽，井口配套工具采用双四通和双悬挂器，同时应用等干度分配器实现双管柱内的热流体流量控制及等干度分配，隔热方式为氮气隔热，在辽河油田和胜利油田的现场试验取得良好效果。双管注汽技术的研制成功表明，该技术能够在井口实现注汽量的动态调整，使注汽利用率得到提高，有效改善了水平井的开发效果。

水平井双管注汽技术采用井口双悬挂、管中管（同心管）注汽方式，热流体从两个通道注入，一个是从上部 1.9in 无接箍油管注入水平段脚尖，另一个是从下部 4½in 真空隔热管和 1.9in 无接箍油管环空井注到脚跟处，由地面流量调节阀进行流量控制，实现两个出汽点不同排量的控制。另外，在内管和外管分流前通过悬流器及混相器实现热流体的等

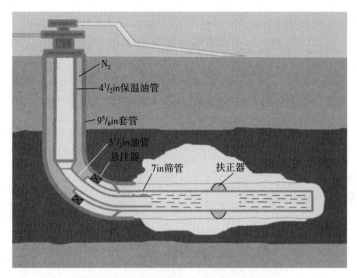

图 8-39　水平井笼统注汽管柱示意图

干度分配，解决水平井段动用不均的问题，隔热方式为氮气隔热。管柱结构如图 8-40
所示。

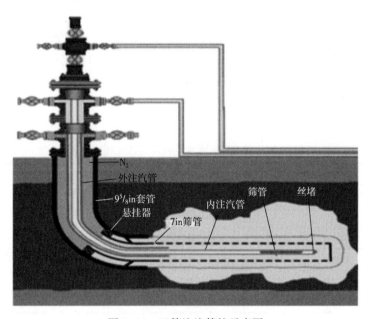

图 8-40　双管注汽管柱示意图

　　双管注汽的关键技术包括两个大四通悬挂的双管注汽井口、1.9in 无接箍油管（内管）
和热流体等干度分配装置，技术要求和成本高。

　　（3）水平井均匀注汽。

　　国内外水平井现场实测和模拟研究表明，采用常规的水平井笼统注汽方式容易造成水
平井段气体［热流体和（或）烟道气］局部突进、油藏动用不均匀，水平段油藏动用好

井段仅占水平段长度的 1/3 ~ 1/2，而且水平段油藏动用不均会随着注汽周期的增加而加剧，甚至造成局部气窜和出水。

将原来的一个出汽点变为多个出汽点，提高注热质量，提高油藏动用程度以提高原油采收率，如图 8-41 所示。

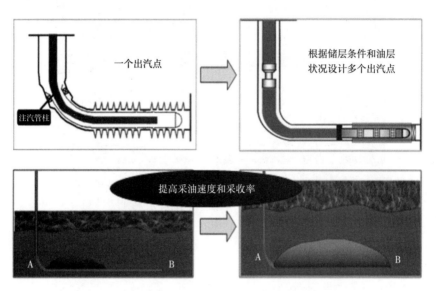

图 8-41　笼统注汽和多点注汽对油藏动用程度示意图

由于海上水平井的水平井段一般长达 300m 以上，传统的笼统注汽工艺容易造成水平段油藏吸汽不均，局部吸汽量大，加热效果不均，动用效果差，产量递减快，最终采收率低。鉴于笼统注汽方式下水平段油藏动用不均，国内外研究和应用了一系列水平井均匀注汽新技术，主要有分段均匀注汽、双管注汽和多点均匀注汽，见表 8-23。

表 8-23　国内外主要水平井均匀注汽技术对比

注汽方式	技术特点	油藏适应性	吸汽剖面控制	成本
笼统注汽	单一注汽管，一个出汽口	不适应（水平段油藏动用不均）	局部吸汽	低
多点均匀注汽	单一注汽管，多个配注器	油藏相对均质	非均质油藏很难控制	较低
双管注汽	双悬挂井口，双注汽管	油藏相对均质	非均质油藏很难控制	高
分段均匀注汽	单一注汽管，封隔器与注汽阀	均质油藏，非均质油藏，汽窜或出水油藏	分段控制，吸汽量可优化	较高

通过以上对比分析，对于海上油田新钻热采水平井而言，基于油藏相对均质的前提下，采用多点均匀注汽工艺技术简单、成本低。

3）水平井均匀注汽数学模型的建立

由于水平段长度比直井段长度长得多，注入的热流体沿着水平段流动时有摩擦损失、加速损失和混合损失的影响，使得热流体的压力越来越小，因此热流体沿着水平段的吸汽量并不是均匀的。油层吸入热流体的过程是热流体沿着水平井的水平段变质量流动的过程，即随着注入的热流体沿着水平段的流动，油层的吸汽量会越来越小，主要是由压力损失造成的。另外，由于热流体不断被地层吸收，热流体沿着水平段的流量也会越来越小，由热传导理论可知，不仅热流体沿着水平段流动流量越来越小，而且沿着水平段流动的热流体时刻都通过热传导给地层传递热量，从而导致热流体沿着水平段流动的干度也变得越来越小。

利用水平井进行稠油注热流体热采时，都认为热流体在注入过程中是均匀扩散到地层中的，如图 8-42 所示。利用 Max. Langenhein 公式计算加热区面积，在建立水平井注汽时沿程压力、温度和干度计算模型时做了如下假设：

（1）假设地层为均质，注入的流体在地层中沿着水平井径向一维流动，加热面积不受限制。

（2）在地层中可以假设垂直水平段的热传导系数为无限大，而平行水平段方向的热传导系数为 0，这样使得热流体能扩散到地层中去。

（3）假设油层在加热范围内处于热流体温度下，而在加热范围外，则是原始地层温度，这一假设实际上忽略了存在的热流体前缘的热水汇集区的温度逐渐变低。

（4）水平井跟端处注入的热流体温度、压力和流量都保持不变。

（5）岩石和流体的物性为常量，流体的饱和度也不变。

（6）设水平段的长度为 L，将其分为 N 个微元段，在同一个微元段上热流体均匀地进入油层，而每个微元段的吸汽量不等，与热流体压力有关。即假设该段为均匀吸汽线汇，而每个微元段线汇的吸汽量不相等。

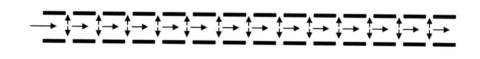

图 8-42　热流体或多元流体沿着水平段流入地层的吸汽剖面示意图

根据假设条件和 Williams 等提出的垂直井热流体注入速率和井底注汽压力的关系式的研究，以及水平井变质量流动的研究思想，把水平段分成 N 等份，则每段的长度为 $\mathrm{d}l=L/N$，如图 8-43 所示，对每段可以按参数均匀不变建立模型。

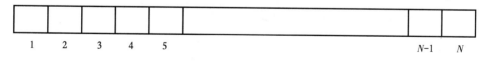

图 8-43　水平段微元划分

4）水平段均匀注汽管设计

水平段均匀注汽管采用多点均匀注汽工艺技术，通过在 $2\frac{7}{8}$ in EU 油管设计不同的出汽孔，以达到均匀注汽的目的，设计结果见表 8-24。

表 8-24　水平段均匀注汽管设计

井段	注汽速度 (m^3/h)	管内线速度 (m/s)	孔口流体线速度 (m/s)	孔口直径 (cm)	孔眼个数	管口压降 p (Pa)	射流力 F (N)
1	1.55	0.58	10.20	0.73	1	52104	4.40
2	1.55	0.47	6.97	0.89	1	24299	3.00
3	1.55	0.35	4.17	1.15	1	8690	1.79
4	1.55	0.23	1.86	1.72	3	1735	0.80
5	1.55	0.12	0.06	4.66	40	32	0.11

水平段均匀注汽管结构如图 8-44 所示，使用 2⅞in 油管共计约 31 根，分 5 段注汽，从趾部至跟部依次编号为 1~33，其中 1~5 号每根油管各有 6 个直径为 1cm 孔眼，6~7 号各有 5 个 1cm 孔眼，9、11、13 号各有 1 个 1.72cm 孔眼，18 号有 1 个 1.15cm 孔眼，25 号有 1 个 0.89cm 孔眼，31 号有 1 个 0.73cm 孔眼，其余油管均不打孔。

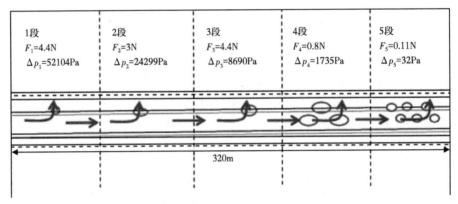

图 8-44　水平段均匀注汽管示意图

多点均匀注汽工艺技术是在普通油管上打孔，为降低泄流孔对筛管的直接冲击，优化泄流孔出口的方向，设计小孔方向与油管轴向成 45°斜角，如图 8-45 所示。

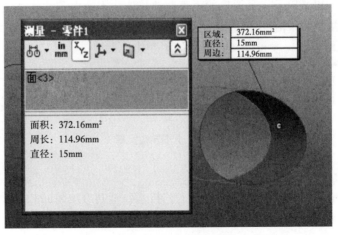

图 8-45　泄流孔出口方向 45°斜孔示意图

过流面积指垂直出流方向的截面积，而并非接触面积。即在管壁上打直孔、斜孔，其过流面积没有发生任何变化，过流面积大小均为A，而非接触面积为A_1，如图8-46所示。

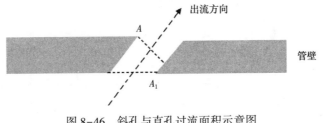

图8-46　斜孔与直孔过流面积示意图

通过以上分析，45℃斜孔筛管管壁所受力将为打直孔的一半。

3. 高温防污染装置

高温防污染装置是一种隔离井筒与地层的装置，防止在换管柱作业过程中工作液进入地层造成伤害。海上油田对油井的储层保护要求较高，常规生产井要求采油管柱配套防污染装置，避免修井作业时洗井液、压井液漏失而伤害储层。热采作业配套防污染装置，一方面可减小洗井液、压井液伤害储层；另一方面是防止洗井液、压井液对地层的冷伤害，从而保证热采效果。

1）高温防污染装置的设计原则

考虑多元热流体热采需求，结合注热管柱的设计，高温防污染装置的设计原则如下：

（1）耐温350℃、耐压20MPa。

（2）可实现环空连续注氮气。

（3）环空氮气和多元热流体混合后进入下端连接的水平段均匀注汽管。

（4）补偿油管受热伸长。

2）高温防污染装置设计

（1）高温防污染装置的组成。该装置由空心桥塞、内置滑套阀、插管、可退打捞工具组成。

（2）高温防污染装置技术参数。

①工作套管内径：ϕ222mm。

②工作温度：不大于350℃。

③工作压力：20MPa。

a. 空心桥塞。空心桥塞由送封工具、封隔、锚定、步进锁定等机构组成（图8-47）。

打压坐封时，当压力达到6MPa时启动活塞右行，推动上锥体右行，将卡瓦胀出，卡瓦锚定于套管内壁，胶筒压缩封隔环腔，当压力达到16MPa时，卡瓦锚定牢固，胶筒胀封完成。当压力达到20~22MPa时，送封工具与工具丢开。

解封时，用2⅞in TBG油管连接专用内打捞锚，下井至注气井空心桥塞位置与其碰撞抓锁鱼顶，上提即可解封。因特殊原因不能解封，可投入ϕ45mm轻质球打压退出内捞锚，进行下步处理。

b. 内置滑套阀。内置滑套阀由阀体、内组合锁定、密封等机构组成（图8-48）。

配合管柱下井，当插管插入时开通下内腔，提出时关闭下内腔。

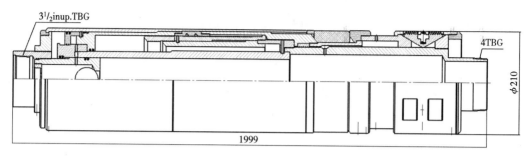

图 8-47 空心桥塞结构示意图（单位：mm）

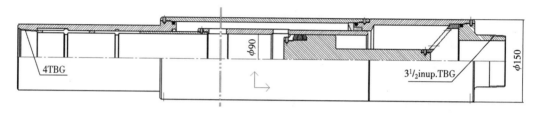

图 8-48 内置滑套阀示意图（单位：mm）

c. 插管。插管由接头、上花管、下花管、引入开锁机构组成（图 8-49）。

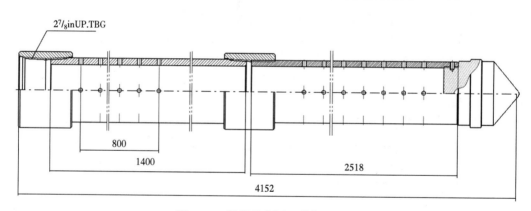

图 8-49 插管示意图（单位：mm）

配合密封总成使用，插入时封隔环形间隙。

d. 可退打捞工具。可退打捞工具如图 8-50 所示。

用 $2\frac{7}{8}$ in TBG 油管连接内打捞锚，下井至注汽井空心桥塞位置与其碰撞抓锁鱼顶，投入 ϕ45mm 轻质球打压退出内打捞锚。

3）高温防污染装置的工作原理

注热前，将空心桥塞、内置滑套阀下入井中，注热时，隔热油管下端连接插管，插管插入内置滑套阀中的底阀后，底阀上下连通，井筒打开。热采自喷结束后，上提下端连着插管的注热管柱，插管从底阀中退出，底阀关闭，井筒关闭，下入生产管柱，管柱下端连着插管，插入底阀，底阀打开，井筒连通，正常生产。高温防污染装置如图 8-51 所示，其工作原理如图 8-52 所示。

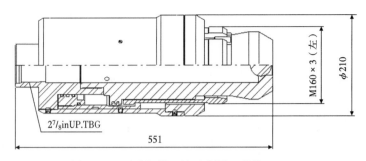

图 8-50 可退打捞工具示意图（单位：mm）

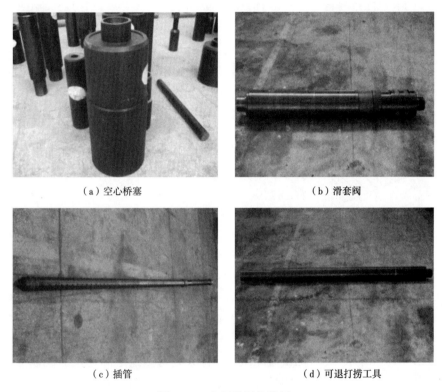

（a）空心桥塞   （b）滑套阀

（c）插管   （d）可退打捞工具

图 8-51 高温防污染装置

4）高温防污染装置的特点

（1）空心桥塞、内置滑套阀长期使用于井下，插管随着注汽管柱起下。

（2）注汽、放喷、采油可以反复操作，工具工作压力为 20MPa，工作温度为 350℃，满足高温高压井使用。

（3）空心桥塞设有抗阻机构，工具遇软硬阻不坐封；解封时卡瓦强制收回，解封彻底可靠。空心桥塞下端接丝堵可封底水。

（4）实现环空连续注氮气。注多元热流体时，通过打开内置滑套的底阀。环空中的氮气从插管与内置滑套间的间隙进入底阀，油管内的多元热流体通过插管的密集孔眼进入滑套底阀位置，两种流体混合后通过底阀进入下端连接的水平段均匀注热工艺管柱内。

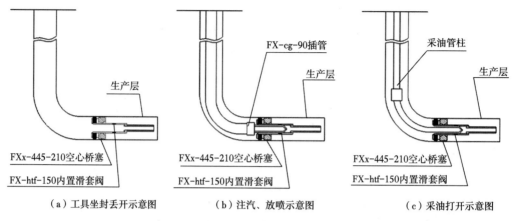

（a）工具坐封丢开示意图　　　　（b）注汽、放喷示意图　　　　（c）采油打开示意图

图 8-52　高温防污染装置工作原理示意图

（5）实现油管伸缩补偿功能。内置滑套阀上端连接空心桥塞坐封后，隔热油管下端连接插管，插入内置滑套阀内腔，上提管柱 2m（为隔热油管伸缩留够伸缩量）。

4. 热采 Y 接头

1）常规 Y 接头

常规 Y 接头的结构如图 8-53 所示，上出口连接生产管柱，右出口连接单流阀、电泵机组，左出口连接测试侧管。

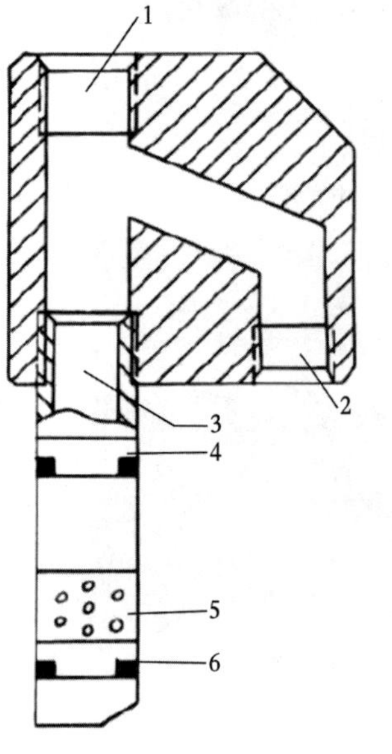

测试侧管的上工作筒在完井施工时一般带单向（向上打开）的堵塞器，对泵举升的液体和油管加压坐封电泵封隔器时起堵塞作用，不会造成泵出液回流循环；而经电泵抽汲以后，如果油管具有自喷能力，可直接自喷生产。NO-GO工作筒位于带孔管以下，用作测温、测压仪表挂座，需测试时，钢丝作业捞出上工作筒堵塞器，下入测试仪表丢手，坐挂在 NO-GO 工作筒内后再投放入堵塞器，开泵生产则可测试流动压力，停泵则可测地层静止压力或恢复压力。侧管的长短取决于泵挂深度、油井条件和作业条件，一般要使 NO-GO 工作筒尽量靠近生产油层，以便测试到准确的地层压力；而对自喷井，则更有利于生产。

2）热采 Y 接头

在海上热采作业中注采一趟管柱无法直接使用常规 Y 接头，其主要原因有以下两点：常规 Y 接头采用的密封无法满足耐高温的要求；侧管接上高温电潜泵后，尺寸上无法满足下入 9⅝in 套管中。

图 8-53　Y 接头
1—上出口；2—右出口；3—左出口；
4—工作筒；5—带孔管；
6—NO-GO 工作筒

高温电潜泵的主要性能参数见表 8-25。

（1）热采 Y 接头设计原则。

①耐温、耐压满足注热要求；

②结构尺寸上满足 Y 接头侧管连接高温电潜泵顺利下入 9⅝in 套管的要求。

表 8-25　高温电潜泵的主要性能参数

电动机功率（HP）		72
额定电流（A）		43
额定电压（V）		1127
机组长度（m）	电泵	3.966
	吸入口	0.457
	上保护器	2.899
	下保护器	1.697
	电动机	5.651
	泵头	0.19
机组串联后总长（m）		14.66

（2）热采 Y 接头设计。

①采用了耐高温密封技术，能承受热采 300℃ 的高温；

②采取"同心不同轴"的独特设计，使其侧管接上高温电潜泵后，尺寸上可满足下入 9⅝in 套管中，实现海上热采注采一体化。

三、注采管柱

海上热采井下工具的研制开发为注采管柱的设计提供了基础和支持，注采管柱设计直接影响到热采热能的利用率及周期的热采效果。

1. 注采管柱设计原则

陆地稠油油田进行蒸汽吞吐始于 20 世纪 60 年代，在大量研究及现场实践基础上，形成了成熟的注热管柱及配套的井下工具。典型的注热管柱有注采两趟管柱和注采一体化管柱，主要配套工具有隔热油管、油管伸缩补偿器、热采封隔器等。

注采两趟管柱包含注热管柱和采油管柱两种管柱。注热前下入注热管柱，油井自喷结束后，起出注热管柱，下入采油管柱。陆地油田典型的注热管柱一般由隔热油管、油管伸缩补偿器（井下补偿器）+热采封隔器组成（图 8-54）。采油管柱一般为抽油机驱动杆式泵的管柱组合。

注采一体化管柱是能实现注热和采油两种功能的管柱，典型的注采一体化管柱一般由隔热油管、杆式泵（抽油机驱动）、油管伸缩补偿器+热采封隔器组成。它的优势有（1）注热期间隔热，减少井筒热损失，保护套管，采油过程保温，充分利用注热后地层处于高温状态的有利条件，提

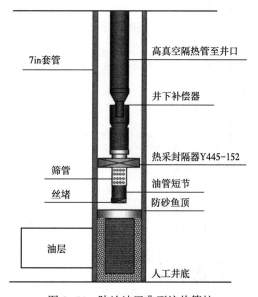

图 8-54　陆地油田典型注热管柱

（图中标注：7in套管、筛管、丝堵、油层、高真空隔热管至井口、井下补偿器、热采封隔器Y445-152、油管短节、防砂鱼顶、人工井底）

高井筒内原油流动性；（2）不动管柱直接转抽，节省了作业成本，同时避免或减少了转抽作业时的洗井、压井作业，减少了入井液体对油层的冷伤害；（3）实现多轮次的注热—抽油过程。

海上稠油热采油田进行热采吞吐有别于陆地油田蒸汽吞吐，不能完全照搬陆地油田成熟的注采管柱，其主要区别有：

（1）海上稠油热采井以大斜度井为主，水平段较长，而陆地稠油热采井直井较多。

（2）多元热流体是由水（热流体）、大量 N_2、CO_2 及少量的 O_2 组成的，其中 CO_2 和少量的 O_2 会对注热管柱造成腐蚀。

（3）海上油田的举升方式以电潜泵为主，陆地油田以抽油机驱动杆式泵为主。

（4）海上油田储层保护要求高。

（5）海上油田作业安全要求高。

结合海上稠油热采的特点，减少热量损失，防止作业流体对地层造成冷伤害，保证热采效果，典型海上热采注采管柱主要有注采一趟管柱和注采两趟管柱。

（1）注采一趟管柱：自喷结束后无须更换管柱，直接转为泵抽，避免了压井作业对地层的伤害。

（2）注采两趟管柱：组合防污染装置，避免压井作业中流体进入地层，通过高温防污染开关工具控制井筒与油层段连接。

2. 注采管柱设计

1）注采一趟管柱

注采一趟管柱是热采油井自喷结束后无须更换管柱，直接转为泵抽的管柱，实现注热和采油的"零衔接"，不仅节省了作业费用，也会避免洗井、压井作业对地层的冷伤害，最大限度地保证热采效果。

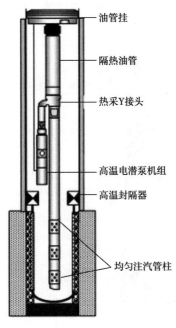

图 8-55　注采一趟管柱示意图

油管挂
隔热油管
热采Y接头
高温电潜泵机组
高温封隔器
均匀注汽管柱

注采一趟管柱的优点：

（1）自喷后可以直接转为泵抽，提高了作业时效，避免压井作业，减少了热损失。

（2）可不起泵进行多轮次吞吐连续作业，节省了作业时间，节约了作业成本。

（3）不用安装热补偿器，降低了作业风险。

注采一趟管柱的不足：

（1）注热温度受电潜泵耐温程度的制约，国内没有成熟的高温电潜泵，只能依赖于进口。

（2）隔热油管使用率低。

（3）高温电潜泵、热采井口单井长期放置增加了作业成本。

注采一趟管柱较简单，主要由隔热油管、热采 Y 接头、高温电潜泵机组、水平段分段注汽管柱组成（图 8-55）。注热时，将 Y 堵上提，即可形成注热通道；自喷结束后，投 Y 堵，即可启动电潜泵生产，这样就避免了修井作业，不但节省了换泵作业时间，同时也减少了对地层的冷伤害，保障了产能的最大化。

针对海上油田进行多元热流体吞吐作业，在注采一趟管柱中，为了适应海上热采的要求，选择耐高温的电潜泵。

2）注采两趟管柱

为了适应更高温度注入要求，设计了注采两趟管柱，即多元热流体注入与人工举升阶段使用不同的管柱，下泵时须将原注热管柱起出，再下入生产管柱。为保证热采效果，防止在更换管柱期间作业流体对地层造成冷伤害，在注采管柱上设计防污染工具，该工具不会影响油套环空进行连续注氮。

注采两趟管柱具有以下优点：

（1）注采两趟管柱注热温度受限较小，可比注采一趟管柱提高注热温度。

（2）注采两趟管柱可以使用普通电潜泵，而不必使用价格昂贵的耐高温电潜泵，一次性投入较少，成本较低。

（3）隔热油管在注热结束后起出，可在下口注热井中使用，降低了费用。

（4）下入防污染装置既可以避免洗井、压井作业对油层的冷伤害，又可减少热损失。

注采两趟管柱的井下工具复杂，作业工期相对注采一趟管柱较长。

注采两趟管柱由注热管柱和生产管柱两趟管柱组合。

（1）注热管柱。注热管柱主要由隔热油管、油管补偿器、注汽桥塞、滑套配套的开关工具及分段注汽管柱等组成。注热管柱按防污染工艺需求，可分为简单注热管柱和带防污染装置的注热管柱。

简单注热管柱由隔热油管和均匀注汽管柱组成，如图 8-56 所示。

带防污染装置的注热管柱由隔热油管、防污染装置和均匀注热管柱组成，如图 8-57 所示。

（2）生产管柱。渤海油田的热采目前以多元热流体为主，注热放喷后举升方式为电潜泵生产。生产管柱主要由油管、Y-Block（带 Y 堵）、电泵、油套连通阀、通具、注汽空心桥塞及分段注汽管柱组成。其结构如图 8-58 所示。

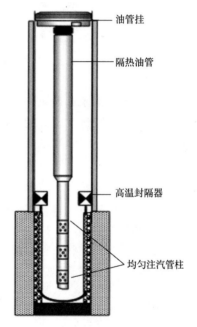

油管挂

隔热油管

高温封隔器

均匀注汽管柱

图 8-56　简单注热管柱示意图

生产管柱设计的关键环节是电潜泵的选型。

海上稠油热采电潜泵选型与常规泵选型的区别主要有：注入多元热流体后，地层温度上升，原油黏度下降，热采初期产量高。但随着地层温度的下降，产量下降。在一个热采周期内，随着地层温度的变化，原油黏度发生较大变化，电泵扬程要能够满足在一个热采周期内任何时间段油藏调控要求，液量波动较大，预测波动范围为 $100 \sim 30 m^3$，要求电泵能满足宽幅生产要求。多元热流体在提高地层温度的同时又向地层注入大量 N_2，在下泵生产初期，大量游离气对电潜泵的有效扬程有较大影响。

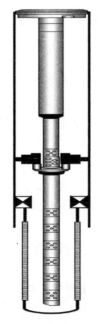

图 8-57　带防污染装置的注热管柱示意图

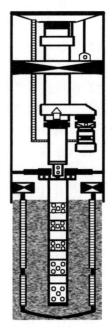

图 8-58　生产管柱示意图

生产管柱电潜泵选择原则如下：

①泵排量不宜选大，应能够满足油藏宽幅生产的要求。如果排量偏大，后期油藏能量下降，液量下降，机组排量大不利于生产调控。液量过低电泵在特性曲线左边运行，一方面磨叶轮下减磨垫，另一方面不利于电动机散热。

②虽然在热采初期，地层原油黏度较低，可以不校核扬程。但是要考虑到随着地层温度的下降及后期含水率的变化对原油黏度的影响，因此要对扬程进行校核，避免后期无法满足油藏调控要求。

③由于热采初期，大量游离氮气及二氧化碳要随液体一起采出，常规分离器不能满足气体分离要求。在估算出吸入口气液比的基础上，寻求合适的分离器。

四、隔热工艺

稠油油田注热开采过程中，采用普通光油管注汽，井筒热损失大，热能利用率低，套管及水泥环经受高温作用易变形损坏。因此，在热采过程中，如何保证套管及水泥环安全和尽可能减少井筒热损失是热采工艺方案设计中不可忽略的环节。研究表明，降低井筒热损失最有效的途径主要有两种：一是采用高热阻的隔热管；二是降低油套环空流体的导热系数。因此，海上稠油热采要做好井筒隔热，首先是隔热管柱的选择与优化，其次是环空的隔热工艺优化。在海上油田隔热管柱的选择与优化上已选用预应力隔热油管（详见本节井下工具相关内容），如何根据环空不同隔热工艺的特点，优选适合海上稠油热采井的环空隔热工艺对热能利用率及套管保护十分重要。

1. 隔热工艺选择

环空的外层分别为套管、水泥层和地层。环空是油管向地层散热的主要热阻环节，理想环形空腔是由绝热油管外壁和套管内壁所围成的封闭环形空腔，如图8-59所示。

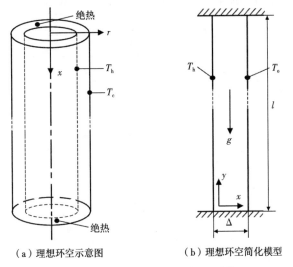

（a）理想环空示意图　　　　（b）理想环空简化模型

图8-59　理想环空示意图及简化模型

在油套环空中存在热传导、热辐射及热对流3种传热方式。当环空中是气体时，辐射热占很大比重，甚至是主导的，取决于油管外壁和套管内壁的表面状况及散热与吸热特征。当环空中是液体时，除热传导外，热对流是主要的。这是由于油套管壁间温度差引起的液体密度差产生的自然对流很剧烈所致。

1) 不同环空隔热工艺适应性分析

井筒径向热流速度，即井筒热损失速度，主要靠隔热管的高热阻及环空流体的热阻来减小，油管壁及套管壁的热阻极小，可以忽略不计。水泥环的热阻也较低，按美国资料，干水泥环的导热系数λ_c为0.35~0.69W/（m·K）。按中国石油勘探开发研究院井筒模型试验资料，干水泥环λ_c为0.29~0.733W/（m·K）。地层的导热系数λ_e，对于干砂岩介于0.58~0.93W/（m·K），对于湿砂岩介于1.86~2.67W/（m·K）。据计算，当λ_e由2.44W/（m·K）增至2.91W/（m·K）时，1000m井深的热损失的变化范围小于1%。这说明地层的热阻也较小。

环空中流体介质性质对径向热流速度的影响很大，即使在有隔热管的情况下，其影响也很大。在同样的注入温度下，环空为清水时总传热系数最大，是空气时总传热系数大大减小（表8-26）。随着注入温度增高，总传热系数值增大，这是由于升高温度后，除了油管外壁与地层之间温差增大外，环空中流体的热对流加剧，传热速度加快。而隔热层中固体介质的视导热系数随温升增加很小。隔热油管接箍处的光油管段，形成了径向热流最大的点，称热点。它对总传热系数的影响很大。当隔热管与隔热液并用时，可以基本消除热点。在7in井筒中使用2⅞in油管、4½in隔热管，环空分别是水、空气及隔热液。

由图8-60可见，若将环空中的清水举出或注入氮气，或蒸发放空，环空中接近成于水热流体，虽不及空气，但已大大降低热损失，因而也提高了井底热流体干度；若将隔热管柱的热点消除则更好；若隔热管与隔热液并用，则最好。尤其对于深度超过1500m的井，消除热点的潜力很大。

表 8-26 不同油管注汽温度下隔热管计入热点影响的总传热系数

序号	井筒条件	环空介质	总传热系数			
			200℃	250℃	300℃	350℃
1	7in×2⅞in×4½in	空气	5.6 (3.3)	5.9 (3.6)	6.2 (3.8)	6.5 (4.1)
2	7in×2⅞in×4½in	清水	7.4 (4.3)	8.1 (4.7)	8.4 (4.8)	8.8 (4.9)
3	7in×2⅞in×4½in	隔热液	3.6 (3.4)	3.8 (3.6)	4.0 (3.7)	4.2 (4.0)
4	5½in×2⅜in×4in	空气	5.6 (3.7)	5.9 (4.0)	6.0 (4.1)	6.5 (4.3)
5	5½in×2⅜in×4in	清水	8.6 (4.5)	9.3 (4.9)	9.8 (4.9)	10.6 (5.3)
6	5½in×2⅜in×4in	隔热液	4.3 (4.0)	4.4 (4.1)	4.5 (4.2)	4.8 (4.3)
7	7in×2⅞in	空气	26.3	26.9	27.7	28.5
8	7in×2⅞in	清水	35.6	38.6	41.6	44.7
9	7in×2⅞in	隔热液	5.6	5.3	5.9	6.2
10	5½in×2⅜in	空气	20.1	23.6	24.9	26.4
11	5½in×2⅜in	清水	45.5	49.5	53.7	57.9
12	5½in×2⅜in	隔热液	7	7.6	7.8	8.3

注：括号中的总传热系数是无热点时的，即隔热管本体的总传热系数；当环空中有水及热点时，将形成回流水，致使总传热系数值大增，此处未考虑回流水的影响。

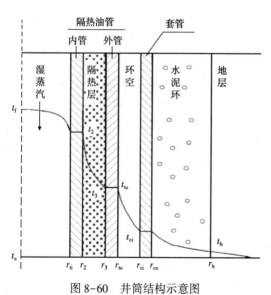

图 8-60 井筒结构示意图

目前，国内外稠油热采的主要环空隔热工艺技术有：光油管/隔热油管+环空水；油管/隔热油管+热采封隔器+环空水（气）；油管/隔热油管+环空注氮。

各工艺具体特点见表 8-27。由于热采封隔器存在密封不严和解封困难等作业风险，从而造成井筒隔热效果变差及后续作业成本增大，为最大限度保障海上热采隔热效果及作业施工安全，目前，油管/隔热油管+环空注氮较其他隔热工艺更适合海上稠油热采工艺及安全需求。

2）不同环空隔热工艺计算分析

（1）环空隔热数学模型的建立。

一般将井筒径向传热看作是由油管中心到水泥环外缘的一维稳定传热和水泥环外缘到地层之间的一维不稳定传热两部分组成，其中油管中心到水泥环外缘的一维稳定传热较为复杂。井筒结构如图 8-60 所示。

表8-27 不同环空隔热工艺特点

隔热工艺	光油管/隔热油管+环空水	油管/隔热油管+热采封隔器+环空水（气）	油管/隔热油管+环空注氮
优点	注热管柱简单，现场作业方便	井筒沿程热损失较小，套管及水泥环温度低，使用寿命较长	井筒沿程热损失小，套管及水泥环温度低，使用寿命长
缺点	井筒沿程热损失大，套管及水泥环长时间遭受高温易损坏	热采封隔器存在密封不严和解封困难等风险	需配套专门制氮设备；氮气余氧会对套管内壁及井下工具产生一定程度的腐蚀

①油管中心至水泥环外缘的稳定传热。

该传热过程较复杂，主要包括以下几个环节：

a. 高温流体经对流把热量传给油管内壁；

b. 通过导热把热量从油管内壁传到外壁；

c. 以对流和辐射形式将热量从油管外壁经油套环空传到套管内壁；

d. 以导热形式把热量从套管内壁传到套管外壁；

e. 通过导热把热量从套管外壁经水泥环传给地层。

②从水泥环外缘至地层的导热。

由于是不稳定的热传导，对地层的热损失开始大，但随着注汽的进行，地层温度增加，传热动力温差 ΔT 将减小，导致热损失降低。

油套环空内介质的传热属于典型的有限空间内的传热，包括自然对流换热和环空内外壁之间的辐射换热。其中，环空辐射换热系数 h_r 计算公式如下：

$$h_r = \frac{(T_{to} + 273)^4 - (T_{ci} + 273)^4}{\left[\dfrac{1}{\dfrac{1}{\varepsilon_{to}} + \dfrac{r_{to}}{r_{ci}}\left(\dfrac{1}{\varepsilon_{ci}} - 1\right)}\right](T_{to} - T_{ci})} \tag{8-2}$$

式中 ε_{to}、ε_{ci}——油管外壁、套管内壁的发射系数；

r_{to}、r_{ci}——油管外径、套管内径；

T_{to}、T_{ci}——油管外壁温度、套管内壁温度。

环空自然对流传热系数 h_c 计算公式如下：

$$h_c = \frac{0.049\lambda_a(Gr \cdot Pr)^{0.333}Pr^{0.074}}{r_{co}\ln\left(\dfrac{r_{ci}}{r_{co}}\right)} \tag{8-3}$$

其中：

$$Gr = \frac{(r_{ci} - r_{to})^3 g\beta_a \rho_a^2(T_{to} - T_{ci})}{\mu_a^2} \tag{8-4}$$

$$Pr = \frac{C_a \mu_a}{\lambda_a} \tag{8-5}$$

式中　g——重力加速度；

ρ_a、μ_a——环空液体或气体在平均温度 T_a 及压力 p 下的密度及黏度；

β_a——环空液体或气体的体积热膨胀系数；

Gr——格拉晓夫数；

Pr——普朗特数；

C_a——环空液体或气体在平均温度下的热容量；

λ_a——环空液体或气体的导热系数。

（2）不同环空隔热工艺传热计算。

计算参数见表 8-28 至表 8-31。

表 8-28　不同环空隔热工艺参数

隔热工艺	光油管/隔热油管+环空水	油管/隔热油管+热采封隔器+环空水（气）	油管/隔热油管+环空注氮
隔热油管下入深度（m）	1600	1600	1600
环空液面深度（m）	0	1200	—
注氮参数	—	—	速度 500m³/h，压力 15.5MPa，温度 40℃

表 8-29　物性参数

参数	隔热油管导热系数 [W/(m·K)]	地层热传导率 [W/(m·K)]	水泥热传导率 [W/(m·K)]
取值	0.02	1.743	0.35
参数	地层热扩散系数 (m²/h)	地表温度 (℃)	地温梯度 (℃/100m)
取值	0.00265	25	3

表 8-30　多元热注入参数

参数	井口注入温度 (℃)	注水速度 (t/h)	注 CO_2 速度 (t/h)	注 N_2 速度 (t/h)
取值	300	6	0.69	2.37

表 8-31　井身结构参数

参数	井深 (m)	垂深 (m)	套管尺寸 (in)	隔热油管尺寸（in） 内径	隔热油管尺寸（in） 外径
取值	1600	1000	9⅝	2⅞	4½

（3）计算结果。

由于海上稠油油田油藏埋深大（大多超过 1000m），油井斜度大，井眼轨迹长，而隔热油管下入深度有限（小于 1600m），由表 8-32、表 8-33 及图 8-61、图 8-62 可知，环空隔热采用油管/隔热油管+环空注氮工艺，井筒沿程热损失较其他环空隔热措施小，套管温度低，可进一步降低套管受热伸长抬升井口及多轮次吞吐后套管及水泥环受热损坏的风险。

表8-32　不同环空隔热工艺井筒沿程热损失

参数	隔热油管+环空水	隔热油管+热采封隔器+环空水（气）	隔热油管+环空注氮
沿程热损失（%）	7.61	7.25	6.56

表8-33　不同环空隔热工艺套管温度分布

参数	隔热油管+环空水	隔热油管+热采封隔器+环空水（气）	隔热油管+环空注氮
套管温度（℃）	110.5~130.9	100.1~130.5 局部存在温度高点，274.5）	98~122.8

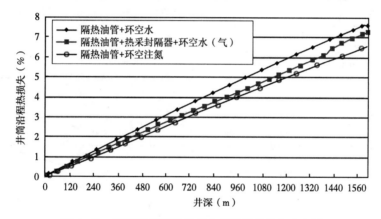

图8-61　不同环空隔热工艺井筒沿程热损失分布图

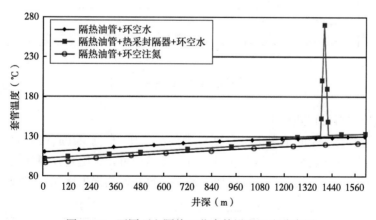

图8-62　不同环空隔热工艺套管沿程温度分布图

根据以上对不同环空隔热工艺适应性及计算分析可知：

①隔热油管+环空注氮较其他隔热工艺作业风险低，能够满足海上稠油热采作业安全需求；

②隔热油管+环空注氮较其他隔热工艺井筒沿程热损失小，套管温度低。

3）环空注氮参数对热损失的影响

在不同油藏、不同注热参数、不同管柱条件下，环空注氮参数变化较大，且由于环空内介质的传热属于典型的有限空间内的传热，其中自然对流作用和辐射作用是相互制约的，传热机理复杂，因此，为有效实施环空注氮隔热工艺，有必要针对环空注氮参数对井筒传热的影响开展计算研究。

（1）注氮速度对沿程热损失的影响。

在其他注氮参数不变的情况下，分别对不同注氮速度（400m³/h、600m³/h、10000m³/h）进行了计算，计算结果见表8-34及图8-63。由计算结果可知：随着注氮速度的增加，由于环空传热系数增大，井筒沿程热损失增大；在环空氮气低速（400~600m³/h）注入过程中，随着环空注氮速度的变化，井筒沿程热损失变化幅度较小。

表8-34　注氮速度对沿程热损失影响的计算结果

计算条件	注氮温度40℃，注氮压力16MPa，连续注氮		
注氮速度（m³/h）	400	600	10000
沿程热损失（%）	20.8	21.0	24.5

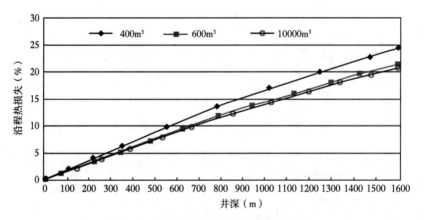

图8-63　注氮速度对沿程热损失的影响

（2）注氮压力对沿程热损失的影响。

在其他注氮参数不变的情况下，分别对不同注氮压力（15MPa、20MPa、60MPa）进行了计算，计算结果见表8-35及图8-64。由计算结果可知，随着注氮压力的增加，由于加剧了对流换热，从而导致传热系数增加，最终导致井筒热损失增加，但增加幅度较小。

表8-35　注氮压力对沿程热损失影响的计算参数

计算条件	注氮温度40℃，注氮速度500m³/h，连续注氮		
注氮压力（MPa）	15	20	60
沿程热损失（%）	20.3	20.9	21.2

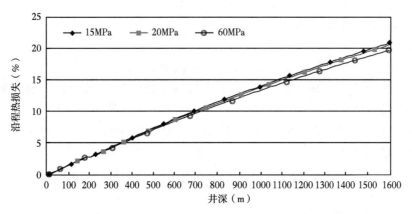

图 8-64 不同注氮压力对沿程热损失的影响

（3）注氮温度对沿程热损失的影响。

在其他注氮参数不变的情况下，分别对不同注氮温度（40℃、60℃、200℃）进行了计算，计算结果见表 8-36 及图 8-65。由计算结果可知，由于氮气比热容很小，注入氮气携带热量低，注氮温度变化对井筒沿程热损失基本无影响。

表 8-36 注氮温度对沿程热损失影响的计算参数

计算条件	注氮压力 16MPa，注氮速度 500m³/h，连续注氮		
注氮温度（℃）	40	60	200
沿程热损失（%）	20.7	20.7	20.7

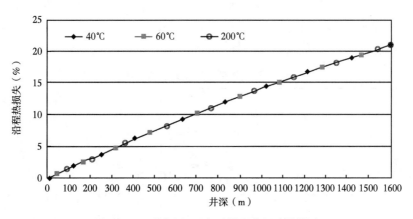

图 8-65 不同注氮温度对沿程热损失的影响

（4）注氮参数影响小结。

通过对环空不同注氮速度、注氮压力及注氮温度的计算分析可知：

①随着环空注氮速度、注氮压力的增加，井筒沿程热损失增大，但变化幅度很小；随着环空注氮温度的变化，井筒沿程热损失基本没有变化。

②在考虑地层破裂压力、设备性能参数、注热管线及管柱承受压力的情况下，可根据

多元热流体吞吐现场施工实际情况，灵活调整环空注氮参数。

2. 环空隔热工艺设计及应用

1）隔热工艺程序

（1）根据注热参数及油管类型优化环空注氮参数。

（2）启动注氮设备，环空注氮气，待氮气注满油管环空后，启动多元热流体设备，正式开始注热作业。

（3）在多元热流体注入期间，可根据油压、套压变化情况，在不影响隔热效果的前提下，采取间歇注氮方式。

（4）多元热流体注入量达到设计值后，停止多元热流体注入，$2\sim3h$ 后再停止环空注入。

2）关键参数控制及设计

（1）关键参数控制。

环空隔热工艺设计参数控制见表8-37。

表8-37　环空隔热工艺参数控制

参数	氮气纯度	注氮压力	注氮速度	间隔注氮时间
参数设计考虑因素	（1）油井生产安全要求； （2）氮气余氧腐蚀； （3）制氮设备性能	（1）低于地层破裂压力； （2）低于制氮设备、管线/管柱最大额定压力	（1）目标井吸气能力； （2）环空隔热效果； （3）制氮设备性能	不影响环空隔热效果
参数控制范围	>97%	<20MPa	$300\sim700m^3/h$	<4h

（2）注氮参数设计。

在保证注氮压力低于海上稠油油田地层破裂压力的情况下，综合考虑注入井地层压力、设备性能、注热管线/管柱承压能力、注热参数等因素，先后对多元热流体吞吐井环空隔热工艺控制参数进行了优化设计，具体结果见表8-38。

表8-38　环空隔热注氮参数设计

井号	油井状况	隔热管柱	注氮方式	环空注氮		
				压力（MPa）	速度（m^3）	纯度（%）
B14m	正常生产井，地带亏空度大	$2\frac{7}{8}$in vs $4\frac{1}{2}$in 预应力隔热油管	大排量连续注氮	<15	600~700	>97
B2s	长停井，地层能量充足	$2\frac{7}{8}$in vs $4\frac{1}{2}$in 预应力隔热油管	连续注氮	<18	400~500	>97
B28h	新钻调整井，地层能量充足	$2\frac{7}{8}$in vs $4\frac{1}{2}$in 预应力隔热油管	连续注氮	<18	400~500	>97
B29m	新钻调整井，地层能量充足	$2\frac{7}{8}$in vs $4\frac{1}{2}$in 预应力隔热油管	连续注氮	<18	400~500	>97
B27h	存在钻完井污染，异常高压井	$3\frac{1}{2}$in vs $4\frac{1}{2}$in 预应力隔热油管	间歇注氮	<20	300~350	>97

第五节　热采完井工艺

一、渤海典型稠油油田完井方式

海上油田的情况也各不相同，基本上以开发浅海油田为主，作业区水深小于 300m，大部分油田储层岩石疏松，孔渗性较高，层间非均质性及层内非均质性较强，需要进行防砂作业。尤其是在渤海和南海东部，稠油油田分布较广，如何高效开发稠油油藏给完井技术提出了新的挑战[16]。

渤海油田主要开发层系由上到下主要有明化镇组、馆陶组、东营组和沙河街组，其中除沙河街组外，其余油藏在开发过程中由于岩石胶结强度小，在开采中容易出砂，均需采用先期防砂完井。

由于海上生产环境的特殊性，出砂后的油井治理时间长、费用高，海上油田对完井防砂工艺的要求是尽可能不出砂、少出砂，因此防止油井出砂是完井设计的重中之重。通过逐步摸索并及时总结经验，渤海油田解决了疏松砂岩井，特别是疏松砂岩稠油井防砂完井技术中一系列的难题，逐渐形成了比较成熟的防砂完井技术系列。目前，国内海上油田井型以定向井与水平井为主，防砂完井方式主要有管内砾石充填防砂完井、管内优质筛管防砂完井、裸眼砾石充填防砂完井、裸眼优质筛管防砂完井、膨胀筛管防砂完井、预充填筛管防砂完井等，其中以管内砾石充填防砂完井居多。从井型来看，定向井一般采用套管射孔完井方式，水平井一般采用裸眼完井方式。

1. 优质筛管简易防砂完井

优质筛管简易防砂完井又可分为裸眼优质筛管完井和套管射孔优质筛管完井。由于渤海油田纵向上小层较多，油层厚度大，常规定向井多采用套管射孔优质筛管简易完井，而裸眼优质筛管简易防砂通常应用于常规水平井、水平分支井或鱼骨刺井，以南堡 35-2 油田南北区为例，其主要完井防砂方式见表 8-39。

表 8-39　南堡 35-2 油田完井防砂方式统计

区块	总井数（口）	油井数（口）	套管+砾石充填		裸眼+砾石充填		套管+优质筛管		裸眼+优质筛管	
			井数（口）	占生产井比例（%）	井数（口）	占生产井比例（%）	井数（口）	占生产井比例（%）	井数（口）	占生产井比例（%）
北区	30	22	13	59	0	0	5	23	4	18
南区	27	15	2	13	1	7	4	27	8	53
总计	57	37	15	41	1	3	9	24	12	32

2. 砾石充填防砂完井

对于定向井，多采用管内砾石充填完井，即先下套管固井后射孔，再分层进行砾石充填防砂；对于水平井，为避免产能损失，最大限度地发挥水平井的优势，很少进行固井射孔，大多采用裸眼优质筛管或裸眼砾石充填完井。从渤海油田各层系完井防砂效果来看，砾石充填防砂作为主要的防砂完井方式，尤其对于胶结疏松的浅层稠油砂岩油田，其防砂效果要好于简易防砂方式。

对于套管内射孔防砂的常规定向井，多采用砾石充填防砂完井，就作业模式来讲，主要有单层防砂、两趟管柱多层防砂和一次多层射孔防砂完井3种。

（1）单层防砂（Stack Pack）：一次一层防砂、射孔作业。每完成一层，都要经过投堵、射孔、防砂、捞堵过程，作业工序多、周期长，相对来说安全性较高。

（2）两趟管柱多层防砂（Dual Trip）：一次射孔射开全部油层，两趟管柱分别完成防砂管柱坐封、充填作业。

（3）一次多层射孔防砂完井（One-Trip）：一次射孔射开全部油层，一趟管柱完成防砂管柱坐封和充填作业。

根据施工特点和要求的不同，砾石充填又分为低密度充填法、高密度充填法、振动充填法和压裂充填法。

（1）低密度充填法：即砾石水充填，用低黏度的携砂液或盐水，用低的携砂比将砾石携带至防砂井段和防砂管柱外。

（2）高密度充填法：即砾石胶液充填，用凝胶作携砂液，并用高的携砂比将砾石携带至防砂井段和防砂管柱外。

（3）振动充填法：井下充填工具中带有振动装置，在砾石充填过程中引发滤砂管、盲管等挡砂管柱振动，迫使砾石趋向紧密堆积。

（4）压裂充填法：将产层用水力压出裂缝后向裂缝挤入砾石，造成离井眼更远的砾石充填，进一步降低近井带的流动阻力和流速。

目前，渤海油田最常用的是低密度充填法，高密度充填法和压裂充填法在部分区块也有使用。

二、海上稠油热采完井技术难点

海上油田的开发主要依托采油平台，由于平台空间小，井槽数量有限，井型以定向井与水平井为主。因此，在完井方案设计时，要求结合油藏、地质和采油工程等内容，对完井方式进行合理的优选，以达到高效开发油田的目的。

海上油田开发完井的主要特点归纳如下：

（1）海上油田油藏地层砂分选差，泥质含量高，细粉砂含量高（粒度中值大多小于 $200\mu m$），而陆地油田油藏地层砂分选相对较好，粒径中值较大，粒度中值多在 $300\mu m$ 左右。

（2）海上油田大多为定向井和水平井，油层较厚，生产段较长，完井难度相对较大，多采用套管射孔完井与裸眼完井。

（3）海上油田因为远离陆地，以海上平台与船运为基础，作业投入大、成本高、风险大。

（4）海上油田产量高，一般在 $100m^3/d$ 以上，要求尽量发挥油井产能，因此水平井采用裸眼完井方式。

（5）限于海上油田平台限制，修井作业费用较高，施工周期长，要求油井不出砂、少出砂，因此多选择更可靠的完井防砂工艺，如砾石充填防砂。

（6）海上油田的举升工艺以电潜泵为主，耐砂能力较弱，对防砂的要求较高。

（7）海上油田限于集输处理条件，对出砂处理的技术难度较大，成本也较高。

上述开发特点决定了海上油田的完井工艺要有别于陆地油田，对海上稠油油田尤其是稠油热采井的防砂工艺提出了挑战。

海上稠油热采完井防砂工艺主要面临的技术难点如下：

（1）稠油油藏一般埋藏浅，储层岩石胶结疏松，边底水活跃，遇水后岩石强度下降，开采中更易出砂。

（2）高温改变了储层岩石的受力状态，降低了岩石胶结强度，加剧出砂风险。

（3）多元热流体技术在注热的同时，还伴注了大量 N_2、CO_2 等气体，气体的注入和产出对防砂工艺提出了更严峻的挑战，优选适合多元热流体热采的防砂完井工艺至关重要。

（4）海上稠油热采井一般为水平井，完井防砂作业施工难度大、风险高。

（5）稠油热采井要求基本不出砂或少出砂。

（6）稠油热采井的井底温度和压力会发生剧烈变化，对井下管柱结构和防砂器材的力学性能提出了更高的要求，同时多元热流体工艺还伴有 O_2、CO_2 等腐蚀性气体，对于器材防腐也应加以考虑。

（7）海上油田没有可以借鉴的热采防砂完井经验，在人才培养、方案设计及施工质量等方面均需从基础做起，逐步完善。

针对热采完井防砂工艺面临的难点，需要在借鉴陆地油田热采井完井防砂工艺技术的同时，优选出适合海上稠油热采的完井防砂工艺。

参 考 文 献

［1］陈伟. 陆上 A 稠油油藏蒸汽吞吐开发效果评价及海上稠油油田热采面临的挑战［J］. 中国海上油气，2011，23（6）：384–386.

［2］袁博，王颖，邱丽灿，等. 海上稠油热采小型化蒸汽发生系统及应用［J］. 当代化工研究，2016（5）：33–34.

［3］李伟超，齐桃，管虹翔，等. 海上稠油热采井井筒温度场模型研究及应用［J］. 西南石油大学学报（自然科学版），2012，34（3）：105–110.

［4］Guo A, Ren Z, Tian L, et al. Characterization of molecular change of heavy oil under mild thermal processing using FT-IR spectroscopy［J］. Journal of Fuel Chemistry and Technology, 2007, 35（2）：168–175.

［5］Li S, Li Z, Li B, et al. Modeling of lifting heavy oil assisted by enclosed thermal fluid circulation in hollow rod［J］. Journal of Petroleum Science and Engineering, 2010, 75（1）：135–142.

［6］Zhenyu L, Jinbao H, Huahen W. A new well test model for two-region heavy oil thermal recovery considering gravity override and heat loss［J］. Petroleum Exploration and Development, 2010, 37（5）：596–600.

［7］Bientinesi M, Petarca L, Cerutti A, et al. A radiofrequency/microwave heating method for thermal heavy oil recovery based on a novel tight-shell conceptual design［J］. Journal of Petroleum Science and Engineering, 2013, 107：18–30.

［8］余焱群，常宗瑜，綦耀光，等. 海上稠油热采井井筒安全设备及其性能研究［J］. 中国机械工程，2017，28（8）：912–916.

［9］赵延理，陈胜宏，贺占国，等. 海上稠油热采多元热流体注采一体化管柱设计［J］. 中国石油和化工标准与质量，2018，38（12）：188–190.

［10］邹剑，韩晓冬，王秋霞，等. 海上热采井耐高温井下安全控制技术研究［J］. 特种油气藏，2018，25

（4）：154-157.

［11］ 王通，孙永涛，刘义刚，等 . 反渗透技术在海上多元热流体热采中的应用［J］. 工业水处理，2015，35（10）：103-104.

［12］ Hao H，Wu B S，Yang J，et al. Non-thermal plasma enhanced heavy oil upgrading［J］. Fuel，2015，149：162-173.

［13］ Maclel Filho R，Sugaya M F. A computer aided tool for heavy oil thermal cracking process simulation//Pierucci S. Computer Aided Chemical Engineering［G］. Elsevier，2000：325-330.

［14］ Zhang X，Yan L，Yu G，et al. Simulation of heavy-oil thermal cracking process on the basis of carbon number-based component approach//Puigjaner L，Espuña A. Computer Aided Chemical Engineering［G］. Elsevier，2005：469-474.

［15］ Dong X，Liu H，Hou J，et al. Multi-thermal fluid assisted gravity drainage process：A new improved-oil-recovery technique for thick heavy oil reservoir［J］. Journal of Petroleum Science and Engineering，2015，133：1-11.

［16］ 刘新锋，张海龙，朱春明，等 . 海上油田热采完井技术研究与应用［J］. 长江大学学报：自科版，2015，12（11）：43-46.

第九章 海洋天然气水合物勘探开发新技术

天然气水合物是甲烷等烃类气体或挥发性液体与水相互作用形成的白色结晶状"笼形化合物",外表像冰,一点即燃,因此被称为可燃冰。一单位体积的天然气水合物分解最多可产生164~180单位体积的甲烷气体。天然气水合物由甲烷和水在低温(0~10℃)和高压(大于10MPa或水深300m及更深)条件下形成,陆地上20.7%和深水海底90%的地区具有形成天然气水合物的有利条件,广泛分布在大陆、岛屿的斜坡地带,活动和被动大陆边缘的隆起区,极地大陆架以及海洋和一些内陆湖的深水环境[1]。全世界天然气水合物总资源量约为$2.1×10^{16} m^3$[2],含有的有机碳是已知矿物和化石燃料总和的2倍,其中深水天然气水合物的储量约是陆地的100倍,仅海底可燃冰的储量就够人类使用1000年,因而被科学家誉为未来能源、21世纪能源。

随着中国国民经济持续快速增长,能源需求急剧增加,石油天然气资源供需矛盾加剧。2013年,我国石油的对外依存度达58.1%,天然气达到31.6%,大大超过国际公认的警戒线,严重威胁到国家能源战略的安全,必须寻找新的资源。天然气作为一种清洁能源,在中国能源消费中所占比例低(2011年仅为4.5%)。2012年,中国天然气产量约$1000×10^8 m^3$,进口约$400×10^8 m^3$。如果要将中国天然气消费比例提高至10%,天然气供需差距将达到$2000×10^8 m^3$以上,必须寻找新的天然气资源[3]。为了改变中国目前以煤为主(约70%)的能源消费结构,发展绿色经济和保护环境,开发天然气水合物资源,对于国民经济的长期发展具有重要的战略意义。

第一节 天然气水合物的特征、分布及储量

一、天然气水合物的特征

天然气水合物中水分子是主体分子,形成空间点阵结构,气体分子充填于点阵间孔隙中,气体分子与水分子间没有化学计量关系;点阵结构水分子间以较强的氢键结合,气体水分子间以范德华力结合。已经发现天然气水合物形成的3种基本笼形晶体空间结构是:Ⅰ型立方晶体结构、Ⅱ型菱形晶体结构和H型六方晶体结构。Ⅰ型天然气水合物在自然界分布最广,而Ⅱ型及H型天然气水合物更为稳定。H型天然气水合物早期仅见于实验室,1993年才在墨西哥湾大陆斜坡发现其天然形态。在格林大峡谷地区,也发现了Ⅰ型、Ⅱ型和H型3种天然气水合物共存。

根据天然气水合物产生的形式,可以分为生产中产生的天然气水合物和自然界中的天然气水合物。生产中的水合物主要产生于管线截面积发生突变,压力、温度急剧变化的地方都可能形成水合物,如海底管道、井下油嘴、阀门、法兰等(图9-1);该类型的天然

气水合物一旦形成，易堵塞井筒、阀门和海底管线，产生严重的生产事故[1]。

  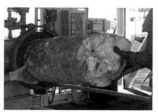

（a）从井筒清出的水合物　　（b）闸板阀门的天然气水合物　（c）水合物堵塞海底天然气管线

图 9-1　生产中产生的天然气水合物

在自然界发现的天然气水合物多呈白色、淡黄色、琥珀色、暗褐色等轴状、层状、小针状结晶体或分散状。它可存在于 0℃以下，又可存在于 0℃以上环境。从所取得的岩心样品来看，天然气水合物可以多种方式存在[1,4]：分散状、块状、脉状和大面积层状（图 9-2）。

  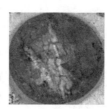 

（a）分散状　　　　　（b）块状　　　　　（c）脉状　　　　（d）大面积层状

图 9-2　天然气水合物的存在形态

二、天然气水合物的分布

天然气水合物资源调查技术主要有地质识别和地震识别两种。地质识别主要体现在：海底地貌，如出现麻坑、泥火山和泥质丘等；海底沉积层特征，主要体现在泥质底辟构造；沉积物特征，含有冷泉碳酸盐岩结核等。地震识别技术主要以地震探测时出现拟海底反射层 BSR 为依据。通过地质识别和地震识别初步判断天然气水合物的分布区域，最终通过钻探取样来获取天然气水合物的准确位置。国内外常采用日本的保温保压取样器、国际大洋钻探计划的保压取样器和辉固保压取样器等钻获天然气水合物样品。世界许多区域钻获了海洋和永冻土地区的天然气水合物岩心，例如，美国 Alaska、加拿大 Mallik、日本 NanKai 海槽、中国、印度、里海、韩国等地。如图 9-3 所示，到目前为止，全球已探明天然气水合物分布区域 124 处，其中取到岩心 26 处，地震探测 83 处，地质解释 13 处[3]，且天然气水合物沉积层的厚度为 0~500m[5]。天然气水合物因其特殊性质，在测井显示方面也具有显著的特殊性，主要体现在：气测异常、井径扩大、电阻率增高、低自然电位、密度低、声波速率大、声波时差降低、中子孔隙度增大和自然伽马降低等方面[6,7]。

2007 年 5 月，中国科学家首次在南海神狐海域水深 1200m 和埋深 199~399m 处，采用 PTCS 取样器，共钻取 7 口井，其中 3 口井获取天然气水合物样品，样品中甲烷含量在 98%以上，使中国成为继美国、日本和印度之后第 4 个在海底钻获天然气水合物样品的国家。中国冻土区，尤其是羌塘盆地、祁连山、风火山—乌丽地区和漠河盆地等都具备较好的天然气水合物成矿条件。2008—2009 年，在青海省祁连山南缘永久冻土带钻探天然气水合物取样井 4 口，总进尺 2059.13m，其中 3 口井获取天然气水合物样品，样品中的甲烷含量在 75%以上，天然气水合物层埋深 133~765m，使中国成为世界上第一次在中低纬度冻土区发现天然气水合物的国家；也是继加拿大 1992 年在麦肯齐三角洲、美国 2007 年在阿拉斯加北坡通过国家计划钻探发现天然气水合物之后，在陆域通过钻探获得天然气水合物样品的第 3 个国家[8]。

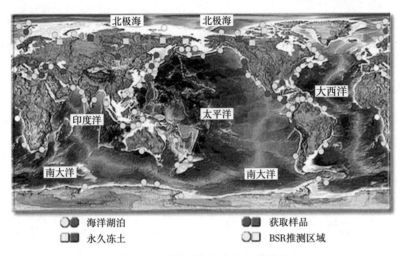

图 9-3　世界天然气水合物的分布

三、天然气水合物的储量

如图 9-4 所示，美国天然气水合物的储量共有 $9066×10^{12}m^3$ 的天然气水合物，相当于美国国内常规天然气储量（2011 年评估量为 $772×10^{12}m^3$）的 12 倍[9,10]，其中阿拉斯加北坡约为 $2.4×10^{12}m^3$；布莱克海台约为 $57×10^{12}m^3$。

图 9-4　美国地质调查局评估的美国天然气水合物气藏储量及分布

加拿大共有（44~810）×10^{12}m^{3}的天然气水合物，相当于加拿大国内常规天然气储量（27×10^{12}m^3）的2~40倍，其中麦肯齐三角洲约8.8×10^{12}m^3（图9-5）[11]。日本天然气水合物的储量约为50×10^{12}m^3，本产业技术综合研究所估计日本周边海域天然气水合物可采储量超过7×10^{12}m^3，接近日本100年的天然气需求。这一数据与HEI的预测相同。Jogmec估计，日本南海海槽中的天然气水和物约有1.1×10^{12}m^3，相当于日本目前11年的天然气总量。印度的天然气水合物储量约为122×10^{12}m^3。

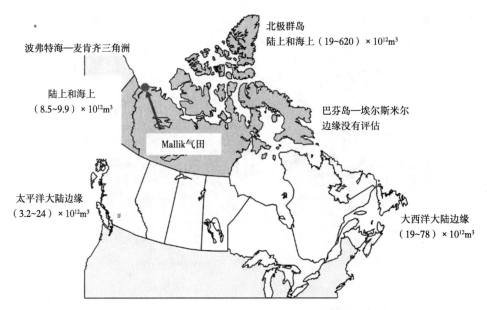

图9-5　加拿大天然气水合物气藏储量及分布

中国初步估计天然气水合物资源量为90×10^{12}m^3，其中[12, 13]：（1）西沙海槽约为5×10^{12}m^3，相当于45.5×10^{8}t油当量，含6个有利的天然气水合物资源远景区；（2）东沙海域含有7个有利的天然气水合物资源远景区，资源量约47.5×10^{8}t油当量；（3）神狐海域约为194×10^{8}m^3，相当于33.28×10^{8}t油当量，含有4个有利的天然气水合物资源远景区（广州海洋地质调查局，2010）；（4）琼东南海域资源量约为58.3×10^{8}t油当量，含有5个有利的天然气水合物资源远景区；（5）青藏高原冻土约为38.9×10^{12}m^3，约合350×10^{8}t油当量，堪比大庆油田，可供中国使用近90年[8]；东海和渤海湾等地区的天然气水合物资源量仍处于地质调查阶段。据国土资源部估算，仅南海天然气水合物的总资源量就达到（643.5~772.2）×10^{8}t油当量，相当于中国陆上和近海石油天然气总资源量的1/2[14]。截至2011年底，中国已在南海圈定了25个可燃冰成矿区块，控制资源量达41×10^{8}t油当量。根据南海海域沉积物中酸解烃样品的采用位置和异常情况，可将南海天然气水合物勘探远景区分为[15]：西沙海槽、东沙海域、神狐、北部陆坡、台西南一带为天然气水合物的1级前景区；琼东南盆地、南沙海槽为2级前景区；西部陆坡和中央海盆为3级前景区。

第二节　天然气水合物的现场开采试验

一、第一个商业开发的天然气水合物藏（原苏联麦索雅哈永久冻土）

该气田位于西伯利亚的永久冻土层，采用降压+化学剂的方法开采。在开采初期，有两口井在其底部层段注入甲醇后产量增加了 6 倍。该气藏水合物的开采主要经历了 5 个阶段（图 9-6）：第 I 阶段为气驱状态，地层压力没有降至水合物分解压力；第 II 阶段为气田采气，天然气水合物迅速分解，致使地层压力高于设计压力；第 III 阶段（开采 8 年）为年采气量继续下降，地层压力稳定，采气量等于天然气水合物的分解量；第 IV 阶段（持续4 年）为封存阶段，天然气水合物继续分解，地层压力达到天然气水合物平衡压力后天然气水合物稳定；第 V 阶段为继续开采，地层压力稳定，直至关井[3, 19]。

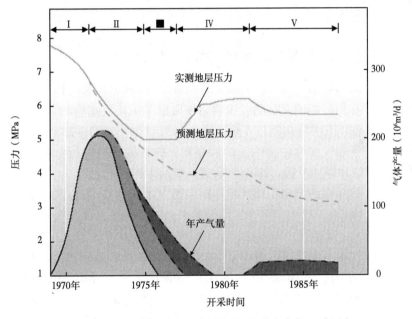

图 9-6　原苏联麦索雅哈永久冻土天然气水合物开采历史

二、加拿大 Malik 永久冻土天然气水合物试采工业联合项目

该项目由加拿大、日本、美国、德国、印度和国际大陆科学钻探计划联合资助，有 11个研究机构参与。麦肯齐三角洲冻土带和北极群岛天然气水合物厚度大于 200m，天然气水合物富集程度高，已有天然气气田的系统工程、地质和地球物理资料，与海上天然气水合物的沉积类似，具有较好的开采基础[14]。2002 年共钻 3 口井，中间井用于天然气水合物的取样和开采，两侧井用于观测，Malik 井中获得了世界上最好的天然气水合物样品；天然气水合物开采井采用裸眼筛管完井的完井方式，且筛管上布置有光纤分布式温度传感器和压力传感器，以用于开采过程中温度和压力的测量。

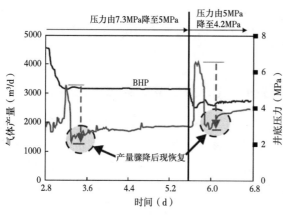

图9-7　2008年冬季Malik天然水合物开采的
产量与井底压力的关系

（1）2002年，针对17m具有较高天然气水合物饱和度的区域，采用注热+降压的方法，进行第一次为期5天的试采，共产气约470m³，花费约2320万美元。

（2）2007年冬季采用降压开采的方法，初始阶段具有一定的渗透性，产气100m³左右；当压力由8MPa降低至7.3MPa时，产量增加；开采15小时，共产气约830m³。

（3）2008年冬季连续稳定开采6.75天（图9-7），共产气约13000m³；压力由7.3MPa降至5MPa，天然气水合物产量骤增，并稳定在1850m³/d；压力由5MPa降至4.3MPa，天然气水合物产量骤增，产量超过2000m³/d。

三、阿拉斯加–JIP天然气水合物钻探项目

2007年2月，英国石油（BP）、美国地质调查局（USGC）和美国能源部（DOE）等20多个合作单位，在阿拉斯加北部陆坡成功钻探取出了天然气水合物岩心[9]。共在23个层位取得261个岩心。该项目共制订4个阶段的研究计划：2003—2004年开展基础研究；2004—2005年开展天然气水合物物性、试采等方面的数值模拟分析；2006—2009年进行现场取心、生产测试和样品分析；2009年后进行长期生产测试。

2011年冬季，康菲石油公司在该区域钻探天然气水合物井Ignik Sikumi。2012年2月15—28日，采用23%CO_2+77%N_2混合气体开采水合物，共注入混合气体21×10⁴ft³，依靠井底压力自回流开采、降压开采等方法，整个回流开采期38天，产气时间30天，累计产气量约28316 m³，气体生产速率达到峰值4955 m³/d。如图9-8所示，当井内压力大于天然气水合物的稳定压力，采用23%CO_2+77%N_2置换天然气水合物时，仍具有平均约300m³/d的产量，CO_2和N_2回收量均较高，其中N_2回收量最高。内压力维持在天然气水合物稳定压力4.3MPa以下时，天然气水合物产量迅速增大到800m³/d，且CO_2和N_2回收量较低，CO_2和N_2成功置换出天然气水合物[20]。

四、日本Nankai Trough海底天然气水合物的开采

1992年，日本第29届国际地质大会上，USGS的Krason估计日本南海海槽的BSR分布范围大约为3.5×10⁴km²，日本开始关注天然气水合物。1995—1999年，总投资150亿日元，开展天然气水合物勘探与资源评价研究。2000年1月，日本在静冈县御前崎近海水深950m处发现了天然气水合物含量高达20%的砂岩层，证明存在天然气水合物资源。2005年钻了36口测试井。2012年2月2日，举行南海海槽开采试验启动会。2012年2月15日开钻，在爱知县渥美半岛附近约1000m的海底钻入330米，共钻取4口天然气水合物井，其中1口井为生产测试井，其余井用于监测生产前后环境变化。2012年3月12日，

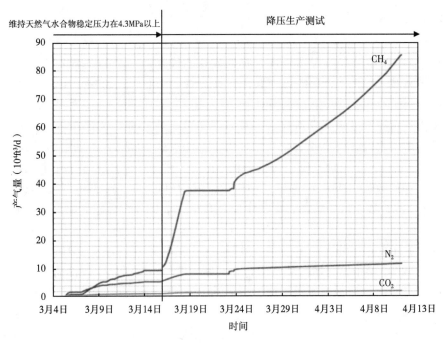

图 9-8　Ignik Sikumi #1 井产气量与注入量的关系

日本经济产业省宣布，成功从近海地层蕴藏的天然气水合物中分离出甲烷气体。采用 Chikyu 浮船，通过把可燃冰中的水分抽出降低其压力提取甲烷，是世界上首次从深海海底开采出天然气水合物的国家。

五、墨西哥湾 2007 年启动 JIP 项目

墨西哥湾天然气水合物较为发育，仅西北陆坡天然气水合物资源量就估计有（10~14）×10^{12} m^3，开发潜力巨大[21]。2007 年，由 Chevron、DOE 和 USGS 联合资助的墨西哥湾天然气水合物试采计划 JIP 项目启动，主要针对 Alaminos Canyon Block 818 的油气层和天然气水合物层。该处水深约 3000m，天然气水合物层顶部深度 3510m，天然气水合物层厚度大约为 20m。该项目计划 2007 年主要进行天然气水合物工程地质灾害评价，2008 年进行半潜式平台钻井取心，目前正在开展海上试采计划。

六、中国天然气水合物的开采

中国对天然气水合物的研究始于 1995 年，2007 年 5 月获得天然气水合物实物样品，成为世界上第 4 个发现天然气水合物的国家。

2010 年底，中国地质调查局所属的广州海洋地质调查局提交了《南海北部神狐海域天然气水合物钻探成果报告》，在该海域 140km^2 范围内，圈定含矿区总面积约 22km^2，探明天然气水合物矿体 11 个，矿层平均有效厚度约 20m，预测储量约 194×10^8 m^3；天然气水合物富集层位气体主要为甲烷，其平均含量高达 98.1%，主要为微生物成因气。据初步查明，在中国南海的近海海域，富含天然气水合物的面积 5242km^2，其资源量估算达 4.1×10^{12} m^3。

中国目前已绘制出天然气水合物的商业开发战略规划路线：2010—2020年为研究调查阶段；2020—2030年为开发试生产阶段；2030—2050年为商业生产阶段。2006年国家863项目"天然气水合物勘探开发关键技术"，研制了天然气水合物绳索取心保温保压工具，极大地促进了中国深海天然气水合物的勘探取样[21-23]。中国海洋石油总公司参加了2007年中国海域天然气水合物的钻探取样，其所属中海油研究总院承担了国家863计划、973计划、科技专项关于天然气水合物模拟开采技术。2012年5月，"海洋六号"首次成功利用ROV、可控源电磁等高新技术，对海底"可燃冰"存在的证据进行调查。2012年6月27日，中国载人深潜器"蛟龙"号最大下潜深度达7062m，再创中国载人深潜纪录。目前，正在开展深水工程勘察船"海洋石油708"天然气水合物取样可行性研究。2013年7月，在东海海域水深600~800m处，钻探取样井30口，在13~399m处获取层状、带状等多层天然气水合物未成岩样品，样品中甲烷含量大于99%，标志着中国东海海域天然气水合物的存在。

中国海洋石油总公司具有30多年海域勘探开发的经验，并于2010年建成"海上大庆"，参加了2007年中国海域天然气水合物的钻探取样，其所属中海油研究总院承担国家863计划、973计划、科技专项关于天然气水合物模拟开采技术、流动安全保障方面的研究课题。从2002年联合西安交通大学、中国石油大学、大连理工大学、广州能源所、西南石油大学、华南理工大学、大庆油田建设设计院等开始有关油气水多相流动规律、流动安全和天然气水合物方面的研究，搭建了35MPa油气水多相流动规律试验环路、高压固相沉积试验环路，与中国科学院能源所、大连理工大学、中国石油大学等联合研制了世界先进的天然气水合物三维开采模拟装置，声波电阻率、核磁等天然气水合物基础物性试验系统，为开展相关研究工作奠定了基础。

2017年5月10—18日，中国地质调查局在中国南海北部神狐海域首次对天然气水合物（可燃冰）进行工业化试采（图9-9）。试采地点水深1266m，天然气水合物储层位于海底以下203~277m。天然气最高产量达$3.5×10^4 m^3/d$，平均日产超过$1×10^4 m^3$，其中甲烷含量最高达99.5%，连续7天19小时稳定产气，天然气水合物试采成功。试采安全评

图9-9　中国天然气水合物试采点火试验现场[24]

估和环境监测结果显示，周围地层无明显变化，海水及周边大气等甲烷浓度无异常，环境无污染，未发生地质灾害，同时取得了持续产气时间长、气流稳定、环境安全等多项重大突破性成果。

2013年，西南石油大学与中国海洋石油总公司合作承担了中国工程院和国家自然基金委联合咨询研究项目"深海天然气水合物绿色钻采战略及技术方向研究"，跟进国际天然气水合物勘探开发以及试采技术研究进展，结合中国深海天然气水合物资源勘探和有利成藏区带分布，以及天然气水合物技术装备研究现状，合理制定深海天然气水合物绿色钻采开发战略，并确定深海成岩天然气水合物安全钻采、浅层天然气水合物绿色开发核心技术、装备研究方向及策略，为中国天然气水合物的商业化开采所涉及基础理论、钻采输技术、装备提供战略支持。2014年，第8届国际天然气水合物大会在北京召开，全球28个国家和地区的750多位专家、学者参加了此次盛会，标志着中国在天然气水合物开发方面的研究已得到国际关注。

值得一提的是，2013年，中国工程院周守为院士提出了一种将固态天然气水合物流态化开发的方法，从而实现了深水浅地层天然气水合物的绿色开发[25]。该方式的基本原理是在不改变原始水合物温度、压力场的条件下固态开采天然气水合物，将其破碎后采用封闭管道输送至海洋平台。

第三节　深水浅层非成岩天然气水合物固态流化开采新技术

海洋天然气水合物可分为成岩天然气水合物和非成岩天然气水合物，其中海洋非成岩天然气水合物占天然气水合物总储量的85%以上。目前，世界上已经实施的天然气水合物试采均在成岩水合物矿体中进行，海洋非成岩水合物开采技术和方法还是空白。海洋非成岩天然气水合物储藏特征表现为：埋深浅、储量大、胶结性差，并且天然气水合物稳定层的上覆地层多数也是未成岩的泥砂沉积层，强度低，密闭性较差。因此，海洋非成岩天然气水合物藏开采属于世界性难题。2013年，中国工程院周守为院士提出了一种将固态天然气水合物流态化开发的方法，从而实现了深水浅地层天然气水合物的绿色开发[25,26]。固态流化开采有望成为世界海洋浅层非成岩天然气水合物合理开发科技创新前沿领域和革命性技术之一。

一、深水浅层非成岩天然气水合物固态流化开采原理及进展

固态流化开采的基本原理是在不改变原始天然气水合物温度、压力场的条件下固态开采天然气水合物，将其破碎后采用封闭管道输送至海洋平台。其技术思路是：利用天然气水合物在海底温度和压力相对稳定的条件下，采用采掘设备以固态形式开发天然气水合物矿体，将含有天然气水合物的沉积物粉碎成细小颗粒后，再与海水混合，采用封闭管道输送至海洋平台，而后将其在海上平台进行后期处理和加工，相关工艺流程如图9-10所示。该开采方式的优势包括：（1）由于整个采掘过程在海底天然气水合物矿区域进行，未改变天然气水合物的原始温度、压力条件，类似于构建了一个由海底管道、泵送系统组成的人工封闭区域，起到了常规油气藏盖层的封闭作用，使海底浅层无封闭的天然气水合物矿体

变成封闭体系内分解可控的人工封闭矿体，使得海底天然气水合物不会大量分解，从而实现了原位开发，避免天然气水合物分解可能带来工程地质灾害和温室效应；（2）同时利用天然气水合物在传输过程中温度、压力的自然变化，实现了在密闭输送管线范围内的可控有序分解。

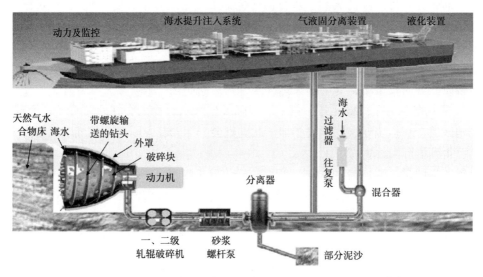

图 9-10　海洋非成岩天然气水合物固态流化开采原理示意图[27]

深水浅层非成岩天然气水合物固态流化开采工艺流程如图 9-11 所示，其基本组成包括：海底机械采掘、天然气水合物沉积物粉碎研磨、海水引射与浆液举升、上升过程中流化开采、上部分离及液化、沉积物回填以及动力等供应单元。由于整个采掘过程是在海底天然气水合物矿区进行，未改变天然气水合物的温度、压力条件，类似于构建了一个由海

图 9-11　深水浅层非成岩天然气水合物固态流化开采工程示意图

底管道、泵送系统组成的人工封闭区域，起到常规油气藏盖层的封闭作用，使海底浅层无封闭的天然气水合物矿体变成封闭体系内分解可控的人工封闭矿体，从而使海底天然气水合物不会大量分解，实现了原位固态开发，避免了天然气水合物分解可能带来的工程地质灾害和温室效应；同时该方法利用了天然气水合物在传输过程中温度、压力的自然变化，实现了在密闭输送管线范围内可控有序分解。

2015 年 4 月 28 日，西南石油大学牵头，开始建立世界上首个"海洋非成岩天然气水合物固态流化开采实验室"，该实验室由西南石油大学、中国海洋石油总公司、四川宏华集团联合共建，是完全由中国自主研发、自主设计、自主建造的世界首个海洋非成岩天然气水合物固态流化开采实验室。

2017 年 5 月 25 日，依托"海洋石油 708"深水工程勘察船，在南海北部荔湾 3 站位水深 1310m、天然气水合物矿体埋深 117~196m 处，全球首次海洋浅层非成岩天然气水合物固态流化试采作业成功实施，此次作业是对海洋浅层天然气水合物的安全、绿色试采的创新性探索，标志着中国天然气水合物勘探开发关键技术已取得历史性突破[28]。

二、世界首个海洋天然气水合物固态流化开采大型物理模拟实验系统

为了对海洋非成岩天然气水合物固态流化开采法工艺技术思路进行验证和开展基础理论研究，西南石油大学于 2015 年 4 月 28 日成立了世界首个"海洋非成岩天然气水合物固态流化开采实验室"（图 9-12）。该实验室定位于"全自动化的白领型实验室"，实验系统共分为[27]大样品快速制备及破碎、高效管输、高效分离、快速检测等模块单元。该实验室的主体功能包括：（1）高效破岩能力评级；（2）海洋水合物层流化试采携岩能力评价；（3）水合物非平衡分解规律及流态动变规律评价；（4）不同机械开采速率条件下的水合物安全输送实验；（5）井控安全规律模拟。该实验室的关键技术指标：工作压力 12MPa，水平管长度 65m，立管长度 30m，管径 3in。该实验室能模拟 1200m 水深的全过程固态流化开采工艺过程，是西南石油大学联合中国海洋石油总公司、四川宏华集团原始创新自主设计、自主研发的标志性实验室。

图 9-12　西南石油大学海洋天然气水合物固态流化开采实验系统[27]

根据海洋非成岩天然气水合物固态流化开采的技术思路，实验室具有以下主体功能：

（1）1m³ 大样品快速制备、高效破岩能力评级。

（2）海洋天然气水合物层流化试采携岩能力评价。

（3）不同机械开采速率条件下的天然气水合物安全输送实验。

（4）天然气水合物非平衡分解及流态动变规律评价。

（5）井控安全规律模拟。

结合海洋非成岩天然气水合物固态流化开采的技术思路及实验室的主体功能，实验室的设计思路如下：

（1）相似原型。天然气水合物藏水深 1200m，管路长径比太大，现有条件下一次相似实验室不可能完成。因此，通过多次循环、多次调压（高压至低压）、多次换热升温，综合每组实验数据来完成全过程管流模拟，在满足井控安全的前提条件下尽量放大实验流动参数，以保证安全高效输送。

（2）根据海洋天然气水合物的组分，模拟预制天然气水合物（含砂）样品，然后破碎样品时加入预先配制的海水，形成天然气水合物浆体。

（3）将浆体转移至管路循环系统，模拟实际开采环节的天然气水合物浆体气、液、固多相管道输送流动状况。

（4）水平段、垂直段井筒能够分别独立完成实验。水平管段着力解决固相运移问题，垂直管段着力解决天然气水合物相变条件下的多相流动特征参数预测、测量、压力演变规律及调控技术。

（5）管输结束之后，分离系统对天然气水合物分解及其产物进行处理和计量。

（6）实现多相输送过程中的运行控制和测试数据及图像采集，并能进行实时监控、处理、分析、显示和存储。

（7）通过实验室研究，形成、完善和丰富多相流动在固态流化采掘模式下的理论模型。

依据实验设计思路及理念，将海洋天然气水合物固态流化开采实验系统流程分为海洋天然气水合物样品制备模块，海洋天然气水合物破碎及保真运移模块，海洋天然气水合物浆体管输特性实验模块，海洋天然气水合物产出分离模块，动态图像捕捉、数据采集及安全控制模块。天然气水合物固态流化开采物理模拟实验系统包含如下关键设备：

（1）天然气水合物制备及破碎系统。该设备主要用于模拟 1200m 水深以内，不同温度、压力条件下天然气水合物沉积物。该系统通过鼓泡、喷淋、搅拌等环节能在 24h 以内快速生成 1.062m³ 天然气水合物，并按照实验需求破碎成指定粒度大小的天然气水合物碎屑并输出，以满足固态流化开采管输及分离实验的需要。

（2）浆体循环泵。天然气水合物固态流化开采的工艺流程中复杂介质流体流动的动力单元是要求能够适应气液固（天然气、海砂、天然气水合物固相、海水）多相管输要求的关键设备。西南石油大学通过自行设计、研发并委托加工出一套单螺杆浆体循环泵。

（3）压力动态调节器。天然气水合物固态流化开采工艺的思路是将 1200m 水深的固体矿流化输送至平台，其管输压力是从 12MPa 至常压，而海洋天然气水合物固态流化开采实验系统管输回路是闭式循环系统，其流体压力在封闭环境无法实现压力降低或动态调节。基于此客观物理实际，西南石油大学的研究团队创造性地设计和研发了压力动态调节器。该设备可在物质平衡条件下根据每次循环 30m 水深的气液固混相流体压力降低幅度动态调节管流压力（由 12MPa 至 1MPa）

（4）高效三相分离器。高效三相分离器主要由三相分离器、储砂罐、储水罐、甲烷气罐、气体流量计、球阀等组成，其主要功能是在循环实验结束后，分离并计量固相、气体和海水分相物质的量。

（5）实时相含量监测取样器。海洋天然气水合物固态流化开采实验系统管输回路是在闭式循环系统中通过不断降压、升温以实现其物理过程。管道里的天然气水合物固相在降压、升温过程中不断气化成自由气，从而造成管输系统里的气液固分相比例关系动态变化。因此，取样器可以利用气液固密度差通过物理沉降方式在线定量取样分析，并计量气液固分相比例。通过该设备分析每 30m 循环过程中的浆体瞬时组分比例，以评价天然气水合物固相分解效率以及海砂运移效率。实时相含量监测取样器主要由取样检测计量装置、质量流量计和快速启合开关组成。

（6）管输温度调控系统。管输温度调控系统主要用于模拟天然气水合物浆体在每 30m 海管上升流动过程中的温度上升状态。采用电加热、人工强迫换热方式对立管进行热补偿，以模拟海洋环境对海管的热交换情况。

（7）自动化监控系统。自动化监控系统能实现整个实验系统关键参数的自动采集和控制。

三、深水浅层非成岩天然气水合物藏固态流化采空区安全性评价

在天然气水合物沉积物的三轴压缩实验研究中，众多学者均观察到应变软化的现象，因此在利用井壁稳定性模型开展采空区评价时，采用式（9-1）作为天然气水合物沉积物的本构模型。

$$\tan\beta = \tan\beta_i + A \times \frac{B\varepsilon^2 + \varepsilon}{1 + \varepsilon^2} \tag{9-1}$$

式中　β——内摩擦角；

　　　β_i——初始内摩擦角；

　　　ε——三轴实验中的轴向应变；

　　　A、B——拟合参数。

根据周守为院士提出的固态流化开采方法，应分析采空区水平井井壁稳定性。采用弹塑性解析模型分析井周应力状态，式（9-2）至式（9-4）表示井周弹性区应力状态：

$$\sigma_r = \sigma_h + (\sigma_p - \sigma_h)\left(\frac{r_p}{r}\right)^3 \tag{9-2}$$

$$\sigma_\theta = \sigma_h - (\sigma_p - \sigma_h)\left(\frac{r_p}{r}\right)^3 \tag{9-3}$$

$$\sigma_z = \sigma_v \tag{9-4}$$

式（9-5）至式（9-9）表示井周塑性区体积应变和三向应力的分布情况：

$$\frac{\mathrm{d}\varepsilon_\mathrm{v}}{\mathrm{d}\xi} = \frac{\Delta}{b_{11}}\left[\frac{\sigma_\theta - \sigma_\mathrm{r}}{\mathrm{e}^{\varepsilon_\mathrm{v}}/(1-\xi) - \xi - 1} + \frac{b_{11} - b_{12}}{\Delta(1-\xi)}\right] \tag{9-5}$$

$$\frac{\mathrm{d}\sigma_\mathrm{r}}{\mathrm{d}\xi} = -\frac{\sigma_\mathrm{r} - \sigma_\theta}{1 - \xi - \dfrac{\mathrm{e}^{\varepsilon_\mathrm{v}}}{1-\xi}} \tag{9-6}$$

$$\frac{\mathrm{d}\sigma_\theta}{\mathrm{d}\xi} = -\frac{b_{21}}{b_{11}}\left[\frac{\sigma_\mathrm{r} - \sigma_\theta}{1 - \xi - \dfrac{\mathrm{e}^{\varepsilon_\mathrm{v}}}{1-\xi}} + \frac{b_{11} - b_{12}}{\Delta(1-\xi)}\right] - \frac{b_{22} - b_{21}}{\Delta(1-\xi)} \tag{9-7}$$

$$\frac{\mathrm{d}\sigma_\mathrm{z}}{\mathrm{d}\xi} = -\frac{b_{31}}{b_{11}}\left[\frac{\sigma_\mathrm{r} - \sigma_\theta}{1 - \xi - \dfrac{\mathrm{e}^{\varepsilon_\mathrm{v}}}{1-\xi}} + \frac{b_{11} - b_{12}}{\Delta(1-\xi)}\right] - \frac{b_{32} - b_{31}}{\Delta(1-\xi)} \tag{9-8}$$

$$\frac{\mathrm{d}\varepsilon}{\mathrm{d}\varepsilon} = \frac{(1+\varepsilon^2)^2}{Ap(1+2B\varepsilon-\varepsilon^2)}\left\{a_\mathrm{r}\left(-\frac{\sigma_\mathrm{r}-\sigma_\theta}{1-\xi-\dfrac{\mathrm{e}^{\varepsilon_\mathrm{v}}}{1-\xi}}\right)\right.$$
$$+ a_\theta\left[-\frac{b_{21}}{b_{11}}\left(\frac{\sigma_\mathrm{r}-\sigma_\theta}{1-\xi-\dfrac{\mathrm{e}^{\varepsilon_\mathrm{v}}}{1-\xi}}+\frac{b_{11}-b_{12}}{\Delta(1-\xi)}\right)-\frac{b_{22}-b_{21}}{\Delta(1-\xi)}\right]$$
$$\left.+ a_\mathrm{z}\left[-\frac{b_{31}}{b_{11}}\left(\frac{\sigma_\mathrm{r}-\sigma_\theta}{1-\xi-\dfrac{\mathrm{e}^{\varepsilon_\mathrm{v}}}{1-\xi}}+\frac{b_{11}-b_{12}}{\Delta(1-\xi)}\right)-\frac{b_{32}-b_{31}}{\Delta(1-\xi)}\right]\right\} \tag{9-9}$$

式中 σ_p——弹塑性界面径向应力；

σ_h——水平地应力；

σ_v——垂向地应力；

ε_v——体积应变；

σ_r、σ_θ、σ_z——三向应力；

r、r_0——井眼变形前、变形后井周一点到井眼中心的距离；

p——平均有效应力；

b_{11}、b_{12}、b_{21}、b_{22}、b_{31}、b_{32}——模型过渡参数。

弹塑性界面边界条件为：

$$\sigma_\mathrm{r}(\xi_0) = \sigma_\mathrm{h} - \sqrt{\sigma_\mathrm{h}^2 - \frac{1}{3}\left[4\sigma_\mathrm{h}^2 + \sigma_\mathrm{v}^2 - 2\sigma_\mathrm{h}\sigma_\mathrm{v} - (\tan\beta_\mathrm{i}\, p_0)^2\right]} \tag{9-10}$$

$$\sigma_\theta(\xi_0) = \sigma_\mathrm{h} + \sqrt{\sigma_\mathrm{h}^2 - \frac{1}{3}\left[4\sigma_\mathrm{h}^2 + \sigma_\mathrm{v}^2 - 2\sigma_\mathrm{h}\sigma_\mathrm{v} - (\tan\beta_\mathrm{i}\, p_0)^2\right]} \tag{9-11}$$

$$\sigma_\mathrm{z}(\xi_0) = \sigma_\mathrm{v} \tag{9-12}$$

$$\xi_0 = \frac{[\sigma_r(\xi_0) - \sigma_h](1 + \nu)}{E} \tag{9-13}$$

式中　p_0——初始平均有效应力；

　　　E——天然气水合物地层弹性模量；

　　　ν——泊松比。

　　结合式（9-1）至式（9-13），就能求出天然气水合物地层采空区井周的应力状态。

　　井周三向应力分布和不同初始井眼下的井眼变形趋势如图 9-13 至图 9-16 所示。径向应力随着 r/a 的增大而增大，周向应力和垂向应力随着 r/a 增大而减小，这种变化趋势与深度无关。弹塑性界面往后为弹性变形区，弹塑性界面与应变软化—硬化界面之间为应变硬化区，应变软化—硬化界面之前为应变软化区。而随着深度的增加，井周弹塑性界面与应变软化界面的 r/a 均逐渐减小。随着初始井眼直径的增大，井眼直径的绝对缩小量也在增加，但井眼径向应变先增大后减小。初始井眼直径介于 [0.8，1.2]，径向应变较大，说明此时井眼的相对变形较小。因此，初始井眼直径介于 [0.6，1.2]，可作为相对较优的开采井眼直径。

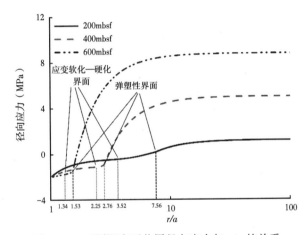

图 9-13　不同深度下井周径向应力与 r/a 的关系

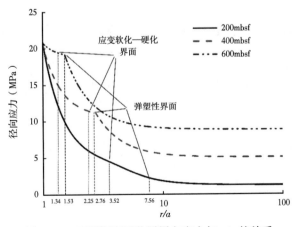

图 9-14　不同深度下井周周向应力与 r/a 的关系

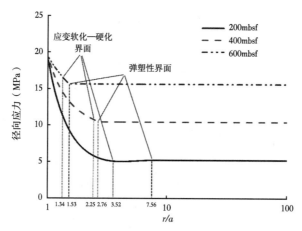

图 9-15　不同深度下井周垂向应力与 r/a 的关系

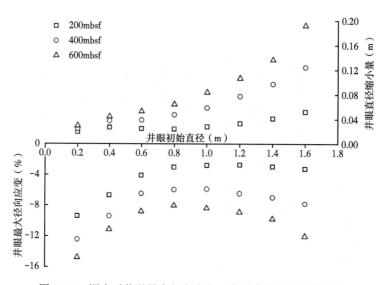

图 9-16　深度对井眼最大径向应变、井眼直径缩小量的影响

四、深水浅层非成岩天然气水合物固态流化开采现场试验

2017 年 5 月 25 日，全球首次海洋浅层非成岩天然气水合物固态流化试采作业成功实施。试采工程依托自主研制的深水工程勘察船"海洋石油 708"，采用自主的无隔水管钻完井工艺和装备进行埋深 117~196m 天然气水合物层位的作业，之后安装举升管柱，含天然气水合物沉积物在举升管道内部分离，实现砂自沉降，分解气和剩余含天然气水合物沉积物浆体回接到平台进行处理。此外，基于地层压力预测研究结果及钻探目的，考虑到目的层尚未成岩，仅相当于常规油气井的表层以上部分，根据实际钻井情况获取的信息，目的层破裂压力很低，与土体的抗剪强度相当，因此进行了针对性的井身结构设计，并经试采证明了其可靠性。

综合考虑地质成藏特点、技术可行性和经济性，制订了海洋天然气水合物目标勘探、钻探取样、固态流化试采一体化实施方案，其工程方案设计思路为：依托自主研制的全套装备，包括深水工程勘察船"海洋石油 708"、随钻测井工具、天然气水合物保温保压及在线分析钻探、天然气水合物固态流化试采装备、应急解脱系统等，实现中国海洋天然气水合物固态流化试采。

该试采工程实施策略为目标勘探确定井位、随钻测井证实天然气水合物层位、钻探取样及分析作为试采实施依据，即在钻探取样获取岩心后确定天然气水合物有效层位，依托深水工程勘察船、采用无隔水管钻杆钻进至天然气水合物层后固井并建立井口，利用自主研制的井下绞吸、流化设备、连续油管举升工艺等使含天然气水合物沉积物在举升过程中部分自然分解，利用密度差实现部分砂回填，其余气液固流化物返回地面测试流程，经过高效分离、气体储集、放喷等技术实施快速点火测试。

对于地面测试工艺，由于从井口三通返出的井流物为固液气相混合物，因此地面流程需要具备在线不间断分离固液气相的能力；由于预期的产气量较小以及安全要求，整个流程系统应采用闭路处理系统，且满足气密性要求，同时高压端工作压力不低于 20.7MPa；由于工作液中混有一定比例的天然气水合物分解剂，流程设计考虑循环利用工作液。试采装备如图 9-17 所示。

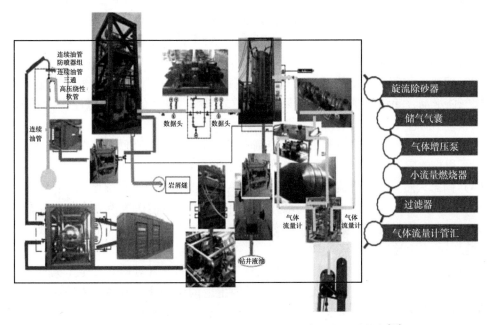

图 9-17　深水浅层非成岩天然气水合物固态流化试采装备[26]

"海洋石油 708"于 2017 年 5 月 16 日到达井位后，经过井位精确定位等准备，于 5 月 17 日组合下钻钻进至设计深度后固井，于 5 月 22 日钻至预定深度后下入喷射碎化工具，下钻喷射作业，其间使用自主研制的喷射液和海水作为喷射流体喷射，循环收集气体，从深水浅层泥质粉砂水合物藏中采出天然气水合物，并且点火测试成功，5 月 31 日固态流化测试作业完毕，弃井后作业结束。

流化喷射的钻头到达天然气水合物层，同时置换井筒内的喷射液为流化剂。调整破碎装备的水力参数，高速的流化剂由举升管道从水眼内喷出，将部分分解气、含天然气水合物固相颗粒等带到地面处理系统。在地面测试流程中，固态的天然气水合物慢慢由固相变为液相，经压力作用下变为气体，到达地面的分离器。流化期间原设计将获得分解气 $100m^3$，实际获得气体 $81m^3$。气体中甲烷含量高达99.8%。

第四节　天然气水合物开采面临的环境挑战

由于天然气水合物仅在低温（0~10℃）和高压（大于10MPa或水深300m及更深）条件下才能形成，在开采过程中一旦温压条件被破坏，则天然气水合物中的甲烷气体就会挥发出来。2008年，马丁·肯尼迪在《自然》刊登假设：若全球温度继续上升，$10\times10^{12}t$ 冰冻甲烷全部气化，将导致全球变暖失控，不需数千年或数百万年，可能就在一个世纪之内，即在未来一代人的时间内地球进入无冰期。

常规海洋钻完井技术是否适应深水成岩天然气水合物，常规陆地热采与化学剂采模式是否适合海洋环境，常规海洋平台是否适应天然气水合物的采输与分离等均是天然气水合物开采面临的亟待解决的关键科学问题。在开采过程中如果不能有效地实现对温压条件的控制，就可能产生一系列环境问题，如温室效应的加剧、海洋生态的变化和海底滑塌等。

（1）温室效应的加剧。固体天然气水合物中甲烷含量相当于空气中含量的3000倍以上，天然气水合物的开采将会释放大量的碳资源。开采技术未成熟，甲烷易流失，从而加剧温室效应，地球温度上升。

（2）海水汽化和海啸，甚至产生海水动荡和气流负压卷吸作用。开采时可能出现大量的甲烷气体泄漏，导致海啸，影响船只和飞机安全等。天然气泄漏到海洋中，氧化加剧，海洋缺氧，给海洋生物带来绝大的安全隐患。

（3）天然气水合物开采过程中，若控制不当，在海底汽化降低海底沉积物的强度且改变海底沉积物的应力状态，易引发海底滑坡和陆地结构不稳。

（4）固态天然气水合物流态化开发技术面临的主要科学问题和难点在于：天然气水合物藏固态采掘相态控制方法，天然气水合物藏固态采掘水下输送气液固多相流复杂管流规律，天然气水合物藏固态采掘多相非平衡分解与再生成机制，天然气水合物气液固多相流输送过程中的安全控制技术等。

当钻井钻进天然气水合物层时，抑制天然气水合物的分解对钻井安全至关重要。一旦天然气水合物分解，甲烷气体进入钻井液，此时上返的钻井液是流体—岩屑—气体多相混合物，钻井液内溶入气泡，密度降低，容易发生溢流，甚至井喷事故，给钻井带来极大的风险。分解后形成的气体，由钻柱进入井口，当经过管路过流面积突变的位置，譬如井口及管汇，甲烷气体极易重新生新的水合物，堵塞管道，引起安全事故。

加拿大的试采发现，在水合物开采过程中易产生如下问题：

（1）天然气水合物开采过程大量出砂问题。

（2）井筒二次生成水合物。

（3）试采量很有限，仅有 4300~13000m³。

这些问题的产生机理和预防措施，目前还没有弄清楚，这些问题严重制约着天然气水合物的规模化开采。

参 考 文 献

［1］ Makogon Y F. Natural gas hydrates—A promising source of energy ［J］. Journal of Natural Gas Science and Engineering, 2010, 2 (1): 49-59.

［2］ Milkov A V. Global estimates of hydrate-bound gas in marine sediments: how much is really out there? ［J］. Earth-Science Reviews, 2004, 66 (3-4): 183-197.

［3］ Makogon Y F, Holditch S A, Makogon T Y. Natural gas-hydrates—A potential energy source for the 21st Century ［J］. Journal of Petroleum Science and Engineering, 2007, 56 (1-3): 14-31.

［4］ NETL. Energy Resource Potential of Methane Hydrate-An introduction to the science and energy potential of a unique resource ［R］. Washington, DC: Laboratory, National Energy Technology, 2011.

［5］ Johnson A H. Global resource potential of gas hydrate-a new calculation ［J］. Methane Hydrate Newsletter, 2011, 11 (2): 1-3.

［6］ Shedd W, Frye M, McConnell D, et al. Gulf of Mexico gas hydrates joint industry project leg Ⅱ: results from the Walker Ridge 313 site ［C］. Houston, Texas: Offshore Technology Conference, 3-6 May, Houston, Texas, USA, 2010.

［7］ Boswell R, Collett T, McConnell D, et al. Gulf of Mexico Gas Hydrate Joint Industry Project: Overview of Leg II LWD results ［C］. Houston, Texas: Offshore Technology Conference, 2010.

［8］ 张洪涛, 祝有海. 中国冻土区天然气水合物调查研究 ［J］. 地质通报, 2011, 30 (12): 1809-1815.

［9］ Survey U S G. Assessment of gas hydrate resources on the North Slope, Alaska, 2008 ［R］. Virginia: U. S. Geological Survey, 2008.

［10］ Collett T. Natural gas hydrates—vast resource, uncertain future ［R］. Virginia: U. S. Geological Survey, 2001.

［11］ Majorowicz J A, Safanda J, Osadetz K. CO_2 Hydrate formation latent heat release as a new tool to facilitate in situ methane hydrate dissociation ［C］. New Orleans, Louisiana: AAPG Annual Convention and Exhibition, 2010.

［12］ 张洪涛, 张海启, 祝有海. 中国天然气水合物调查研究现状及其进展 ［J］. 中国地质, 2007, 34 (6): 953-961.

［13］ 佟宏鹏, 冯东, 陈多福. 南海北部冷泉碳酸盐岩的矿物、岩石及地球化学研究进展 ［J］. 热带海洋学报, 2012, 31 (5): 45-56.

［14］ 栾锡武, 赵克斌, 孙冬胜, 等. 天然气水合物的开采——以马利克钻井为例 ［J］. 地球物理学进展, 2007, 22 (4): 1295-1304.

［15］ 相江芸. 南海天然气水合物地球化学勘探方法技术研究和资源潜力分析 ［D］. 北京: 中国地质大学 (北京), 2012.

［16］ 窦斌, 蒋国盛, 吴翔, 等. 海洋天然气水合物开采方法及产量分析 ［J］. 热带海洋学报, 2009 (3): 82-84.

［17］ 董刚, 龚建明, 王家生. 从天然气水合物赋存状态和成藏类型探讨天然气水合物的开采方法 ［J］. 海洋地质前沿, 2011 (6): 59-64.

［18］ Ruppel C. Methane hydrates and the future of natural gas-supplementary paper on methane hydrates ［R］. Woods Hole, MA: Gas Hydrates Project, 2011.

［19］ 张卫东, 王瑞和, 任韶然, 等. 由麦索雅哈水合物气田的开发谈水合物的开采 ［J］. 石油钻探技术, 2007 (4): 94-96.

［20］ Schoderbek D, Farrell H, Hester K, et al. ConocoPhillips gas hydrate production test final technical report ［R］. Washington, DC: ConocoPhillips CompanyUnited States Department of Energy National Energy Technology Laboratory, 2013.

[21] 陈多福, 王茂春, 徐文新, 等. 墨西哥湾西北陆坡天然气水合物资源评价 [J]. 海洋地质动态, 2013, 19 (12): 14-17.

[22] Zhu H, Liu Q, Deng J, et al. Pressure and temperature preservation techniques for gas-hydrate-bearing sediments sampling [J]. Energy, 2011, 36 (7): 4542-4551.

[23] 朱海燕, 刘清友, 王国荣, 等. 天然气水合物取样装置的研究现状及进展 [J]. 天然气工业, 2009, 29 (6): 63-66.

[24] 徐行, 罗贤虎, 彭登, 等. 中国首次试采天然气水合物成功 [J]. 中国地质, 2017 (3): 620-621.

[25] 周守为, 李清平, 陈伟, 等. 深海海底浅层非成岩地层天然气水合物的绿色开采系统 CN201310595204. X, [P]. 2013-11-21.

[26] 周守为, 陈伟, 李清平. 深水浅层天然气水合物固态流化绿色开采技术 [J]. 中国海上油气, 2014, 26 (5): 1-7.

[27] 赵金洲, 周守为, 张烈辉, 等. 世界首个海洋天然气水合物固态流化开采大型物理模拟实验系统 [J]. 天然气工业, 2017, 37 (9): 15-22.

[28] 周守为, 陈伟, 李清平, 等. 深水浅层非成岩天然气水合物固态流化试采技术研究及进展 [J]. 中国海上油气, 2017, 29 (4): 1-8.

第十章 天然气水合物抑制技术

第一节 天然气水合物形成机理与危害

一、天然气水合物及其形成机理

1. 天然气水合物简介

天然气水合物[1]又称水化物、固体瓦斯、可燃冰，是在低温、高压条件下，天然气气体分子包络在由水分子形成的多面体笼形晶穴中，所形成的非化学计量晶体化合物。其中，主体分子为水分子，相应的气体分子为客体分子。主体分子通过作用力比较强的氢键构成笼形架构，气体分子进入晶穴中并与主体分子通过较小的范德华力相互作用，得到稳定性比较强的水合物。

目前，所发现的天然气水合物主要有Ⅰ型、Ⅱ型和H型三种[2]。Ⅰ型水合物晶格由5^{12}和$5^{12}6^2$两种笼形晶穴构成，Ⅱ型水合物晶格由5^{12}和$5^{12}6^4$两种笼形晶穴构成，H型水合物由5^{12}、$4^35^66^3$和$5^{12}6^8$三种笼形晶穴构成。其结构性质参数[1]见表10-1。

表10-1 气体水合物的结构性质参数

参数	Ⅰ型结构		Ⅱ型结构		H型结构		
晶系	立方晶系		立方晶系		六方晶系		
空间群	Pm3n		Fd3n		P6/mmm		
晶格参数（Å）	$a=11.877$		$a=17.175$		$a=12.3304$，$c=9.9206$		
理想分子式①	$2X \cdot 6Y \cdot 46H_2O$		$16X \cdot 8Y \cdot 136H_2O$		$3X \cdot 2Z \cdot 1Y \cdot 34H_2O$		
单晶中水分子数	46		136		34		
晶胞种类	小	大	小	大	小	中	大
	X	Y	X	Y	X	Z	Y
骨架结构	5^{12}	$5^{12}6^2$	5^{12}	$5^{12}6^4$	5^{12}	$4^35^66^3$	$5^{12}6^8$
单晶中晶胞数目	2	6	16	8	3	2	1
半径（Å）	3.95	4.33	3.91	4.73	3.91	4.06	5.71
晶胞骨架分子数	20	24	20	28	20	20	36

注：1Å=0.1nm。

①理想是指晶体结构中所有晶穴均被客体分子占据，且每个晶穴只含一个客体分子。

如图 10-1 所示，5 种构成水合物晶体结构的笼形晶穴结构各异。以 $5^{12}6^2$ 为例，该晶穴由 12 个五边形和 2 个六边形组成。一般认为单个笼形晶穴仅可以包含一个气体分子。然而，最近几年伴随科技的不断发展，研究人员发现当压力提升到一定数值之后，一个笼子可以容纳 2 个甚至 4 个分子较小的气体分子（如 H_2）。

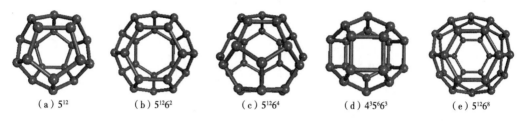

（a）5^{12} （b）$5^{12}6^2$ （c）$5^{12}6^4$ （d）$4^35^66^3$ （e）$5^{12}6^8$

图 10-1　水合物晶穴的结构

如图 10-2 所示，Ⅰ 型水合物晶格由 2 个 5^{12} 晶穴和 6 个 $5^{12}6^2$ 晶穴构成，每个晶格含有 46 个水分子，其结构式可以表示为 2（5^{12}）6（$5^{12}6^2$）·$46H_2O$，为体心立方结构，当晶格中全部孔穴且每个孔穴只被一个气体分子（M）所占据时，其理想分子式可以表示为 $8M·46H_2O$；Ⅱ 型水合物晶格由 16 个 5^{12} 晶穴和 8 个 $5^{12}6^4$ 晶穴构成，每个晶格含有 136 个水分子，其结构式可以表示为 16（5^{12}）8（$5^{12}6^4$）·$136H_2O$，为面心立方结构，当晶格中全部孔穴且每个孔穴只被一个气体分子（M）所占据时，其理想分子式可以表示为 $24M·136H_2O$。H 型水合物晶格由 3 个 512 晶穴、2 个 $4^35^66^3$ 晶穴和 1 个 $5^{12}6^8$ 晶穴构成，每个晶格含有 36 个水分子，其结构式可以表示为 3（5^{12}）2（$4^35^66^3$）1（$5^{12}6^8$）·$34H_2O$，为简单的六方结构，当晶格中全部孔穴且每个孔穴只被一个气体分子（M）所占据时，其理想分子式可以表示为 $6M·34H_2O$。

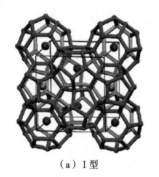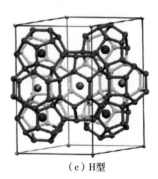

（a）Ⅰ 型　　　　　　　（b）Ⅱ 型　　　　　　　（c）H 型

图 10-2　水合物三种晶型的结构示意图

水合物晶穴的大小需与客体分子大小匹配才能形成稳定水合物，且不同分子对水合物结构稳定性也有差别，因此客体分子和水生成何种类型的水合物主要是由客体分子的种类和大小决定的。Sloan[2] 认为当客体分子直径与晶穴直径比为 0.9 时，该客体分子能稳定水合物中的晶穴而形成水合物。因此，甲烷分子能稳定 Ⅰ 型或 Ⅱ 型水合物中的小晶穴（5^{12}），且其在 Ⅰ 型水合物中的稳定性要稍大于 Ⅱ 型，主要形成 Ⅰ 型水合物。乙烷分子能稳定 Ⅰ 型水合物中的大晶穴（$5^{12}6^2$），因此形成 Ⅰ 型水合物。丙烷分子能稳定 Ⅱ 型水合物中的大晶穴（$5^{12}6^4$），因此形成 Ⅱ 型水合物。气体分子直径与晶穴直径比值见表 10-2。

表 10-2　气体分子直径与晶穴直径比值

客体分子	直径（Å）	R_{mc}（Ⅰ型水合物）		R_{mc}（Ⅱ型水合物）	
		5^{12}	$5^{12}6^2$	5^{12}	$5^{12}6^4$
H_2	2.72	0.533	0.464	0.542	0.408
N_2	4.1	0.804	0.700	0.817	0.616
O_2	4.2	0.824	0.717	0.837	0.631
CH_4	4.36	0.855	0.744	0.868	0.655
H_2S	4.58	0.898	0.782	0.912	0.687
CO_2	5.12	1.00	0.834	1.02	0.769
C_2H_6	5.5	1.08	0.939	1.10	0.826
环C_3H_6	5.8	1.14	0.990	1.16	0.871
$(CH_2)_3O$	6.1	1.20	1.04	1.22	0.916
C_3H_8	6.28	1.23	1.07	1.25	0.943
$i-C_4H_{10}$	6.5	1.27	1.11	1.29	0.976
$n-C_4H_{10}$	7.1	1.39	1.21	1.41	1.07

由表 10-2 可见，水合物形成物分子直径与水合物笼直径比（R_{mc}）接近 0.9 左右时，形成的水合物比较稳定，过小和过大都不能形成稳定的水合物。图 10-3 列出了气体水合物结构的另一种表达式[3]。

如图 10-3 所示，三种结构的水合物晶体中均有 5^{12} 晶穴，其与 $5^{12}6^2$ 晶穴一起构成了Ⅰ型水合物；与 $5^{12}6^4$ 晶穴构成了Ⅱ型水合物；与 $5^{12}6^8$ 晶穴以及 $4^35^66^3$ 晶穴一起构成了 H 型水合物。像 CH_4、C_2H_6 等小气体分子，仅能稳定 5^{12} 与 $5^{12}6^2$ 晶穴，因此其能形成Ⅰ型水合物；像 C_3H_8、C_4H_{10} 等中型气体分子，能稳定 $5^{12}6^4$ 晶穴，因此能形成Ⅱ型水合物；像甲基环己烷等大型气体分子，能稳定 $4^35^66^3$ 晶穴，因此能形成 H 型水合物。

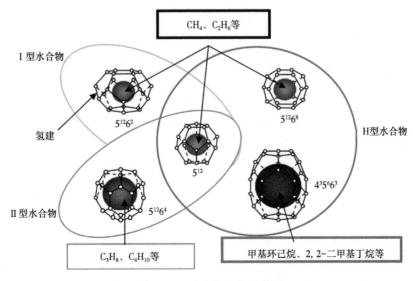

图 10-3　水合物结构示意图

水合物晶体密度为 800~1200kg/m³，并且具有规则的笼形孔穴结构。常见气体水合物密度一般小于 1000kg/m³，而 CO_2 水合物密度则大于 1000kg/m³。在孔穴中没有客体分子的假想状态下，I 型水合物和 II 型水合物的密度分别为 796kg/m³ 和 786kg/m³。不同结构水合物的密度可由式（10-1）和式（10-2）计算。

I 型水合物：

$$D_I = \frac{46 \times 18 + 2M\theta_s + 6M\theta_l}{N_A a^3} \qquad (10-1)$$

II 型水合物：

$$D_{II} = \frac{136 \times 18 + 16M\theta_s + 8M\theta_l}{N_A a^3} \qquad (10-2)$$

式中 M——客体分子的摩尔质量；

θ_s、θ_l——客体分子在小孔穴和大孔穴中的填充率；

N_A——阿佛伽德罗常数，取 6.02×10^{23} mol^{-1}；

a——水合物单位晶格体积，I 型水合物 $a = 1.2 \times 10^{-7}$ cm³/mol，II 型水合物 $a = 1.73 \times 10^{-7}$ cm³/mol。

典型气体水合物的密度值列于表 10-3 中。

表 10-3　典型气体水合物的密度值（273.15K）

气体	CH_4	C_2H_6	C_3H_8	iC_4H_{10}	CO_2	H_2S	N_2
摩尔质量（g/mol）	16.04	30.07	44.09	59.12	44.01	34.08	28.04
密度（g/cm³）	0.910	0.959	0.866	0.901	1.117	1.044	0.995

2. 天然气水合物形成机理

油气田中天然气水合物的形成需具备 3 个条件[4]：（1）天然气中含有足够的水分，用以形成笼形结构；（2）具有一定的高压和低温条件；（3）有气体存在于脉动紊流等激烈扰动中，或存在酸性气体以及晶核停留在如弯头、孔板、阀门、粗糙的管壁等处。不同气体形成水合物的临界温度见表 10-4。水合物形成的临界温度是水合物可能存在的最高温度，高于此温度，不论压力多高，也不会形成水合物。

表 10-4　不同气体形成水合物的临界温度

气体	CH_4	C_2H_6	C_3H_8	iC_4H_{10}	nC_4H_{10}	CO_2	H_2S
临界温度（℃）	21.5	14.5	5.5	2.5	44.01	10	29

在满足水合物形成条件之后，要形成天然气水合物，还须经过水合物晶核形成和水合物晶体生长两个不同的水合反应阶段，如图 10-4 所示。

在动力学上，水合物的生长可以分为三步：具体临界半径晶核的形成；固态晶核的长大；组分向处于聚集状态晶核的固液界面转移。上述三步可以用图 10-5 表示。

图 10-5 显示了水分子从状态 A 经过亚稳态 B 和 C 到稳态 D 的过程，D 能够长成大的水合物颗粒。在这个过程初期（A 状态），液态水和气体均存在于系统中，这两相相互作用，形成不稳定簇（B 状态），类似于 I 型、II 型水合物结构中的笼。在 B 状态下，笼虽能存在相对较长的时间，但还是易变化不稳定的。这些笼可能消失，也可能生成水合物晶胞，或者是晶胞聚集在一起的 C 状态的亚稳态的核。在 C 状态时，这些亚稳态的晶胞接近

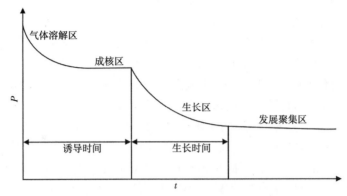

图 10-4   水合物形成过程示意图

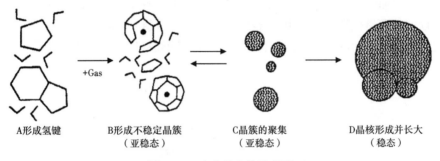

图 10-5   水合物生长示意图

临界尺寸，在随机过程中可以生长也可以消失。这些亚稳态的核和像笼的液体处于准平衡态，直至达到临界尺寸形成 D 状态。达到临界尺寸后，晶体迅速生长。

油气管路内水合物形成过程主要分为四部分，如图 10-6 所示。

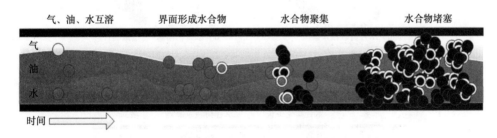

图 10-6   油气管路内形成水合物堵塞过程示意图

首先，管路内气、油、水三相在流动条件下混合均匀，形成流动性较强的油水乳液，此时外部环境变化不大，因此溶液在环路内保持着较好的流动状态；当环境温度与压力改变并达到一定条件时，就会在油水界面或气水界面处开始形成水合物颗粒，此时流体仍具有很好的流动性；随着环境温度的进一步保持或者变化到水合物形成的相平衡区域当中时，此时形成在油水界面或气水界面处的水合物颗粒开始产生聚集长大，并伴随着环路内的液相流动分散在环路中，最终水合物颗粒沉积于环路壁面；最后，沉积于环路壁面处的水合物颗粒长大变成水合物块时，当流体流动的驱动力不足以驱动水合物块从壁面脱落和随着流体一起流动时，水合物堵塞就会产生。

如图 10-7 所示，当管路内流体处于状态（a）时，此时环境条件较为温和，流体经过管路拐弯处时流通顺畅，经过拐弯处后的流体流速与流量基本没有太大变化；经过一定时间后，如图 10-7（b）所示，由于管路拐弯处或节流处的弯前和弯后环境突变，因此状态（b）的条件下开始有少量水合物颗粒在拐弯处形成，进一步因为黏附力作用而沉积在管路环路内壁面上，此时可以看到，经过拐弯处后的流体流速与流量均有一定程度的下降；如状态（c）所示，在水合物颗粒与内壁面的黏附力作用下，状态（b）条件下的水合物颗粒进一步生成并聚集，就形成了如状态（c）所示的水合物颗粒聚集沉积，此时由于水合物沉积使得拐弯处被部分堵塞，因此流体经过拐弯处后流量与流速均出现较大程度下降；当来到状态（d）时，此时水合物聚集沉积达到一定量，水合物堵塞产生。若环路内继续增压，环路堵塞处就会出现如图 10-7（d）所示的管路破裂事故。

目前，关于油气管道里水合物颗粒的聚集机理仍没有统一的说法。Austvik 等最早提出水合物颗粒的聚集机理：管路中水合物在油水界面上成核并生长，分散的颗粒会发生聚集，致使体系黏度不断增加，最终水合物堵塞管路，形成机理如图 10-8 所示。

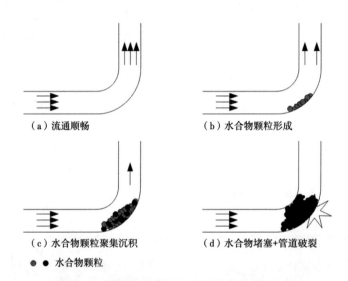

图 10-7　管路内拐弯处水合物堵塞形成示意图

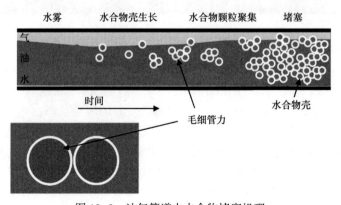

图 10-8　油气管道内水合物堵塞机理

他认为水合物堵塞是这样一个过程：

$$浆状水合物 \xrightarrow{过渡状态} 雪泥状水合物 \xrightarrow{过渡状态} 粉末状水合物$$

水合物形成独立的颗粒被周围自由水包覆，水合物颗粒间形成的液桥会引起颗粒聚集，从而导致若干个基础水合物颗粒聚集成一个直径较大的颗粒团，此时对应的浆液外观呈雪泥状。当这些水桥自身也转化成水合物时，大颗粒又会断裂成独立的基础水合物颗粒，即粉末状水合物。

Camargo[5]在 Austvik 的基础上提出了与之相似的聚集机理解释。他提出，原油中的沥青质能吸附在水合物颗粒表面，使颗粒间产生吸引力，这种引力导致的聚集是一个可逆的过程，这与浆液表现出的剪切稀释性和触变性相符。由于"冰塞"均出现在水合物的形成阶段，且颗粒在油相里能达到稳定的分散，因此他们认为颗粒间的范德华力可忽略。另外，由于"冰堵"现象通常出现在水合物形成阶段，因此，这段时间中颗粒间应有其他作用力存在，才使得颗粒"变黏"。由于颗粒面的强亲水性，毛细管力是聚集过程中的主要作用力。在水合物形成阶段，水合物颗粒与水珠同时存在于液态烃相中，水桥在颗粒间形成后，产生了毛细管力作用。毛细管力的数量级远远大于聚合物分子力和范德华力，如此大的吸引力就可以解释水合物形成过程中易出现的"冰堵"问题。此外，水桥也会逐渐转变成水合物，导致一种不可逆的聚集过程。当水合物形成阶段结束后，就没有自由水存在，不再有毛细管力作用。因此，他们认为颗粒的可润湿性是形成"冰塞"的主要原因，而吸附在表面上的沥青质使其由亲水变成亲油，阻碍了聚集过程。

Palermo[6]等对水合物颗粒的聚集机理提出了一种新的解释。他们认为，水合物颗粒的聚集不是由于颗粒间的黏附力，而是由于水合物颗粒与水珠接触，继而水珠又迅速转化成水合物而黏结在一起造成的，过程描述如图 10-9 所示。

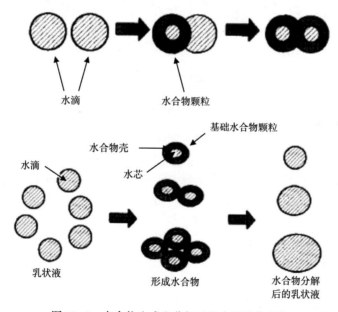

图 10-9　水合物生成和分解过程中的聚集现象

如图 10-9 所示，由于在水合物表面形成一层水合物壳，其厚度与水珠的大小无关，因此水合物的生成量取决于油包水乳状液中油水界面的面积，即初始乳状液的分散情况越好，水的转化率也就越高。如果若干个基础水合物颗粒聚集成一个大颗粒，则其分解时将产生一个大的水珠，从而减小了乳状液中的油水界面面积。因此，当该乳状液再次生成水合物时，水的转化率将减小。

二、天然气水合物形成危害

在天然气集输过程中，在一定的温度、压力等条件下，天然气中的饱和水可能在管道和站场装置中冷凝、积累而生成水合物。同时，在天然气长输管道中，因地形起伏导致凹处管线积液、形成局部节流，加剧了天然气水合物的形成。随着天然气工业的发展，输送压力逐渐提高，天然气水合物形成导致的管道堵塞问题日益严重。实际管道中取出的造成堵塞的天然气水合物如图 10-10 所示。

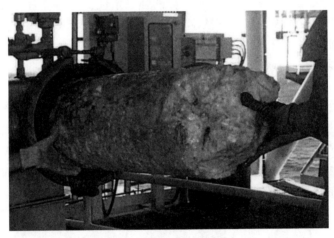

图 10-10　实际管道中取出的造成堵塞的天然气水合物

如图 10-10 所示，在天然气长输管道中，由于低温、高压环境，导致天然气中的饱和水与气体分子形成了天然气水合物。经过时间积累，水合物几乎填满了整个管道，最终导致管道憋压、管输效率下降。

在油气井开井过程中，天然气水合物的形成会对地层油气藏流体通路以及井下设备造成堵塞；在天然气运输和加工过程中，尤其是产出气中含有饱和水蒸气时，遇到寒冷的天气很容易对管道、阀门和处理设备造成堵塞；在海上，通常需要将混合油气流体输送一定距离才能进行脱水处理，这导致海底管道很容易形成水合物。此外，水合物也可以在天然气的超低温液化分离过程中形成。水合物堵塞工艺管线，不仅影响天然气生产、输送任务的完成，有时甚至造成憋压，引起管线、设备爆炸等安全事故。

2010 年 4 月 20 日夜间，位于墨西哥湾的"深水地平线"钻井平台发生爆炸并引发大火。爆炸后，由于井底压力过大，无法在海底采取有效措施对漏油点进行封堵，钻井平台底部油井自 2010 年 4 月 24 日起漏油不止，每天漏油达到大约 5000bbl。原油进行入海面后在海面上迅速扩散，大面积污染海面。为了减小原油对海平面的污染，在漏油点的海面上采用大型控油罩将原油牢牢控制在罩内，与此同时，在罩的顶端采用油泵将罩内的原油抽送到储存罐内。如图 10-11 （a）所示，当没有水合物生成时，控油罩可以很好地罩住漏油点漏出来的原油；而当有水合物生成时，如图 10-11 （b）所示，当大量水合物在罩内生成后，生成的水合物不能及时从顶端排出，最终在强大的气流压力下控油罩被掀翻。由于海底漏油处的原油带有一定甲烷气体从海底到达罩内，在海水低温以及罩内高压的相互作用下，到达罩内的甲烷气体与海水形成了气体水合物，从而堵塞了控油罩顶部端口，最终使得利用控油罩控制石油污染海水的办法失败，造成了难以估计的经济与环境损失。

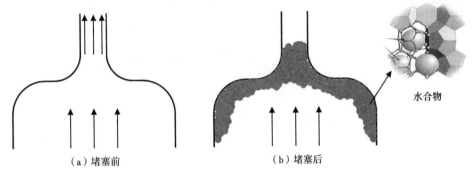

（a）堵塞前　　　　　　　　　　（b）堵塞后　　　　　　水合物

图 10-11　水合物在控油罩内堵塞示意图

　　形成天然气水合物的必要条件，首先，气体处于水汽的饱和状态，并存在游离水；其次，有足够高的压力和足够低的温度。天然气中的水汽含量是由压力、温度和气体的组成来决定的。当压力恒定时，温度越高，水汽含量越大；当温度恒定时，水汽含量随压力的升高而减少。对于油气管路而言，无论是深海油气还是陆上油气，在实际输送过程中由于环境改变，天然气中水汽含量变化，油气本身自带部分水汽凝结，形成液滴，会在阀门、弯头、三通等地方同管壁相碰撞成为液末，或沉积于管路底部。因此，最开始只是输送油气两相的管路就变成了输送油气水三相的管路。当管路内只有油气两相时，气体水合物无法生成；当管路中有油气水三相时，气体水合物的形成就有了物质基础。这些液体水同气体混在一起流动时并黏附在环路的内表面上成为液膜，在高压低温条件下，即可在管壁形成一层水合物。当水合物一层层地累积加厚时，环路内径变小，最终将环路堵死。

　　天然气水合物的形成会给天然气工业带来一系列危害：

　　（1）水合物的密度与冰接近，在速度较高的情况下，上升气流的压力可有效去除堵塞的水合物，但这种方法有极大风险，会造成管道的破裂。当速度为 $60 \sim 270 \mathrm{ft/s}$，水合物堵塞尺寸为 $25 \sim 200 \mathrm{ft}$ 时，有足够的动量破坏管道限制（节流）、阻塞（凸缘，阀门）和方向陡变处（转弯、弯管、丁字接口等）。如图 10-12 所示，当遇到弯管时，高速气流中形成的水合物有足够大的动量，极易将弯管冲破；当遇到节流阀时，由于节流阀前压力较大，高速气流中形成水合物更易将此处冲破。

　　（2）水合物会形成单个的或多重的堵塞块，无法知道会发生哪种情况，因为即使对堵塞块的出料端减压，在堵塞块之间的差压强信号也会被吸收。

　　（3）在标准温度和压力下，1 体积的水合物含有约 180 体积的气体。当水合物块加热分解时，任何憋压都会导致气体压力激增。另外，地埋管道解堵水合物也不宜用加热法。因为无法准确对水合物堵塞进行定位，加热点不宜就近加热，导致经济性不佳。

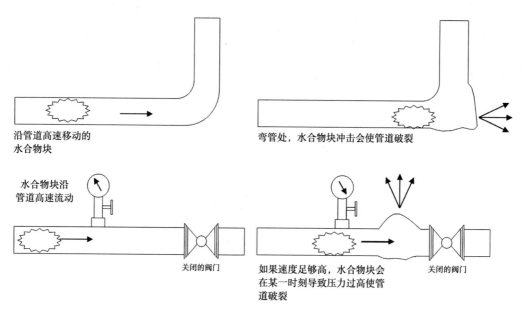

沿管道高速移动的
水合物块

弯管处，水合物块冲击会使管道破裂

水合物块沿
管道高速流动

关闭的阀门

如果速度足够高，水合物块会
在某一时刻导致压力过高使管
道破裂

关闭的阀门

图 10-12 高速气流中形成水合物的安全隐患

第二节 天然气水合物生成条件预测

天然气水合物形成受环境以及水的状态影响，其一旦形成很容易堵塞管道，进而对天然气的开采和生产造成巨大的、不可估计的损失。为了避免天然气水合物的生成，需要保证环境条件不能生成天然气水合物。因此，在工程上，常需要依据预测的天然气水合物生成条件，来指导实际操作过程，几种常用方法[7]包括相对密度法（又称图解法）、经验公式法、相平衡常数法（又称 K 值法）、B-W 图解法、Hydoff 软件法以及经验法则。本节对其分别进行介绍。

一、相对密度法

相对密度法是 Katz 教授及其同事在 20 世纪 40 年代总结发明出来的，该方法最大的优点是简便。首先，利用式（10-3）计算天然气对空气的相对密度：

$$\gamma = M/28.966 \tag{10-3}$$

式中　γ——天然气的相对密度；

　　　M——天然气的摩尔质量。

$$M = \sum M_i \omega_i \tag{10-4}$$

再根据对应的相对密度曲线，在已知温度的情况下，查到对应的水合物生成压力。从图 10-13 中不难看出，曲线上所显示的数据为天然气的相对密度 γ，所对应温度即为该压力下的天然气水合物形成时的温度，位于曲线左边的区域是水合物的生成区，右边区域为非生成区。注：相对密度法已经通过迭代运算运用计算机程序直接算出结果，迭代公式见表 10-5。

416

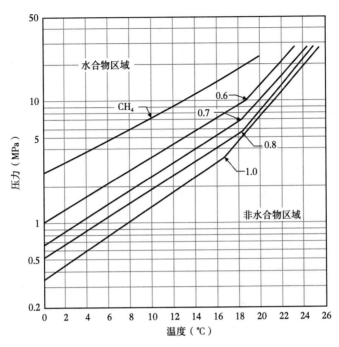

图 10-13　天然气相对密度与水合物形成的压力—温度关系图

表 10-5　已知温度求生成水合物的最低压力迭代公式

相对密度	温度取值范围（℃）	水合物生成压力（MPa）
1.0	$1.27 \leqslant T \leqslant 16.33$	$p = 0.02618e^{(0.14202T+2.5248)}$
	$16.33 \leqslant T \leqslant 26.27$	$p = 0.002355e^{(0.21204T+3.7696)}$
0.9	$1.05 \leqslant T \leqslant 16.72$	$p = 0.03567e^{(0.13644T+2.4256)}$
	$16.72 \leqslant T \leqslant 25.88$	$p = 0.00302e^{(0.20808T+3.6992)}$
0.8	$0.5 \leqslant T \leqslant 17.94$	$p = 0.04813e^{(0.13176T+2.3420)}$
	$17.94 \leqslant T \leqslant 25.5$	$p = 0.003177e^{(0.20916T+3.7184)}$
0.7	$0.5 \leqslant T \leqslant 18.38$	$p = 0.06543e^{(0.12816T+2.2784)}$
	$18.33 \leqslant T \leqslant 25$	$p = 0.00368e^{(0.20862T+2.7088)}$
0.6	$0.38 \leqslant T \leqslant 19.5$	$p = 0.11428e^{(0.12078T+2.1472)}$
	$19.5 \leqslant T \leqslant 23.61$	$p = 0.00137e^{(0.23958T+4.2592)}$
0.55	$0.5 \leqslant T \leqslant 14.77$	$p = 0.3997e^{(0.10512T+1.8688)}$
	$14.77 \leqslant T \leqslant 20.72$	$p = 0.13159e^{(0.13878T+2.46720)}$
γ_g 在 γ_{g1} 和 γ_{g2} 间 （内插值法）	$p = p_1 - (p_2 - p_1)(\gamma_{g1} - \gamma_g)/(\gamma_{g1} - \gamma_{g2})$ 式中　γ_g——天然气相对密度，$\gamma_{g1} < \gamma_g < \gamma_{g2}$； 　　　p_1、p_2——相对密度为 γ_{g1} 和 γ_{g2} 的天然气在操作压力下生成水合物的压力	

二、波诺马列夫经验公式法

波诺马列夫（Г. В. ⅡOHOMapeB）整理了大量实验数据，总结得出不同相对密度天然气形成水合物条件的计算公式。该公式适用于已知天然气组分组成、温度条件下，计算水合物形成压力。

当 $T > 273.1K$ 时：

$$L_g p = 2.0055 + 0.0541(B + T - 273.1) \qquad (10-5)$$

当 $T \leq 273.1K$ 时：

$$L_g p = 2.0055 + 0.0541(B_1 + T - 273.1) \qquad (10-6)$$

式中　p——水合物生成时压力，kPa；

　　　T——水合物平衡温度，K；

　　　B、B_1——与天然气相对密度有关的系数（表10-6）。

表 10-6　式（10-4）与式（10-6）的计算系数

γ	B	B_1	γ	B	B_1	γ	B	B_1
0.56	24.25	77.4	0.66	14.76	46.9	0.80	12.74	39.9
0.58	20.00	64.2	0.68	14.34	45.6	0.85	12.18	37.9
0.60	17.67	56.1	0.70	14.00	44.4	0.90	11.66	36.2
0.62	16.45	51.6	0.72	13.72	43.4	0.95	11.17	34.5
0.64	15.47	48.6	0.75	13.32	42.0	1.00	10.77	33.1

三、相平衡常数法

Carson 和 Katz 发明了相平衡常数计算法，该方法应用广泛，它根据固体溶液和液体溶液之间的相似原理，利用分配常数 K_i 计算形成天然气水合物的条件。

K 因子的定义取决于气体水合物的组成：

$$K_i = Y_i / X_i \qquad (10-7)$$

式中　K_i——天然气中组分 i 生成水合物的气—固平衡常数，即分配常数；

　　　Y_i——组分 i 在气相中的摩尔分数（以无水干气计算）；

　　　X_i——组分 i 在固体水合物中的摩尔分数（以无水干气计算）。

Katz 等通过实验测出了不同温度、压力下天然气各主要组分的平衡常数 K_i，并绘出了相应的曲线，如图 10-14 至图 10-20 所示（注：以上图表均来自《气体加工工程数据手册》）。低浓度（不大于 5%）正丁烷的气固平衡常数可采用乙烷的数据，所有难以形成水合物组分（如氢气、氮气或重于丁烷的烃类气体）的 K 值视为无限大，因为 $X_i = 0$，没有可形成的固相。

算法步骤如下：

（1）已知气相组成 Y_i，给定初始温度 T。

（2）假定压力初始值 p_0（可由相对密度法或经验公式法获得）。

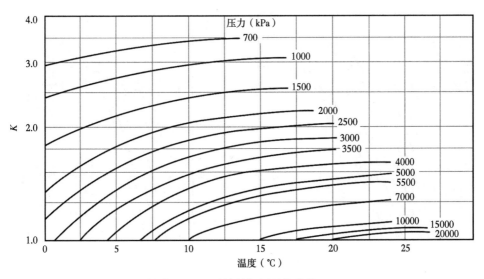

图 10-14 甲烷的气固平衡常数 K

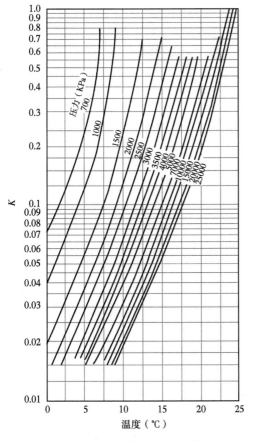

图 10-15 丙烷的气固平衡常数 K

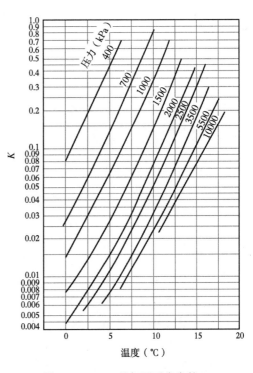

图 10-16 iC_4 的气固平衡常数 K

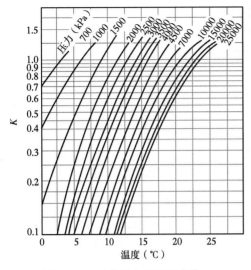

图 10-17 乙烷的气固平衡常数 K

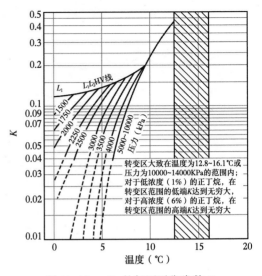

图 10-18 nC_4 的气固平衡常数 K

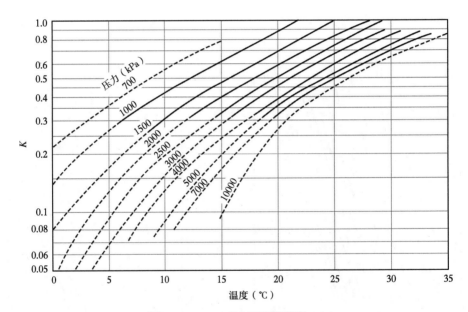

图 10-19 H_2S 的气固平衡常数 K

（3）定义所有难以形成水合物组分的 K 值为无穷大。

（4）根据压力和温度（p_0 和 T），通过 Katz 图表读取 K 值。

（5）计算 $\Sigma Y_i/K_i$（注意：难以形成水合物组分的 $\Sigma Y_i/K_i$ 为 0）。

（6）验证 $\Sigma Y_i/K_i = 1$ 是否成立，成立则收敛，此时的压力值即为对应温度下的水合物生成压力；若不成立，则须更新 p_0。

（7）如果所求得的和大于 1，减小 p_0；如果所求得的和小于 1，增加 p_0。

（8）如果计算结果与 1 差别很大，检查计算过程。

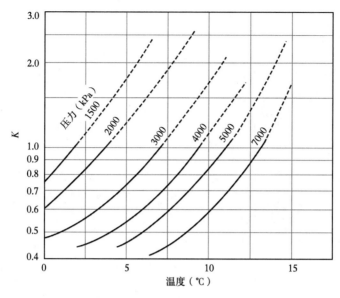

图 10-20　CO_2 的气固平衡常数 K

四、B-W 图解法

B-W 图解法是 Ballie 和 Wichert 发明的另一种查图法，基于相对密度法，但更复杂。

该方法适用于相对密度为 0.6~1.0 的天然气，H_2S 含量可达 50%，C_3 可达 10%。在几种简单的算法中，只有 B-W 图解法适用于含硫气体，因此它优于相平衡常数法和相对密度法。

计算步骤如下：

（1）根据已知气体，计算气体相对密度。

（2）假定水合物生成压力初始值。

（3）查看丙烷修正部分（在图 10-21 的左上部分小图表）。

（4）在图 10-21 的左上方小图表部分查找混合气的 H_2S 浓度。

（5）一直向左移动直至找到所对应的丙烷浓度。

（6）向下找到合适的相对应的压力曲线。

（7）压力曲线分为两部分：曲线在左部分，从左半部分轴线读取温度矫正，在这一部分温度矫正是负值；曲线在右部分，从右半部分轴线读取温度矫正，在这部分温度矫正是正值。

（8）提取温度矫正到输入的温度值中，进而获取基础温度。

（9）利用基础温度进入图 10-21 的主图部分。

（10）沿着平行的温度斜线找到对应的相对密度点。

（11）从此点直线向上找到对应的 H_2S 浓度曲线。

（12）读取对应的压力数值。

（13）此数值是否等于最初假定的压力初始值，则该压力值即为所求；把步骤（12）中获得的压力值设定为最初的压力初始值，然后重复步骤（3）。

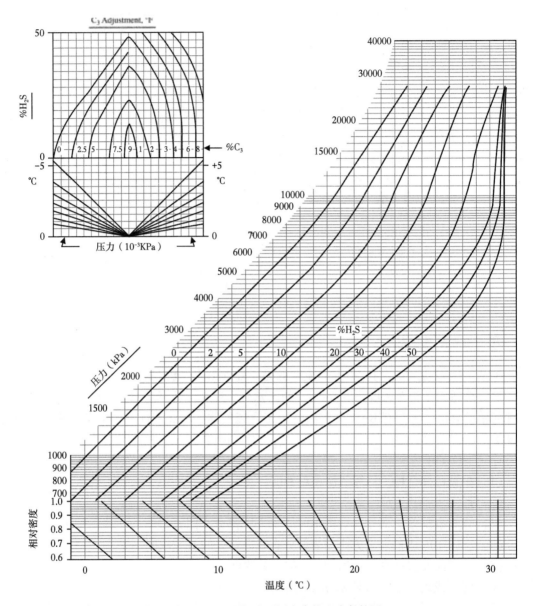

图 10-21　B-W 图解法预测水合物生成条件图

五、Hydoff 软件法

Hydoff 软件是一款计算机兼容程序，可在 Windows 或 DOS 系统下运行，该程序对计算机的最低配置要求为：386-IBM 处理器，RAM 容量 2M。用户可使用此程序确定水合物的形成条件，以及游离水相中所需添加的抑制剂量。

其使用过程如下：

（1）在 Windows 系统下单击 HYDOFF 图标或在指定目录下输入 HYDOFF，然后按 Enter 键。

（2）读取标题画面后按 Enter 键。

（3）点击"Units"栏，按 1 选择单位为℉和 psi，然后按 Enter 键。

（4）在 FEED. DAT 询问界面，如果想使用其中的数据按 Y 和 Enter 键，或者按 N 和 Enter 键后在 HYDOFF 中手动输入气体组成。考虑到用户可能不使用 FEED. DAT，而采用在 HYDOFF 中手动输入气体组成的方法，故在此处给出说明。使用 FEED. DAT 更简单，对于同一气体的多次计算建议使用此方法。

（5）下一界面需要存在的组分数（水除外），输入 7 后按 Enter 键。

（6）下一界面需要存在的气体组分，各组分以数字代替，输入 1，2，3，5，7，8 和 9（按此顺序，数字之间用逗号分开）后按 Enter 键。

（7）下一界面需要输入每一组分的摩尔分数：甲烷 0.7160 Enter；乙烷 0.0473 Enter；丙烷 0.0194 Enter；正丁烷 0.0079 Enter；氮气 0.0596 Enter；二氧化碳 0.1419 Enter；正戊烷 0.0079 Enter。

（8）在"Main"栏，输入 1 后按 Enter 键。

（9）在"Option"栏，输入 1 后按 Enter 键。

（10）在弹出的温度输入界面，输入所需温度 38 后按 Enter 键。

（11）读取水合物的生成压力为 230.6psi（意味着在 38 ℉下当压力大于 230psi 时气体会生成水合物）。

（12）当询问是否进行新的计算时，否定输入 N 后按 Enter 键。

（13）在"Option"栏，输入 2 后按 Enter 键。

（14）在"Inhibitor"栏，输入 1 后按 Enter 键。

（15）在弹出的温度输入界面，输入所需温度 38 后按 Enter 键。

（16）在弹出的"甲醇的质量分数"界面输入 22。

（17）读取添加 22%（质量分数）甲醇时计算出的水合物生成条件为：38 ℉和 972.7psi。

另外需要注意的是，在使用 HYDOFF 时，当存在重于正癸烷的组分时，应将这些组分和正癸烷归在一起，因为这些组分都不能生成水合物。

六、经验法则

（1）在气/水系统中，水合物一般在管壁上生成。在气/凝析油或气/原油系统中，由自由水生成水合物颗粒，大量的水合物颗粒连接在一起形成大块水合物，堵塞管道。

挪威国家石油公司研究中心经过大量的流动循环试验获得。在气相系统中，水可能会被溅射或吸附在管壁上，水合物就在此形成和长大。在原油/凝析油系统中，由于烃类密度较小，位于水的上层，阻止了水飞溅至管壁，导致水合物颗粒在液面上生成和聚集。

在黑油系统中，通常只有少量的水形成水合物［大于 5%（体积分数）］，但是所有的水和凝析油会被开放的多孔系统捕获，形成堵塞。在挪威国家石油公司特隆赫姆油田，水的体积分数小于 1%时即形成水合物浆，造成堵塞。这样的结果取决于流体的性质；一些油/水系统中水和反应可以立即进行，但只有及少量的水转化为水合物，而在一些石油系统中水合反应很难发生，但几乎所有的水都会转化为水合物。

（2）水合物颗粒之间的凝聚形成开放的水合物块，具有较高的孔隙率（一般大于

50%），能允许气体渗透（渗透率/长度＝8.7:11×10⁻¹⁵ m），对于液体则具有不同的压力传递特性。水合物颗粒转变为低渗透率的水合物需要比较长的时间。

第三节　热力学抑制技术

一、热力学抑制技术原理分析

由前文分析可知，油气运输中天然气水合物形成有三个必备条件：足够的水分，一定的高压和低温，有激烈扰动或存在酸性气体以及晶核停留等。热力学抑制技术即从水合物形成的前两个必备条件入手，从热力学角度改变体系条件或改变气体生成水合物的热力学条件，从而避免水合物生成。如图 10-22 所示，针对给定气样在有水存在的前提下，其生成水合物的相平衡曲线如实线所示，在实线左侧为水合物相，右侧为气相或液相。热力学抑制技术即是将其中的饱和水脱除，生成水合物的温度显著下降；或是改变环境条件，使其位于 V/L 区；或是添加热力学抑制剂，改变气体生成水合物的相平衡条件，由实线向左下移至虚线处，原来的水合物相区 H 则变为气/液相区（V'/L'）。

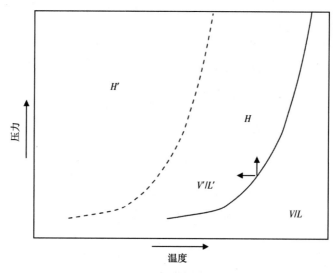

图 10-22　热力学抑制技术原理图

由此可知，热力学抑制技术主要包括 4 个方面：（1）除水；（2）保持系统温度高于水合物的形成温度；（3）保持系统压力低于水合物形成压力；（4）使用热力学抑制剂。

二、天然气脱水技术

通过除去引起水合物生成的水分来消除生成水合物的风险，是目前天然气输送前通常采用的水合物预防措施。天然气脱水可以显著降低水露点，从热力学角度来说，就是降低了水的分逸度或活度，使水合物的生成温度显著下降，从而消除管输过程中生成水合物的风险。

天然气脱水工艺[8]包括低温法、溶剂吸收法、固体吸附法、膜分离法和化学反应法等。低温法是利用高压天然气节流膨胀降温或利用气波机膨胀降温而实现的，这种工艺在矿藏上适合于高压天然气，而对于低压天然气，若要使用则必须增压，从而影响了过程的经济性；溶剂吸收法和固体吸附法目前在天然气工业中应用较广泛；化学反应法由于再生困难而难以推广。表 10-7 列出了各主要天然气脱水工艺的特点。

表 10-7　主要天然气脱水工艺的特点

工艺名称	分离原理	脱水剂	特点	应用情况
低温法	节流膨胀降温	—	能同时控制水露点、烃露点	适宜于高压天然气
溶剂吸收法	天然气与水在脱水溶剂中溶解度的差异	氯化钙	费用低，需更换，腐蚀严重，露点降较低（10~25℃）	适宜于不宜建脱硫厂情况
		氯化锂	对水有高的容量，露点降为 22~36℃	价昂，使用少
		甘醇—胺溶液	同时脱水、H_2S、CO_2，携带损失大，再生温度要求高，露点降低于三甘醇脱水	仅限于酸性天然气脱水
		二甘醇水溶液（DEG）	对水有高的容量，溶液再生容易，再生浓度不超过 95%。露点降低于三甘醇脱水，携带损失大	应用较多
		三甘醇水溶液（TEG）	对水有高的容量，再生容易，浓度达 98.7%，蒸气压低，携带损失小，露点降高（28~58℃）	应用最普遍
固体吸附法	利用多孔介质对不同组分吸附作用的差异	活性铝土矿	便宜，湿容量低，露点降较低	
		活性氧化铝	湿容量较活性铝土矿高，干气露点可达 -73℃，能耗高	不宜处理含硫天然气
		硅胶	湿容量高，易破碎，可吸附重烃，露点降可达 80℃	不单独使用
		分子筛	高湿容量，高选择性，露点降大于 120℃，成本高于甘醇法	应用于深度脱水
膜分离法	利用水与烃类通过薄膜性能的差异	高分子薄膜	工艺简单，能耗低，露点降较低（约 20℃），存在烃的损失问题	国外已有工业装置运行
化学反应法	与水发生化学反应		可使气体完全脱水，但再生困难	用于水分测定

可根据天然气组成和管输温度/压力确定脱水过程需要达到的露点降，再结合各工艺的特点、适用范围，选择合适的脱水工艺。但脱水工艺仅适用于陆地输送管线，对于海底油气的开采极不经济，甚至不能使用。

三、管线加热技术

通过对管线加热，可使体系温度高于系统操作压力下的水合物生成温度，避免气体水合物生成（图 10-23）。此种方法也可用于已被水合物堵塞管线的解堵。但是很难确定水合物堵塞的位置，当找到堵塞位置时必须从水合物的两端逐渐加热，否则就会由于水合物的分解而导致压力急剧升高，造成管线破裂。而且水合物分解产生的自由水必须除去，否则由于水中包含大量的水合物剩余结构，很容易会再次形成水合物。另外，电加热中的电流变化还会引起腐蚀问题，需要对加热的管线进行牺牲阳极保护。

英国一些公司和研究机构曾研究开发过多相海底管线的电加热技术，以防止在停车或减少流量时发生水合物堵塞。现在加热管线可以达到 50km，但这种方法并不能保证管线中不存在水合物。

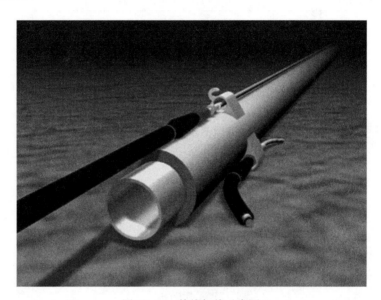

图 10-23　管线加热示意图

四、降压控制

降压控制就是降低输送管线的压力，使操作压力低于水合物生成压力。但是，为了保证一定的输送能力，管道压力不能随意降低，因此，降压法用于水合物防控的局限性很大，一般只用于水合物的解堵。降压操作最好在堵塞点两侧同时进行，以维持压力平衡，否则会导致安全事故。另外，管线降压，水合物分解时要吸收大量的热，造成管线温度降低，水合物分解产生的水易转化为冰，而冰对压力不敏感，只能采用加热法补救。因此，采用减压解堵时操作要十分小心。

五、热力学抑制剂

1. 热力学抑制剂作用机理

1930 年，Hammerschmidt 发现通过向流体中添加一些醇类（如甲醇、乙醇和乙二醇），能够抑制水合物的生成。这类物质即是水合物热力学抑制剂（Thermodynamic Inhibitors，THI）。热力学抑制剂主要是降低水的活度，进而改变体系生成水合物的相平衡条件，使得水合物的生成边界点移动到更高压力或更低温度，从而打破了一定温度、压力条件下溶液形成水合物笼形结构的稳定性。

如图 10-24 所示，通过添加热力学抑制剂，使原相平衡线向上/左移，进而使水合物区向上/左移，让原置于水合物区的操作点变为安全区，进而避免了水合物的生成。其作用机理是：在气水双组分系统中加入第 3 种活性组分，它能使水的活度系数降低，改变水分子和气体分子之间的热力学平衡条件，从而改变水溶液或水合物化学势，使得水合物的分解曲线移向较低温度或较高压力一边，使温度、压力相平衡条件处于实际操作条件之外，避免水合物形成。或直接与水合物接触，使水合物不稳定，从而使水合物分解而得到清除达到抑制水合物形成的目的。通过向管线中注入热力学抑制剂，破坏水合物的氢键，提高水合物生成压力或降低生成温度，以此抑制水合物生成。

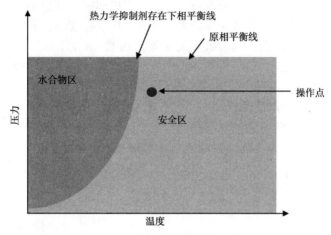

图 10-24　热力学抑制剂的抑制机理

2. 热力学抑制剂分类

关于热力学抑制剂[9]的研究起步较早，目前已取得了许多成果。在常规的醇类（如乙二醇、甲醇）物质基础上，又先后研发出了聚合醇类、无机盐类（如 $CaCl_2$、NaCl 等）以及离子液体等热力学抑制剂。向天然气中加入这类抑制剂后，可改变水溶液或水合物相的化学位，从而使水合物的形成条件移向较低的温度或较高的压力范围。甲醇水溶液冰点低，不易冻结，水溶性强，作用迅速。但是甲醇挥发性强，使用过程中的损耗特别高，且甲醇对环境有害。乙二醇无毒，沸点高于甲醇，蒸发损失小。聚合醇类对水合物具有一定的抑制性，但抑制效果受分子量影响很大。另外，由于聚合醇还可作为钻井液添加剂，因此其在钻井尤其是深水钻井中使用越来越广。无机盐类抑制剂中，NaCl 的效果最好。但无机盐类易与地层流体反应生成沉淀，出现液相分离等问题，同时无机盐类的加入还会加剧设备的腐蚀。在实际生产中，基本不用无机盐类作为水合物抑制剂。无机盐的浓度如过高，钻井过程中钻井液的使用就会很受限制，钻井液成分的调控会变得十分困难。另外，使用无机盐类作为抑制剂时，它会导致井筒和运输管线中流体矿化度升高，容易在井筒和运输管线中结垢，导致严重的腐蚀。离子液体[10]以铵离子液体（Ammonia Ionic Liquids, AILs）、芳香族离子液体、脂肪族离子液体等为代表，其不仅能起到改变天然气生成水合物相平衡条件的目的，还能减慢水合物生成速率，是一种新型的极具前景的水合物抑制剂。但目前，聚合醇类的使用还须针对特定的环境设计使用方案，技术还不太成熟，离子液体类还处于实验研究阶段，离工业化应用还有一段距离。因此，在实际生成过程中，常采用甲醇和乙二醇作为热力学抑制剂。

甲醇可用于任何操作温度，由于甲醇能较多地降低水合物形成温度，沸点低，蒸气压高，水溶液凝固点低，黏度小，通常用于制冷过程或气候寒冷的场所。一般情况下，喷注的甲醇蒸发到气相中的部分不再回收，液相水溶液经蒸馏后可循环使用。是否循环使用，需根据处理气量等具体情况经技术经济分析后确定。在许多情况下，回收液相甲醇是不经济的。若液相水溶液不回收，废液的处理将是个难题，需采用回注或焚烧等措施。为降低甲醇的液相损失，应尽量减少带入系统的游离水量。国外在制定商品天然气质量标准时，考虑到甲醇具有中等程度的毒性，已注意限制天然气中可能存在作为抑制剂注入的甲醇量。

乙二醇无毒，较甲醇沸点高，蒸发损失小，一般可回收重复使用，适用于处理气量较大的井站和输送管线。乙二醇溶液黏度较大，在有凝析油存在时，若温度过低，会造成分离困难，溶解和夹带损失增大，其溶解损失一般为 $0.12 \sim 0.72 \mathrm{L/m}^3$（凝析油），多数情况为 $0.25 \mathrm{L/m}^3$（凝析油），在含硫凝析油系统中的溶解损失大约是不含硫系统的 3 倍。当操作温度低于 -10℃时，不提倡使用乙二醇。

3. 常用热力学抑制剂用量计算

在工程实际中，往往需要确定抑制剂的用量及使用抑制剂后所带来水合物形成温度降的关系。表 10-8 列出了抑制剂浓度与天然气水合物生成温度降的关系式。

表 10-8　抑制剂浓度与天然气水合物生成温度降的关系

名称	关系式	应用范围
Hammerschmidt 法	$\Delta T = \dfrac{KX}{(1-X)\,M}$	甲醇水溶液质量浓度<20%~25%，乙二醇水溶液质量浓度<50%~60%
Nielsen-Bucklin 法	$\Delta T = -72\ln X_{H_2O}$	高浓度的甲醇水溶液
冰点下降法	$\Delta T = 0.665\Delta T'$	可用于任何抑制剂

注：ΔT 为水合物生成温度降，K；M 为抑制剂的分子量；K 为抑制剂种类常数，不同文献有不同推荐值，一般是甲醇为 1297，乙二醇为 2222；X 为抑制剂质量分率，%；X_{H_2O} 为水在抑制剂水溶液中的摩尔分数；$\Delta T'$ 为抑制剂冰点值。

表 10-8 中，抑制剂冰点值可由《物理化学数据手册》查取，部分抑制剂 $\Delta T'$ 与抑制剂溶液浓度 W 的回归关系如下：

$$\Delta T' = A + BW + CW^2 + DW^3 + EW^4 \qquad (10\text{-}8)$$

式中各参数见表 10-9。

表 10-9　式（10-1）参数

组分	W [%（质量分数）]	A	B	C	D	E
甲醇	$W<68$	-4.197×10^{-1}	6.834×10^{-1}	2.295×10^{-3}	1.229×10^{-4}	0
	$68<W<82.9$	246.703	-2.527	-1.28865×10^{-2}	1.630×10^{-4}	1.76×10^{-6}
	$82.9<W<100$	251.429	-1.543	0	0	0
乙醇	$W<56$	5.218×10^{-2}	2.853×10^{-1}	5.039×10^{-3}	6.043×10^{-5}	1.918×10^{-7}
	$56<W<100$	121.408	2.892×10^{-1}	1.492×10^{-2}	6.9×10^{-5}	8.086×10^{-7}

其中，甲醇抑制剂的浓度也可根据实际操作要求的温度降，依据图 10-25 直接查算。

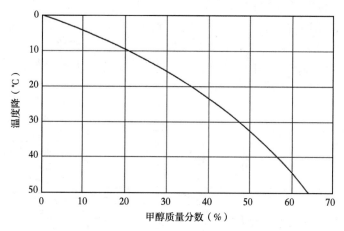

图 10-25　甲醇在抑制剂中的质量分数与水合物温度降的关系

在已知抑制剂浓度条件下，则可用式（10-9）计算水相中抑制剂的质量 m_1：

$$m_1 = \frac{X_R m_{H_2O}}{X_L - X_R} \qquad (10-9)$$

式中　m_1——水相中抑制剂的质量流率，kg/h；

X_R——抑制剂在混合液中的质量分数；

m_{H_2O}——水的质量流率，kg/h；

X_L——贫液中抑制剂的质量分数。

天然气中所使用的抑制剂用量应包括液相用量和气相蒸发量，应满足使液相水溶液和进入气相中的抑制剂具有必要的浓度。通常电解质型溶液的饱和蒸气压低于由气流中凝结下来的纯水的蒸气压，因此，气化的抑制剂量极小，可以忽略，而对醇类抑制剂则不然。

计算抑制剂最小单位耗量的普遍式如下：

$$q = \frac{(W_1 - W_2) C_{out}}{C_{in} - C_{out}} + 10^{-3} C_{out} \alpha \qquad (10-10)$$

式中　q——抑制剂最小单位耗量，g/m³；

W_1、W_2——抑制剂入口、出口处气相含水量，g/m³；

C_{out}——抑制剂移出浓度，%（质量分数）；

C_{in}——抑制剂加入浓度，%（质量分数）；

α——系数，是温度和压力的函数，对电解质可取 $\alpha = 0$，对甲醇则按式（10-4）计算。

$$a = 1.97 \times 10^{-2} p^{-0.7} \exp(6.054 \times 10^{-2} \times T - 11.128) \qquad (10-11)$$

式中　p——体系压力，MPa；

T——体系温度，K。

用式（10-3）求得了抑制剂的单位最小用量后，便可求得抑制剂的用量。为保险起见，实际用量取计算值的 1.15~1.20 倍。

乙二醇由于不易扩散到气相中，因此在气相中的损失不大，其损失主要发生在制冷系统、在油中溶解、泄漏及乙二醇—水和油的分离被油相带走。溶解损失一般为 40g/m³（凝析油），在含硫凝析油系统中的溶解损失大约是不含硫系统的 3 倍。

甲醇则需要考虑其在烃液中的溶解和在烃气相的蒸发，可使用图 10-26 和图 10-27 进行计算。

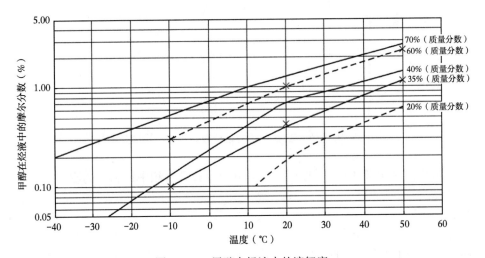

图 10-26 甲醇在烃液中的溶解度

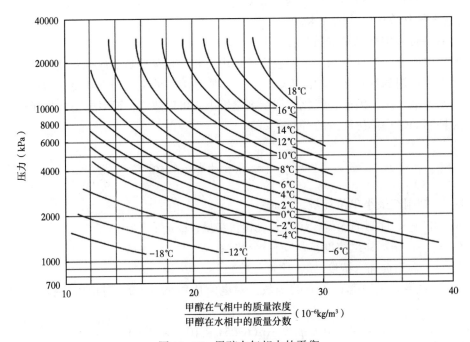

图 10-27 甲醇在气相中的平衡

在海上水合物控制操作中，甲醇和乙二醇是最普遍使用的水合物抑制剂。醇的添加会影响气体水合物晶体的形态及结晶凝聚特征。抑制效果取决于醇的注入速率、注入时间、注入量等参数。现场生产中为达到有效的水合物抑制效果，需添加足够数量的抑制剂，使水合物的热力学平衡条件高于管线的压力、温度条件。但当抑制剂浓度较低时，却有相反的效果。热力学抑制剂的加入量较多，在水溶液中的浓度一般为 10% ~ 60%，成本较高，相应的储存、运输、注入等成本也较高。另外，抑制剂的损失也较大，并会带来环境污染等问题。

第四节 动力学抑制技术

一、动力学抑制技术原理分析

动力学抑制技术是基于水合物形成机理，结合水合物成核机理和生长机理进行的抑制水合物生成的技术。动力学控制技术是由动力学抑制方法发展而来的，包括动力学抑制和动态控制两条途径。动力学抑制方法是最近开发出来的一种新方法，特点是不改变体系生成水合物的热力学条件，而是大幅度降低水合物的生成速度，保证输送过程中不发生堵塞现象。动态控制则是通过控制水合物的生成形态和生成量，使其具有和流体相均匀混合并随其流动的特点，从而不会堵塞管线。动态控制方法的优点是可以发挥水合物高密度载气的特点，实现天然气的密相输送，对海上运行的油—气—水三相混输管线比较适合。利用这种方法，可借助输油管线，实现天然气（或油田伴生气）的长距离输送。无论是动力学抑制方法还是动态控制方法，其关键均是开发合适的化学添加剂。前者称为动力学抑制剂（KHI），后者称为阻聚剂（AA），二者简称 LDHI，即低剂量水合物抑制剂。

目前，关于动力学抑制剂的抑制机理尚无定论，学者提出了不同的见解和看法，具有代表性的学说可分为临界尺寸机理、层传质阻碍机理、吸附和空间阻碍机理及扰乱机理4类。

（1）临界尺寸机理：水合物晶核达到临界尺寸前，动力学抑制剂分子与水分子作用，扰乱了水合物笼形关键结构，阻止了水分子有序团簇结构的形成，且降低了已部分形成的水合物团簇结构的稳定性。缺少了一定的团簇结构，水合物便无法成核，晶体也就难以形成。

（2）层传质阻碍机理：认为聚乙烯基吡咯烷酮（PVP）在水合物主客体分子之间形成不可见的微观界面，通过此层的质量传输成为对水合物形成的重要限制。不同 KHI 的吸附层厚不同，降低了水合物主客体分子从体相到水合物倾向继续生长的表面的扩散。

（3）吸附和空间阻碍机理：Urdahl 等（1995 年）认为，水合物结构对抑制剂的吸附而使晶体结构发生变化，晶体表面活性中心被隔离，被吸附的抑制剂分子在空间产生阻碍作用，从而影响水合物晶体的生成，达到抑制水合物生成的效果。Makogon 等认为抑制剂的活性基团在氢键的作用下被吸附到水合物晶体表面，由于抑制剂在水合物表面吸附，聚合物分子强迫水合物晶体以较小的曲率半径围绕聚合体或在聚合体链间生长。抑制剂吸附到晶粒表面后，与甲烷分子发生作用，阻止甲烷分子进入并填充水合物晶穴。

（4）扰乱机理：笼形水合物的生长过程可分为成核阶段与晶体生长阶段，在水合物成核之前，抑制剂分子与水分子之间的作用力降低了水分子的有序度，破坏了氢键作用下的水分子局部构型，从而抑制了水分子进一步聚集成水合物笼。

二、动力学抑制剂

1. 动力学抑制剂作用机理

在油气开采后期，随着开采出天然气水含量的增加（有些井的出水量甚至高达80%），脱水法和注入水合物热力学抑制剂（水量的5%~50%）法的成本越来越高。而添加动力学添加剂［11］，用量低（水量的0.01%~5.00%），对环境友好，经济性好，具有非常好的应用前景。

动力学抑制剂是一些水溶性或水分散性聚合物，它们仅在水相中抑制水合物的形成，加入浓度通常在1%左右。它不影响水合物生成的热力学条件，延缓水合物晶体成核时间或阻止晶体的进一步生长，降低生长速度，从而使管线中流体在其温度低于水合物形成温度（即在一定过冷度 ΔT）下流动，而不出现水合物堵塞现象。

动力学抑制剂大致包括表面活性剂和合成聚合物两大类。表面活性剂类抑制剂在接近临界胶束浓度下，对热力学性质没有明显的影响，但与纯水相比，质量转移系数可降低约50%，从而降低水和客体分子的接触机会，降低水合物的生成速率。聚合物类抑制剂分子链的特点是含有大量水溶性基团，并具有长的脂肪碳链，通过共晶或吸附作用，阻止水合物晶核的生长，或使水合物颗粒保持分散而不发生聚集，从而抑制水合物的形成。从应用现状来看，聚合物类抑制剂效果更好，应用更广泛。

2. 动力学抑制剂分类

在现已开发的水合物动力学抑制剂中，性能较好的有以下几种：（1）N-乙烯基吡咯烷酮（NVP），NVP被认为是第一代动力学抑制剂；（2）N-乙烯基己内酰胺；（3）N-乙烯基吡咯烷酮、N-乙烯基己内酰胺、N，N-二甲氨基异丁烯酸乙酯的三元共聚物（VC-713）；（4）由N-乙烯基吡咯烷酮和N-乙烯基己内酰胺按1:1形成的共聚物P（VP/VC）。动力学抑制剂在应用中面临的问题是抑制活性偏低，通用性差，受外界环境影响较大。主要原因是目前动力学抑制剂的开发工作远不成熟，抑制剂的分子结构不理想，理论上其使用的过冷度可大于10℃，但温度升高时溶解性变差，从而降低了应有的抑制效能。因此，需要在可靠机理的指导下开发组成和结构更合理、性能更优的抑制剂，在确保抑制性能优良的情况下，开发成本更低廉的新型抑制剂。

自1990年以来，对动力学抑制剂的研究主要分为3个阶段［12］：第一阶段（1991—1995年），动力学抑制剂研究初期，主要进行动力学抑制剂的筛选，其中以PVP最具代表性；第二阶段（1995—1999年），在第一代动力学抑制剂的研究基础上，致力于第一代动力学抑制剂分子结构的改进，合成了包括聚乙烯基己内酰胺（PVCap）、PVP和PVCap共聚物（PVP/VC）等动力学抑制剂，这些具有更加良好性能的动力学抑制剂在油气开发中得到了应用；第三阶段（1999年至今），研究者利用计算机技术对动力学抑制剂分子进行模拟和设计，开发出了性能更好的动力学抑制剂。

目前，动力学抑制剂的研究主要有六大方向：乙烯基内酰胺类、复合型抑制剂类、绿色有机类、大分子超支化聚酰胺酯类、离子液体类及其他新型抑制剂类。各类动力学抑制剂的主要特点见表10-10。

表 10-10　常见动力学抑制剂特点

类型	代表	主要性质
乙烯基内酰胺类	PVP、PVCap	具有与水合物笼形结构的面相类似的环状结构，且环上的酰氨基具有较强的亲水性，易在水合物表面吸附
复合型抑制剂类		两种及两种以上的抑制剂联合使用，具有更高效的抑制效果
绿色有机类	抗冻蛋白和氨基酸	克服了聚合物类抑制剂污染环境的缺点，具有绿色环保、可降解等优点，是当前研究的热点和主要发展方向
大分子超支化酰胺基聚合物类	PAM、PMAM	该类天然气水合物动力学抑制剂在过冷度超过 10℃ 环境中可将天然气水合物的诱导时间延长到几天
离子液体类	烷基取代基咪唑或吡啶盐离子	具有热力学和动力学的双重效果，不仅可以改变天然气水合物相平衡条件，还可延缓天然气水合物成核及生长速率
其他新型抑制剂类	氟化高聚物类	—

1）以 PVP 和 PVCap 为代表的乙烯基内酰胺类聚合物抑制剂

PVP 和 PVCap 是第一代和第二代动力学抑制剂的代表，常见的此类抑制剂效果较好的还有 VCap/VP 和 VC-713，其分子结构式如图 10-28 所示。由于该类动力学抑制剂出现较早、研究较多，研究者提出了几种不同的机理。该类动力学抑制剂具有与水合物笼形结构面相类似的环状结构，且环上的酰氨基具有较强的亲水性，使其易在水合物表面吸附。

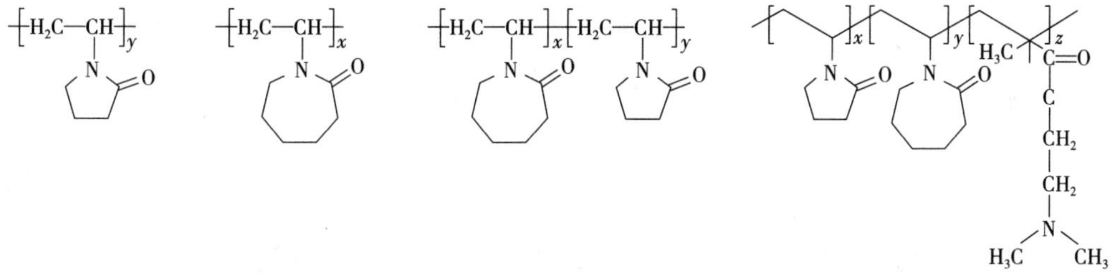

（a）PVP　　　　　　（b）PVPap　　　　　　（c）VCap/VP　　　　　　（d）VC-713

图 10-28　4 种乙烯基内酰胺类聚合物抑制剂分子结构式

赵欣等认为这类关键作用基团为内酰氨基的动力学抑制剂，主要通过在水合物表面吸附来延缓水合物生长，且其中共聚物类动力学抑制剂的抑制效果优于均聚物类动力学抑制剂的抑制效果。Urdahl 等认为，水合物对动力学抑制剂的吸附促使水合物晶体产生形变，被吸附的抑制剂分子产生了空间位阻作用，隔离了晶体表面活性中心，进而抑制了水合物的形成。Makogon 和 Sloan 认为，抑制剂的活性基团与水合物晶体的表面通过氢键相互吸引，使水合物晶体在聚合体周围或者链上生长。晶粒表面吸附有抑制剂后，甲烷分子与其发生作用，阻止了甲烷分子通过笼面进入水合物晶穴。Anderson 等认为 PVP 及 PVCap 等动力学抑制剂分子首先阻止水合物笼体的形成，然后吸附在水合物晶体表面，进一步抑制其由面到体方向的生长，水合物晶体表面的负结合能和自由结合能决定了 PVP 及 PVCap 等动力学抑制剂的性能。Kuznetsova 等通过模拟 3 种系统（PVP 在水相+结构 I 型水合物，PVP 在甲烷相+液态水，PVP 在水相+甲烷），发现 PVP 对甲烷+水表面展现出了强吸引力。PVP 在水合物主客体分子之间形成不可见的微观界面，通过此层的质量传输成为对水合物形成的重要限制。Zhang 等通过研究 PVP 和 PVCap 对环戊烷（CP）水合物抑制作用发现，仅 CP 水合物存在时显电负性，随着抑制剂浓度增加变成了中性。一定浓度下，PVCap 发生多层吸附，其吸附层比 PVP 吸附层厚，降低了水合物主客体分子从体相到水合物倾向继续生长的表面的扩散。临界尺寸机理假说认为，水合物晶核达到临界尺寸前，动力学抑制剂分子与水分子作用，扰乱了水合物笼形关键结构，阻止了水分子有序团簇结构的形成，且降低了已部分形成的水合物团簇结构的稳定性。缺少了一定的团簇结构，水合物便无法成核，晶体也就难以形成。在第二代动力学抑制剂的发展进程中，埃克森美孚（Exxon Mobil）公司认为，PVP 和 PVCap 等聚合物中对水合物起到抑制作用的关键基团是酰氨基。在该类动力学抑制剂中，酰氨基与疏水的重复单元相连，水分子在疏水官能团周围形成水合物空笼。水合物晶体表面的水分子通过氢键与酰氨基上的氧原子相连，酰氨基逐渐在水合物晶体表面吸附，抑制水合物笼的生长，其他官能团则从空间上阻碍了晶体表面的生长。对于此类动力学抑制剂作用机理的分析，笔者也有自己的一些理解。由于带环状结构类的动力学抑制剂提供了类似水合物笼形结构的一个体面，且含有酰氨基，更容易诱导水分子与其结合形成最早期的水合物成核前的笼形结构。此时的水合物笼至少有一面是由动力学抑制剂中环状结构组成。由于某种原因（如可能动力学抑制剂中环状结构与水分子的振动不协调或形成共振）将氢键（水与动力学抑制剂之间、水与水之间）破坏，从而破坏了笼形结构，水合物笼形结构的碎片从动力学抑制剂上脱落。但由于动力学抑制剂的特殊结构再次诱导水或水合物成核前的笼形结构碎片附于其分子上，如此往复，延长了水合物的生长时间，降低了水合物的生长速率。水合物快速成长期是因为此时形成的水合物笼形结构已经足够多，聚集于动力学抑制剂周围，束缚了其振动等作用，导致动力学抑制剂逐渐失效，但此假设须待验证。

2）主链或支链中含有酰氨基的聚合物抑制剂

与内酰胺类聚合物不同，酰氨基类聚合物中酰胺基（—N—C=O）存在于侧链或骨架结构中，如丙烯酰胺类聚合物（PAM、PMAM 等）、乙烯基乙酰胺类聚合物（PVIMA 以及包含 VIMA 单体的聚合物）。图 10-29 显示了 PAM、PMAM、PVIMA 以及 VIMA/VCap 的分子结构式。

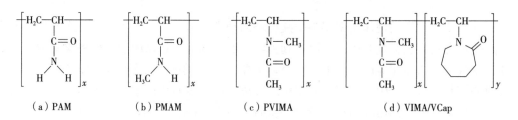

(a) PAM   (b) PMAM   (c) PVIMA   (d) VIMA/VCap

图 10-29 4 种主链或支链中含有酰氨基的聚合物抑制剂分子结构式

3）以抗冻蛋白和氨基酸为代表的天然绿色类抑制剂

天然物质类抑制剂克服了聚合物类抑制剂污染环境的缺点，具有绿色环保、可降解等优点，是当前研究的热点和主要发展方向，目前报道的包括抗冻蛋白、氨基酸、多糖聚合物和果胶等[13]。

如图 10-30 所示，果胶作为一种新型的高效抑制剂，它一般来源于柚子、甜菜和橙子，提取方法有传统酸提取法、超声波法、超临界 CO_2 提取法和高流体静压强法[14]。

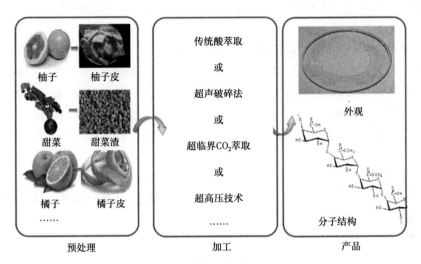

图 10-30　果胶抑制剂研发途径

如图 10-31 所示，过冷温度对果胶几乎没有影响。对于 PVCap 而言，在低过冷温度时，PVCap 抑制效果随着质量分数的增加而增强，但是在高过冷温度时，PVCap 抑制效果在一定质量分数范围内增加，超过一定范围则呈降低趋势，说明了 PVCap 在低过冷温度时的抑制效果好，且跟质量分数成正比。通过对比，可以得出果胶的抑制效果是非常好的[15]。

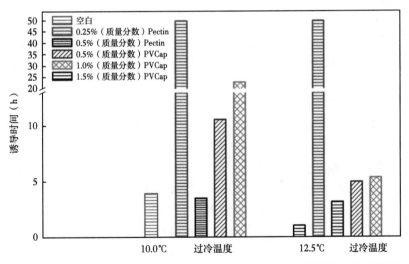

图 10-31　不同质量分数果胶和 PVCap 在不同过冷温度下的诱导时间变化图

扰乱机理假说认为，笼形水合物的生长过程可分为成核阶段与晶体生长阶段，在水合物成核之前，抑制剂分子与水分子之间的作用力降低了水分子的有序度，破坏了氢键作用下的水分子局部构型，从而抑制了水分子进一步聚集成水合物笼。Sa 等支持扰乱机理说，认为与 PVP 和 PVCap 等聚合物的吸附机理不同的是，氨基酸抑制剂分子对气体水合物成核与生长过程仅存在扰乱作用，并通过变温偏振拉曼光谱证实了抑制剂分子的扰乱作用，认为抑制作用主要来自氨基酸的亲水基和带电的侧链基对水分子有序结构的扰乱。

4）离子液体类抑制剂

离子液体类抑制剂具有热力学和动力学上的双重效果，不仅可以改变天然气水合物的相平衡，还可以延缓天然气水合物成核及生长速率。通常，其阳离子为具有较大非对称结构的有机离子（如含有烷基取代基的咪唑或吡啶盐离子）；阴离子则为 BF_4^-、$[N(CN)_2]^-$、NO_3^-、Cl^-、Br^-、I^-。阴、阳离子具有很强的静电荷，可以有选择地或定向地与水分子形成氢键。

5）复合抑制剂

复合型抑制剂指动力学抑制剂与水合物热力学抑制剂联用、动力学抑制剂与防聚剂（Anti Agglomerant，AA）联用、不同动力学抑制剂间复配、新型绿色动力学抑制剂与传统动力学抑制剂联用等。

（1）动力学抑制剂与热力学抑制剂复配。

①动力学抑制剂与甲醇复配。

甲醇是一种抑制性能较好的热力学抑制剂。曹莘等研究发现，低剂量动力学抑制剂与甲醇混合使用能达到很好的抑制效果。首先，甲醇的加入改变了水合物生成的热力学条件，抑制了水合物的成核过程。然后，低剂量动力学抑制剂的加入在后期抑制了水合物的生长速率，从而达到了协同增效的目的。这种复配方案也适用于油田开采的晚期，但此时体系中水相含量相当高，对于防聚剂来说含水量过高，对于动力学抑制剂来说过冷度太高，因此，有必要复配使用甲醇或乙二醇。

②动力学抑制剂与 PEG 复配。

PEG 是一种很弱的热力学抑制剂，主要是抑制水合物成核，其协同作用在非水溶液中同样存在。水合物形成后会存在强大的"记忆效应"，导致水合物的生成更加容易。加入动力学抑制剂会在某种程度上削弱"记忆效应"的影响，PEG 的协同作用会进一步降低"记忆效应"。

③动力学抑制剂与醇醚类复配。

乙二醇醚类是常用的醇醚类增效剂。与乙醇相比，乙二醇单丙醚和乙二醇单丁醚具有更好的协同抑制效果。以另一种醇醚—单正丁基乙二醇醚（BGE）为 PVCap 的增效剂，得到的复合型水 合物抑制剂已经商品化。乙二醇醚类物质与动力学抑制剂复配后对水合物产生了很好的抑制效果。分子中烷氧基团具有 3~4 个 C 原子的醇醚可以起到更好的协同作用，这可能是由于其分子中烷氧基的疏水性使整个分子具有表面活性剂的性质，改变了抑制剂高分子链在溶液中的构象，使高分子的伸展链与更多的水合物晶体作用，提高了抑制效果。

（2）动力学抑制剂与防聚剂的复配。

20 世纪 90 年代，BP 石油公司经过 6 次现场试验发现，PVCap 和四丁基溴化铵（TB-AB）混合后具有协同增效的效果。随后，BP 石油公司将其在北海南部盆地大型气田的湿气管线的乙二醇抑制剂换为 PVCap/TBAB 复合型抑制剂，实现了动力学抑制剂与防聚合试剂的第一次现场应用。随后，Clariant 公司也成功地将动力学抑制剂与防聚剂复配得到的复合型抑制剂应用到现场。美国 BJ 服务公司在墨西哥用热力学抑制剂、动力学抑制剂和防聚剂的混合物来抑制钻井液流体中水合物的生成。由于动力学抑制剂的使用受过冷度的限制较大，而防聚剂受过冷度的限制很小，因此，二者复配可大幅度提高对水合物的抑制效果。

（3）动力学抑制剂的其他试剂复配。

动力学抑制剂还可与离子液体复配。1-乙基-3-甲基咪唑翁四氟硼酸盐（EMIM-BF）和 1-丁基-3-甲基咪唑翁四氟硼酸盐（BMIM-BF）是两种不同的阳离子液体。Villano 等研究发现，0.5%（质量分数）的 EMIM-BF4 和 0.50′/0（W）的 BMIM-BF4 单独使用时对水合物形成基本没有抑制作用。0.5%（质量分数）的动力学抑制剂 Luvicap55W 单独作用时诱导时间为 302~628min，加入 0.50/0（w）的 BMIM-BF 后，诱导时间延长至 1129~1300min。而将 0.5%（质量分数）的 EMIM-BF 加入 0.50/0（w）的 Luvicap 55W 中却没有抑制效果，表明 BMIM-BF4 作为 Luvicap 55W 的增效剂能起到很好的抑制效果。这是因为 BMIM-BF 中存在丁基，符合最佳增效剂四烷基铵盐的烷基类型，即正戊基、正丁基及异戊基，而 EMIM-BF 中只含有甲基和乙基。与乙基相比，丁基在 S II 型水合物表面具有更强的范德华力，较强地吸附在笼表面，对晶体生长产生显著的抑制作用。

6）其他类新型抑制剂

其他类新型抑制剂主要以氟化高聚物类为代表。

以上 6 个研究方向和 4 种机理假说均从微观角度出发，解释了动力学抑制剂对水合物成核前后笼形结构或晶体的影响。图 10-32 总结了不同动力学抑制剂对水合物不同生长阶段的影响机制。

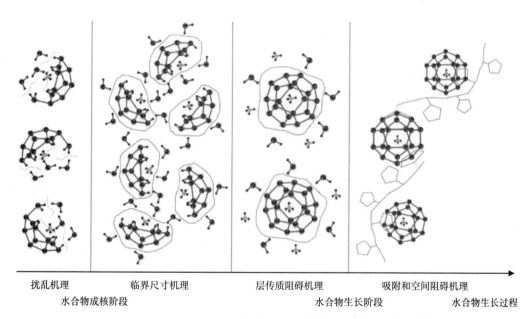

扰乱机理　　　　临界尺寸机理　　　　层传质阻碍机理　　　　吸附和空间阻碍机理
水合物成核阶段　　　　　　　　　水合物生长阶段　　　　水合物生长过程

图 10-32　水合物动力学抑制剂 4 种机理假说的作用阶段示意图

对于复合型抑制剂（动力学抑制剂与水合物热力学抑制剂联用），Cohen 等认为，醇醚类协同剂主要是由疏水性烷氧基团组成，但由于其还带有形成氢键能力很强的氧原子和羟基，一方面，其可以与游离的水形成氢键，阻碍游离水形成笼形结构；另一方面，其可以通过不同的方式吸附于抑制剂上，使抑制剂分子链的构象得以扩展，让水合物的笼面与抑制剂分子能更充分地相互作用，进而增强了抑制效果。抑制剂 PVP 侧基中吡咯烷酮上的羰基与水合物笼形表面易形成氢键：一方面，使水合物在 PVP 分子链周围或分子链之间生长，限制了水合物簇的扩张；另一方面，由于其环形孔道小于水分子形成的笼的孔道，阻碍了天然气分子进入水合物笼生成水合物。PVP 与醇醚类协同剂结合将形成复杂的抑制作用，在醇醚类协同剂的影响下，PVP 分子链的构象进一步扩展，使 PVP 分子链可以与更多的水合物笼相互作用。

3. 动力学抑制剂的评价

动力学抑制剂的作用阶段主要可分为成核和生长两个阶段。评价动力学抑制剂主要方法便是从这两个阶段切入，分析其对水合物成核阶段成核情况以及生长阶段中生长情况的影响。针对成核阶段评价所使用的方法有延长诱导时间（温压变化诱导时间法、可视观测诱导时间法）和过冷度法；针对水合物生长情况的评价所使用的方法有温压变化生长速率法、可视观测生长形态法、晶体生长抑制法和微观力法；针对两个阶段同时评价所使用的方法有水含量法、组分变化法、差示扫描量热法、超声波法、激光法和电导率法等。目前，常用的动力学抑制剂评价方法及特点见表 10-11[12]。

表 10-11　水合物抑制剂评价方法

阶段	评价方法	研究者	实验装置	优点	缺点
成核阶段	温压变化诱导时间法	Hase 等	高压摇摆釜	简单，操作方便，釜内气液扰动均匀，多釜平行实验提高了评价效率	过冷度影响大，手段单一，适用温度、压力变化大情况
		Cook 等	T 形摇摆釜、微型环路、PSL 摇摆	简单，操作方便，釜内气液扰动均匀，多釜平行实验提高了评价效率	过冷度影响大，手段单一，适用温度、压力变化大情况
		李保耀	容积 1.5L、转速 6r/min 轮管	模拟集输管线，可信性高，设备简单，操作方便，管路内气液体系的扰动更接近真实情况	轮管为垂直循环系统，流动条件复杂程度与实际有差异
		陈俊等	20m×2.54cm，10MPa 水合物循环管路	管路内气液体系的扰动更接近集输管线	设备复杂，工作量大，操作时间长
	可视观测诱导时间法	郭凯	高压透明蓝宝石上下搅拌反应釜	可视观察与温压变化相结合，提高实验可信度，克服了釜内温度、压力变化不明显导致判断失误等缺点	肉眼分辨程度较低，溶液易贴壁，浓度不均匀
	过冷度法	Perfeldt 等	5 个 40 mL 高压摇摆釜	方法简单，操作方便，评价快速，釜内气液扰动均匀，多釜平行实验提高了评价效率	降温速率对实验影响较大，评价手段单一，适用温度、压力变化大情况

阶段	评价方法	研究者	实验装置	优点	缺点
生长阶段	晶体生长抑制法	Anderson 等	高压旋转搅拌釜	简单、直接，排除了水合物生长的随机性，可重复性好	未测量对水合物成核影响，耗时，评价手段单一
	微观力法	胡军	显微操作及成像系统	对评价动力学抑制剂的性能和作用机理有较大意义，可观测水合物微观形貌及测量黏附力	操作复杂，间接评价，准确性和实用性有待考察，非高压环境，不能客观反映抑制性能
		Lee 等	高压微力测量系统	可实现高压下观测水合物微观形貌及测量黏附力	操作复杂，间接评价
成核及生长阶段	水含量法	Yang 等	湿度传感器	为评价动力学抑制剂抑制性能提供了多种方向	间接评价，难与传统评价结果对比
	组分变化法	Daraboina 等	气相色谱	为评价动力学抑制剂抑制性能提供了多种方向	间接评价，难与传统评价结果对比
	差示扫描量热法	Koh 等	差示扫描量热仪	灵敏度高，精度高	体系太小，增大了诱导时间随机性的影响
		Xiao 等	差示扫描量热仪	灵敏度高，精度高	体系太小，增大了诱导时间随机性的影响
	超声波法	Yang 和 Tohidi	超声波发射接收器	可识别更小尺寸的晶核，灵敏度更高	体系太小，增大了诱导时间随机性的影响
	激光法	闫柯乐等	PVM/FBRM 激光测量装置	为在微—介观尺度分析动力学抑制剂存在时的水合物颗粒成核和生长及其作用机理提供了可能设备，可观测水合物微观形貌及粒度分布	搅拌方式和探头位置对实验结果影响较大
	电导率法	Yang 等	电导率技术（C-V）	为评价动力学抑制剂的抑制性能提供了多种方向	间接评价，难与传统评价结果对比
	模拟计算法	包玲	分子动力学（MD）	节省实验成本，同时能在分子微观尺度上揭示动力学抑制剂的抑制机理	非真实存在体系，需要通过实验验证
		胥萍	Gromacs 分子模拟软件	节省实验成本，同时能在分子微观尺度上揭示动力学抑制剂的抑制机理	非真实存在体系，需要通过实验验证

三、防聚剂

防聚剂[16]是一些聚合物类表面活性剂，防聚剂的抑制机理与动力学抑制剂不同，在允许水合物生成的条件下起乳化剂的作用，当水和油同时存在时才可使用。向体系中加入防聚剂可使油水相乳化，将油相中的水分散成水合物，形成输送性好、低黏性的浆状流体，而不会引起堵塞。防聚剂在管线（或油井）封闭或过冷度较大的情况下都具有较好的作用效果。对于防聚剂的作用机理有 3 种解释。第一种机理是在使用一种乳化剂（多为聚合物）时，发现该乳化剂促使形成油包水乳状液，并且防止水合物向水滴扩展，达到防聚效果。第二种机理认为，表面活性剂包括亲水基团（极性端）和亲油基团（非极性端），亲水基团附着于水合物晶体表面扰乱水合物的生长过程，进而阻碍晶体的生长，亲油基团则使水合物颗粒在油相中均匀地分散开。他们提出的表面活性剂，其亲水基团是带有两个或多个丁基或戊基的季铵盐基团。目前，有一部分季铵盐类防聚剂已经投入商业使用，且进行了现场试验。第三种防聚剂作用机理，其开发的聚丙酸酯类物质在水、油两相的溶解性都较差，能够在水油相之间形成隔离层，阻止水滴向水合物转变，从而达到防聚的目的。Makogon 和 Sloan 指出，防聚剂的加入导致水合物形成变形的晶格，引起晶体缺陷，从而限制了晶粒尺寸。水合物聚集机理研究的缓慢发展阻碍了水合物防聚剂的研究与开发，因此在大力研究水合物成核机理的同时，应投入精力对防聚机理进行研究。

目前用作防聚剂的表面活性剂大多是酰胺类化合物，特别是羟基酰胺、烷氧基二羟基羧酸酰胺和 N，$N-$二羟基酰胺等，以及烷基芳香族磺酸盐、烷基聚苷和溴化物的季铵盐等。比较典型的防聚剂主要有溴化物的季铵盐（QAB）、烷基芳香族磺酸盐（Dobanax 系列）及烷基聚苷（Dohanol）等。防聚剂相对水的质量分数为 0.5%～2% 时即可发挥作用，用量大大低于热力学抑制剂（10%～60%）。

阻聚剂的选择是基于亲油亲水平衡（HLB）值，因为 HLB 值可以提供对乳化液类型的大致预测。HLB 值在 3～6 间的化学物质可以形成油包水型乳化液，因此可以根据 HLB 值来评价阻聚剂。

目前的阻聚剂主要有酰胺类化合物、羧基羧酸酰胺、烷氧基二羧基羧酸酰胺、聚烷氧基二羧基羧酸酰胺和 N，$N-$二羧基羧酸酰胺。

阻聚剂在使用时多为混合使用，此时 HLB 值则进行加和。

$$HLB = \frac{HLB_A \times W_A + HLB_B \times W_B + HLB_C \times W_C + \cdots}{W_A + W_B + W_C + \cdots} \qquad (10-12)$$

式中　W_A、W_B、W_C——表面活性剂 A、B、C 的质量；

　　　HLB_A、HLB_B、HLB_C——表面活性剂的 HLB 值。

第五节　现场应用案例

在实际生产中，常会出现天然气水合物冻堵的现象，导致一系列生产事故。经过数十年的研究，形成了以热力学抑制和动力学抑制为主的天然气水合物抑制技术。各类天然气水合物抑制方法总结如图 10-33 所示。

各类天然气水合物抑制方法的现场应用案例分为热力学抑制剂现场应用案例、动力学抑制剂现场应用案例以及其他抑制技术现场应用案例。

图 10-33　天然气水合物抑制方法示意图

一、热力学抑制剂现场应用案例分析

1. 实例 1

Texaco 位于 Garden Banks189 平台上的 12.5in 采气线发生了一起水合物堵塞事故。水深 725ft。该管线与海上输气管线相连。事故发生前，注入采气线的气体未完全脱水，导致水蒸气凝结并且在上升管底部的 U 形区汇聚，这种低处凝析水导致水合物形成。这种情况下形成的水合物会在监测到之前便造成堵塞，使管线注入压力迅速升高。

为了清除水合物堵塞，排放平台末端气体，上升管用甲醇润湿。上升管下游装有止回阀以防止气体回流至平台。注入甲醇之后，水合物完全分解并被清除。整个操作使用甲醇总计达 20~3055gal。这次事故中，8000bbl/d 液体和 $7000 \times 10^4 ft^3/d$ 的气体管线关闭 2~3 天。

2. 实例 2

Texaco 报道了另一起水合物事故，堵塞点位于 Green Canyon Block 6 平台，水深 600ft 的采气管线。几天内，水合物在 10.75in 管线缓慢积聚。但该情况下未关闭生产，同时采取以下两种解决方法：（1）开启气体脱水，移除气流中的凝析水；（2）向采气线注入甲醇。

3. 实例 3

Texaco 报道了北海 Strathespay 区域绝缘设备阀门水合物堵塞事故。但是，因管线绝缘保护充分，目前没有流动管线堵塞的报道。该区域水深 442ft。阀门堵塞处有一个 1/4inID 口，与压力传感器相连。由于该处管线为静态流体，产气含有水蒸气，导致出现凝析水，从而形成水合物。阀门堵塞和压力口未绝缘，且暴露于冷海水中（39 ℉）。水合物堵塞导致压力传感器的读数错误。

使用甲醇清洗管线以清除堵塞。为防止此类故障，甲醇清洗阶段性持续进行。但是该项措施因增大操作成本而并不可取。

该系统的另一设计是将压力传感线路（1/4 inID）安装于阀门上方。虽然该线路会定期注入甲醇，但流体会流至管线中，致使湿气侵入压力传感线路，从而生成水合物而发生堵塞。改进设计是改变阀门位置，使传感线路与阀门底部连接而不是阀门顶部。采用这一结构后，位于输送管线和传感线器之间的线路被油基凝胶状流体充满，该流体是甲醇、乙二醇，或油基流体的混合物；否则，该线被水填充会引起水合物的形成。深水系统中，传感器应被视为一个大系统，绝缘阀门并不是必需的。

4. 实例 4

墨西哥湾尤英浅滩 EB873 平台的天然气输运管道也发生过天然气水合物的形成。具体情况是：管道直径为 8in，离 EB873 平台以下 236.22~289.6m，在水下 143.3m 处触及海底，海底温度估计为 55℉ [1]（12.8℃）。推断形成水合物的理由是管道的压力降增大。由于甲醇能够抑制和破坏水合物形成，采用连续泵入甲醇的方法，大约 140gal [2]/d（530L/d），从而能够避免形成水合物。管内的压力降是可以依据流率和数学模型准确计算，一般来说，在 50~100psi 属于正常。如果超出正常水平太多（比如增大 30psi），则定期泵入足够的甲醇。天然气水合物的形成只是出现在 EB873 平台和管道较低的管段。清管要目标明确，可降低水合物堵塞风险。由于甲醇价格便宜而且风险低，故在 EB873 平台中采用加注甲醇而不采用常规的降低管道压力的其他办法。

5. 实例 5

Phillips 报道了他们在北海的天然气水合物堵管问题。天然气管道长 47mile，直径 16in（内径 15.125in），材质为碳钢，用于从 Cod 往 Ekofisk 中心运送天然气。液体是轻碳氢化合物，相对密度为 0.66，Cod 的产量大概为 $3500×10^4ft^3/d$ 的天然气、1700bbl/d 的气体凝结物。

1978 年 3 月，Cod 管道被天然气水合物完全堵死了几次。水合物形成后聚集成大块。水合物可以通过降压法清除。如果管道中的块状物没有被清除干净，容易导致回流，而管道内的块状物并不阻碍气体的流动。解决方案是将 1700gal 的甲醇泵入管道，使水合物在管道内溶解。除此之外，在正常生产的过程中还要往管道内注入甲醇。

在 Cod 平台（基地），天然气已经经过充分的干燥，看不到液态的气体凝结物，所以不会形成水合物。自 1981 年以来，生产时的管内压力在逐渐降低，所以管道一直没有发生天然气水合堵管的现象。

6. 实例 6——输送管道的水合物的静态堵塞问题

对墨西哥湾 1527ft 深的 Green Canyon Block 的输送管道堵塞问题进行研究。这条管道是在 200ft 深水下，管线的一端连接在岸边的刚性架上。水中未固定的管线内径 12in、外径 16in，最大承受压力 2160psi。管线长 52mile [3] 用于输送气体或液体。在不堵塞下输送能力是气体 $12.00×10^4ft^3/d$、液体 5500bbl/d。石油的 API 度为 49° API，气体相对密度为 0.68，管道内温度 70°F，压力为 1050psi。

---

[1] $℉ = \dfrac{9}{5}℃ + 32$。

[2] 1gal（美）= 4.546dm³, 1gal（英）= 3.785dm³。

[3] 1mile = 1609.344m。

油井投产的最初几周只有少量水，因此，为了节约成本，未设计干燥器。当其他井也通过这条线运输时，管道中的水分增加。当含水气体和液体在 200ft 深海中的管道（65℉）中运输时，水蒸气在管道中冷凝并沉积到管道底部。在 14h 内，高压气体与低温水在管道内生产水合物，导致管道压力上升到 1800psi 而停工。

水合物因气压而不流动，液体在与水合物形成堵塞。记录了液体的流量和压力。假定堵塞在表面形成，流体充满管线的量大约是 200ft。经计算，水合物堵塞长 8～10ft。为疏导管道，对管道两端减压，水合物分解的气体排空。第二天管线疏通开始生成。这次堵塞使生产停工 3 天，损失 4 万美元。

通过注入甲醇、预先干燥气体和预先用泡沫脂清洗管道 3 种方法阻止水合物堵塞形成。

7. 实例 7

雪佛龙公司有一条外径为 4in、长 2200ft 的气体输送管道，该管道在冬季时经常被水合物堵塞。这条管道位于怀俄明州 Carter creek 的 Whitney canyon 地区。井头条件为 120℉和 360psi（表）。地表温度为-20℉，此温度远低于 360psi（表）时水合物的形成温度。

管道用加热的绝热胶带缠绕，以维持足够的温度来防止结冰或水合物的形成。堵塞形成之前并不采用水合物抑制剂。腐蚀抑制剂是用来防止腐蚀的。管道未配置清洗器。管道内径为 3.826in，工作时能承受的极限压力为 1800psi。管道材料为碳钢。降低输入热量以节省电能消耗。然而，并没有一种机制能监控整条管路的流体温度，以保证当输入温度降低时不会形成水合物，因此在实际操作中会出现管道堵塞。

可以采用降压、化学的或热力学的方法来除去堵塞物。首先，堵塞物两边的压力是平衡的，因此堵塞物不能像抛射体一样移动。然后降低堵塞物两边的压力，逆向注入甲醇，并以加热胶带加热管道。这些方法能有效溶解水合物堵塞物。然而，这些补救措施会降低日产量。从这个案例中可以学到很多，将来的一些操作将会重点考虑在冬季使用水合物抑制剂。目前，雪佛龙公司正在安装泵以向管道中注入动力学抑制剂或低成本的热力学抑制剂。

8. 实例 8

在墨西哥湾的雪佛龙操作平台，水合物一般形成于气体输送的分配阀门，而气体经常是含水的。冬季，气体经过分配阀门时的节流效应将导致水合物形成。气体压力接近 1100psi。问题并不严峻，因为有表面通道可通向堵塞物，可以注射甲醇以清除堵塞物。为防止堵塞，可注入甲醇等物质。另一种正在进行测试的方法是改变气体流量，以维持阀门和气体分配管道的温度在水合物形成温度之上。

9. 实例 9

雪佛龙公司报告了其在俄克拉荷马州中南部卡特诺克斯地区遇到的水合物问题。水合物在 4in（内径 4in，外径 4½in）未保温的 80 市售天然气管道中形成。流动管道温度是 105℉，压力是 750psi。当井口压力降低为 620psi 时，管道入口温度降到约 62℉。生产设备的目的是从井中的物流中去除液体，但天然气和水汽达到饱和时，总会存在一些液体进入气相。冬天，当环境温度为 45～50℉时，由于冷的环境温度使得天然气迅速冷却。在水合物形成之前，没有任何的甲醇或其他化学物质加入井口或生产部件中。井中流动的是 200bbl/d 的油（57°API）和 $750\times10^4\text{ft}^3/\text{d}$ 的天然气，水的生产流量是 10bbl/d。

在距下游生产装置大约 120ft 的管道上安装了两个流量计。第一个流量计是 4in 的内径、2.25in 的孔板。另一个是 3in 的内径、2.125in 的孔板。附加压降发生在第二个流量计那里，使得水合物在此处形成。实际上，水合物在流量计附近的积累使得第一个流量计的读数产生偏差。这是水合物形成的早期指标，它在完全堵塞的情况发生前被检测出来。水合物的形成需要花费数小时的时间。

为了去除水合物堵塞，管道需要减压，并用泵加入甲醇溶液。生产设备在启动之前需要预热到 190 ℉，需要 4h 才能完全去除积聚的水合物，而且设备需要停止工作 8～10h。基于这次经历，甲醇注入量开始为 10gal/d，不论何时环境温度降低到 50 ℉。操作者认为，把流量计从 3in 改变为 4in 会消除销售管道的限制。

10. 实例 10

雪佛龙公司报道了加拿大海岸几起气体收集管道水合物堵塞的事故。在其中的一起事故中，在一个内径为 6in、长 15mile 的管线完全形成了水合物堵塞。管道的工作压力限低于 1000psi。管道采用高聚物涂料隔热，这样足够保证气体在流动时高于水合温度。冷凝物的流量大约是 0.2bbl/10^4ft^3。尽管没有自由水，由于水蒸气的存在，在管道进口压力和温度条件下气体仍然可以达到饱和。当环境温度为 37～41 ℉时，凝结水有助于形成水合物堵塞。在一个公路交叉路口的下面，一个延伸的 30in 的截面产生了堵塞。以前在同一地点，用热水龙头解决了水合物堵塞事故。但是在这种情况下，使用热水龙头太冒险。此外，如果在最初的 24h 内给管道减压，典型的水合物不会在这种 6in 的管道中形成。为了消除堵塞，两种方法需要同时使用。首先，管线堵塞的两端都需要减压，然后将带电焊接钻机直接接到 300ft 的截面钢管管道上。管道被焊接钻机加热到 68～77 ℉。这种方法融化水合物堵塞很有效，补救操作需要 2d 完成。

11. 实例 11

1993 年，在英国北海 Staffa 地区，Lasmo 发现了蜡和水合物的混合体。一个 8in 没有保温的油管安装在两个卫星井之间，最小的处理平台设施位于 6.3mile。此外，由于使用了单一的管线，不具备往返清扫的功能。树附近海底地形的不均，在距离树 1.2～1.9 mile 的地方管道穿越另外一条管道。

生产条件是 6000BODP，气油比是 1600ft^3/bbl，含水量为 0.5%～1%。产生的流体视为高气油比、高密度含有一些水的原油。流体被一个减压装置从贮水池中引出。原油的平均浊点是 79 ℉，蜡含量是 5%。流井的压头是 942～1595psi，温度为 122～194 ℉。由于没有绝缘，管线有很大的热损失，没有分离的多相流被距离树 1.2～1.9mile 之内的河床冷却。流体到达平台时的温度为 44 ℉，这刚好低于蜡的浊点。

由于没有完整的材料，因此认为，水合物的形成（由于不稳定的甲醇注射）或许会作为成核点，从而导致蜡在管道中沉淀。在任何情况下，在生产开始后数天的时间内，蜡都会堆积在油管中。尽管使用了一些石蜡抑制剂，但是它们不是完全有效。油管会周期性地被化学溶剂堵塞。有时会加压推动堵塞，但是这样会将石蜡聚集成球状，从而使问题恶化。热化学、热再生化学等都曾考虑过，但是由于是相对新的技术而被拒绝。

Lasmo 发明了一种感应加热圈，利用远程控制装置操控，加热油管从而熔化管道中的蜡。尽管这种技术已经得到发展，但是却从来没有在这个地区实现。原因是这种技术会产生两个问题：一是需要大量的电能和时间加热油管和里面的物质；二是尽管熔化了蜡使其流动起来，但是在其到达操作平台之前，它会变冷，从而再次沉积。

大约 1.2mile 被蜡堵塞的管道被切除替换。甚至在替换了堵塞的管道部分后，管线会再一次被石蜡塞住。注入化学抑制剂、甲醇或者溶剂都不起作用。

1995 年，Lasmo 由于水合物和蜡方面的许多问题而放弃了这个地区。再次尝试利用甲醇这类的化学物质清除堵塞也失败了，公司认为考虑到剩余的储量，替换管道的另外部分（像 1993 年那样）是不经济的。

12. 实例 12

实验最初的想法是降低管内压力，同时应用于生产。甲醇持续不断地泵入，从开始贯穿生产全程，以防止水合物生成。当产率达到 $1200×10^4ft^3/d$ 时，甲醇停止注入，允许水合物在 60℉ 的条件下生成，达到水合物的生成区域温度还需升高 16℉，经过几次的小规模堵塞事件后，一次彻底的水合物堵塞发生在离平台 2.5mile 的地方（开动后 26h），堵塞的位置是通过管道两端气体压力变化率而推算得到的。

当堵塞一发生，管道内压力的降低导致水合物分解。同时 3400gal 的甲醇充入井口，帮助水合物分离。事实上，甲醇必须流过 5mile，管子是自然直立的，小管有一定的弯曲，且管内有液体存在，这可以认为是由于甲醇并没有到达这些地方，一端的压力降低导致了水合物的分离，7 天后解堵了管子，管子总的堵塞时间为 25d。

二、动力学抑制剂现场应用案例分析

1. 实例 1

Texaco 在其 Wyoming 井实施现场试验，评价动力学抑制剂 PVP 的效果。该抑制剂使用浓度极低，范围为 0.5%~1%（质量分数）可达到与 10%~50%（质量分数）甲醇相同的抑制效果。

该试验之前，Wyoming 井和表面流动管线在甲醇注入速度为 30gal/d 的情况下同样存在着水合物堵塞问题。井头状况：2000psi，52~56 ℉。产气量（80~140）$×10^4ft^3/d$。淡水产率 2~4bbl/d。

使用 4%PVP 溶液代替甲醇。4%PVP 溶液成分：4%（质量分数）PVP、16%（质量分数）水、80%（质量分数）甲醇。PVP 溶液加注速度为 2~21gal/d，相当于水相浓度低于 0.05%（质量分数）。该条件下动力学抑制剂能够有效防控水合物，与单纯使用甲醇相比节约成本 50%。

2. 实例 2

与实例 1 相同，Texaco 开展了其他系列的 PVP 评估现场试验。试验区域为 4~6 in、1~8mile长的管线。气流速度为（100~2400）$×10^4ft^3/d$。水流速度为 0.8~40bbl/d。与 Wyoming 测试井相同，甲醇用量大幅度下降时水合物会迅速生成。随后的压降和水合物堵塞通过注入 0.1%~0.5%（质量分数）（基于水相浓度）的动力学抑制剂而得以避免。

Texaco 完成了一系列水合物动力学抑制剂在美国的陆上测试。目前，为降低甲醇消耗的成本，动力学抑制剂已被 Texaco 广泛应用。Texaco 正开展一系列试验，寻找应用于海上管线的低成本替代化学品。

三、其他抑制技术现场应用案例分析

1. 实例 1

Elf Norge 的东北海 Frigg 海底的出油管道为 16in，位于 Frigg 海底平台 11.1mile 处，主要用来运输海底 6 个井的气体和凝结水。

有段时间，只有一个井的流率为 $3500 \times 10^4 ft^3/d$。在如此低的流率下，大部分的水凝结并储存在管道里。几天后，气体流速在其他 3 口井启动情况下大幅度提升，达到 $7000 \times 10^4 ft^3/d$。而油管进口段的气水分离器中充满水合物，气体压力和液面高度不稳定。油井被迫关闭，从分离器取出大块水合物样品。

水合物样品分析显示，甲烷的含量为 11%（质量分数），这比为避免水合物形成的 26%（质量分数）要低得多。然而 Elf Norge 报道说，油管并没有被水合物堵住，尽管它经历了 42.8°F 的低温。研究发现，天然气水合物只是顺流而下。由于焦耳—汤姆森冷却效应，气水混合物经历了顺流而下的最低温过程。重新恢复生产前，分离器压力降低，循环气流将水合物清除了，大约 9000gal 的甲烷被充入进管口、出管口，将停留在里面的东西给冲了出来。在重启前，重新增加了 21000gal 甲烷，然后流率重新逐渐恢复正常。

水合物形成期间，分离器进口段阀出口被严重腐蚀。腐蚀产生的金属屑片使得气—水混合物流经阀门时形成水合物晶体，不断积累，长大造成管道堵塞。因此，阀门必须更换。水合物形成的另外一个原因是，顺流而下的混合物在上游阶段没有加热器（没有热源）。在很多的海底空间，分离器的上游都是安装有加热器的，从而避免了水合物的形成或结垢，从而确保了高效分离。

2. 实例 2

挪威国家石油公司进行了 19 个控制天然气水合物堵塞的形成和分解的田间试验研究。于 1994 年在 Tommeliten Gamma 海岸线进行了 6in 测试和服务实验。这个海岸线与 Edda 平台相连，位于海底流线的 7.1mile 处。两个 9in 生产线和一条 6in 测试服务线被安装，从海底的生产流线上接收流体，来自 6 个海底井流聚集成流体。凝析油含量为 16%，含水量为 2%（质量分数）。

19 种水合物的形成和分解实验在 6in 测试服务线下进行了 3 种类型实验：

（1）连续流动。挪威国家石油公司通过降低流速来减少流体温度，使系统冷却，进入水合物的形成区。

（2）无甲醇的连续流动注射。产率降低，甲醇注射停止。

（3）以下 4 种方法，关闭后重新启动：冷却加压线，无甲醇注射液重启；冷却加压线，5% 的甲醇注射液重新启动；从模板侧线加压，在高流速下重新启动；从平台侧线加压，在高流速下重新启动。

在这些实验中，挪威国家石油公司在下列情形测量压力和温度：（1）多流形；（2）加热器蒸汽的顶部；（3）呛住；（4）分离器。挪威国家石油公司也采用了伽马密度计来检测平台上的蛞蝓抵达和块状的水合物形成。用热相检测线的上部温度曲线，并检测冰/水合物的形成。

以下是由挪威国家石油公司在这些领域的实验报告总结论：

（1）在流体进入水合物形成区，水合物迅速、方便形成。在某些情况下，水合物块流

向平台，并堵塞管道、阀门和弯曲处。

（2）在抑制的甲醇增加水合物形成和堵塞的危险。现场进行质量分数为5%的甲醇试验。实验室进行的10%~20%的甲醇测试，也发现了类似的结果。

（3）水合物块体是疏松和渗透的。当块体遭到了不同压力时，气体从侧面流经块体。从多方面逐渐降低压力，气体从平台一侧渗入，这种效果更加明显。

（4）气体通过块体引起焦耳—汤姆森冷却，从而导致生成更多的水合物或冰。如果额外的水合物或冰在块体形成孔隙，则分解率下降。

（5）降压和甲醇注射液的组合，有效地清除了所有的块体。甲醇可以在平台或多方面注射。

（6）把上部管道包括注射甲醇和（或）外表面喷温水除去水合物的方法。但是，从外部加热管是有风险的。如果水合物分解释放的气体未正常排出，则被困天然气潜在可超压界限。

（7）根据这些结果和田间试验制定的建议，不能直接应用到不同的条件和流体成分等领域。

3. 实例3

1991年1月2日上午11:30，两个工作者试图清除一个酸性气体管路里的堵塞块，而这个管路已经堵塞了大约3d，堵塞块下游已经完全被封闭了。管路的上游部分，最初压力为1100psi（表），也在5min之内变成了压力完全过载。在12:15，管路损坏，气体在事发现场流得到处都是。15:18时，一个有经验的消防公司对泄漏的气体进行了隔离。

这次井喷事故的原因主要是在管路的螺纹法兰接口处的水合物堵塞，因为水合物堵塞物的两端都进行了降压处理，如果有一个媒介物存在的话，会存在两个末端堵塞块。

参 考 文 献

［1］陈光进，孙长宇，马庆兰 . 气体水合物科学与技术 ［M］. 北京：化学工业出版社，2008.

［2］Sloan Jr E D, Koh C. Clathrate hydrates of natural gases ［M］. CRC press：2007.

［3］Holder G D, Manganiello D J. Hydrate dissociation pressure minima in multicomponent systems ［J］. Chemical Engineering Science，1982，37（1）：9-16.

［4］樊栓狮，徐文东 . 天然气利用新技术 ［M］. 北京：化学工业出版社，2012.

［5］Camargo. Rhaological properties of hydrate suspension in an asphaltenic crude oil ［C］. 4th Gas Hydrates Int. Conf.，2002.

［6］Boxall J, Davies S, Koh C, et al. Predicting when and where hydrate plugs form in oil-dominated Flowlines ［C］. SPE 129538-PA，2009.

［7］GPSA. Gas Processors Suppliers Association, Engineering Data Book ［M］. 12th Ed. GPSA：Oklahoma 74145，2004.

［8］诸林 . 天然气加工工程 ［M］. 北京：石油工业出版社，2008.

［9］樊栓狮，张浩，时濛，等 . 一种防止水合物在油气输送管道内堵塞管道的方法：CN201510843359. X ［P］. 2015-11-29.

［10］Nashed O, Dadebayev D, Khan M，S, et al. Experimental and modelling studies on thermodynamic methane hydrate inhibition in the presence of ionic liquids ［J］. Journal of Molecular Liquids，2018，249：886-891.

［11］许书瑞 . 高效水合物动力学抑制剂的性能研究及应用 ［D］. 广州：华南理工大学，2017.

［12］樊栓狮，郭凯，王燕鸿，等．天然气水合物动力学抑制剂性能评价方法的现状与展望［J］．天然气工业，2018，38（9）：103-113.

［13］Dirdal E G, Arulanantham C, Sefidroodi H, et al. Can cyclopentane hydrate formation be used to rank the performance of kinetic hydrate inhibitors［J］. Chemical Engineering Science，2012，82：177-184.

［14］Xu S, Fan S, Fang S, et al. Pectin as an Extraordinary Natural Kinetic Hydrate Inhibitor［J］. Scientific Reports，2016（6），23220.

［15］Xu Shurui, Fan Shuanshi, Fang Songtian, et al. Excellent synergy effect on preventing CH_4 hydrate formation when glycine meets polyvinylcaprolactam［J］. Fuel，2017，206：19-26.

［16］史博会，雍宇，柳杨，等．含蜡和防聚剂体系天然气水合物浆液生成及流动特性［J］．化工进展，2018，37（6）：2182-2191.

［17］Wang, Y., Fan, S., Lang, X., 2019. Reviews of gas hydrate inhibitors in gas-dominant pipelines and application of kinetic hydrate inhibitors in China. Chinese Journal of Chemical Engineering 27, 2118-2132.

［18］樊栓狮，方松添，郎雪梅，等．一种多糖类水合物动力学抑制剂及其应用：CN201710682835. 3［P］. 2017-8-11.

［19］樊栓狮，林远敢，郎雪梅，等．一种防水合物涂层及其制备方法：CN201910003150. 0［P］. 2019-1-3.

［20］王燕鸿，刘芬，樊栓狮，等．一种快速评价降凝剂降凝效果的装置：CN201720998750. 1［P］. 2018-4-10.

第十一章　深水柔性结构
动力响应分析技术

第一节　深水柔性结构介绍

深水柔性结构主要可分为两大类：第一大类结构为梁模型结构，该类结构以立管以及海底管道为代表；第二大类结构为索模型结构，该类结构以脐带缆以及锚链为代表。梁模型结构与索模型结构最本质的区别在于是否考虑弯曲刚度，索模型结构忽略弯曲刚度，而梁模型结构必须考虑弯曲刚度。以下分别对深水梁模型代表性结构（立管和海底管道）以及深水索模型代表性结构（脐带缆和锚链）进行简要介绍。

一、立管

近年来，随着深海中油气资源的勘探开发以及生产活动逐渐增加，海洋工业正在向着更深的海域发展，这就要求用于深海勘探开发的设备与技术需要不断地升级与更新。但不管采用何种类型的浮式装备，海洋立管都是海洋基础结构中必不可少的关键设备。

海洋立管实际上是连接水面浮式装置与海底设备（如井口、PLM、总管）的导管，是深海开发中的关键性结构。海洋立管内部承受高温高压流体，外部承受波浪以及海流载荷的作用，服役环境极其恶劣。一般来说，需要完成钻探、导液、导泥以及输送等作业要求。

根据结构本身特性，海洋立管可分为刚性立管和柔性立管两大类；根据功能用途，海洋立管又可分为钻井立管、生产立管、完井立管等。立管结构形式，立管又可细分为顶张力立管、钢悬链式立管、柔性立管和塔式立管。

1. 顶张力式立管

顶张力式立管（Top Tension Riser，TTR）是一种既可以用于钻井、完井、修井，又能实现注水、生产等功能的立管，是海洋立管的一种重要结构形式，一般用于张力腿平台（Tension Leg Platform，TLP）或 Spar 平台。通常情况下，立管上端与浮式平台相连，下端与油田井口相连。按照使用功能差异对其进行分类，可以将顶张力式立管进一步细分为钻井立管、完井立管和生产立管等。

20 世纪 50 年代，顶张力式立管第一次应用于固定式平台海底钻探工程中；1984 年，顶张力立管开始应用于浮式生产平台，当时是安装在北海海域的 Hutton 张力腿平台上。到 2005 年为止，全球共有 17 个张力腿平台和 12 个 Spar 平台使用顶张力式立管，顶张力立管一般由管段、连接器和张紧系统组成。

（1）管段：由刚性管段构成的主体部分，以钢材料为主，由钛、铝以及其他复合材料组成。

（2）连接器：连接相邻的管段。

（3）张紧系统：用于支撑立管，有浮力罐张紧系统和液压气动张紧系统。

2. 钢悬链式立管

钢悬链式立管（Steel Catenary Riser，SCR）兼有立管和海底管道的双重功能。其触地点与顶部接触段相当于生产立管，与井口段的接触段相当于海底管道。

按照钢悬链式立管的构型，可以将其分为简单悬链线立管、缓波悬链线立管、陡波悬链线立管和L形立管4类，如图11-1所示。

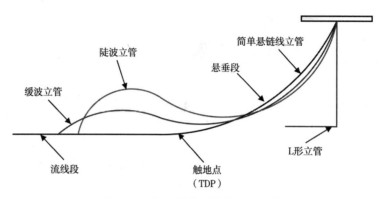

图 11-1   钢悬链式立管的4种形式

简单悬链线立管可自由悬挂在平台外部，悬挂点与触地点之间的立管部分被悬挂，悬挂段的长度随浮式平台上端位置的变化而变化。与井口段的接触点是海床。水平接触段缓波立管的悬浮角小于简单的悬挂式立管，缓弓部分受浮力支撑，可降低立管上端的张力，且与海底的接触段仍是水平的。陡波立管还需要通过浮力支撑起立管的弓形部分。与缓波立管不同，陡波立管与海底接触时垂直于海底方向，且触地点固定。该种立管可应用于更深水深时的情形。L形立管需要浮力设备，通过弯曲点将垂直刚性臂段和水平段连接起来。在水平段中使用的材料通常是钛，弯曲的一端连接到垂直提升管，另一端连接到其他管道。水平段立管只需很小一部分浮力就能保持平衡，刚性臂弦索可以保证垂直管的稳定性。在工程应用中，必须充分考虑水深、管径、规格、重量、浮体参数等因素，最终选择较为合理的钢悬链式立管[1]。

3. 柔性立管

柔性立管（Flexible Riser）是一种由柔性管发展而成具有一定弯曲刚度的多层组合管，该管是由金属与聚合物复合而成。外层由可承受外部压力的不锈钢材料制成，内层由可承受较大环形压力与张力载荷的碳钢结构组成。根据制造工艺的不同，柔性立管可以分为黏结（Bonded）型柔性管和非黏结（Unbonded）型柔性管[2]。

黏结型柔性管的结构如图11-2所示，软管内部的骨架由镀层钢丝组成，并且使用聚酰胺（PA）或聚偏氟乙烯（PVDF）压出内压层。其外是由镀层钢丝制成的压力铠装层（抗压层）和张力铠装层（抗拉层），内层由聚酰胺（PA）或聚乙烯（PE）构成，通过对各层进行压出、成型等物理方法的处理，将其挤压成一体。此外，挤压成型后需对基体材料和增强层进行硫化处理，使其拥有较高的黏合强度。在实际的海洋工程中采用更多的是非黏结型柔性管，非黏结型柔性管的结构如图11-3所示。

这里对非黏结型柔性管的主要结构进行简单介绍。

（1）外包覆层：是一层聚合物，主要作用是阻止外部流体进入柔性管结构，同时使得

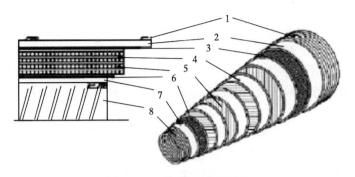

图 11-2 黏结型柔性管结构

1—外包覆层；2—外隔层；3—隔断层；4—垫层；5—增强层；6—隔断层；7—内层；8—骨架

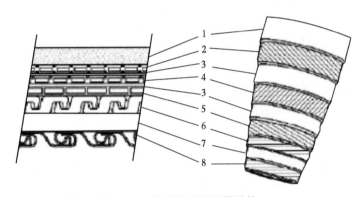

图 11-3 非黏结型柔性管结构

1—外包覆层；2—外抗拉层；3—耐磨层；4—内抗拉层；5—储备耐压层；6—耐压层；7—内管；8—骨架

铠装键在安装时不与其他物体发生碰撞而损坏。

（2）抗拉层：使用平矩形截面的铠装键，按 30°～55° 螺旋缠绕，以获得管材所需抗拉强度。

（3）耐磨层：处于金属层与金属层之间，能够减少金属之间的磨损。

（4）耐压层：互锁金属层，用于抵抗由管内钻孔液体压力引起的内压载荷。当压力较高时可适当增加储备耐压层。

（5）内管：聚合物层，用于阻止内部流体流出柔性管。

（6）骨架：互锁金属层，主要用于抵抗外压载荷，防止由静水压力以及环形面内所生成的气体而造成管道坍塌。

4. 塔式立管

塔式立管（Hybrid Risers）是一种以刚性立管作为主体的立管结构，通过顶部浮力筒的张力作用，垂直站立在海床上，并以跨接软管作为外输装置与海上浮体相连。

塔式立管通常由刚性主管、跨接软管系统、顶部浮力筒和连接系统 4 部分组成。

1）刚性主管

根据截面形式的不同，可以将塔式立管刚性主管分为单管式、管中管式和集束混合塔式 3 种类型，且集束混合塔式立管又可分为内捆绑式和外捆绑式。

对于单管式立管而言，结构设计柔性大，可以采用焊接、机械连接的方式，而且适于

451

模块化安装，效率高，但是机械连接的立管对直径有一定要求，一般不超过 0.406m。另外，柔性软管所能承受的高温高压也有一定的限制。

管中管式立管适用于恶劣环境条件下重油的生产。在其顶部，有两根柔性软管分别与管中管式立管的内外两层管相连，能够产生很好的应力响应，可以快速地将高载荷传递给楔形应力节点。该立管通常所采用的连接方式是螺纹机械连接，可通过钻井船或海洋工程辅助船对其进行安装。

集束混合塔式立管是将各种柔性软管和浮体相连，由不同种类、不同直径的刚性管和伺服管线组成的立管结构，具有节省空间的特点。但其建造和连接方式较为复杂，密封效果不好，易被侵蚀，且在安装和建造过程中存在着很大的风险。

2）跨接软管系统

该跨接软管系统主要由软管、弯曲扶强材料和终端装置所构成，在立管与浮体之间传递液体。典型的软管内径一般为 0.254m，长度一般为浮体至桩基水平距离的 1.4~1.6 倍，300~450m。软管的设计要求在高达 90℃ 的温度下能正常工作，并可承受 20.67MPa 的压力[3]。终端装置由法兰连接在软管的两端。在软管与鹅颈弯曲装置和浮体的连接处，提供弯曲的加固材料用以限制软管的弯曲。在软管与浮子之间的连接处，提供一张紧系统以使其适应浮子的运动，以减少额外的垂向负荷。

3）顶部浮力筒

浮力筒一般由外壳、中心管、吊耳、舱壁、进出气通道等部分组成。在浮力筒舱壁下侧布置有加强筋。浮力筒可以提供一定的张力，使得立管能够站立在水中，并使之处于张紧状态，从而达到改善立管的动态响应、降低立管涡激振动、提高立管疲劳寿命的目的，同时还能够限制柔性跨接管的张力载荷和偏移角。

4）连接系统

塔式立管的连接系统主要包括跨接软管、浮力筒、海底基座和刚性主管之间的连接以及刚性主管之间的连接。

二、海底管道

海底管道是海上油气田开发生产系统的主要组成部分，是油气外输的主要手段，也是目前最快捷、最安全和经济可靠的海上油气运输方式。随着海洋油气开采与运输事业的不断发展，作为目前最主要的油气输送工具，海底管道系统发挥着越来越重要的作用，海底管道数量也正以惊人的速度不断增加。在我国，随着海洋油气资源的相继发现和不断开发，海底管道的需求也日益增加。因此，海底管道工程的设计和施工技术，加快推进海底管道技术发展，对于我国海洋工程建设具有举足轻重的意义。

海底管道是指设于水面以下的管道。它可能全部或部分地悬跨在海床上或放置于海底，或埋设于海底面以下。海底管道一般为硬质（主要为钢质）管道，也有软质（如橡胶、尼龙等）管道。钢质管道的断面结构形式有单层管和多层管结构。近年来又出现子母管结构。海底管道主要用于输送石油和天然气或其他流体。多层管与子母管结构可同时输送不同介质。当输送高凝原油时，管道还需加保温措施来应对相应问题。

自 20 世纪 50 年代初，Brown&Root 公司在美国墨西哥湾铺设世界上第一条油气混输海底管道以来，随着海上油（气）田的开发和利用，海底管道工程发展迅速。半个世纪里，世界各国铺设的海底管道总长度已超过十几万千米。中国海底油气管道是近20年发展起来的。据统计，从1985年我国第一条海底输油管道建成至2005年，在我国海域累计已铺设海底管道60多条，总长度超过3000km[4]。近20年来，我国陆续在渤海、东海以及南海区域累计铺设了超过20000km的海底管道。工程技术人员也已基本掌握了百米水深以内海底油气管道的设计与施工技术。目前，海底管道工程已向深水、长距离、大口径、高强度的方向发展。

海底管道具有可以连续输送，几乎不受环境条件的影响，不会因海上储油设施容量限制或穿梭油轮的接运不及时而迫使油田减产或停产等优点。因此，输油效率高，运油能力大。另外，还具有海底管道铺设工期短、投产快、管理方便和操作费用低等优点。但是由于管道处于海底，多数又需要埋设于海底土中一定深度，检查和维修困难，某些处于潮差或波浪破碎带的管段，受风浪、潮流、冰凌等影响较大，有时可能被海中漂浮物和船舶撞击或抛锚遭受破坏[5]。海底管道的输送工艺与陆上管道相同，但是海底管道工程是在海域中进行的，且海底管道建造成本高、时间长，因此施工方法的选择与陆上管道相比更为重要。海底管道铺设最常用的方法是铺管船铺设法和拖曳铺设法。

1. 铺管船铺设法

铺管船铺设法主要包括S形铺管法、J形铺管法和卷筒铺管法。前两种是比较先进的方法，适用于深水和超深水作业[6]。卷筒铺管法是21世纪开始发展起来的一种新型的铺管方法，同样具备相对明显的优点。

1）S形铺管法（S-lay）

采用S形铺管法铺管时，管线经过悬挂在铺管船船体外的托管架入水，形成一条S形曲线，如图11-4所示。我国深水铺管船铺管方式目前以S形铺管法为主。

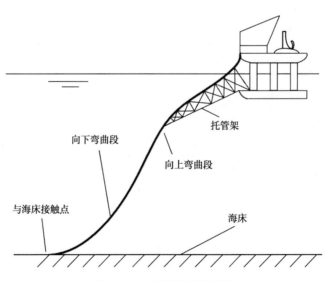

图11-4 S形铺管法示意图

2）J形铺管法（J-lay）

由于在深水海底管道铺设中S形铺管法受托管架长度的制约较大，对铺设装备要求极高，装备的建造成本投入较大。因此，在深水海底管道铺设中通常采用J形铺管法铺设，如图 11-5 所示。这也是我国今后在深水铺设工艺方面的发展趋势。

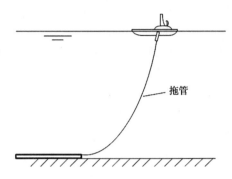

图 11-5   J 形铺管法示意图

3）卷筒铺管法（Reel-lay）

卷筒铺管法（图 11-6）是先通过在陆地上一次完成管线接长并缠绕在卷筒上，然后在海上展开、拉直后铺设的方法。根据卷筒在铺管船上的放置方式，卷筒铺管法可分为垂直卷筒铺管法和水平卷筒铺管法。

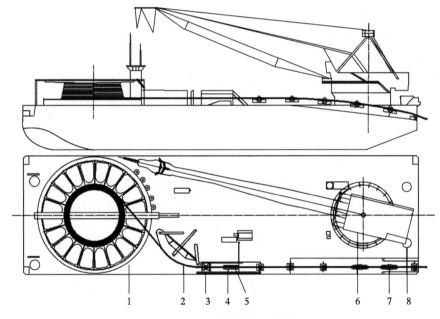

图 11-6   卷筒铺管法示意图

1—卷筒；2—定位器；3—移动矫直机；4—固定矫直机；5—皮带张紧器；6—支柱；7—推力器；8—起重机

4）其他方法

除了上述 3 种主要用于刚性管的铺设方法外（其中卷筒铺管法也可用于柔性管铺设），还有一些其他方法用于铺设柔性管和脐带缆，主要有转盘式铺管法（图 11-7）和垂直铺管法（图 11-8）两种方法。其中，转盘式铺管法也可用于刚性管铺设，该方法在铺管船中布置滚筒，同时在船尾布置托管架，并在滚筒和托管架之间布置有张紧器，而垂直铺管法在铺管船布置有塔架和滚筒，管道垂直铺设。

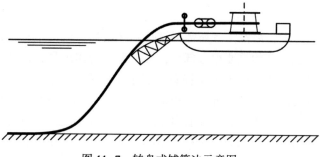

图 11-7　转盘式铺管法示意图

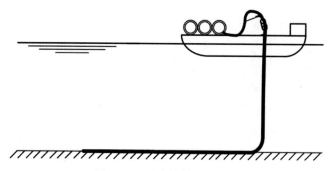

图 11-8　垂直铺管法示意图

2. 拖曳铺设法

拖曳铺设法是先利用在近海岸制造的管线，然后用拖船将其拖行并铺设在目标海床。但这种方法只适用于近岸平台管线的铺设。

基于目前的铺管船现状，在以上几种铺管方式中，S 形铺管法的铺管直径最大，卷筒铺管法的铺管直径最小。卷筒铺管法的铺管速度最快，J 形铺管法的铺管速度最慢。依据目前的铺管船性能以及操作水平，对不同铺管方法的优缺点进行比较，见表 11-1。

表 11-1　不同海底管道铺管方法的优点缺点对比[7-9]

序号	施工方法	优点	缺点
1	S 形铺管法	适用于较深的海域；铺管直径大；铺管速度快、效率高；铺设中不产生塑性变形	对铺装设备要求极高，装备的建造成本投入大
2	L 形铺管法	适用于较深和超深的海域；相对于 S 形铺管法建造成本低，铺设过程所需张力小，不会产生塑性变形	便于进行动力定位，铺设速度低，对船舶的垂向稳定性有一定影响
3	卷筒铺管法	其铺设的管道可在陆地上完成接长；可连续铺设，因此铺设效率高	铺设过程中受力情况复杂，管道会发生塑性变形
4	转盘铺管法	铺设效率高；管道可在陆地上完成接长	管道会发生塑性弯曲；对于深水铺设，托管架长度要求较长
5	垂直铺管法	管道在张力下不会弯曲；设备较轻便，可放置在船舶不同位置	通常用来作为柔性管的铺设方法，而不适用于刚性管
6	拖曳铺设法	管线可在近海岸制造	仅适用于浅海或近岸平台管线铺设

三、锚链

随着海洋资源的开发，海洋工程所需锚链也随之增加。海洋工程锚链性能要求高，尺寸也较大。锚链是锚泊系统的重要组成部分，锚泊系统的作用是将浮体约束在所要求的水域位置上，分临时锚泊系统（一般为单锚链）和定位锚泊系统（一般为多锚链）两种[10]。

锚链是由链环链接而成，链环分为无挡链和有挡链（图11-9），无挡锚链主要用于内河运输船舶，不分级，化学成分和力学性能相当于一级有挡锚链。有挡锚链分为一、二、三等3个级别，主要用于海船和海洋工程。不同在于后者强度比前者高，海洋平台所用链环都是有挡链。海洋平台锚链具有如下特点[11]：

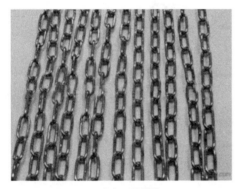

（a）无挡锚链 （b）有挡锚链

图11-9　无挡锚链与有挡锚链

1. 使用条件恶劣

锚链按其用途可以分为船用锚链、浮筒用锚链及海洋平台用锚链3种。按其作用可以分为系泊用和固定拉紧用两种，前者如船用锚链，后者有浮筒链和平台链。船舶一般在码头、浮筒旁用钢缆系泊，使用锚链的机会很少，因此，船用锚链受磨损、腐蚀少，其使用寿命较长。浮筒用锚链虽然长期浸在江海之中，但浮筒一般设置在波浪和潮流影响较小的港湾内，因此，受到的交变应力不大，不容易产生疲劳断裂。而海洋平台用锚链，主要使用在严峻的海洋气候条件下，固定平台长期浸在海水中，受风浪、潮流等各种交变载荷的反复作用，因此，海洋平台用锚链与船用锚链相比，在使用条件上有本质的不同。

2. 平台用锚链腐蚀严重

平台用锚链长期浸在海水中，由于受海水温度、含盐量、酸碱度、氧气浓度、污染、海水流速及海生物等因素的影响，腐蚀比较严重。尤其是处在飞溅区的那一段锚链腐蚀最厉害，径向的平均腐蚀速率可达0.5mm/a。海区条件不同，其腐蚀速率也不同。经有关单位测定，对于低碳钢而言，我国渤海的腐蚀速率为0.45mm/a，个别海区超过1mm/a，甚至有不少深2mm的腐蚀孔。东海的腐蚀速率为0.5mm/a，南海则为0.65mm/a。由于腐蚀而使锚链的直径减小，从而导致横挡松动乃至脱落，最后链环被拉长并变形，系载能力大幅度降低，因此，平台用锚链不仅要具有一定的抗拉强度和冲击韧性值，而且还要求具有一定的抗反复拉伸弯曲的疲劳强度以及良好的耐腐蚀性能。

3. 平台用锚链为整条的长锚链

平台链是连续的，船用链是分节的。国际标准规定船用锚链以 27.5m 为一节，我国规定以 25m 为一节。通常一艘普通万吨轮，配有两条各长 300m 左右的锚链，每条锚链都是由 12 节 25m 长的锚链，中间用连接环连起来的。可是，海洋平台用锚链就不同了，中间不能用连接环相连，其制造是连续进行的，因此，即使是 1500m 长的锚链，也是整条的。这是由于它们的使用目的、使用条件和腐蚀情况不同所决定的。平台用锚链由于磨损和腐蚀，当链径减小 10%（如 $\phi76mm$ 减至 $\phi68.4mm$）时，该链的等级就递降；当链径减小 20% 时，则整条锚链报废。而连接环和链端卸扣等，耐腐蚀性最差。据国外资料报道，连接环等的预期寿命往往只是锚的 30%~50%，实际使用中断链、丢锚等事故，也往往是因连接环而发生，故连接环等的直径减小 10% 时即行报废。

4. 平台用锚链钢材料要求特殊

平台用锚链接近船用 3 级锚链。例如：材料的抗拉强度，船用链为 $70kg/mm^2$，平台链为 $65kg/mm^2$；而成品锚链的破断负荷，平台链反而比船用链高，$\phi76mm$ 的 3 级船用链的破断负荷为 438t，而平台链则要 474t。此外，为改善耐腐蚀性能，平台链的材料将含碳量控制在 0.33% 以下，而 3 级船用链为 0.36%；为了细化晶粒、提高冲击韧性和疲劳强度，平台链材料增加了 Cr、Ni、V、Nb、Al 等元素。

四、脐带缆

在海洋油气开发过程中，随着海洋平台逐渐由浅水平台发展为深水、超深水平台。为了降低开发的成本，水下生产系统开始登上世界的舞台，将平台上的采油树移至海底，并通过集输管线以及立管输送到水面设施，既节约了占地面积，又摆脱了水面及地上设施的限制，还大大地提升了开发的速度和效率。

脐带缆作为水下控制系统的主要组成部分，连接着上部浮式设施以及水下生产系统，负责从平台向水下生产系统输送电能或传递电信号、液压信号及化学药剂等。根据其使用环境的不同，通常可将脐带缆分为静态脐带缆与动态脐带缆。静态脐带缆铺设在海底，而动态脐带缆悬挂于海水中并与海面设施相连，如图 11-10 所示。

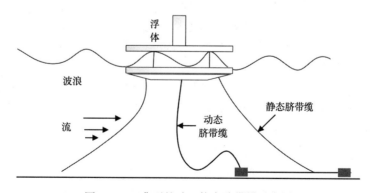

图 11-10 典型的动、静态脐带缆示意图

最早的脐带缆出现在 1961 年建造的第一个水下生产系统中，当时的脐带缆主要由管道构成，属于直接液压脐带缆，随着技术的进一步发展，其控制方式也得以发展，出现了

先导液压脐带缆、顺序液压脐带缆、电液复合脐带缆等，其结构也在不断改进，增加了电缆、光纤、油膏、护套等。图 11-11 为脐带缆截面示意图。

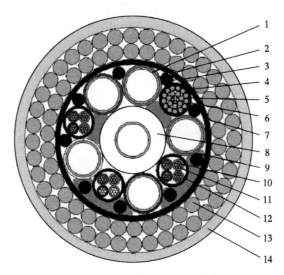

图 11-11　脐带缆截面示意图

1—不锈钢管；2，8—衬层；3，9—填充绳；4—光单元护套；5—光单元加强钢丝；
6—光纤、油膏和钢管；7—缆芯护套；10—导体；11—绝缘体；12—护套；13—铠装圆钢线；14—外护套

脐带缆主要是由电缆、光缆、液压或化学药剂管、聚合物护套、碳纤维棒或铠装钢丝以及填充物等组成的水下生产系统。概括来说，包括电单元、光单元、管单元和外层设计。其主要功能如下：

（1）为水下生产系统提供电力；

（2）为水下生产系统控制提供液压通道；

（3）提供油气田开发所需化学药剂管线；

（4）传递上部模块的控制信号及水下生产系统传感器数据。

脐带缆在海洋工程方面的应用已经有 50 多年了，与国外对脐带缆的研究进展相比，我国对脐带缆的研究起步较晚，与国际先进水平相比，在对脐带缆的研究、设计以及制造等领域还存在着巨大差距。长期以来，我国的脐带缆一直依靠进口，这极大地制约了我国对海洋油气资源的开发和利用。

因此，开展对水下生产系统脐带缆关键技术的研究，建立具有我国自主知识产权的技术体系，能够有效地提升对海洋油气开发设备的自主研发能力，对我国深水油气资源的开发以及保障我国能源安全有着重要的战略意义。

为此，在"十一五"期间，历经两年的艰苦奋斗，"水下生产系统脐带缆关键技术研究"课题组以南海为研究对象，开展了对脐带缆关键技术的研究，最终在脐带缆标准规范、脐带缆力学理论分析、脐带缆截面设计、脐带缆测试技术、脐带缆制造技术方面取得了实质性的进展，但是对于深水生产系统的设计、施工与建设，我国还尚未具备独立完成的能力。为了使国家早日具有独立开发深海油气资源的能力，必须使水下生产系统（特别是生产控制系统）与水下设备协调发展。

第二节　深水柔性结构运动方程介绍

图 11-12 所示一长度为 l 的柔性结构模型，x 轴取为柔性结构左端到右端的轴线，x 轴原点取在结构左端。

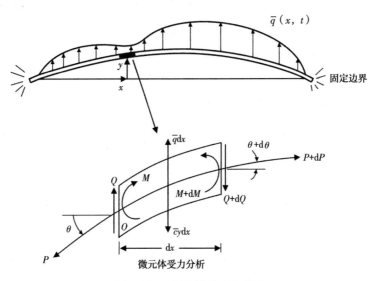

图 11-12　柔性结构弯曲振动

结构在 x 处的单位长度质量为 $m(x)$，结构单位长度上所受到的横向激励力为 $q = q(x, t)$，单位长度所受到的线性阻尼力为 $c \cdot \partial y / \partial t$。假设结构只做平面内运动，$y(x, t)$ 表示结构的任意截面(距左端为 x 处)在某一个时刻 t 的横向位移，并假设结构的斜率 $\theta = \partial y / \partial x$ 非常小。

在坐标点 x 处取一微分段 $\mathrm{d}x$ 进行分析，微分段左侧所受的弯矩为 M，剪切力为 Q，轴向张力为 P；微分段右侧所受的弯矩为 $M + \mathrm{d}M$，剪切力为 $Q + \mathrm{d}Q$，轴向张力为 $P + \mathrm{d}P$；微分段 $\mathrm{d}x$ 上所受到的激励力和阻尼力分别为 $q\mathrm{d}x$ 和 $c \cdot (\partial y / \partial t)\mathrm{d}x$，且作用在单元体的中心位置。当斜率非常小时，可使用一阶展开来近似描述 θ、M、Q 以及 P，表示如下：

$$\theta + \mathrm{d}\theta \approx \frac{\partial y}{\partial x} + \frac{\partial^2 y}{\partial x^2}\mathrm{d}x; \quad M + \mathrm{d}M \approx M + \frac{\partial M}{\partial x}\mathrm{d}x$$

$$Q + \mathrm{d}Q \approx Q + \frac{\partial Q}{\partial x}\mathrm{d}x; \quad P + \mathrm{d}P \approx P + \frac{\partial P}{\partial x}\mathrm{d}x \tag{11-1}$$

对图 11-13 中的微分单元体，根据牛顿第二定律，在 y 方向上建立如下微分方程：

$$- P\theta + (P + \mathrm{d}P)(\theta + \mathrm{d}\theta) + Q - (Q + \mathrm{d}Q) + q\mathrm{d}x - c\frac{\partial y}{\partial t}\mathrm{d}x = m\mathrm{d}x\frac{\partial^2 y}{\partial t^2} \tag{11-2}$$

将式 (11-1) 代入式 (11-2)，并忽略掉高阶小量，得到如下方程：

$$- \frac{\partial Q}{\partial x} + \frac{\partial}{\partial x}\left(P\frac{\partial y}{\partial x}\right) + q - c\frac{\partial y}{\partial t} = m\frac{\partial^2 y}{\partial t^2} \tag{11-3}$$

如图 11-13 所示，假设 O 点为微分单元体的左下端点，若忽略转动惯量，则可建立如下弯矩平衡微分方程：

$$M - (M + \mathrm{d}M) - q\mathrm{d}x\left(\frac{\mathrm{d}x}{2}\right) + c\frac{\partial y}{\partial t}\mathrm{d}x\left(\frac{\mathrm{d}x}{2}\right) + (Q + \mathrm{d}Q)\,\mathrm{d}x = 0 \qquad (11\text{-}4)$$

根据材料力学公式，对于柔性梁结构模型，剪力 Q、弯矩 M 以及横向位移 y 之间的关系如下：

$$Q = \frac{\partial M}{\partial x}, \ M = EI\frac{\partial^2 y}{\partial x^2} \qquad (11\text{-}5)$$

EI 为柔性梁的抗弯刚度，由式（11-5）可得到式（11-6）：

$$\frac{\partial Q}{\partial x} = \frac{\partial^2 M}{\partial x^2} = \frac{\partial^2}{\partial x^2}\left(EI\frac{\partial^2 y}{\partial x^2}\right) \qquad (11\text{-}6)$$

联合式（11-6）以及式（11-3），得到：

$$\frac{\partial^2}{\partial x^2}\left(EI\frac{\partial^2 y}{\partial x^2}\right) - \frac{\partial}{\partial x}\left(P\frac{\partial y}{\partial x}\right) + c\frac{\partial y}{\partial t} + m\frac{\partial^2 y}{\partial t^2} = q(x,\ t) \qquad (11\text{-}7)$$

至此便得到了线性欧拉—伯努利张力梁的动力学微分方程。式（11-7）中弯曲刚度 EI、张力 P 和质量 m 均可以随坐标位置 x 发生变化，而激励载荷 q 则可以随 x 和 t 发生变化。式（11-7）是深水梁结构模型运动方程，对于深水索结构模型运动方程，令弯曲刚度 EI 为 0，便可得到深水索结构模型运动方程：

$$-\frac{\partial}{\partial x}\left(P\frac{\partial y}{\partial x}\right) + c\frac{\partial y}{\partial t} + m\frac{\partial^2 y}{\partial t^2} = q(x,\ t) \qquad (11\text{-}8)$$

式（11-7）和式（11-8）需要给出初始条件以及边界条件，才能对其加以求解。

第三节　深水柔性结构动力响应分析

柔性结构动力响应分析的基础是对柔性结构进行模态分析，即对柔性结构进行固有属性（包括固有频率和固有振型）分析，以下分别从深水索结构和深水梁结构两方面介绍固有属性分析，再在固有属性分析的基础上简要介绍动力学响应分析。

一、深水索结构固有属性分析

在分析索结构固有属性时，假设索模型为恒张力，且假设结构振动为无阻尼自由振动，因此，式（11-8）可以简化为[1]：

$$-P\frac{\partial^2 y}{\partial x^2} + m\frac{\partial^2 y}{\partial t^2} = 0 \qquad (11\text{-}9)$$

为了方便公式推导，可以将式（11-9）改写为：

$$\frac{\partial^2 y}{\partial t^2} = c^2 \frac{\partial^2 y}{\partial x^2}, \quad c = \sqrt{\frac{P_0}{m}} \tag{11-10}$$

使用分离变量法来进行求解，将 $y(x, t)$ 分解为两个单变量函数的乘积形式，表示如下：

$$y(x, t) = X(x)T(t) \tag{11-11}$$

式（11-11）中，$X(x)$ 仅是位移变量 x 的函数，$T(t)$ 仅是时间变量 t 的函数。将式（11-11）代入式（11-10），得到：

$$X(x)\frac{\partial^2 T(t)}{\partial t^2} = c^2 T(t)\frac{\partial^2 X(x)}{\partial x^2} \tag{11-12}$$

由于 X 仅是位移变量 x 的函数，T 仅是时间变量 t 的函数，因此可以将偏导符号 ∂ 写成全导符号 d，表示如下：

$$X(x)\frac{\mathrm{d}^2 T(t)}{\mathrm{d}t^2} = c^2 T(t)\frac{\mathrm{d}^2 X(x)}{\mathrm{d}x^2} \tag{11-13}$$

式（11-13）可进一步写为：

$$\frac{1}{T(t)}\frac{\mathrm{d}^2 T(t)}{\mathrm{d}t^2} = c^2 \frac{1}{X(x)}\frac{\mathrm{d}^2 X(x)}{\mathrm{d}x^2} \equiv -\omega^2 \tag{11-14}$$

由式（11-14）第一项可知 ω^2 与位移变量 x 无关，由式第二项又可得知 ω^2 与时间变量 t 无关，因此 ω^2 为一特定常数。将式（11-14）分离成如下两个常微分方程：

$$\frac{\mathrm{d}^2 T(t)}{\mathrm{d}t^2} + \omega^2 T(t) = 0 \tag{11-15}$$

$$\frac{\mathrm{d}^2 X(x)}{\mathrm{d}x^2} + \frac{\omega^2}{c^2}X(x) = 0 \tag{11-16}$$

式（11-15）即为单自由度振动方程，由此可以得到 ω 即为系统自由振动的圆频率。将式（11-16）写作：

$$\frac{\mathrm{d}^2 X(x)}{\mathrm{d}x^2} + k^2 X(x) = 0, \quad k = \frac{\omega}{c} = \frac{\omega}{\sqrt{P/m}} \tag{11-17}$$

式（11-17）的特征方程为：

$$\lambda^2 + k^2 = 0 \tag{11-18}$$

式（11-18）具有一对共轭复根 $\pm ik$，因此式（11-16）的通解可写为：

$$X(x) = D_1 \sin kx + D_2 \cos kx \tag{11-19}$$

若索两端固定，引入边界条件：

$$X(0) = 0, \quad X(l) = 0 \tag{11-20}$$

将式（11-20）的边界条件代入式（11-19），得到：

$$D_1\sin 0 + D_2\cos 0 = 0 \tag{11-21}$$

$$D_1\sin kl + D_2\cos kl = 0 \tag{11-22}$$

由式（11-21）可以得到 $D_2=0$，并将 D_2 值代入式（11-22）得到：

$$D_1\sin kl = 0 \tag{11-23}$$

满足式（11-23）需要 $D_1=0$ 或 $\sin kl=0$，很明显 $D_1=0$ 时，结构处于完全静止状态，这样的解虽满足方程，但没有实际应用价值，因此需要满足 $\sin kl=0$，即满足式（11-24）：

$$k = \frac{n\pi}{l}, \quad n = 1, 2\cdots \tag{11-24}$$

结合式（11-17）的第二个表达式，可以得到固有频率为：

$$\omega_n = k\sqrt{\frac{P}{m}} = \frac{n\pi}{l}\sqrt{\frac{P}{m}}, \quad n = 1, 2\cdots \tag{11-25}$$

将值 D_2 和 k 代入式（11-19），可得到第 n 阶固有频率 ω_n 对应的模态振型 $X_n(x)$ 为：

$$X_n(x) = D_1\sin kx = C_n\sin\frac{n\pi x}{l}, \quad n = 1, 2\cdots \tag{11-26}$$

式（11-26）中系数 C_n 为任意常数，图 11-13 给出了张力索模型的前两阶模态振型。由图 11-13 可以看出，与 ω_1 对应的振型为半个周期的正弦函数，与 ω_2 对应的为一个周期的正弦函数。由式（11-26）可以看出，固有频率随着阶数 n 的增加而呈线性增加趋势。在实际工程应用的索模型中，大多数情况下取前 20 阶模态便可满足精度要求。

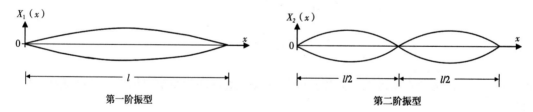

图 11-13　两端固定的索模型的前两阶模态振型

二、深水梁结构固有属性分析

在分析梁结构固有属性时，假设梁为纯弯曲梁，即内部张力 P 为 0，那么其无阻尼自由振动方程可表示如下[1]：

$$EI\frac{\partial^4 y}{\partial x^4} + m\frac{\partial^2 y}{\partial t^2} = 0 \tag{11-27}$$

使用分离变量法对式（11-27）进行求解，令 $y(x, t)=X(x)T(t)$，并将其代入式（11-27），得到：

$$-\frac{1}{T(t)}\frac{\mathrm{d}^2T(t)}{\mathrm{d}t^2} = \frac{EI}{mX(x)}\frac{\mathrm{d}^4X(x)}{\mathrm{d}x^4} \equiv \omega^2 \tag{11-28}$$

由式（11-28）第一项可知 ω^2 与 x 无关，由第二项可知 ω^2 与 t 无关，因此 ω^2 为常数，将式（11-28）分离成下面两个常微分方程：

$$\frac{\mathrm{d}^2T(t)}{\mathrm{d}t^2} + \omega^2 T(t) = 0 \tag{11-29}$$

$$\frac{\mathrm{d}^4X(x)}{\mathrm{d}x^4} - \frac{m\omega^2}{EI}X(x) = 0 \tag{11-30}$$

为推导方便，令 $k^4 = \dfrac{m\omega^2}{EI}$，即式（11-31）：

$$\omega = k^2\sqrt{\frac{EI}{m}} \tag{11-31}$$

则式（11-30）可写成：

$$\frac{\mathrm{d}^4X(x)}{\mathrm{d}x^4} - k^4 X(x) = 0 \tag{11-32}$$

式（11-32）的特征方程为：

$$\lambda^4 - k^4 = 0 \tag{11-33}$$

特征方程的根为：

$$\lambda_{1,2} = \pm k, \ \lambda_{3,4} = \pm \mathrm{i}k \tag{11-34}$$

因此，式（11-32）的通解为：

$$X(x) = C_1 \mathrm{e}^{kx} + C_2 \mathrm{e}^{-kx} + C_3 \mathrm{e}^{\mathrm{i}kx} + C_4 \mathrm{e}^{-\mathrm{i}kx} \tag{11-35}$$

借助于双曲函数和三角函数：

$$\cosh kx = \frac{\mathrm{e}^{kx} + \mathrm{e}^{-kx}}{2}, \ \sinh kx = \frac{\mathrm{e}^{kx} - \mathrm{e}^{-kx}}{2}, \ \cos kx = \frac{\mathrm{e}^{\mathrm{i}kx} + \mathrm{e}^{-\mathrm{i}kx}}{2}, \ \sin kx = \frac{\mathrm{e}^{\mathrm{i}kx} - \mathrm{e}^{-\mathrm{i}kx}}{2i}$$

$$\tag{11-36}$$

由式（11-36）可得到：

$$\mathrm{e}^{kx} = \cos kx + \sin kx, \ \mathrm{e}^{-kx} = \cos kx - \sin kx$$
$$\mathrm{e}^{\mathrm{i}kx} = \cos kx + \mathrm{i} \cdot \sin kx, \ \mathrm{e}^{-\mathrm{i}kx} = \cos kx - \mathrm{i} \cdot \sin kx \tag{11-37}$$

将式（11-37）代入式（11-35），得到：

$$X(x) = \mathrm{i} \cdot (C_3 - C_4)\sin kx + (C_3 + C_4)\cos kx +$$
$$(C_1 - C_2)\sinh kx + (C_1 + C_2)\cosh kx \tag{11-38}$$

为了简化推导，将式（11-38）中 4 个待定系数重新定义为 D_1、D_2、D_3 和 D_4

$$X(x) = D_1 \sin kx + D_2 \cos kx + D_3 \sinh kx + D_4 \cosh kx \qquad (11-39)$$

式（11-39）的 4 个待定常数 D_1、D_2、D_3 和 D_4 取决于结构两端（$x=0$ 以及 $x=l$）处的边界条件。假设梁上任意一点 x 处的转角、弯矩以及剪力分别表示为 θ_x、M_x 和 Q_x。依据几何关系和材料力学知识 θ_x、M_x、Q_x 可表示为：

$$\theta_x = \frac{\mathrm{d}X(x)}{\mathrm{d}x} = X', \quad M_x = -\frac{\mathrm{d}^2 X(x)}{\mathrm{d}x^2} \times EI = -X''EI$$

$$Q_x = -\frac{\mathrm{d}^3 X(x)}{\mathrm{d}x^3} \times EI = -X''' \times EI \qquad (11-40)$$

对于梁模型，通常有以下 3 种边界条件：

（1）简支边界条件（Simple Support）。此时需要满足位移和弯矩为 0，结合式（11-40），有：

$$X(x) = 0, \quad X''(x) = 0 \qquad (11-41)$$

（2）固支边界条件（Clamped End）。此时需要满足位移和转角为 0，结合式（11-40），有：

$$X(x) = 0, \quad X'(x) = 0 \qquad (11-42)$$

（3）自由边界条件（Free End）。此时需要满足弯矩和剪力为 0，结合式（11-40），有：

$$X''(x) = 0, \quad X'''(x) = 0 \qquad (11-43)$$

下面举例讨论梁模型固有频率及固有振型的计算。

第一种情况：两端简支。

在结构两端需满足式（11-41），即

$$X(0) = X''(0) = X(l) = X''(l) = 0 \qquad (11-44)$$

将式（11-39）代入式（11-44），可得到以下 4 个方程：

$$D_2 + D_4 = 0 \qquad (11-45)$$

$$-D_2 + D_4 = 0 \qquad (11-46)$$

$$D_1 \sin kl + D_2 \cos kl + D_3 \sinh kl + D_4 \cosh kl = 0 \qquad (11-47)$$

$$-D_1 \sin kl - D_2 \cos kl + D_3 \sinh kl + D_4 \cosh kl = 0 \qquad (11-48)$$

由式（11-45）和式（11-46）可以得到 $D_2 = D_4 = 0$，并将 D_2 和 D_4 值代入式（11-47）和式（11-48），得到：

$$D_1 \sin kl + D_3 \sinh kl = 0, \quad -D_1 \sin kl + D_3 \sinh kl = 0 \qquad (11-49)$$

式（11-49）中 D_1 和 D_3 不能同时为 0，故系数矩阵的行列式必为 0，有：

$$\begin{vmatrix} \sin kl & \sinh kl \\ -\sin kl & \sinh kl \end{vmatrix} = 0 \qquad (11-50)$$

由式（11-50）得到：

$$(\sin kl)(\sinh kl) = 0 \tag{11-51}$$

由于 $\sinh kl \neq 0$，因此式（11-51）等价于：

$$\sin kl = 0 \tag{11-52}$$

因此可以得到：

$$k_n = \frac{n\pi}{l}, \quad n = 1, 2 \cdots \tag{11-53}$$

将式（11-53）代入式（11-31），得到两端简支梁的第 n 阶固有频率为：

$$\omega_n = k^2 \sqrt{\frac{EI}{m}} = \frac{n^2 \pi^2}{l^2} \sqrt{\frac{EI}{m}} \tag{11-54}$$

将式（11-53）代入式（11-49）得到 $D_3 = 0$，因此 4 个待定系数只剩下最后一项 D_1，因此式（11-39）可以写为 $X(x) = D_1 \sin kx$，将式（11-53）代入该式，并将 D_1 改写成 C_n，得到与第 n 阶固有频率 ω_n 对应的固有振型为：

$$X_n = C_n \sin \frac{n\pi x}{l}, \quad n = 1, 2 \cdots \tag{11-55}$$

由式（11-55）可以看出，两端简支梁的固有振型与两端铰接的索模型固有振型相同，所不同的是梁固有频率与模态阶数平方（n^2）呈线性关系，而索固有频率与模态阶数（n）呈线性关系。

第二种情况：两端固支。

在结构两端需满足式（11-42），即

$$X(0) = X'(0) = 0 \tag{11-56}$$

$$X(l) = X'(l) = 0 \tag{11-57}$$

将式（11-39）代入式（11-56），得到以下两个方程：

$$D_2 + D_4 = 0, \quad D_1 + D_3 = 0 \tag{11-58}$$

因此可以得到：$D_4 = D_2$，$D_3 = D_1$，并将它们代入式（11-39）得到：

$$X(x) = D_1(\sin kx - \sinh kx) + D_2(\cos kx - \cosh kx) \tag{11-59}$$

将式（11-59）对 x 一阶求导，得到：

$$X'(x) = k[D_1(\cos kx - \cosh kx) - D_2(\sin kx + \sinh kx)] \tag{11-60}$$

联立式（11-59）、式（11-60）与式（11-57）得到：

$$D_1(\sin kl - \sinh kl) + D_2(\cos kl - \cosh kl) = 0$$
$$D_1(\cos kl - \cosh kl) - D_2(\sin kl + \sinh kl) = 0 \tag{11-61}$$

式（11-61）中，由于 D_1 和 D_2 不能同时为 0，故系数矩阵的行列式必为 0，有：

$$\begin{vmatrix} (\sin kl - \sinh kl) & (\cos kl - \cosh kl) \\ (\cos kl - \cosh kl) & -(\sin kl + \sinh kl) \end{vmatrix} = 0 \tag{11-62}$$

式（11-62）可简化为：

$$\cos kl = \frac{1}{\cosh kl} \tag{11-63}$$

式（11-63）可用图解法进行求解，以 kl 作为横坐标，$\cos kl$ 和 $1/\cosh kl$ 分别作为纵坐标画曲线，如图 11-14 所示，两曲线的交点即为式（11-63）的解，从图 11-14 中可以看出，交点处 $1/\cosh kl$ 的值近似为 0，那么就是求 $\cos kl = 0$ 的解。因此，得到 $k_n l$ 的解为：

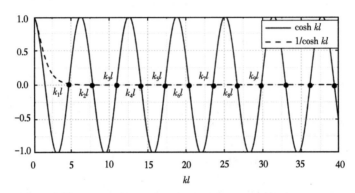

图 11-14   使用图解法求两端固支梁的固有频率

$$k_n l = \frac{(2n+1)\pi}{2} = (n+0.5)\pi, \ n = 1, \ 2\cdots \tag{11-64}$$

结合式（11-31）得到第 n 阶固有频率为：

$$\omega_n = (n+0.5)^2 \frac{\pi^2}{l^2} \sqrt{\frac{EI}{m}}, \ n = 1, \ 2, \ \cdots \tag{11-65}$$

将式（11-64）代入式（11-59）得到与第 n 阶固有频率 n 对应的固有振型 $X_n(x)$ 为：

$$X_n(x) = D_1(\sin k_n x - \sinh k_n x) + D_2(\cos k_n x - \cosh k_n x) \tag{11-66}$$

由式（11-61）可以得到：

$$D_2 = D_1 \frac{\sin k_n l - \sinh k_n l}{\cosh k_n l - \cos k_n l} \tag{11-67}$$

将式（11-67）代入式（11-66），并令 $C_n = D_1$，得到：

$$X_n(x) = C_n[\sin k_n x - \sinh k_n x + \beta_n(\cos k_n x - \cosh k_n x)], \ \beta_n = \frac{\sin k_n l - \sinh k_n l}{\cosh k_n l - \cos k_n l} \tag{11-68}$$

图 11-15 给出了两端固支的梁模型的前两阶模态振型，与两端铰接的索模型前两阶模

态振型非常相像。不同的是，两端固支的梁模型在两端（$x=0$ 以及 $x=l$）处的斜率为 0。

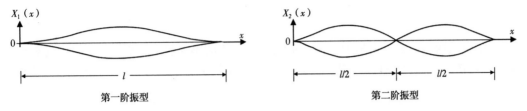

图 11-15　两端固支的梁模型的前两阶模态振型

综上所述，对于均匀、无阻尼以及张力的横向支撑的固有频率 ω_n 位于上述两种情况之间，表示如下：

$$\frac{n^2\pi^2}{l^2}\sqrt{\frac{EI}{m}} < \omega_n < (n+0.5)^2\frac{\pi^2}{l^2}\sqrt{\frac{EI}{m}},\ n=1,\ 2\cdots \tag{11-69}$$

式（11-69）表明：当 $n=1$ 时，最大约束情况下（两端固支）的频率是最小约束情况下（两端简支）的 2.25 倍。随着 n 的上升，这个因子迅速下降，当 $n=5$ 和 10 时，因子分别为 1.2 和 1.1。

三、深水柔性结构动力响应分析

前面两部分主要对深水柔性结构的固有属性进行了分析，主要是在使用分离变量法求解偏微分方程时，对振型 $X(x)$ 项进行了研究，而忽略了振动时间项 $T(t)$ 的研究。若想求解完成的振动方程，需要对时间 $T(t)$ 进行研究。$T(t)$ 可基于式（11-15）展开，式（11-15）可写成式（11-70）：

$$\frac{\mathrm{d}^2 T(t)}{\mathrm{d}t^2} + \omega^2 T(t) = 0 \tag{11-70}$$

对式（11-70）进行求解得到：

$$T(t) = A_1\sin\omega t + A_2\cos\omega t = A\sin(\omega t + \varphi) \tag{11-71}$$

式（11-71）反映的是结构的振动特性，可以看出结构的振动频率为 ω，则结构第 n 阶固有频率为 ω_n。结构的第 n 阶固有频率对应的时间项可表示如下：

$$T_n(t) = A_n\sin(\omega_n t + \varphi_n) \tag{11-72}$$

结构动力响应方程随着结构形式和结构边界条件不同而发生变化，

（1）当结构形式为索结构时，结构的第 n 阶固有振型形式为 $X_n(x) = \sin(n\pi x/l)$，联立式（11-25）可得到两端固定的索模型第 n 阶振型对应的结构动力响应方程为：

$$y_n(x,\ t) = T_n(t)\cdot X_n(x) = A_n\sin(\omega_n t + \varphi_n)\cdot\sin\frac{n\pi x}{l},\ \omega_n = \frac{n\pi}{l}\sqrt{\frac{P}{m}},\ n=1,\ 2,\ \cdots \tag{11-73}$$

依据模态叠加法可得到振动总方程如下：

$$y(x, t) = \sum_{n=1}^{\infty} y_n(x, t) = \sum_{n=1}^{\infty} T_n(t) \cdot X_n(x) = \sum_{n=1}^{\infty} A_n \sin(\omega_n t + \varphi_n) \cdot \sin \frac{n\pi x}{l}$$

$$(11-74)$$

（2）当结构形式为梁结构时，两端简支时，结构的第 n 阶固有振型形式为 $X_n(x) = \sin(n\pi x/l)$，联立式（11-54）可得到两端固定的索模型第 n 阶振型对应的结构动力响应方程为：

$$y_n(x, t) = B_n \sin(\omega_n t + \phi_n) \cdot \sin \frac{n\pi x}{l}, \quad \omega_n = \frac{n^2 \pi^2}{l^2} \sqrt{\frac{EI}{m}}, \quad n = 1, 2\cdots \quad (11-75)$$

依据模态叠加法，可得到振动总方程如下：

$$y(x, t) = \sum_{n=1}^{\infty} y_n(x, t) = \sum_{n=1}^{\infty} T_n(t) \cdot X_n(x) = \sum_{n=1}^{\infty} B_n \sin(\omega_n t + \varphi_n) \cdot \sin \frac{n\pi x}{l}$$

$$(11-76)$$

柔性结构动力响应方程的求解过程可以总结为如下4步：

（1）基于分离变量法对柔性结构动力方程进行求解，将偏微分方程转化为两个常微分方程，其中一个方程与振动位置 x 有关，另一个方程与振动时间 t 有关。

（2）联立边界条件，对关于振动位置 x 的方程进行求解，得到结构的振型函数。

（3）联立初始条件，对关于振动时间 t 的方程进行求解，得到结构的振动特性。

（4）基于模态叠加法，得到柔性结构总的动力响应方程。

参 考 文 献

[1] 高云，熊友明．海洋平台与结构工程 [M]．北京：石油工业出版社，2016．

[2] 潜凌，李培江，张文燕．海洋复合柔性管发展及应用现状 [J]．石油矿场机械，2012，41（2）：90-92．

[3] 康庄，孙丽萍，沙勇，等．塔式立管国内外工程应用现状 [J]．船海工程，2011，40（5）：174-178．

[4] 焦向东，周灿丰，陈家庆，等．21世纪海洋工程连接技术的挑战与对策 [J]．焊接，2007（5）：23-27，30，97-98．

[5] 严大凡．输油管道设计与管理 [M]．北京：石油工业出版社，1986．

[6] 党学博，龚顺风，金伟良，等．S型铺设中上弯段管道受力研究 [J]．船舶力学，2012，16（8）：935．

[7] 孙奇伟．海底管道铺管施工安装方法研究 [J]．中国石油和化工标准与质量，2012（7）：105．

[8] 卢泓方，吴世娟．海底管道J型铺管应力分析 [J]．中国石油和化工标准与质量，2012（6）：156．

[9] Endal G, Nupen O, Sakuraba M, et al. Reel installation of 15″ clad steel pipeline with direct electrical heating and in-line T [C]. OMAE 2006-92525, 2008：287-296．

[10] 戴政瑜．海洋工程用的锚链 [J]．机械工程材料，1985（1）：51-53．

[11] 周岳银．海洋平台用锚链 [J]．造船技术，1983（6）：55-56．